全国高等职业教育规划教材

Pro/Engineer野火版5.0产品造型设计项目式教程

曹素红　姚念近　编著

机 械 工 业 出 版 社

本书选择较常见的电子产品、机电产品、玩具、日用品等工业产品作为载体，案例典型。章节安排按照由浅入深、循序渐进的原则，将每个产品的设计都从功能性、工艺性、结构合理性等方面进行了分析，使读者可以掌握不同类型产品设计的完整过程。将软件命令分散到不同章节逐一介绍，有助于读者重点突破，提高软件操作能力。

本书包括认识 Pro/Engineer 野火版 5.0、平面图形绘制、音箱造型设计、电源造型设计、定位终端造型设计、南瓜造型的烟灰缸设计、小猪造型玩具设计和企鹅造型的笔筒设计。

本书操作步骤详细，叙述清楚，适用于高职院校机械设计专业、产品造型设计专业教学使用。也以作为 Pro/Engineer 爱好者的自学教程和参考书籍。本书配套了素材文件、案例文件和授课 PPT 文件，需要的教师可登录机械工业出版社教育服务网 www. cmpedu. com 免费注册后下载，或联系编辑索取（QQ：1239258369，电话：010 - 88379739）。

图书在版编目（CIP）数据

Pro/Engineer 野火版 5.0 产品造型设计项目式教程/曹素红，姚念近编著.
—北京：机械工业出版社，2016.8
全国高等职业教育规划教材
ISBN 978-7-111-55115-7

Ⅰ.①P… Ⅱ.①曹… ②姚… Ⅲ.①工业产品 - 产品设计 - 计算机辅助设计 - 应用软件 - 高等职业教育 - 教材 Ⅳ.①TB472 - 39

中国版本图书馆 CIP 数据核字（2016）第 246387 号

机械工业出版社（北京市百万庄大街 22 号 邮政编码 100037）
责任编辑：曹帅鹏
责任校对：张艳霞
责任印制：李 洋

三河市国英印务有限公司印刷

2016 年 11 月第 1 版 · 第 1 次印刷
184mm × 260mm · 18.5 印张 · 449 千字
0001-3000 册
标准书号：ISBN 978-7-111-55115-7
定价:43.00 元

凡购本书,如有缺页、倒页、脱页,由本社发行部调换

电话服务
服务咨询热线:(010)88379833
读者购书热线:(010)88379649

网络服务
机 工 官 网:www. cmpbook. com
机 工 官 博:weibo. com/cmp1952
教育服务网:www. cmpedu. com
金 书 网:www. golden - book. com

全国高等职业教育规划教材机电专业
编委会成员名单

出版说明

《国务院关于加快发展现代职业教育的决定》指出：到2020年，形成适应发展需求、产教深度融合、中职高职衔接、职业教育与普通教育相互沟通，体现终身教育理念，具有中国特色、世界水平的现代职业教育体系，推进人才培养模式创新，坚持校企合作、工学结合，强化教学、学习、实训相融合的教育教学活动，推行项目教学、案例教学、工作过程导向教学等教学模式，引导社会力量参与教学过程，共同开发课程和教材等教育资源。机械工业出版社组织全国60余所职业院校（其中大部分是示范性院校和骨干院校）的骨干教师共同策划、编写并出版的“全国高等职业教育规划教材”系列丛书，已历经十余年的积淀和发展，今后将更加紧密地结合国家职业教育文件精神，致力于建设符合现代职业教育教学需求的教材体系，打造充分适应现代职业教育教学模式的、体现工学结合特点的新型精品化教材。

“全国高等职业教育规划教材”涵盖计算机、电子和机电三个专业，目前在销教材300余种，其中“十五”“十一五”“十二五”累计获奖教材60余种，更有4种获得国家级精品教材。该系列教材依托于高职高专计算机、电子、机电三个专业编委会，充分体现职业院校教学改革和课程改革的需要，其内容和质量颇受授课教师的认可。

在系列教材策划和编写的过程中，主编院校通过编委会平台充分调研相关院校的专业课程体系，认真讨论课程教学大纲，积极听取相关专家意见，并融合教学中的实践经验，吸收职业教育改革成果，寻求企业合作，针对不同的课程性质采取差异化的编写策略。其中，核心基础课程的教材在保持扎实的理论基础的同时，增加实训和习题以及相关的多媒体配套资源；实践性较强的课程则强调理论与实训紧密结合，采用理实一体的编写模式；涉及实用技术的课程则在教材中引入了最新的知识、技术、工艺和方法，同时重视企业参与，吸纳来自企业的真实案例。此外，根据实际教学的需要对部分课程进行了整合和优化。

归纳起来，本系列教材具有以下特点：

1）围绕培养学生的职业技能这条主线来设计教材的结构、内容和形式。

2）合理安排基础知识和实践知识的比例。基础知识以“必需、够用”为度，强调专业技术应用能力的训练，适当增加实训环节。

3）符合高职学生的学习特点和认知规律。对基本理论和方法的论述容易理解、清晰简洁，多用图表来表达信息；增加相关技术在生产中的应用实例，引导学生主动学习。

4）教材内容紧随技术和经济的发展而更新，及时将新知识、新技术、新工艺和新案例等引入教材。同时注重吸收最新的教学理念，并积极支持新专业的教材建设。

5）注重立体化教材建设。通过主教材、电子教案、配套素材光盘、实训指导和习题及解答等教学资源的有机结合，提高教学服务水平，为高素质技能型人才的培养创造良好的条件。

由于我国高等职业教育改革和发展的速度很快，加之我们的水平和经验有限，因此在教材的编写和出版过程中难免出现问题和疏漏。我们恳请使用这套教材的师生及时向我们反馈质量信息，以利于我们今后不断提高教材的出版质量，为广大师生提供更多、更适用的教材。

机械工业出版社

前 言

Pro/Engineer 软件是美国参数技术公司（Parametric Technology Corporation，PTC）旗下的 CAD/CAM/CAE 集成软件，以参数化、基于特征、全相关等技术特点闻名于（CAD）领域。Pro/Engineer 软件功能丰富，广泛应用于汽车、机械、模具、消费品、高科技电子等领域，在目前的三维造型软件领域中占有着重要地位。Pro/Engineer 是许多高职高专院校机械类、汽车类及工业产品设计类专业开设的必修或选修专业课程。本书在总结编者多年教学经验的基础上，分析高职高专学生学习特点和职业岗位对 Pro/Engineer 软件操作的技能要求，编写了这本 Pro/Engineer 项目式教程。相较于其他同类书籍，本书具有以下特色：

（1）所选案例范围广，造型典型。本书所选案例覆盖电子产品、机电产品、玩具、日用品等，这些案例多数来自于企业实际项目及各种产品造型竞赛题目，造型难度在中等以上，且造型具有比较复杂的曲面。在软件操作方面，本书所选的案例涵盖了 Pro/Engineer 野火版 5.0 二维草绘命令、拉伸命令、旋转命令、扫描命令、混合命令、边界混合命令、IS-DX 曲线与造型、参数化设计等大部分实体建模命令、较复杂曲面建模及编辑命令。这些案例既符合高职高专院校的能力培养目标要求，也符合高职学生的学习能力条件。

（2）既突出软件操作方法，也重视产品设计流程。本书中的案例包含了工业产品设计的两种设计流程：自下而上和自上而下。通过实施案例，读者不但可以掌握这两种设计流程的具体操作方法，还可以体会这些设计方法的特点，得以灵活应用。

（3）按照项目式编写，把软件操作命令分散到不同任务中逐一介绍，将理论知识、软件操作命令融入案例中，使读者能够清楚地把握各案例相关知识的重点和难点。

（4）过程详细，指导性强。本书中按照操作过程，将软件的操作界面、命令图标等进行了详细的截图，将操作技巧进行总结，帮助读者更好、更快地掌握 Pro/Engineer 软件，有助于读者进行自学。

由于作者水平有限，书中难免存在疏漏之处，敬请读者批评指正。

编 者

目　　录

任务1　认识Pro/Engineer野火版5.0

1.1　Pro/Engineer软件简介

1. Pro/Engineer软件的发展

Pro/Engineer是美国Parametric Technology Corporetion（PTC）公司的产品，官方网站为http://www.ptc.com。以其参数化、基于特征、全相关等技术特点闻名于CAD领域，软件功能丰富，适用领域广。

2. Pro/Engineer软件的应用

Pro/Engineer广泛应用于汽车、机械、模具、消费品、高科技电子等领域，在我国应用较广。主要客户有空中客车飞机、三菱汽车、施耐德电气产品、现代起亚汽车、大长江摩托车、龙记模架、大众汽车、丰田汽车、阿尔卡特朗讯电讯产品等。

3. Pro/Engineer野火版5.0功能介绍

Pro/Engineer主要功能包括三维实体造型和曲面造型、钣金件设计、装配设计、基本曲面设计、焊接设计、二维工程图绘制、机构设计、标准模型检查及造型渲染等，并提供大量的工业标准及直接转换接口，可进行零件设计、产品装配、数控加工、钣金件设计、铸造件设计、模具设计、机构分析、有限元分析和产品数据管理、应力分析、逆向工程设计等。

1.2　Pro/Engineer野火版5.0软件界面介绍

Pro/Engineer野火版5.0软件界面包括导航区、菜单区、上工具箱、右工具箱、智能选取区、消息区和绘图区，如图1-1所示。

1. 导航区

导航区包括模型树（层树）、文件夹浏览器、收藏夹。

1）模型树（层树）：在模型树中记录着用户创建模型或者装配模型的每一个步骤。活动零件或组件显示在模型树的顶部，其从属的零件或特征位于其下方。可以通过编辑模型树上的活动零件或者特性，对模型进行修改。层的作用是组织特征、组件中的零件以及其他的层对象，通过层树可以对模型中的层进行创建、隐藏等操作，方便模型中对象的管理。

2）文件夹浏览器：在浏览器中可以进行文件夹内容和网络页面的浏览。通过双击文件夹，可以在浏览器中预览其内容；在地址栏中输入网址可以浏览相应的网页。

3）收藏夹：用于有效地组织管理个人资源。

2. 菜单区

如图1-2所示，菜单包括文件、编辑、视图、插入、分析、信息、应用程序、工具、窗口和帮助。

1）文件：用以对文件进行新建、打开、保存及另存为操作，设置工作目录等。

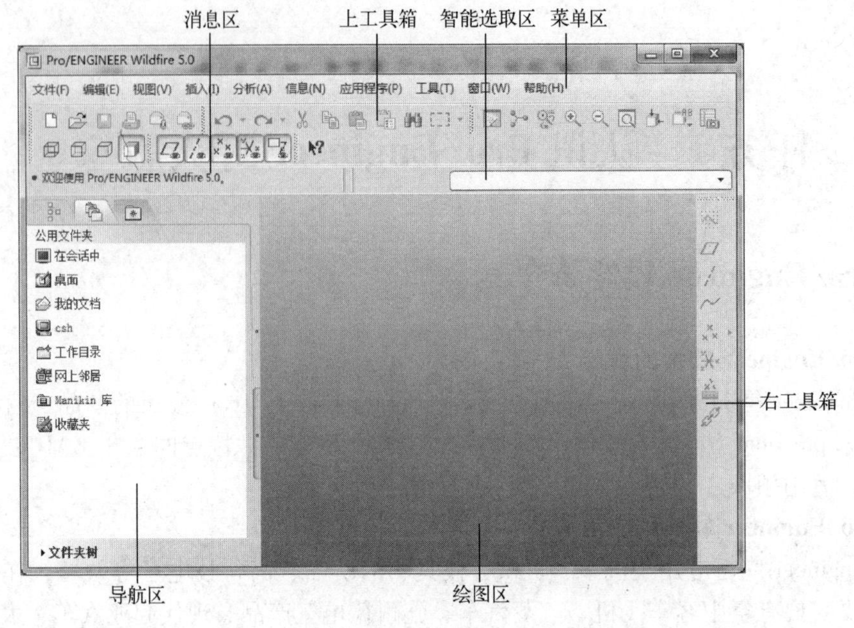

图 1-1 Pro/Engineer 野火版 5.0 软件界面

文件(F) 编辑(E) 视图(V) 插入(I) 分析(A) 信息(N) 应用程序(P) 工具(T) 窗口(W) 帮助(H)

图 1-2 菜单区

2）编辑：用以对操作和图元进行编辑，比如再生、撤销、重做、复制、合并、镜像、阵列等。

3）视图：用以对界面显示以及模型显示等进行设置。

4）插入：用以插入零件特征。

5）分析：用以对零件特性进行分析，比如质量、密度、长度、拔模斜度等。

6）信息：用以查找有关零件信息，如特征、参数等。

7）应用程序：用以切换到焊接、铸造、钣金件、模具等设计模式。

8）工具：对数据库和环境进行设置。

9）窗口：对窗口的操作，比如激活、打开、关闭，窗口切换等。

10）帮助：帮助文件。

3. 上工具箱

上工具箱通常包括文件操作、编辑操作、模型查看、模型显示、视图方向和基准显示等部分，如图 1-3 所示。用户可以根据自己的需要对其进行设置。

图 1-3 上工具箱

（1）模型查看

◇ 旋转模型

按住鼠标中键，移动鼠标可以实现旋转。当如图 1-4 所示的“旋转中心”按钮处于“开”状态时，旋转是以旋转中心即模型中心为中心的，当“旋转中心”按钮处于“关”状态时，旋转是以鼠标所在的位置为中心的。

◇ 缩放模型

按住鼠标中键滚动，即可实现缩放。也可以在如图 1-4 所示工具栏上单击“放大”或“缩小”按钮。

◇ 重新调整

单击如图 1-4 所示工具栏中的“重新调整”按钮，可以调整视图的中心和比例，使整个零件完全显示（最大化）在视图边界内。

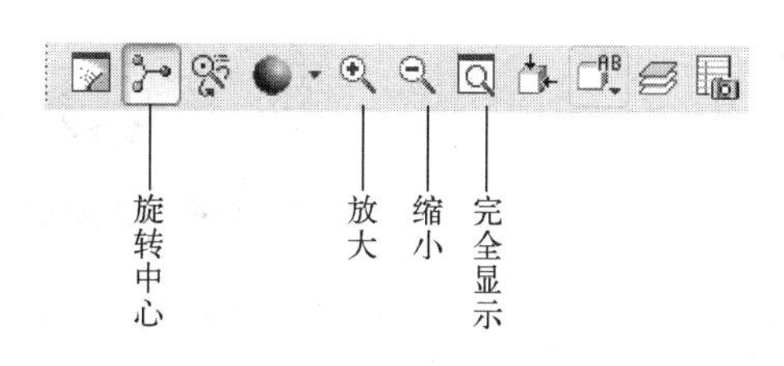

图 1-4　模型查看

◇ 重定向

单击工具栏中的“重定向”按钮，弹出“方向”对话框。可以用 3 种方式来实现重定向：按参照定向、动态定向及首选项。

√ 按参照定向方式：在“类型”下拉列表中选择“按参照定向”选项，如图 1-5 所示。该类型设置视角的方法是在模型上依次指定两个相互垂直的面作为参照 1 和参照 2，其中参照 1 的选取有 8 种方式：前、后、上、下、左、右、垂直轴和水平轴。

√ 按动态定向方式：在“类型”下拉列表中选择“动态定向”选项，如图 1-6 所示。动态方向方式下可以进行平移、缩放、旋转。

图 1-5　“按参照定向”方式设置对话框

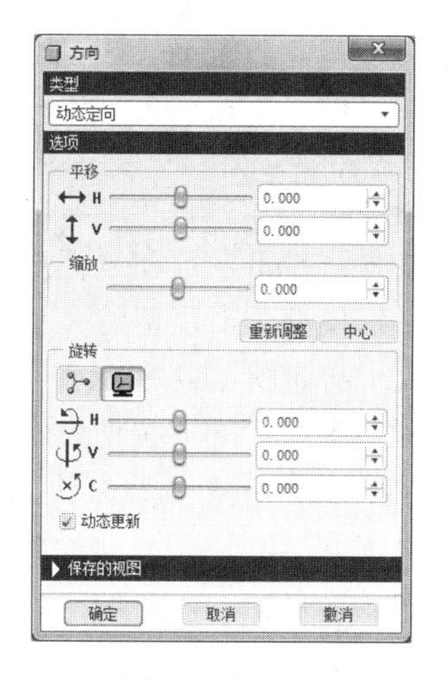

图 1-6　“动态定向”方式设置对话框

a）平移：在“平移”选项组中分别拖动 H、V 中的滑块，或者在其后的数值框中输入数值，就可以改变模型在显示窗口中的水平和垂直位置。

b）缩放：在“缩放”选项组中拖动滑块，或者在其后的数值框中输入数值，就可以改变模型在显示窗口中的大小。

c）旋转：在“旋转”选项组中单击“使用屏幕中心轴旋转”按钮，分别拖动 H、V、C 中的滑块，或者在其后的文本框中输入数值，模型就可以围绕视图中心轴的水平、垂直和正交位置进行旋转。如果单击“旋转中心”按钮，分别拖动 X、Y、Z 中的滑块，或者在其后的文本框中输入数值，模型则可以围绕所选视图中心轴的水平、垂直和正交位置进行旋转。

√ 首选项方式：在“类型”下拉列表中选择“首选项”选项，如图1-7所示。该选项可以设置旋转中心和缺省*方向，“旋转中心”有5种设置方式，其中，“点或顶点”是指设置基准点或者顶点作为旋转中心。“边或轴”是指以图形的边或轴线作为旋转中心。“默认方向”有“斜轴测”、“等轴测”和“用户定义”3种方向。系统一般以“斜轴测”为系统的默认方向。

图1-7 “首选项”方式对话框

◇ 移动模型

同时按住〈Shift〉键和鼠标中键，移动鼠标就可以平移模型。当模型的大小及方位被改变以后，可单击如图1-4所示工具栏上的按钮，在如图1-8所示的下拉列表中选择“标准方向”，即可将模型恢复为默认的显示方位，也可以同时按下〈Ctrl+D〉键，将模型方位恢复到默认的显示方位。

图1-8 模型方向

(2) 模型显示方式

在Pro/Engineer软件中，为了便于观察和操作，模型可以线框、隐藏线、无隐藏线和着色4种方式进行显示。单击如图1-9所示工具栏上按钮，可以在4种显示方式之间进行切换。

◇ 线框模式

单击如图1-9所示工具栏上的“线框”按钮，模型以线框形式显示，不区分隐藏线，

* 为保持软件内容与正文的一致性，全书统一用“缺省”。

如图 1-10 所示。

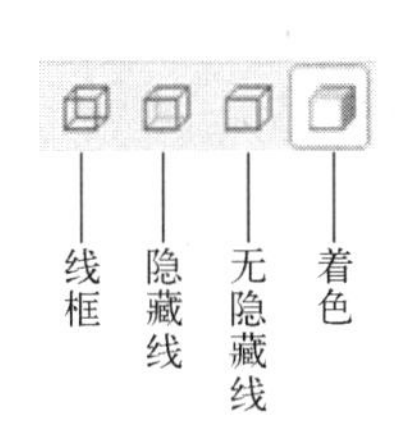

图 1-9　4 种显示方式

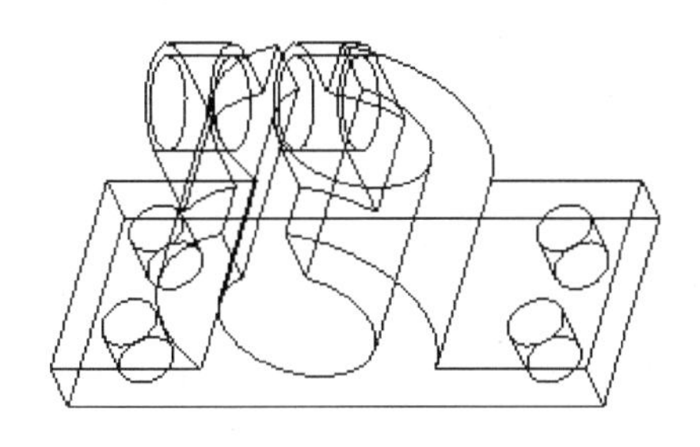

图 1-10　线框模式

◇ 隐藏线模式

单击如图 1-9 所示工具栏上的“隐藏线”按钮，模型以隐藏线形式显示，隐藏线以灰色显示，如图 1-11 所示。

◇ 无隐藏线模式

单击如图 1-9 所示工具栏上的“无隐藏线”按钮，模型以线框形式显示，且不显示隐藏线，如图 1-12 所示。

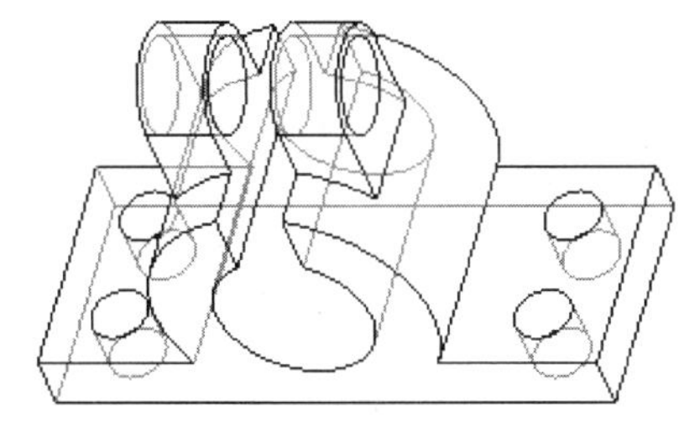

图 1-11　隐藏线模式

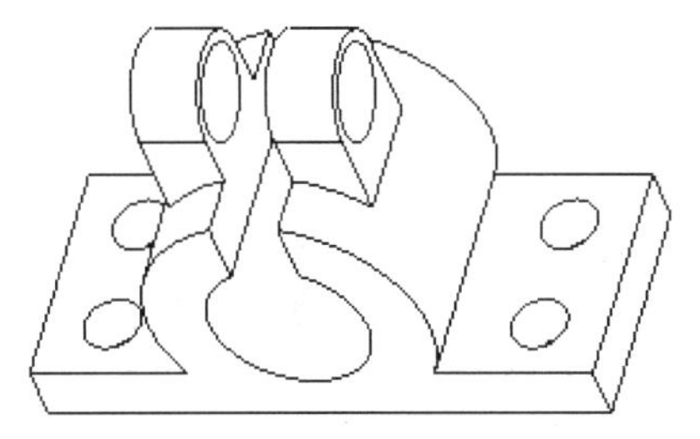

图 1-12　无隐藏线模式

◇ 着色模式

单击如图 1-9 所示工具栏的“着色”按钮，则模型以着色形式显示，如图 1-13 所示。

（3）视图方向

在模型设计过程中，模型的三维视图的观察位置总会不停地改变，常常需要以等轴测方向、斜轴测方向以及规则角度进行观察。可以直接通过单击如图 1-4 所示工具栏上的按钮后弹出的下拉列表进行选择，如图 1-14 所示。除了标准方向和缺省方向外，还有 6 种方向供选择，分别是 BACK（后视图）、BOTTOM（仰视图）、FRONT（前视图）、LEFT（左视图）、RIGHT（右视图）和 TOP（俯视图）。

图 1-13　着色模式

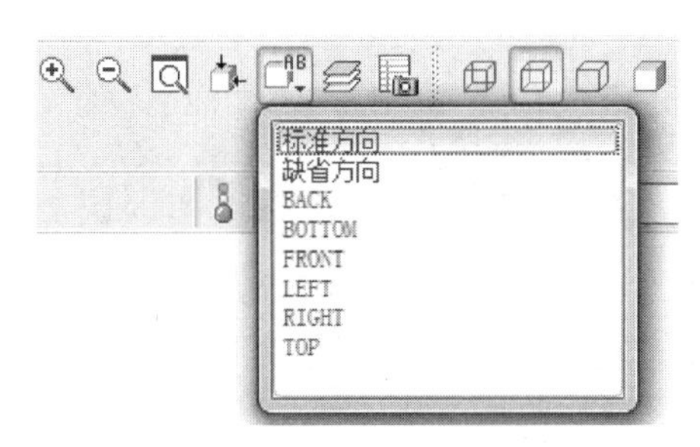

图 1-14　已命名的视图列表

(4) 基准显示

选择菜单【视图】|【显示设置】|【基准显示】命令，如图 1-15 所示。在“显示”选项组中，选中基准符号前的复选框，视图中会显示该基准，否则不会显示。在“基准显示”对话框中，可以设置“显示”和“点符号”，点符号可以设置为十字、点、圆、三角、正方形。另外利用工具栏上的按钮，也可以控制“基准显示”，如图 1-16 所示。

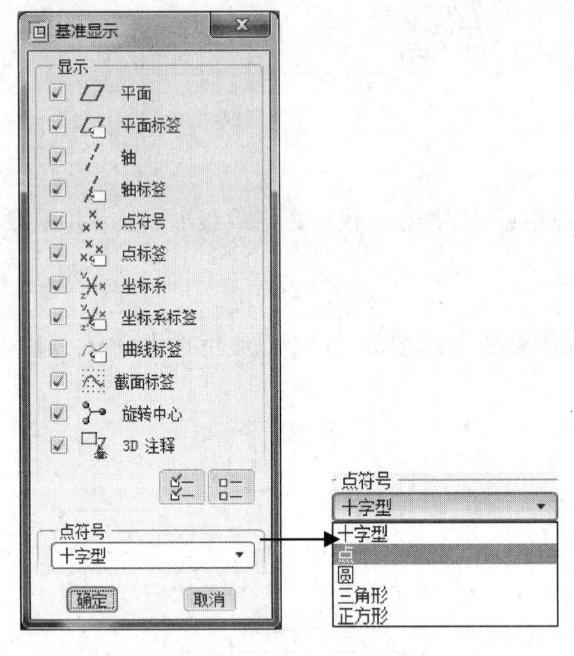

图 1-15 “基准显示”对话框

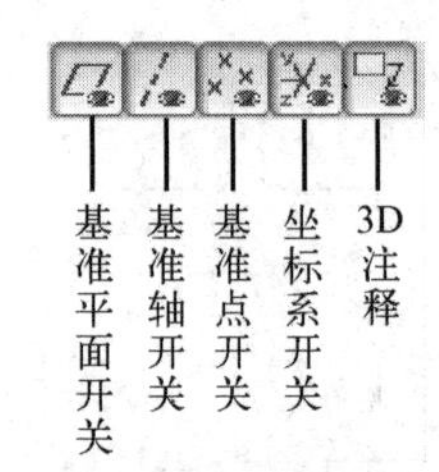

图 1-16 “基准显示”工具栏

4. 右工具箱

右工具箱通常包括“基准”“基础特征”“工程特征”“注释”等工具栏，如图 1-17 所示。“基准”工具栏和“注释”工具栏各命令功能如图 1-18 所示。

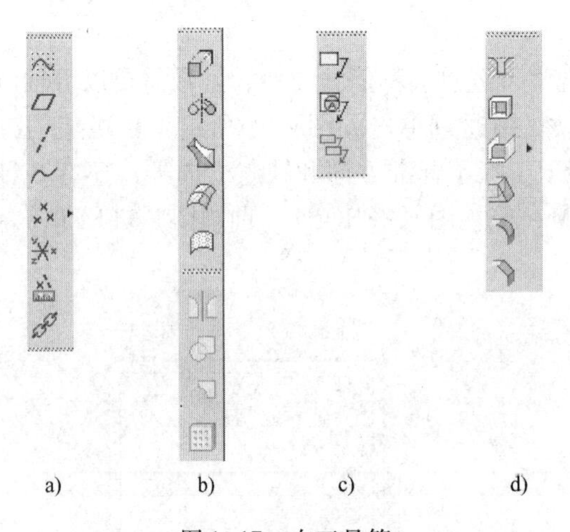

图 1-17 右工具箱

a)“基准”工具栏 b)“基础特征”工具栏

c)“注释”工具栏 d)“工程特征”工具栏

草绘工具
基准平面工具
草绘基准轴工具
插入基准曲线
基准点工具
基准坐标工具
插入分析特征
插入参照特征
插入注释特征
基准目标注释特征
传播注释元素

图 1-18 “基准”工具栏和“注释”工具栏

5. 智能选取区

如图1-19所示，可以通过切换智能、特征、几何、基准、面组、注释模式，对模型中的对象进行选取。

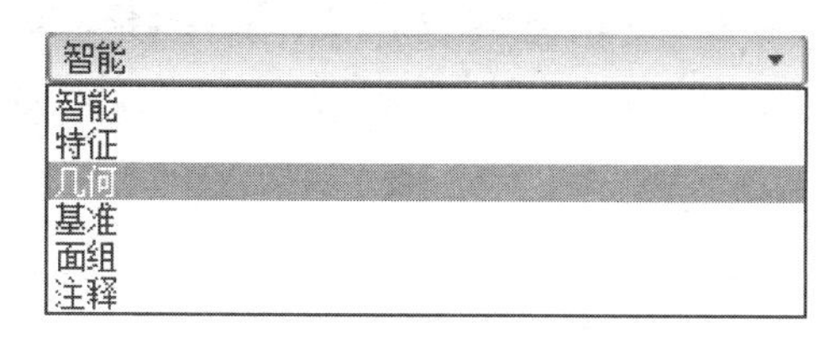

图1-19　智能选取区

6. 绘图区

通过绘图区可以看到模型的操作过程和操作结果。

7. 消息区

软件的信息提示区域，包括已经完成的操作信息、将要进行的操作提示以及出错信息等，如图1-20所示。

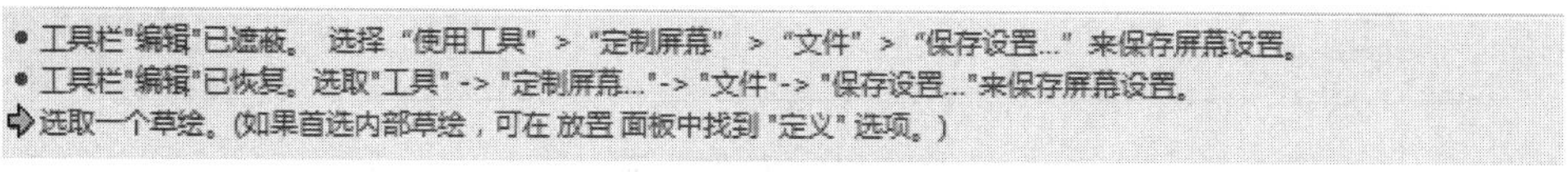

• 工具栏"编辑"已遮蔽。 选择 “使用工具” > “定制屏幕” > “文件” > “保存设置...” 来保存屏幕设置。
• 工具栏"编辑"已恢复。选取"工具" -> "定制屏幕..."-> "文件"-> "保存设置..."来保存屏幕设置。
⇨选取一个草绘。(如果首选内部草绘，可在 放置 面板中找到 "定义" 选项。)

图1-20　消息区

1.3　文件相关的操作

1. 工作目录的选择

1）启动软件：直接双击桌面上的Pro/Engineer野火版5.0软件图标，即可启动软件，并首先进入如图1-21所示的软件界面。

说明：

Pro/Engineer鼠标操作技巧：

◇ 单击左键：可选择命令、图元；

◇ 按住右键几秒：可弹出快捷菜单；

◇ 按住中键：可在草图模块下移动视图；可在零件模块下旋转视图；

◇ 同时按住〈Shift〉和中键：可在零件模块下移动草图或视图；

◇ 前后推动鼠标滚轮：可缩放视图；

◇ 同时按住〈Ctrl〉和中键：可缩放视图；

◇ 同时按住〈Ctrl+D〉：可全局显示视图。

2）设置工作目录方法一：选择菜单【文件】|【设置工作目录】命令，弹出如图1-22所示的窗口。选择文件目录，设置完毕，软件将会在此目录中进行创建和修改等操作。

3）设置工作目录方法二：在桌面Pro/Engineer野火版5.0软件图标上右击，在弹出的快捷菜单中选择“属性”命令，打开如图1-23所示的“proe.exe-快捷方式属性”对话框。

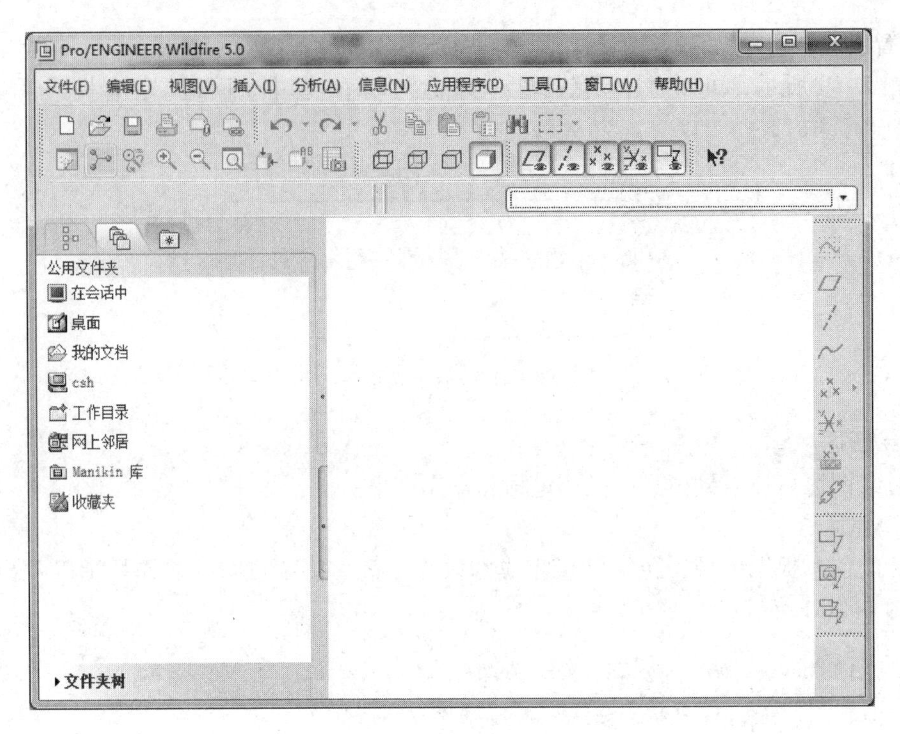

图 1-21　软件界面

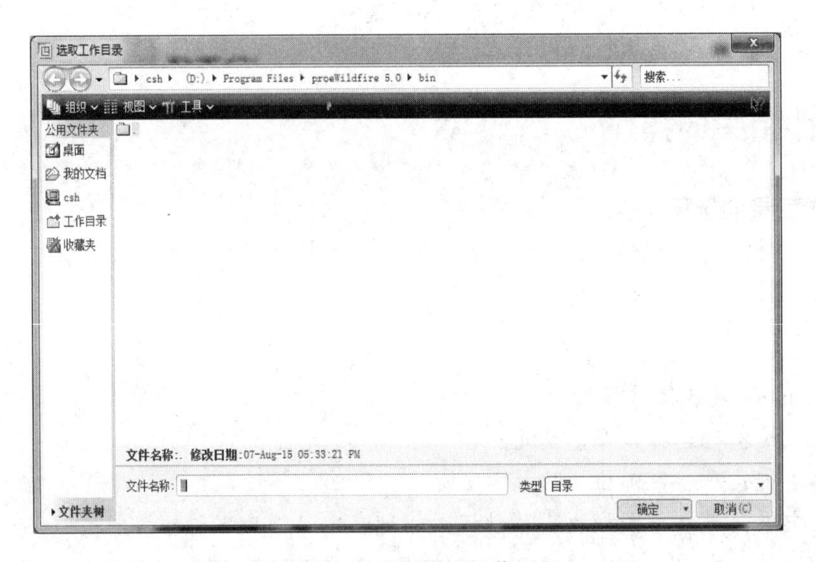

图 1-22　启动后设置工作目录

在“起始位置”文本框中直接输入软件的起始目录，然后单击“确定”按钮。

2. 文件的新建与保存

1）新建文件：选择菜单【文件】|【新建】命令，系统弹出如图 1-24 所示的“新建”对话框。

用户需要在此对话框中选择文件类型，选择子类型，输入文件名。主要的文件类型包括以下方面：

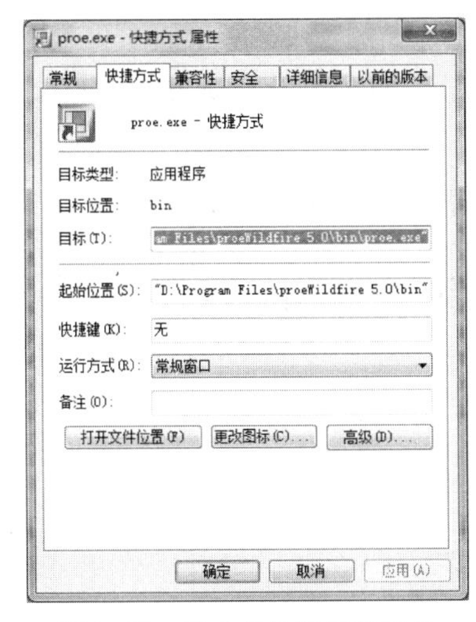

图 1-23　启动前设置工作目录

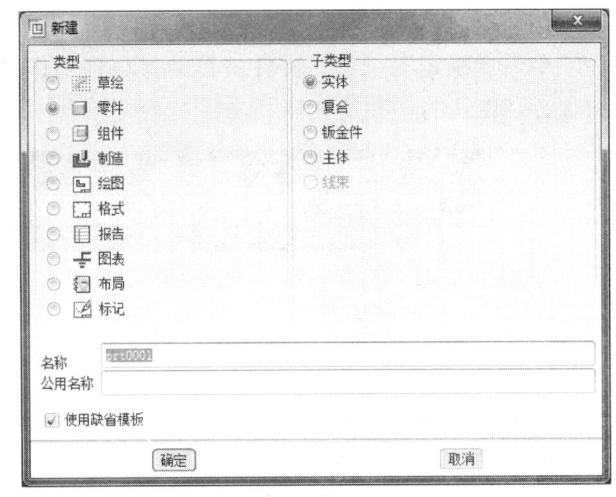

图 1-24　“新建”对话框

◇ 草绘：用以二维草图绘制，扩展名为 . sec。

◇ 零件：用以三维零件、曲面设计、钣金设计等，扩展名为 . prt。

◇ 组件：用以三维组件设计、动态机构设计等，扩展名为 . asm。

◇ 制造：用以模具设计、NC（数控）加工程序制作等，扩展名为 . mfg。

◇ 绘图：用以二维工程图绘图，扩展名为 . drw。

◇ 格式：用以二维工程图图框绘制，扩展名为 . frm。

◇ 报告：用以建立模型报表，扩展名为 . rep。

◇ 图表：用以建立电路、管路流程图，扩展名为 . dgm。

◇ 布局：用以建立新产品组装布局，扩展名为 . lay。

◇ 标记：用以注解，扩展名为 . mrk。

“子类型”选项组可以选择文件类型的子类型。输入的文件名只能是英文字母、数字和下划线，命名不能包括汉字和空格等。如果选中“使用缺省模板”复选框，则系统将采用英制单位标准。如果想要采用公制单位标准，则应取消选中该复选框，单击“确定”按钮，弹出如图 1-25 所示对话框。

图 1-25　“新文件选项”对话框

选择“mmns_part_solid”。如果选中“复制相关绘图”复选框可自动创建新零件的绘图，用户可以根据自身需要选择。

说明：

inlbs_part_ecad：英制线路板文件；

inlbs_part_solid：英制零件文件；

mmns_part_solid：公制零件文件。

2）保存文件：选择菜单【文件】|【保存】命令，打开如图 1-26 所示的“保存对象”对话框。单击“确定”按钮，文件被自动保存到工作目录，如果还没有设置工作目录，则文件被保存在默认的“我的文档”文件夹。

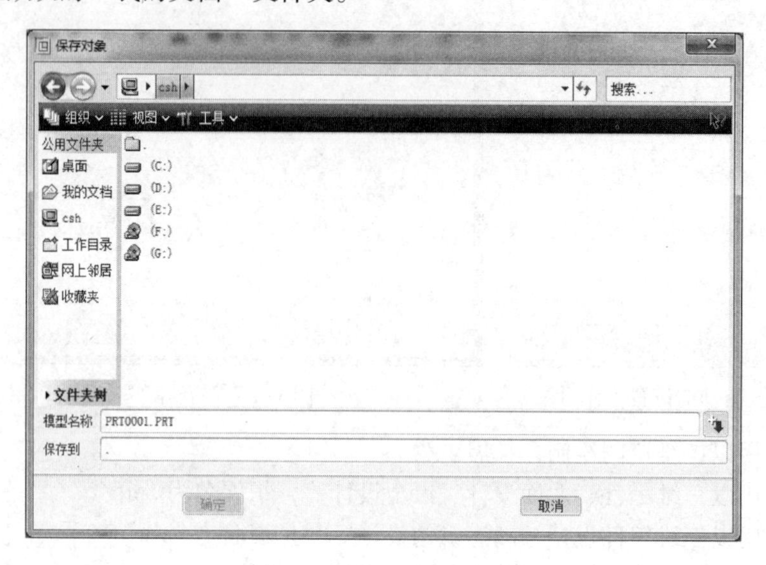

图 1-26 “保存对象”对话框

> **说明：**
>
> 如果文件已经被保存过，则文件名不可以再修改。如果想重命名文件，可以用保存副本的形式：选择菜单【文件】|【保存副本】命令，可以重新命名文件以及选择文件的保存路径，单击“确定”按钮即可。

3. 文件的删除

选择菜单【文件】|【删除】命令，如图 1-27 所示。

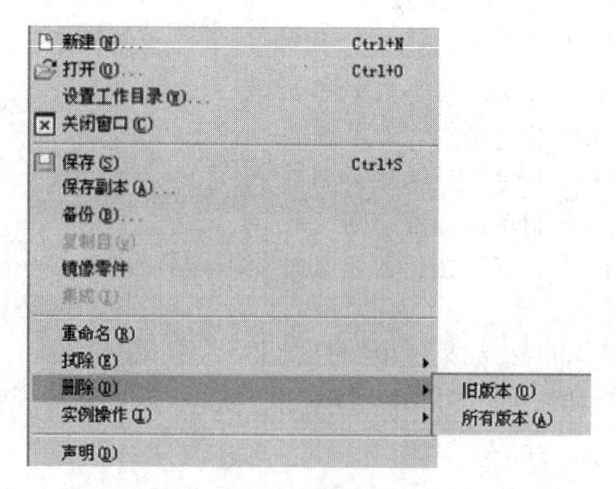

图 1-27 删除文件

1）删除旧版本：除了新的版本，文件其他的版本全部删除。

2）删除所有版本：删除所有版本的文件。

1.4 参数化设计理念

1. 基于特征的参数化设计

在基于特征的造型系统中，特征是指构成零件的有形部分，如表面、孔和槽等。Pro/Engineer软件配合其独特的单一数据库设计，将每一个尺寸视为一可变的参数。例如，在草绘图形时，先只考虑图形的形状而不考虑其尺寸，然后通过修改其尺寸，使绘制的图形达到设计者的要求。充分利用参数化设计的优点，设计者能够减少人工改图或计算的时间，从而大大地提高工作效率。

2. 单一数据库

单一数据库是指工程中的资料全部来自一个数据库，使得多个用户可以同时为一个产品造型而工作，即在整个设计过程中，不管任何一个地方因为某种需要而发生改变，则在整个设计的相关环节也会随着改变。Pro/Engineer 软件一个很重要的特点就是有一个全相关的环境：在一个阶段所做的修改对所有的其他阶段都有效。例如，一组零件设计完毕，按照装配关系完成装配，并且将每个零件生成了工程图。这时，修改某个零件一处特征，则装配模型和零件的工程图中，相应结构都会更改，这也是 Pro/Engineer 软件单一数据库的具体体现。

3. 关系与参数

在 Pro/Engineer 软件中，设计者可利用尺寸之间的关系式来限定相关尺寸，特别是在机械设计中有需要配合的地方，利用参数关系式有很大的方便。例如，在冷冲模具设计中要求凸模和凹模有一定的配合关系，以圆形凸、凹模为例，凸模直径是 d_0，凹模尺寸是 d_1，凹模尺寸是凸模直径加上适当的间隙，假如单边间隙为 a，则 $d_1 = d_0 + 2a$。用关系式限定凹模尺寸 d_1 后，当凸模尺寸 d_0 发生改变时，总能正确地得到凹模尺寸 d_1，两者之间总有符合设计要求的间隙，从而保证了设计的准确性。

任务2　平面图形绘制

任务描述

本任务在了解熟悉 Pro/Engineer 软件界面和基本操作的基础上，利用软件的草绘模块完成正五边形、心形、手柄、异形垫片、拨杆 5 个平面图形的绘制，掌握软件绘制及编辑草图的操作方法。

能力目标

1）掌握 Pro/Engineer 二维草图的创建过程，掌握草绘命令及编辑命令；

2）能够正确理解约束的概念，并按照设计要求对草绘图元进行约束；

3）能够进行尺寸标注和修改。

知识准备

“草图”是 Pro/Engineer 软件中的重要概念，也是一般三维建模软件的重要概念，通常三维实体造型时是先草绘出二维截面，然后通过拉伸、旋转、扫描等操作，来创建或生成三维实体模型。因此说，“草图”是三维建模的基础。

“草图”绘制实质上是绘制二维图形。二维图形可以在 Pro/Engineer“草绘”模块下绘制，也可以在“零件”模块中的草绘状态下绘制，草图的组成元素通常包括直线、矩形、圆、圆弧、椭圆、样条曲线等图元。

本任务的项目操作主要是在 Pro/Engineer“草绘”模块下完成的，“零件”模块中的草绘方法与此相同。

下面介绍一下二维草绘。

1. 草绘中的上工具箱

草绘模式下的上工具箱中“草绘器显示开关”工具栏如图 2-1 所示，“草绘器诊断工具”工具栏和“曲率”工具栏如图 2-2 所示。

图 2-1　“草绘器显示开关”工具栏　　图 2-2　“草绘器诊断工具”和“曲率”工具栏

说明：

用户如果不知道图标的功能，可以将光标移动到图标上，停留片刻后软件将在图标旁边显示相应的功能信息。

2. 草绘中的右工具箱

草绘中的右工具箱各按钮功能如图 2-3 所示。有些按钮的右侧还有一个黑三角标记，这表示该按钮中还有与其类似的扩展工具，单击黑三角标记即可展开该工具。

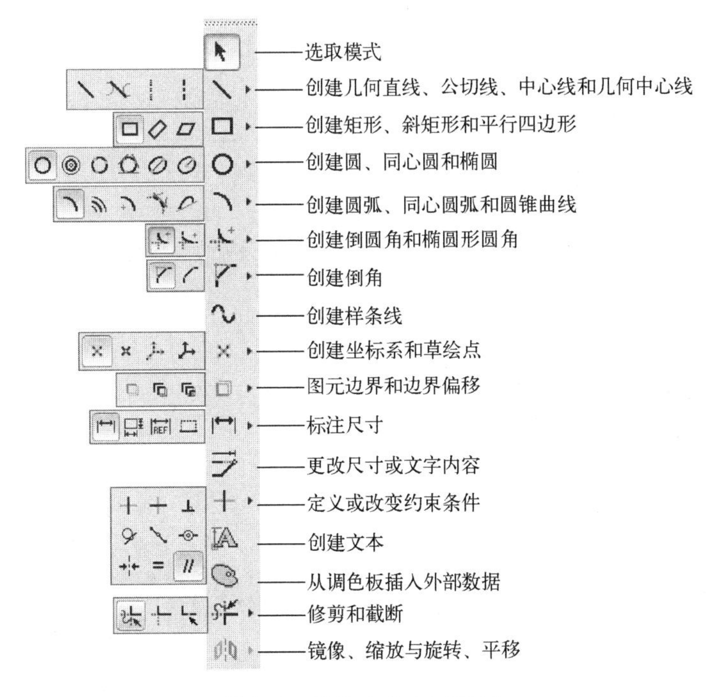

图 2-3　草绘中的右工具箱

3. 草绘中二维图元的绘制

（1）绘制直线

单击╲按钮，点选两个点，即可产生一条直线，单击鼠标中键可以终止直线的绘制，如图 2-4 所示。

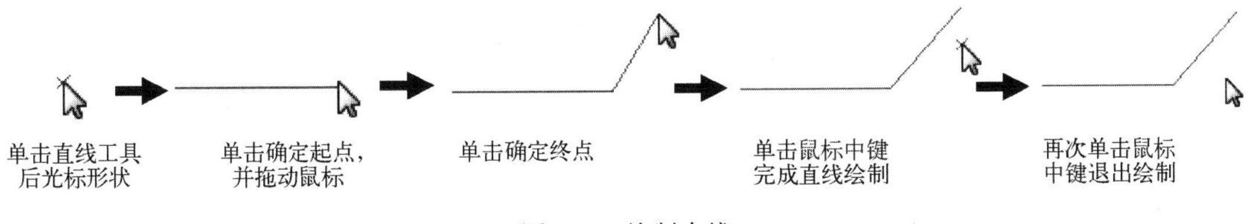

图 2-4　绘制直线

◇ 直线

◇ 公切线

单击╲按钮，选取两个圆或圆弧，即可产生与圆/圆弧的公切线，如图 2-5 所示。

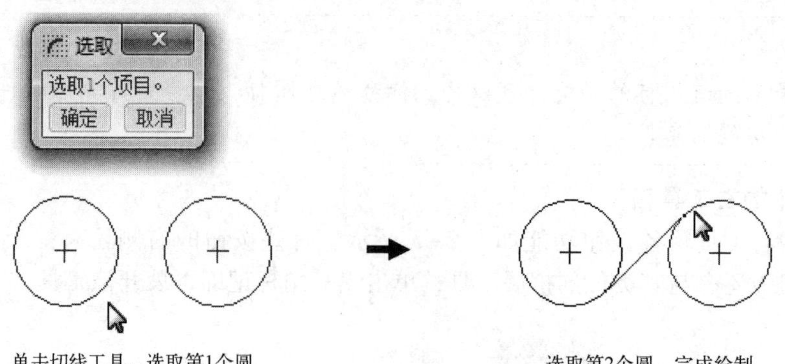

图 2-5　绘制公切线

◇ 中心线

单击按钮，点选两个点，即可产生一条中心线，如图 2-6 所示。Pro/Engineer 野火 5.0 版本中的中心线包括中心线和几何中心线，二者的区别是在利用旋转命令进行建模时需要选择几何中心线，中心线可以作为对称约束中线，但不能作为旋转轴线。

（2）绘制圆

◇ 用圆心及圆周上一点绘制圆

单击按钮，点选圆心，然后移动光标拖动圆的半径，单击确定圆周上的点，即可产生圆，如图 2-7 所示。

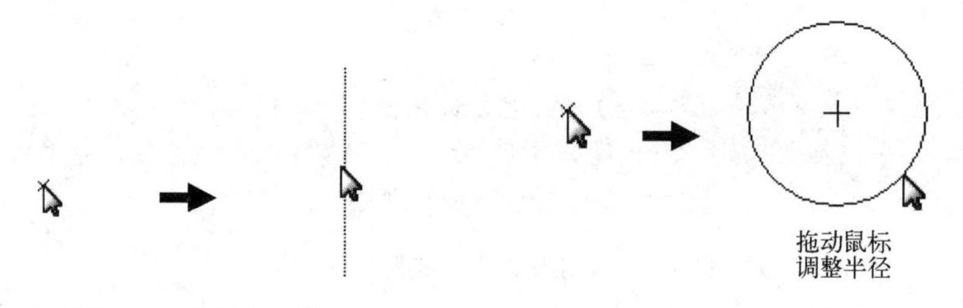

图 2-6　绘制中心线　　图 2-7　根据圆心及圆周上一点绘制圆

◇ 同心圆

单击按钮，点选现成的圆或圆弧，然后移动光标拖动圆的半径，单击确定圆周上的点，即可产生同心圆，如图 2-8 所示。

（3）绘制圆弧

◇ 三点画圆弧

单击按钮，单击定出圆弧的起点及终点，然后移动光标调整圆弧半径，单击确定出圆弧上的点，即可产生圆弧。如图 2-9 所示。

◇ 同心圆弧

单击按钮，单击现有的圆或者圆弧，移动光标调整圆弧半径，单击确定圆弧起点，单击确定出圆弧的终点，如图 2-10 所示。

（4）绘制矩形

单击按钮，用鼠标左键定出矩形的两个对角，即可产生图形，如图 2-11 所示。单击按钮，单击确定矩形一条边上的两个顶点，移动鼠标，拖动出斜矩形的另一角点，确定对

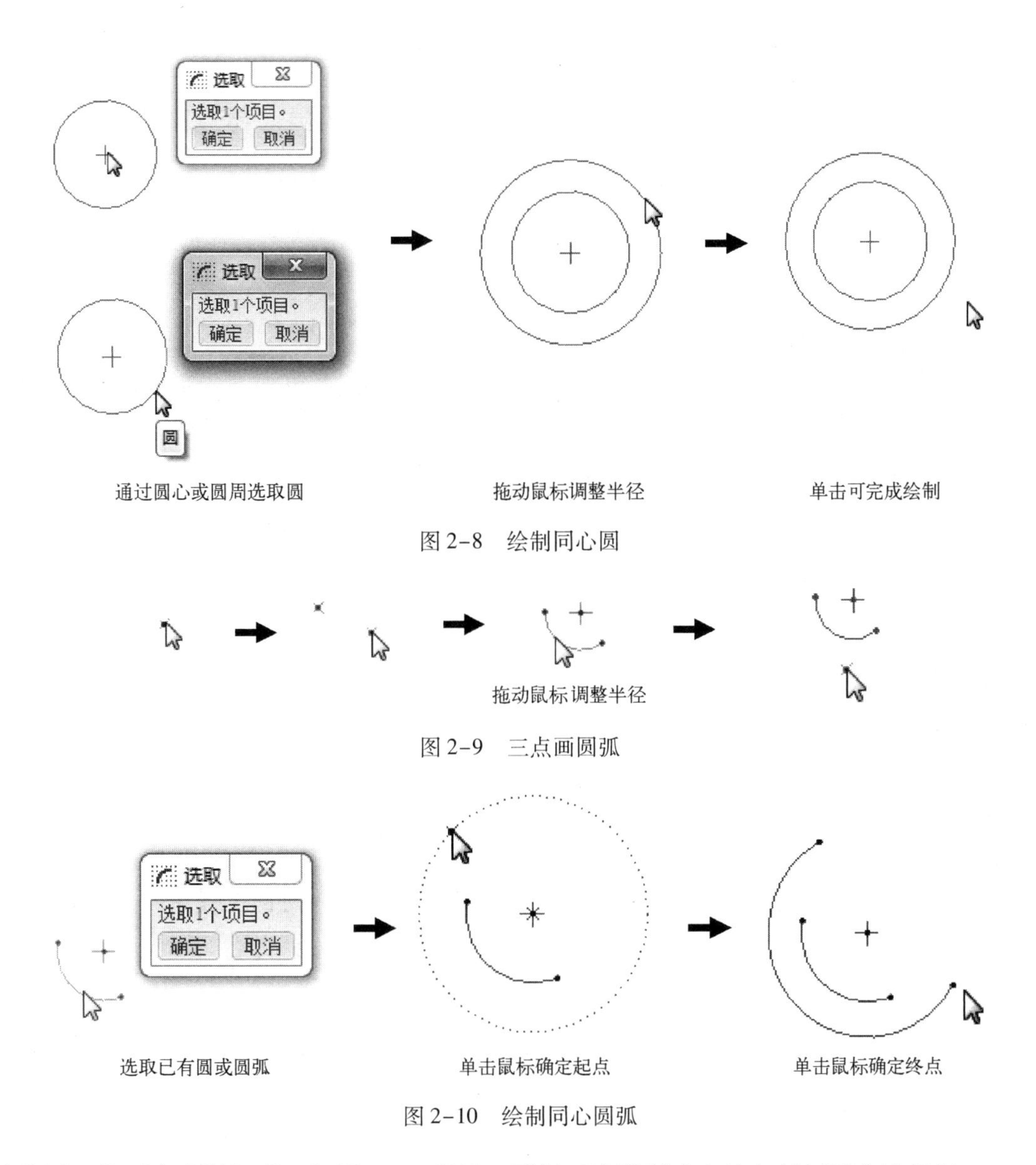

图 2-8　绘制同心圆

图 2-9　三点画圆弧

图 2-10　绘制同心圆弧

边位置，即可产生斜矩形，如图 2-12 所示。平行四边形创建方法与斜矩形方法相似。

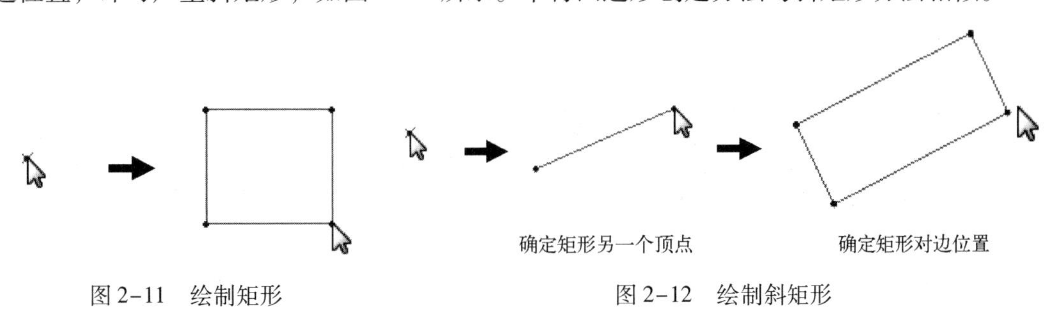

图 2-11　绘制矩形　　　　图 2-12　绘制斜矩形

(5) 倒圆角

单击按钮，单击选取两个图元，即可产生圆弧形的圆角，如图 2-13 所示。

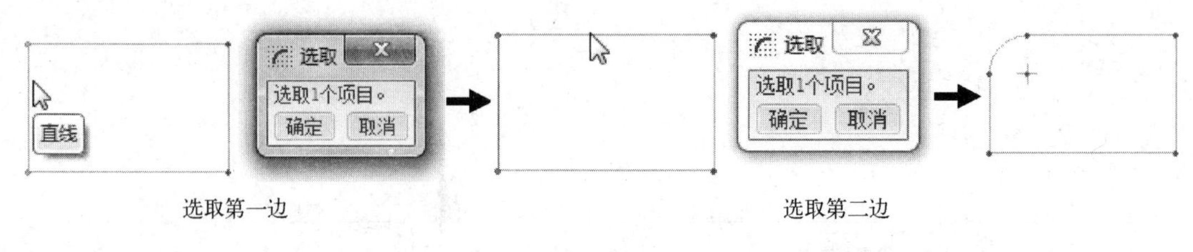

图 2-13　倒圆角

(6) 绘制样条曲线

样条曲线为三次方或者三次方以上的多项式所形成的曲线。单击按钮，在绘图区中单击选取曲线上的点，单击鼠标中键终止选取，即可产生曲线，如图 2-14 所示。

图 2-14　创建样条曲线

(7) 创建点和坐标系

单击按钮，选取欲放置点的位置，即可产生一个点，点多用于表示倒圆角的顶点，如图 2-15 所示。Pro/Engineer 野火 5.0 版本中的点包括点和几何点，二者的区别是在零件建模时，如果创建几何点，则这个点会变成基准点，而创建的点不会变成基准点，如图 2-16 所示。

单击按钮，点选欲放置坐标系的位置，即可产生一局部坐标系，如图 2-17 所示。

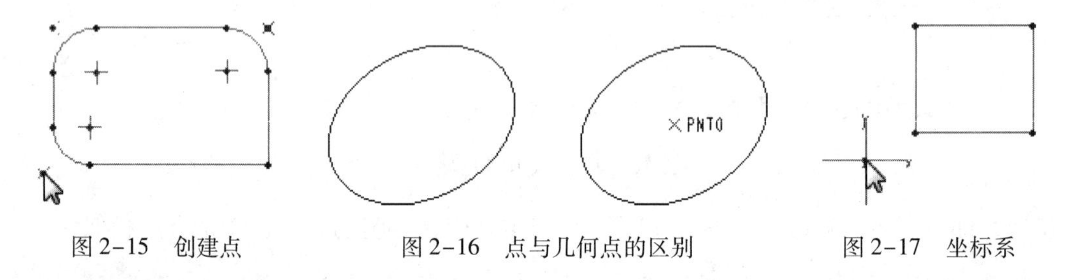

图 2-15　创建点　　图 2-16　点与几何点的区别　　图 2-17　坐标系

(8) 创建文本

单击按钮，用鼠标左键从下向上拉出一条直线，系统弹出“文本”对话框，如图 2-18所示，在“文本行”文本框中输入文字，还可以在“文本”对话框内控制字型、字宽与字高的比例及沿曲线放置文字等。

(9) 修剪

修剪图元包括“动态修剪图元”、“修剪到其他图元”、“在选取点处分割图元”。单击按钮，单击选取线条，被选到的即被剪掉，如图 2-19 所示。也可以按住鼠标左键滑过要修剪的线条如图 2-20 所示，被选到的即被剪掉。

修剪到其他图元：单击按钮，单击选取线条，软件会自动修剪或延伸到所选取的两条线，如图 2-21 所示。

图 2-18　创建文本

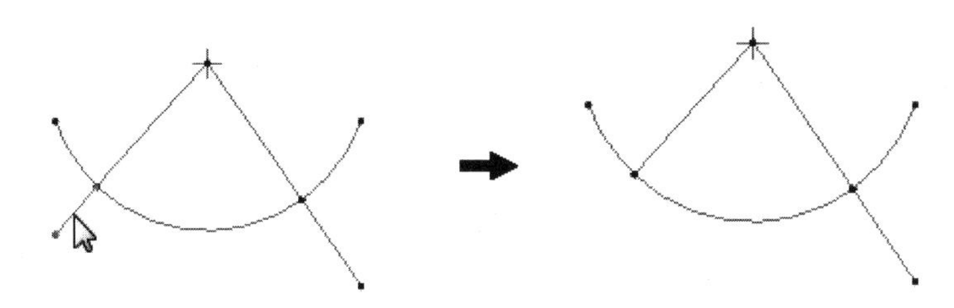

图 2-19　单击选取要修剪掉的线条

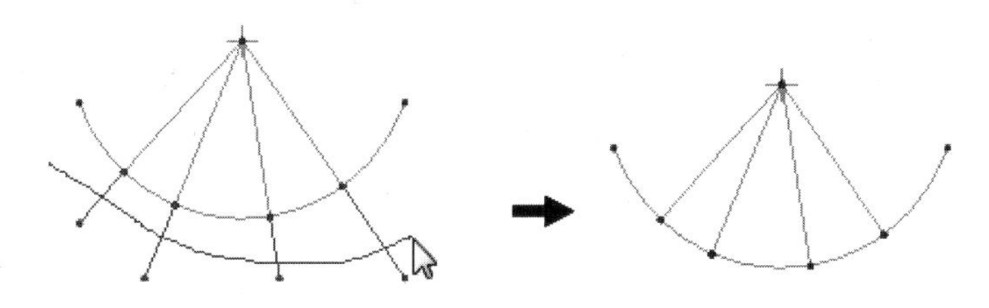

图 2-20　按住鼠标左键滑过要修剪的线条

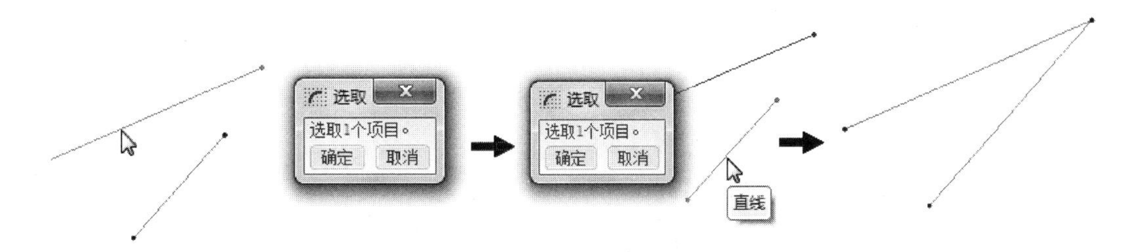

图 2-21　修剪到其他图元

(10) 复制和镜像

利用镜像、复制操作，可以提高草绘效率。

◇ 复制

单击选取图元，选择菜单【编辑】|【复制】命令，或者按快捷键〈Ctrl + C〉，或者单

击上工具箱中的“复制”按钮；选择菜单【编辑】|【粘贴】命令，或者按快捷键〈Ctrl+V〉，或者单击上工具箱中的“粘贴”按钮；则软件将自动在几何图形区产生一个副本，并且显示图形的旋转中心、旋转标志和缩放标志，同时将弹出“移动和调整大小”对话框，如图 2-22 所示。

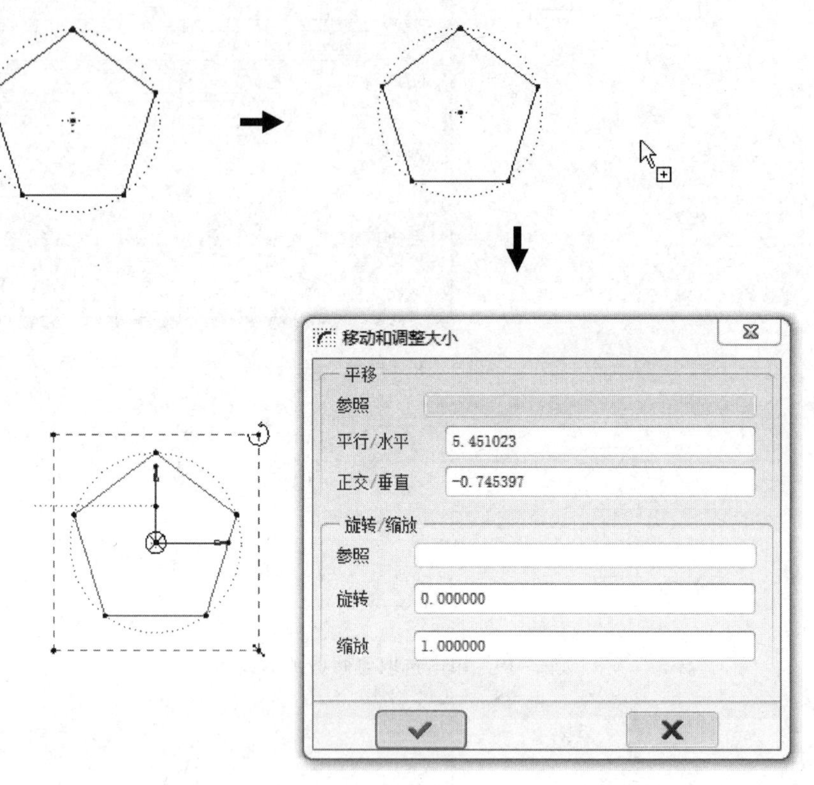

图 2-22　复制图元

◇ 镜像

选中需要镜像的图元，在草绘工具栏中单击按钮，或选择菜单【编辑】|【镜像】命令，选取镜像中心线，软件将自动在中心线的另一侧复制出选中的图元，同时显示出对称约束的标记。进行镜像操作时，一定要有镜像中心线。如图 2-23 所示。

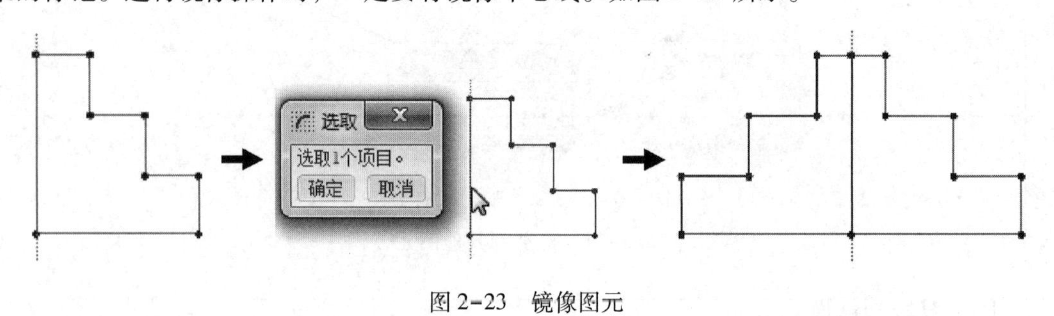

图 2-23　镜像图元

4. 约束的使用

约束的类型如图 2-24 所示。

（1）垂直约束

单击“垂直约束”按钮，然后单击直线，使直线成竖直位置。如图 2-25 所示。

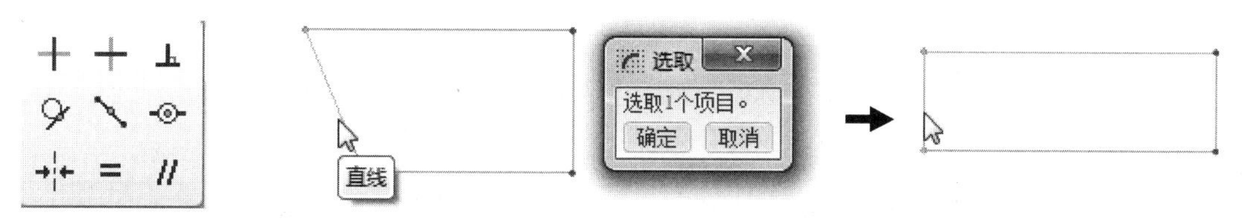

图 2-24　约束类型　　　　图 2-25　设置垂直约束

（2）水平约束

单击“水平约束”按钮，然后单击直线，使直线成水平位置。如图 2-26 所示。

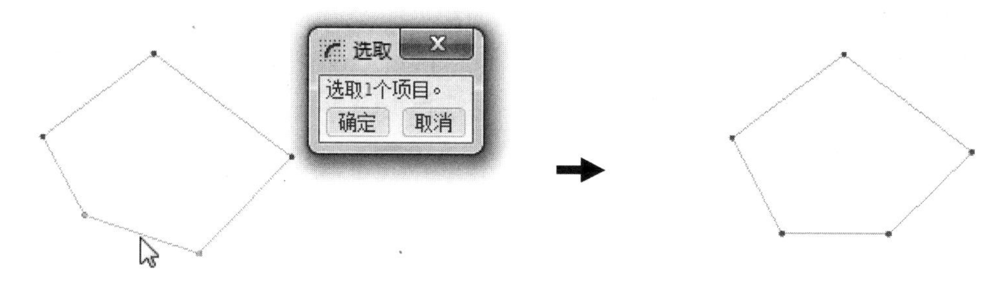

图 2-26　设置水平约束

（3）正交约束

单击“正交约束”按钮，然后单击两条直线，使两直线正交。如图 2-27 所示。

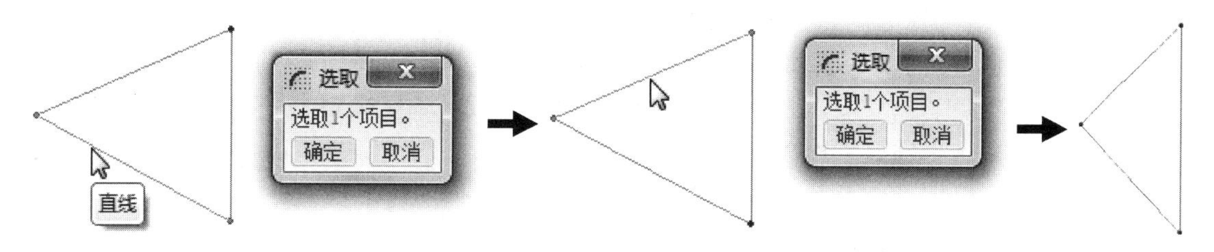

图 2-27　设置正交约束

（4）相切约束

单击“相切约束”按钮，然后单击直线和弧，使其相切。如图 2-28 所示。

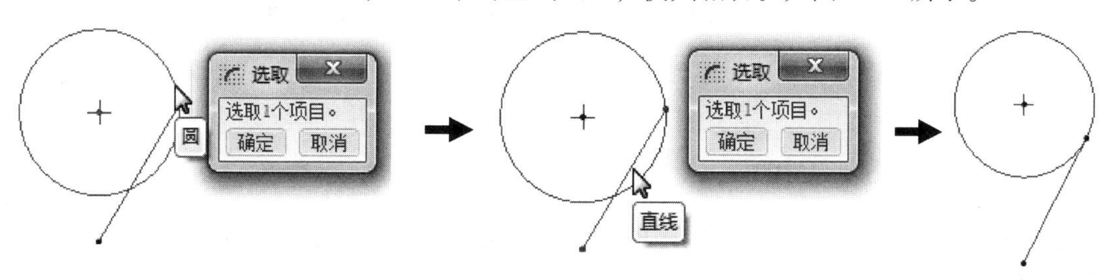

图 2-28　设置相切约束

（5）点在线条中间约束

单击“点在线条中间约束”按钮，然后单击点和直线，使点在线的中点上。如图 2-29 所示。

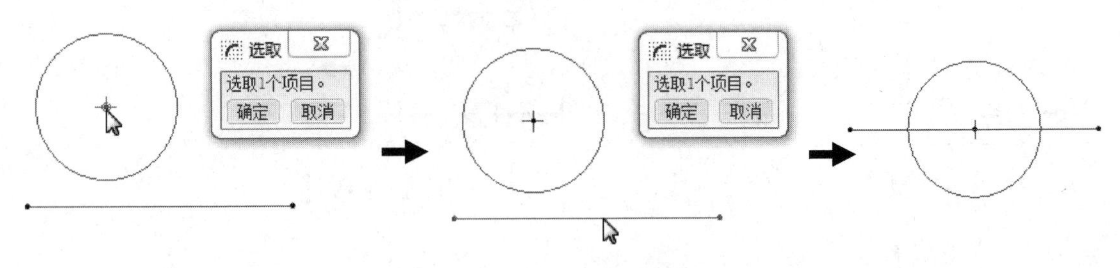

图 2-29　使点在线中间

（6）对齐约束

单击“对齐约束”按钮，然后单击两个圆的圆心，对齐约束会使其圆心重合，如图 2-30所示。也可以先选择大圆圆周上的点，再选择小圆圆心，则会使小圆圆心与大圆圆周上的点重合，如图 2-31 所示。

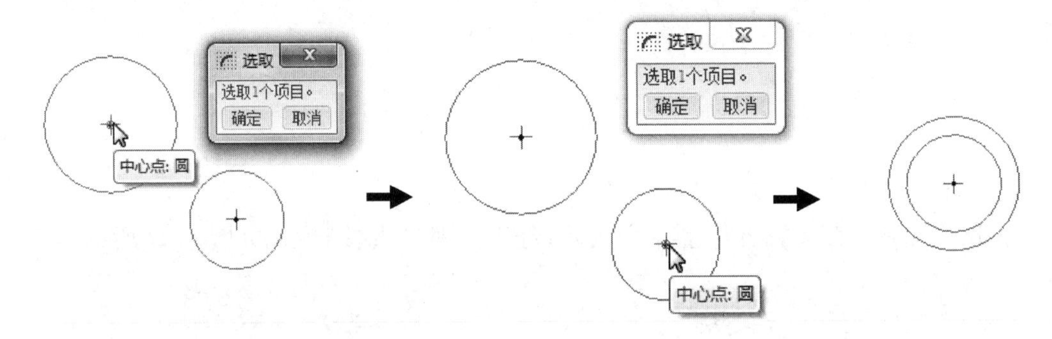

图 2-30　设置圆心重合

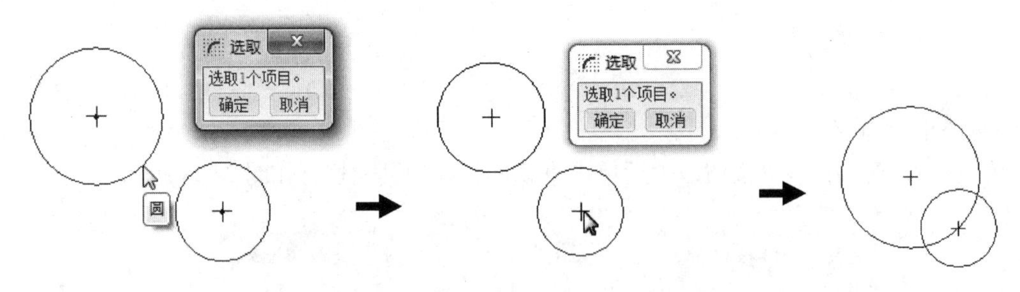

图 2-31　设置圆心与圆周上的点重合

（7）对称约束

单击“对称约束”按钮，然后按顺序单击圆心、中心线和另一侧的圆心，使中心线两侧的圆心对称，如图 2-32 所示。

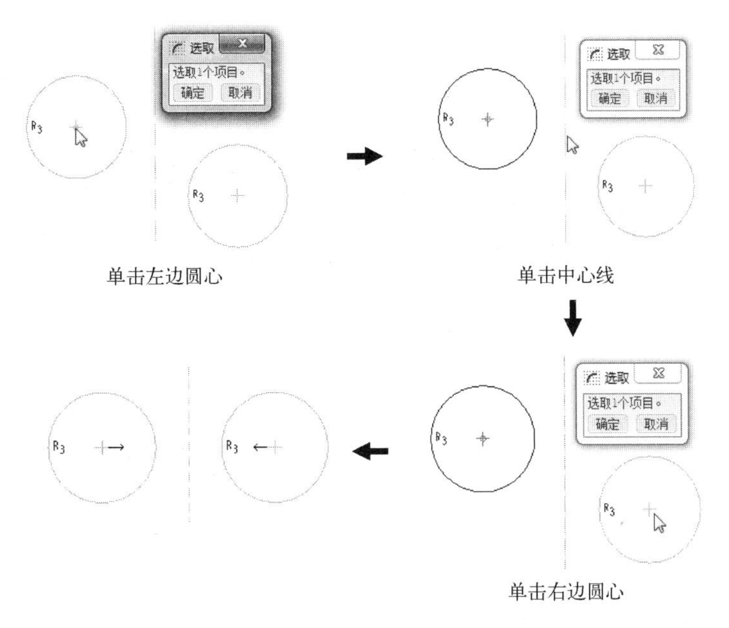

图 2-32　设置对称约束

（8）相等约束

单击“相等约束”=按钮，然后单击两条直线，使其长度相等，直线相等约束标记是 L_1，如图 2-33 所示。也可以单击“相等约束”=按钮，然后单击两个圆弧，使两个圆弧半径相等，圆弧半径相等约束标记是 R_1*，如图 2-34 所示。

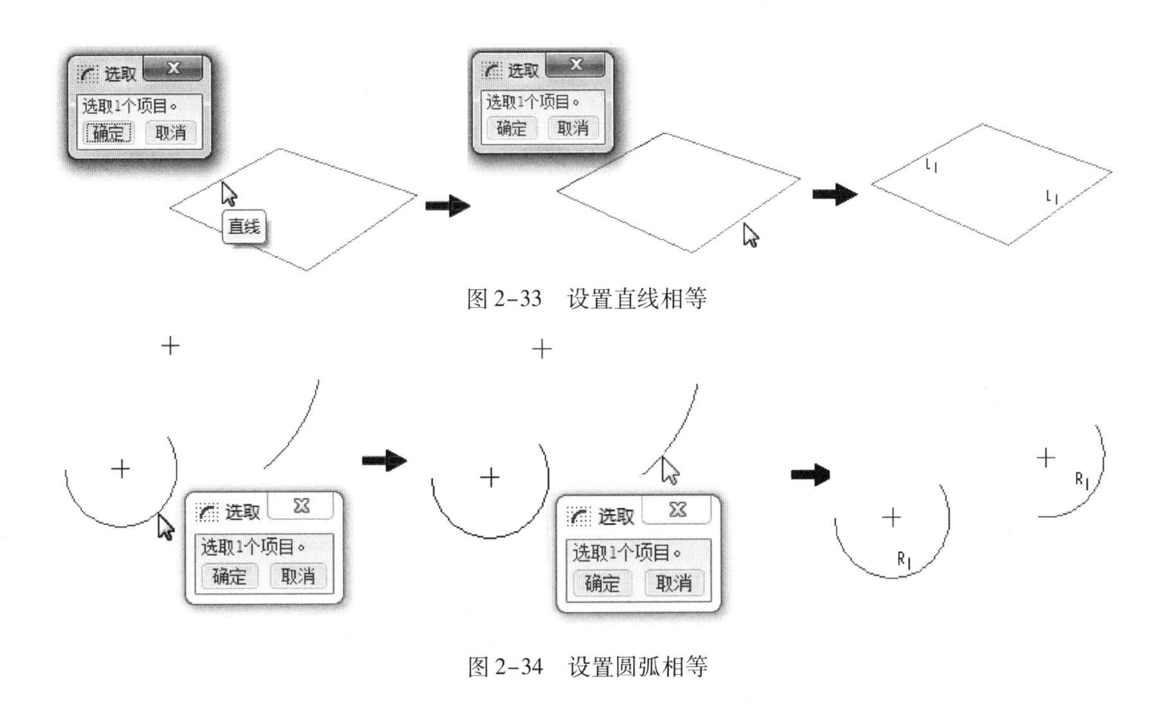

图 2-33　设置直线相等

图 2-34　设置圆弧相等

* 因为软件中变量为正体，为了确保图文一致性，文中变量均保持正体形式，全书同。

（9）平行约束

单击“平行约束”⫽按钮，然后单击两直线，使其平行，平行约束的标记如图 2-35 所示。

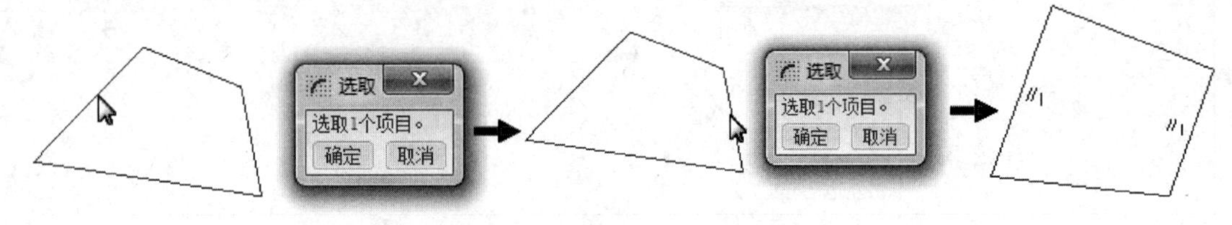

图 2-35　设置直线平行

任务实施

2.1　绘制正五边形

要绘制的正五边形如图 2-36 所示。

创建过程如下：

1）新建文件，选择“草绘”模块，文件名：pentagon，如图 2-37 所示。

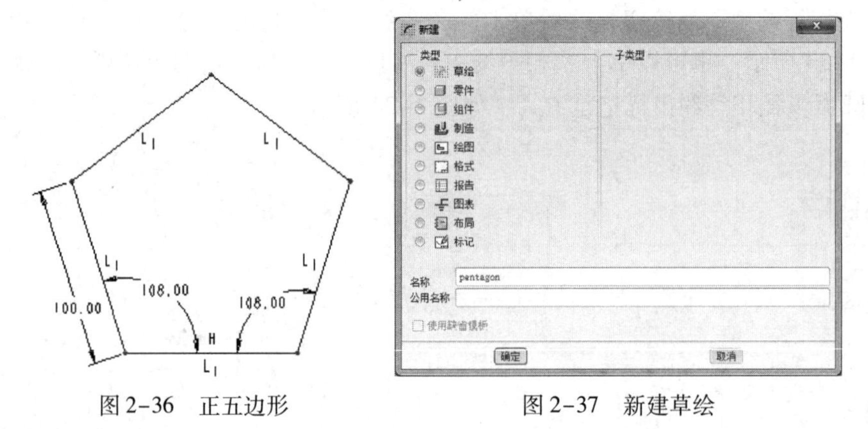

图 2-36　正五边形　　图 2-37　新建草绘

2）绘制任意五边形，如图 2-38 所示。

3）在右工具箱中单击“相等约束”=按钮，依次选择 5 条边使其相等，如图 2-39 所示。

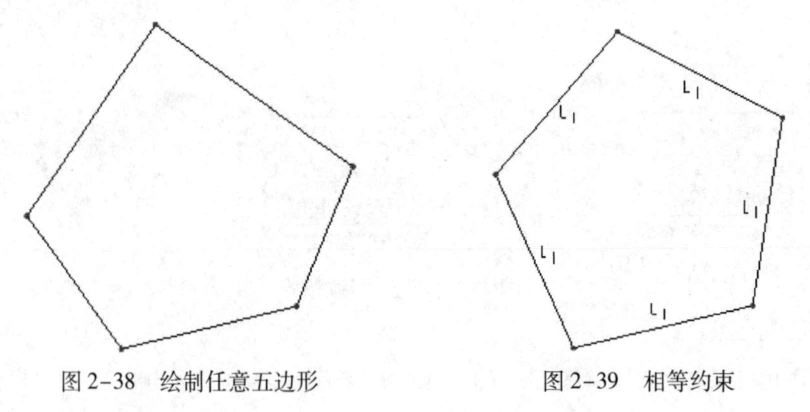

图 2-38　绘制任意五边形　　图 2-39　相等约束

4）在右工具箱中单击“水平约束”+按钮，选择底部一条边，如图 2-40 所示。

5）修改尺寸。完成的正五边形如图 2-41 所示。

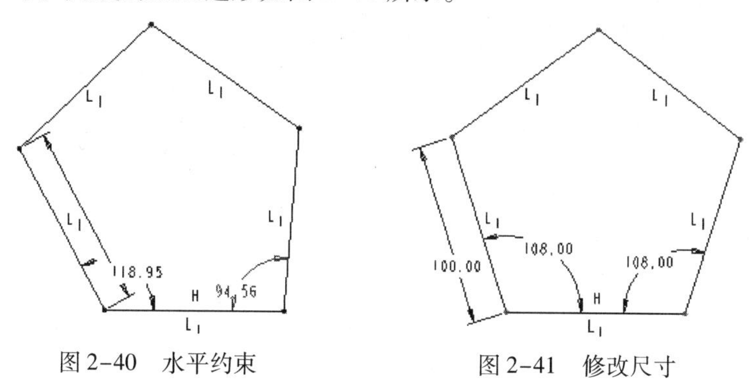

图 2-40　水平约束　　图 2-41　修改尺寸

2.2　绘制心形图形

心形图形如图 2-42 所示。

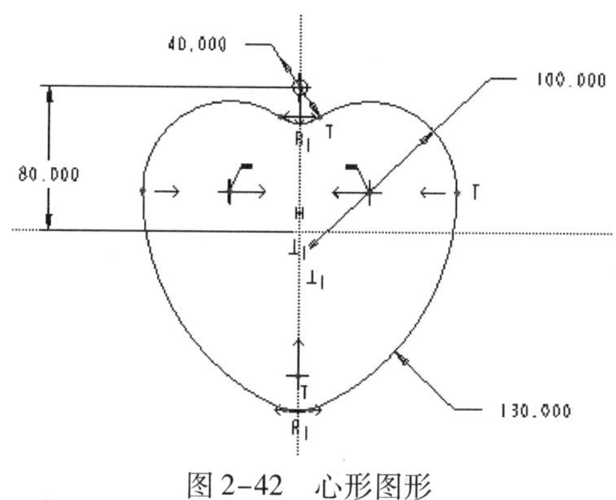

图 2-42　心形图形

创建过程如下：

1）新建文件，选择“草绘”模块，文件名：heart 。

2）绘制两条中心线，如图 2-43 所示。

3）绘制 ϕ40 mm 的两个圆，直径相等，圆心对称，如图 2-44 所示。

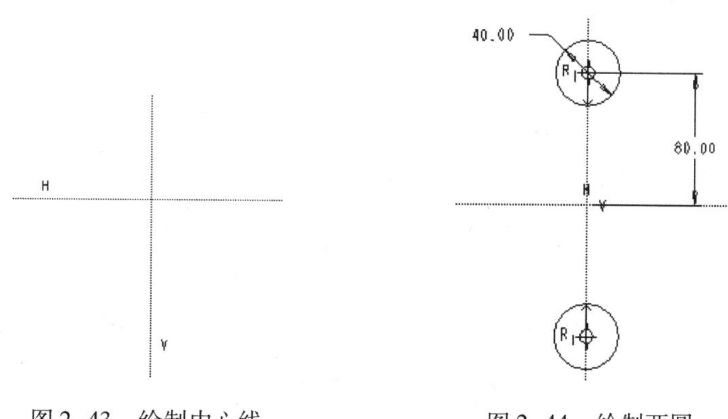

图 2-43　绘制中心线　　图 2-44　绘制两圆

4）绘制 ϕ100 mm 的圆，绘制相切圆弧，圆弧中心和半径可以调整。如图 2-45 所示。

5）修剪多余线条，如图 2-46 所示。

6）镜像，完成心形图案绘制，如图 2-47 所示。

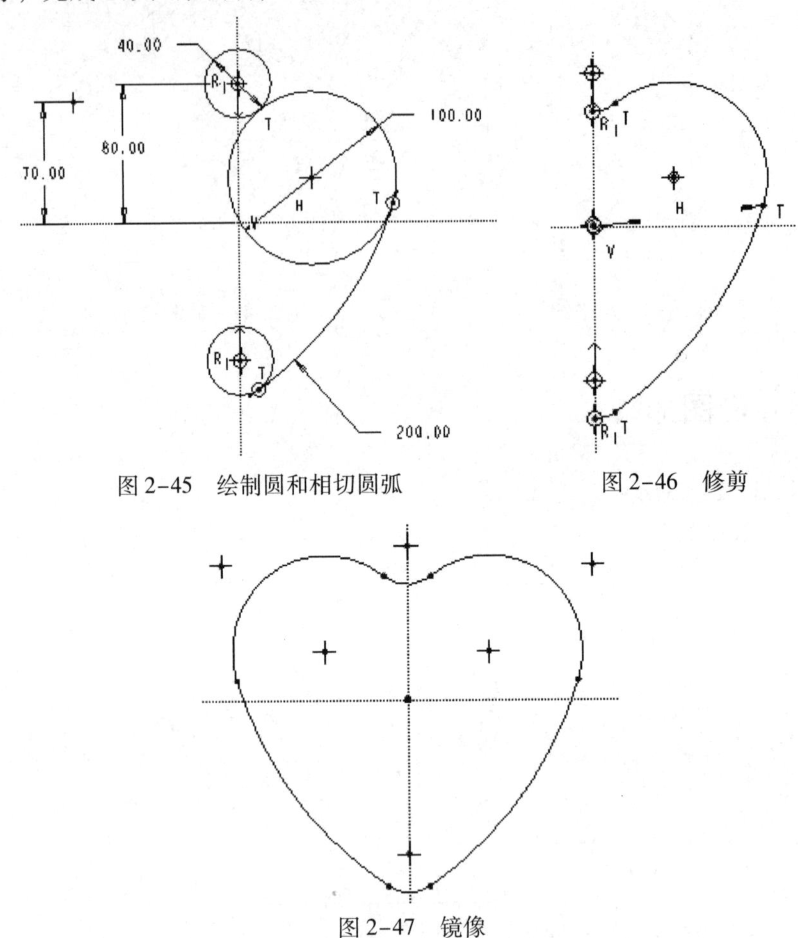

图 2-45　绘制圆和相切圆弧

图 2-46　修剪

图 2-47　镜像

2.3　绘制手柄图形

手柄图形如图 2-48 所示。

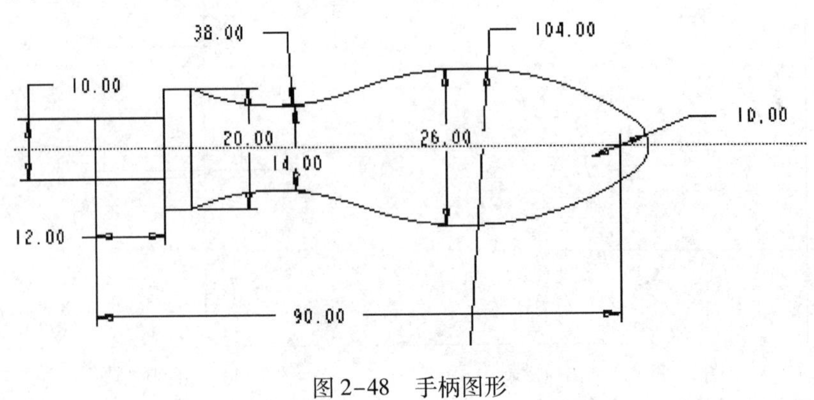

图 2-48　手柄图形

创建过程如下：

1）新建文件，选择“草绘”模块，文件名：handle。

2）绘制一条中心线，如图 2-49 所示。

3）绘制矩形，如图 2-50 所示。

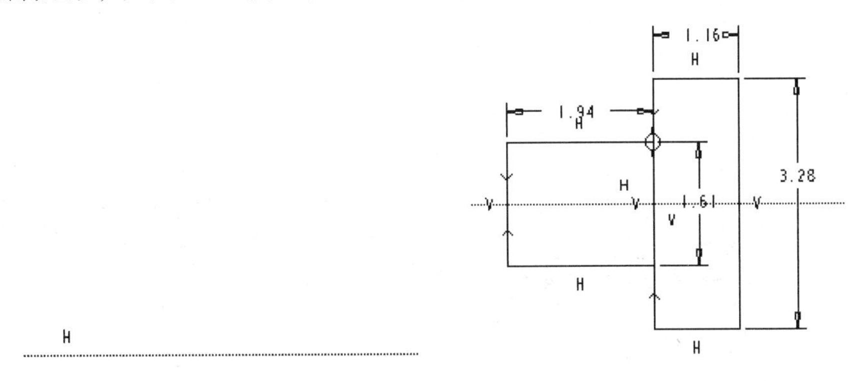

图 2-49　绘制中心线　　　　图 2-50　绘制矩形

4）修改尺寸。框选全部的图形，包括尺寸，单击右工具箱按钮，弹出 2-51 所示的“修改尺寸”对话框，选中其中的“锁定比例”复选框，调整其中的一个尺寸，将图形整体缩放。关闭“修改尺寸”对话框，再修改其他尺寸，结果如图 2-52 所示。

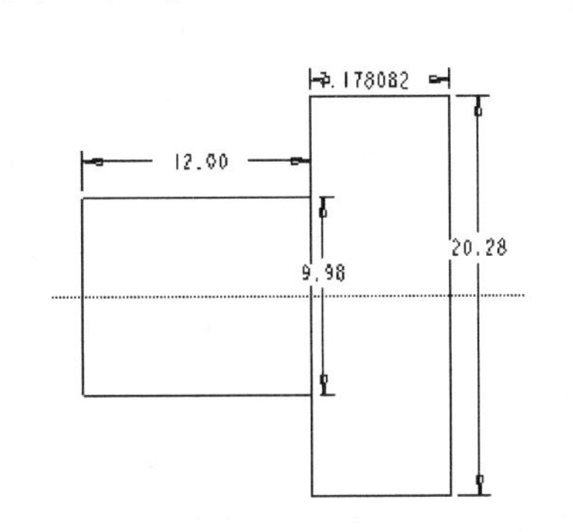

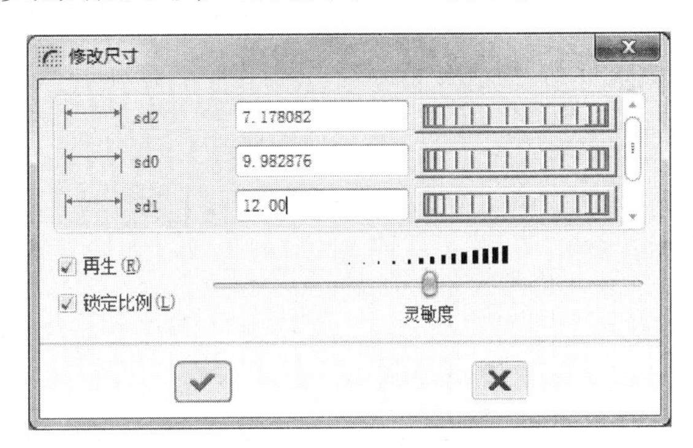

图 2-51　“修改尺寸”对话框

5）绘制右端直径 ϕ10 mm 的小圆，如图 2-53 所示。

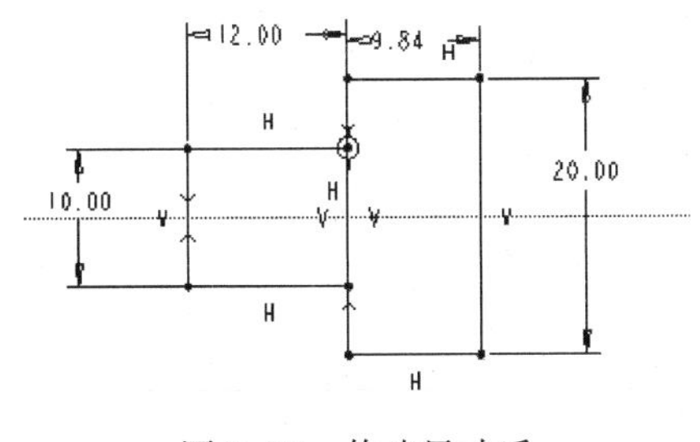

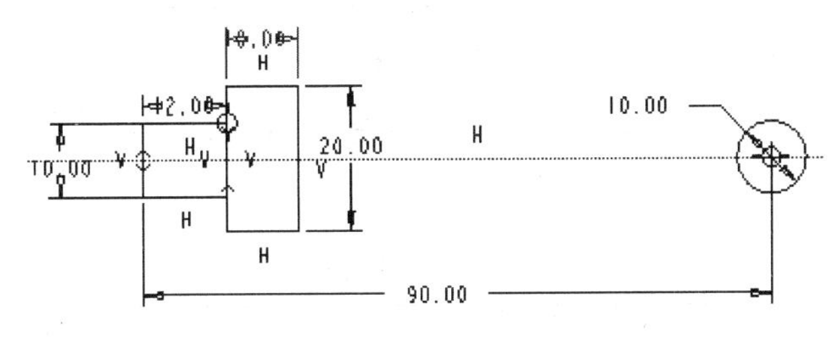

图 2-52　修改尺寸后　　　　图 2-53　绘制小圆

6）绘制两条水平中心线，距中线距离均是 13 mm，如图 2-54 所示。

7）绘制直径 ϕ104 mm 的圆，分别与中心线和右端小圆相切，然后修剪成如图 2-55 所示的图形。

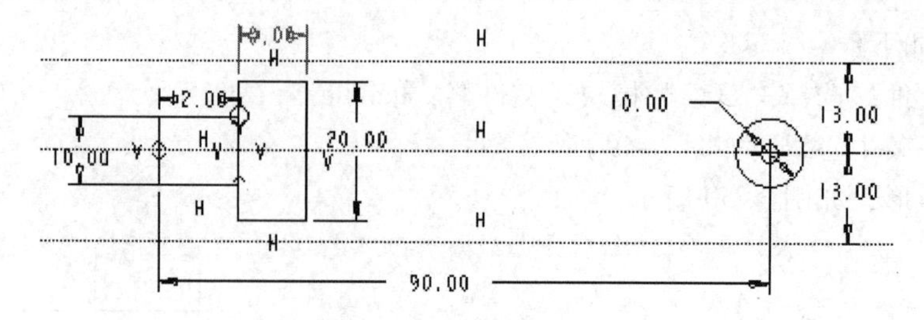

图 2-54　绘制中心线

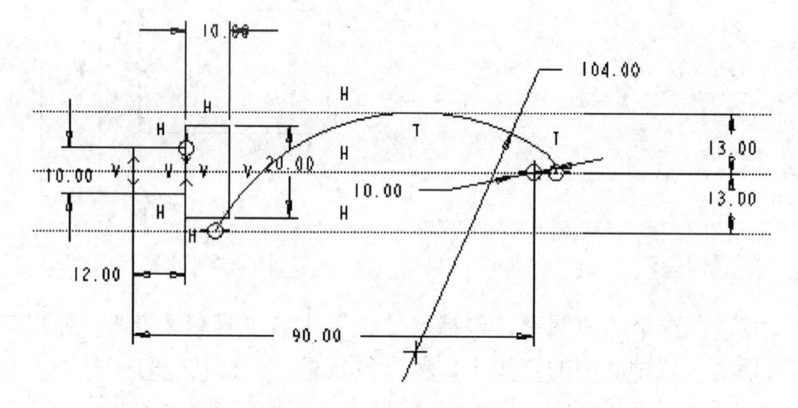

图 2-55　绘制圆并修剪

8）参照步骤 7)，绘制半径 R38 mm 的圆弧并修剪，如图 2-56 所示。

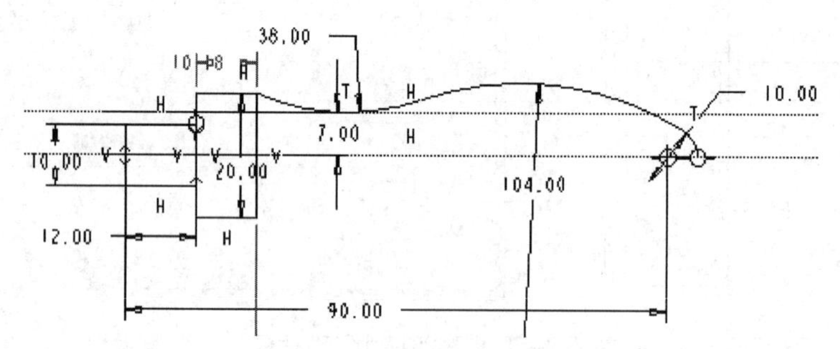

图 2-56　绘制圆弧并修剪

9）镜像，修改尺寸，最后绘图结果如图 2-57 所示。

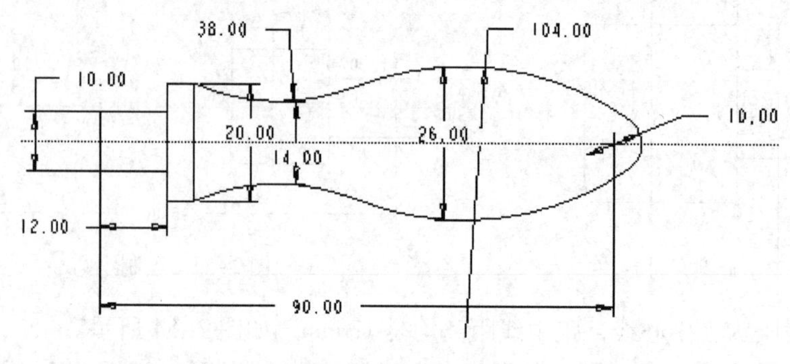

图 2-57　完成的图形

2.4 绘制异形垫片图形

异形垫片图形如图 2-58 所示。

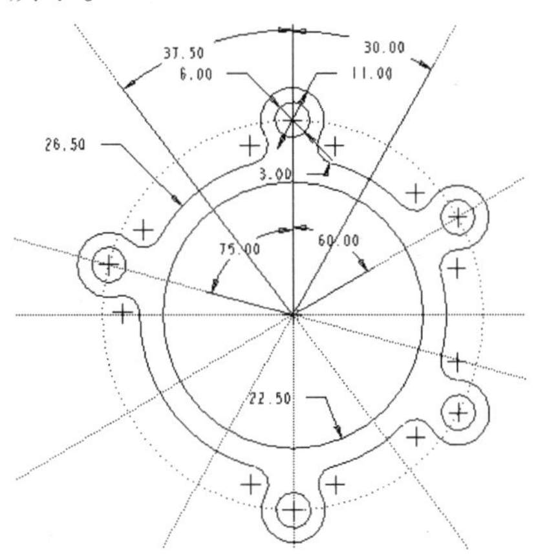

图 2-58 异形垫片图形

创建过程如下：

1）新建文件，选择“草绘”模块，文件名：plate。

2）绘制中心线，如图 2-59 所示。

3）绘制 3 个同心圆，分别是 ϕ66 mm、ϕ53 mm、ϕ45 mm，如图 2-60 所示。在 ϕ66 mm 的圆上右击，从弹出的快捷菜单中选择“构建”命令，将该圆变成构建圆。

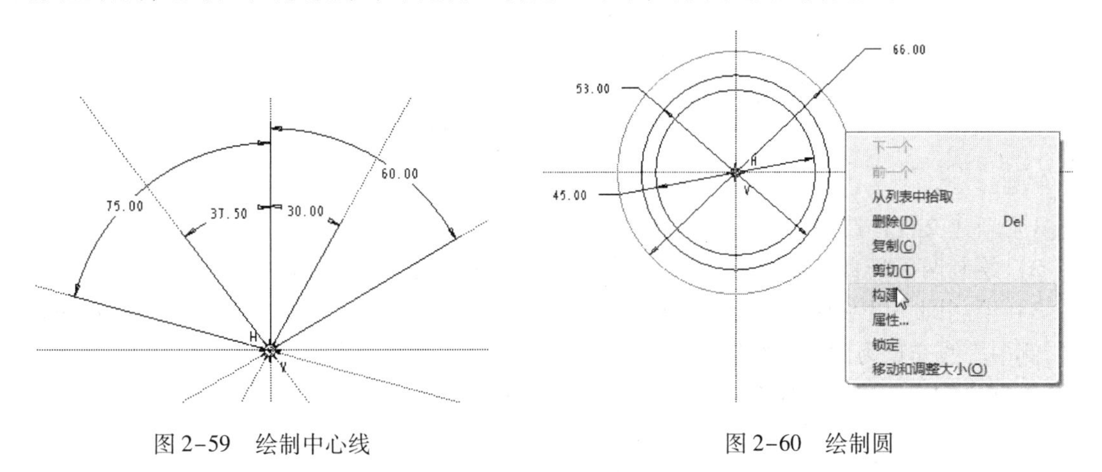

图 2-59 绘制中心线

图 2-60 绘制圆

说明：

构建线也叫“构造线”，草图中的构建线和构建圆用于辅助绘图，可以作为参照来标注尺寸，或者给图形添加约束。本例中是用来确定小圆的圆心。构建线不成为零件特征的一个部分（点线面），即在拉伸等特征中构建线和构建圆不会起作用。

4）绘制 ϕ11 mm 和 ϕ16 mm 的同心圆，并倒圆角，圆角值为 R3 如图 2-61 所示。

5）镜像。最终完成的图形如图 2-62 所示。

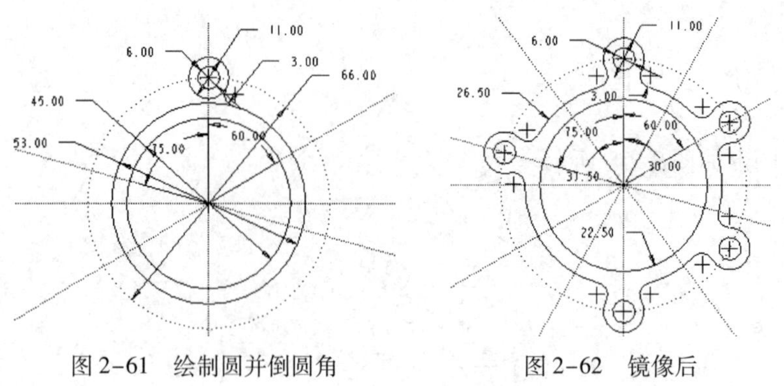

图 2-61　绘制圆并倒圆角　　　　图 2-62　镜像后

2.5　绘制拨杆图形

拨杆图形如图 2-63 所示。

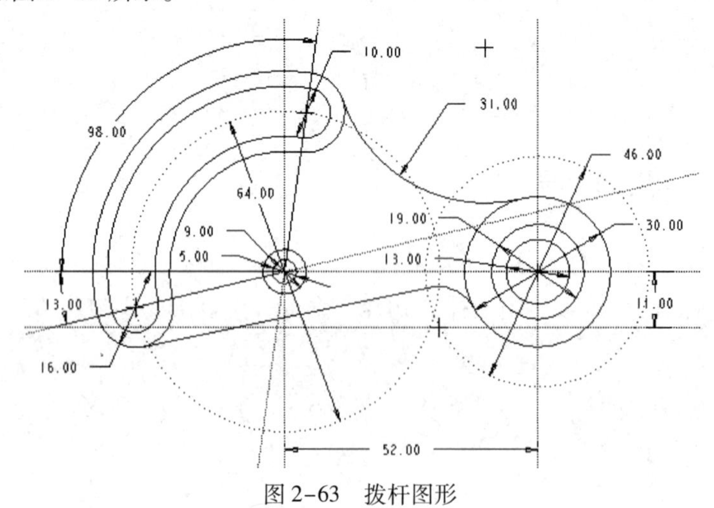

图 2-63　拨杆图形

1）新建文件，选择“草绘”模块，文件名：part。

2）绘制两条竖直中心线和一条水平中心线，尺寸如图 2-64 所示。

3）绘制圆。以左侧中心线交点为圆心，绘制同心圆，分别是 ϕ64 mm、ϕ9 mm、ϕ5 mm，以右侧中心线交点为圆心，绘制同心圆，分别是 ϕ30 mm、ϕ19 mm、ϕ13 mm，并将 ϕ64 mm 的圆改成“构建”圆，如图 2-65 所示。

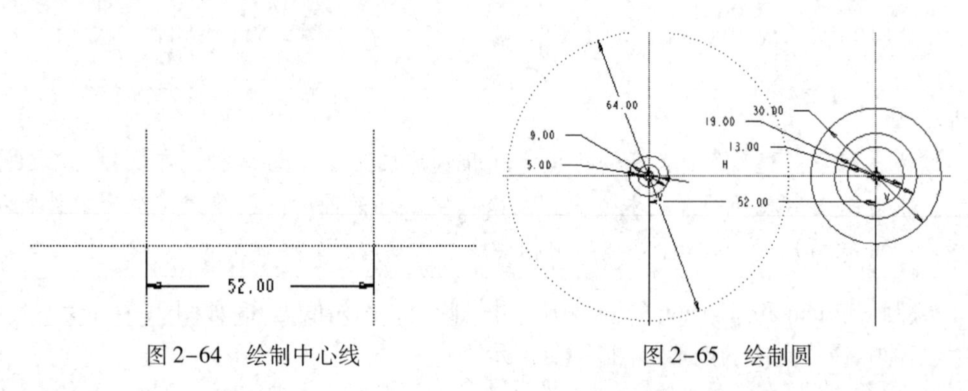

图 2-64　绘制中心线　　　　图 2-65　绘制圆

4）绘制两条中心线，过左侧圆心且与水平线夹角分别为 13°和 98°，再分别绘制 ϕ16 mm和 ϕ10 mm 的两组同心圆，如图 2-66 所示。

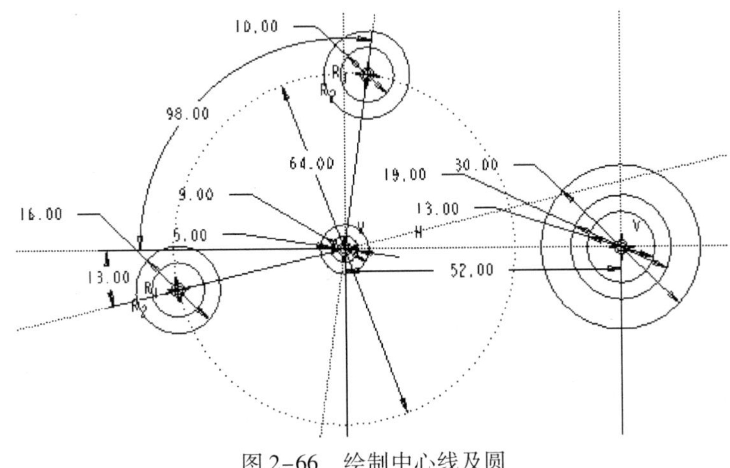

图 2-66 绘制中心线及圆

5）利用三点画弧法，绘制与 ϕ10 mm 的两个圆相切的圆弧，再绘制与 ϕ16 mm 的两个圆相切的圆弧，再修剪图形，结果如图 2-67 所示。

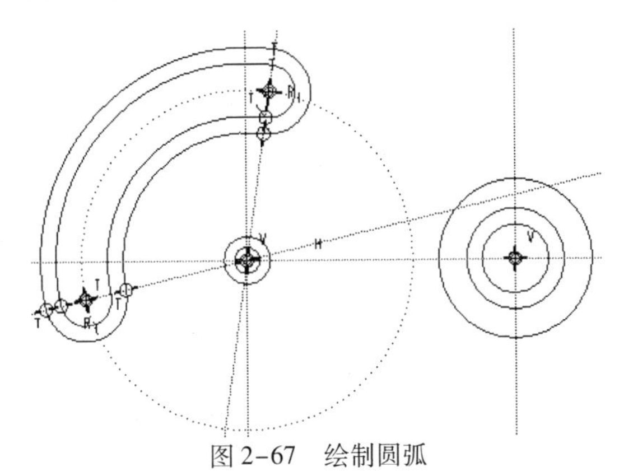

图 2-67 绘制圆弧

6）绘制与 ϕ16 和 ϕ30 相切的圆弧，圆弧半径为 R31 mm，如图 2-68 所示。

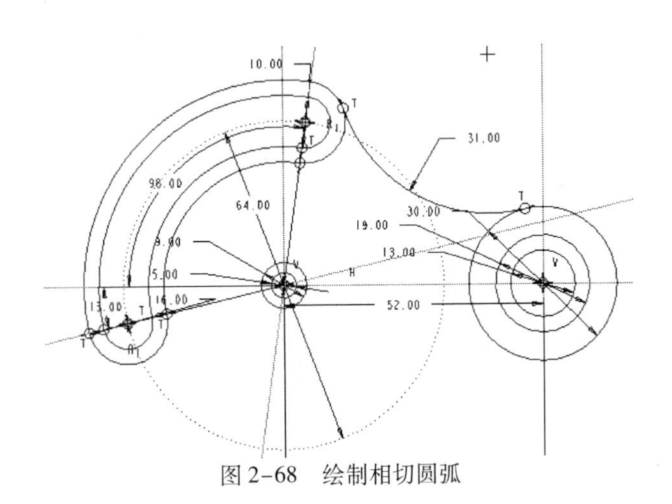

图 2-68 绘制相切圆弧

7）绘制水平中心线，与中线距离为 11 mm，以右侧圆心作为圆心，绘制 ϕ46 mm 的圆，并设置为构建圆，以其与水平中心线交点为圆心，再绘制一个小圆与 ϕ30 mm 的圆外切，如图 2-69 所示。

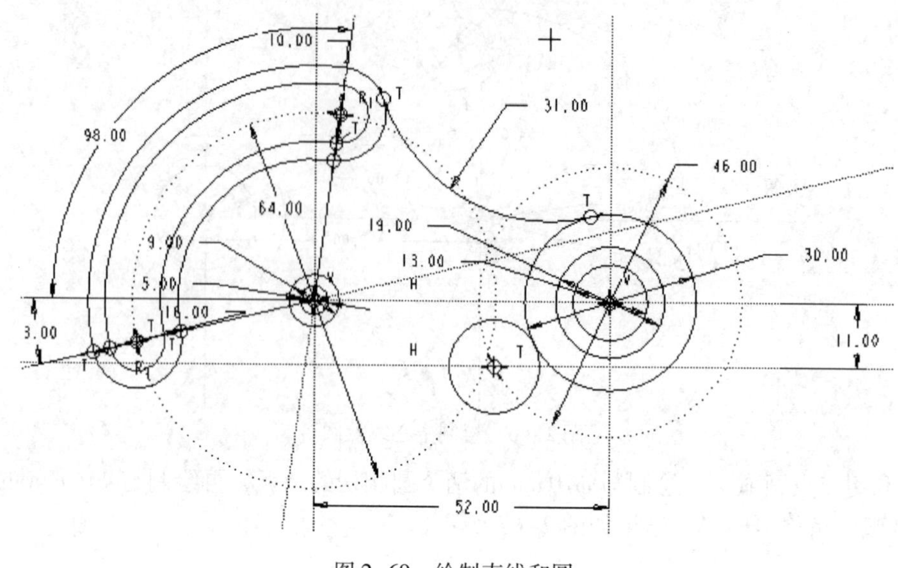

图 2-69　绘制直线和圆

8）利用公切线命令，绘制 ϕ16 mm 的圆与第 7）步绘制的小圆的内公切线，并修剪，关闭约束、尺寸的显示，最终完成的拨杆图形如图 2-70 所示。

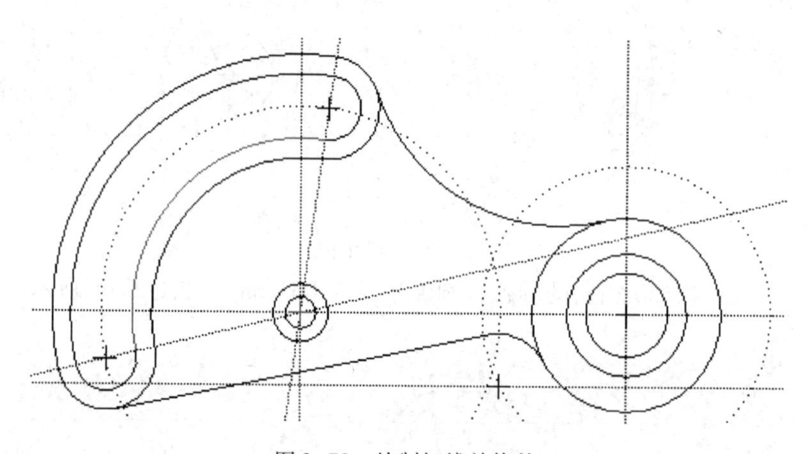

图 2-70　绘制切线并修剪

小结

草图是创建三维实体的基础，也是学习整个 Pro/Engineer 软件的基础，草图操作熟练，会提高软件的操作速度。同时，草图的正确性、准确性与三维实体建模有直接关系，因此，要加强本任务的练习。

习题

1. 绘制如图 2-71 所示的图形，要求符合比例，尺寸自定。
2. 按照图 2-72 所给的尺寸，绘制二维图形。

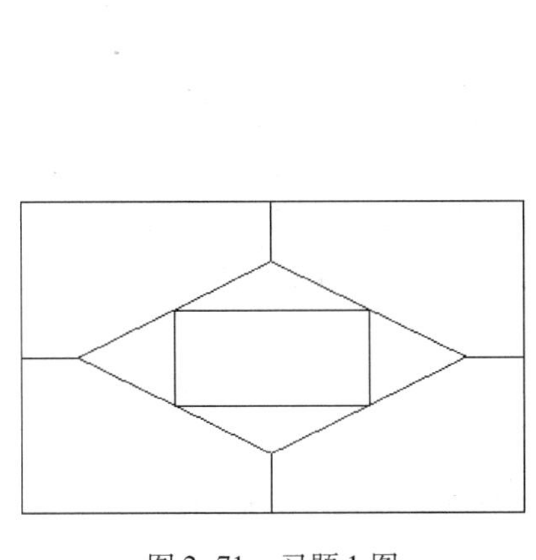

图 2-71　习题 1 图

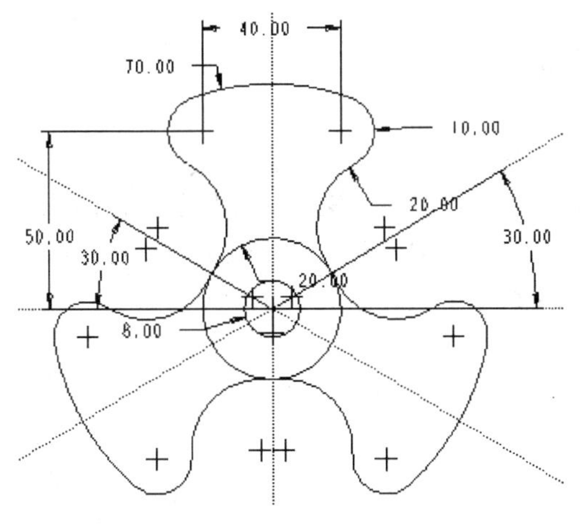

图 2-72　习题 2 图

3. 按照图 2-73 所给的尺寸，绘制二维图形。
4. 按照图 2-74 所给的尺寸，绘制二维图形。

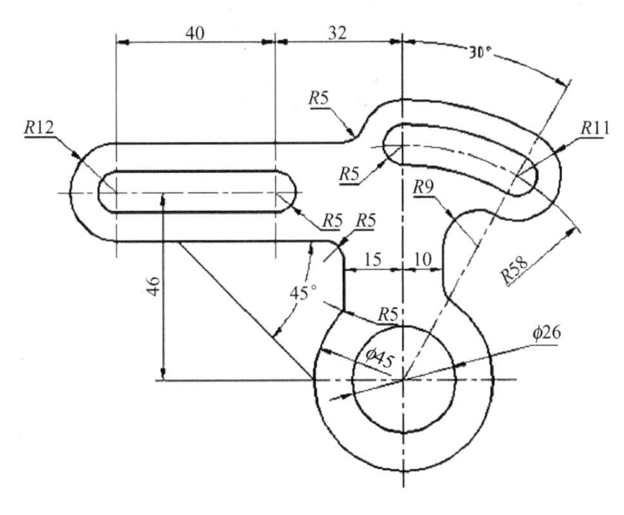

图 2-73　习题 3 图

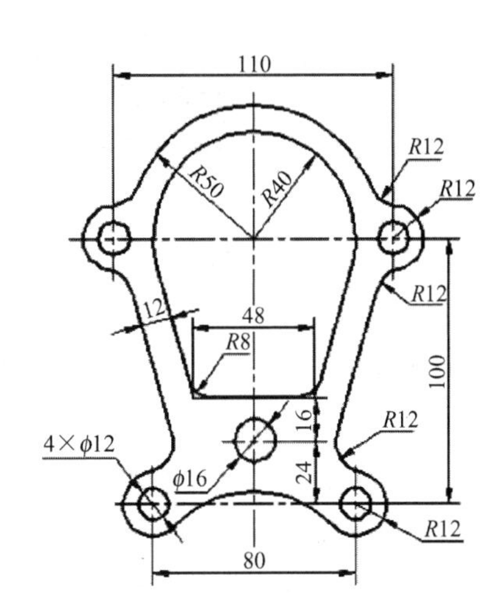

图 2-74　习题 4 图

任务3　音箱造型设计

任务描述

本任务要求基于自底向上的设计方式，利用 Pro/Engineer 实体建模相关命令，完成音箱主体、端盖、连接板、支架、底板各零件的三维实体建模，并完成音箱产品的装配。

本音箱为某学校电子专业电子线路连接实训项目载体，要求音箱外壳拆卸方便，造型设计适合模具加工。通过本任务，可以掌握自底向上的设计思路，掌握拉伸、旋转、拔模、倒角等基本建模命令的操作方法，掌握一般产品的设计流程。

音箱造型如图 3-1 所示。

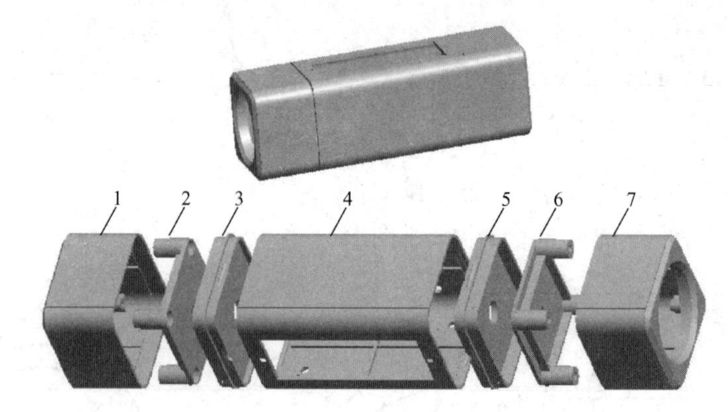

图 3-1　音箱造型

1—端盖　2—支架　3—连接板　4—音箱主体　5—连接板　6—支架　7—端盖

能力目标

1）掌握箱体类、端盖类、支架类产品的造型流程；

2）掌握拉伸、旋转、倒角、倒圆角的操作方法；

3）理解拔模斜度的概念，掌握拔模斜度的创建方法；

4）掌握特征的复制、镜像等操作方法；

5）掌握装配建模方法。

知识准备

1. “零件”模块工作界面

Pro/Engineer 软件“零件”模块的工作界面如图 3-2 所示，选择“mmns_part_solid”模

板后，系统会自动创建3个基准平面（分别是FRONT、TOP和RIGHT），以及一个基准坐标系PRT_CSYS_DEF，在绘图区显示出来。基准平面和基准坐标系是进行零件建模的基础，例如拉伸时需要选择基准平面或者模型上的平面创建草图。在左侧的模型树中显示出这3个基准平面和基准坐标系的名称，可以单击选择。“模型树”下的第1行是当前模型的名称；“模型树”下最后一行是“在此插入”，这里是系统当前插入特征的地方。注意在建模时，鼠标左键按住“在此插入”并将其拖动到已经创建的特征之前，可以改变建模流程。单击“模型树”旁边的按钮，可以在“模型树”和“层树”之间进行切换。

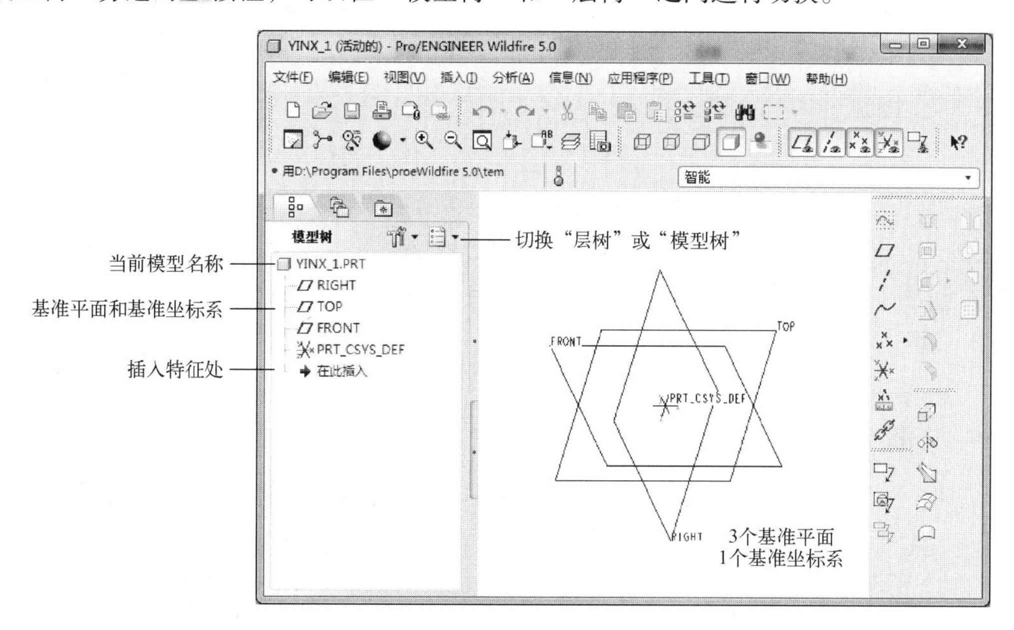

图3-2 “零件”模块工作界面

2. 拉伸特征的创建

拉伸特征是最简单也是最常用的特征。拉伸原理是：在某个平面上绘制一个二维截面，然后让截面沿垂直于二维截面的方向伸出一定的深度，即可创建出一个等截面三维特征。

单击右工具箱中“基础特征”工具栏上的“拉伸”按钮，系统会弹出“拉伸”图标板（如图3-3所示），单击“放置”按钮，可以创建或者选择草图。单击“选项”按钮，可以设置单侧拉伸或者双侧拉伸，还可以设置拉伸曲面封闭端。可以在“拉伸方式”列表中选择拉伸方式（如图3-4所示）。在“拉伸高度”文本框内输入拉伸高度值。单击“拉伸方向”按钮，改变拉伸方向。也可以单击绘图区中模型上的黄色方向箭头改变拉伸方向。单击“去除材料”按钮，可以按照除料方式进行拉伸。单击“草绘加厚”按钮，则将草图轮廓加厚进行拉伸。单击“预览”按钮，可以观察所创建的模型是否合适，不合适，可以单击按钮进行修改；如果合适，可以单击按钮进行确认，完成拉伸特征操作。单击按钮，则取消拉伸特征操作。

【例3-1】 创建拉伸特征

1）新建零件：extrude. prt 文件。

2）单击右工具箱中“基础特征”工具栏上的“拉伸”按钮，默认选择为“拉伸实体”。

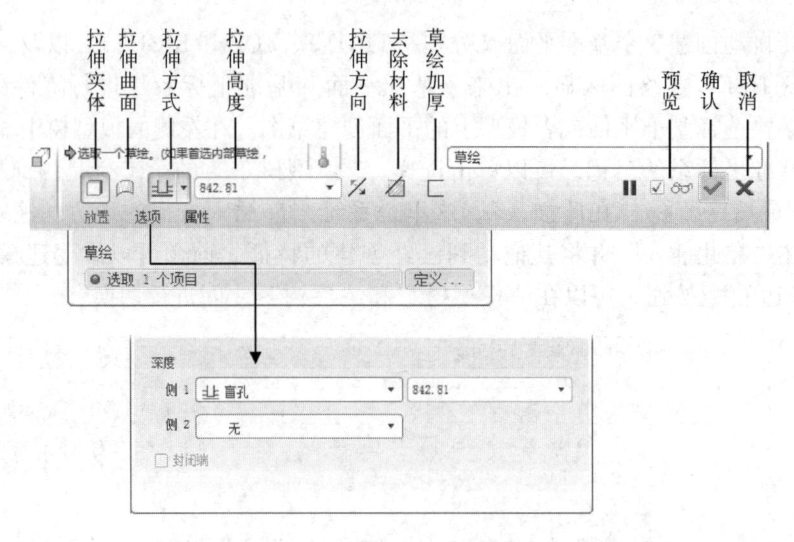

图 3-3 “拉伸”图标板

3）单击“拉伸”图标板“放置”按钮，打开“放置”下拉面板，单击“定义”按钮，弹出“草绘”对话框，如图 3-5 所示。“草绘平面”选择“基准平面”（TOP），草绘视图“参照”选择“基准平面”（RIGHT），“方向”选择“右”，则系统会按照基准平面 RIGHT 朝右的方向来放置草图平面（基准平面 TOP）。

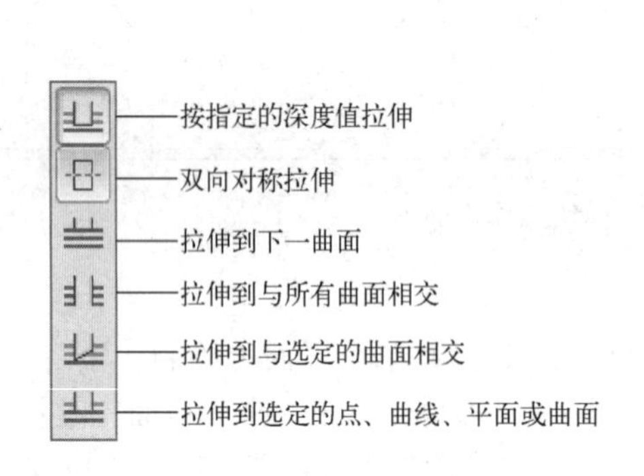

图 3-4 拉伸方式

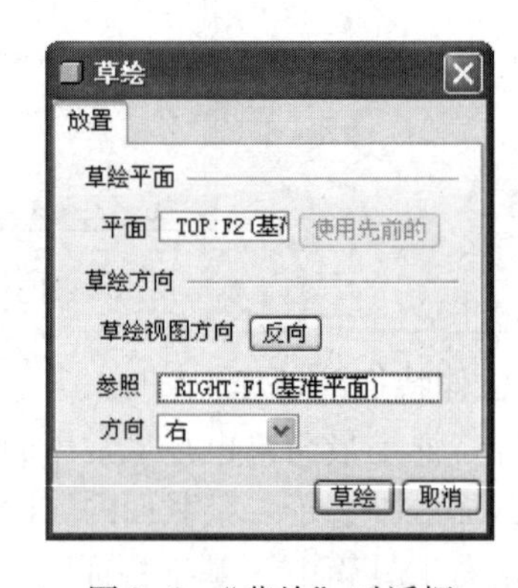

图 3-5 “草绘”对话框

4）单击“草绘”按钮后，进入草绘界面，然后绘制如图 3-6 所示的草绘戴面。

5）在“拉伸”图标板的“拉伸高度”文本框 200 内输入拉伸高度 200 mm，得到如图 3-7 所示的长方体空桶。

6）按照同样的方式建立另一个拉伸特征。选择长方体的一个表面作为草图平面，定义草绘，如图 3-8 所示。

7）设置拉伸高度为 100 mm，最后得到的零件如图 3-9 所示，由两个拉伸特征构成。

3. 旋转特征的创建

旋转特征是由截面围绕中心轴线旋转所得的特征。旋转特征的两要素为中心轴线和截面。

创建旋转特征的步骤为：定义截面放置属性（即草绘平面、参照平面和参照平面的方向）→绘制中心轴线→绘制特征截面→确定旋转方向和角度。

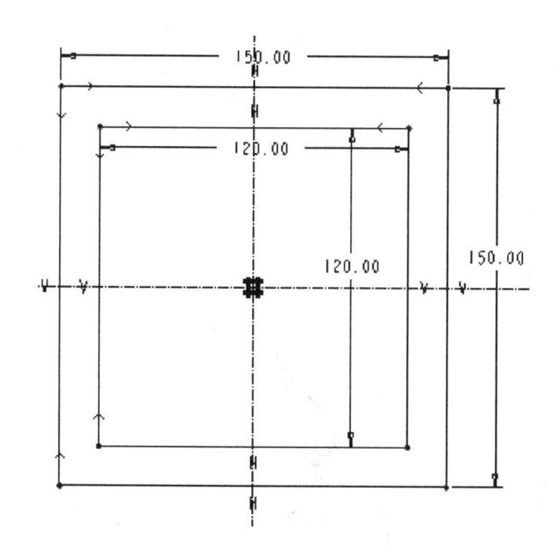

图 3-6　草绘截面

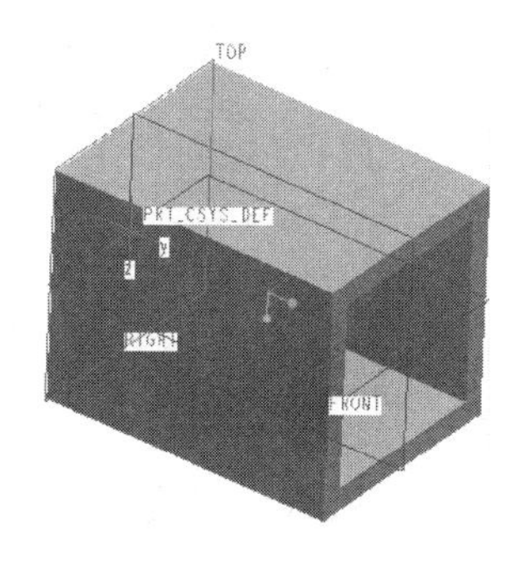

图 3-7　将草绘戴面拉伸成实体

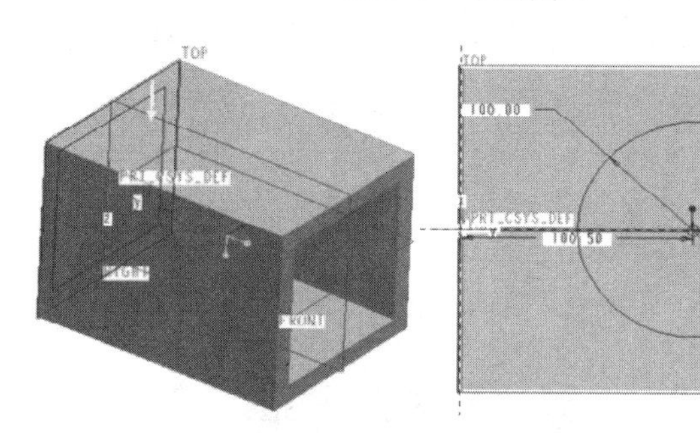

图 3-8　在长方体表面草绘一个圆

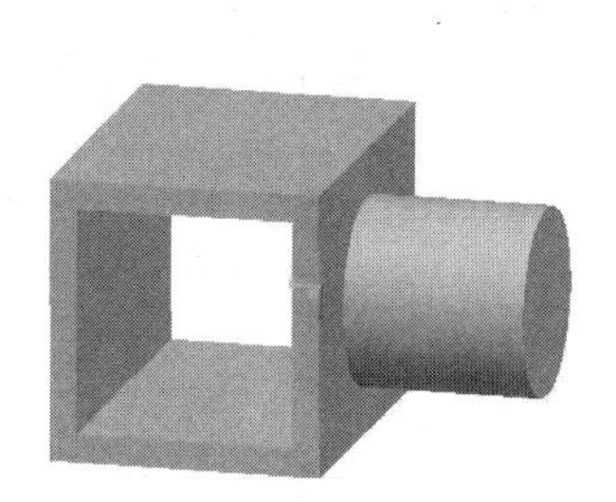

图 3-9　由两个拉伸特征构成的三维模型

单击右工具箱中“基础特性”工具栏上的“旋转”按钮，系统会弹出“旋转”图标板，如图 3-10 所示。

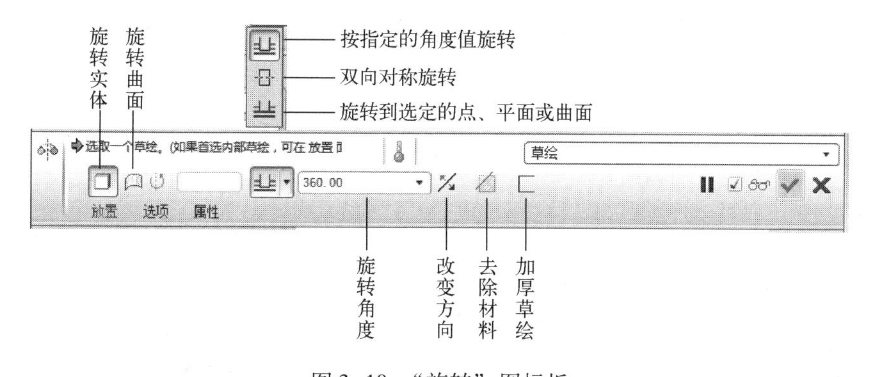

图 3-10　“旋转”图标板

【例 3-2】 创建旋转特征

单击右工具箱中“基础特征”工具栏上的“旋转”按钮，进入“旋转”设计工具。

1）单击“旋转”图标板的“放置”按钮，单击“定义”按钮，弹出“草绘”对话框，选择“基准平面”（FRONT）作为草绘平面，草绘视图“参照”选择“基准平面”（RIGHT），如图 3-11 所示，单击“草绘”按钮，进入到草绘界面。

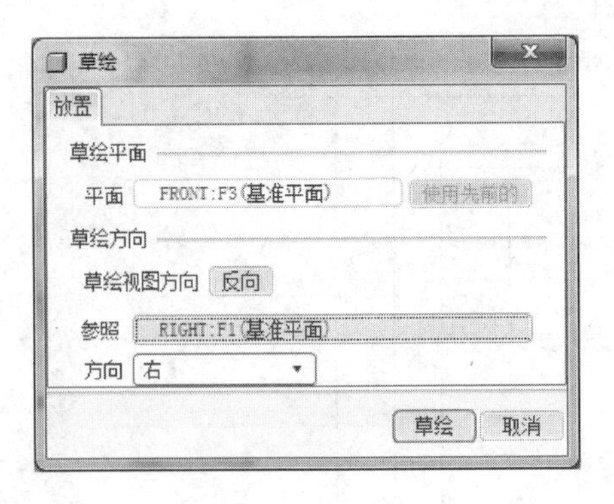

图 3-11 设置草绘平面、草绘视图参照

2）单击“几何中心线”按钮，绘制旋转轴线，绘制如图 3-12 所示的草图截面，按✔按钮结束草绘。

3）在“旋转”图标板中接受默认的旋转角度 360°，单击右侧✔按钮完成旋转特征操作。

4）旋转造型结果如图 3-13 所示。

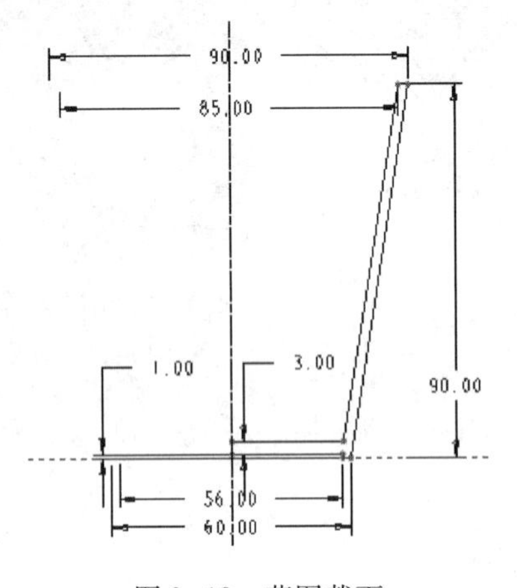

图 3-12 草图截面

图 3-13 旋转造型

4. 特征的镜像

当形体中有对称结构时，可以利用软件中的镜像工具创建相对于对称面的复制特征，提高建模效率。椅子扶手的镜像如图 3-14、图 3-15 所示。

图 3-14 镜像前

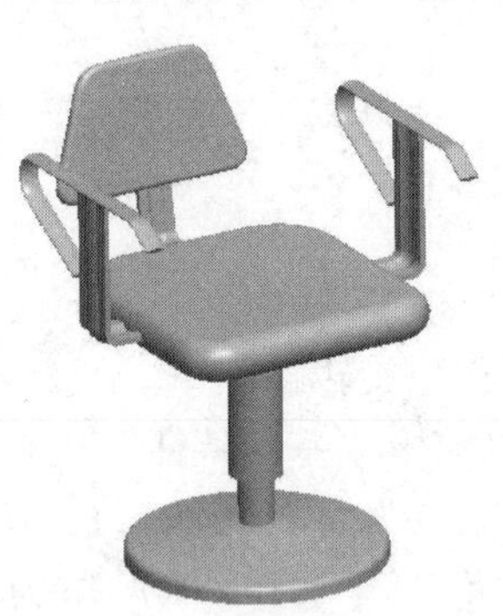

图 3-15 镜像后

【例 3-3】创建镜像。

进行镜像之前，先在绘图区中单击要镜像的形体或者特征，选择菜单【编辑】|【镜像】命令，或者单击"基础特征"工具栏上的"镜像"按钮，进入"镜像"设计工具，如图 3-16 所示。选中"选项"下的"复制为从属项"复选框，则删除、改变镜像前的特征，镜像后随之改变。若取消该复选框的选中状态，则可以去掉镜像前后的从属关系。

图 3-16 "镜像"图标板

选择一平面作为镜像平面，单击右侧按钮完成镜像特征操作，结果如图 3-17、图 3-18 所示。

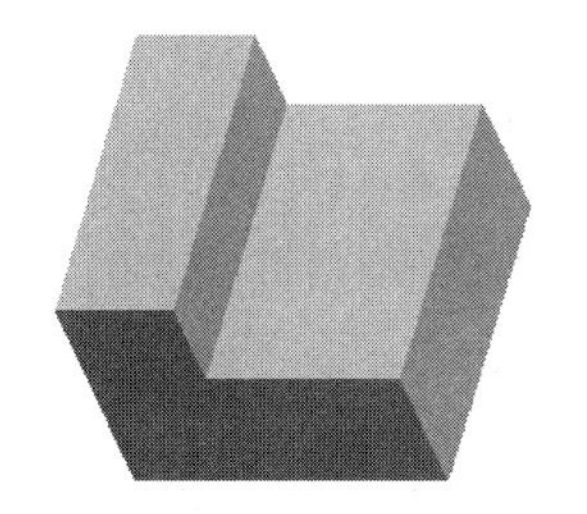

图 3-17 要镜像的形体

图 3-18 镜像后的形体

5. 倒角的创建

倒角分为两种类型：边倒角和拐角倒角。

◇ 边倒角：在有公共边的两个原始曲面之间创建斜角曲面，如图 3-19 所示。

◇ 拐角倒角：在零件的拐角处去除材料，如图 3-20 所示。

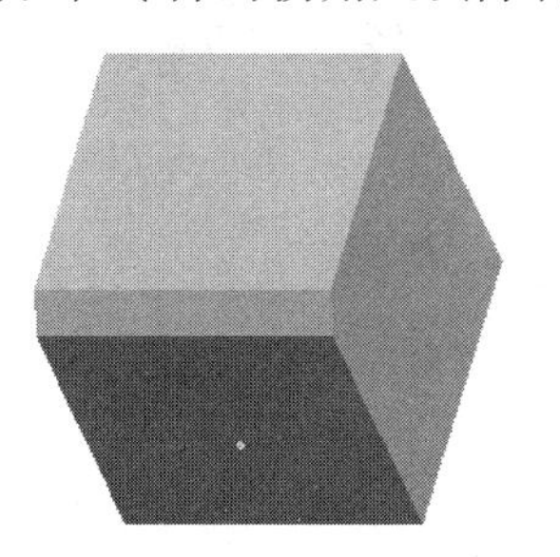

图 3-19 边倒角

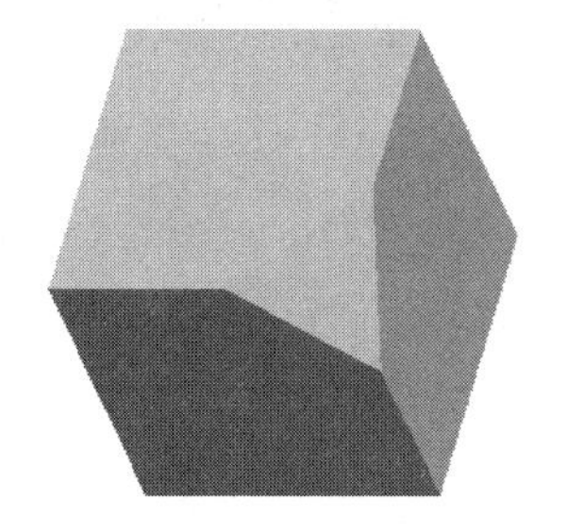

图 3-20 拐角倒角

选择菜单【插入】|【倒角】命令，进入"倒角"设计工具，"倒角"图标板如图 3-21 所示。

【例 3-4】创建倒角。

1）打开一个已有的零件模型。选择菜单【文件】|【打开】命令或者单击工具栏上的"打开"按钮，打开零件文件 cube. prt，如图 3-22 所示。

2）选择菜单【插入】|【倒角】|【边倒角】命令，或者单击右工具箱中"工程特征"工具栏上的"倒角"按钮。

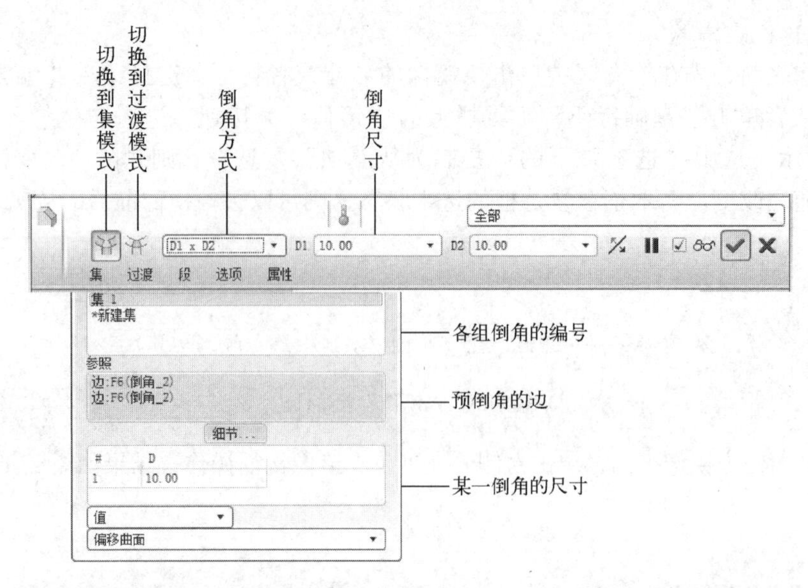

图 3-21 “边倒角”图标板

3）选取模型中的要倒角的边线（如图 3-23 所示），然后选择倒角方式和倒角尺寸。此处选取“D×D”方案，倒角尺寸设为 10 mm，如图 3-24 所示，单击右侧✔按钮完成倒角特征操作。

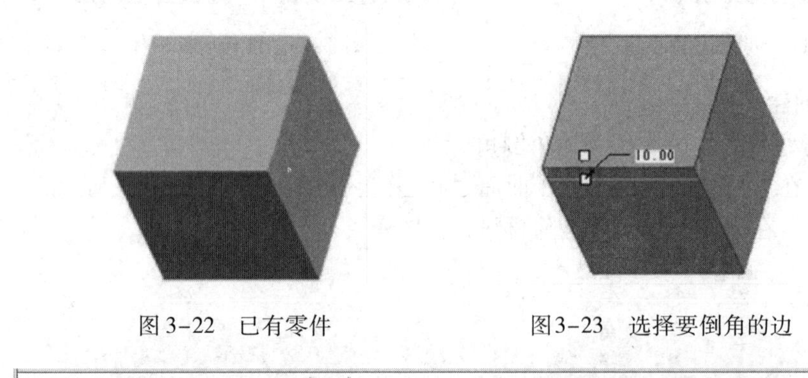

图 3-22 已有零件　　　　图 3-23 选择要倒角的边

图 3-24 设置倒角尺寸

创建的结果如图 3-25 所示。

6. 倒圆角的创建

倒圆角特征用以将零件的一个或者数个边创建为圆弧面，分为两种类型：创建恒定的倒圆角和创建可变的倒圆角。

【例 3-5】 创建恒定的倒圆角。

1）打开一个已有的零件模型。选择菜单【文件】|【打开】命令，或者单击工具栏上的“打开”按钮，打开零件文件 cube. prt，如图 3-26 所示。

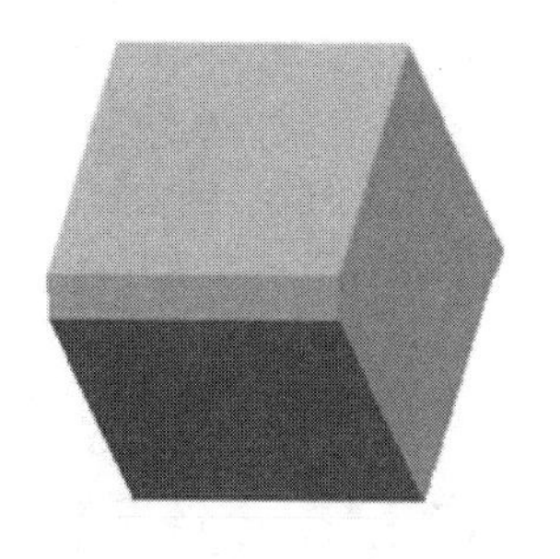

图 3-25　完成边倒角特征创建

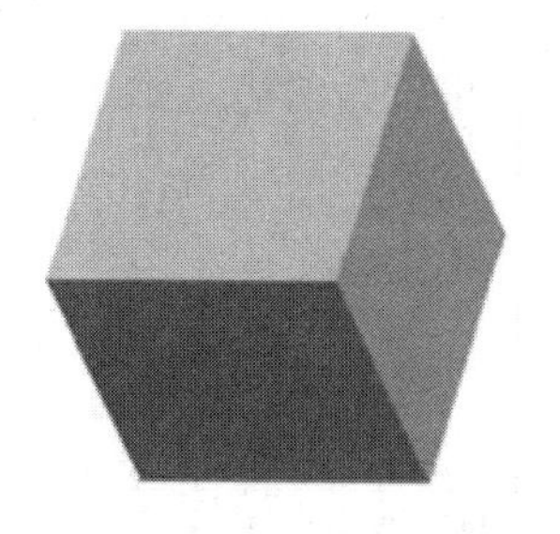

图 3-26　已有零件

2）创建恒定倒圆角。选择菜单【插入】|【倒圆角】命令，或者单击右工具箱中“工程特征”工具栏上的“倒圆角” 按钮，进入到“倒圆角”设计工具中，如图 3-27 所示。

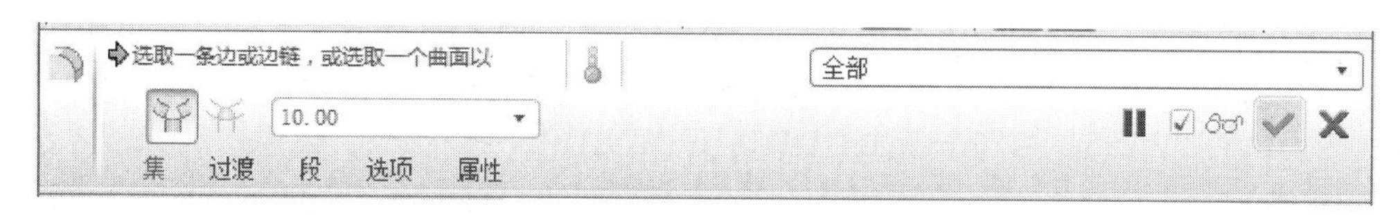

图 3-27　“恒定倒圆角”图标板

3）在模型上选取要进行倒圆角的边线（如图 3-28 所示），在“倒圆角”图标板中输入圆角半径值“10”。

4）单击右侧 按钮完成倒圆角特征操作，结果如图 3-29 所示。

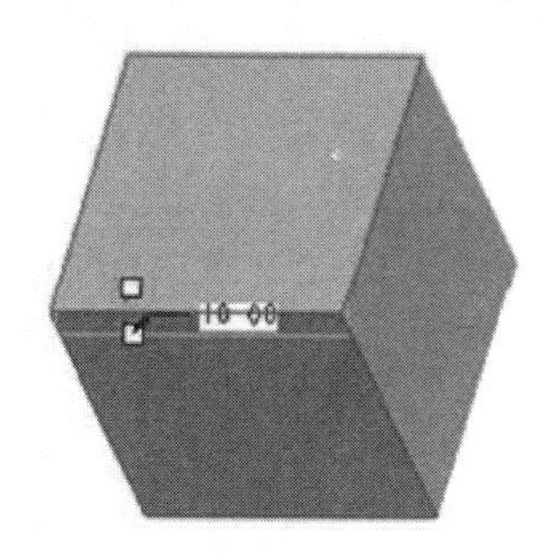

图 3-28　选取边线

图 3-29　完成创建

创建倒圆角时，选取一个边，然后按〈Ctrl〉键选取数个边，创建的倒圆角称为一组倒圆角。一个倒圆角可以包含数组圆角，按〈Ctrl〉键所选取的边为同一组倒圆角，其圆角半径值相同。不按〈Ctrl〉键选取的边为不同组的倒圆角，其圆角值可以不相同。

【例 3-6】 创建变半径的倒圆角。

倒圆角上的边可以有相同的圆角半径值，也可以有不同的倒圆角半径值。半径值变化的倒圆角即为变半径倒圆角。

创建变半径倒圆角的方法如下：

1）打开一个已有的零件模型。选择菜单【文件】|【打开】命令，或者单击工具栏上的“打开” 按钮，打开零件文件 cube. prt，如图 3-30 所示。

2）选择菜单【插入】|【倒圆角】命令，或者单击右工具箱中“工程特征”工具栏

上的“倒圆角”按钮，进入到“倒圆角”设计工具中。

3）选取需要倒圆角的边（如图 3-31 所示），在“倒圆角”图标板中输入圆角半径值“10”。

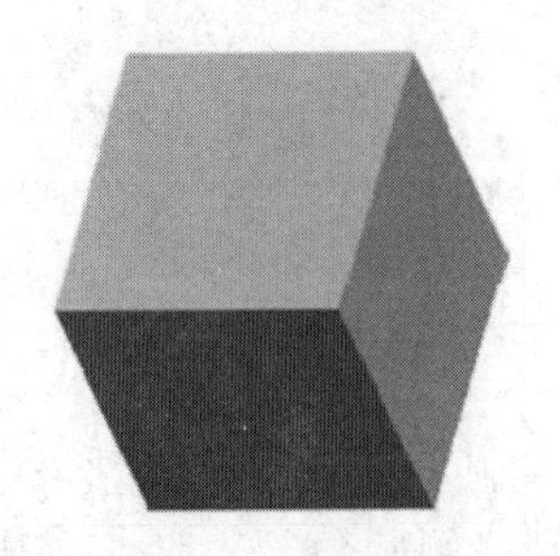

图 3-30　已有零件

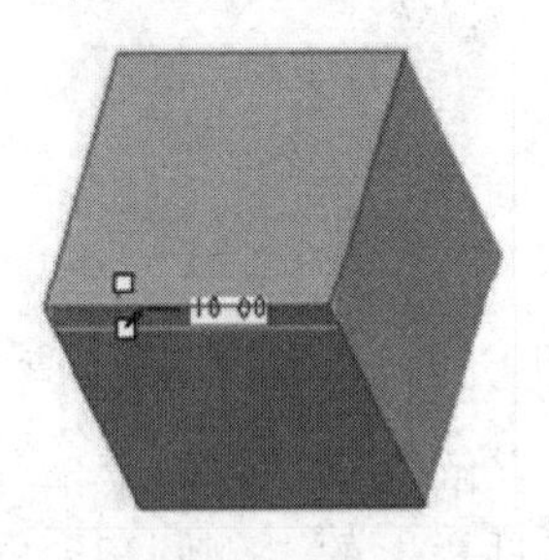

图 3-31　选取边线

4）在“倒圆角”图标板中选择“集”，在“半径”列表中右击，然后从弹出的快捷菜单中选择“添加半径”命令，在其中输入所选边两个端点处的圆角半径值，如图 3-32 所示。

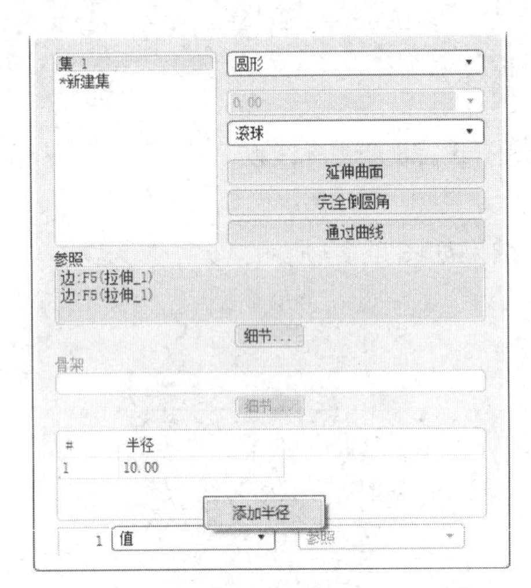

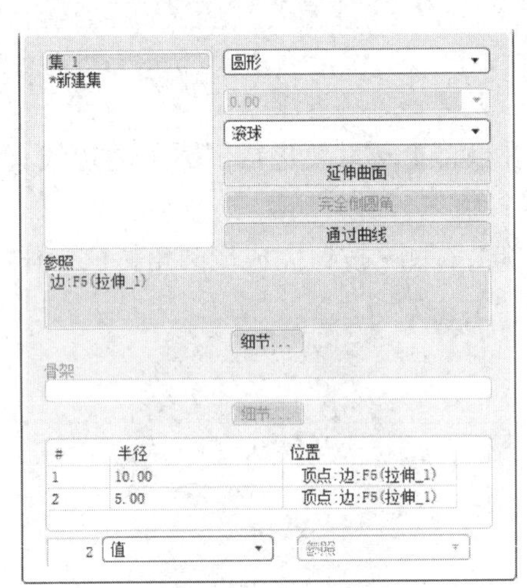

图 3-32　添加半径

5）单击右侧✔按钮完成倒圆角特征操作，造型结果如图 3-33 所示。

7. 装配约束类型

在 Pro/Engineer 软件的装配模块中，常用的装配约束类型如图 3-34 所示。

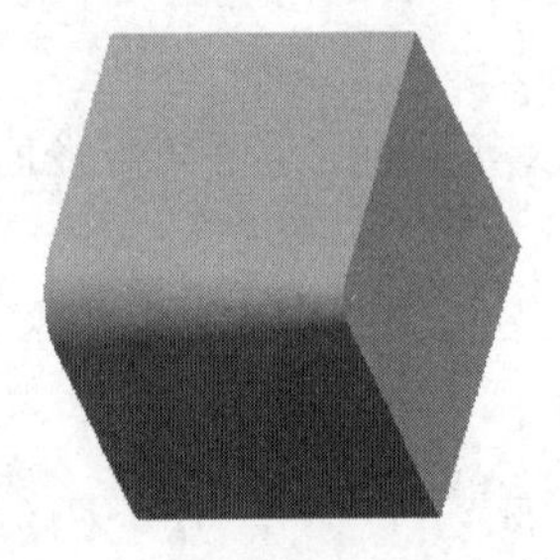

图 3-33　造型结果

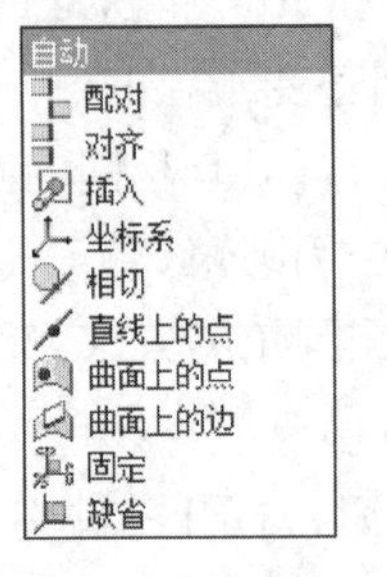

图 3-34　约束类型

◇“缺省”约束：将元件的默认坐标系与组件的默认坐标系对齐，在某种程度上相当于坐标系约束，如图 3-35 所示。

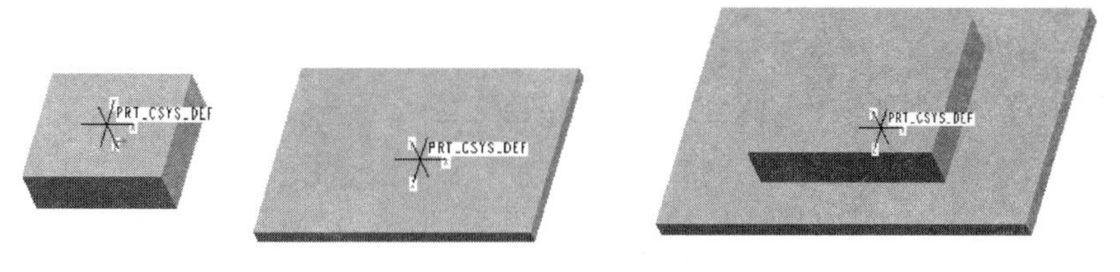

图 3-35 “缺省”约束

◇“配对”约束：两个平面相对，如图 3-36 所示。
◇“对齐”约束：两个平面同向，如图 3-37 所示。

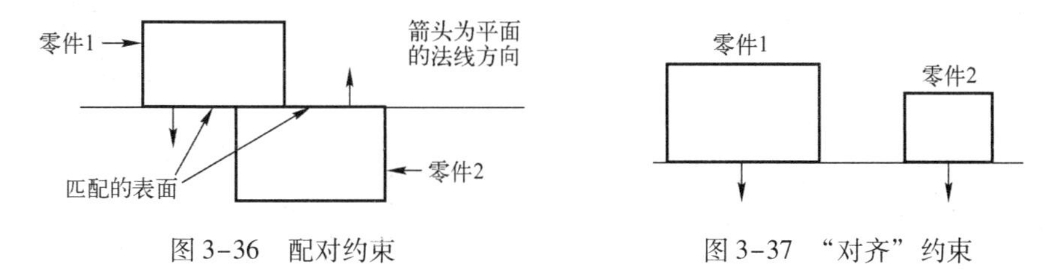

图 3-36 配对约束

图 3-37 “对齐”约束

◇“插入”约束：轴线对齐，如图 3-38 所示。

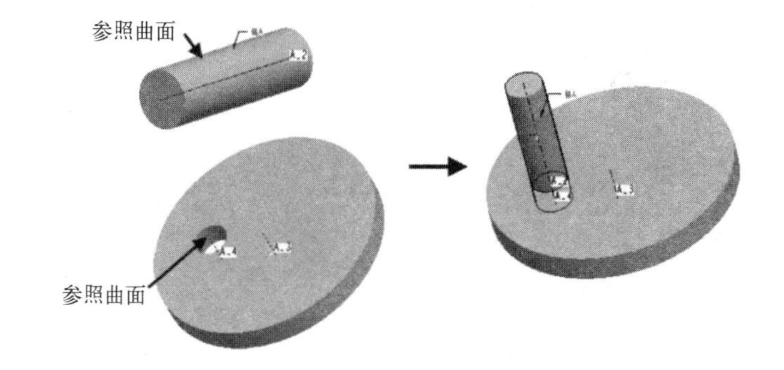

图 3-38 “插入”约束

◇“相切”约束：曲面在切点接触，如图 3-39 所示。

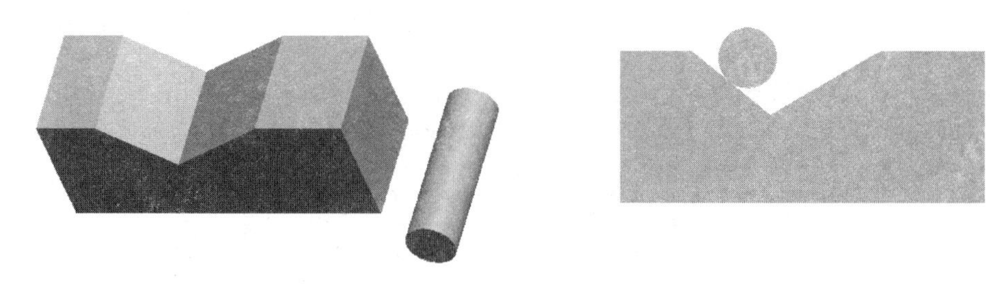

图 3-39 “相切”约束

◇“直线上的点”约束：点与边、轴或基准曲线接触，如图 3-40 所示。
◇“曲面上的点”约束：点与曲面接触，如图 3-41 所示。
◇“曲面上的边”约束：平面边界与曲面接触，如图 3-42 所示。

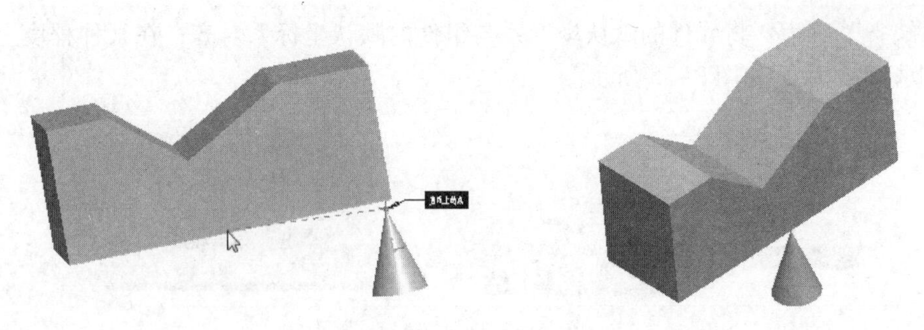

图 3-40　直线上的点约束

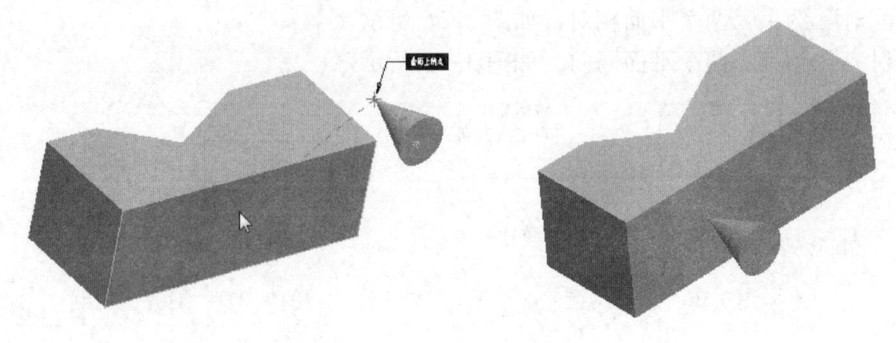

图 3-41　“曲面上的点”约束

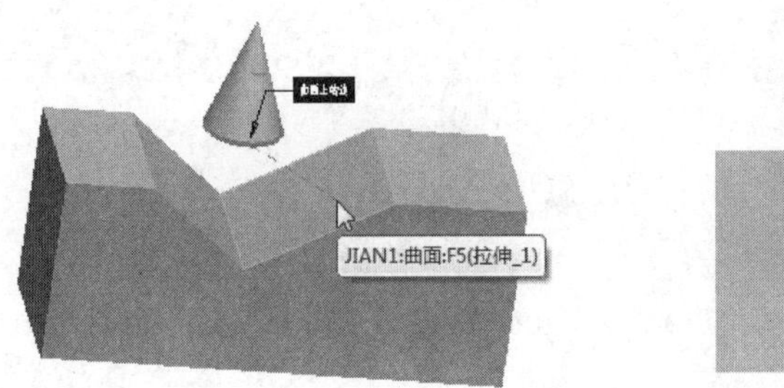

图 3-42　“曲面上的边”约束

◇“坐标系”约束：元件坐标系与组件坐标系对齐，如图 3-43 所示。

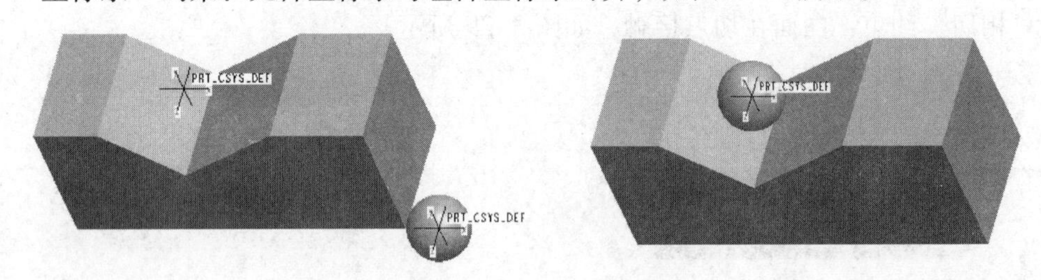

图 3-43　“坐标系”约束

◇“固定”约束：固定被移动或者封装的元件的当前位置。

8. 拔模斜度的创建

拔模特征一般用在注射件和铸件上，用于脱模。拔模就是用来创建模型的拔模斜面。三维模型的拔模结果如图 3-44 所示。有关拔模特征的关键术语介绍如下：

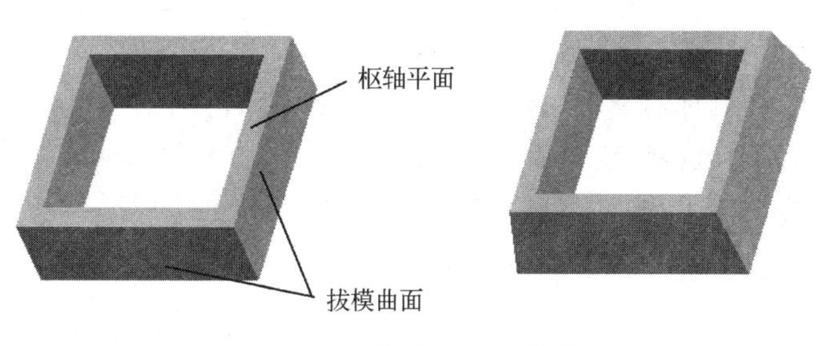

图 3-44　三维模型的拔模结果

1）拔模曲面：要进行拔模的模型曲面。

2）枢轴平面：拔模曲面可绕着拔模曲面与枢轴平面的交线旋转而形成拔模斜面。

3）枢轴曲线：拔模曲面可绕着一条曲线旋转而形成拔模斜面，这条曲线就是枢轴曲线，它必须要在拔模曲面上。

4）拔模参照：用于确定拔模方向的平面、轴和模型的边。

5）拔模方向：拔模方向可用于确定拔模的正负方向，它总是垂直于拔模参照平面或平行于拔模参照轴或参照边。

6）拔模角度：拔模方向与生成的拔模斜面之间的角度。如果拔模曲面被分割，则可为拔模的每个部分定义两个独立的拔模角度。

7）旋转方向：拔模曲面绕枢轴平面或枢轴曲线旋转的方向。

8）分割区域：可对其应用不同拔模角的拔模曲面区域。

【例 3-7】 创建拔模特征。

1）选择菜单【文件】|【打开】命令，或者单击常用工具栏上的“打开”按钮，打开零件文件 cube. prt，如图 3-45 所示。

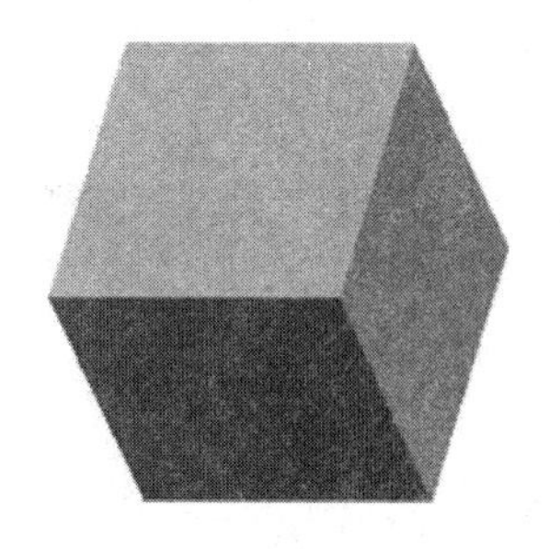

图 3-45　已有零件

选择菜单【插入】|【斜度】命令，或单击工具栏中“拔模”按钮，弹出“拔模”图标板，如图 3-46 所示。

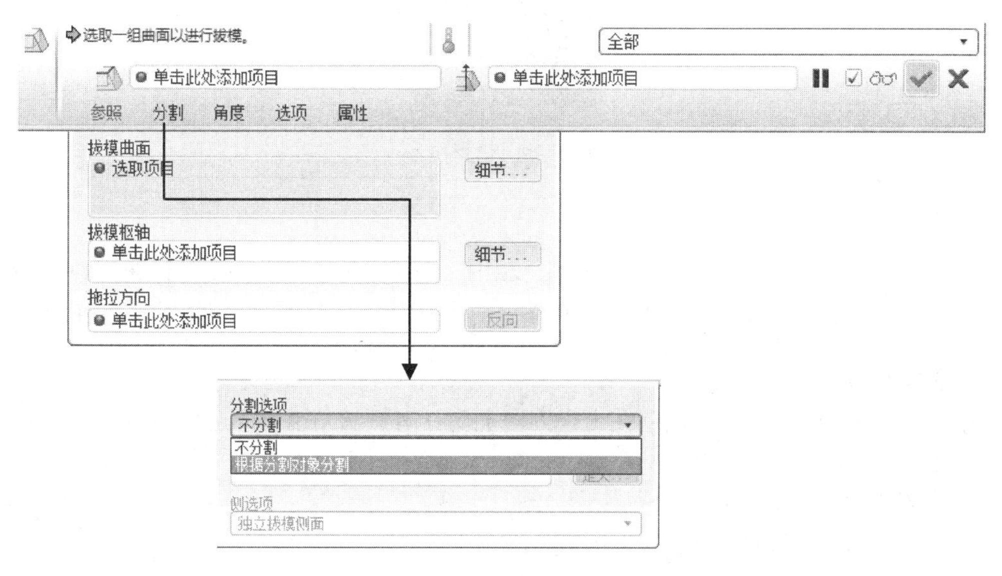

图 3-46　“拔模”图标板

2）选择拔模曲面。按住〈Ctrl〉键选取4个侧面作为拔模曲面，如图3-47所示。

3）单击“拔模”图标板中“拔模枢轴”按钮后面的“单击此处添加项目”，或者单击“拔模”图标板“参照”选项中“拔模枢轴”选项下的“单击此处添加项目”，定义拔模枢轴。选择立方体的底面作为拔模枢轴，则侧面绕着侧面与底面的交线进行旋转，形成斜面，如图3-48所示。此时“拔模”图标板如图3-49所示。

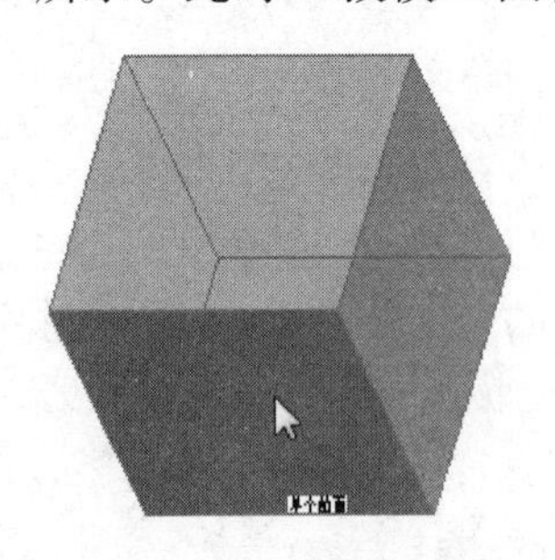

图3-47　选择拔模曲面

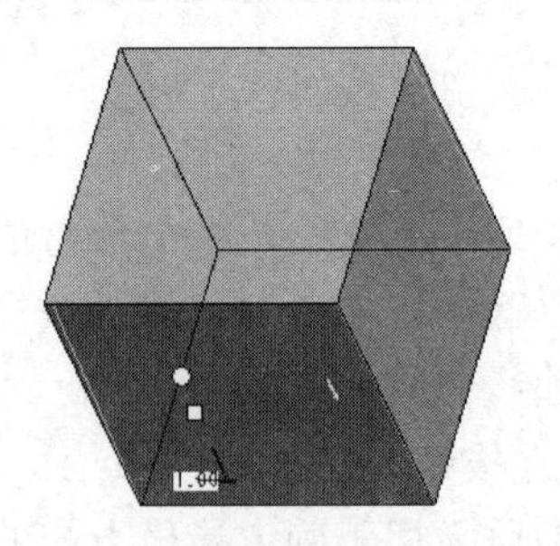

图3-48　选择拔模枢轴以确定拔模方向

图3-49　“拔模”图标板

4）在绘图区单击黄色箭头定义拔模方向。在“拔模角度”1.00文本框中输入角度为“5”，单击“拔模”图标板中的✔按钮，结果如图3-50所示。

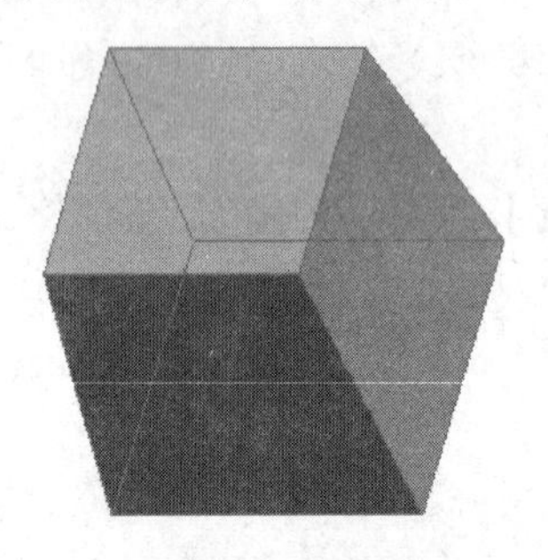

图3-50　拔模结果

说明：

选择拔模曲面时，鼠标操作的方法是，按下〈Ctrl〉键可多选曲面，松开〈Ctrl〉键再按住鼠标中键可旋转模型，当模型旋转到合适的角度后，再按下〈Ctrl〉键，选择曲面。

9. 脱模斜度

为便于脱模，塑料制品的侧壁在出模方向上应具有倾斜角度α，这个倾斜角度即脱模斜度，如图3-51所示。

选择脱模斜度时需要注意：

1）制品精度要求越高，脱模斜度应越小。

2）制品尺寸大，应采用较小的脱模斜度。

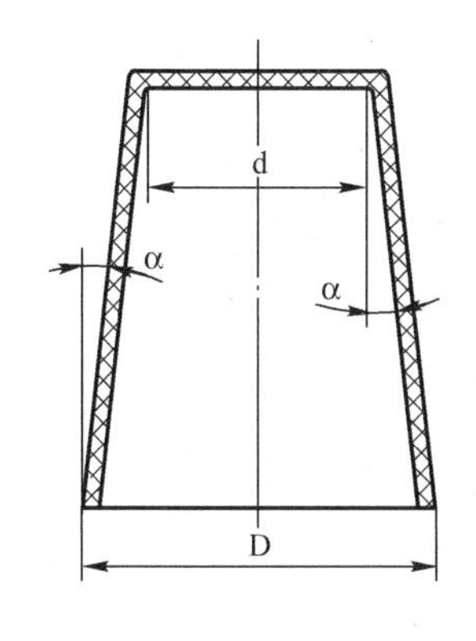

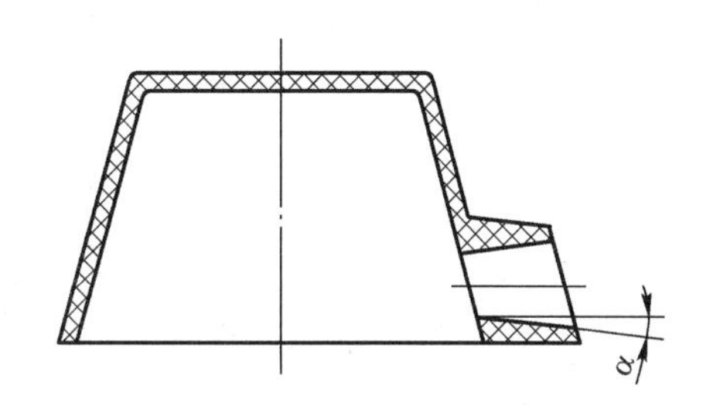

图 3-51　脱模斜度

3）制品形状复杂不易脱模的，应选用较大的脱模斜度。

4）制品收缩率大，脱模斜度也应加大。

5）增强塑料宜选较大的脱模斜度。

6）含有自润滑剂的塑料可用小的脱模斜度。

7）制品壁厚大，脱模斜度也应大。

8）斜度的方向。内孔以小端为准，满足图样尺寸要求，斜度向扩大方向取得；外形则以大端为准，满足图样要求，斜度向缩小方向取得。一般情况下脱模斜度可不受制品公差的限制，高精度塑料制品的脱模斜度则应当在制品的公差范围内。

脱模斜度一般依靠经验数据选择，其大小与塑料品种、制品形状、制品壁厚以及制品的部位等有关。常用塑料制品的脱模斜度可取数值参见表 3-1。在一般情况下，脱模斜度为 30′~1°30′，但应注意根据具体情况而定。

表 3-1　常用塑料制品脱模斜度数值

塑料制品材料	脱模斜度	
	型腔	型芯
聚乙烯、聚丙烯、软聚氯乙烯、聚酰胺、氯化聚醚	25′~45′	20′~45′
硬聚氯乙烯、聚碳酸酯、聚砜	35′~40′	30′~50′
聚苯乙烯、有机玻璃、ABS、聚甲醛	35′~1°20′	30′~40′
热固性塑料	25′~40′	20′~50′

10. 壁厚

塑料制品必须要有一定的厚度，使制品具有确定的结构和一定强度、刚度，以满足制品的使用要求。

设计壁厚时的基本原则是均匀壁厚，如果壁厚不均匀，应该改进产品结构设计，使制品各处壁厚接近一致，如图 3-52 所示。

设计塑料制品的壁厚时，需要考虑所用的塑料材料，塑料分为热塑性塑料和热固性塑料。对于热塑性塑料制品，壁厚一般不宜小于 0.6~0.8 mm，常取 1~4 mm。对于热固性塑料制品，一般小件壁厚取 1.6~2.5 mm，大件壁厚取 3.2~8 mm。表 3-2 和表 3-3 分别列出了热塑性塑料制品和热固性塑料制品壁厚的最小值和推荐值。

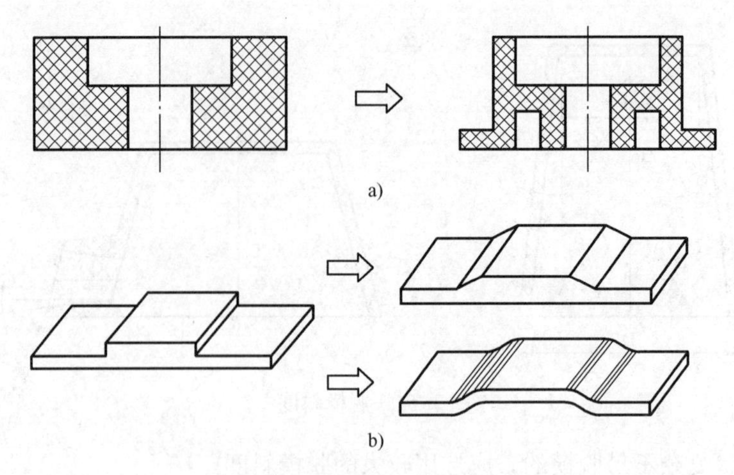

图 3-52　改善壁厚不均匀性

表 3-2　热塑性塑料制品壁厚的最小值和推荐值（mm）

塑料制品材料	成型流程 < 50 mm	小型塑料制品	中型塑料制品	大型塑料制品
材料	最小壁厚	推荐壁厚	推荐壁厚	推荐壁厚
尼龙	0. 45	0. 76	1. 5	2. 4 ~ 3. 2
聚乙烯	0. 6	1. 25	1. 6	2. 4 ~ 3. 2
聚苯乙烯	0. 75	1. 25	1. 6	3. 2 ~ 5. 4
改性聚苯乙烯	0. 75	1. 25	1. 6	3. 2 ~ 5. 4
有机玻璃	0. 8	1. 50	2. 2	4 ~ 6. 5
硬聚氯乙烯	1. 2	1. 60	1. 8	4. 2 ~ 5. 4
聚丙烯	0. 85	1. 45	1. 75	2. 4 ~ 3. 2
氯化聚醚	0. 9	1. 35	1. 8	2. 5 ~ 3. 4
聚甲醛	0. 8	1. 4	1. 6	3. 2 ~ 5. 4
丙烯酸类	0. 7	0. 9	2. 4	3 ~ 6
聚苯醚	1. 2	1. 75	2. 5	3. 5 ~ 6. 4
醋酸纤维素	0. 7	1. 25	1. 9	3. 2 ~ 4. 8
乙基纤维素	0. 9	1. 25	1. 6	2. 4 ~ 3. 2
聚砜	0. 95	1. 8	2. 3	3 ~ 4. 5

表 3-3　热固性塑料制品壁厚的推荐值（mm）

塑料制品材料	塑料制品外形高度尺寸		
	< 50	50 ~ 100	> 100
粉状填料的酚醛塑料	0. 7 ~ 2	2. 0 ~ 3	5. 0 ~ 6. 5
纤维状填料的酚醛塑料	1. 5 ~ 2	2. 5 ~ 3. 5	6. 0 ~ 8. 0
氨基塑料	1. 0	1. 3 ~ 2	3. 0 ~ 4
聚酯玻纤填料的塑料	1. 0 ~ 2	2. 4 ~ 3. 2	> 4. 8
聚酯无机物填料的塑料	1. 0 ~ 2	3. 2 ~ 4. 8	> 4. 8

任务实施

3.1　创建音箱主体造型

完成后的音箱主体造型如图 3-53 所示。

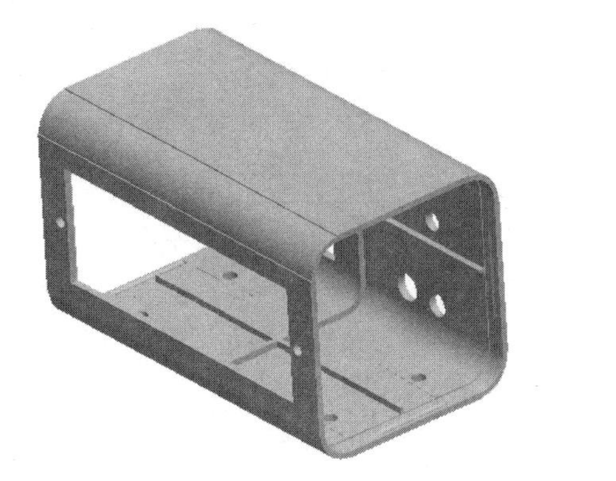
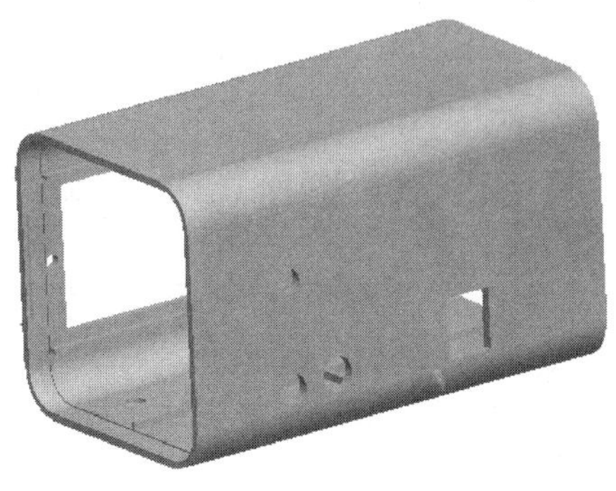

图 3-53　音箱主体造型

1. 新建零件文件

选择菜单【文件】|【新建】命令，在“新建”对话框的“类型”列表下选择默认的“零件”模块，在“子类型”中选择“实体”，新建名为“yinx-1.prt”，取消选中“使用缺省模板”复选框。系统随后弹出“新文件选项”对话框（如图 3-54 所示），在其中选择“mmns_part_solid”模板，单击“确定”按钮，随后进入零件建模环境中。

图 3-54　“新文件选项”对话框

2. 创建拉伸1特征

单击右工具箱中“基础特征”工具栏上的“拉伸”按钮，进入“拉伸”图标板，默认选择为“实体拉伸”。

1）单击“放置”按钮，打开“放置”下拉面板，单击“定义”按钮，弹出“草绘”对话框，选择“基准平面”（RIGHT）作为草绘平面，草绘视图“参照”选择“基准平面”（TOP）“方向”选择向“左”，其余接受默认设置，如图3-55所示。绘图区中，红色显示的平面即草绘视图“参照”，黄色箭头即草绘视图的方向。单击“确定”按钮，进入到草图界面。

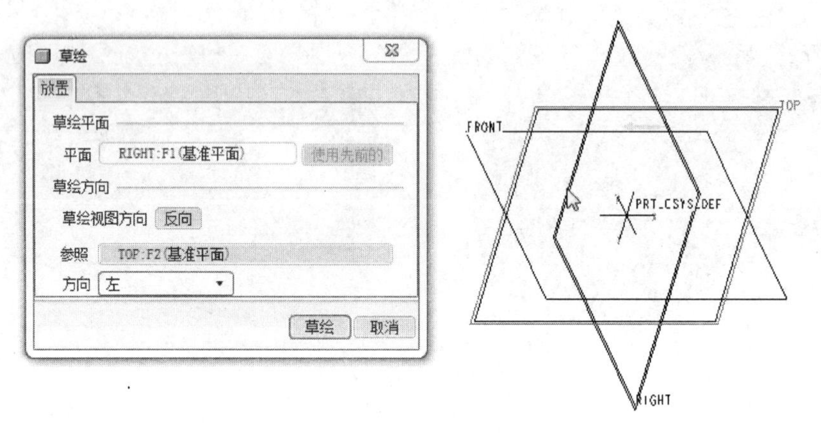

图3-55 “草绘”对话框

说明：

进入到草图界面后，还是可以改变草绘平面的。方法是选择菜单【草绘】|【草绘设置】命令，系统弹出“草绘”对话框，可以重新设置草绘平面、草绘视图参照和草绘视图的方向。

2）草图截面如图3-56所示。单击✔按钮结束草绘，系统返回到“拉伸”特征中。

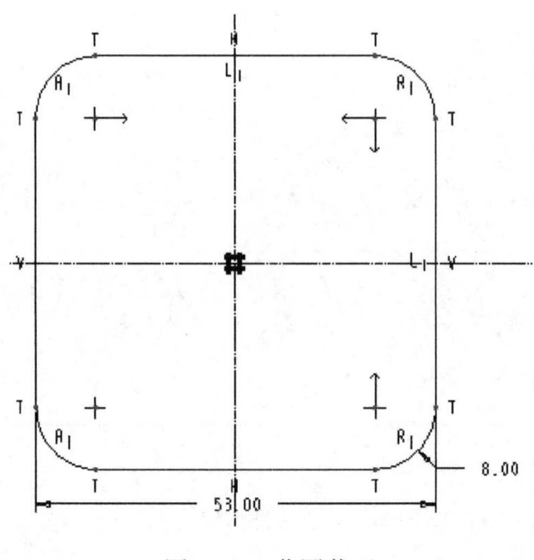

图3-56 草图截面

3）在如图3-57所示的“拉伸”图标板中，设置拉伸高度值为92 mm，在数值框前的拉伸方式列表中，选择“双向对称拉伸”。单击“草图截面加厚”按钮，加厚草图截面，厚度值设为2 mm，向内侧加厚，在绘图区中可以看到拉伸的方向，拉伸高度尺寸，以及草图加厚方向和壁厚尺寸。可以在绘图区单击黄色箭头改变拉伸方向，单击草图加厚旁的箭头改变草图截面加厚的方向。

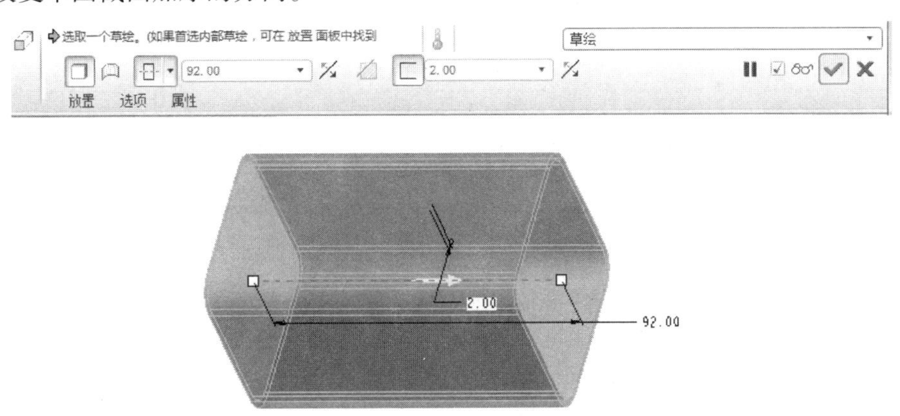

图3-57 拉伸特征设置

4）单击按钮结束拉伸特征操作，造型结果如图3-58所示。

3. 创建拉伸2特征（除料）

单击右工具箱中“基础特征”工具栏上的“拉伸”按钮，进入“拉伸”图标板，默认选择为“实体拉伸”。

1）选择“基准平面”（RIGHT）作为草绘平面，草绘视图“参照”选择“基准平面”（TOP），“方向”选择向“左”，其余接受默认设置，进入到草图界面。

2）在草图界面的右侧工具箱中，单击“使用”按钮，选择如图3-59所示的边作为参照，则系统会通过已选择的边来创建图元。最终的草图截面如图3-60所示。单击按钮结束草绘。

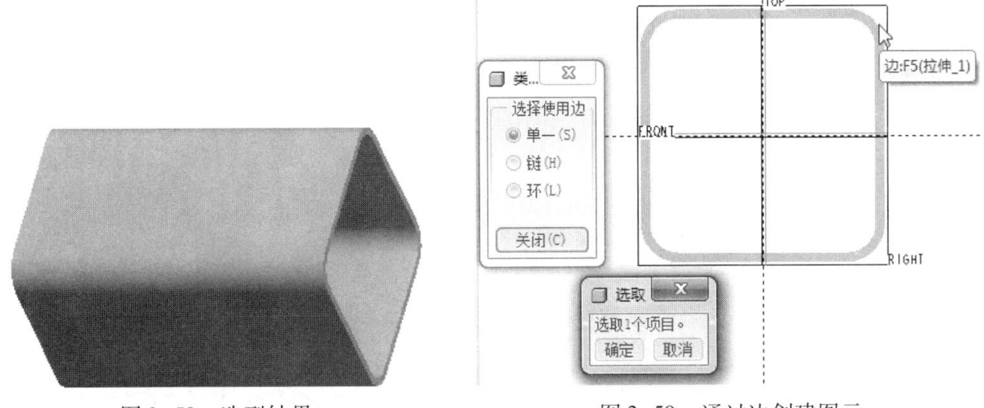

图3-58 造型结果　　　　图3-59 通过边创建图元

3）拉伸特征的设置如图3-61所示，拉伸方式选择“拉伸至与所有曲面相交”，单击“选项”按钮，弹出“选项”下拉面板，设置侧1和侧2都是方式，单击“去除材料”按钮，进行拉伸除料，单击右侧按钮结束拉伸特征操作。造型结果如图3-62所示。

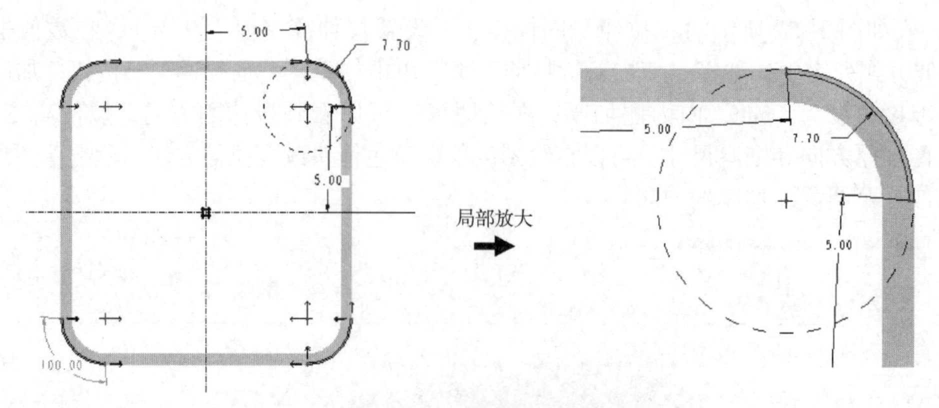

图 3-60　草图截面

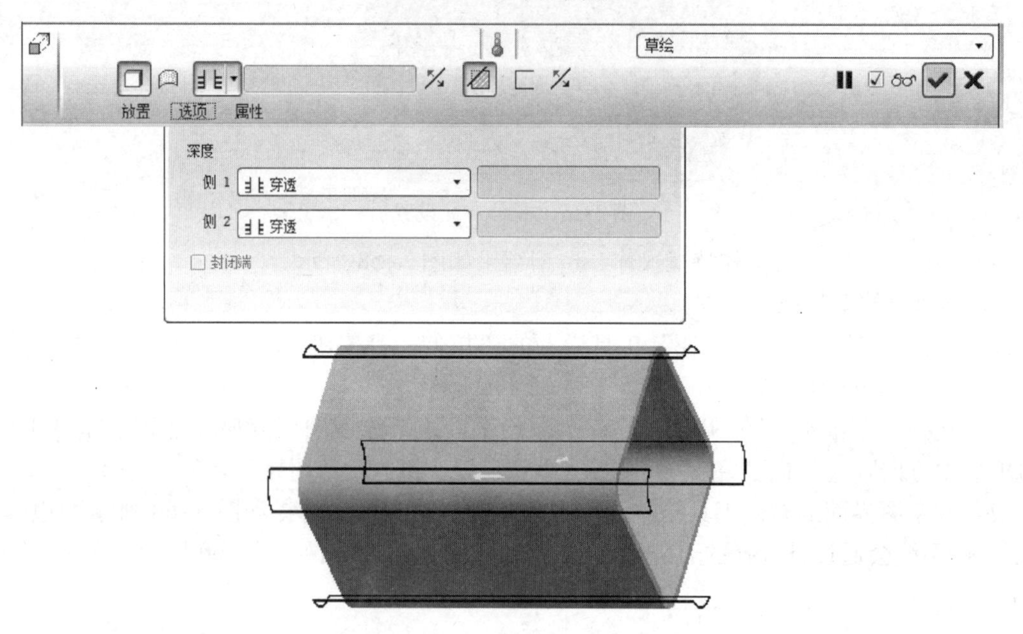

图 3-61　拉伸特征设置

4. 创建拉伸 3 特征（除料）

单击右工具箱中“基础特征”工具栏上的“拉伸”按钮，进入“拉伸”图标板，默认选择为“实体拉伸”。

1）选择模型的前表面作为草绘平面（如图 3-63 所示），其他接受默认设置。

图 3-62　造型结果

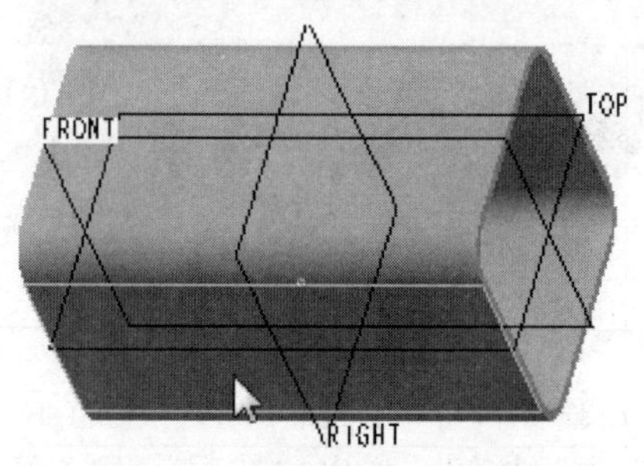

图 3-63　选择前表面

2）草图截面如图 3-64 所示。单击✔按钮结束草绘。

3）拉伸方式选择“拉伸到选定的点、曲线、平面或曲面”，选择如图 3-65 所示内侧表面，单击“去除材料”按钮，进行拉伸除料。

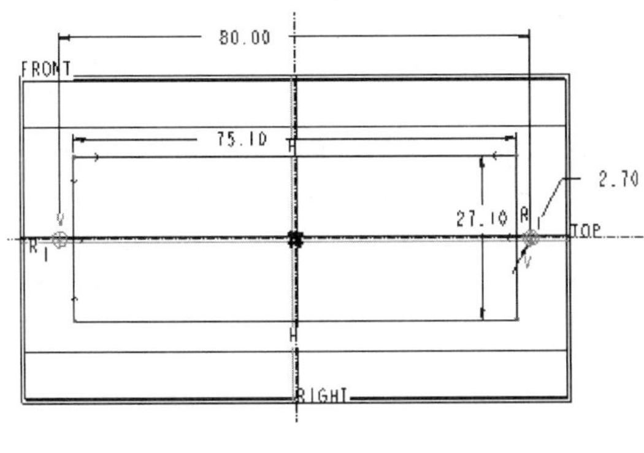

图 3-64　草绘截面

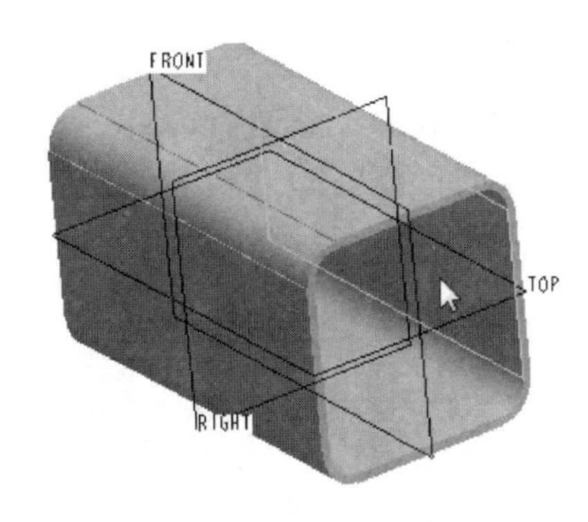

图 3-65　拉伸到选定的面

4）右侧✔按钮，结束拉伸特征操作，造型结果如图 3-66 所示。

5. 创建拉伸 4 特征（除料）

参考上面的操作方法，创建第 4 个拉伸特征（除料）。草绘平面选择如图 3-67 所示的音箱主体后表面，其他接受默认设置，草图截面如图 3-68 所示。造型结果如图 3-69 所示。

图 3-66　造型结果

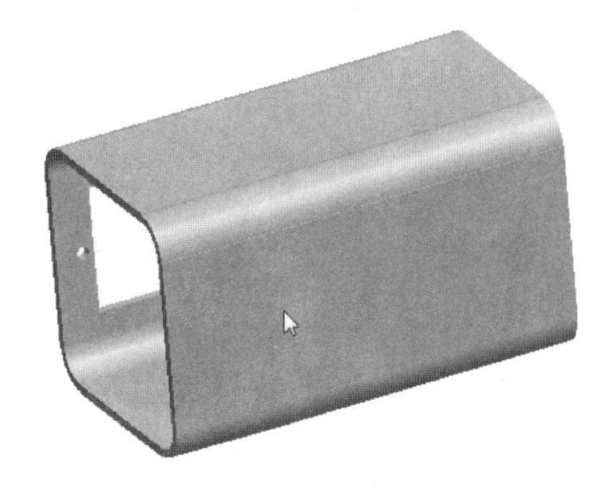

图 3-67　选择草绘平面

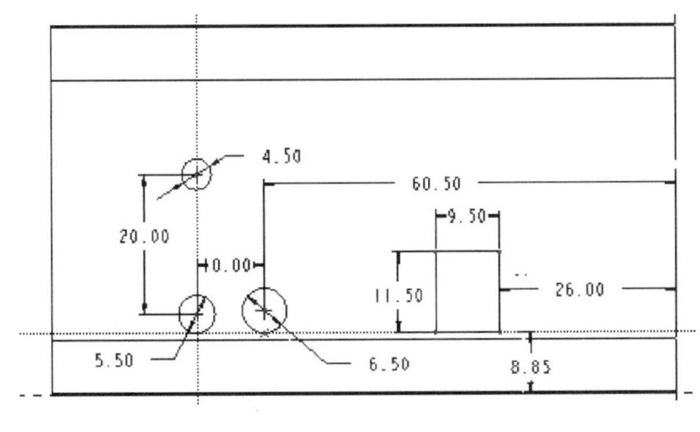

图 3-68　草图截面

图 3-69　造型结果

说明：

草绘截面时，常需要选择参照，用以标注尺寸，或者添加约束。设置参照的方法如下：选择菜单【草绘】|【参照】命令，在系统的提示下选择作为参照的边、点或平面，所选的参照会列在参照列表当中。

6. 创建拉伸 5 特征（除料）

参考上面的操作方法，创建第 5 个拉伸特征（除料）。草绘平面选择如图 3-70 所示的音箱主体底面，其他接受默认设置，草图截面如图 3-71 所示。造型结果如图 3-72 所示。

图 3-70　草绘平面

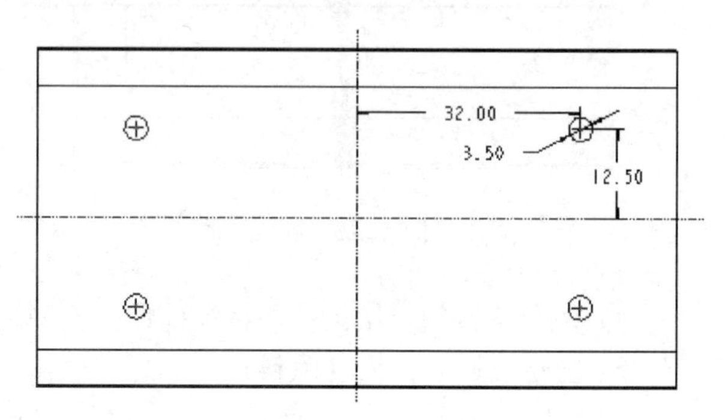

图 3-71　草图截面

7. 创建拉伸 6 特征（除料）

选择图 3-73 中光标所指的表面，作为草绘平面，其他接受默认设置。

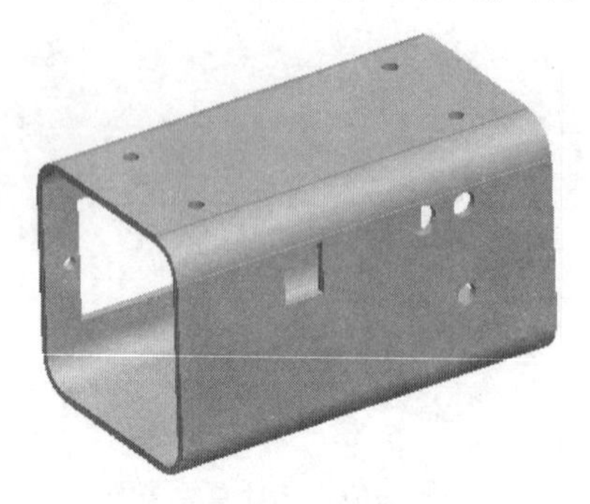

图 3-72　造型结果

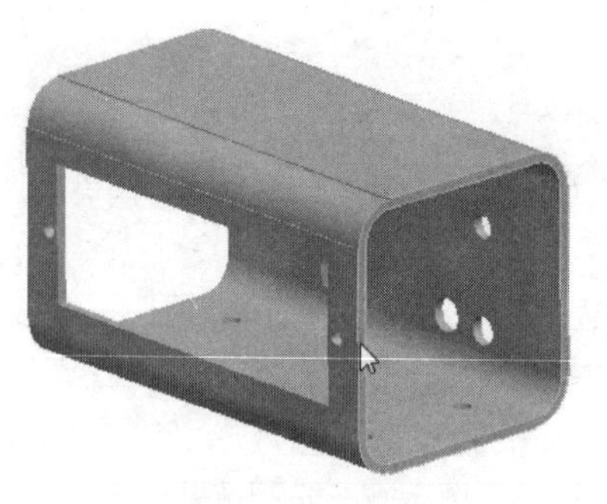

图 3-73　选择草绘平面

1）草图截面如图 3-74 所示，绘制时单击右工具箱中的“通过一条边或草绘图元来创建图元”按钮，选取内侧轮廓，向外偏移，距离为 0.5 mm，单击✔按钮结束草绘。

2）在“拉伸”图标板中输入拉伸高度为 4.5 mm，并单击“去除材料”按钮。

3）拉伸结果如图 3-75 所示。

8. 创建拉伸 7 特征（除料）

参考上面的操作方法，创建第 7 个拉伸特征（除料），结果如图 3-76 所示。

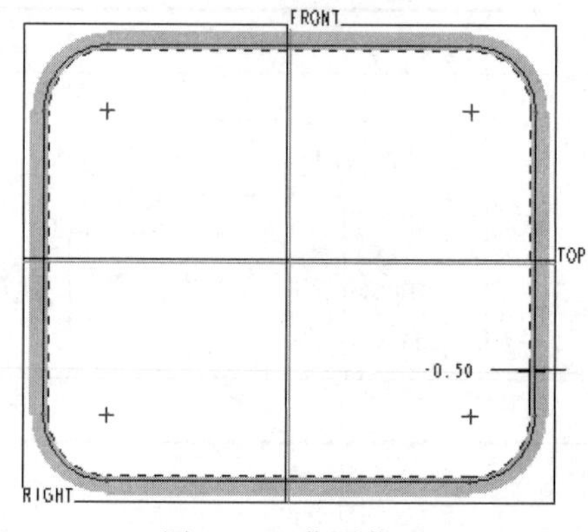

图 3-74　草图截面

图 3-75　造型结果

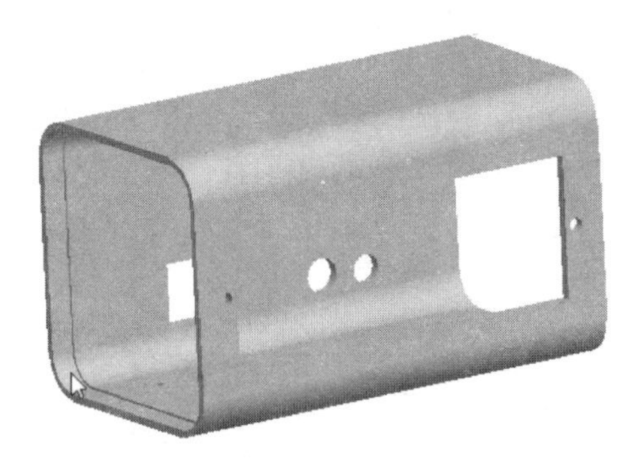

图 3-76　拉伸 7（除料）特征造型结果

9. 创建拉伸 8 特征（除料）

1）选择“基准平面”（FRONT）作为草绘平面，草绘视图“参照”选择“基准平面”（RIGHT），“方向”选择向“右”，其余接受默认设置。

2）草图截面如图 3-77 所示，注意草图截面的上下、左右对称，单击✔按钮结束草绘。

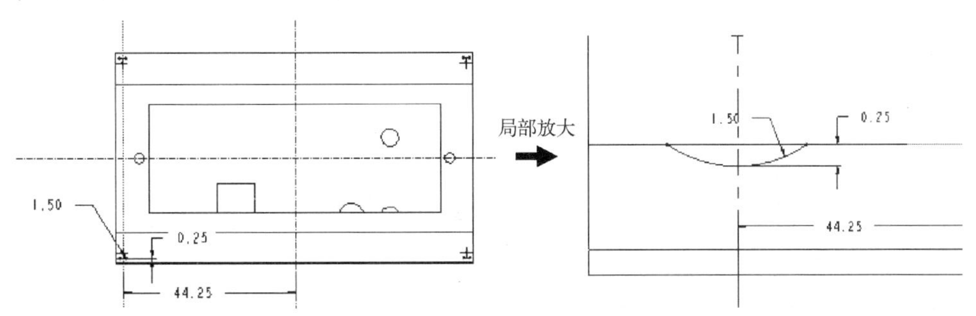

图 3-77　草图截面

3）在“拉伸”图标板中输入的拉伸高度为 20 mm，单击“去除材料”按钮，进行拉伸除料，拉伸设置如图 3-78 所示，单击右侧✔按钮结束拉伸特征操作。

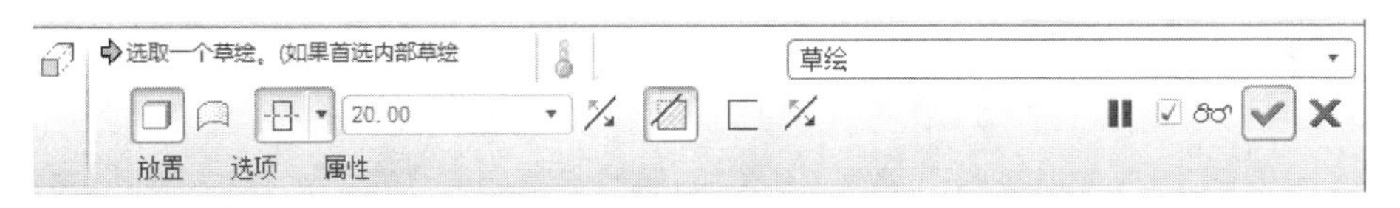

图 3-78　拉伸设置

4）拉伸造型结果如图 3-79 所示。

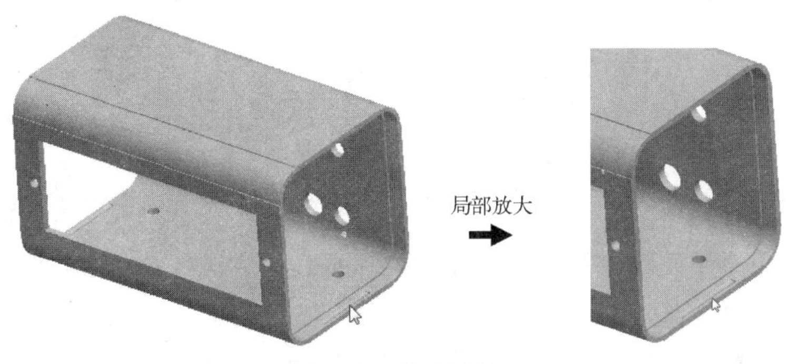

图 3-79　造型结果

10. 创建移动副本特征

选择拉伸 8 特征，选择菜单【编辑】|【复制】命令，或者单击上工具箱“复制”按钮，然后单击上工具箱“选择性粘贴”按钮，出现如图 3-80 所示对话框。

1）选中“对副本应用移动/旋转变换”复选框，单击“确定”按钮。

2）单击右工具箱中“基准”工具栏上的“草绘基准轴”按钮创建基准轴 A_1，如图 3-81 所示。

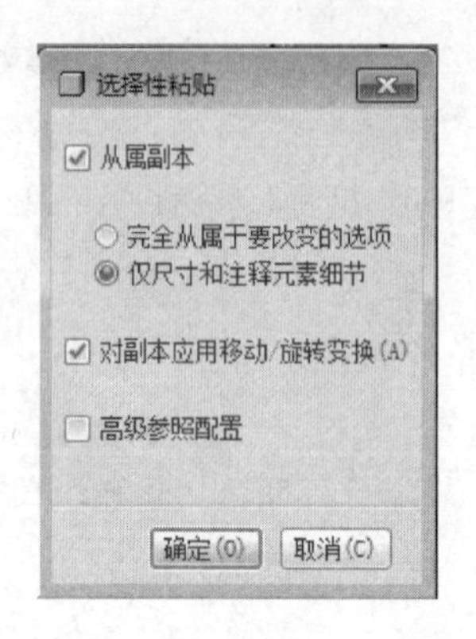

图 3-80 “选择性粘贴”对话框

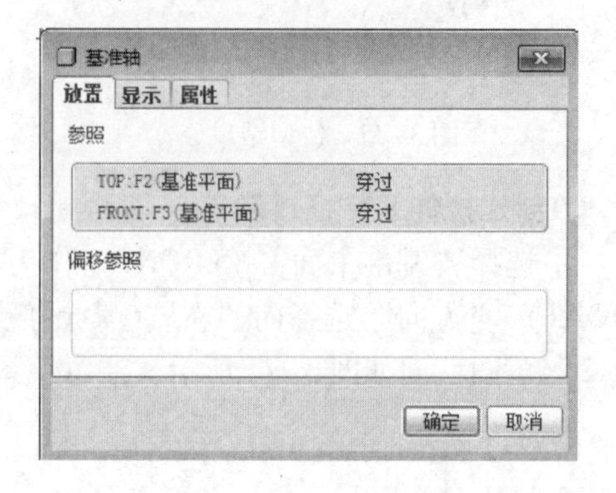

图 3-81 “基准轴”对话框

3）在“选择性粘贴”图标板中单击“旋转复制”按钮，选择刚刚创建的基准轴 A_1，旋转 90°，如图 3-82 所示，单击右侧✔按钮结束操作。生成的副本特征如图 3-83 所示。

图 3-82 “选择性粘贴”图标板

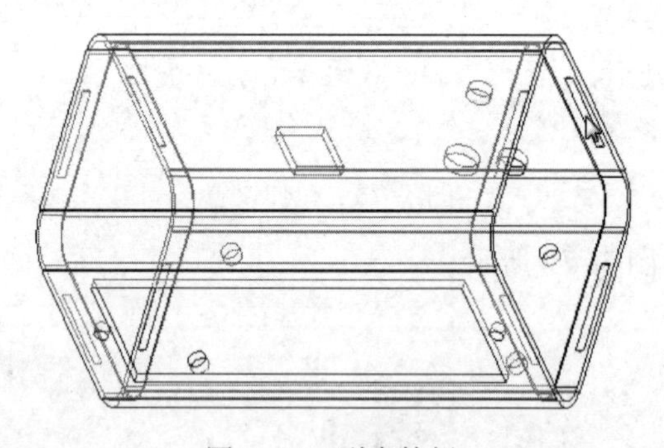

图 3-83 副本特征

11. 创建拉伸 10 特征

1）选择“基准平面”（RIGHT）作为草绘平面，草绘视图“参照”选择“基准平面”（TOP），“方向”选择向“左”，其余接受默认设置。

2）草图截面如图 3-84 所示，单击✔按钮结束草绘。

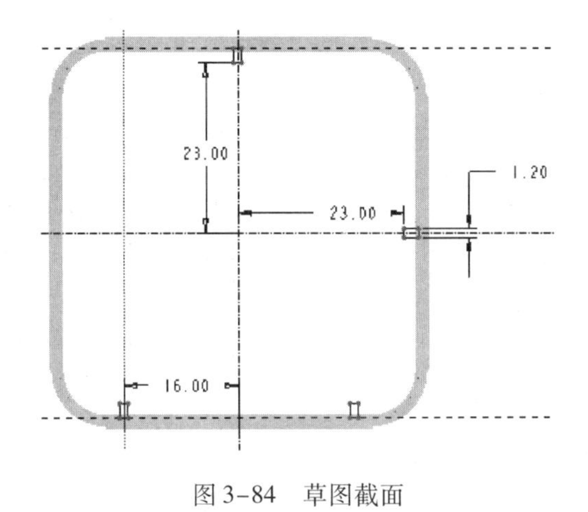

图 3-84　草图截面

3）在“拉伸”图标板中，拉伸方式选择“拉伸到选定的点、曲线、平面或曲面”，选择如图 3-85 的两端平面，单击右侧按钮结束拉伸特征操作。

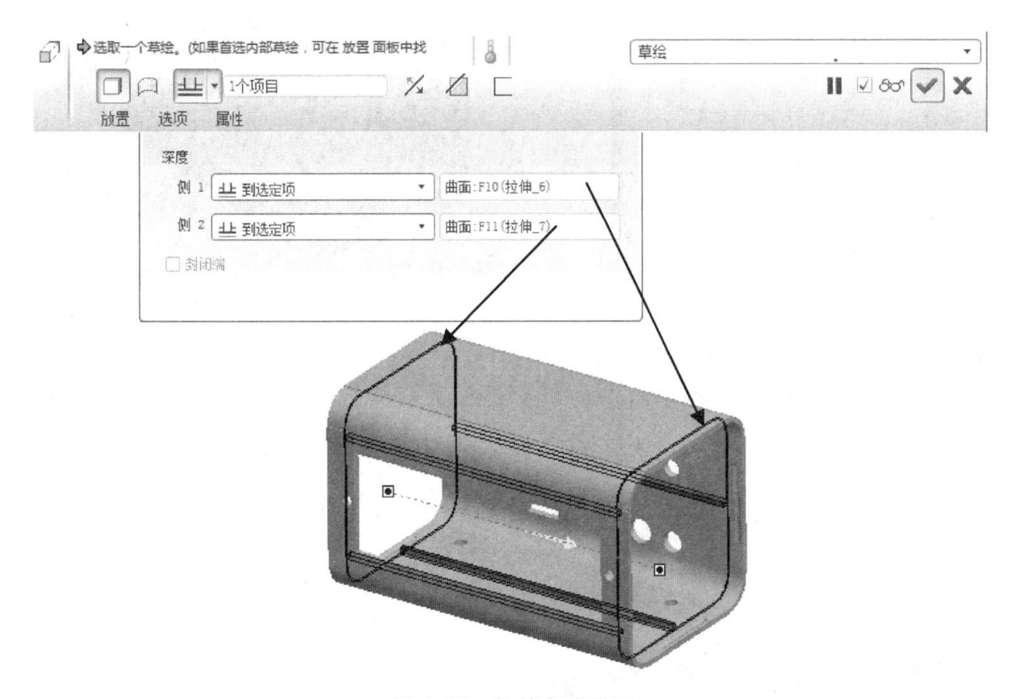

图 3-85　拉伸方式设置

4）造型结果如图 3-86 所示。

12. 创建拉伸 11 特征

1）选择如图 3-87 所示的平面作为草绘平面，草绘视图“参照”选择“基准平面”（TOP）“方向”选择“朝顶”，接受默认设置。

2）草图截面如图 3-88 所示，单击按钮结束草绘。

3）在“拉伸”图标板中输入拉伸高度为 56 mm，造型结果如图 3-89 所示。

图 3-86　造型结果

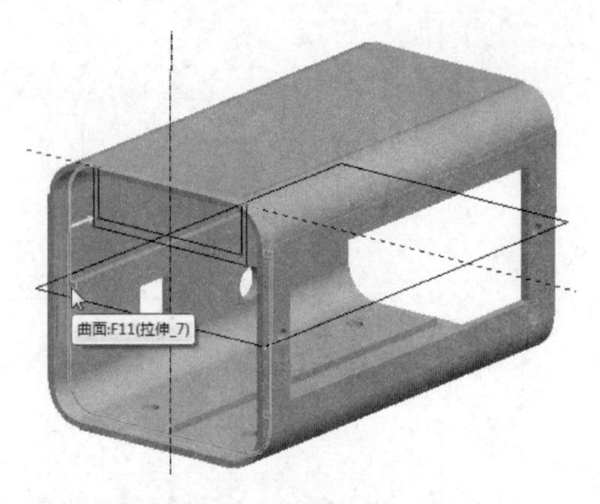

图 3-87　草绘平面

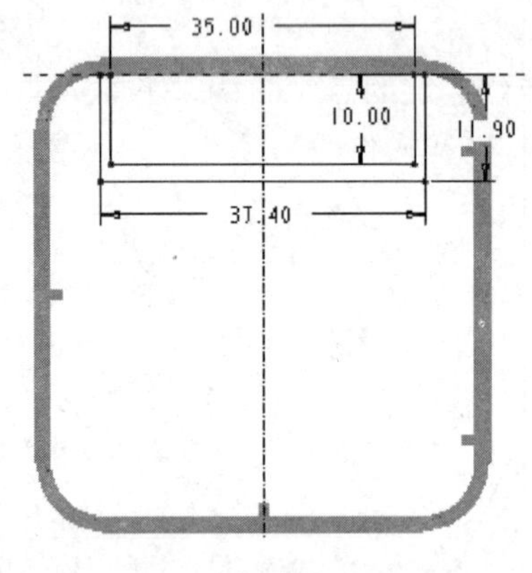

图 3-88　草图截面

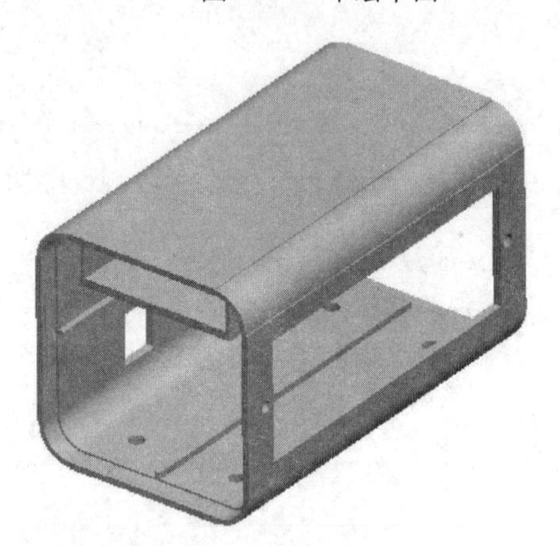

图 3-89　造型结果

13. 创建拉伸 12 特征

1）选择如图 3-90 所示的平面作为草绘平面，草绘视图“参照”选择“基准平面”（TOP）“方向”选择“朝顶”，其余接受默认设置。

2）在草图界面的右工具箱中，单击“使用”□按钮，草图截面如图 3-91 所示，单击✔按钮结束草绘。

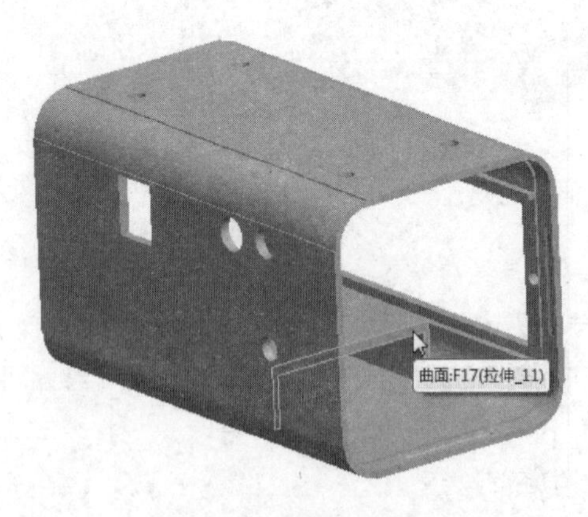

图 3-90　选择草绘平面

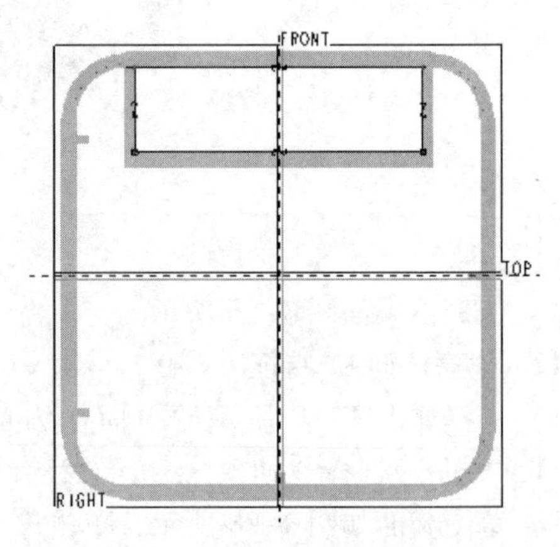

图 3-91　草图截面

3）在“拉伸”图标板中输入拉伸高度为 1.2 mm，造型结果如图 3-92 所示。

14. 创建拉伸 13 特征

1）选择图 3-93 所示的平面作为草绘平面，草绘视图“参照”选择“基准平面”（TOP），“方向”选择“朝顶”，其余接受默认设置。

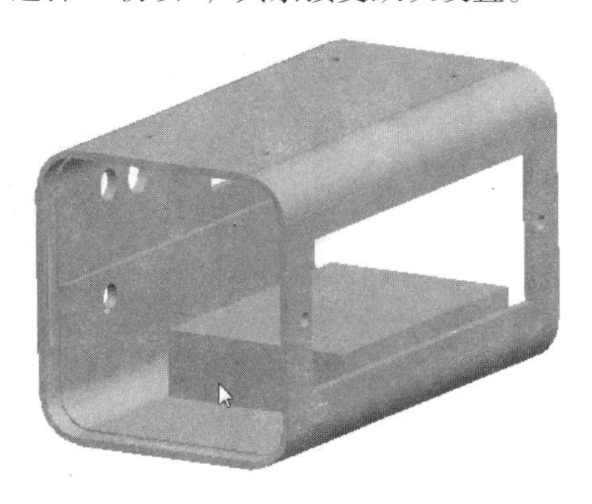

图 3-92　造型结果

图 3-93　选择草绘平面

2）草图截面如图 3-94 所示，单击✔按钮结束草绘。

3）在“拉伸”图标板中，拉伸方式选择“拉伸到选定的点、曲线、平面或曲面”⊥，选择如图 3-95 所示的平面。

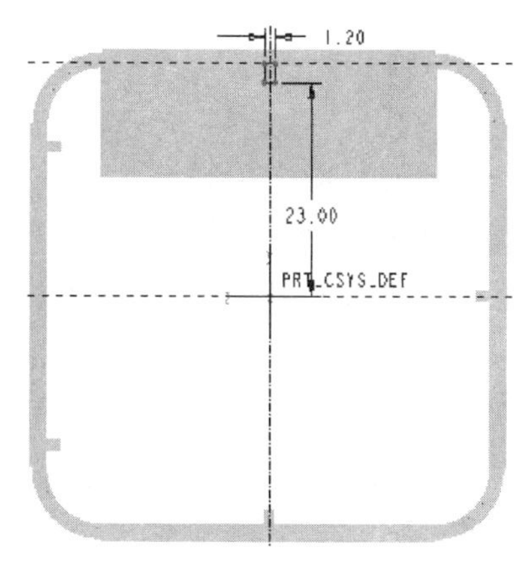

图 3-94　草图截面

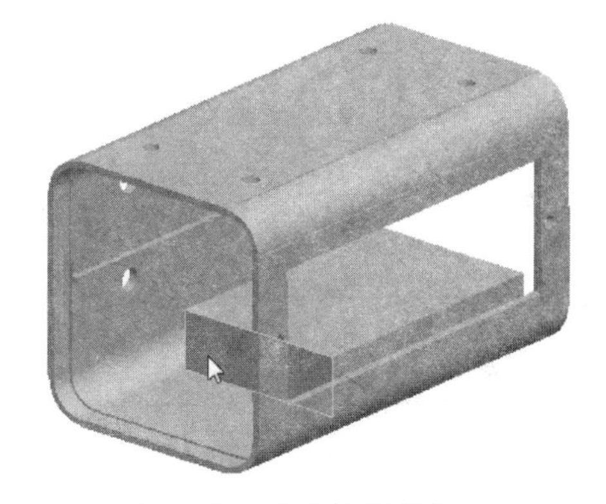

图 3-95　选择拉伸到平面

4）单击✔按钮，完成拉伸特征操作，造型结果如图 3-96 所示。

15. 创建拉伸 14 特征

1）选择“基准平面”（RIGHT）作为草绘平面，草绘视图“参照”选择“基准平面”（TOP），“方向”选择“朝顶”，接受默认设置。

2）草图截面如图 3-97 所示。注意应用右工具箱中的□及回命令。

3）在“拉伸”图标板中输入拉伸高度为 1.2 mm，

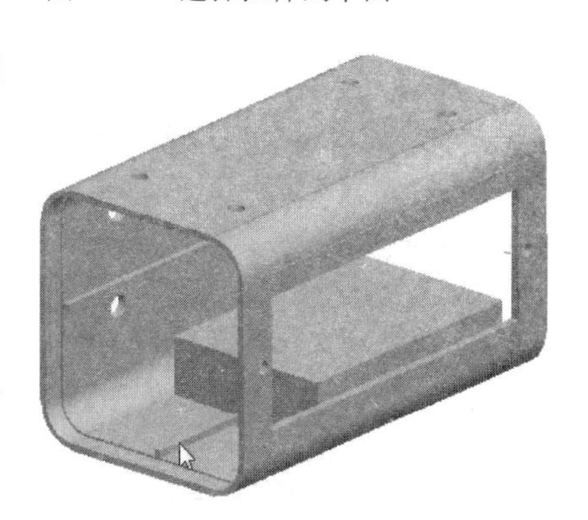

图 3-96　造型结果

单击✔按钮，完成拉伸特征操作。造型结果如图 3-98 所示。

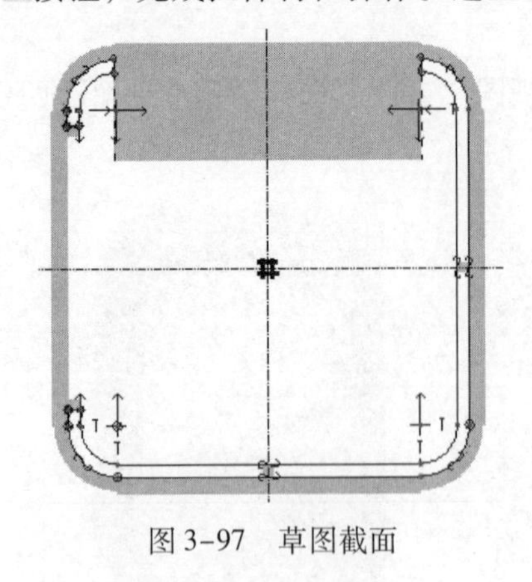
图 3-97　草图截面

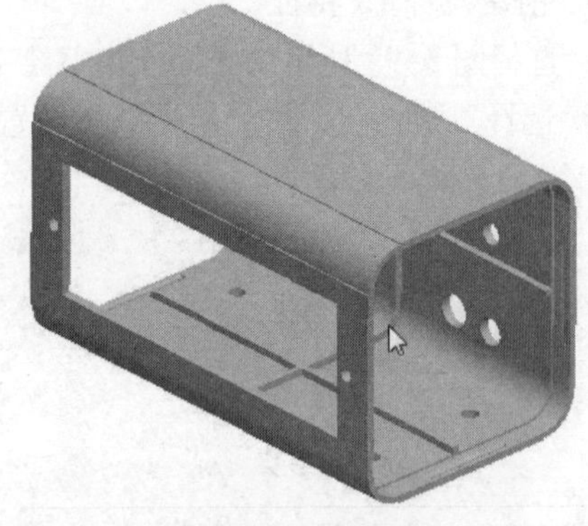
图 3-98　造型结果

16. 创建拔模斜度 1 特征

选择如图 3-99 所示的音箱主体内表面，单击右工具箱中“工程特征”工具栏上的“拔模”按钮，打开拔模工具。

1）所选内表面为拔模曲面。

2）单击“拔模”图标板中“拔模枢轴”后面的「• 单击此处添加项目」，或者单击该图标板“参照”选项中“拔模枢轴”选项下「• 单击此处添加项目」，定义拔模枢轴。选择“基准平面”（RIGHT），如图 3-100 所示。

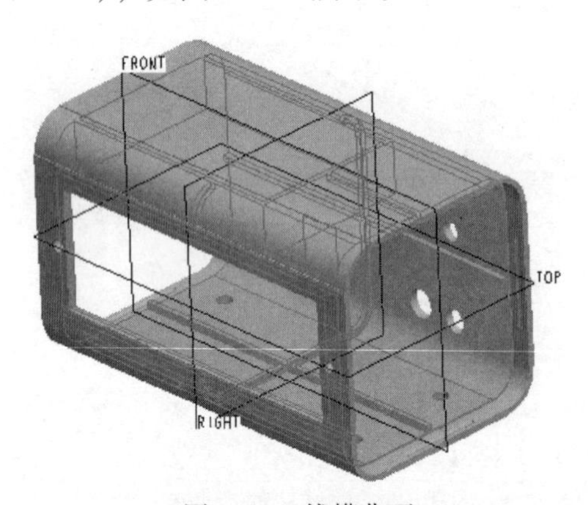

图 3-99　拔模曲面

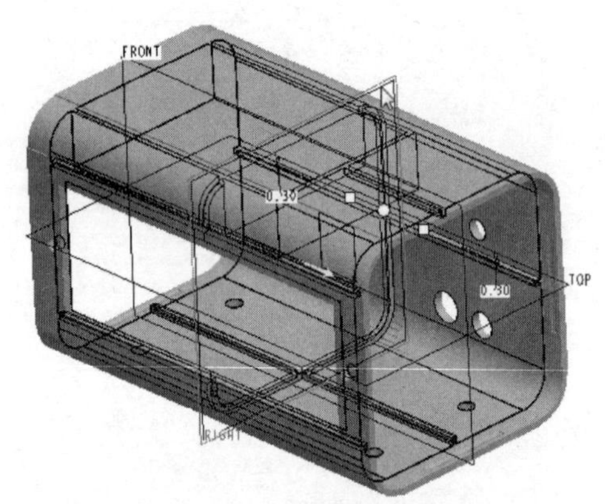

图 3-100　选择拔模枢轴

3）单击“分割”按钮，在“分割选项”列表中选择“根据拔模枢轴分割”（如图 3-101 所示），设置拔模角度为 0.3°，向外拔模。单击✔按钮，完成拔模操作。

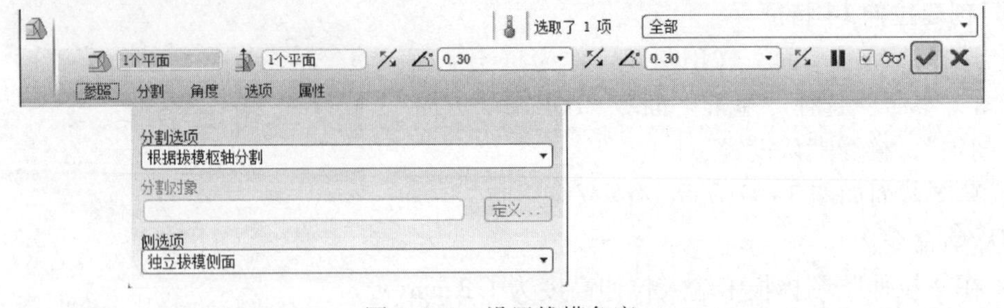

图 3-101　设置拔模角度

注意拔模曲面、拔模枢轴和拔模方向的选择如图 3-102 所示。

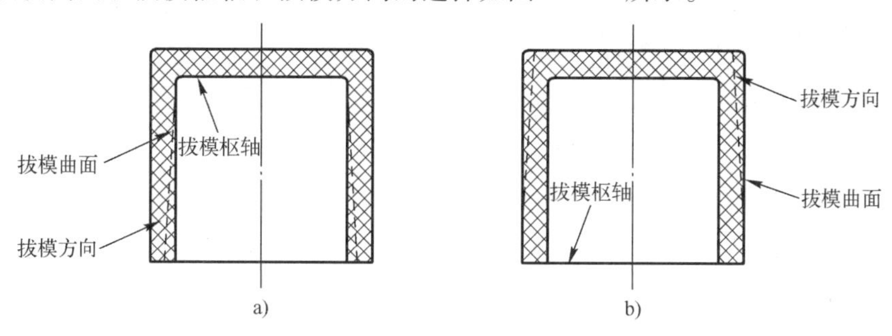

图 3-102　拔模方向

a）内孔　b）外形

拔模结果可以按照如下方法查看：

1）选择菜单【分析】|【几何】|【拔模】命令，系统弹出如图 3-103 所示的“斜度”对话框。

2）在模型上右击，在弹出的快捷菜单中选择“从列表中拾取”，在列表对话框中选择“实体几何”，如图 3-104 所示。

图 3-103　“斜度”对话框

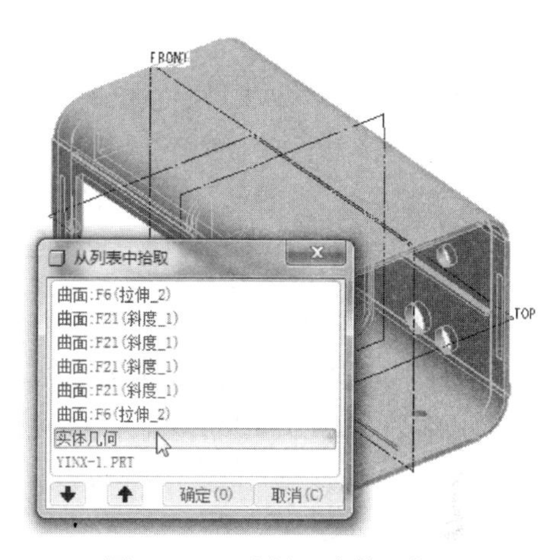

图 3-104　选择“实体几何”

3）在“斜度”对话框中“方向”后的 单击此处添加项目 处单击。在模型上选择拔模枢轴为基准平面（RIGHT），如图 3-105 所示。

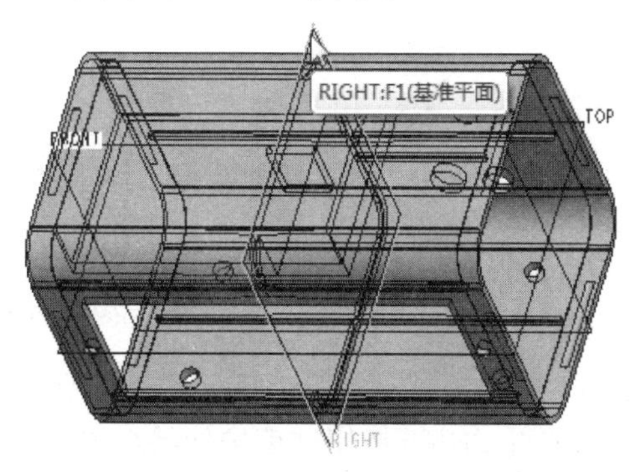

图 3-105　选择拔模枢轴

拔模分析结果如图 3-106 所示。

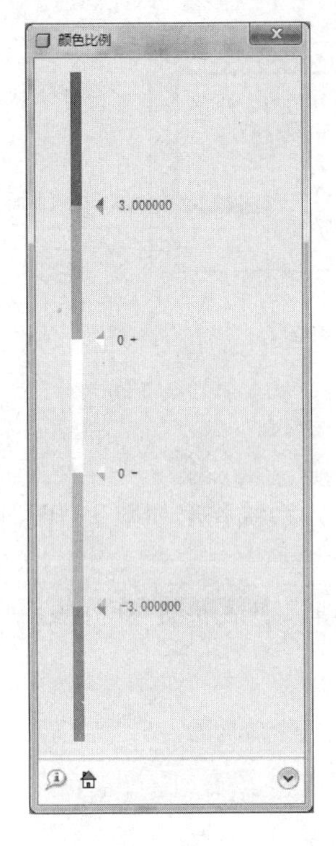

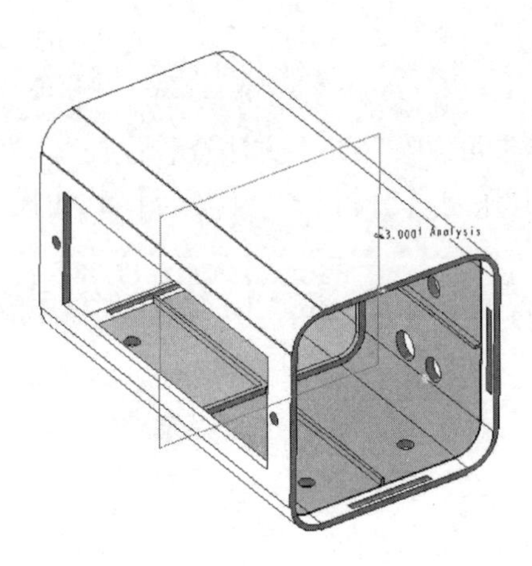

图 3-106　拔模结果分析

17. 创建拉伸 15 特征

1）选择如图 3-107 所示的平面作为草绘平面，草绘视图“参照”选择“基准平面”（TOP），“方向”选择“朝顶”，其余接受默认设置。

2）草图截面如图 3-108 所示，单击✔按钮结束草绘。

图 3-107　选择草绘平面

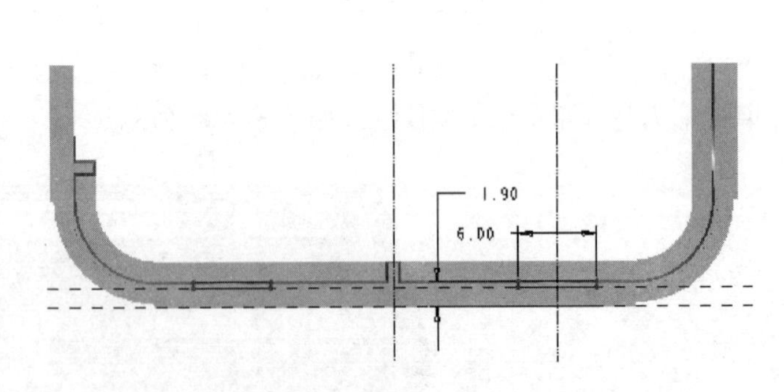

图 3-108　草图截面

3）在“拉伸”图标板中，拉伸方式选择“拉伸到选定的点、曲线、平面或曲面”，选择如图 3-109 的两端平面，单击右侧✔按钮结束拉伸特征操作。

4）造型结果如图 3-110 所示。

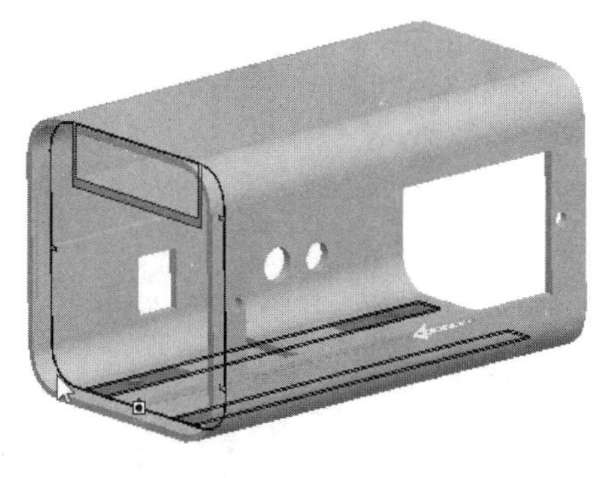

图 3-109　选择拉伸到的平面

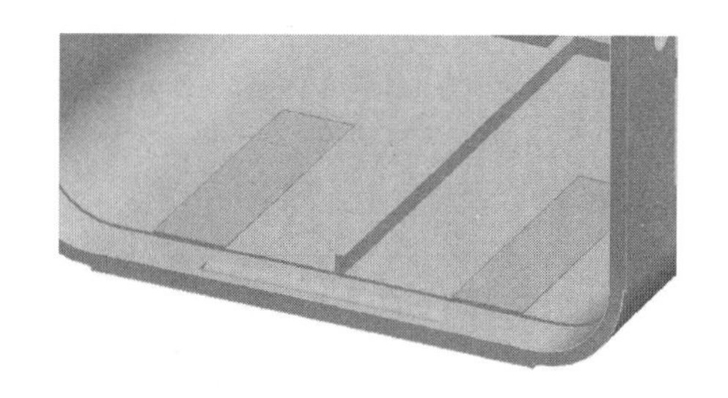

图 3-110　造型结果

18. 创建拔模斜度 2 特征

单击右工具箱中“工程特征”工具栏上的“拔模”按钮，进入到拔模工具中。

1）参照图 3-111，选择上一步创建的拉伸 15 特征的侧面作为拔模曲面。选择完后，主体左右两端的曲面都被选为拔模曲面。这里，只对一端的曲面进行拔模操作，另一端的曲面需要被排除掉。方法如下：在“拔模”图标板中选择“选项”，在“排除环”列表下，单击“单击此处添加项目”，再到模型上选择另一端的曲面，则另一端的曲面就被排除，不再是拔模曲面了。

2）选择端面作为拔模枢轴，如图 3-112 所示，设置拔模角度为 2°，向内拔模。

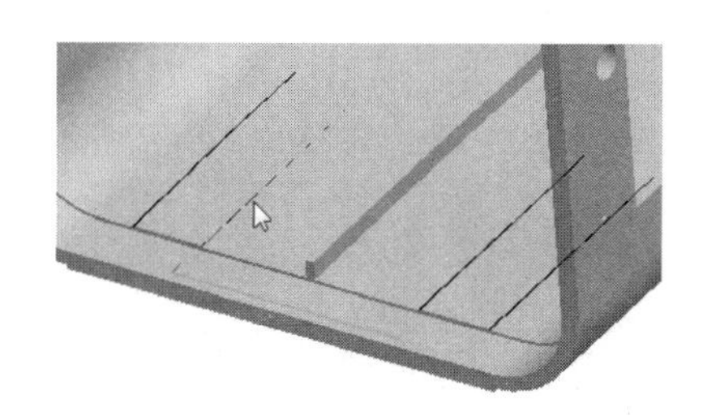

图 3-111　选择拔模曲面

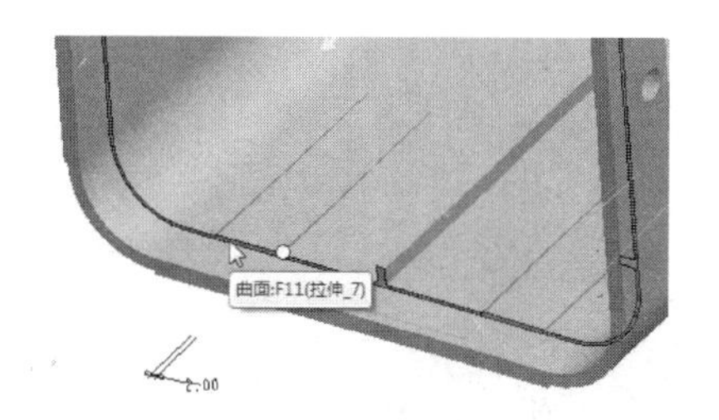

图 3-112　选择拔模枢轴

19. 创建拔模斜度 3 特征

参照前面介绍的相关操作方法，对另一侧的结构设置拔模，向内拔模，拔模角度为 2°，如图 3-113 所示。

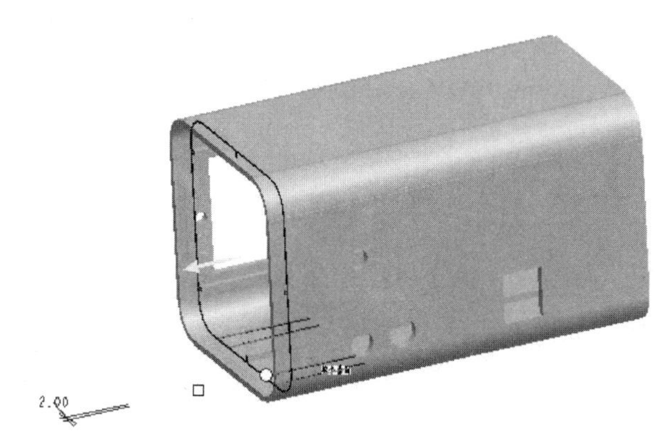

图 3-113　另一侧的拔模

20. 创建拔模斜度 4 特征

选择如图 3-114 所示结构的内侧表面作为拔模曲面，拔模枢轴选择内侧底面，如图 3-115 所示，拔模角度为 0.3°，向外拔模。

图 3-114　选择拔模曲面

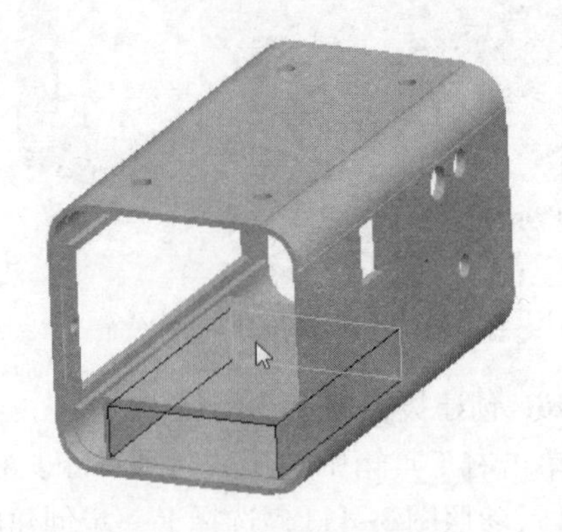

图 3-115　选择拔模枢轴

21. 创建拉伸 16 特征（除料）

1）选择如图 3-116 所示的平面作为草绘平面，草绘视图“参照”选择“基准平面”（RIGHT），“方向”为朝“右”。

2）草图截面如图 3-117 所示，单击✔按钮结束草绘。

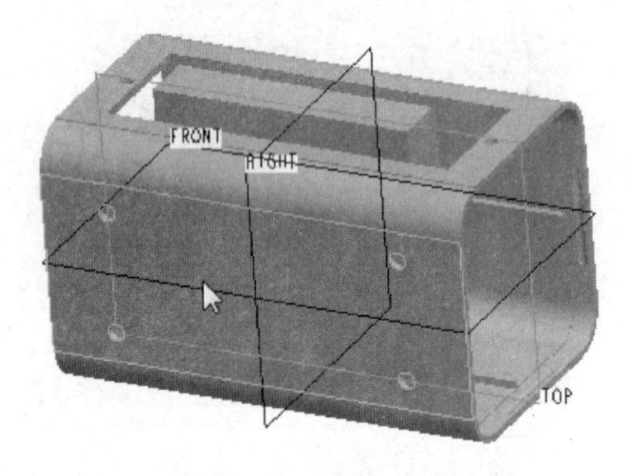

图 3-116　选择草绘平面

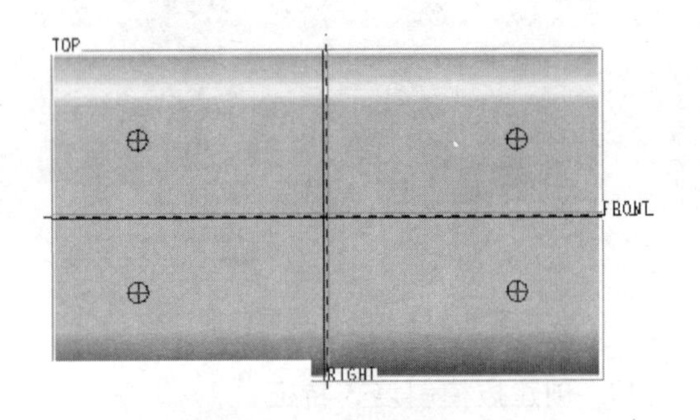

图 3-117　草图截面

3）在“拉伸”图标板中，拉伸方式选择“拉伸到选定的点、曲线、平面或曲面”，选择壳体内表面为参照曲面，拉伸结果如图 3-118 所示。

图 3-118　造型结果

22. 创建拉伸 17 特征（除料）

1）选择“基准平面”（TOP）作为草图平面，草绘视图“参照”选择“基准平面”（RIGHT），“方向”选择“朝顶”。

2）草图截面如图 3-119 所示，单击✔按钮结束草绘。

3）在“拉伸”图标板中选择“拉伸到选定

的点、曲线、平面或曲面”，选择壳体内表面为参照曲面，拉伸结果如图 3-120 所示。

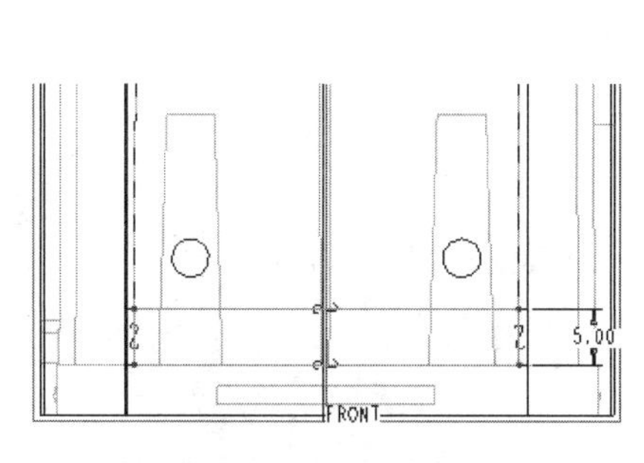

图 3-119　草图截面

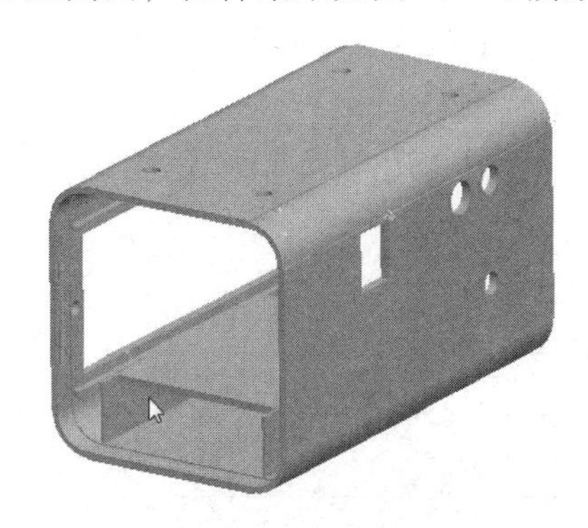

图 3-120　拉伸结果

23. 创建拔模斜度 5 特征

选择如图 3-121 所示的结构作为拔模曲面，拔模枢轴如图 3-122 所示，拔模角度为 1°，向内拔模。

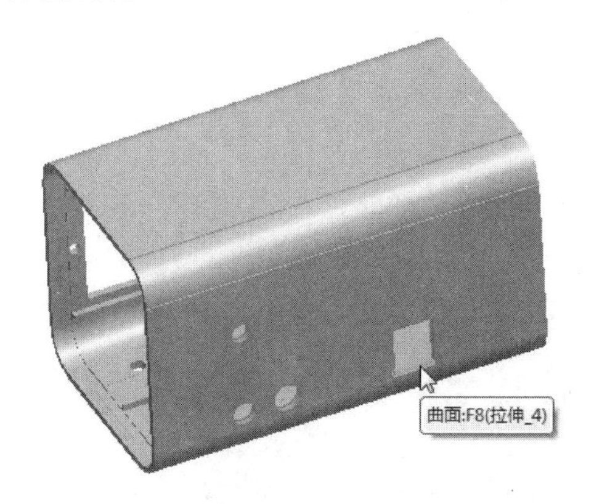

图 3-121　选择拔模曲面

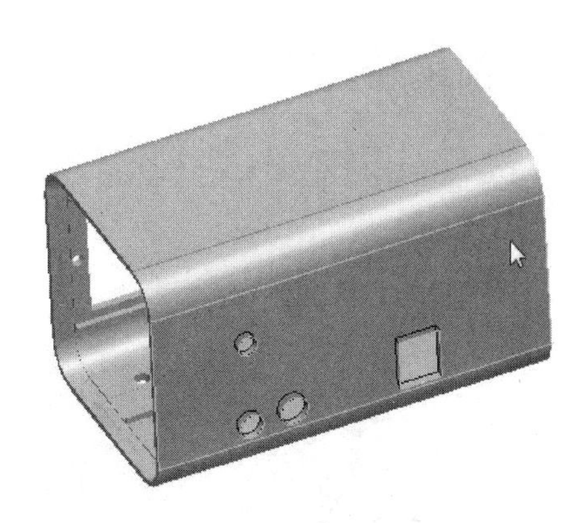

图 3-122　选择拔模枢轴

24. 创建拔模斜度 6 特征

选择如图 3-123 所示的结构作为拔模曲面，选择拔模枢轴如图 3-124 所示，拔模角度为 1°，向内拔模。

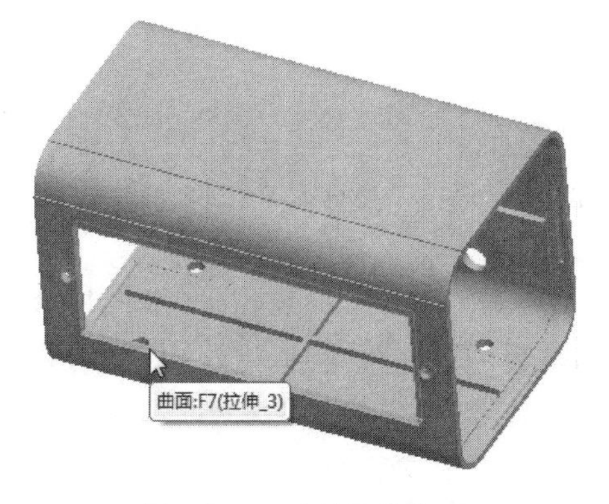

图 3-123　选择拔模曲面

图 3-124　选择拔模枢轴

25. 创建拔模斜度 7 特征

选择如图 3-125 所示的结构作为拔模曲面，选择拔模枢轴如图 3-126 所示，拔模角度为 1°，向内拔模。

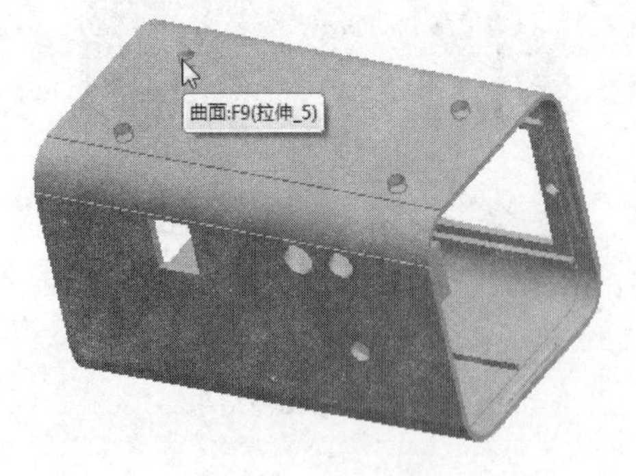

图 3-125 拔模曲面

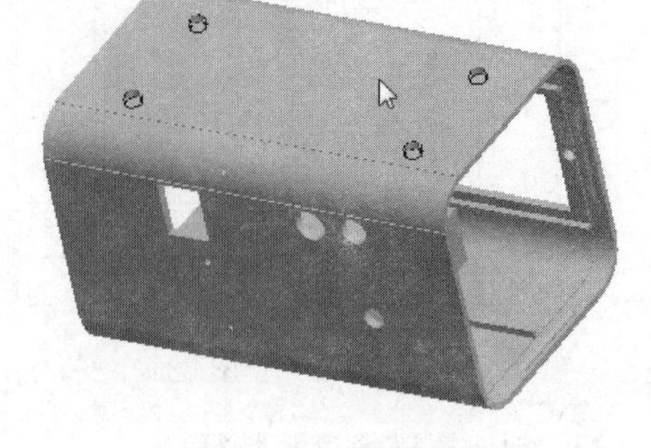

图 3-126 拔模枢轴

至此完成音箱主体零件的造型。

3.2 创建端盖造型

端盖造型结果如图 3-127 所示。

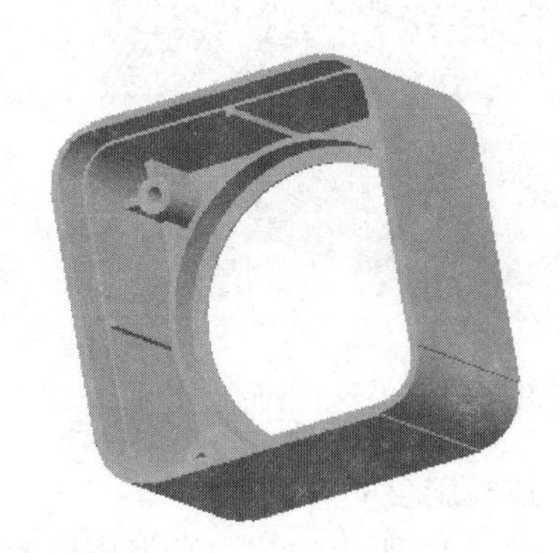

图 3-127 端盖造型

1. 新建零件文件

新建文件名为“yinx-2.prt”，随后进入零件建模环境中。

2. 创建拉伸 1 特征

单击右工具箱中“基础特征”工具栏上的“拉伸”按钮，可使用“拉伸”设计工具，默认选择为“实体拉伸”。

1）单击“放置”按钮，打开“放置”下滑面板，单击“定义”按钮，弹出“草绘”对话框，选择“基准平面”（RIGHT）作为草绘平面，参照“基准平面”（TOP），方向朝“顶”。

2）草图截面如图 3-128 所示，单击✔按钮结束草绘。

3）在“拉伸”图标板内设置拉伸高度为 35.5 mm，单击✔按钮，完成拉伸特征操作。拉伸造型结果如图 3-129 所示。

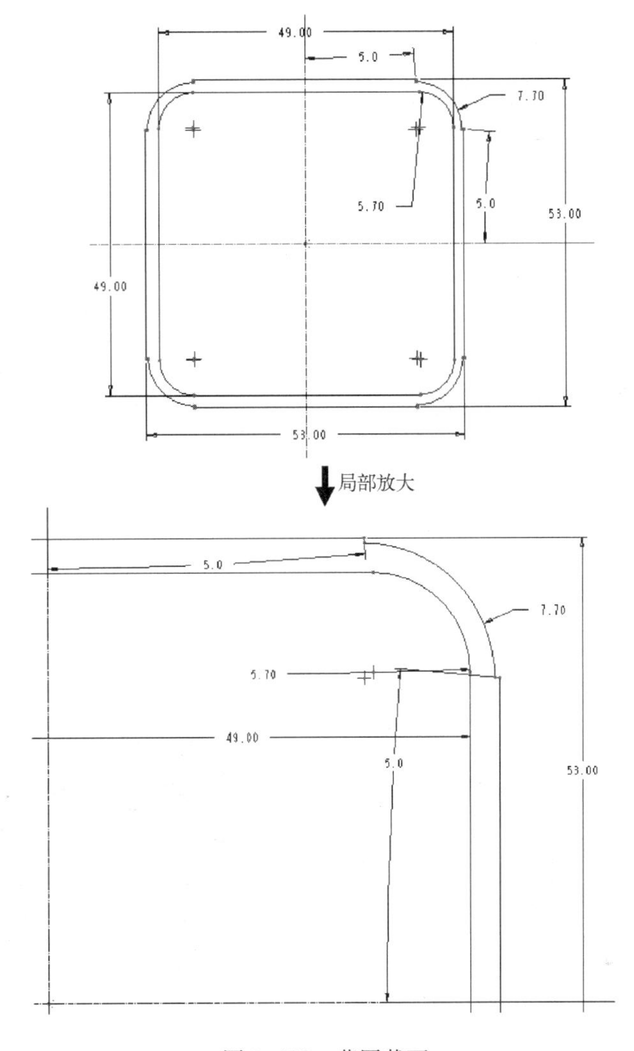

图 3-128　草图截面

3. 创建拉伸 2 特征

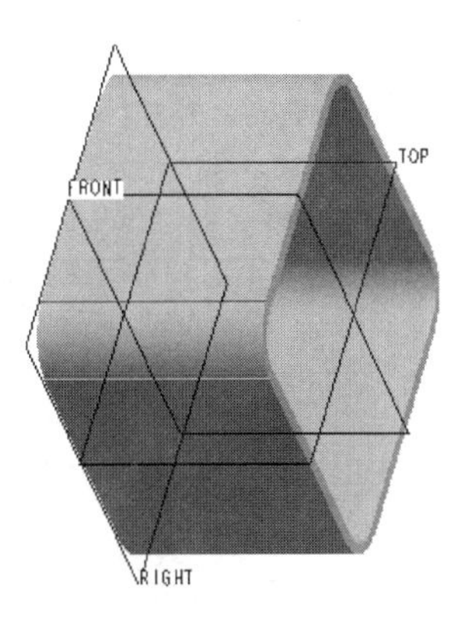

图 3-129　造型结果

单击右工具箱中“基础特征”工具栏上的“拉伸”按钮，可使用“拉伸”设计工具，默认选择为“实体拉伸”。

1）单击“放置”按钮，打开“放置”下滑面板，单击“定义”按钮，弹出“草绘”对话框，选择如图 3-130 所示平面作为草绘平面，参照“基准平面”（TOP），“方向”选择朝“左:。

2）草图截面如图 3-131 所示，单击按扭结束草绘。

3）在“拉伸”图标板内设置拉伸高度为 2.5 mm，单击按钮，完成拉伸特征操作。拉伸造型结果如图 3-132 所示。

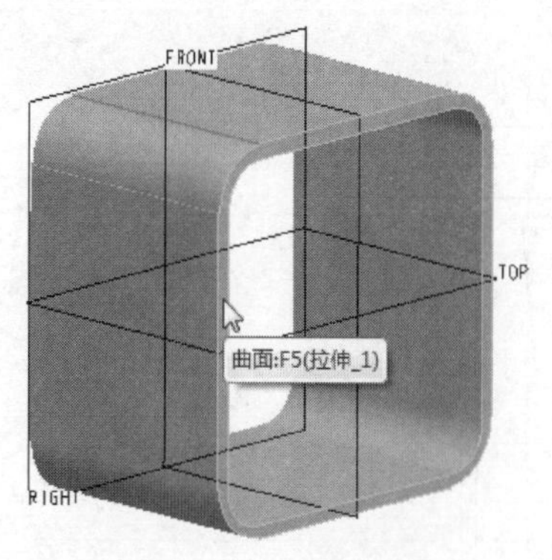

图 3-130　选择草绘平面

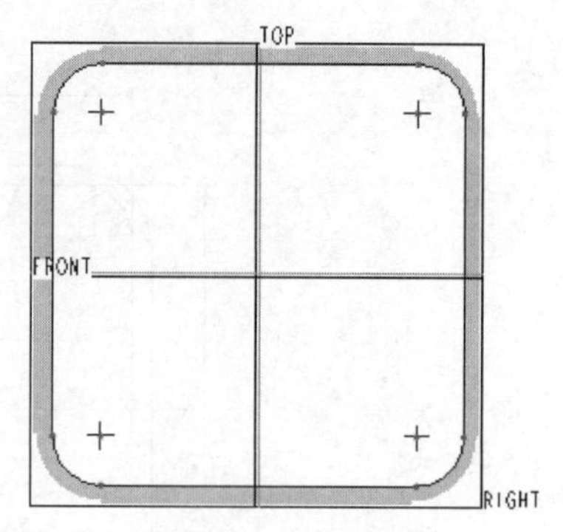

图 3-131　草图截面

4. 创建拉伸 3 特征（除料）

单击右工具箱中“基础特征”工具栏上的“拉伸”按钮，可使用“拉伸”设计工具，默认选择为“实体拉伸”。

1）单击“放置”按钮，打开“放置”下滑面板，单击“定义”按钮，弹出“草绘”对话框，选择如图 3-133 所示平面作为草绘平面，参照“基准平面”（TOP），“方向”选择朝“左”。

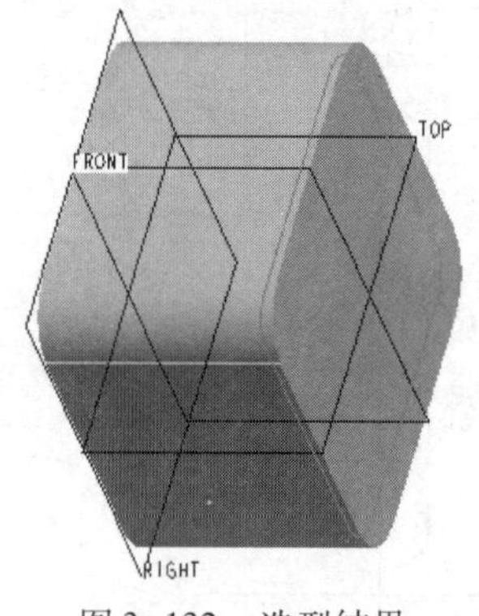

图 3-132　造型结果

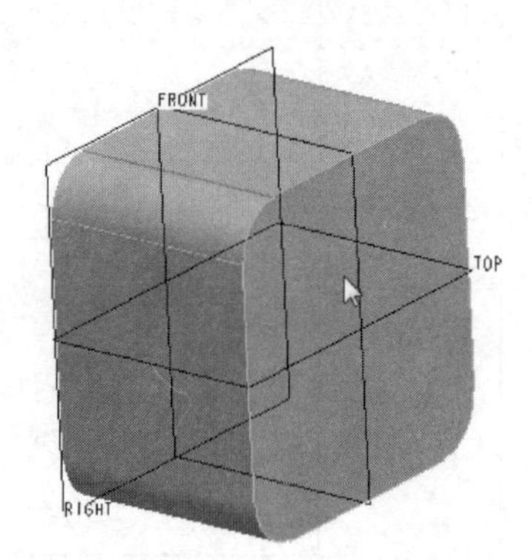

图 3-133　草绘平面

2）草图截面如图 3-134 所示，单击按钮结束草绘。

3）在“拉伸”图标板内设置拉伸高度为 2 mm，单击“去除材料”按钮，进行拉伸除料。

4）单击按钮，完成拉伸特征操作。拉伸造型结果如图 3-135 所示。

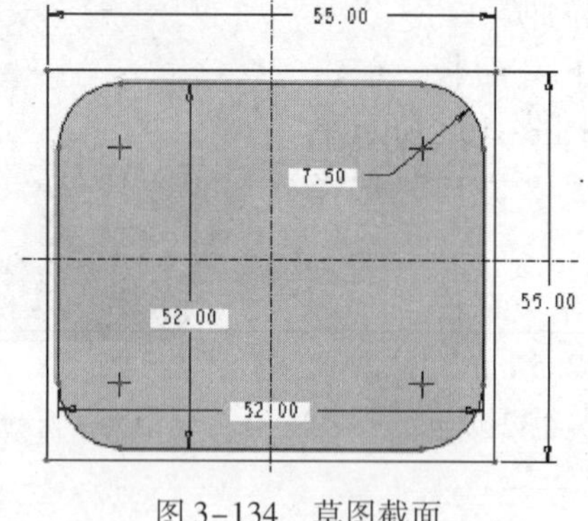

图 3-134　草图截面

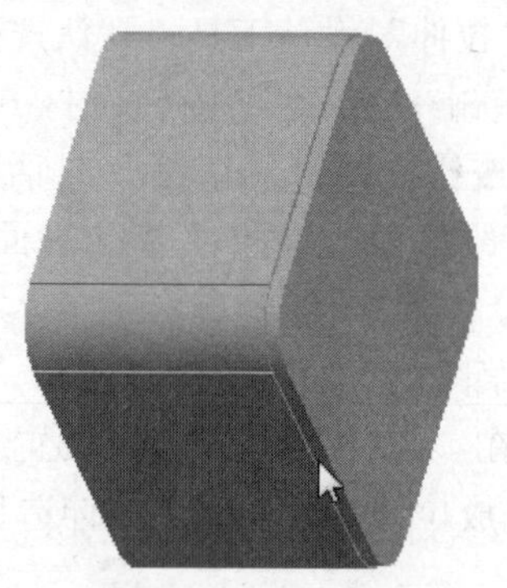

图 3-135　造型结果

说明：

绘制草图时，先绘制水平和竖直中心线，再绘制矩形，这时候系统会自动做矩形对称约束。但是添加倒圆角后，原来矩形的对称约束可能会改变，这时候需要设置好圆角相等约束后，再添加圆心的对称约束。

5. 创建倒角1特征

单击右工具箱中“工程特征”工具栏上的“边倒角”按钮，打开“倒角”图标板，如图3-136所示。

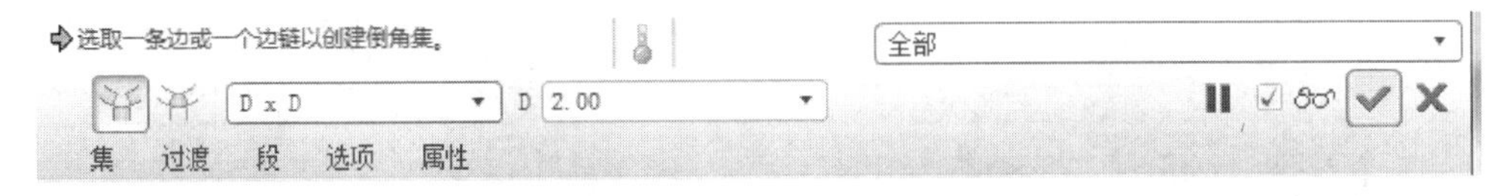

图3-136 “倒角”图标板

1）在列表中选择“D × D”，设置倒角边的D值为2 mm。

2）选择如图3-137所示的边进行倒角，结果如图3-138所示。

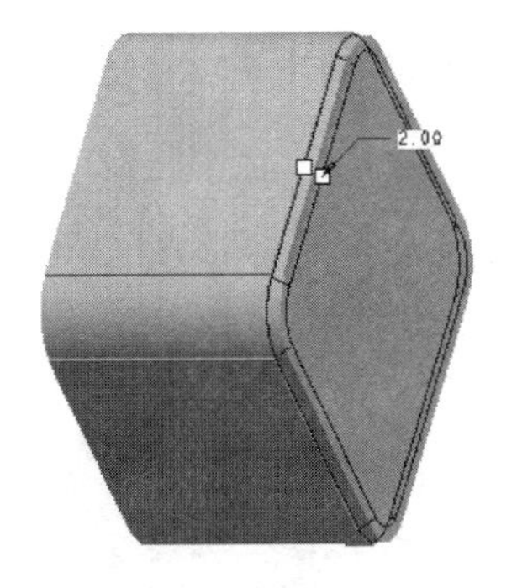

图3-137 选择要倒角的边

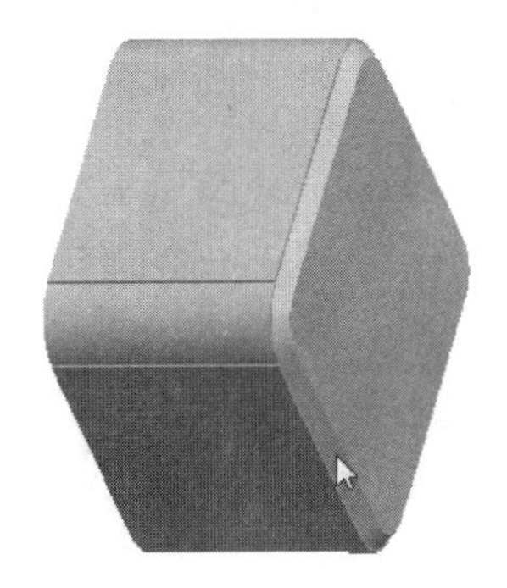

图3-138 造型结果

6. 创建拉伸4特征（除料）

参照上面的操作方法，创建拉伸除料特征，草图截面及造型结果如图3-139所示。

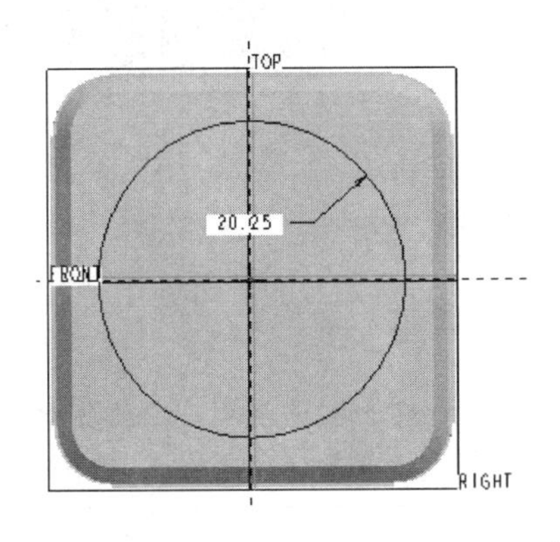

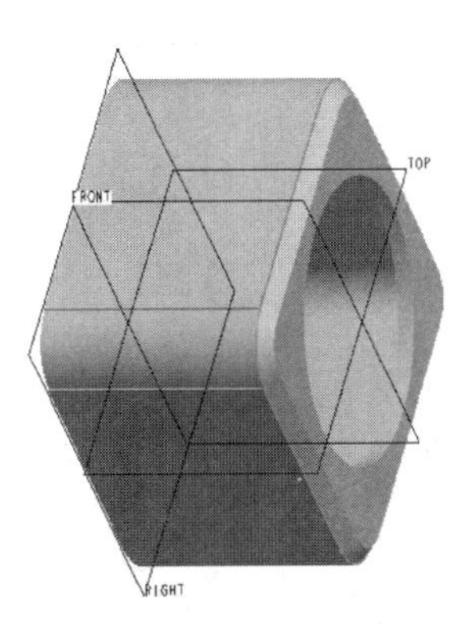

图3-139 创建拉伸

7. 创建倒角 2 特征

在“倒角”图标板的列表中选择“D × D”，设置倒角边 D 值为 2 mm。，倒角结果如图 3-140 所示。

8. 创建拉伸 5 特征

单击右工具箱中“基础特征”工具栏上的“拉伸”按钮，可使用“拉伸”设计工具，默认选择为“实体拉伸”。

1）选择如图 3-141 所示平面作为草绘平面。

图 3-140 创建倒角

图 3-141 选择草绘平面

2）草图截面如图 3-142 所示，单击按钮结束草绘。

3）在“拉伸”图标板内设置拉伸高度为 6 mm，单击按钮，完成拉伸特征操作。拉伸造型结果如图 3-143 所示。

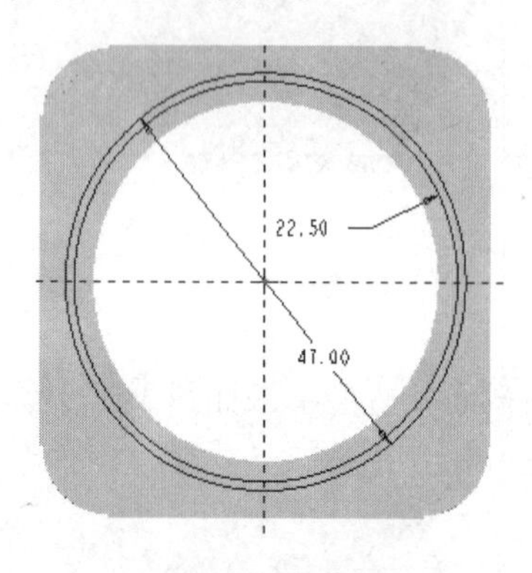

图 3-142 草图截面

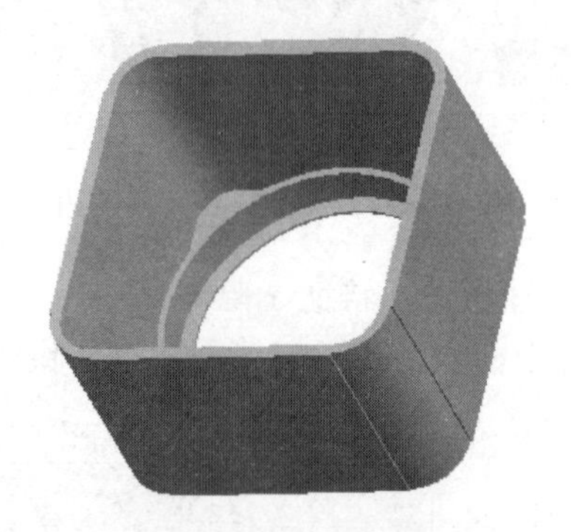

图 3-143 拉伸结果

9. 创建拉伸 6 特征（除料）

单击右工具箱中“基础特征”工具栏上的“拉伸”按钮，可使用“拉伸”设计工具，默认选择为“实体拉伸”。

1）草图截面如图 3-144 所示，注意采用偏移命令绘制草图，向外偏移为 0.5 mm。

2）单击“去除材料”按钮，进行拉伸除料。拉伸高度为 8 mm，单击右侧按钮结束拉伸特征操作。拉伸结果如图 3-145 所示。

10. 创建拉伸 7 特征

单击右工具箱中“基础特征”工具栏上的“拉伸”按钮，进入“拉伸”设计工具，默认选择为“实体拉伸”□。这里创建的是装配螺钉用的孔。

图 3-144　草图截面

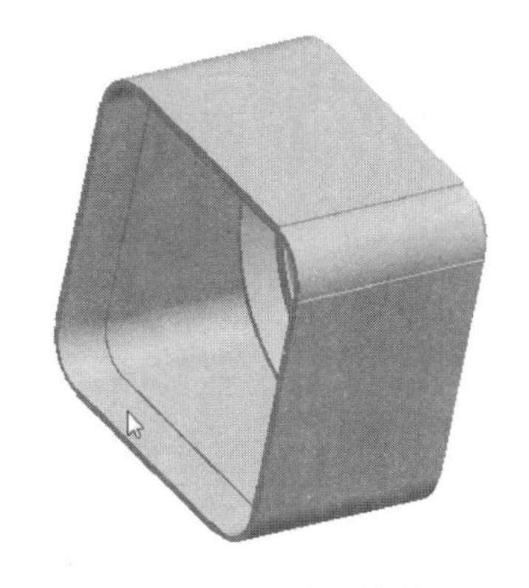

图 3-145　造型结果

1）草图截面如图 3-146 所示，单击✔按钮结束草绘。

2）拉伸高度为 12 mm，单击右侧✔按钮结束拉伸特征操作。造型结果如图 3-147 所示。

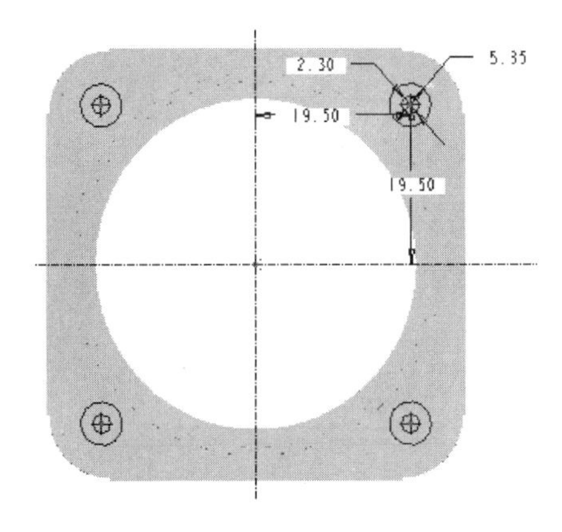

图 3-146　草图截面

图 3-147　造型结果

11. 创建拉伸 8 特征

单击右工具箱中“基础特征”工具栏上的“拉伸”按钮，可使用“拉伸”设计工具，默认选择为“实体拉伸”□。这一步创建的是加强筋。

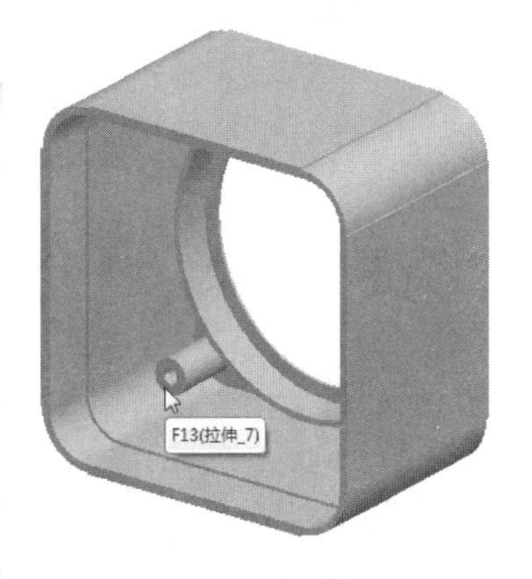

图 3-148　选择草绘平面

1）草绘平面如图 3-148 所示，其他接受默认设置。

2）进入草图后，先选择菜单【草绘】|【参照】命令，选择上一步小圆柱的轴线作为参照，草图截面如图 3-149 所示。单击✔按钮结束草绘。

3）在“拉伸”图标板中选择拉伸方式为“拉伸至下一曲面”，单击右侧✔按钮结束拉伸特征操作。拉伸结果如图 3-150 所示。

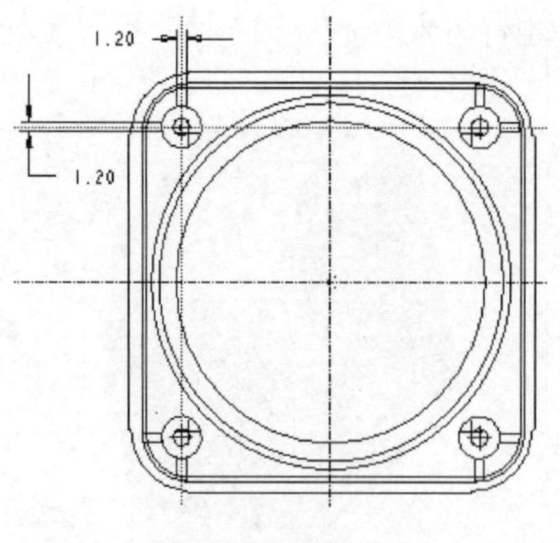

图 3-149 草图截面

图 3-150 拉伸结果

说明：

在绘制草图时，要选择小圆柱的轴线作为参照来确定加强筋的位置。这样设计的目的是当更改小圆柱位置后，加强筋会随着小圆柱轴线的位置自动跟着改变，从而满足原来的设计意图。

12. 创建拉伸 9 特征

单击右工具箱中“基础特征”工具栏上的“拉伸”按钮，可使用“拉伸”设计工具，默认选择为“实体拉伸”。这里是采用拉伸特征命令创建塑件的加强筋。

1）选择如图 3-151 所示平面作为草绘平面。

2）草图截面如图 3-152 所示。

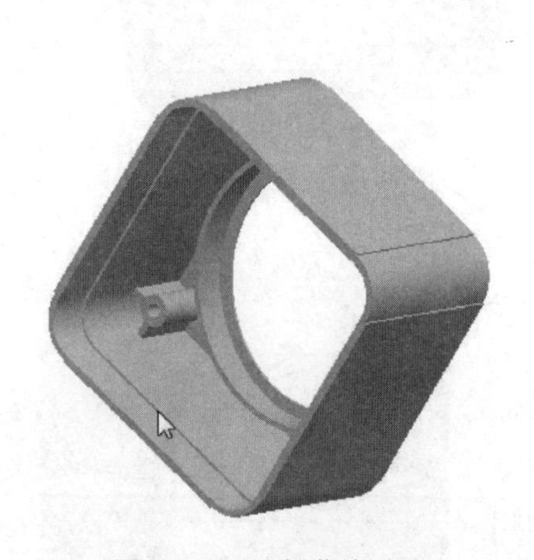

图 3-151 选择草绘平面

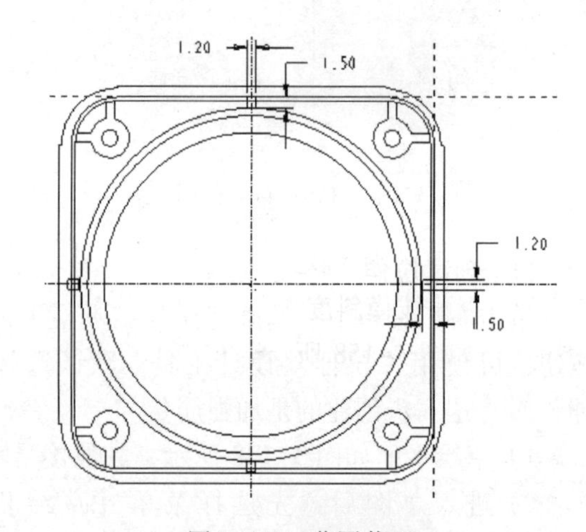

图 3-152 草图截面

3）在“拉伸”图标板中选择拉伸方式为“拉伸至下一曲面”，单击右侧按钮结束拉伸特征操作。拉伸造型结果如图 3-153 所示。

13. 创建拔模斜度 1 特征

选择如图 3-154 所示的内表面作为拔模曲面，拔模枢轴如图 3-155 所示，拔模角度为 0.5°，向外拔模。

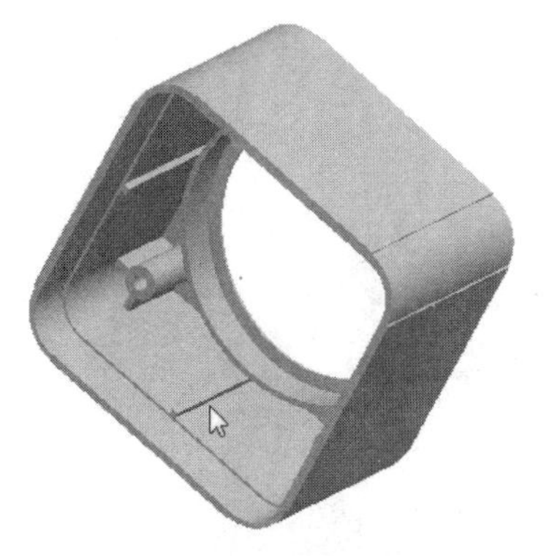

图 3-153　拉伸特征

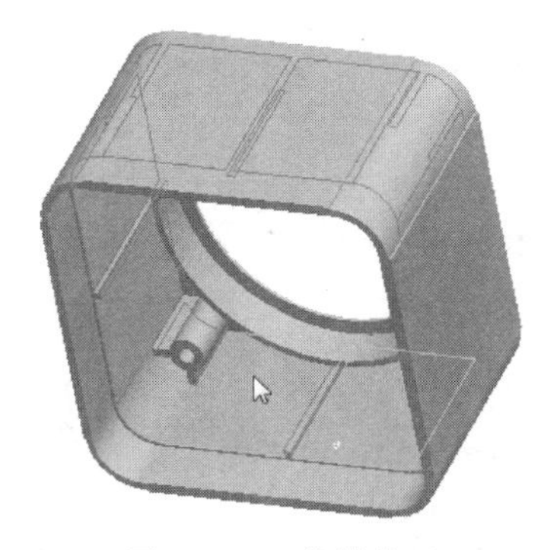

图 3-154　拔模曲面

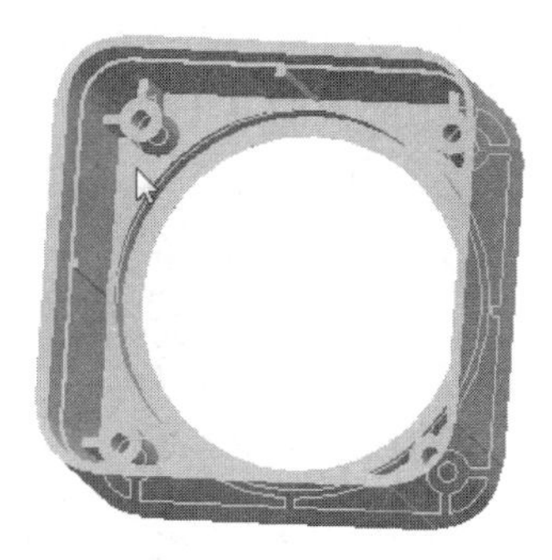

图 3-155　拔模枢轴

说明：

一般加强筋宽度可以取塑件壁厚的0.7～0.8 倍左右，本塑件壁厚是2 mm，因此，加强筋宽度为 1.2 mm。而且为了保证加强筋与壳表面相连，草绘时应该选择内表面作为参照。

14. 创建拔模斜度 2 特征

选择如图 3-156 所示的加强筋侧面作为拔模曲面，拔模枢轴如图 3-157 所示，拔模角度为 0.5°，向外拔模。

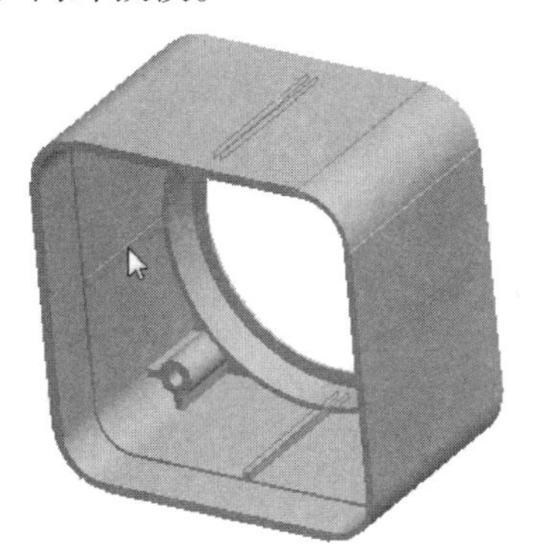

图 3-156　拔模曲面

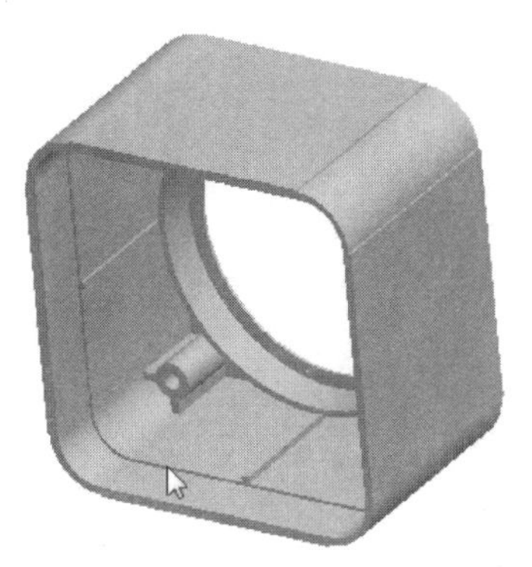

图 3-157　拔模枢轴

15. 创建拔模斜度 3 特征

选择如图 3-158 所示的圆柱外表面作为拔模曲面，拔模枢轴如图 3-159 所示，拔模角度为 0.5°，向外拔模。

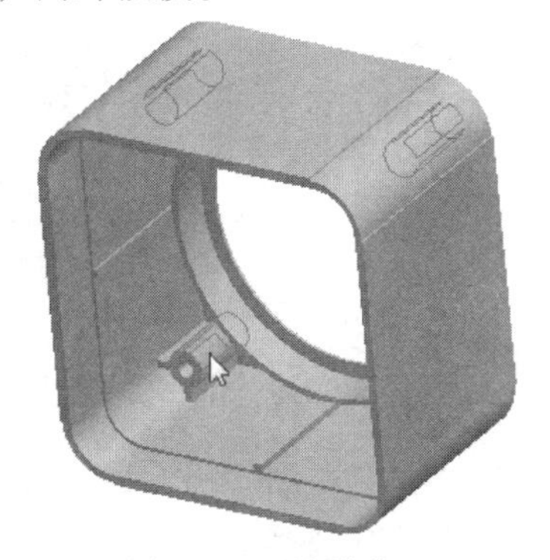

图 3-158　拔模曲面

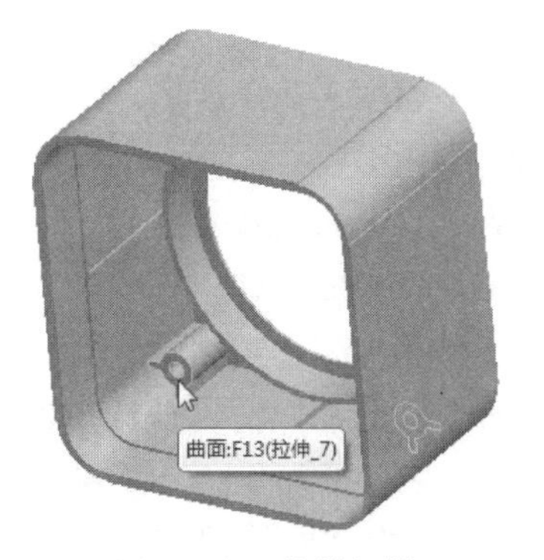

图 3-159　拔模枢轴

16. 创建拔模斜度 4 特征

选择如图 3-160 所示的加强筋侧面作为拔模曲面，拔模枢轴如图 3-161 所示，拔模角度为 0. 5°，向外拔模。

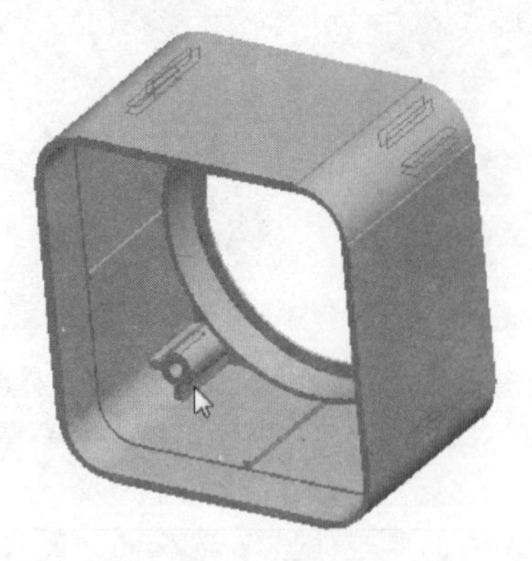

图 3-160　拔模曲面

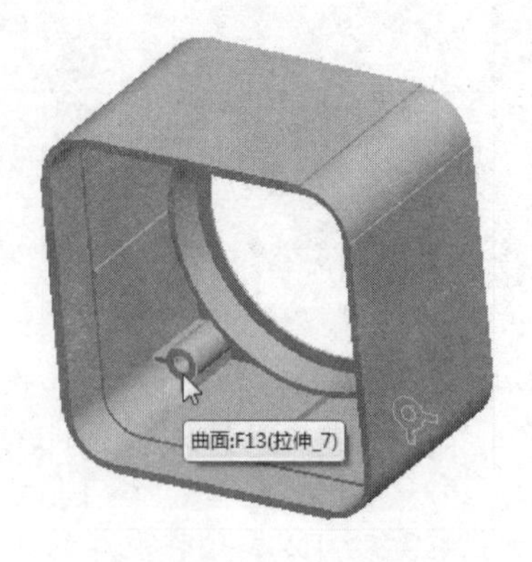

图 3-161　拔模枢轴

17. 创建拔模斜度 5 特征

选择如图 3-162 所示的孔内表面作为拔模曲面，拔模枢轴如图 3-163 所示，拔模角度为 0. 5°，向内拔模。

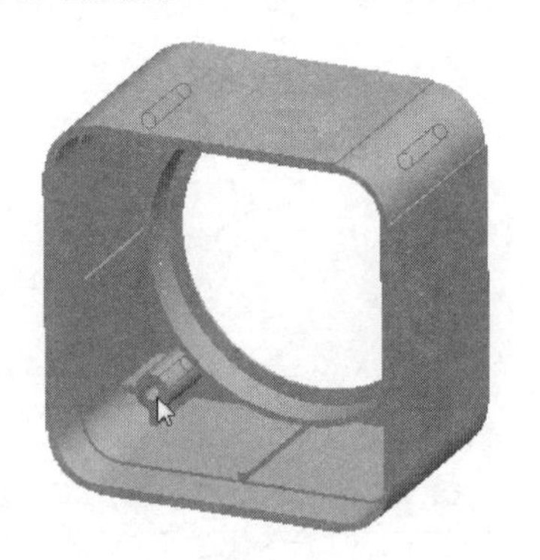

图 3-162　拔模曲面

图 3-163　拔模枢轴

至此完成端盖造型。

3. 3　创建连接板造型

连接板造型如图 3-164 所示。

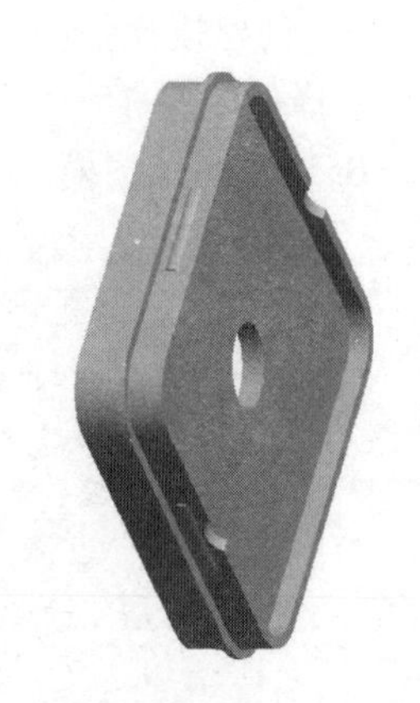

图 3-164　连接板造型

1. 新建零件文件

新建名为“yinx－3. prt”，随后进入零件建模环境中。

2. 创建拉伸 1 特征

单击右工具箱中“基础特征”工具栏上的“拉伸”按钮，可使用“拉伸”设计工具，默认选择为“实体拉伸”。

1）选择“基准平面”（RIGHT）作为草绘平面，草绘视图“参照”选择“基准平面”（TOP），“方向”选择朝“顶”，其余接受默认设置。

2）草图截面如图 3-165 所示，单击✔按钮结束草绘。

3）在“拉伸”图标板中输入拉伸高度 1 mm，单击右侧✔按钮结束拉伸特征操作。拉伸造型结果如图 3-166 所示。

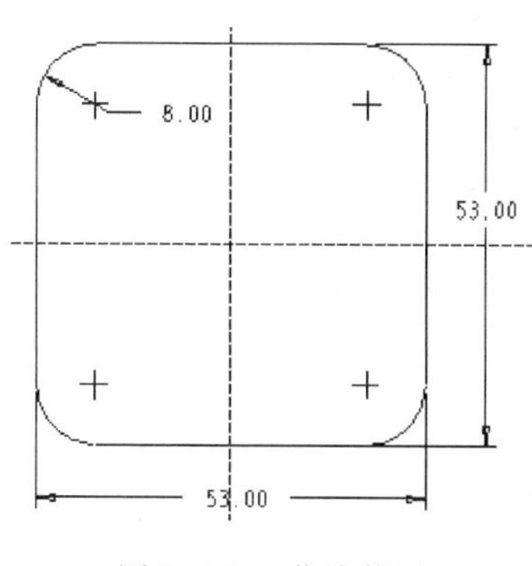

图 3-165　草绘截面

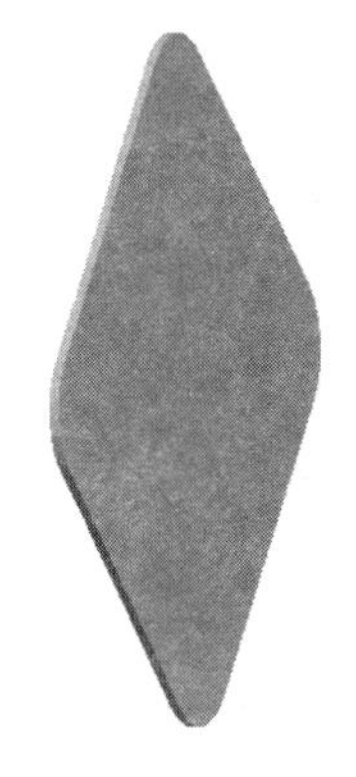
图 3-166　造型结果

3. 创建拉伸 2 特征

单击右工具箱中“基础特征”工具栏上的“拉伸”按钮，可使用“拉伸”设计工具，默认选择为“实体拉伸”。

1）选择如图 3-167 所示平面作为草绘平面，草绘视图“参照”选择“基准平面”（TOP），“方向”选择朝“顶”，其余接受默认设置。

2）草图截面如图 3-168 所示，注意草绘时采用偏移命令，向内侧偏移 1.5 mm，单击✔按钮结束草绘。

3）在“拉伸”图标板中输入拉伸高度 4.4 mm，单击右侧✔按钮结束拉伸特征操作。拉伸造型结果如图 3-169 所示。

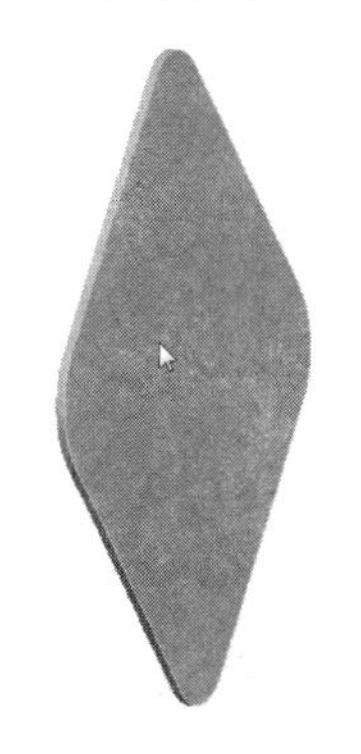
图 3-167　草绘平面

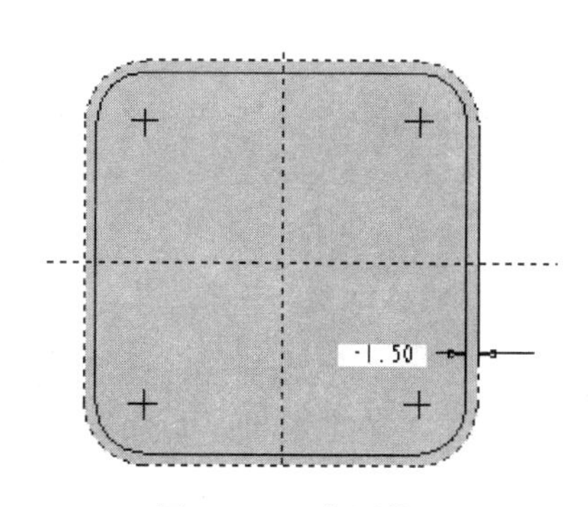

图 3-168　草图截面

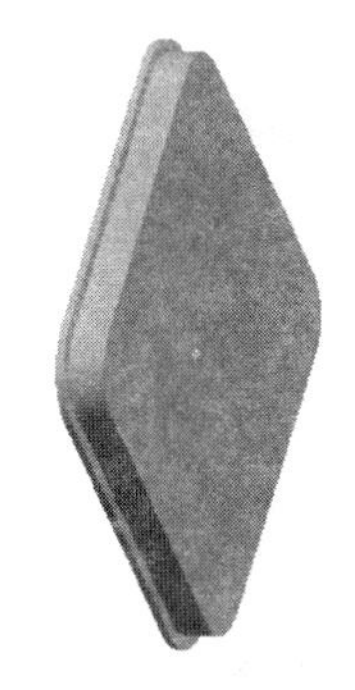
图 3-169　造型结果

4. 创建拉伸 3 特征（除料）

单击右工具箱中“基础特征”工具栏上的“拉伸”按钮，可使用“拉伸”设计工具，默认选择为“实体拉伸”。

1）选择如图 3-170 所示平面作为草绘平面，草绘视图“参照”选择“基准平面”（TOP），“方向”选择朝“顶”，其余接受默认设置。

2）草图截面如图 3-171 所示，注意草绘时采用命令，向内侧偏移 1.5 mm，单击按钮结束草绘。

3）在“拉伸”图标板中输入拉伸高度 2.4 mm，单击右侧按钮结束拉伸特征操作。拉伸造型结果如图 3-172 所示。

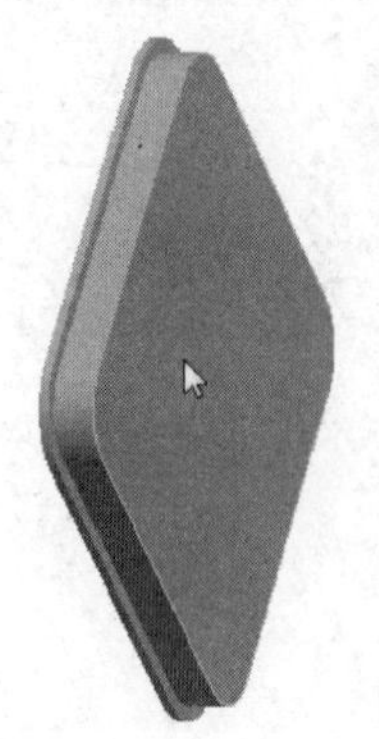

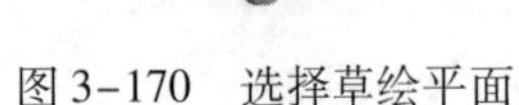

图 3-170　选择草绘平面

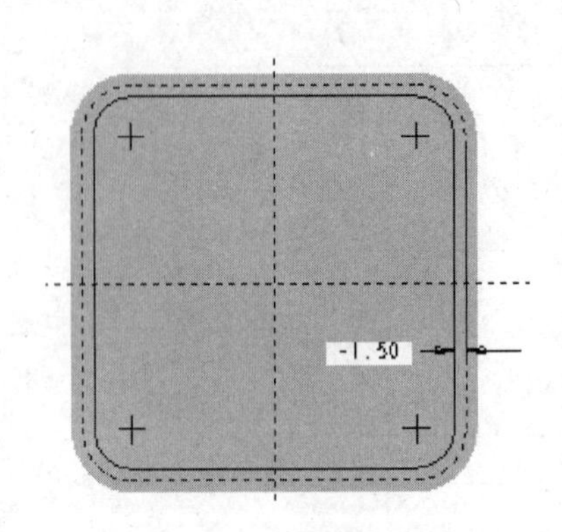

图 3-171　草图截面

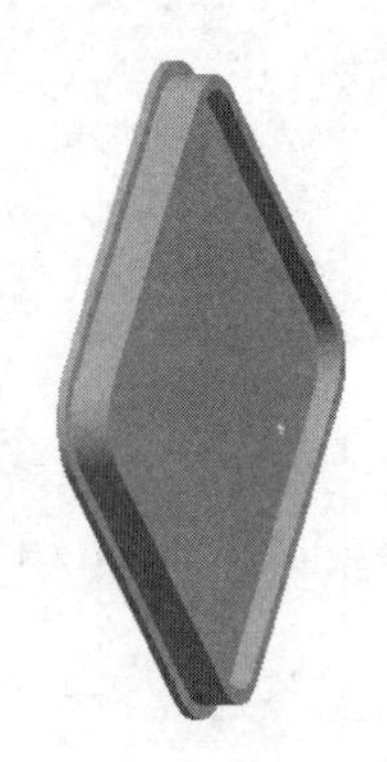

图 3-172　造型结果

5. 创建拉伸 4 特征

单击右工具箱中“基础特征”工具栏上的“拉伸”按钮，可使用“拉伸”设计工具，默认选择为“实体拉伸”。

1）选择基准平面 FRONT 作为草绘平面，草绘视图“参照”选择“基准平面”（TOP），“方向”选择朝“顶”，其余接受默认设置。

2）草图截面如图 3-173 所示，单击按钮结束草绘。

3）在“拉伸”图标板中输入拉伸高度 12 mm，选择拉伸方式为“对称拉伸”，单击右侧按钮结束拉伸特征操作。拉伸造型结果如图 3-174 所示。

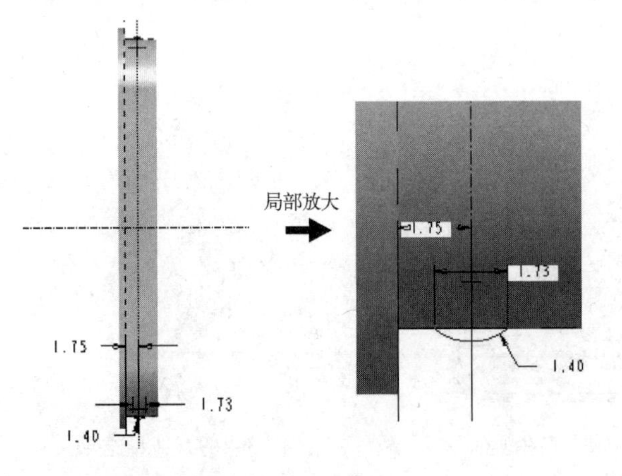

图 3-173　草图截面

图 3-174　拉伸结果

6. 创建移动副本特征

选择上一步创建的拉伸特征，单击上工具箱中的“复制”按钮，然后单击上工具箱中的“选择性粘贴”按钮。可使用到“选择性粘贴”设计工具中，如图 3-175 所示。

1）选中“对副本应用移动/旋转变换”复选框，单击“确定”按钮。

2）单击右工具箱中“基准”工具栏上的“草绘基准轴”按钮创建基准轴 A_1，如图 3-176 所示。

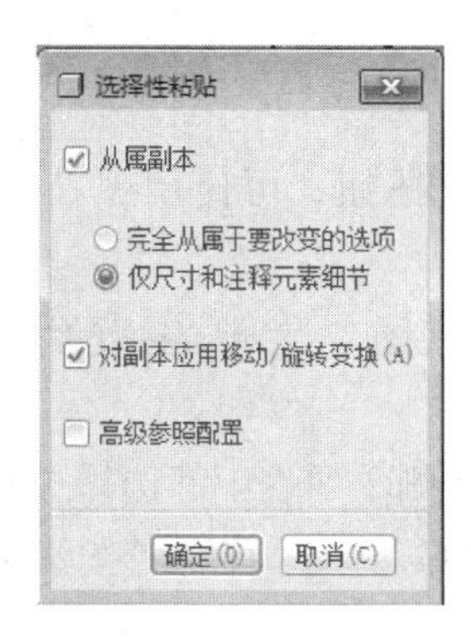

图 3-175 “选择性粘贴”对话框

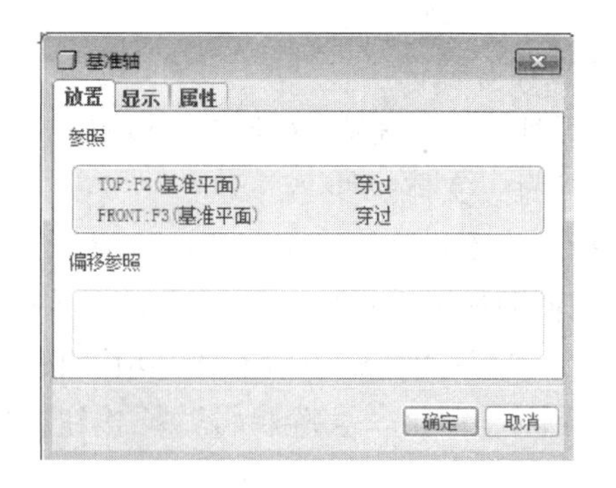

图 3-176 “基准轴”对话框

3）在“选择性粘贴”图标板中单击“旋转复制”按钮，选择刚刚创建的基准轴 A_1，旋转角度为 90°，如图 3-177 所示。

图 3-177 “选择性粘贴”图标板

4）生成的副本特征如图 3-178 所示。

图 3-178 旋转复制结果

7. 创建拉伸 5 特征

单击右工具箱中“基础特征”工具栏上的“拉伸”按钮，可使用“拉伸”设计工具，默认选择为“实体拉伸”。

1）选择如图 3-179 所示平面作为草绘平面，草绘视图“参照”接受默认设置。

2）草图截面如图 3-180 所示，单击按钮结束草绘。

3）在“拉伸”图标板中输入拉伸高度 5.9 mm，单击右侧按钮结束拉伸特征操作。拉伸造型结果如图 3-181 所示。

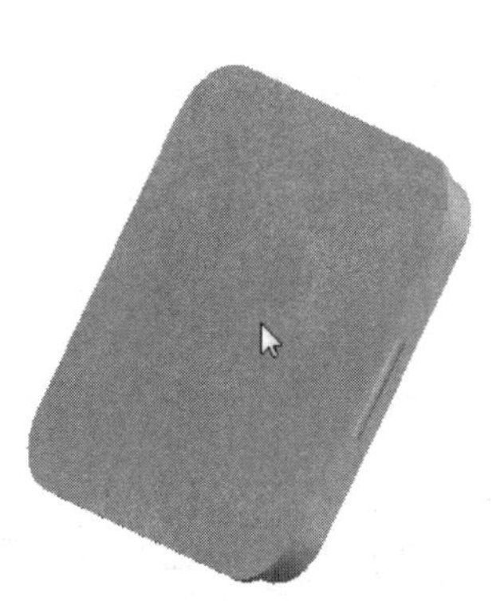

图 3-179 选择草绘平面

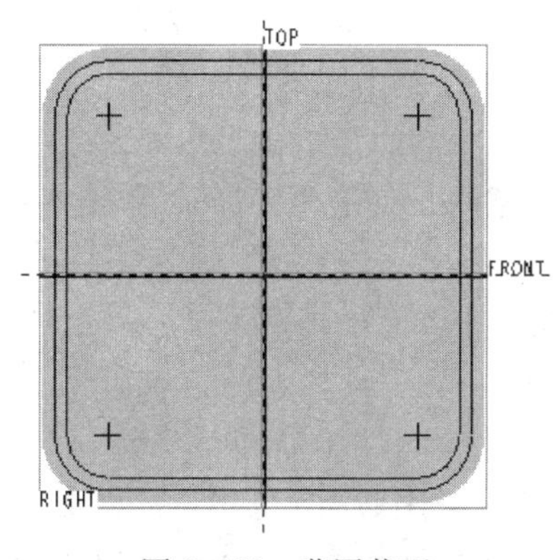

图 3-180 草图截面

图 3-181 拉伸结果

8. 创建倒角 1 特征

选择如图 3-182 所示的边进行倒角，在“倒角”图标板的列表中选择“D×D”，设置倒角边 D 值为 0.5 mm。

9. 创建拉伸 6 特征

单击右工具箱中“基础特征”工具栏上的“拉伸”按钮，可使用“拉伸”设计工具，默认选择为“实体拉伸”。

1）选择“基准平面”（FRONT）作为草绘平面，草绘视图“参照”接受默认设置。

2）草图截面如图 3-183 所示，单击按钮结束草绘。

3）在“拉伸”图标板中单击“选项”按钮，在侧 1 和侧 2 列表中都选择“拉伸值与所有曲面相交”，单击“去除材料”按钮，进行拉伸除料。单击右侧按钮结束拉伸特征操作。

4）拉伸造型结果如图 3-184 所示。

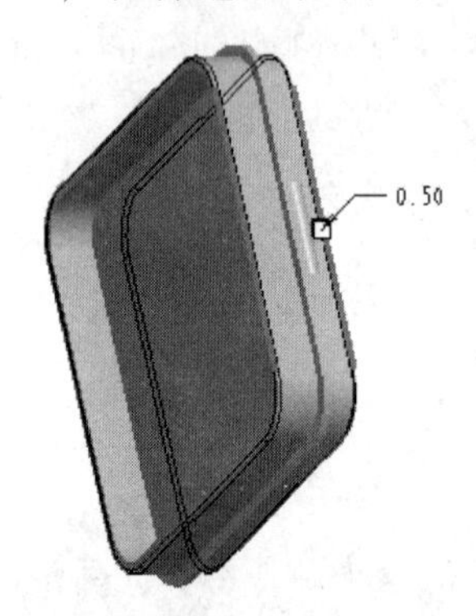

图 3-182　倒角

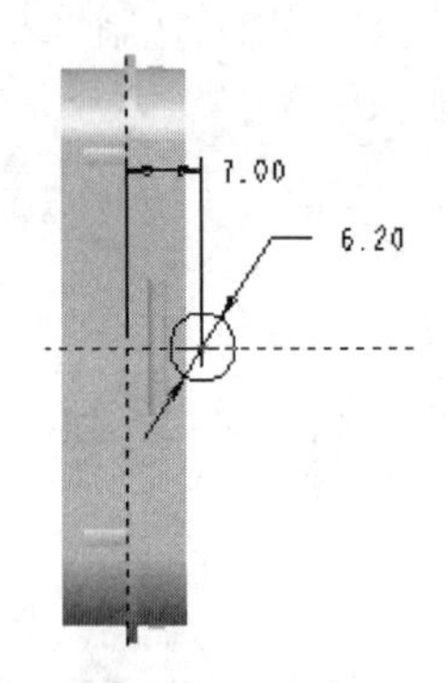

图 3-183　草图截面

图 3-184　造型结果

10. 创建拉伸 7 特征

单击右工具箱中“基础特征”工具栏上的“拉伸”按钮，可使用“拉伸”设计工具，默认选择为“实体拉伸”。

1）选择如图 3-185 所示的平面作为草绘平面，草绘视图“参照”接受默认设置。

2）草图截面如图 3-186 所示，单击按钮结束草绘。注意草图中的直线最好是绘制出来的，同圆弧一同进行镜像。

图 3-185　选择草绘平面

3）在“拉伸”图标板中输入拉伸高度 4 mm，单击右侧按钮结束拉伸特征操作。拉伸造型结果如图 3-187 所示。

11. 创建拉伸 8 特征（除料）

单击右工具箱中“基础特征”工具栏上的“拉伸”按钮，可使用“拉伸”设计工具，默认选择为“实体拉伸”。

草图截面如图 3-188 所示，草图截面为 ϕ10 mm 的圆孔，单击“去除材料”按钮，选择拉伸方式为“拉伸至与所有平面相交”，造型结果如图 3-189 所示。

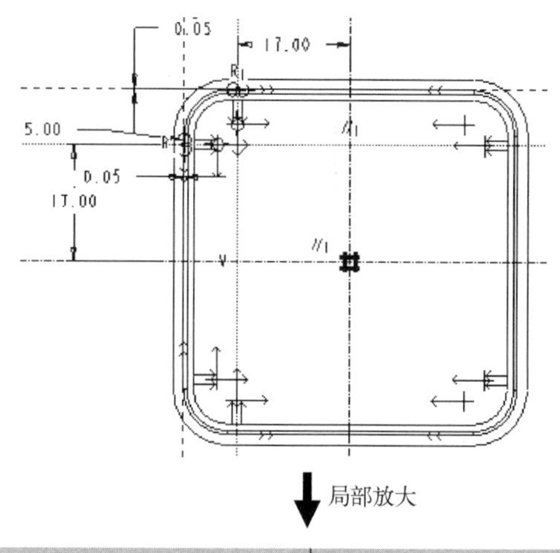

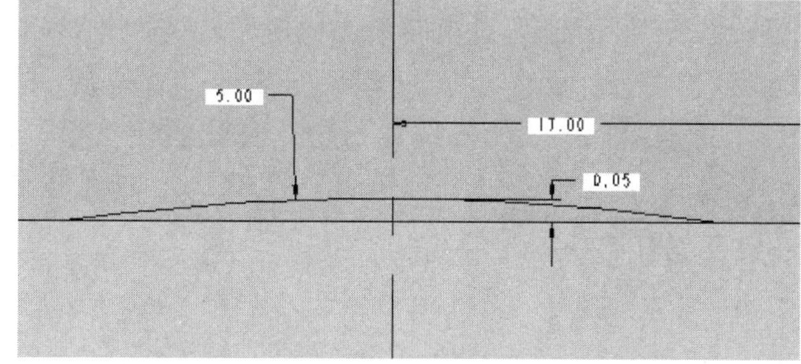

图 3-186　草图截面

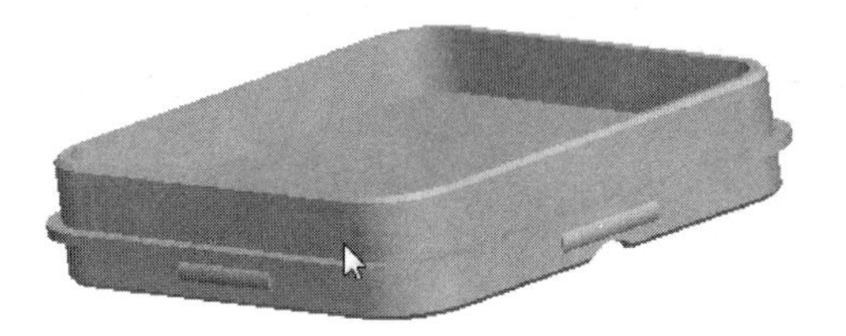

图 3-187　造型结果

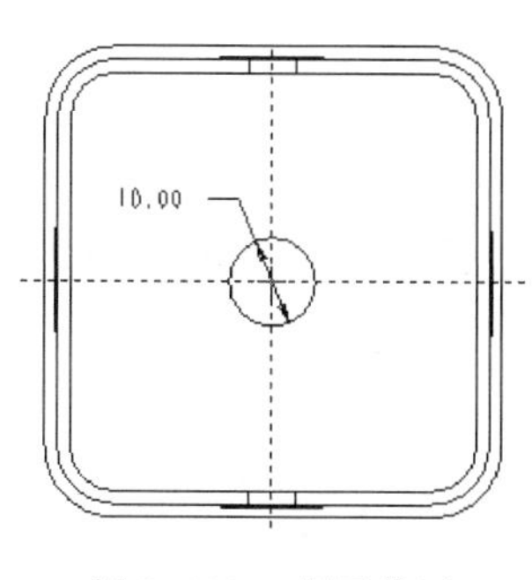

图 3-188　草图截面

图 3-189　造型结果

12. 创建拔模斜度 1 特征

选择如图 3-190 所示的四周面作为拔模曲面，拔模枢轴如图 3-191 所示，拔模角度为 1°，向内拔模。

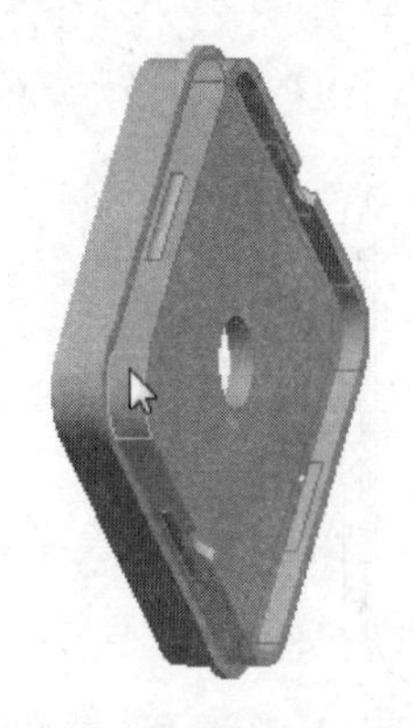

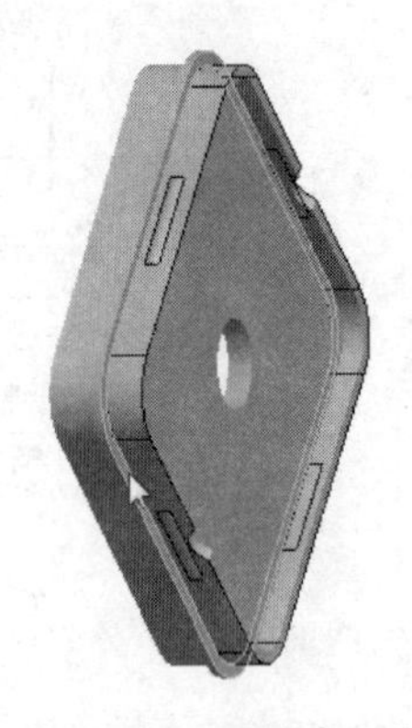

图 3-190　拔模曲面（创建拔模斜度 1 特征）　　图 3-191　拔模枢轴（创建拔模斜度 1 特征）

13. 创建拔模斜度 2 特征

选择如图 3-192 所示的四周面作为拔模曲面，拔模枢轴如图 3-193 所示，拔模角度为 1°，向外拔模。

图 3-192　拔模曲面（创建拔模斜度 2 特征）

图 3-193　拔模枢轴（创建拔模斜度 2 特征）

14. 创建拔模斜度 3 特征

选择如图 3-194 所示的四周面作为拔模曲面，拔模枢轴如图 3-195 所示，拔模角度为 1°，向内拔模。

图 3-194　拔模曲面（创建拔模斜度 3 特征）

图 3-195　拔模枢轴（创建拔模斜度 3 特征）

15. 创建拔模斜度 4 特征

选择如图 3-196 所示的四周面作为拔模曲面，拔模枢轴如图 3-197 所示，拔模角度为 1°，向外拔模。

图 3-196　拔模曲面（创建拔模斜度 4 特征）

图 3-197　拔模枢轴（创建拔模斜度 4 特征）

16. 创建拔模斜度 5 特征

选择如图 3-198 所示的孔表面作为拔模曲面，拔模枢轴如图 3-199 所示，拔模角度为 1°，向内拔模。

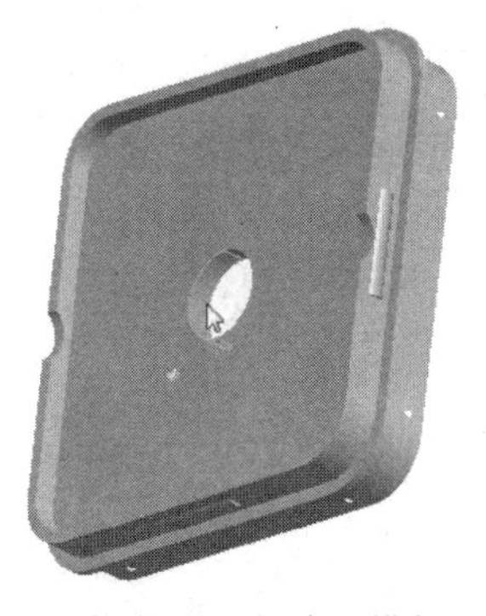

图 3-198　拔模曲面（创建拔模斜度 5 特征）

图 3-199　拔模枢轴（创建拔模斜度 5 特征）

17. 创建拉伸 9 特征（除料）

单击右工具箱中“基础特征”工具栏上的“拉伸”按钮，进入“拉伸”设计工具，默认选择为“实体拉伸”。

1）选择如图 3-200 所示平面作为草绘平面。

2）草图截面如图 3-201 所示。

图 3-200　选取草绘平面

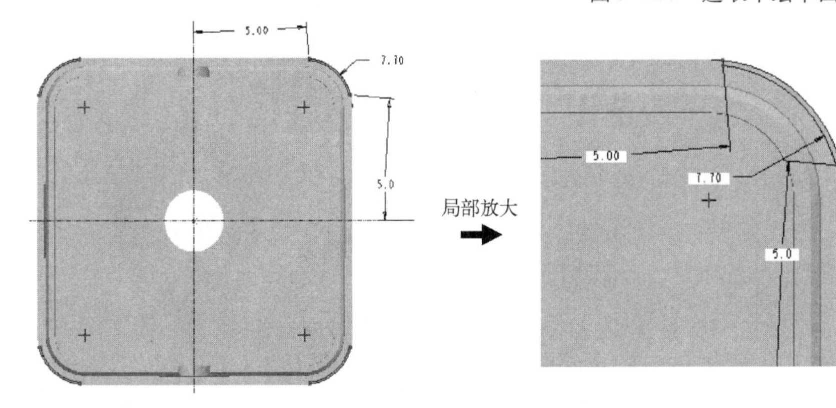

图 3-201　草图截面

3）在“拉伸”图标板中选择拉伸方式为“拉伸至所有曲面相交”，单击“去除材料”按钮，进行拉伸除料。单击右侧按钮结束拉伸特征操作。拉伸造型结果如图 3-202 所示。

至此完成连接板造型。

图 3-202　造型结果

3.4　创建支架造型

支架造型如图 3-203 所示。

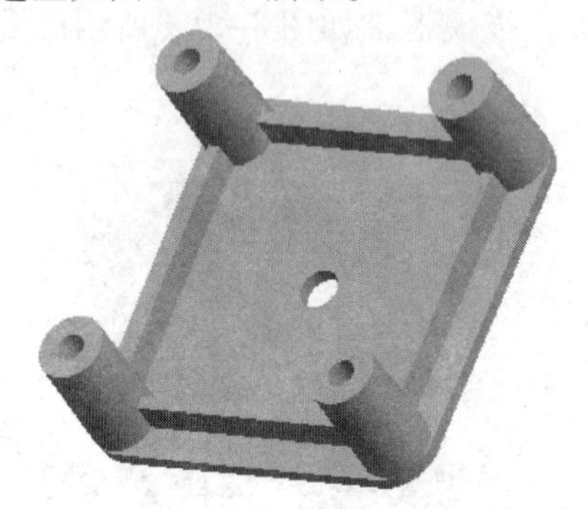

图 3-203　支架造型

1. 新建零件文件

新建名为“yinx－4. prt”，随后进入零件建模环境中。

2. 创建拉伸 1 特征

单击右工具箱中“基础特征”工具栏上的“拉伸”按钮，进入“拉伸”设计工具，默认选择为“实体拉伸”。

1）选择“基准平面”（RIGHT）作为草绘平面，草绘视图“参照”接受默认设置。

2）草图截面如图 3-204 所示，单击按钮完成草绘。

3）在“拉伸”图标板中深入拉伸高度 2 mm，单击右侧按钮结束拉伸特征操作。拉伸造型结果如图 3-205 所示。

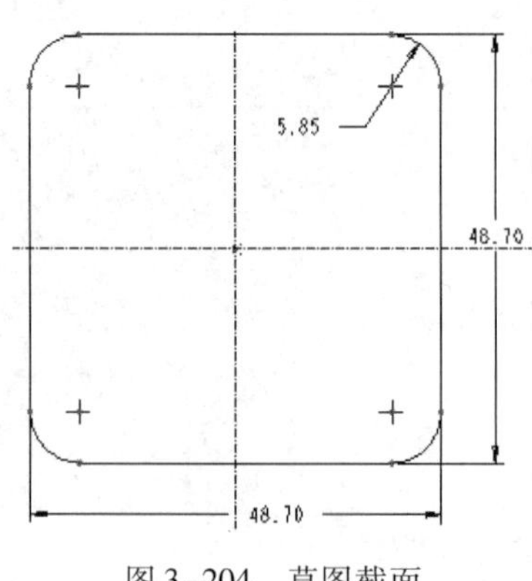

图 3-204　草图截面

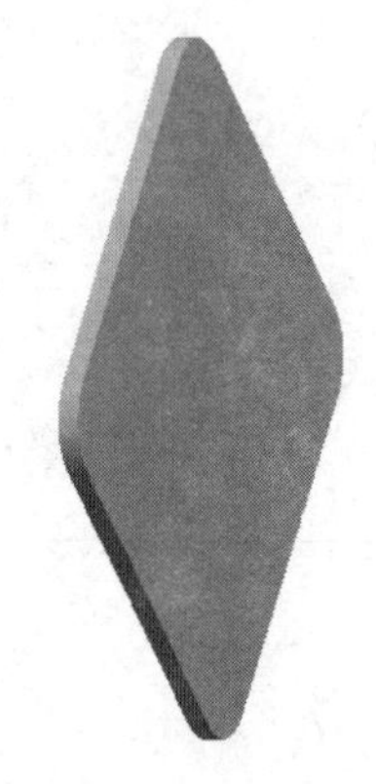

图 3-205　拉伸造型

3. 创建拉伸 2 特征

单击右工具箱中“基础特征”工具栏上的“拉伸”按钮，进入“拉伸”设计工具，默认选择为“实体拉伸”。

1）选择如图 3-206 所示平面作为草绘平面，草绘视图“参照”接受默认设置。

2）草图截面如图 3-207 所示，单击按钮完成草绘。

3）在“拉伸”图标板中输入拉伸高度为 14.9 mm，单击右侧按钮，结束拉伸特征操作。拉伸造型结果如图 3-208 所示。

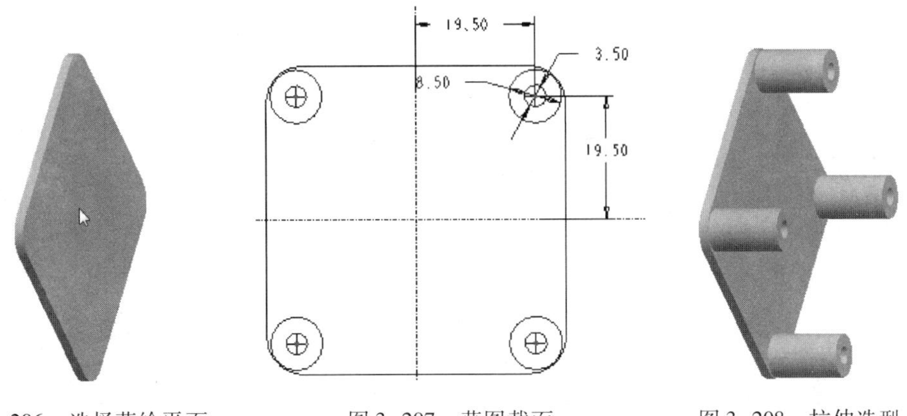

图 3-206　选择草绘平面　　图 3-207　草图截面　　图 3-208　拉伸造型

4. 创建拉伸 3 特征（除料）

单击右工具箱中“基础特征”工具栏上的“拉伸”按钮，进入“拉伸”设计工具，默认选择为“实体拉伸”。

1）选择如图 3-209 所示平面作为草绘平面，草绘视图“参照”接受默认设置。

2）进入草图后，先选择菜单【草绘】|【参照】命令，选择上一步小圆柱的轴线作为参照，如图 3-210 所示。草图截面如图 3-211 所示，单击按钮完成草绘。

图 3-209　选取草绘平面

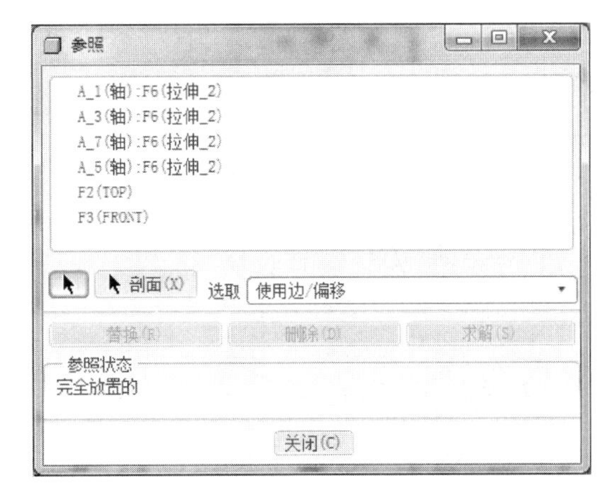

图 3-210　选择参照

3）在“拉伸”图标板中输入拉伸高度为 12.4 mm，单击“去除材料”按钮，进行拉伸除料，单击右侧按钮，结束拉伸特征操作。拉伸造型结果如图 3-212 所示。

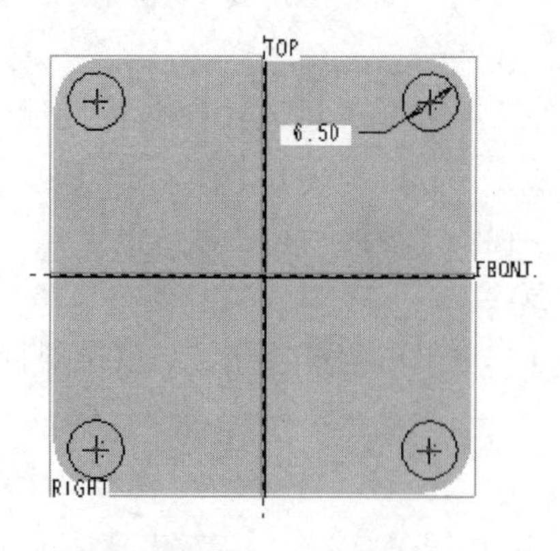

图 3-211　草图截面

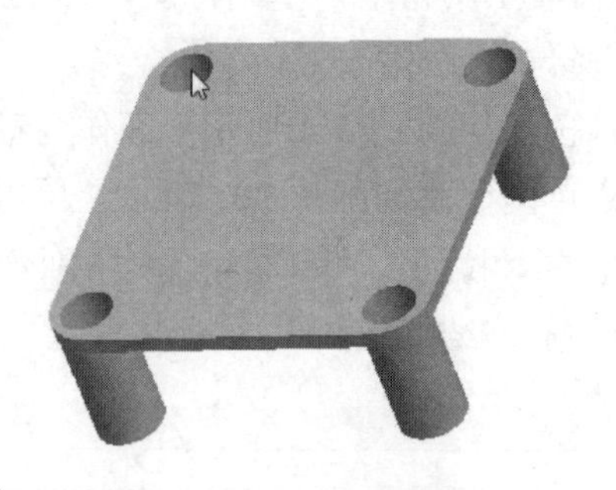

图 3-212　造型结果

5. 创建拉伸 4 特征（除料）

单击右工具箱中“基础特征”工具栏上的“拉伸”按钮，进入“拉伸”设计工具，默认选择为“实体拉伸”。草图截面如图 3-213 所示，完成的造型结果如图 3-214。

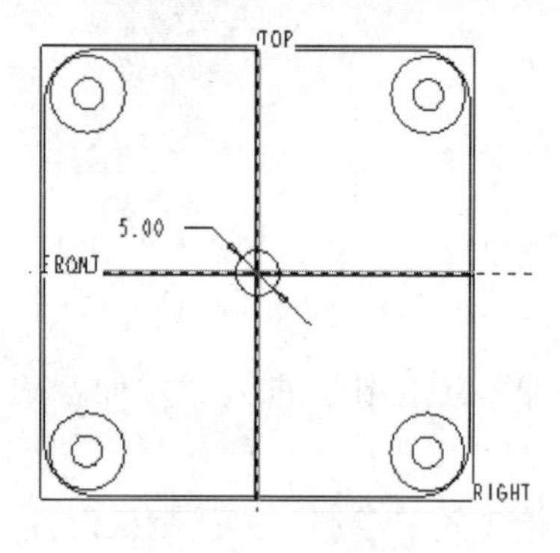

图 3-213　草图截面

图 3-214　造型结果

6. 创建拉伸 5 特征

单击右工具箱中“基础特征”工具栏上的“拉伸”按钮，进入“拉伸”设计工具，默认选择为“实体拉伸”。草图截面如图 3-215 所示，拉伸高度 4 mm，完成的造型结果如图 3-216。

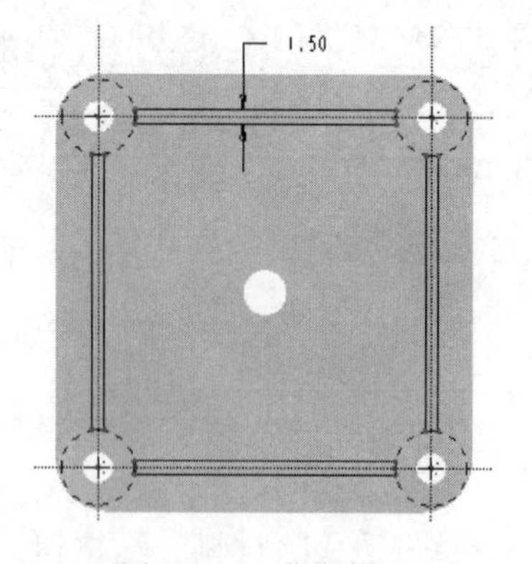

图 3-215　草图截面

图 3-216　造型结果

7. 创建拔模斜度 1 特征

选择如图 3-217 所示的 4 个圆柱面作为拔模曲面，拔模枢轴如图 3-218 所示，拔模角度为 1°，向内拔模。

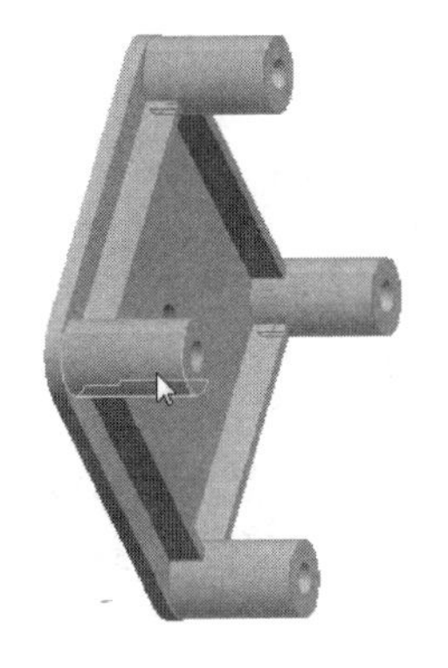

图 3-217　拔模曲面（创建拔模斜度 1）

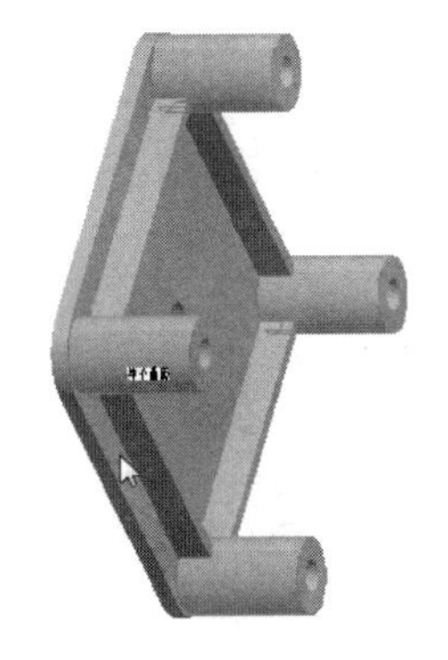

图 3-218　拔模枢轴（创建拔模斜度 1）

8. 创建拔模斜度 2 特征

选择如图 3-219 所示的小孔表面作为拔模曲面，拔模枢轴如图 3-220 所示，拔模角度为 1°，向内拔模。

图 3-219　拔模曲面（创建拔模斜度 2）

图 3-220　拔模枢轴（创建拔模斜度 2）

9. 创建拔模斜度 3 特征

选择如图 3-221 所示的孔内表面作为拔模曲面，拔模枢轴如图 3-222 所示，拔模角度为 1°，向内拔模。

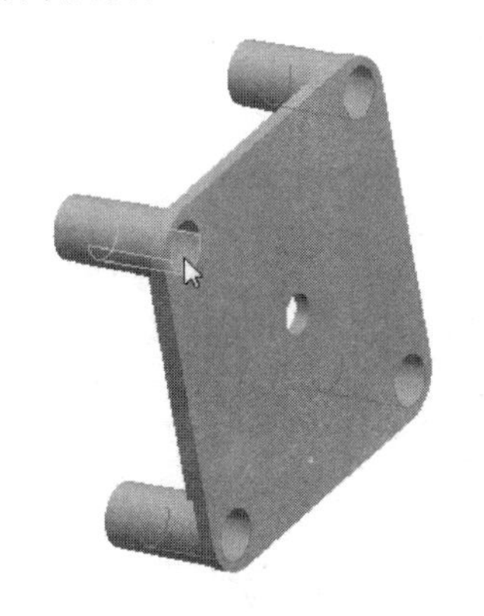

图 3-221　拔模曲面（创建拔模斜度 3）

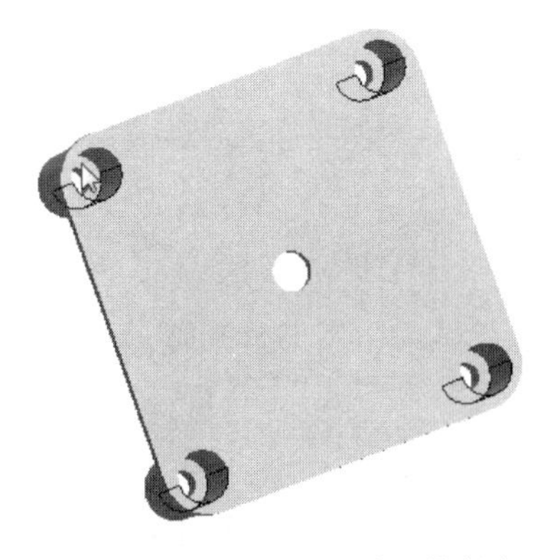

图 3-222　拔模枢轴（创建拔模斜度 3）

10. 创建拔模斜度 4 特征

选择如图 3-223 所示的结构侧面作为拔模曲面，拔模枢轴如图 3-224 所示，拔模角度为 1°，向内拔模。

图 3-223　拔模曲面（创建拔模斜度 4）

图 3-224　拔模枢轴（创建拔模斜度 4）

11. 创建拔模斜度 5 特征

选择如图 3-225 所示的孔作为拔模曲面，拔模枢轴如图 3-226 所示，拔模角度为 1°，向内拔模。

图 3-225　拔模曲面（创建拔模斜度 5）

图 3-226　拔模枢轴（创建拔模斜度 5）

12. 创建拔模斜度 6 特征

选择如图 3-227 所示的结构作为拔模曲面，拔模枢轴如图 3-228 所示，拔模角度为 1°，向内拔模。

图 3-227　拔模曲面（创建拔模斜度 6）

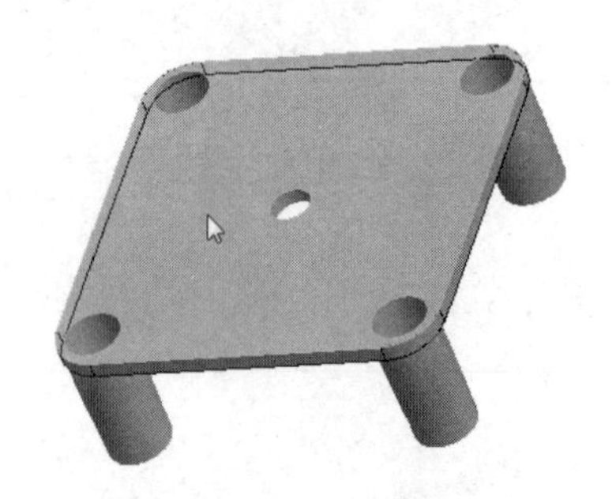

图 3-228　拔模枢轴（创建拔模斜度 6）

至此完成支架造型。

3.5 创建底板造型

底板造型结果如图 3-229 所示。

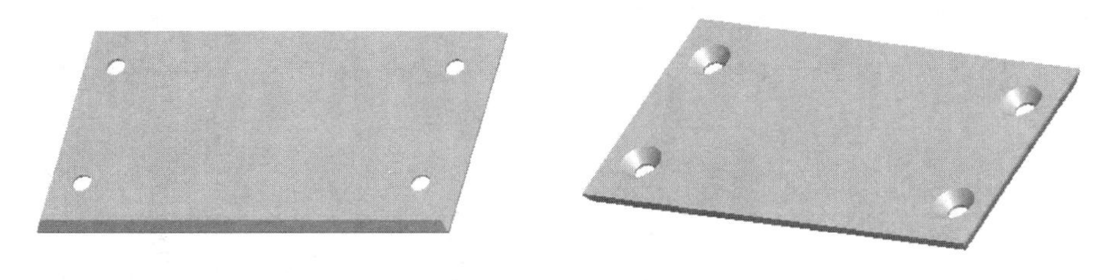

图 3-229 底板造型

1. 新建零件文件

新建名为“yinx-5.prt”，随后进入零件建模环境中。

2. 创建拉伸 1 特征

单击右工具箱中“基础特征”工具栏上的“拉伸”按钮，可使用“拉伸”设计工具，默认选择为“实体拉伸”。选择“基准平面”（TOP）作为草绘平面，草绘视图“参照”选择“基准平面”（RIGHT），“方向”选择朝“右”，其余接受默认设置。草图截面如图 3-230 所示，拉伸高度 2.5 mm，结果如图 3-231 所示。

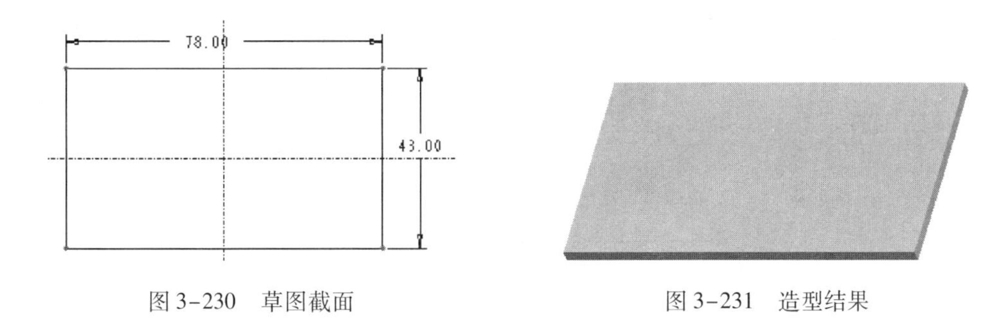

图 3-230 草图截面　　图 3-231 造型结果

3. 创建倒角特征

单击右工具箱中“工程特征”工具栏上的“倒角”按钮，进入“倒角”设计工具中。

1）在“倒角”图标板中选择倒角方式为：D1×D2，倒角值 D1 为 1 mm，D2 为 2 mm，如图 3-232 所示，单击右侧按钮结束倒角特征操作。

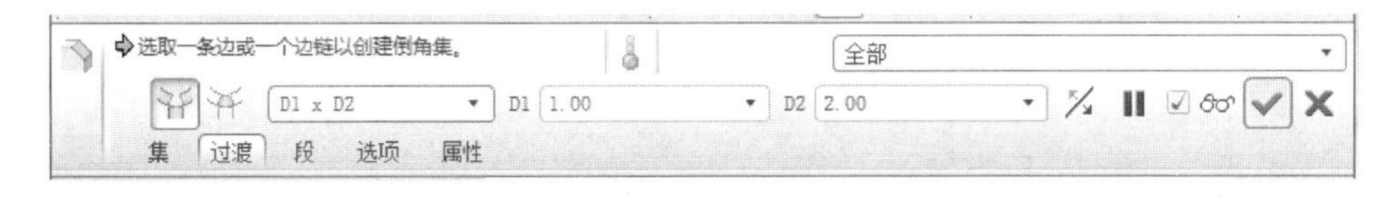

图 3-232 “倒角”图标板

2）倒角结果如图 3-233 所示。

图 3-233　倒角特征

4. 创建基准平面

单击右工具箱中“基准”工具栏上的“基准平面”按钮，打开“基准平面”对话框，可创建基准平面。按住鼠标左键拖动“基准平面”(FRONT）平移，在“基准平面”对话框“平移”文本框中输入 12. 5。如图 3-234 所示。注意：如果创建的平面方位与图中不一致，则在平移文本框中输入 -12. 5。

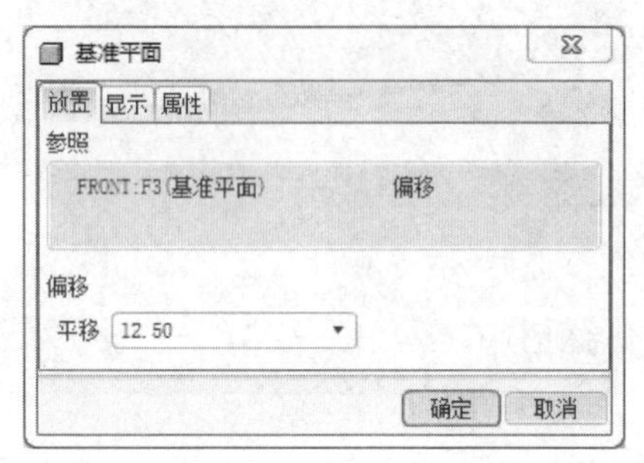

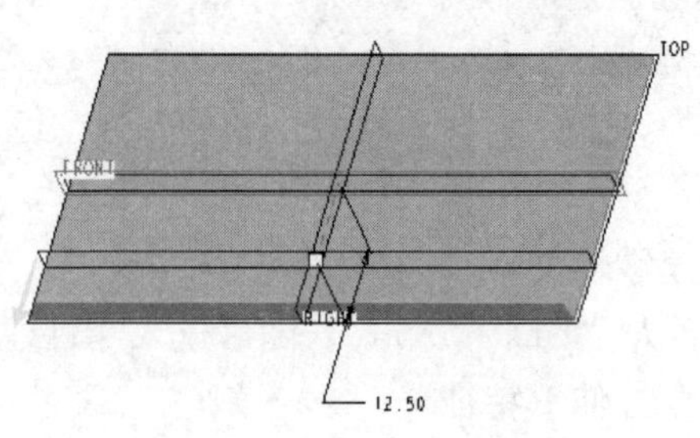

图 3-234　创建基准平面

5. 创建旋转特征

单击右工具箱中“基础特征”工具栏上的“旋转”按钮，可使用“旋转”设计工具。默认选择为“实体旋转”。

1）选择上一步创建的“基准平面”（DTM1）作为草绘平面，草绘视图“参照”选择“基准平面”（RIGHT），“方向”选择朝“右”，其余接受默认设置。

2）草图截面如图 3-235 所示，注意要采用“几何中心线”命令绘制旋转轴线，单击操作结束草绘。

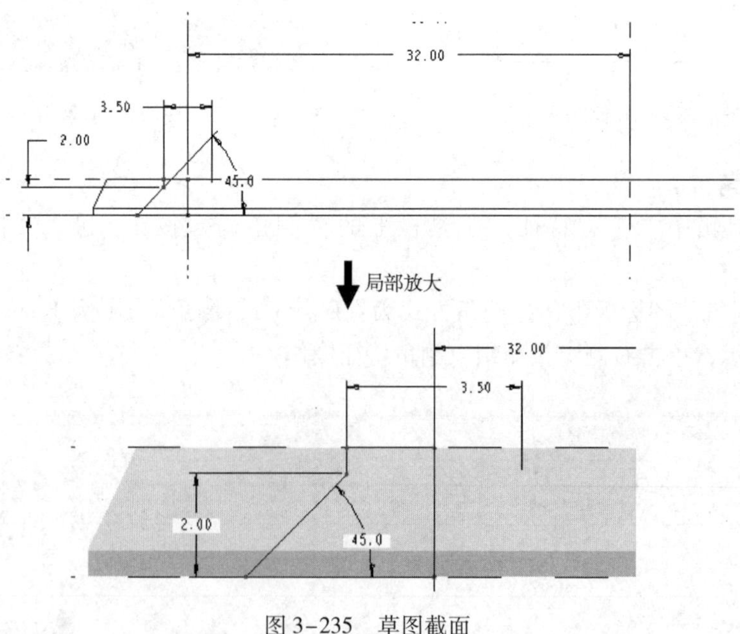

图 3-235　草图截面

3）在“旋转”图标板中接受默认的旋转角度，单击右侧✔按钮结束旋转特征操作。

4）完成旋转特征，结果如图 3-236 所示。

图 3-236　旋转造型

6. 创建拔模斜度 1 特征

选择如图 3-237 所示的表面作为拔模曲面，拔模枢轴如图 3-238 所示，拔模角度为 10°，向内拔模。

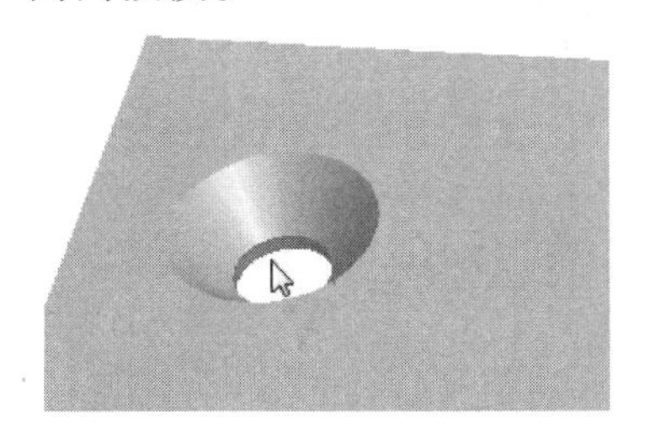

图 3-237　拔模曲面

图 3-238　拔模枢轴

7. 创建组

按下〈Ctrl〉键，选择“模型树”上的“旋转特征”和“斜度特征”，右击，在弹出的快捷菜单中选择“组”命令，如图 3-239 所示。

8. 创建镜像 1 特征

在“模型树”上选择组，单击右工具箱中“基础特征”工具栏上的“镜像”按钮，进入“镜像”设计工具。选择“基准平面”（RIGHT）作为镜像平面，完成的镜像结果如图 3-240 所示。

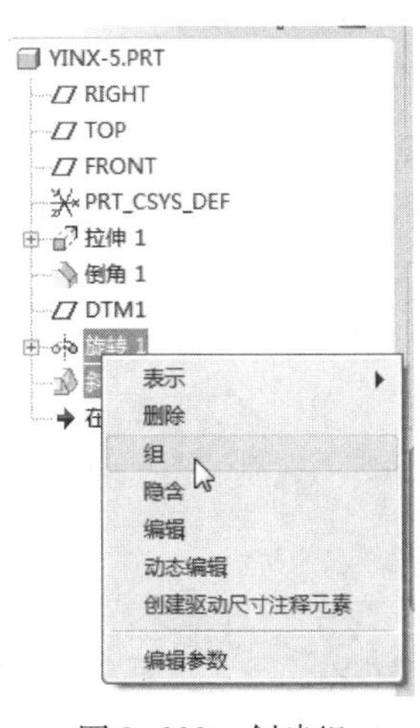

图 3-239　创建组

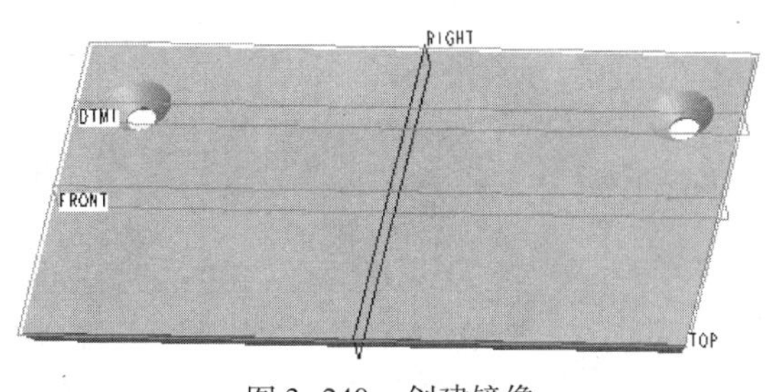

图 3-240　创建镜像

9. 创建镜像2特征

参考上面的操作方法，再创建一次镜像，结果如图3-241所示。

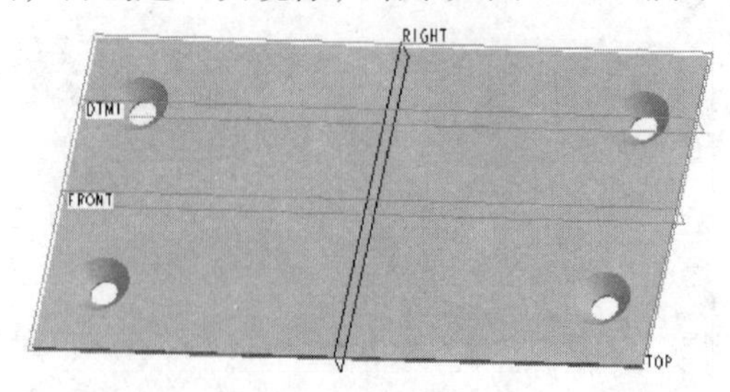

图3-241　创建镜像

10. 创建拉伸2特征（除料）

单击右工具箱中“基础特征”工具栏上的“拉伸”按钮，可使用“拉伸”设计工具，默认选择为“实体拉伸”。参照前面学习的操作方法创建拉伸特征。草图如图3-242所示。拉伸高度为0.5mm，单击“去除材料”按钮，进行拉伸除料。拉伸造型结果如图3-243所示。

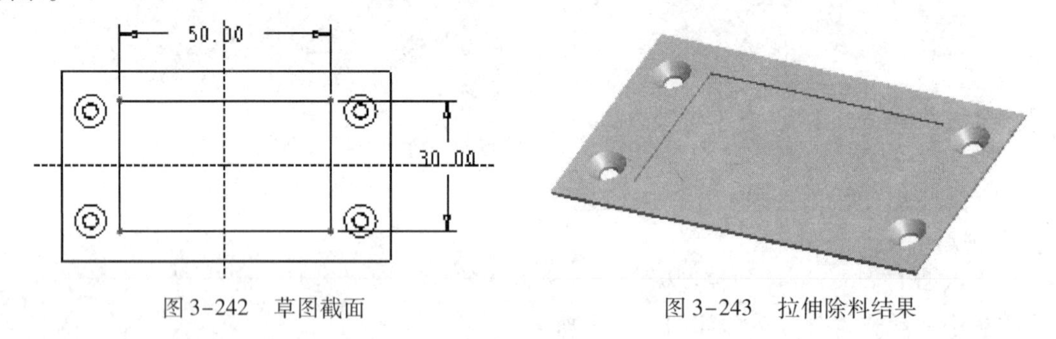

图3-242　草图截面

图3-243　拉伸除料结果

11. 创建拔模斜度2特征

选择如图3-244所示的4面作为拔模曲面，拔模枢轴如图3-245所示，拔模角度为10°，向外拔模。

图3-244　拔模曲面（创建拔模斜度2特征）

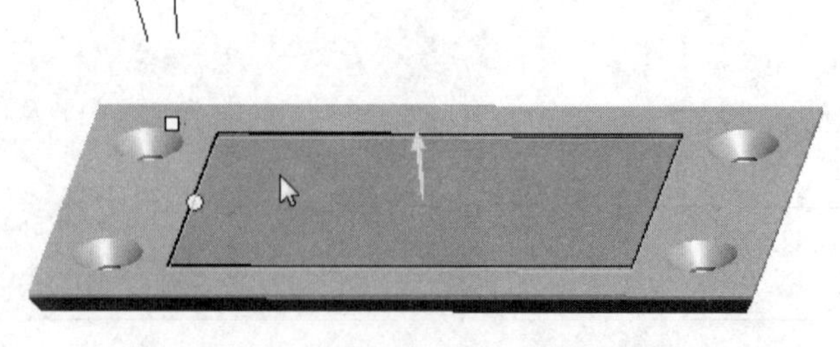

图3-245　拔模枢轴（创建拔模斜度2特征）

12. 创建拔模斜度 3 特征

选择如图 3-246 所示的 4 面作为拔模曲面，拔模枢轴如图 3-247 所示，拔模角度为 2°，向内拔模。

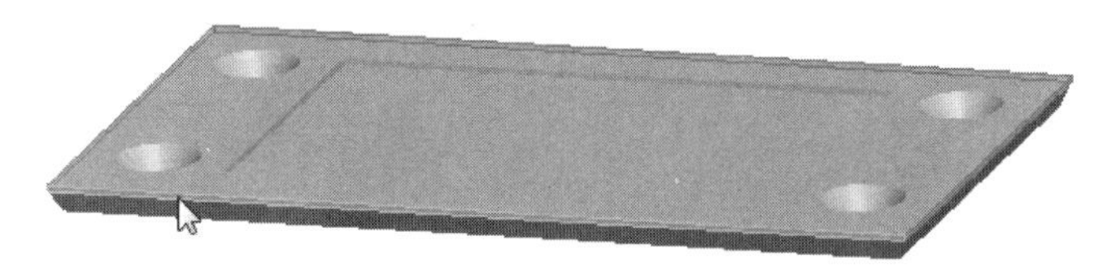

图 3-246　拔模曲面（创建拔模斜度 3 特征）

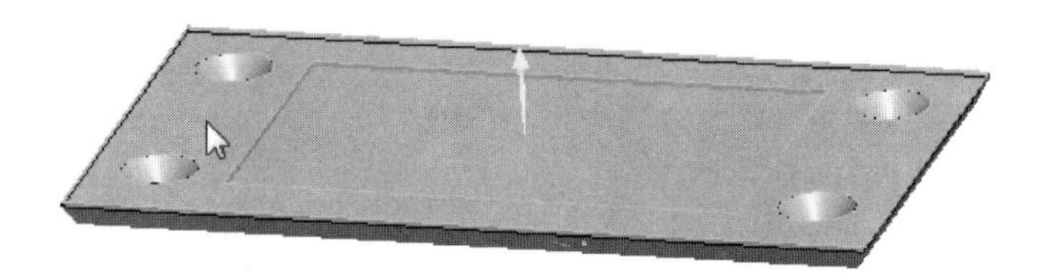

图 3-247　拔模枢轴（创建拔模斜度 3 特征）

至此完成底板造型。

3.6　创建装配模型

1. 新建装配文件

首先创建的是端盖和支架的子装配体。

选择菜单【文件】|【新建】命令，或者单击工具栏中的“新建”按钮，打开“新建”对话框，在“类型”列表中选择“组件”，“子类型”列表中选择“设计”，输入文件名：assm，取消选中“使用缺省模板”复选框，如图 3-248 所示。在“新文件选项”对话框的模板列表中选择“mmns_asm_design”模板，如图 3-249 所示。

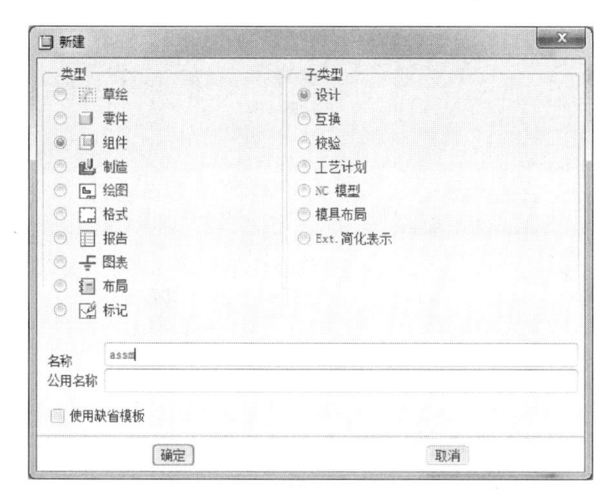

图 3-248　“新建”装配建模

图 3-249　“新文件选项”对话框

随后系统进入装配建模环境，绘图区中有 3 个默认的基准平面和 1 个基准坐标系，这 3 个基准平面分别是 ASM_FRONT、ASM_RIGHT、ASM_TOP，基准坐标系是 ASM_DEF_CSYS，装配建模界面如图 3-250 所示。

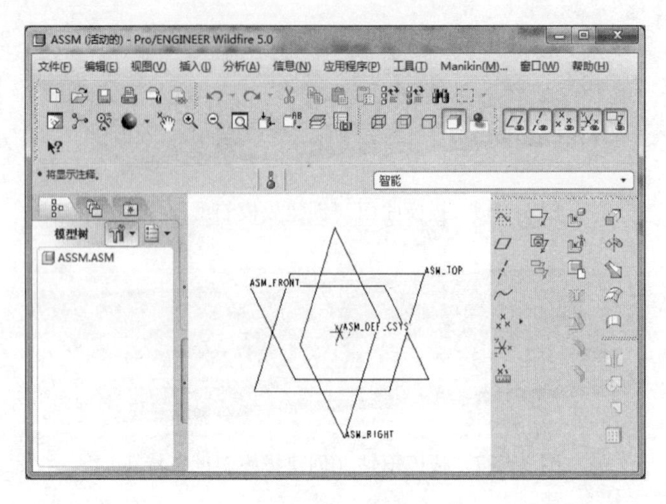

图 3-250 “装配建模”界面

2. 设置装配环境

1）单击“模型树”选项区按钮右侧的下三角按钮，在弹出的快捷菜单中选择“树过滤器”命令，弹出“模型树项目”对话框。

2）选中“显示”列表下的“特征”“放置文件夹”和“隐含的对象”复选框，如图 3-251 所示，单击“应用”按钮，单击“关闭”按钮。设置完毕，模型树如图 3-252 所示。

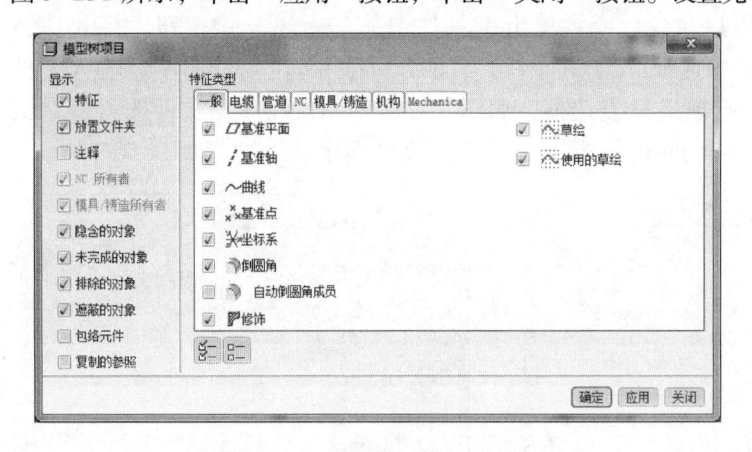

图 3-251 设置模型树显示项目

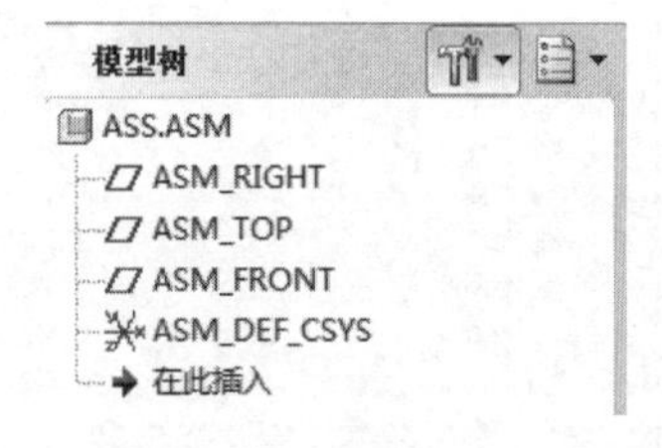

图 3-252 “装配建模”模型树

3. 装配 yinx-2. prt 端盖元件

单击右工具箱“装配”按钮，可使用“装入零部件”设计工具。系统弹出“打开”对话框，选择要装配的文件 yinx-2. prt，单击“打开”按钮，系统弹出“装入零部件”图标板，在“约束方式”下拉列表中选择“缺省”方式，如图 3-253 所示。装配结果如图 3-254 所示。

图 3-253 “装入零部件”图标板

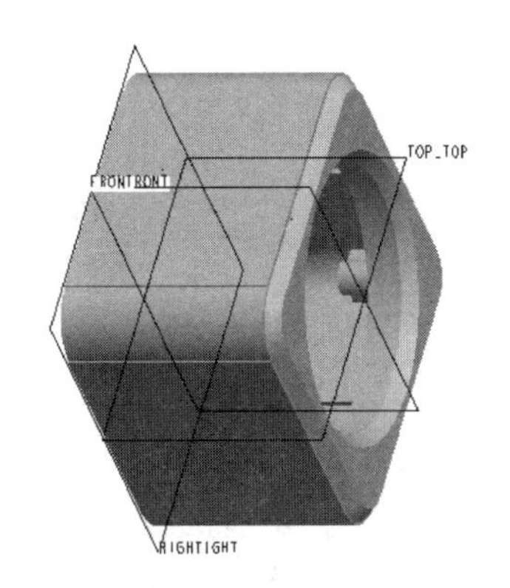

图 3-254 装配 yinx - 1 元件

4. 装配 yinx - 4. prt 支架元件

单击右工具箱“装配”按钮，在“打开”对话框中，选择要装配的文件 yinx - 4. prt 支架元件，单击“打开”按钮，系统弹出“装入零部件”图标板。

1）单击“放置”按钮，在下拉面板中的“约束类型”中选择“对齐”，如图 3-255 所示。在绘图区中分别选择 yinx - 4. prt 支架元件中的“基准平面”（TOP）、组件中的“基准平面”（ASM_TOP），则系统会设置两平面对齐，如图 3-256 所示。

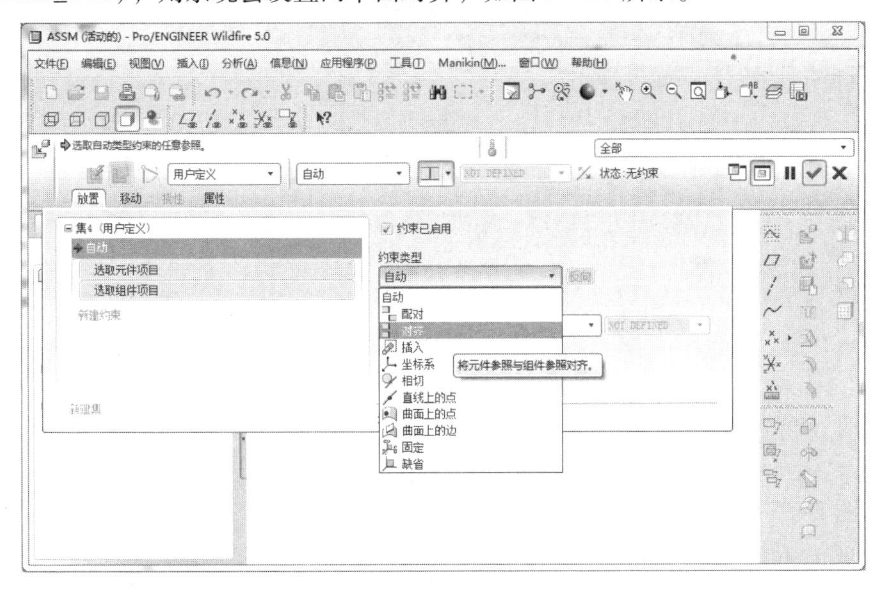

图 3-255 选择约束方式

2）在“放置”下拉面板中的“集”列表中单击“新建约束”按钮，在下滑面板中的“约束类型”中选择“对齐”，在绘图区中分别选择 yinx - 4. prt 支架元件中的“基准平面”（FRONT）、组件中的“基准平面”（ASM_FRONT），则系统会设置两平面对齐，如图 3-257 所示。

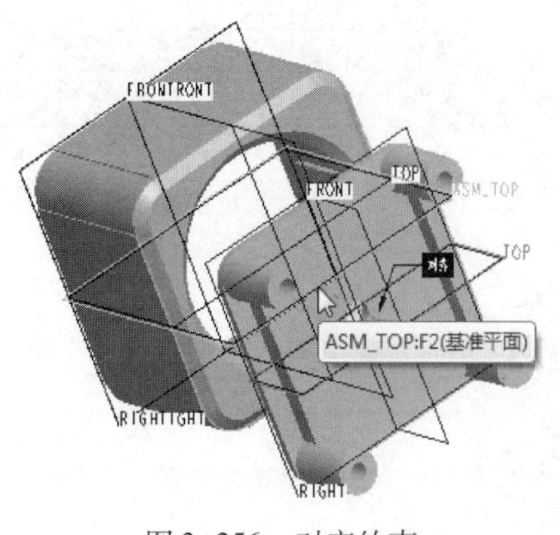

图 3-256　对齐约束

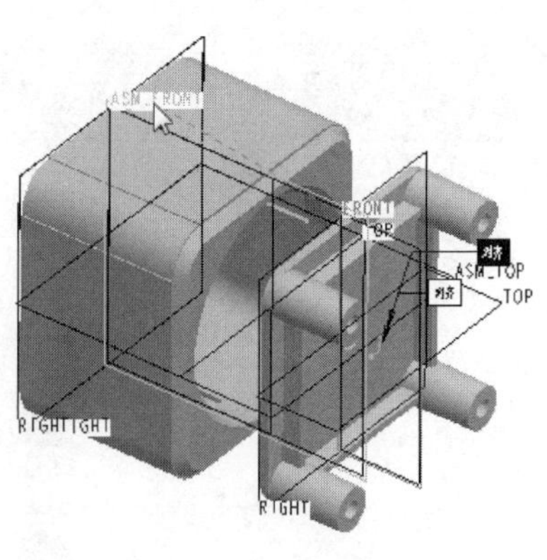

图 3-257　对齐约束

3）在“放置”下拉面板中的“集”列表中单击“新建约束”按钮，在下滑面板中的“约束类型”中选择“配对”，在绘图区中分别选择 yinx－4. prt 支架元件和组件中 yinx－2. prt 端盖元件的两个需要配对的平面，则系统会设置两平面贴合，如图 3-258 所示。

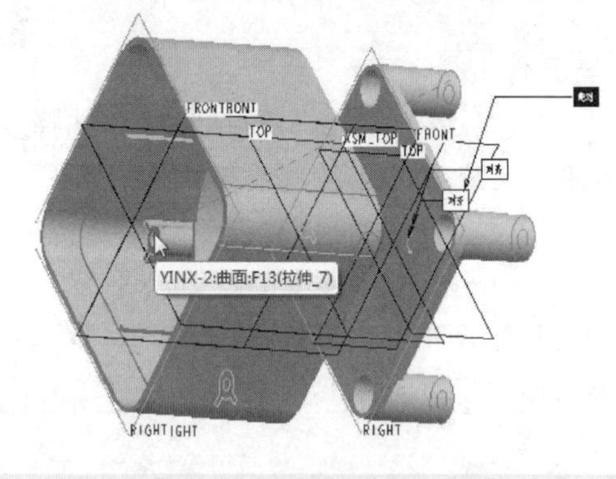

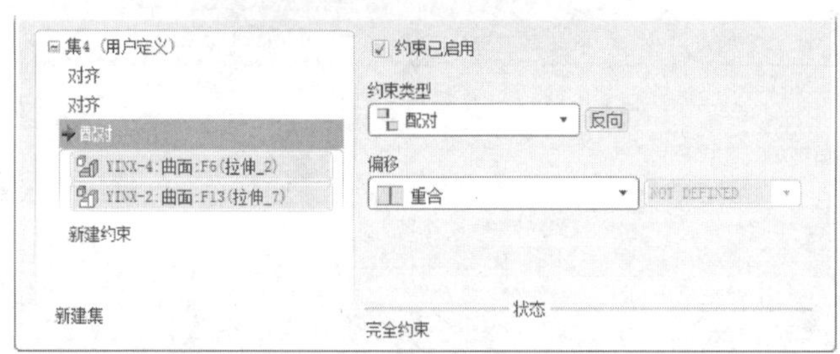

图 3-258　“放置”下拉面板

4）此时，“放置”下拉面板中的“集”列表显示出 3 个约束条件。在下拉面板的右下角“状态”区显示“完全约束”，如图 3-258 所示，表明此时 yinx－4. prt 支架元件已经完全被约束，单击右侧✔按钮结束放置零部件操作。装配结果如图 3-259 所示。

图 3-259　装配模型 assm. asm

5. 保存装配模型 assm. asm 文件

6. 再创建一个装配文件

现在创建的是音箱总装配体。选择菜单【文件】|【新建】命令，或者单击工具栏中的“新建”🗋按钮，打开

“新建”对话框，在“类型”列表中选择“组件”，“子类型”列表中选择“设计”，输入文件名：sound - box，取消选中“使用缺省模板”复选框。在“新文件选项”对话框的模板列表中选择“mmns_asm_design”模板。

7. 装配 yinx - 1 音箱主体元件

单击右工具箱“装配”按钮，选择 yinx - 1. prt 音箱主体元件进行装配，“约束方式”选择“缺省”，装配结果如图 3-260 所示。

图 3-260　装入 yinx - 1 元件

8. 装配 yinx - 3 支架零件

单击右工具箱“装配”按钮，选择 yinx - 3. prt 连接板元件，参考上面的操作方法装配 yinx - 3. prt，装配结果如图 3-261 所示。同样方法，装入左端的连接板元件，如图 3-262 所示。

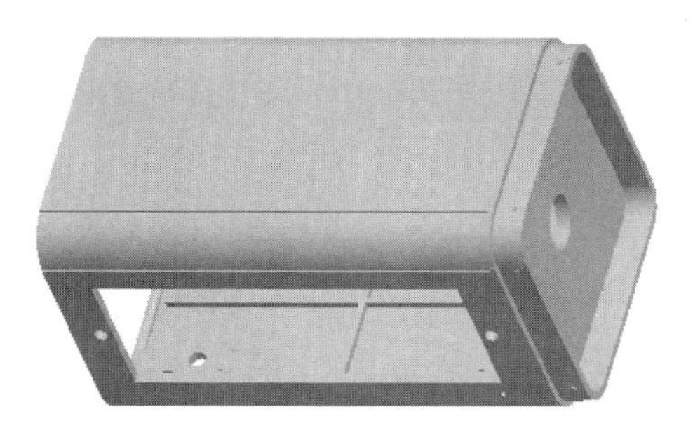

图 3-261　右端装入 yinx - 3 元件

图 3-262　左端装入 yinx - 3 元件

9. 装配 assm. asm 子装配体

单击右工具箱“装配”按钮，选择 assm. asm 端盖子装配体。参考上面的操作方法装入 assm. asm，装配结果如图 3-263 所示。同样方法，左端装入 assm. asm 端盖子，如图 3-264 所示。

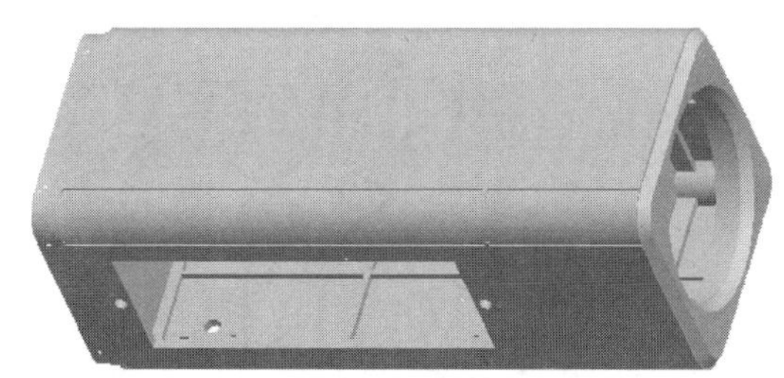

图 3-263　右端装入 assm. asm 子装配体

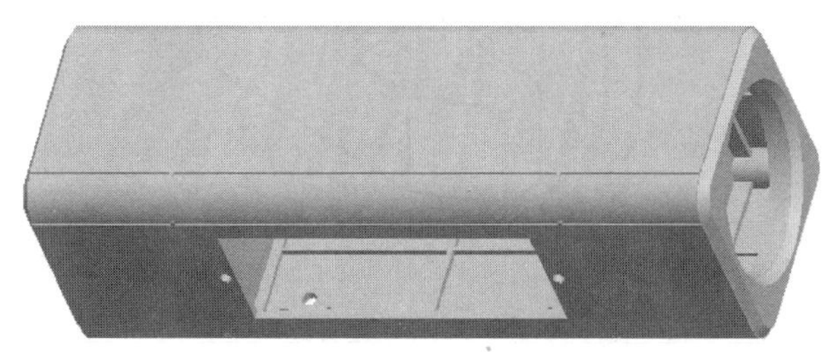

图 3-264　左端装入 assm. asm 子装配体

10. 装配 yinx－5 底板元件

单击右工具箱“装配”按钮，选择 yinx－5. prt 底板元件。参考上面的操作方法装入 yinx－5. prt 底板元件，装配结果如图 3-265 所示。

图 3-265　装入 yinx－5. prt 元件

至此完成音箱总装配。

小结

本任务主要是训练基础三维建模命令和操作方法，掌握自底向上的产品设计流程。三维建模时，需要考虑为了后期修改模型的方便，选择合适的二维草绘参照。另外，产品建模时还需要考虑到产品的成型工艺，比如塑件壁厚、拔模方向和拔模角度等，这样才能在产品造型时设计出合适的结构。

习题

1. 按照图 3-266 所示的结构，创建三维模型。

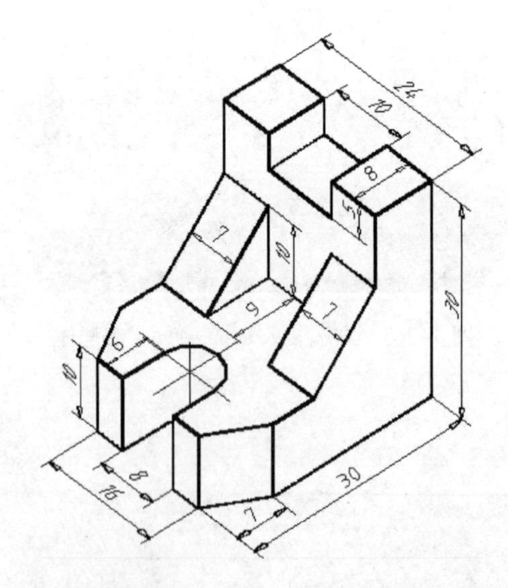

图 3-266　习题 1 图

2. 按照图 3-267 所示的结构，创建三维模型。

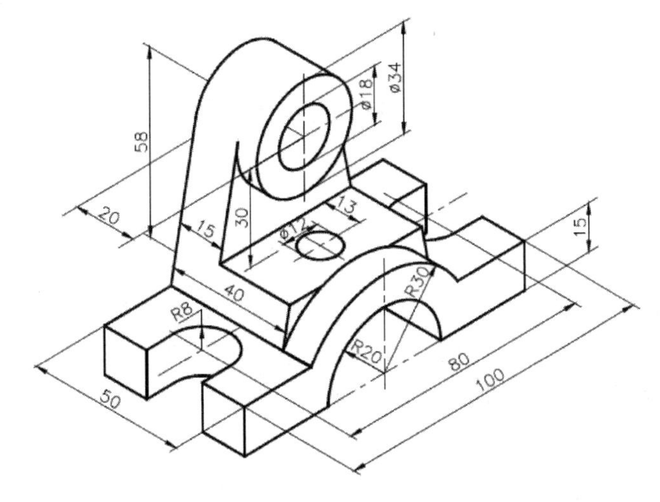

图 3-267　习题 2 图

3. 按照图 3-268 所示的结构，创建三维模型。

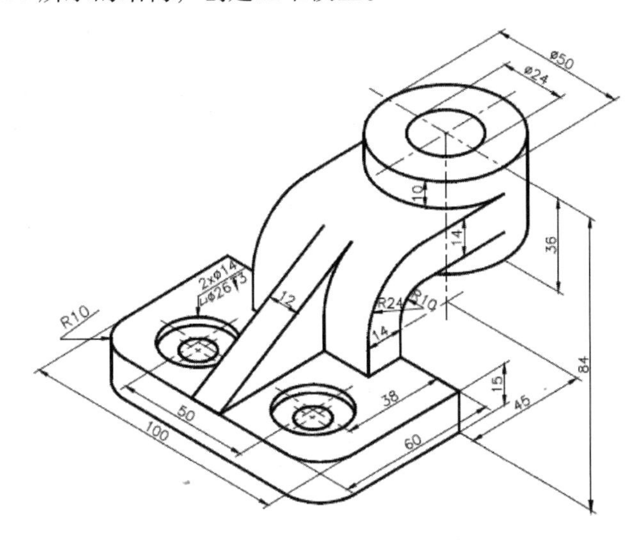

图 3-268　习题 3 图

任务4　电源造型设计

任务描述

本任务完成电源造型设计，该产品由插头、后壳和前壳3部分构成，造型如图4-1所示。该产品造型要求装配方便，工作可靠，具有良好的力学性能和抗跌落性能，具有一定的机械强度，成型性能良好，模具制造经济合理，此外，还应能够满足家用电器的安全使用要求。

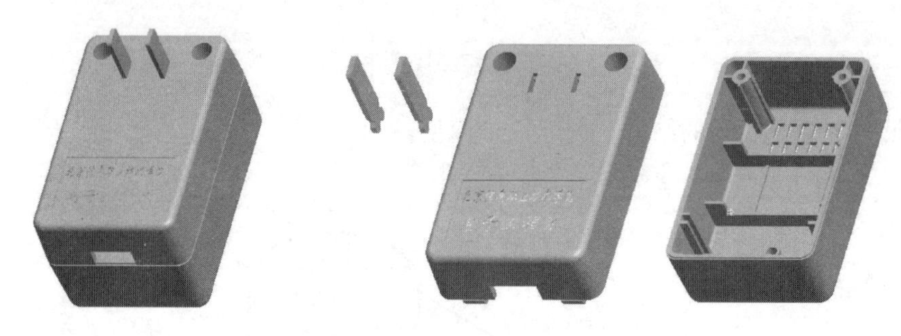

图4-1　电源造型

能力目标

1）掌握壳、阵列、扫描、混合等特征的操作方法；
2）掌握文字的创建方法；
3）巩固拔模斜度的概念及其创建方法；
4）掌握曲面的复制及实体化建模方法；
5）巩固工业产品造型设计方法和建模思路。

知识准备

1. 壳的创建

壳特征是在实体零件上挖出所需厚度的薄壳。

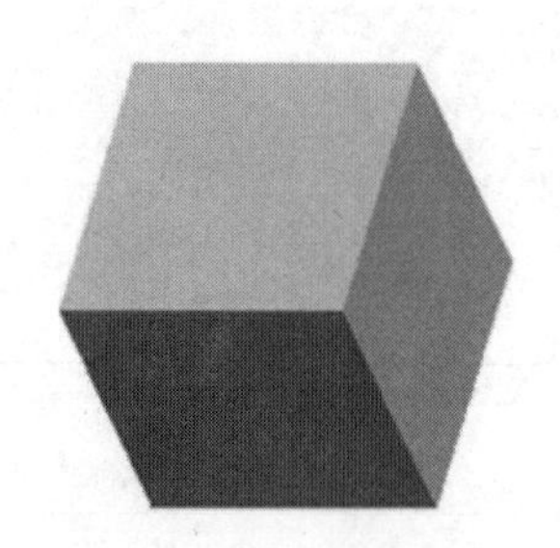

图4-2　已有零件

【例4-1】 创建壳特征。

1）选择菜单【文件】|【打开】命令，或者单击工具栏上的“打开”按钮，打开零件文件cube.prt，如图4-2所示。

2）单击右工具箱中“工程特征”工具栏上的“壳”按钮，创建壳特征。“壳”图标板的选项及内容如图4-3所示，在“厚度”文本框内输入壳厚2 mm。

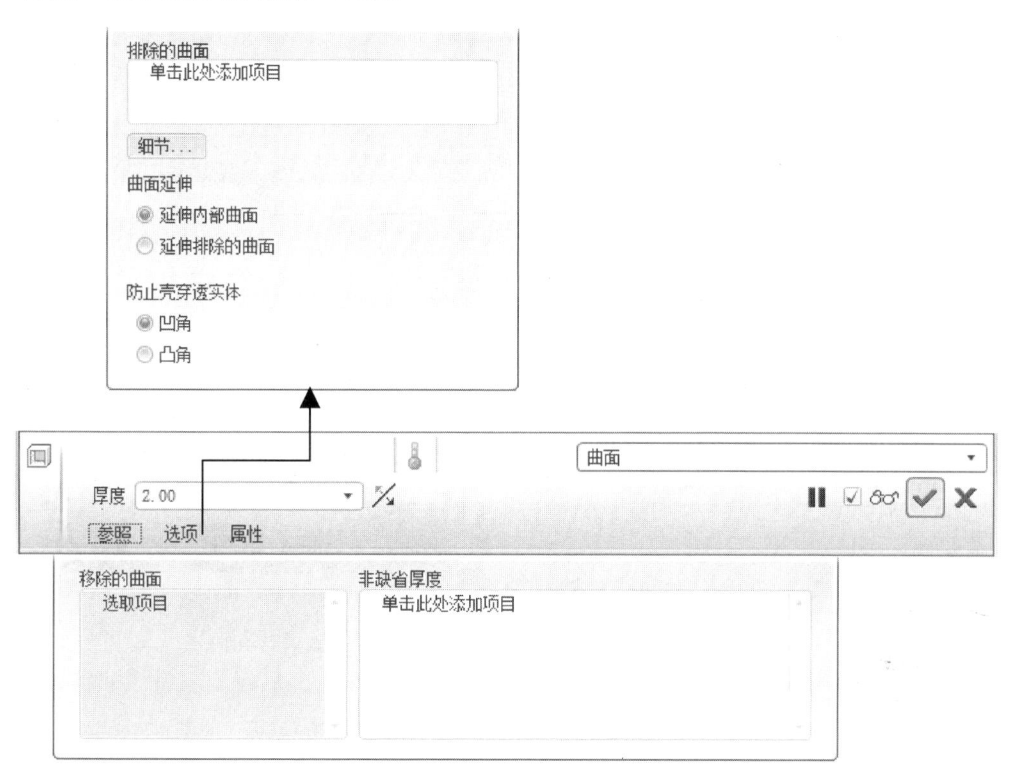

图4-3 “壳”图标板

3）选择移除面，如图4-4所示。

4）单击右侧✔按钮结束壳特征操作，如图4-5所示。

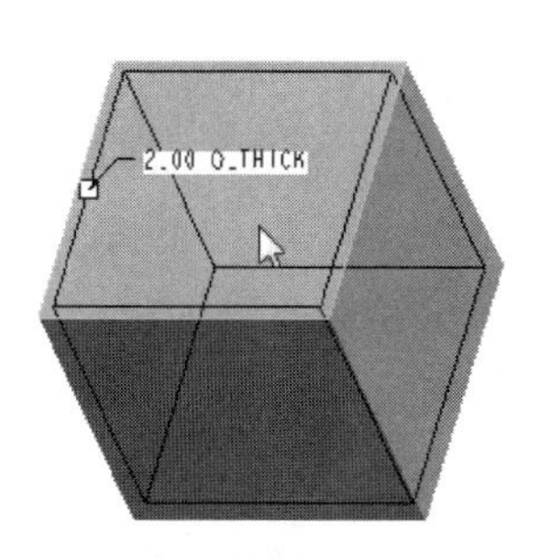

图4-4 选择移除面

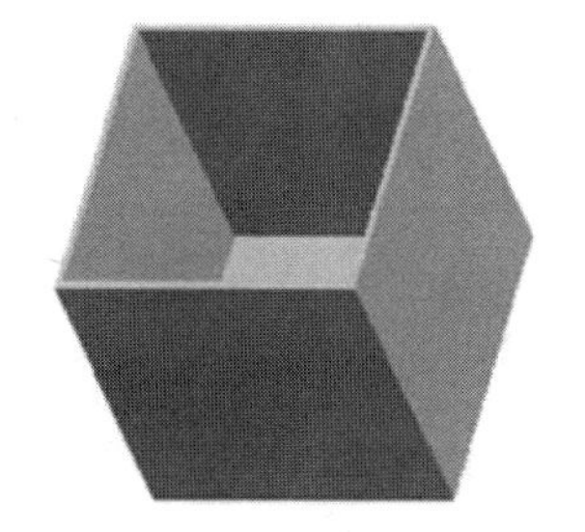

图4-5 抽壳

2. 阵列的创建

阵列是指将一定数量的对象规则有序地进行排列，例如电话按键、风扇叶片等。

【**例4-2**】创建阵列特征。

1）选择菜单【文件】|【打开】命令，或者单击工具栏上的“打开”按钮，打开零件文件cube2. prt（图4-6），选择孔特征作为要阵列的

图4-6 选择阵列对象

对象。

2）单击右工具箱中“基础特征”工具栏上的“阵列”按钮，创建阵列特征。“阵列”图标板的选项及内容如图4-7所示。

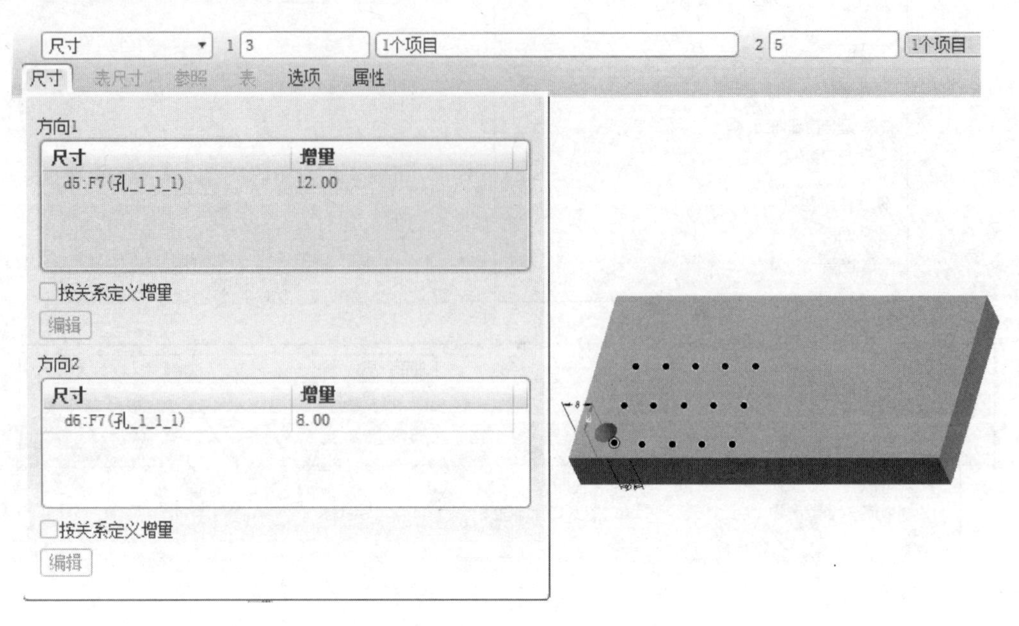

图4-7　设置阵列

3）在绘图区选择两个方向的尺寸，在“阵列”图标板的“尺寸”下拉面板中，输入增量值。

4）单击右侧✔按钮结束阵列特征操作，如图4-8所示。

【例4-3】 创建轴阵列。

1）选择菜单【文件】|【打开】命令，或者单击工具栏上的“打开”按钮，打开零件文件revolve.prt（图4-9），选择要阵列的对象。

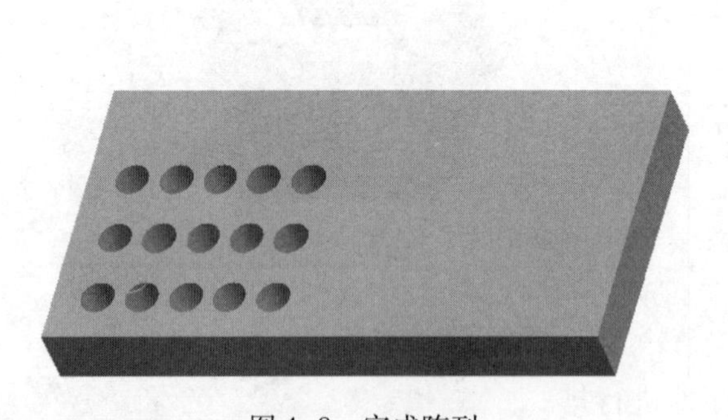

图4-8　完成阵列

图4-9　选择要阵列的对象

2）单击右工具箱中“基础特征”工具栏上的“阵列”按钮，创建阵列特征。在“阵列”图标板中选择“阵列方式”为“轴”，在绘图区的模型中选择中心轴。在“阵列”图标板中输入阵列数量、阵列成员之间的夹角和分布角度，如图4-10所示。

3）单击右侧✔按钮结束阵列特征操作，如图4-11所示。

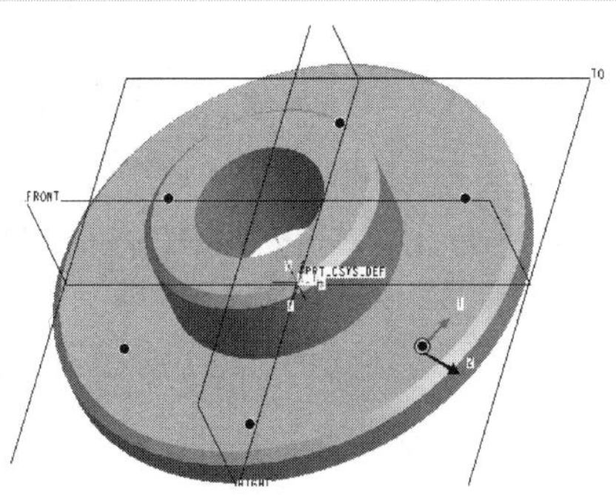

图 4-10　设置阵列

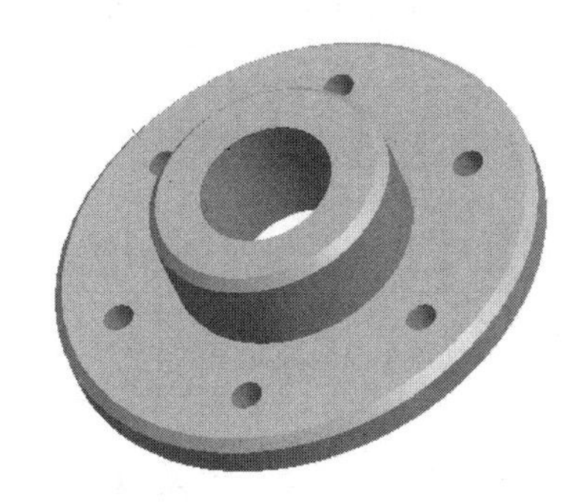

图 4-11　完成创建

3. 扫描特征的创建

扫描特征是由一个截面沿着给定的轨迹扫描而生成的，如图 4-12 所示。因此它的两个特征要素是扫描轨迹和扫描截面。

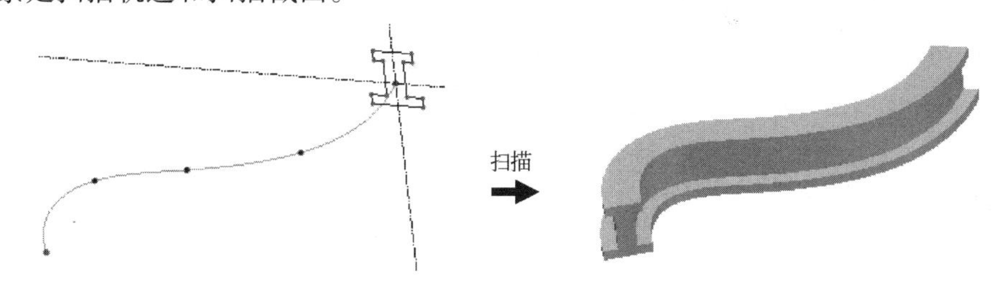

图 4-12　扫描特征

【例 4-4】 创建扫描特征。

1）新建零件 sweep. prt。

2）选择菜单【插入】|【扫描】命令，弹出扫描特征菜单，各选项的功能如图 4-13 所示。

3）选择“伸出项”命令，系统弹出“伸出项：扫描”对话框和相应的“菜单管理器”，如图 4-14 所示。

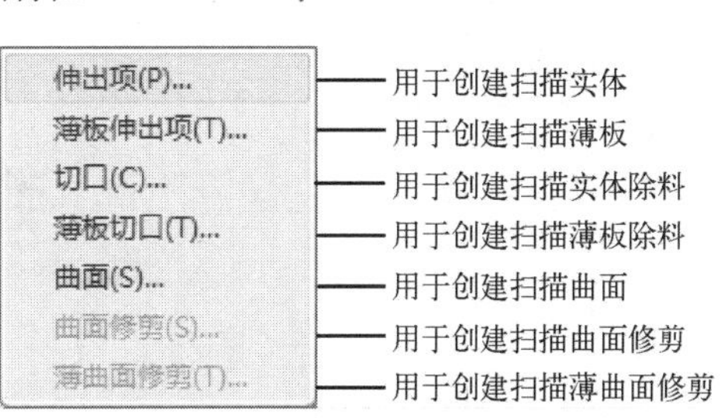

图 4-13　扫描特征命令

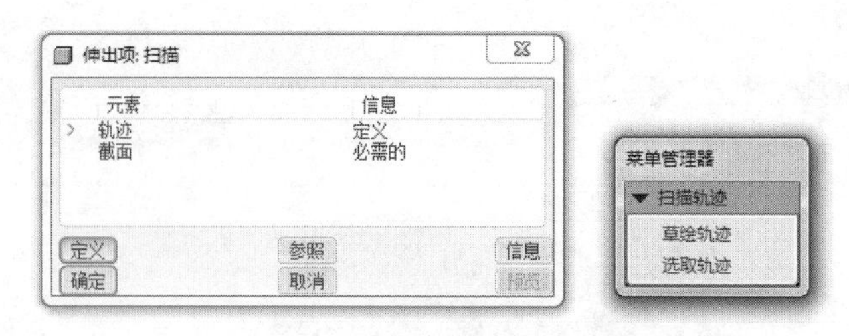

图 4-14 “伸出项：扫描”对话框和扫描“菜单管理器”

4）创建扫描轨迹和扫描截面。

a）在“菜单管理器”中，选择“扫描轨迹”“草绘轨迹”命令。

b）在“菜单管理器”中，选择“新设置”“平面”命令，在绘图区选择“基准平面”（FRONT）作为扫描轨迹的草绘平面，如图 4-15 所示。

c）在“菜单管理器”中，选择“新设置”“确定”命令，确定草绘视图方向，如图 4-16 所示。

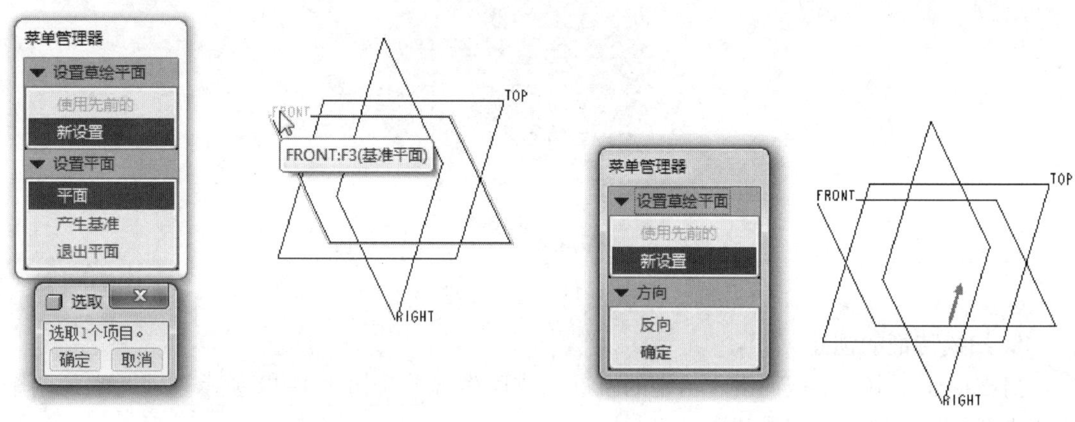

图 4-15 设置草绘平面

图 4-16 设置草绘视图参照

d）在“菜单管理器”中，选择“新设置”“缺省”命令，确定草绘视图参照，系统进入草绘环境，如图 4-17 所示。

e）绘制如图 4-18 所示的扫描轨迹，完成后，单击✔按钮，退出扫描轨迹，系统自动进入扫描截面的绘制环境。

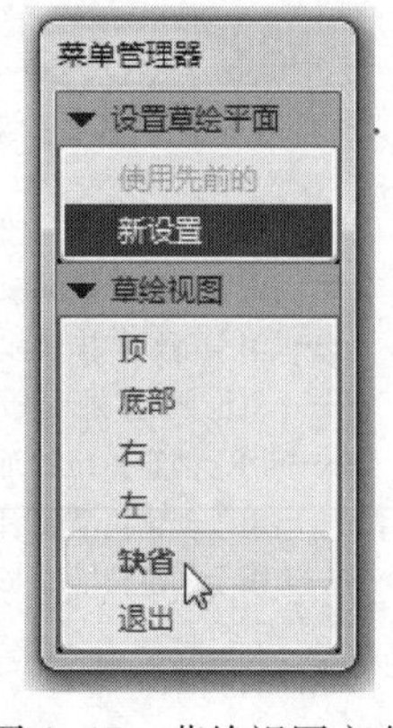

图 4-17 草绘视图方向

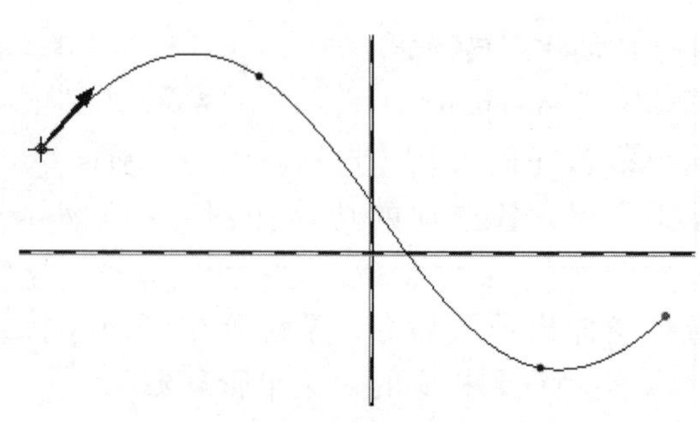

图 4-18 草图截面

f）绘制如图 4-19 所示的扫描截面，完成后，单击✓按钮，退出扫描截面草图。

5）扫描特征预览及修改。

a）在“伸出项：扫描”对话框单击“预览”按钮，可以预览扫描造型结果。如果造型需要修改，可以选择“伸出项：扫描”对话框中“元素”列表下的“轨迹”或者“截面”命令，再单击“伸出项：扫描”对话框中的“定义”按钮，修改轨迹或者截面。

b）如果预览后，不需要修改造型，则单击“伸出项：扫描”对话框中的“确定”按钮，结束扫描命令。

完成的扫描造型结果如图 4-20 所示。

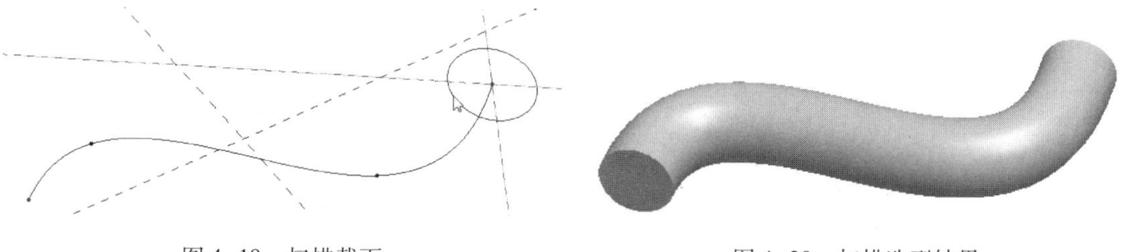

图 4-19　扫描截面　　图 4-20　扫描造型结果

说明：

单击“伸出项：扫描”对话框的“预览”按钮，如果出现“不能构建特征几何图形”的提示，说明所创建的特征是失败的，需要查找原因并修改，从轨迹和截面两个原因来查找。一般来说，检查轨迹是否太小，检查是不是截面距轨迹起点太远或者截面是否太大。

4. 混合特征的创建

混合特征就是将数个二维草图混合到一起，通过过渡曲面使其形成一个封闭曲面，再填入材料，形成实体，例如图 4-21 所示。

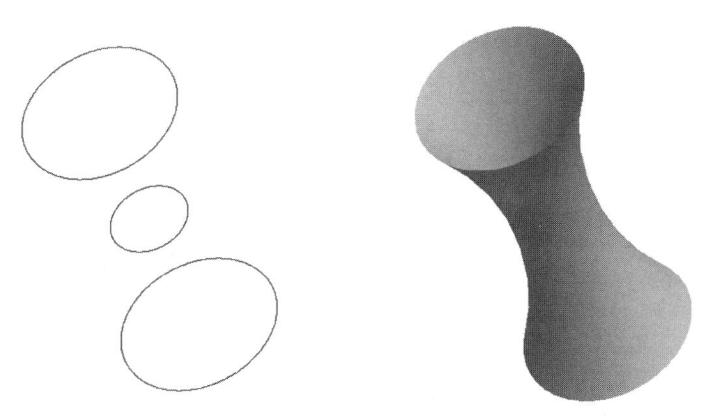

图 4-21　混合特征造型

混合特征的类型有以下 3 个：

1）平行：所有草图截面位于多个平行平面上。

2）旋转：草图截面绕 Y 轴旋转，最大角度可达 120°，每个截面都单独草绘并用草图内的坐标系对齐。

3）一般：一般混合截面可以绕 X 轴、Y 轴和 Z 轴旋转，也可以沿这 3 个轴平移。每个草图截面都单独草绘，并用草图内的坐标系对齐。

【例 4-5】 创建混合特征。

1）新建零件 blend. prt。

2）选择菜单【插入】|【混合】命令，弹出如图 4-22 所示的“混合特征”菜单，各选项的功能可参考扫描特征。

3）选择“混合特征”菜单的“伸出项”命令，创建混合实体。系统弹出“菜单管理器”，如图 4-23 所示。

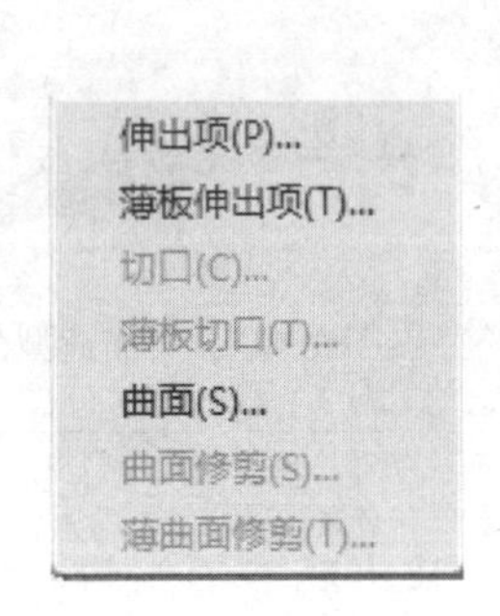

图 4-22 “混合特征”菜单

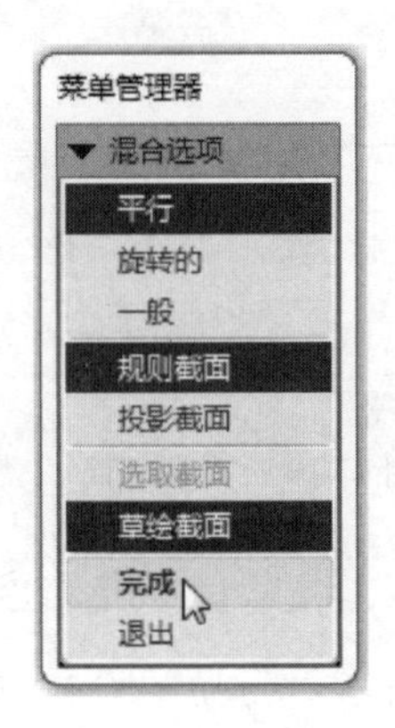

图 4-23 菜单管理器

4）创建草图截面。

a）在“菜单管理器”中选择“平行”“规则截面”“草绘截面”命令，单击“完成”按钮。

b）系统弹出“伸出项：混合，平行，规则截面”对话框，在“菜单管理器”中选择“光滑”命令，单击“完成”按钮，如图 4-24 所示。

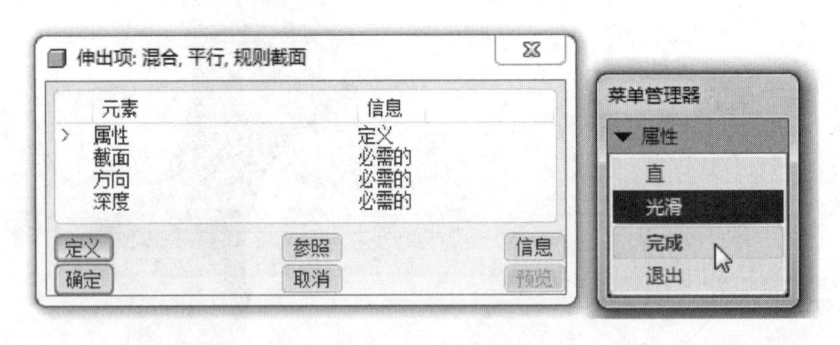

图 4-24 选择“光滑”命令

c）在“菜单管理器”中选择“新设置”“平面”命令，在绘图区选择“基准平面”（TOP），作为草绘平面，如图 4-25 所示。

d）在“菜单管理器”中选择“新设置”“确定”命令，确定草绘平面的方向，如图 4-26 所示。

e）在“菜单管理器”中选择“缺省”命令，确定草绘平面的参照，如图 4-27 所示。

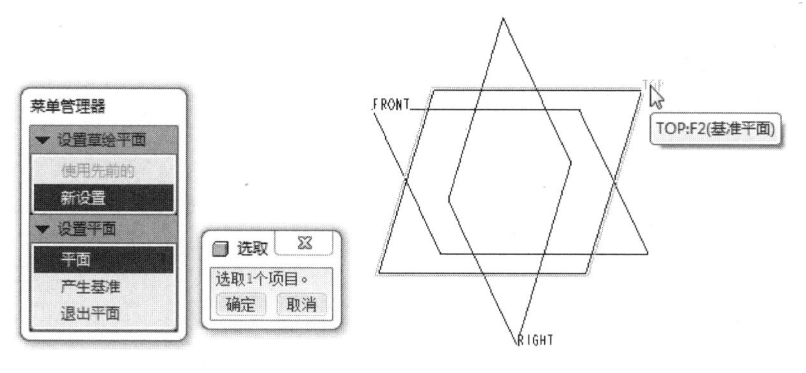

图 4-25　选择草绘平面

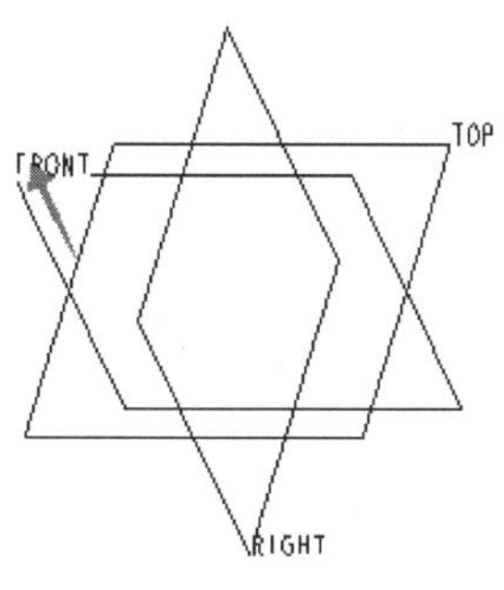

图 4-26　草绘视图方向

图 4-27　草绘视图参照

f）系统进入草绘截面状态，绘制如图 4-28 所示的草图截面 1。按住鼠标右键 3 秒，在弹出的快捷菜单中选择“切换截面”命令（图 4-29），再绘制草图截面 2，如图 4-30 所示。按照上面的操作方法，再按住鼠标右键 3 秒，在弹出的快捷菜单中选择“切换截面”命令，绘制草图截面 3，如图 4-31 所示。

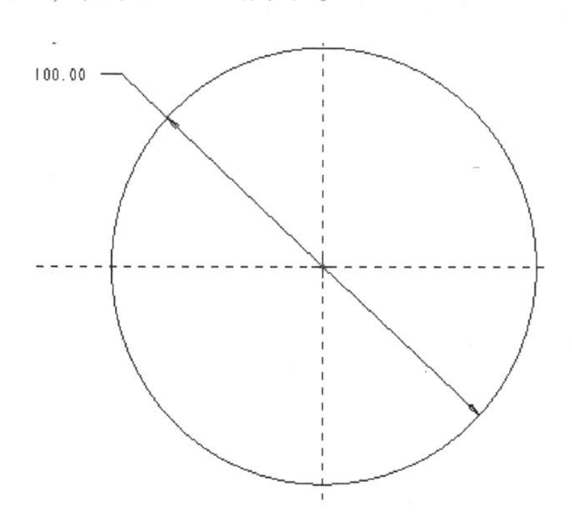

图 4-28　绘制草图截面 1

显示图元锁定
切换截面(T)
选项...
参照(R)...
线(L)
矩形(E)
圆
3点/相切端(P)
中心线(C)
圆角
尺寸

图 4-29　切换截面

g）单击✔按钮结束草绘。

5）输入截面深度。

在如图 4-32 所示文本框中输入截面 2 的深度为 100 mm，单击✔按钮结束输入。在如图 4-33 所示文本框中输入截面 3 的深度为 100 mm，单击✔按钮结束输入。

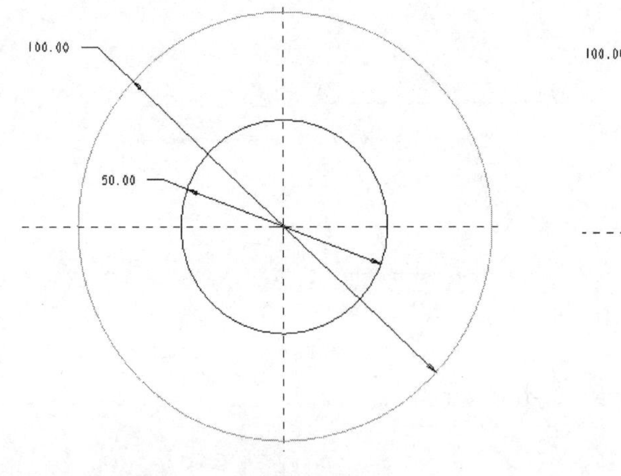

图 4-30　绘制草图截面 2

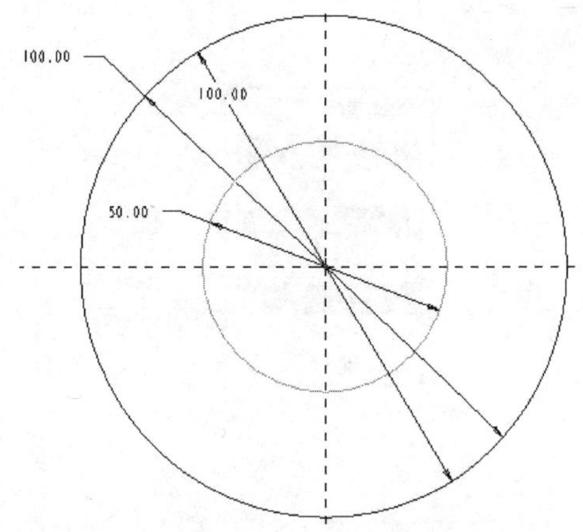

图 4-31　绘制草图截面 3

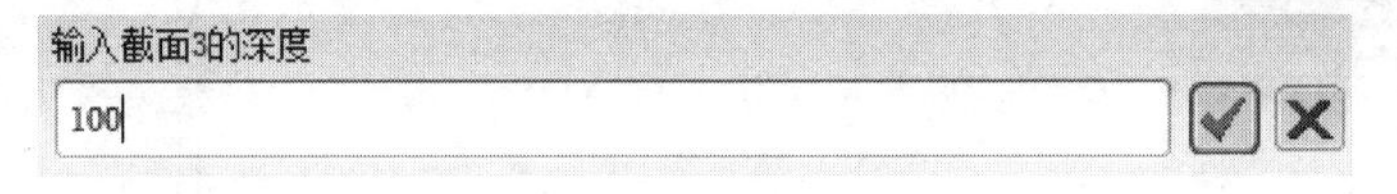

图 4-32　截面 2 深度

输入截面3的深度

100

图 4-33　截面 3 深度

6）混合特征预览及修改。

a）在“伸出项：混合，平行，规则截面”对话框单击“预览”按钮，可以预览混合造型结果。如果造型需要修改，可以选择“伸出项：混合，平行，规则截面”对话框中“元素”列表下的“属性”“截面”“方向”或者“深度”，再单击对话框中的“定义”按钮，进行修改。

b）如果预览后，不需要修改造型，则单击“伸出项：混合，平行，规则截面”对话框中的“确定”按钮，结束混合命令。

完成的混合造型结果如图 4-34 所示。

5. 曲面的镜像

曲面镜像的功能是将已有的曲面以一个平面作为镜像平面，镜像至平面的另一侧。

【例 4-6】创建曲面镜像。

1）打开零件文件 mirror. prt，如图 4-35 所示。

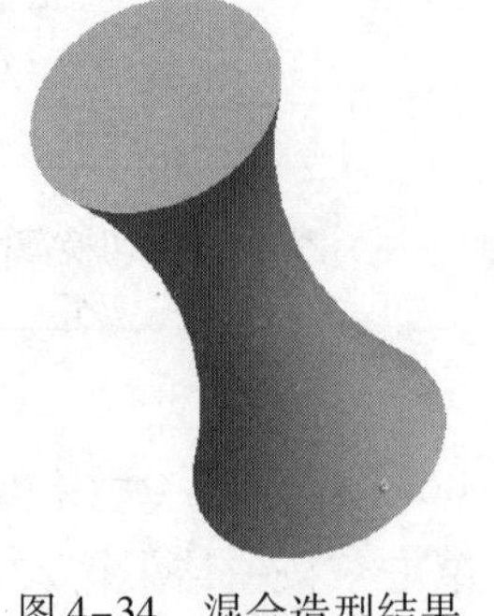

图 4-34　混合造型结果

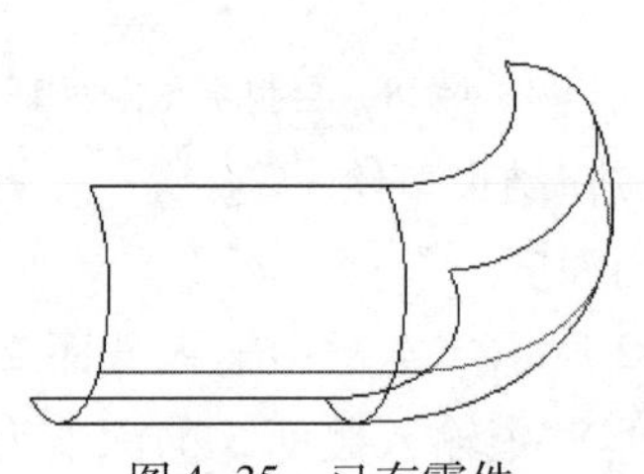

图 4-35　已有零件

2）单击选取曲面特征后（注意此时选中的是曲面特征，曲面并没有被选取），移动鼠标再次选择曲面，这样可以选中曲面，如图 4-36 所示。

图 4-36　选中曲面

3）选择菜单【编辑】|【镜像】命令，或单击右工具箱中“基础特征”工具栏上的“镜像”按钮，系统弹出“镜像”图标板。

4）选取“基准平面”（RIGHT）作为镜像平面，如图 4-37 所示。

5）单击右侧✔按钮结束镜像特征操作，曲面镜像的结果如图 4-38 所示。

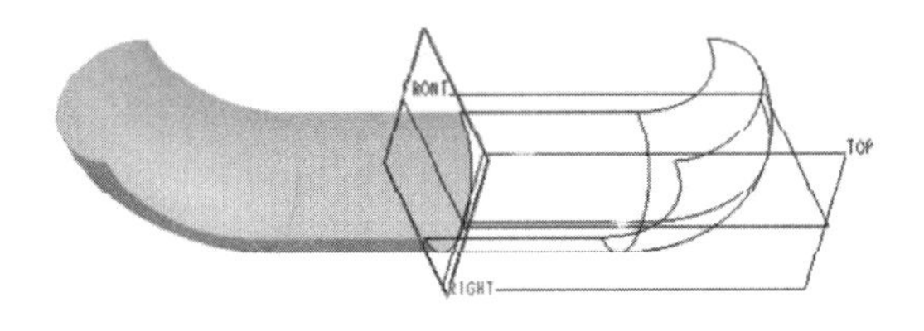

图 4-37　选取镜像平面

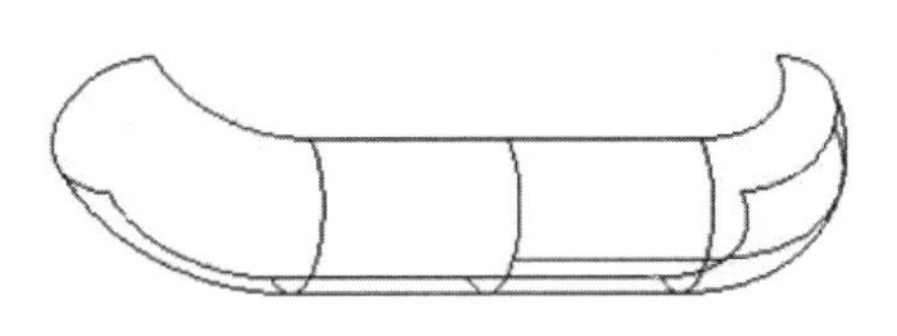

图 4-38　曲面镜像完成

任务实施

4.1　创建插头造型

完成的插头造型如图 4-39 所示。

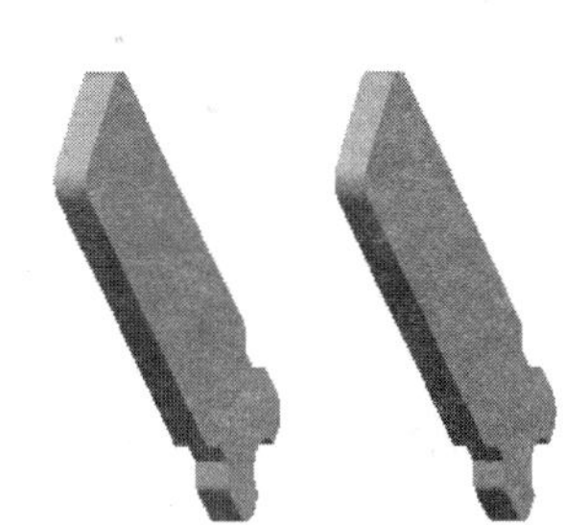

图 4-39　插头造型

1. 新建零件文件

新建名为“chatou－huangtong. prt”，随后进入零件建模环境中。

2. 创建基准平面

单击右工具箱中“基础”工具栏上的“基准平面”按钮，创建“基准平面”（DTM1），选择“基准平面”（RIGHT）作为参照，输入平移距离为 6. 2 mm，单击“确定”按钮。结果如图 4-40 所示。

3. 创建拉伸特征

单击右工具箱中“基础特征”工具栏上的“拉伸”按钮，可使用“拉伸”设计工具，默认选择为“实体拉伸”。

1）将草绘平面选择为 DTM1，草绘平面如图 4-41 所示。

2）草图截面如图 4-42 所示。单击✔按钮结束草绘。

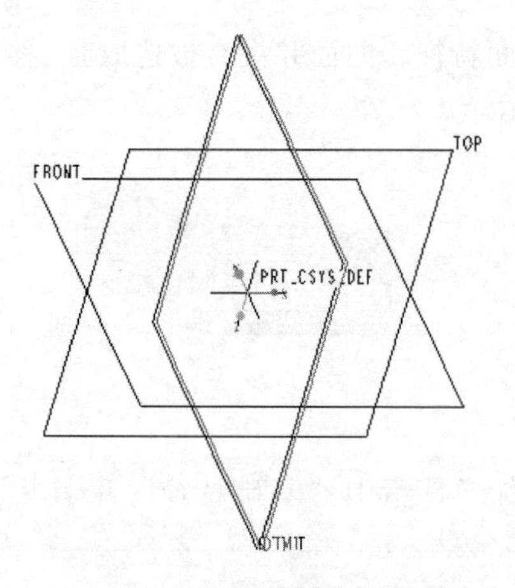

图 4-40　创建基准平面

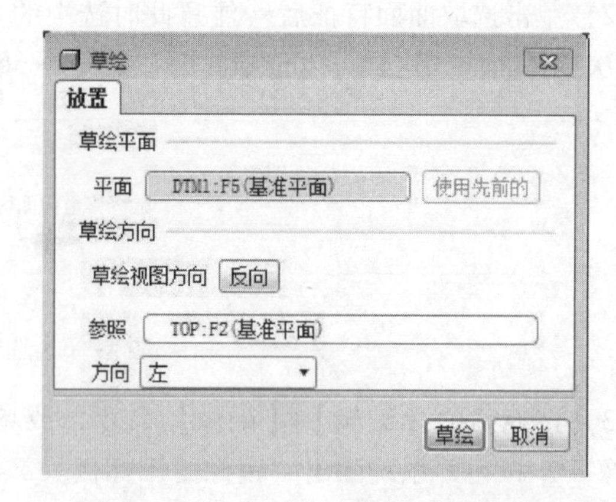

图 4-41　设置“草绘”对话框

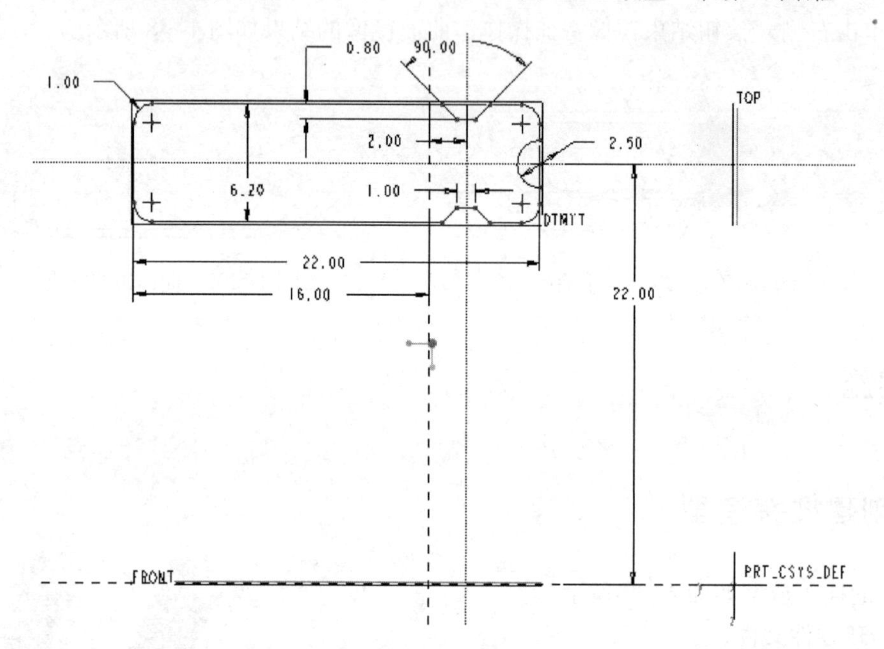

图 4-42　草图截面

3）选择拉伸方式为“对称拉伸”，拉伸高度 1.4 mm，“方向”为指向 RIGHT 面。

4）完成的拉伸结果如图 4-43 所示。

4. 创建镜像特征

选择拉伸特征 1，单击右工具箱中“基础特征”工具栏上的“镜像”按钮，选择“基准平面”（RIGHT）做参照进行镜像，镜像结果如图 4-44 所示。

5. 创建圆角特征

选择图 4-45 所示的边进行倒圆角，圆角值 R 为 0.5 mm，如图 4-45 所示。

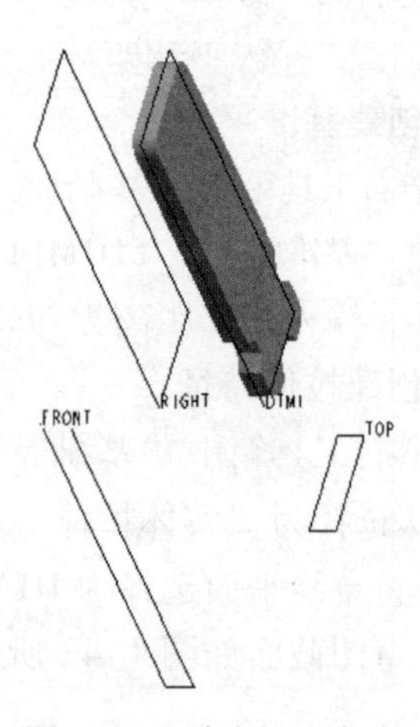

图 4-43　单个插头完成

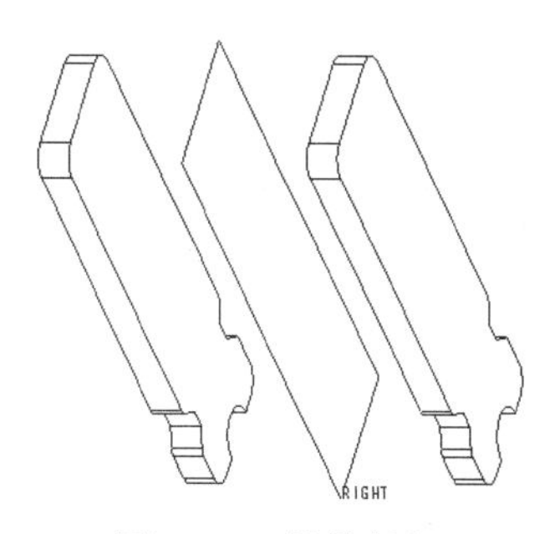

图 4-44　镜像特征

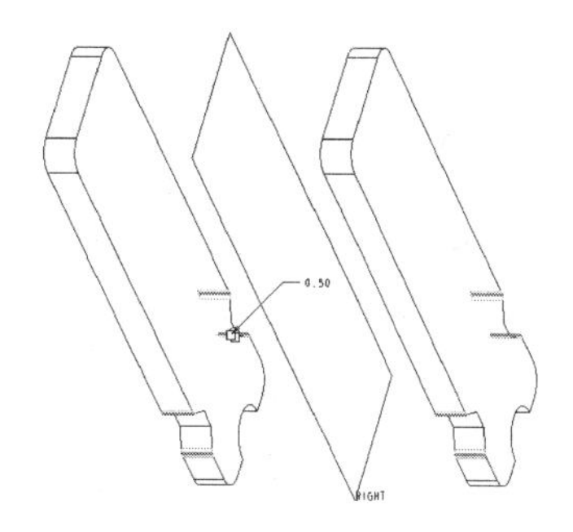
图 4-45　倒圆角

4.2　创建后壳造型

电源后壳造型如图 4-46 所示。

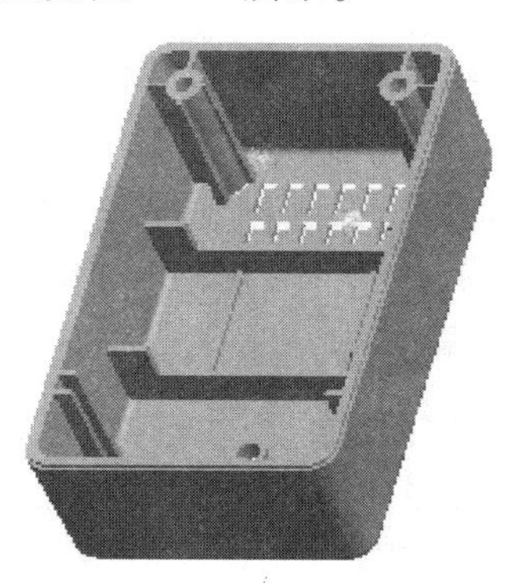

图 4-46　后壳造型

1. 新建零件文件

新建名为“back - cover. prt”，随后进入零件建模环境中。

2. 创建基准平面

单击右工具箱中“基准”工具栏上的“基准平面” 按钮，创建“基准平面”(DTM1)，选择 TOP 作为参照，输入平移距离为 0.5 mm，单击“确定”按钮。同样的方法可创建 DTM2，输入平移距离为 22.5 mm，如图 4-47 所示。完成的基准平面如图 4-48 所示。

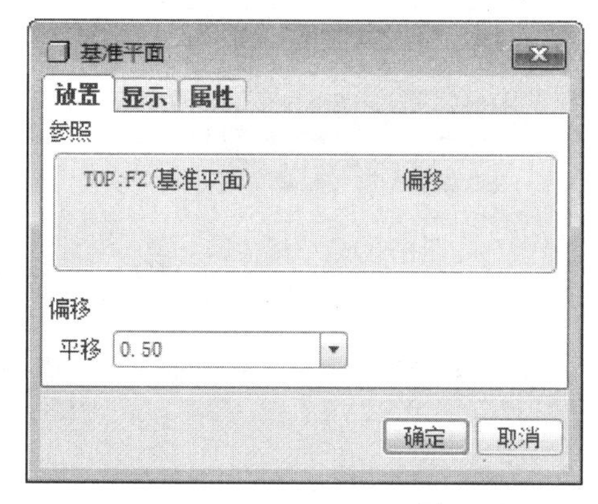

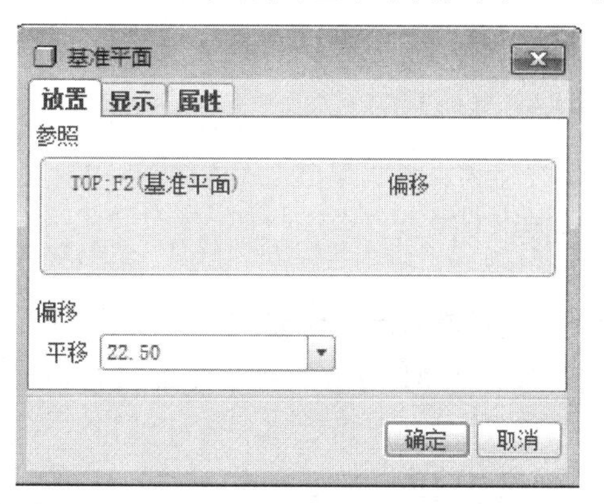

图 4-47　“基准平面”对话框

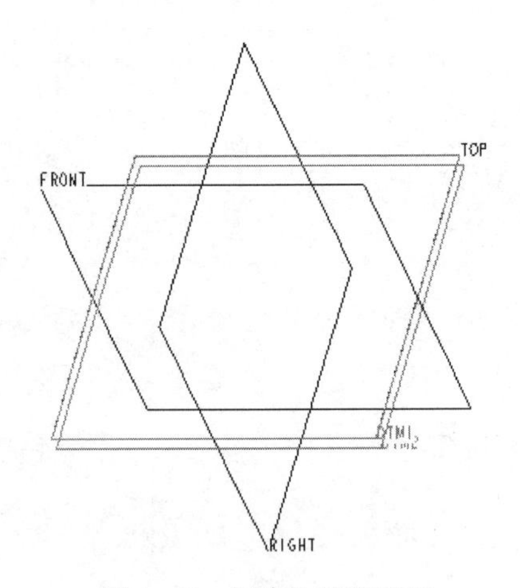

图 4-48　创建的基准平面

3. 创建拉伸 1 特征

单击右工具箱中“基础特征”工具栏上的“拉伸”按钮，可使用“拉伸”设计工具，默认选择为“实体拉伸”。

1）选择“基准平面”（TOP）作为草绘平面，草绘视图“参照”选择“基准平面”（RIGHT），“方向”选择向“右”，其余接受默认设置。

2）草图截面如图 4-49 所示，单击按钮结束草绘。

3）在“拉伸”图标板中选择拉伸方式为“到指定曲面”，选择 DTM2 作为参照。

4）单击右侧按钮结束拉伸特征操作，完成的拉伸造型结果如图 4-50 所示。

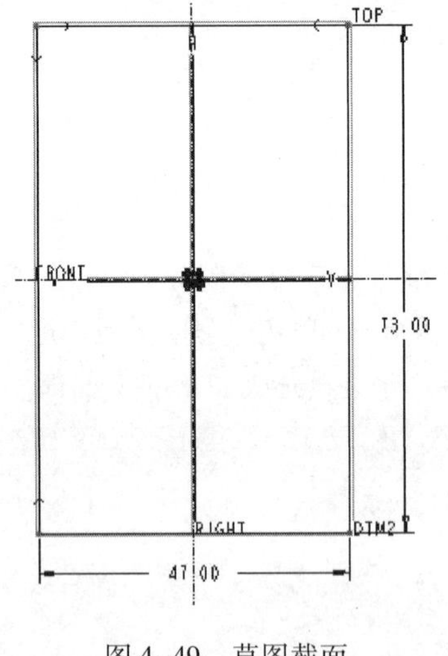

图 4-49　草图截面

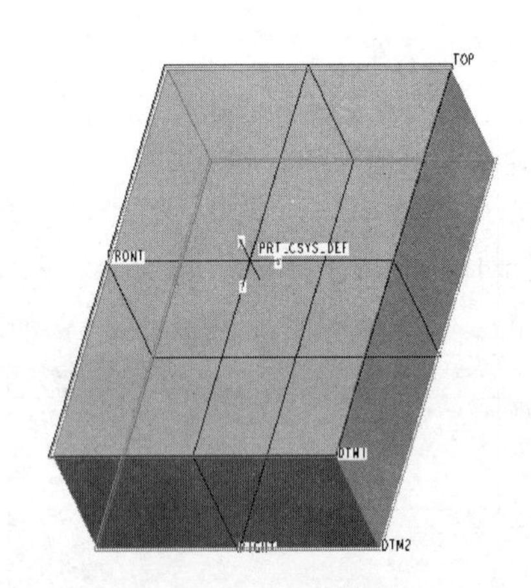

图 4-50　造型结果

4. 创建拔模斜度 1 特征

选择如图 4-51 所示的 4 个侧面进行拔模，“拔模枢轴”选为“上表面”，拔模角度为 2°，向内拔模。

5. 创建倒圆角 1 特征

选择如图 4-52 所示的边进行倒圆角，圆角值 R 为 4 mm。

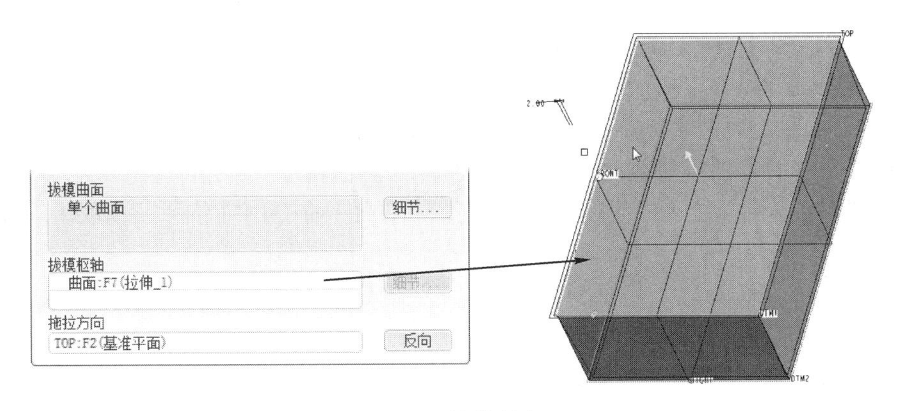

图 4-51　拔模斜度 1

6. 创建倒圆角 2 特征

选择如图 4-53 所示的边进行倒圆角，圆角值 R 为 3 mm。

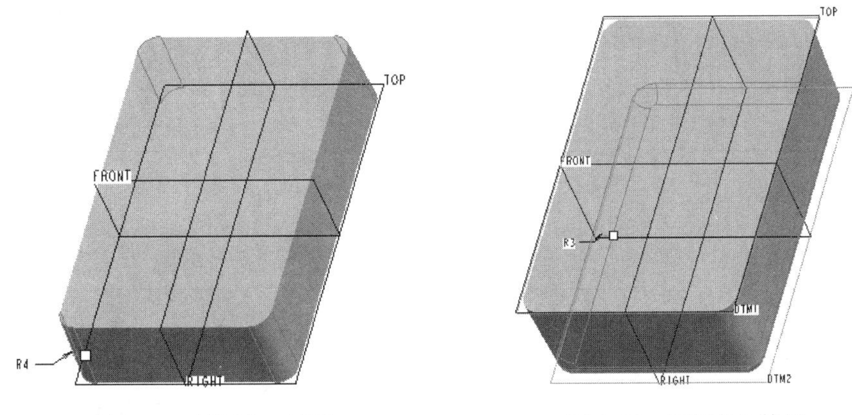

图 4-52　倒圆角 1 特征　　　　图 4-53　倒圆角 2 特征

7. 创建壳特征

单击右工具箱中“工程特征”工具栏上的“壳”按钮，选择上表面，在“壳”图标板中输入厚度为 2 mm，单击图标板右侧按钮，结束抽壳特征操作，造型结果如图 4-54 所示。

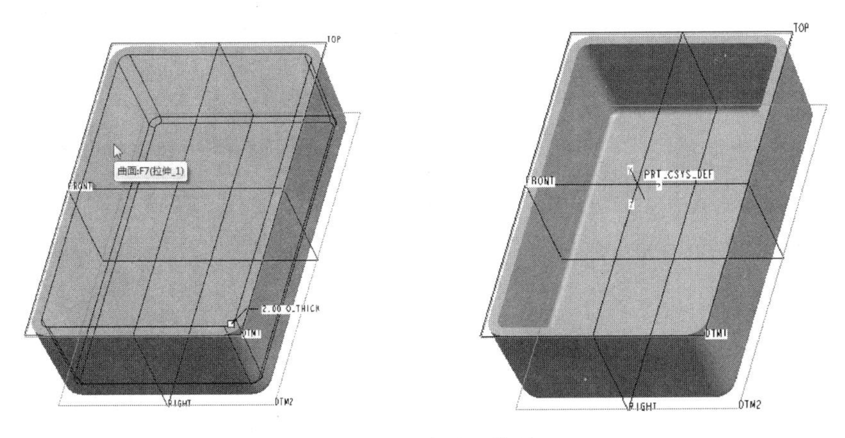

图 4-54　壳造型结果

8. 创建扫描特征

选择菜单【插入】|【扫描】|【伸出项】命令，弹出“伸出项：扫描”对话框和相应的“菜单管理器”。

1）在“菜单管理器”中，选择“扫描轨迹”“草绘轨迹”命令。

2）在“菜单管理器”中，选择“新设置”“平面”命令，在绘图区选取上表面为草绘平面。

3）在“菜单管理器”中，选择“新设置”“确定”命令，确定草绘视图方向。

4）在“菜单管理器”中，选择“新设置”“缺省”命令，确定草绘视图参照，系统进入草绘环境，按照系统默认的方式放置草绘平面。

5）在草绘平面内绘制如图4-55所示的扫描轨迹，绘制时，利用草绘右工具箱中的“通过边来创建图元”命令，选择上表面里侧的线作为参照。绘制完毕，单击按钮结束草绘。

6）在“菜单管理器”中，选择“属性”“无内表面”命令，然后再单击“完成”按钮。

7）系统再次切换到二维草绘模式，在草绘界面的十字叉线处绘制如图4-56所示截面，该截面必须封闭。绘制完毕，单击按钮结束草绘。

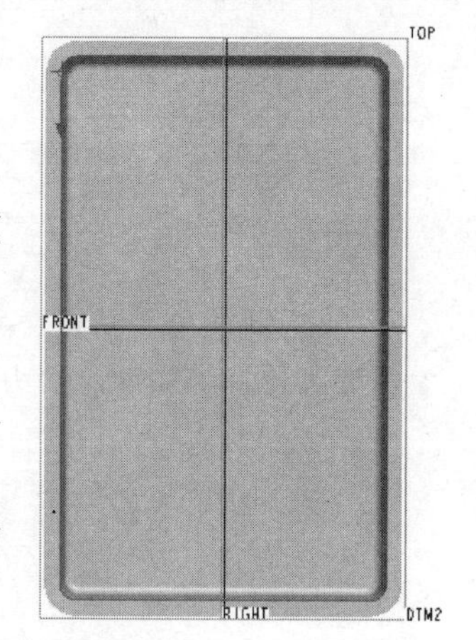

图4-55　扫描轨迹

8）单击“伸出项：扫描”对话框中的“确定”按钮，创建如图4-57所示的扫描特征。

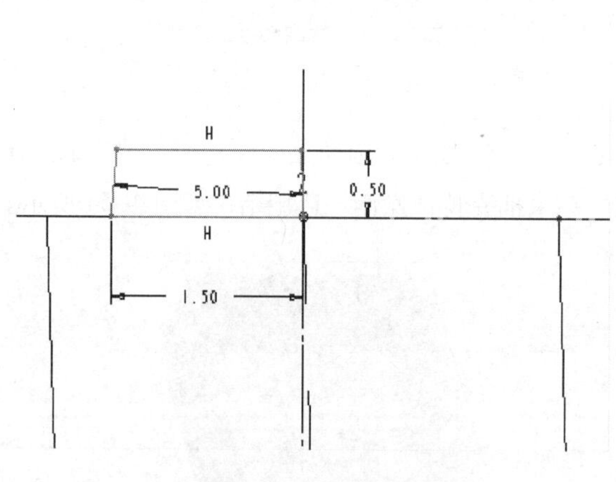

图4-56　扫描截面

图4-57　扫描造型结果

9. 创建曲面复制特征

选取如图4-58所示的内侧曲面，单击上工具箱中的“复制”按钮，再单击其右侧的“粘贴”按钮。

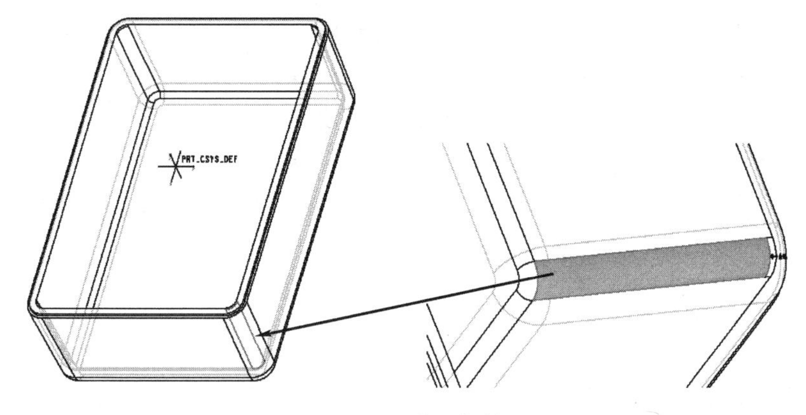

图 4-58　曲面复制

10. 创建曲面偏移特征

选取如图 4-59 小曲面，然后选择菜单【编辑】|【偏移】命令，弹出“偏移”图标板，如图 4-60 所示，在“偏移方式”列表中选择“替换曲面特征”，单击“偏移”图标板中的“单击此处添加”按钮，激活替换曲面的功能，然后在绘图区内选择如图 4-61 所示的面组作为替换面组，单击右侧按钮，完成曲面偏移特征操作。

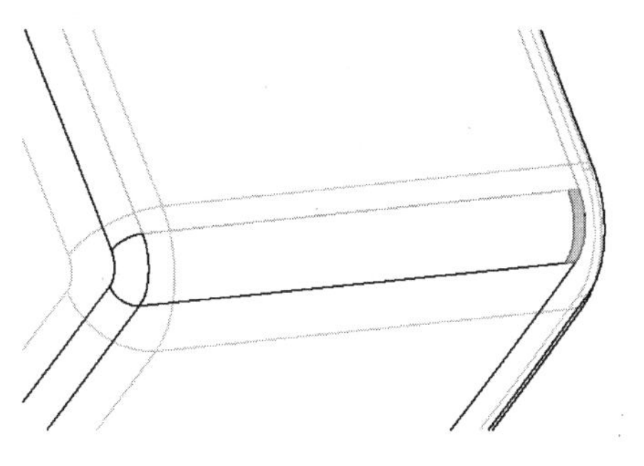

图 4-59　选取小曲面

11. 用同样方法可创建另外三个角的曲面偏移特征

12. 创建组

在“模型树”中选取复制 1 至偏移 4，然后右击，在弹出的快捷菜单中选择“组”命令。

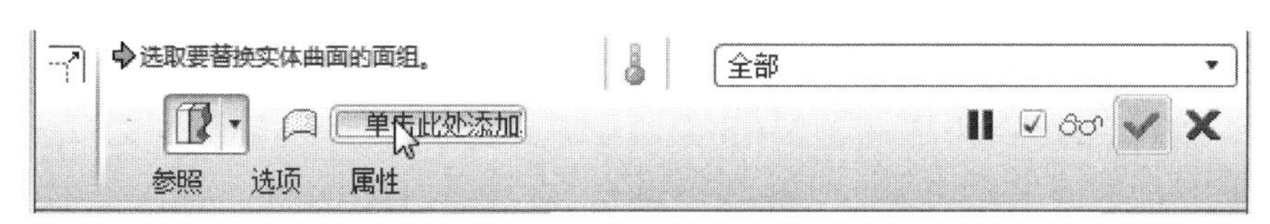

图 4-60　“偏移”图标板

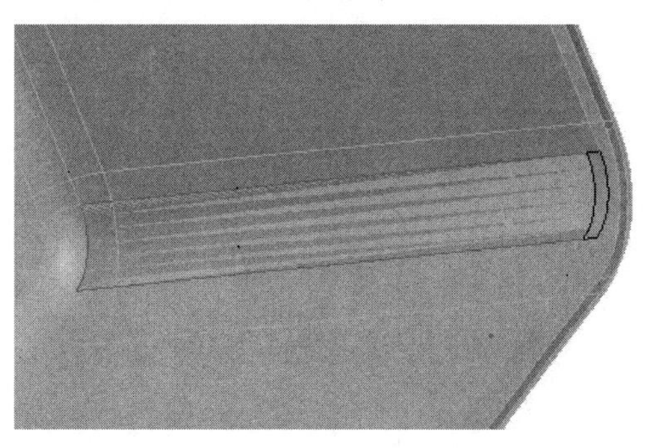

图 4-61　选择替换面组

13. 创建拉伸 3 特征

单击右工具箱中“基础特征”工具栏上的“拉伸”按钮，可使用“拉伸”设计工具，默认选择为“实体拉伸”。

1）单击“放置”按钮，打开“放置”下拉面板，单击“定义”按钮，弹出“草绘”对话框，选择“基准平面”（TOP）作为草绘平面，草绘视图“参照”选择“基准平面”（RIGHT），“方向”选择向“右”，其余接受默认设置。

2）草图截面如图 4-62 所示，单击✔按钮结束草绘。

3）拉伸方式选择“拉伸至下一曲面”，单击右侧✔按钮，结束拉伸特征操作。

创建的拉伸 2 特征结果如图 4-63 所示。

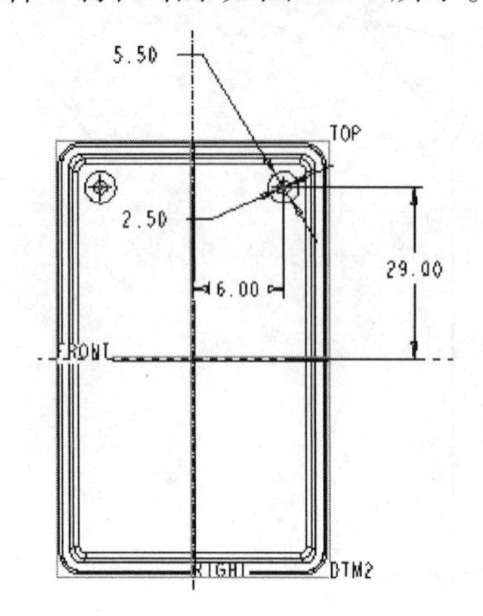

图 4-62　草图截面

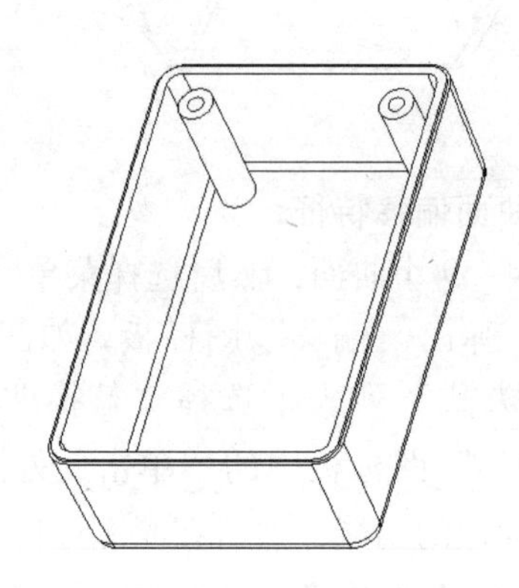
图 4-63　造型结果

14. 创建拉伸 3 特征

单击右工具箱中“基础特征”工具栏上的“拉伸”按钮，可使用“拉伸”设计工具，默认选择为“实体拉伸”。

1）单击“放置”按钮，打开“放置”下拉面板，单击“定义”按钮，弹出“草绘”对话框，选择圆柱上端面作为草绘平面，草绘视图“参照”选择“基准平面”（RIGHT），“方向”选择向“右”，其余接受默认设置。

2）草图截面如图 4-64 所示，单击✔按钮结束草绘。

3）拉伸方式选择“拉伸至下一曲面”，单击右侧✔按钮，结束拉伸特征操作。拉伸结果如图 4-65 所示。

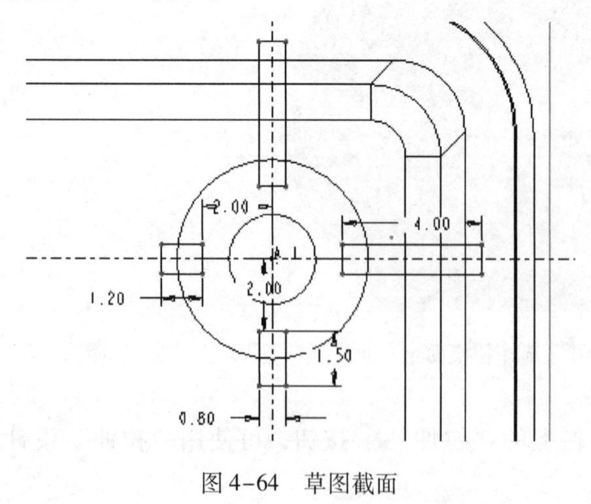

图 4-64　草图截面

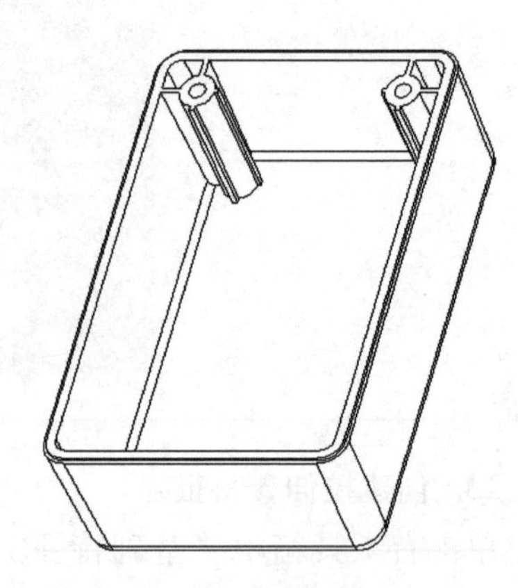
图 4-65　造型结果

15. 创建拉伸 4 特征（除料）

单击右工具箱中“基础特征”工具栏上的“拉伸”按钮，可使用“拉伸”设计工具，默认选择为“实体拉伸”。

1）单击“放置”按钮，打开“放置”下拉面板，单击“定义”按钮，弹出“草绘”对话框。选择下表面作为草绘平面，草绘视图“参照”选择“基准平面”（RIGHT）“方向”选择向“左”，其余接受默认设置。

2）草图截面如图 4-66 所示，单击按钮结束草绘。

3）拉伸高度设为 0.5 mm，选择除料方式，单击按钮结束拉伸特征操作。创建的拉伸造型结果如图 4-67 所示。

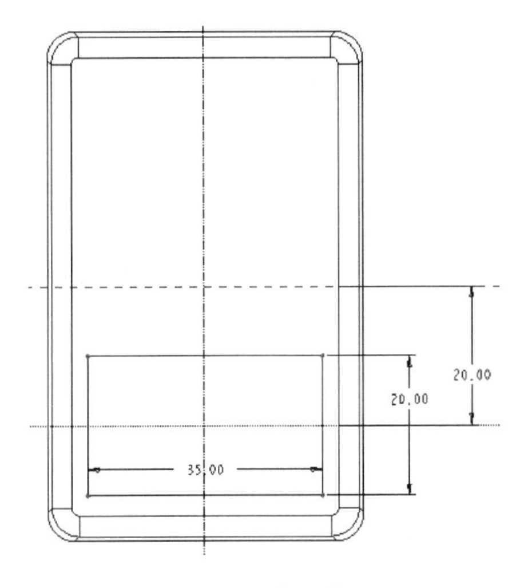

图 4-66　草图截面

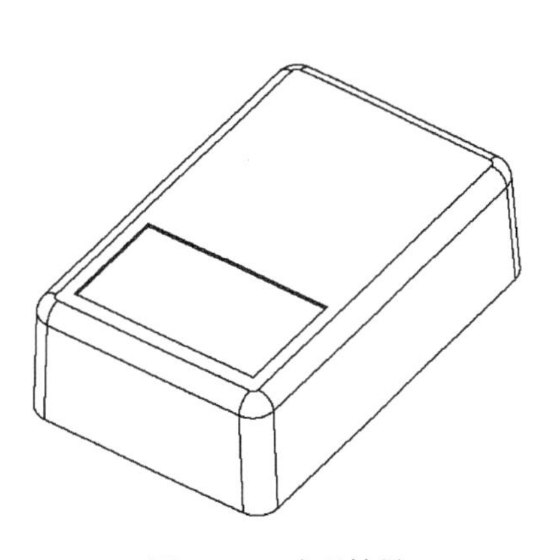

图 4-67　造型结果

16. 创建拉伸 5 特征（除料）

单击右工具箱中“基础特征”工具栏上的“拉伸”按钮，可使用“拉伸”设计工具，默认选择为“实体拉伸”。

1）单击“放置”按钮，打开“放置”下拉面板，单击“定义”按钮，弹出“草绘”对话框。

2）单击右工具箱中“基准”工具栏上的“基准平面”按钮，选择 FRONT 作为参照，平移距离为 22.5 mm，创建临时基准平面 DTM3，如图 4-68 所示。

3）以 DTM3 作为草绘平面，草绘视图“参照”选择“基准平面”（RIGHT），“方向”选择向“左”，其余接受默认设置。

4）草图截面如图 4-69 所示，单击按钮结束草绘。

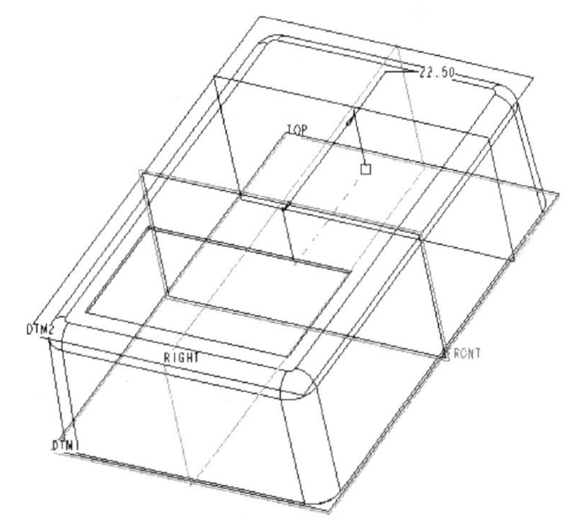

图 4-68　创建临时基准平面

5）拉伸高度为 14 mm，对称拉伸，选择除料方式，单击右侧按钮，结束拉伸特征操作。创建的拉伸造型结果如图 4-70 所示。

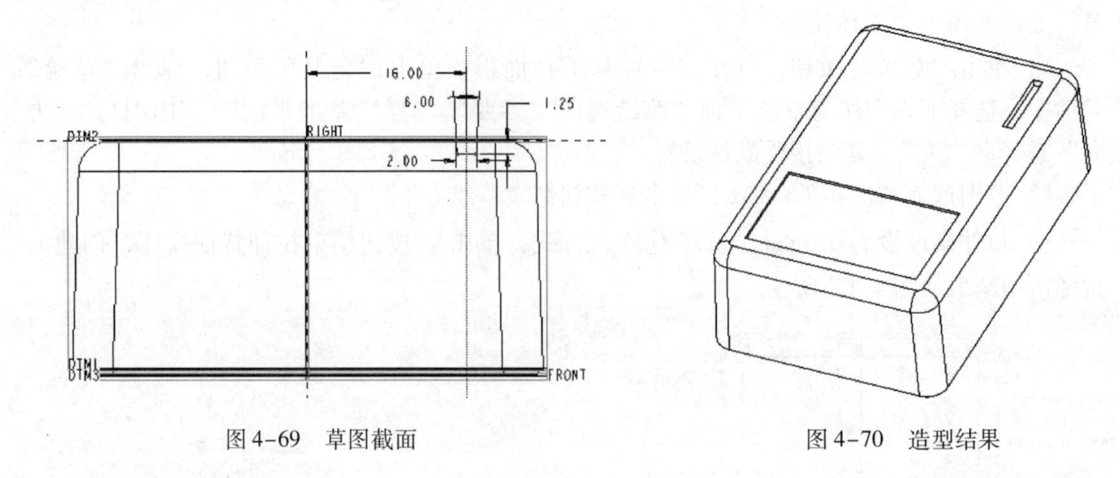

图 4-69　草图截面　　图 4-70　造型结果

17. 创建阵列 1 特征

选择上一步创建的拉伸特征，单击右工具箱中“基础特征”工具栏上的“阵列”按钮，弹出“阵列”图标板，选择“阵列方式”列表中的“尺寸”类型阵列。

1）选择尺寸为 16 mm，在“尺寸”下拉面板中的“方向”选项组中，输入增量为 -4 mm，在“阵列”图标板中输入阵列数量为 9，如图 4-71 所示。

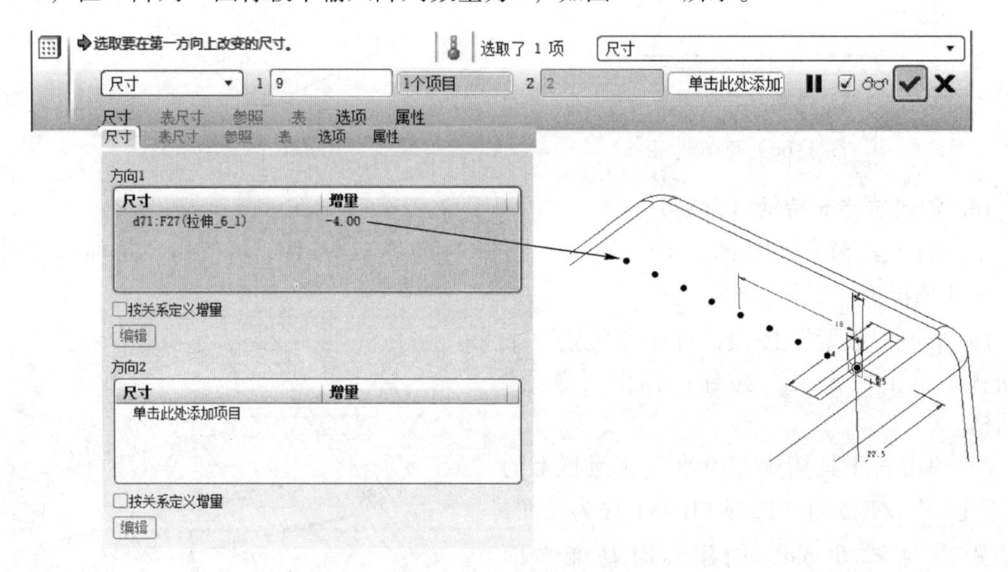

图 4-71　阵列设置

2）单击右侧按钮，结束阵列特征操作。创建的阵列结果如图 4-72 所示。

18. 创建拔模斜度 2 特征

选择如图 4-73 所示的小侧面作为拔模曲面，拔模枢轴如图 4-74 所示，拔模角度为 3°，向槽内拔模。

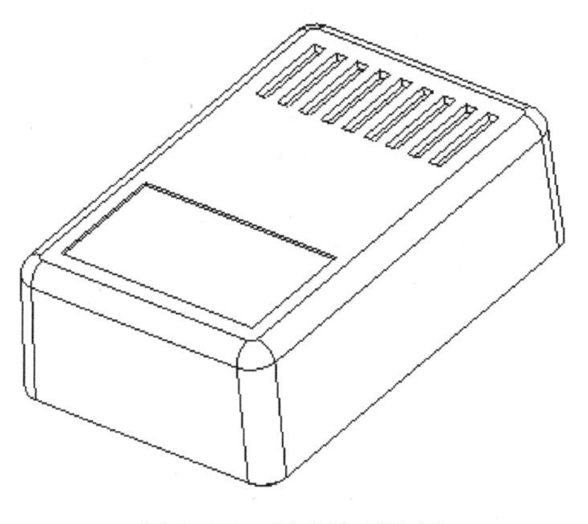

图 4-72　创建阵列特征

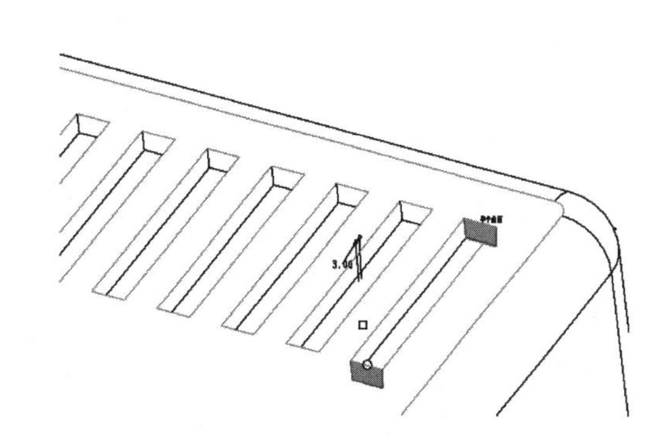

图 4-73　拔模曲面

19. 创建阵列 2 特征

选择上一步创建的拔模特征，单击右工具箱中“基础特征”工具栏上的“阵列” 按钮，弹出“阵列”图标板，选择“阵列方式”列表中的“参照”类型阵列。单击右侧 按钮结束阵列特征操作，阵列结果如图 4-75 所示。

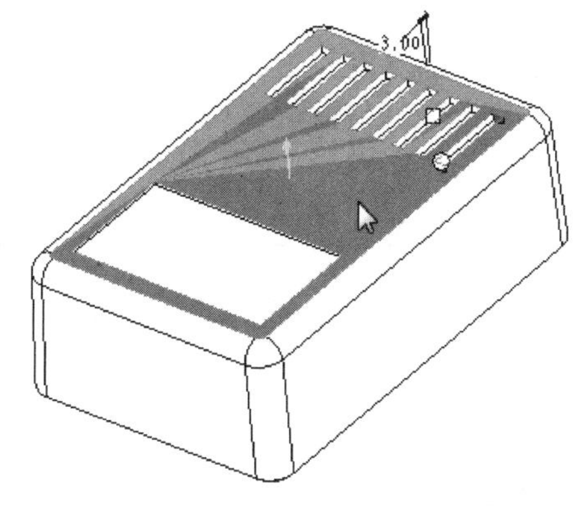

图 4-74　拔模枢轴

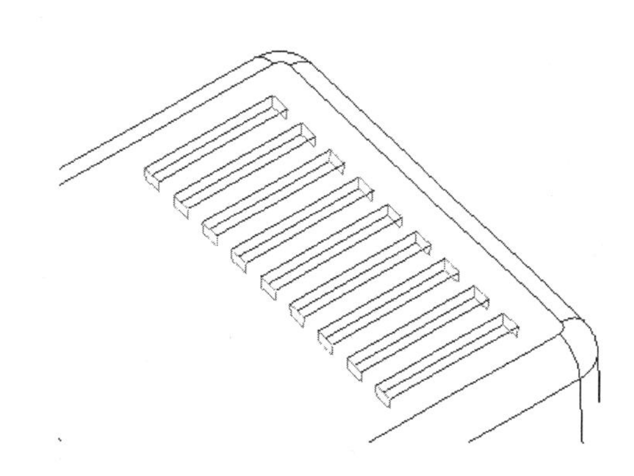

图 4-75　创建阵列特征

说明：

注意这时候要选择对阵列之前的拉伸特征做拔模，下一步才可以参照上面的阵列进行拔模阵列。

20. 创建拉伸 6 特征（除料）

单击右工具箱中“基础特征”工具栏上的“拉伸” 按钮，可使用“拉伸”设计工具，默认选择为“实体拉伸” 。

1）单击“放置”按钮，打开“放置”下拉面板，单击“定义”按钮，弹出“草绘”对话框。

2）创建临时“基准平面”（DTM4），参照“基准平面”（FRONT），偏移距离为 22.5 mm，如图 4-76 所示。

3）选择“基准平面”（DTM4）作为草绘平面，草绘视图“参照”选择“基准平面”（RIGHT），“方向”选择向“左”，其余接受默认设置。

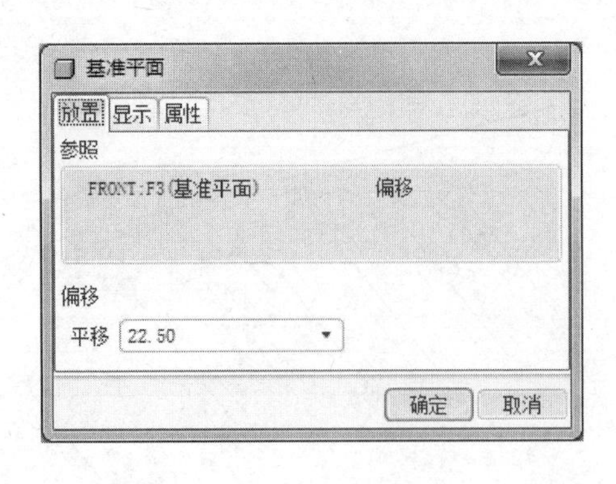

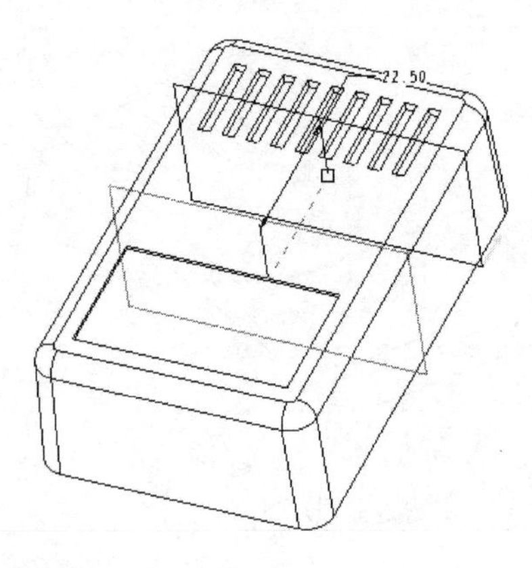

图 4-76　创建临时基准面

4）草图截面如图 4-77 所示，单击✔按钮结束草绘。

5）拉伸高度为 12 mm，对称拉伸，选择◿除料方式，单击右侧✔按钮，结束拉伸特征操作。创建的拉伸结果如图 4-78 所示。

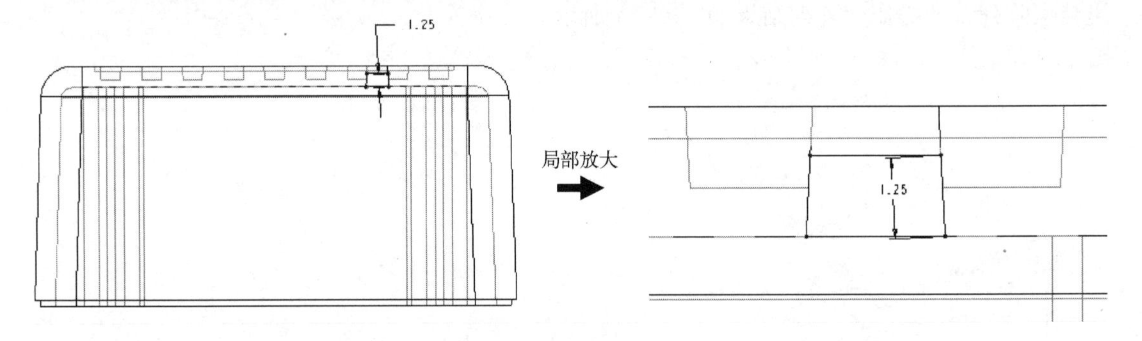

图 4-77　草图截面

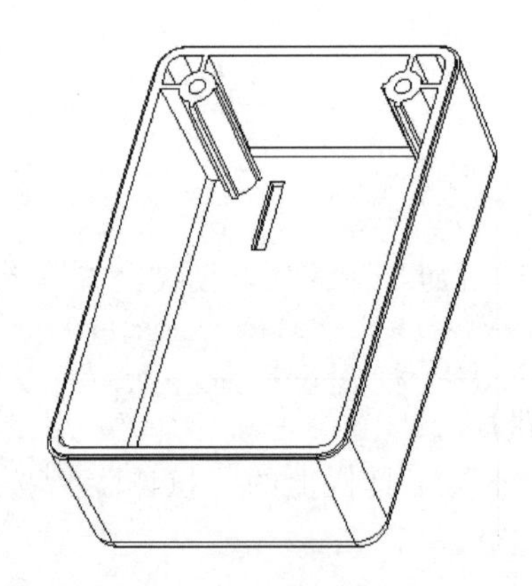

图 4-78　造型结果

21. 创建阵列 3 特征

选择上一步创建的拉伸特征，单击右工具箱中“基础特征”工具栏上的“阵列”▦按钮，进入“阵列”图标板。选择阵列方式列表中的“方向”类型阵列。

1）选取“基准平面”（RIGHT）作为参照，阵列数量为 6，增量距离为 4 mm，如图 4-79

所示。

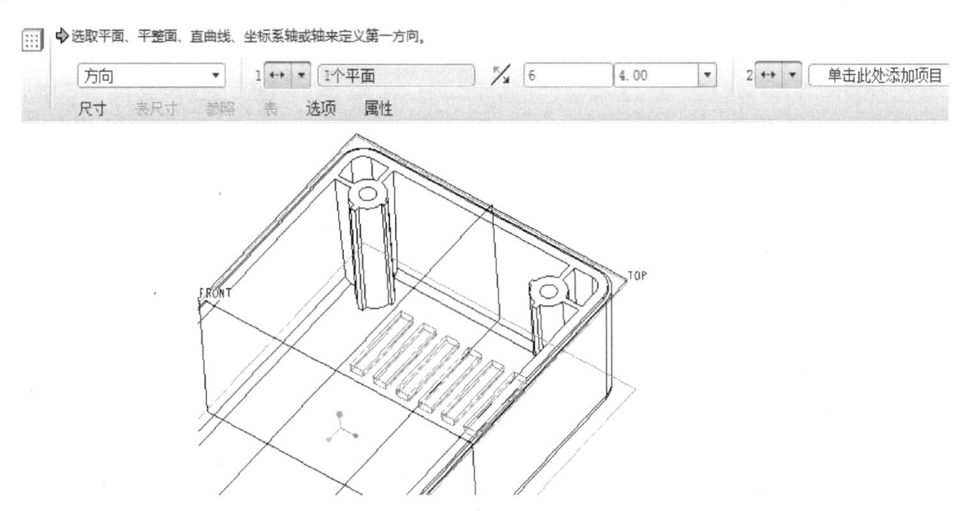

图 4-79　创建阵列特征

2）单击右侧✔按钮，结束阵列特征操作。

22. 创建拉伸 7 特征

单击右工具箱中“基础特征”工具箱中的“拉伸”按钮，可使用“拉伸”设计工具，默认选择为“实体拉伸”。

1）单击“放置”按钮，打开“放置”下拉面板，单击“定义”按钮，弹出“草绘”对话框。

2）创建临时“基准平面”（DTM5），参照“基准平面”（FRONT），偏移距离为 22. 5 mm，如图 4-80 所示。

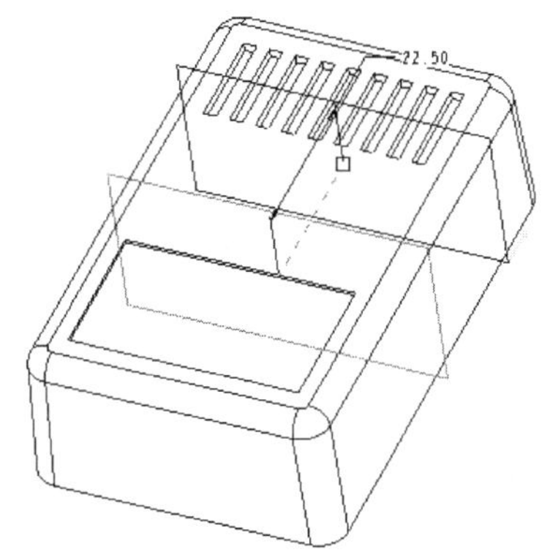

图 4-80　创建临时基准面

3）选择“基准平面”（DTM5）作为草绘平面，草绘视图“参照”选择“基准平面”（RIGHT），“方向”选择向“左”，其余接受默认设置。

4）草图截面如图 4-81 所示，单击✔按钮结束草绘。

5）拉伸高度为 1. 5mm，对称拉伸，单击右侧✔按钮，结束拉伸特征操作。创建的拉伸结果如图 4-82 所示。

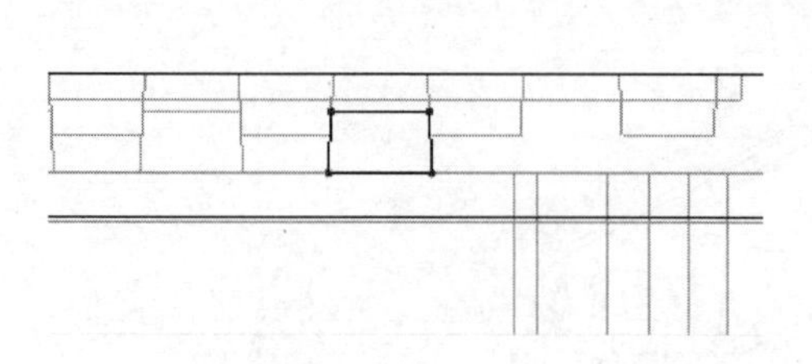

图 4-81　草图截面

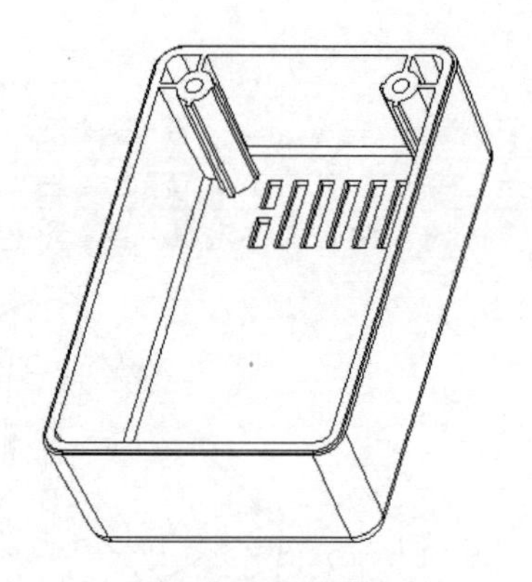

图 4-82　造型结果

23. 创建阵列 4 特征

选择上一步创建的拉伸特征，单击右工具箱中“基础特征”工具栏上的“阵列”按钮，选择“参照”类型阵列，单击右侧按钮操作，结束阵列特征操作，造型结果如图 4-83 所示。

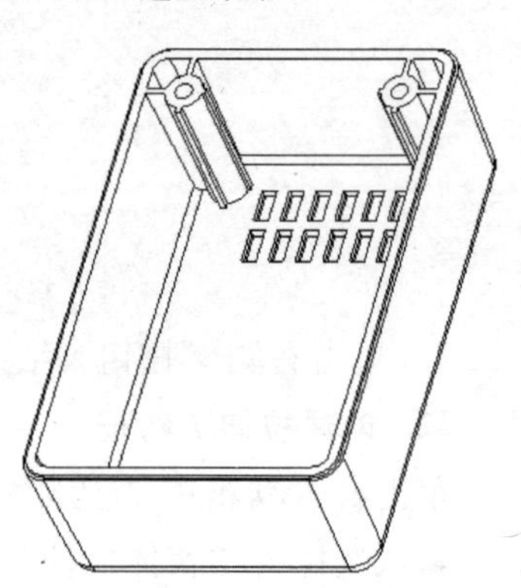

图 4-83　阵列结果

24. 创建拔模斜度 3 特征

选择如图 4-84 所示的小平面作为拔模曲面，拔模枢轴如图 4-85 所示，拔模角度为 5°，向豁口内拔模。

25. 创建阵列 5 特征

选择上一步创建的拔模特征，单击右工具箱中“基础特征”工具栏上的“阵列”按钮，选择“参照”类型阵列，单击右侧按钮，结束阵列特征操作，造型结果如图 4-86 所示。

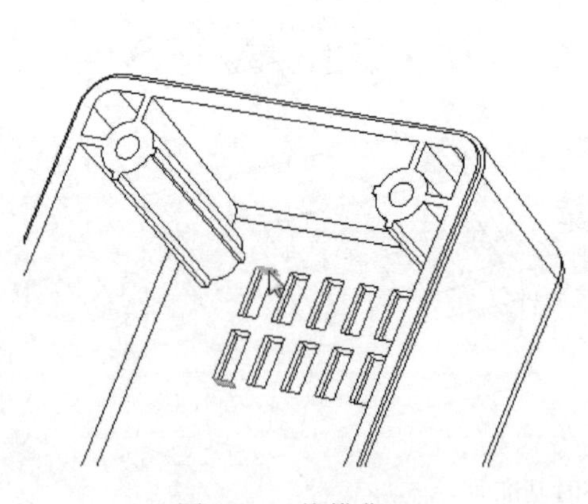

图 4-84　拔模曲面

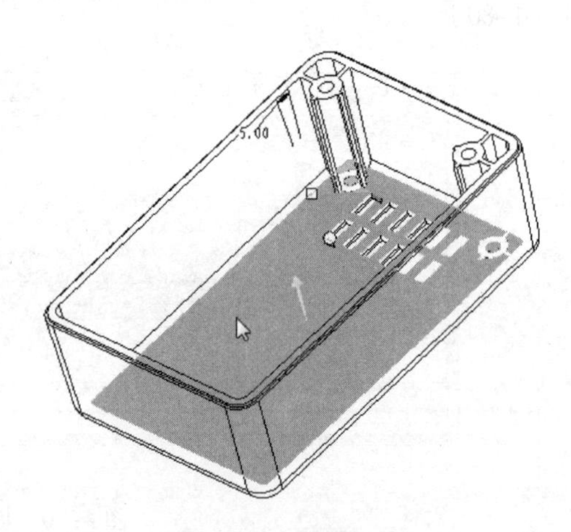

图 4-85　拔模枢轴

26. 创建拔模斜度 4 特征

参照上面的操作方法，选择如图 4-87 所示的小平面进行拔模，拔模角度为 5°，向内侧拔模。

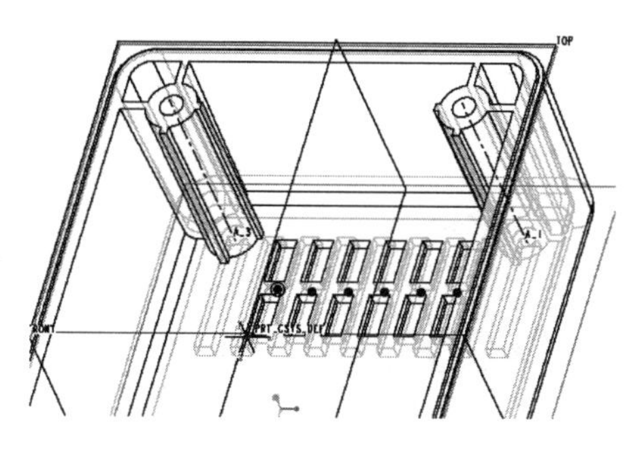

图 4-86　阵列拔模斜度

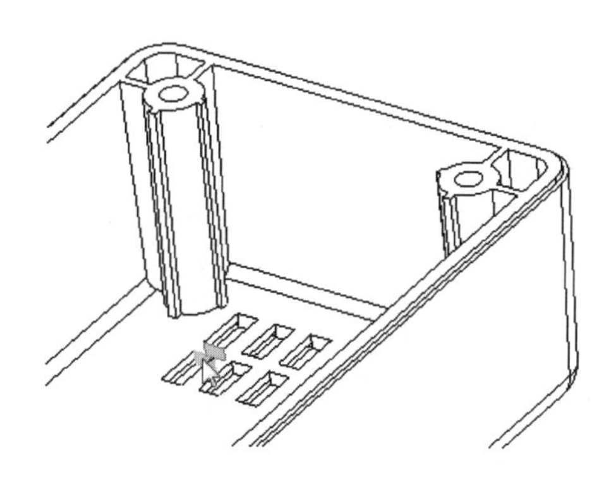

图 4-87　创建拔模斜度

27. 创建阵列 6 特征

参照第 24 步的操作方法，对上一步创建的拔模特征进行阵列，如图 4-88 所示。

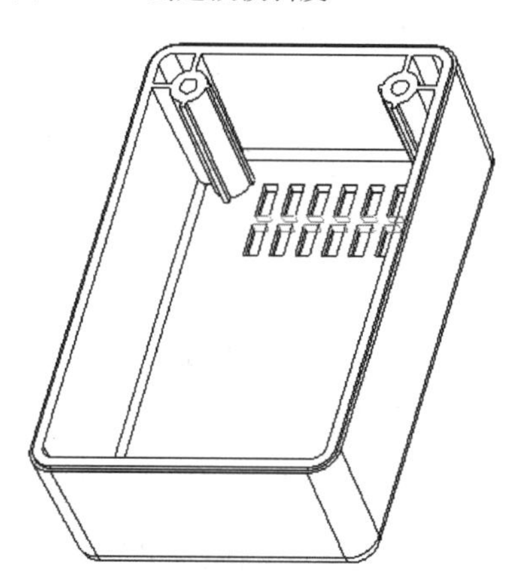

图 4-88　阵列拔模斜度

28. 创建完全倒圆角

单击右工具箱中“工程特征”工具栏上的“倒圆角”按钮，可使用“倒圆角”设计工具，弹出“倒圆角”图标板。

1）按下〈Ctrl〉键，选择需要倒成圆角的两条边。

2）单击“集”按钮，在“集”下滑面板中单击“完全倒圆角”按钮，可以看见由这两条边构成的平面被倒圆弧取代，如图 4-89 所示。

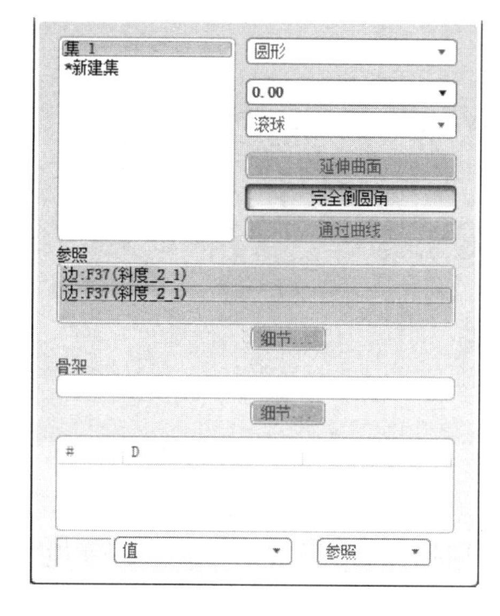

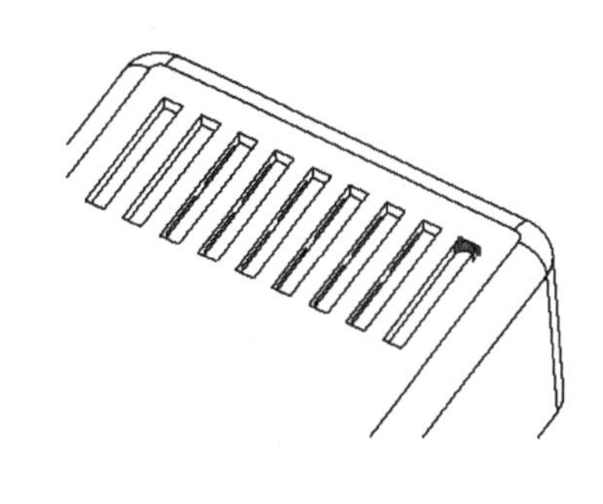

图 4-89　完全倒圆角 1

3）单击“集”下拉面板中的“新建集”按钮，再创建一个倒角集。参照上面的方法，按下〈Ctrl〉键再选择两条边，在“集”下拉面板中单击“完全倒圆角”按钮，可创建第 2 个完全倒圆角特征，如图 4-90 所示。

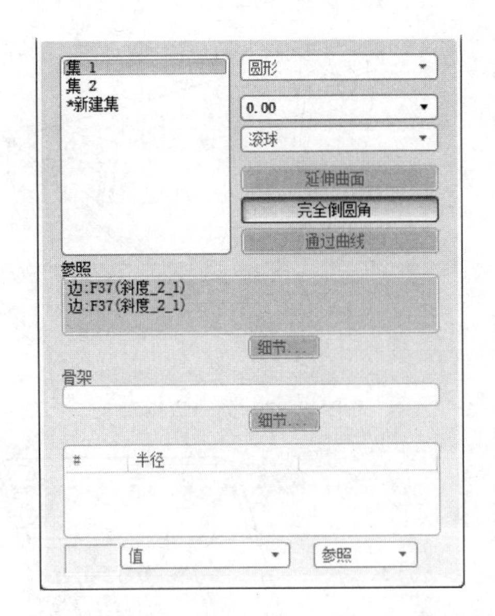

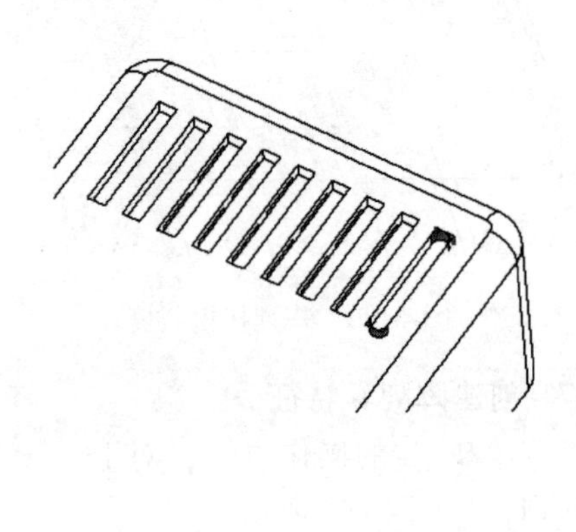

图 4-90　完全倒圆角 2

29. 创建阵列 7 特征

参照已学过的阵列操作方法，对上一步创建的倒圆角特征进行阵列。选择上一步创建的倒圆角特征，单击右工具箱中“基础特征”工具栏上的“阵列”按钮，选择“参照”类型阵列，单击✔结束阵列特征操作。阵列结果如图 4-91 所示。

30. 创建倒圆角 3 特征

选择如图 4-92 所示的边进行倒圆角，倒圆角 R 值为 0.3 mm。

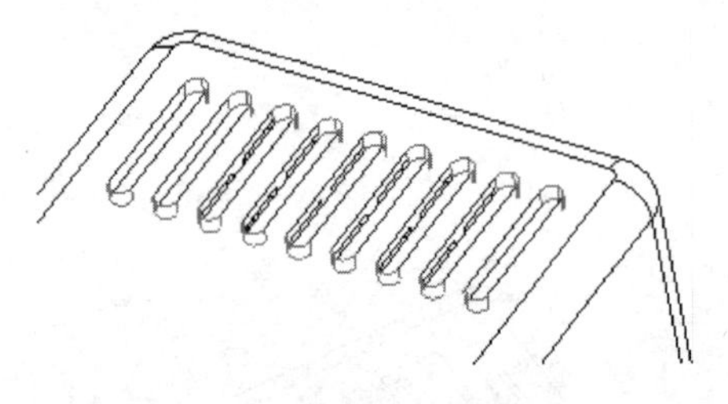

图 4-91　阵列完全倒圆角特征

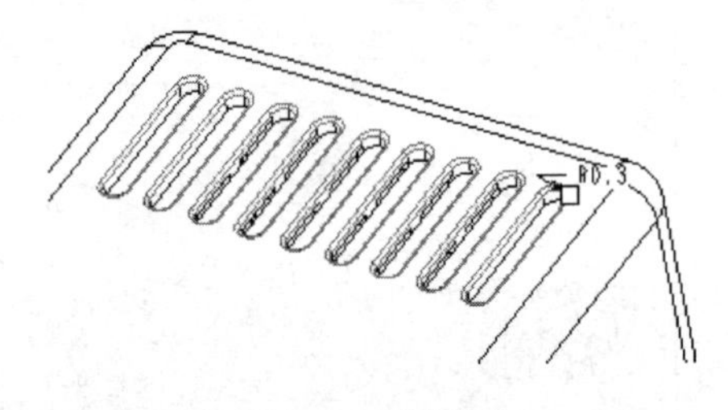

图 4-92　倒圆角

31. 创建拉伸 8 特征

单击右工具箱中“基础特征”工具栏上的“拉伸”按钮，可使用“拉伸”设计工具，默认选择为“实体拉伸”。

1）单击“放置”按钮，打开“放置”下拉面板，单击“定义”按钮，弹出“草绘”对话框。

2）单击右工具箱中“基准”工具栏上的“基准平面”按钮，创建临时“基准平面”（DTM6），选择壳内表面作为参照，偏移量为 10 mm，如图 4-93 所示。

3）选择刚刚创建的临时“基准平面”（DTM6）作为草绘平面绘制草图，草图截面如图 4-94所示，单击✔按钮结束草绘。

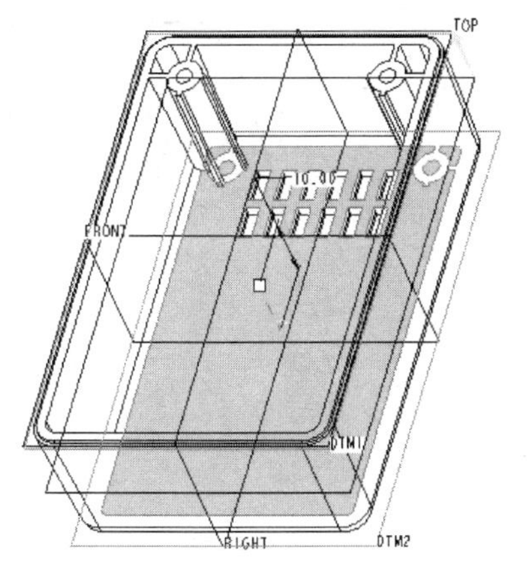

图 4-93　创建临时基准平面

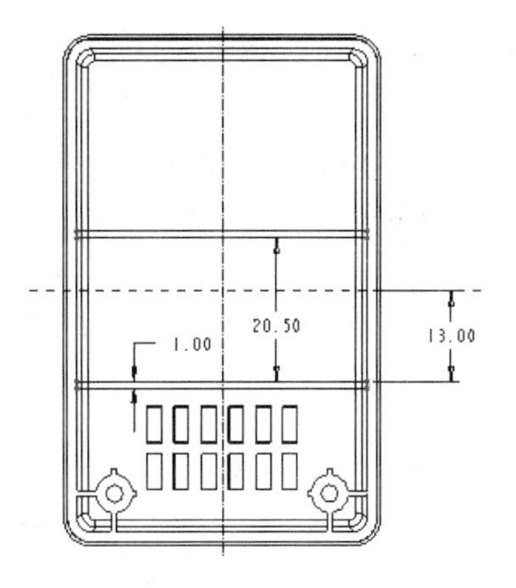

图 4-94　草图截面

4）在“拉伸”图标板中选择拉伸方式为“拉伸至下一曲面”，单击右侧结束拉伸特征操作。拉伸结果如图 4-95 所示。

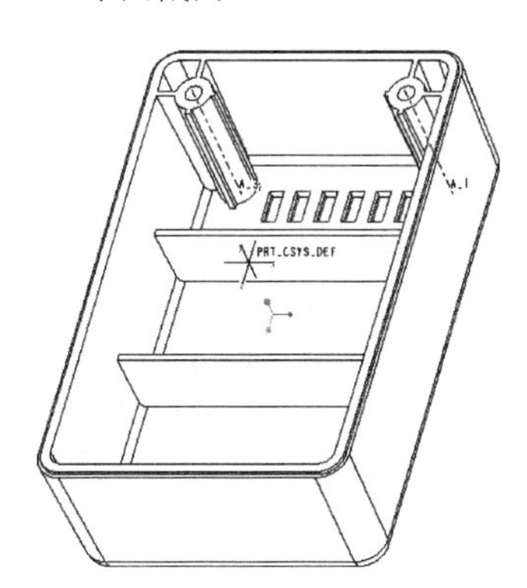

图 4-95　造型结果

32. 创建拉伸 9 特征

单击右工具箱中“基础特征”工具栏上的“拉伸”按钮，可使用“拉伸”设计工具，默认选择为“实体拉伸”。

1）单击“放置”按钮，打开“放置”下滑面板，单击“定义”按钮，弹出“草绘”对话框。选择上表面作为草绘平面，草绘视图“参照”选择“基准平面”（RIGHT），“方向”选择向“左”。

2）草图截面如图 4-96 所示，单击按钮结束草绘。

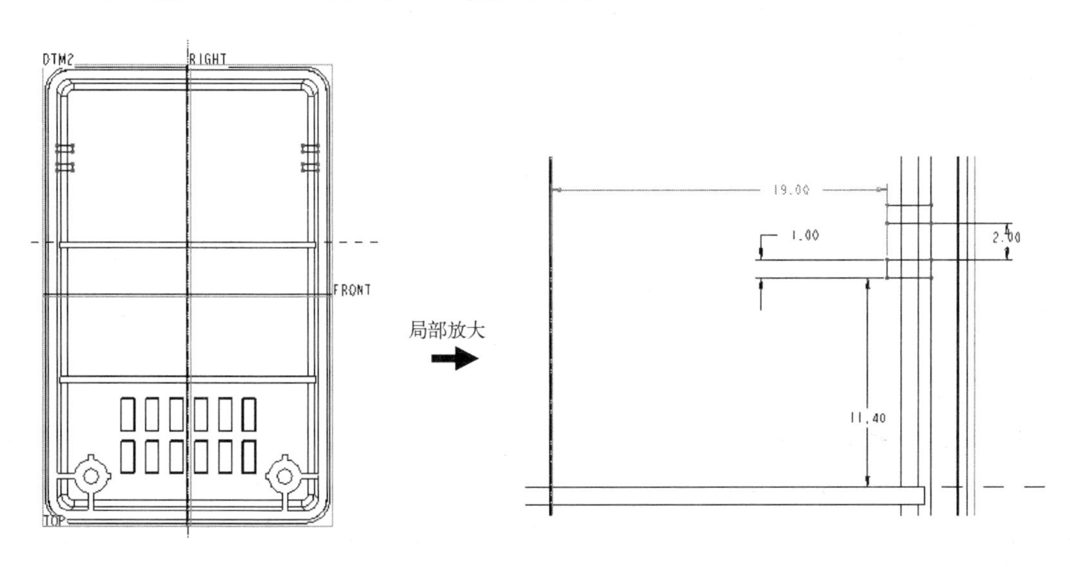

图 4-96　草图截面

3）拉伸方式选择“拉伸到下一曲面”![], 单击右侧✔按钮结束拉伸特征操作。拉伸结果如图 4-97 所示。

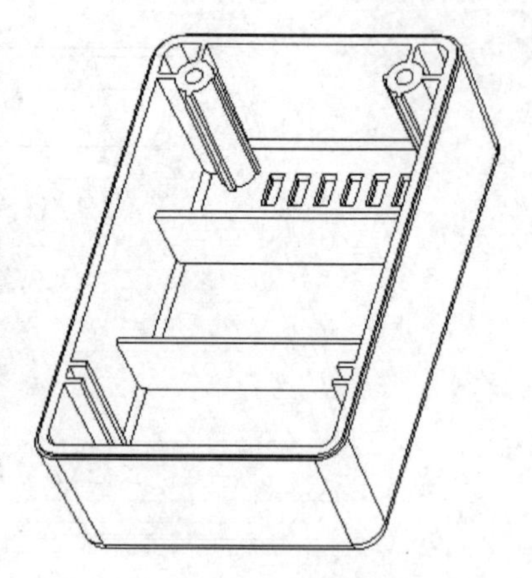
图 4-97　造型结果

33. 创建拉伸 10 特征（除料）

单击右工具箱中“基础特征”工具栏上的“拉伸”按钮，可使用“拉伸”设计工具，默认选择为“实体拉伸”。参照前面的操作方法创建拉伸特征。草图截面如图 4-98 所示，选择除料方式，拉伸方式选择“穿透”，单击右侧✔按钮结束拉伸特征操作，拉伸造型结果如图 4-99 所示。

34. 创建拉伸 11 特征（除料）

单击右工具箱中“基础特征”工具栏上的“拉伸”按钮，可使用“拉伸”设计工具，默认选择为“实体拉伸”。参照已学过的拉伸操作方法创建拉伸特征。

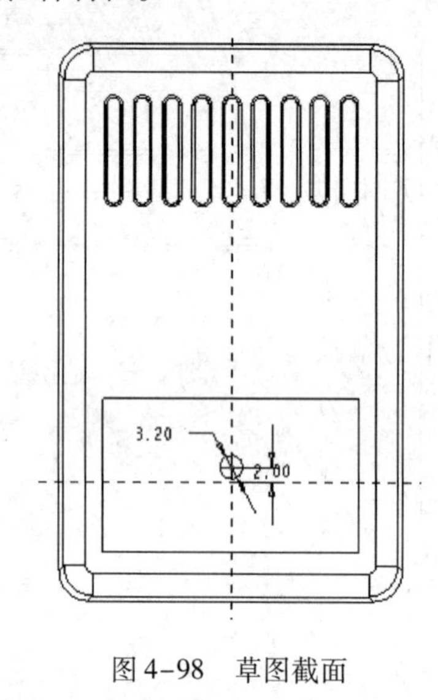

图 4-98　草图截面

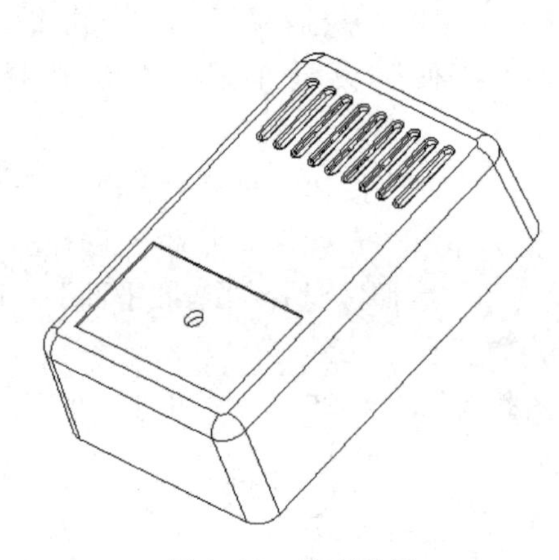
图 4-99　造型结果

1）单击“放置”按钮，打开“放置”下滑面板，单击“定义”按钮，弹出“草绘”对话框。

2）单击右工具箱中“基准”工具栏上的“基准平面”按钮创建临时基准平面，选择 RIGHT 作为参照，平移量为 14 mm，创建 DTM7，如图 4-100 所示。

3）以 DTM7 作为草绘平面，草绘视图“参照”选择“基准平面”（TOP），“方向”选择向顶。

4）草图截面如图 4-101 所示，单击✔按钮结束草绘。

5）拉伸高度为 7 mm，对称拉伸，选择除料方式，单击✔按钮结束。创建的拉伸结果如图 4-102 所示。

35. 创建镜像 1 特征

选择上一步创建的拉伸除料特征进行镜像，镜像平面选择“基准平面”（RIGHT）。镜像结果如图 4-103。

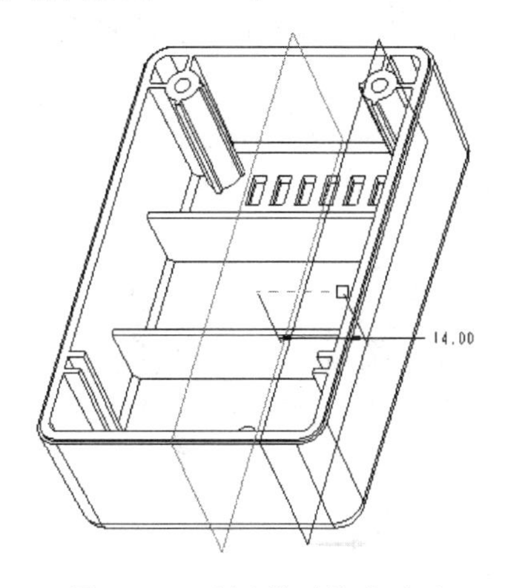

图 4-100　创建临时基准平面

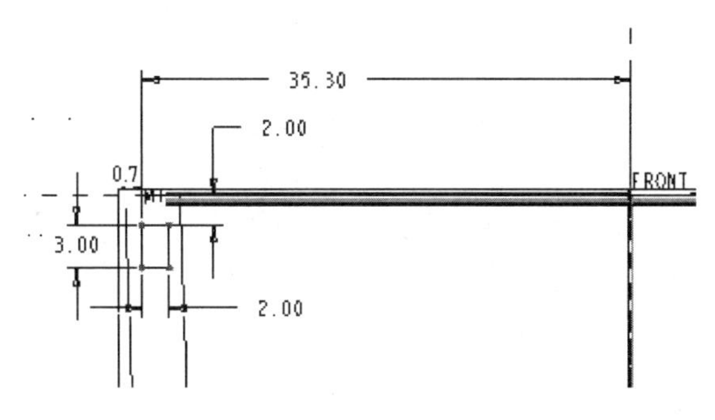

图 4-101　草图截面

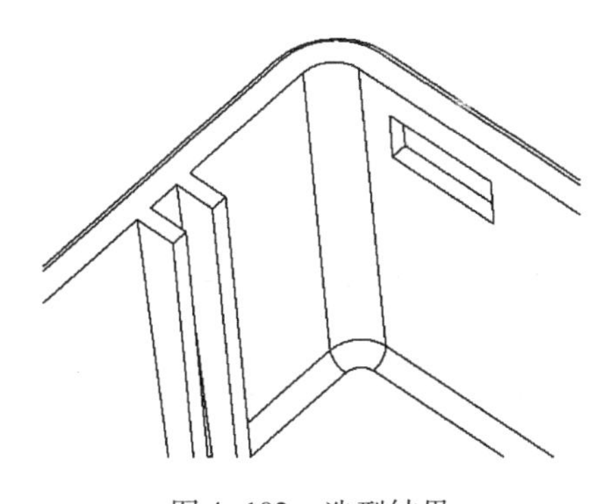

图 4-102　造型结果

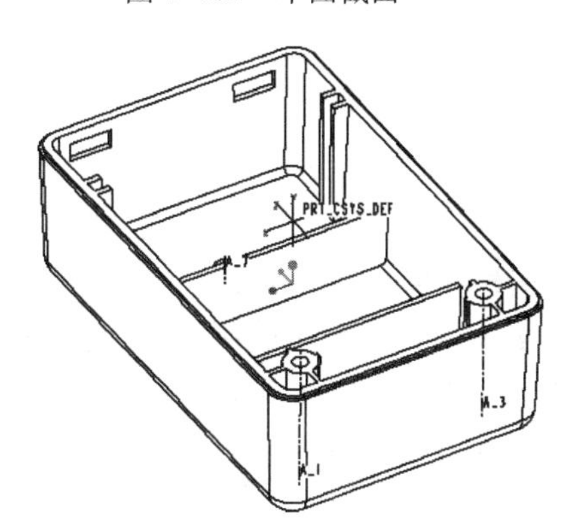

图 4-103　镜像特征

36. 创建拔模斜度 5 特征

选择如图 4-104 所示的加强筋作为拔模曲面，拔模枢轴如图 4-105 所示，拔模角度为 2°，向外拔模。

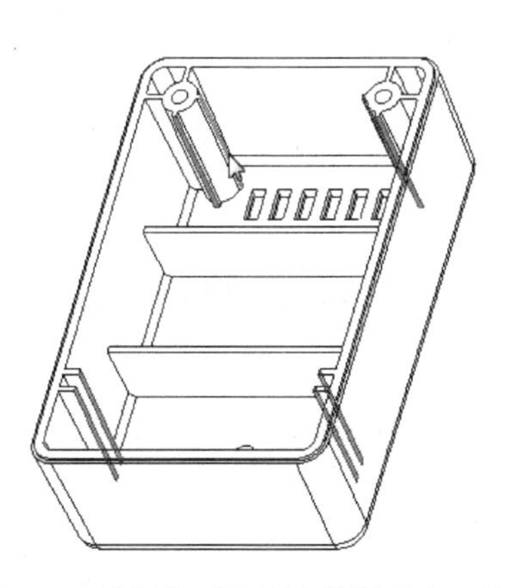

图 4-104　拔模曲面（创建拔模斜度 5 特征）

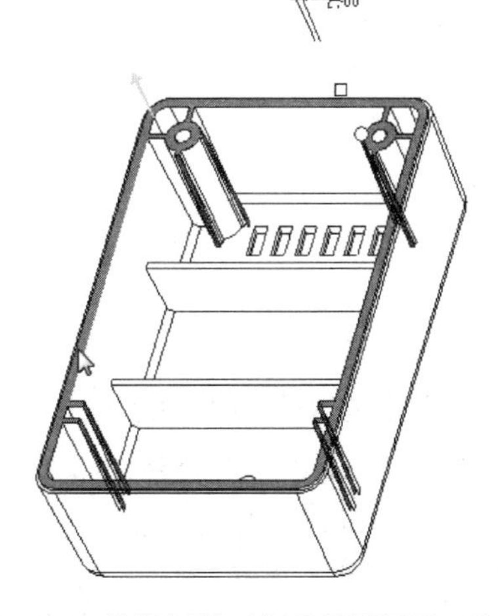

图 4-105　拔模枢轴（创建拔模斜度 5 特征）

37. 创建拔模斜度 6 特征

选择如图 4-106 所示的加强筋作为拔模曲面，拔模枢轴如图 4-107 所示，拔模角度为 1°，向外拔模。

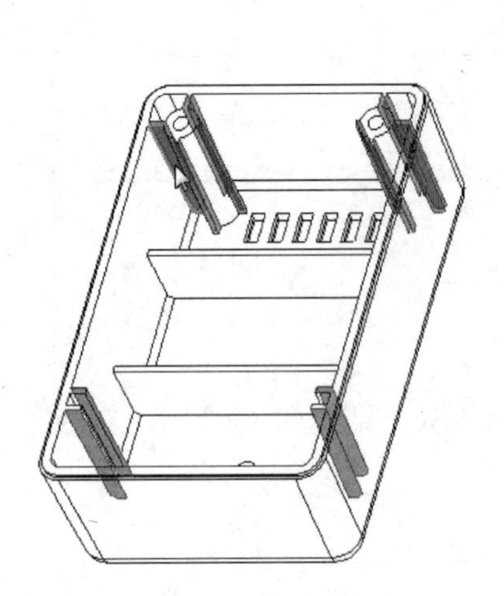

图 4-106　拔模曲面（创建拔模斜度 6 特征）

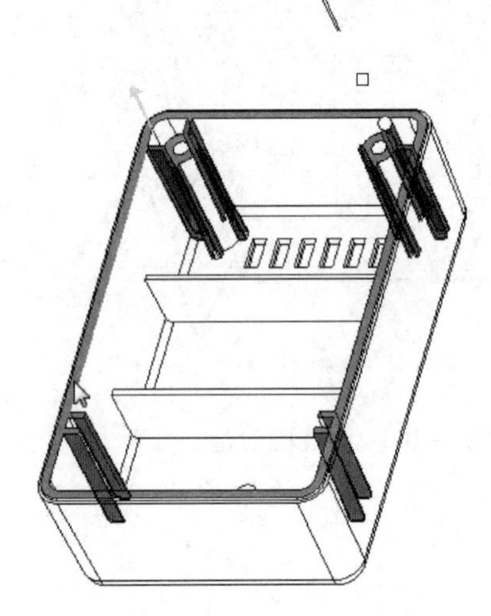

图 4-107　拔模枢轴（创建拔模斜度 6 特征）

38. 创建拔模斜度 7 特征

选择如图 4-108 所示的圆柱外表面作为拔模曲面，拔模枢轴如图 4-109 所示，拔模角度为 0.5°，向外拔模。

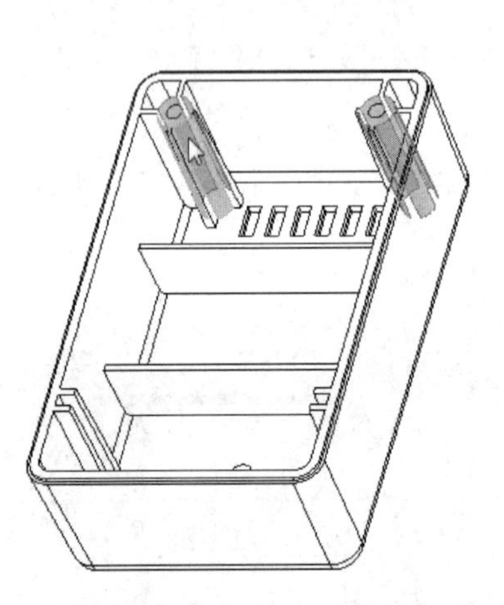

图 4-108　拔模曲面（创建拔模斜度 7 特征）

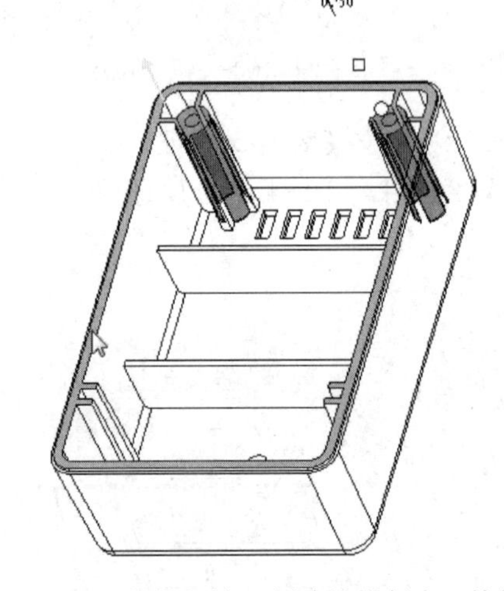

图 4-109　拔模枢轴（创建拔模斜度 7 特征）

39. 创建拔模斜度 8 特征

选择如图 4-110 所示的圆柱内表面作为拔模曲面，拔模枢轴如图 4-111 所示，拔模角度为 0.5°，向孔内拔模。

40. 创建拔模斜度 9 特征

选择如图 4-112 所示的结构作为拔模曲面，拔模枢轴如图 4-113 所示，拔模角度为 1°，向外拔模。

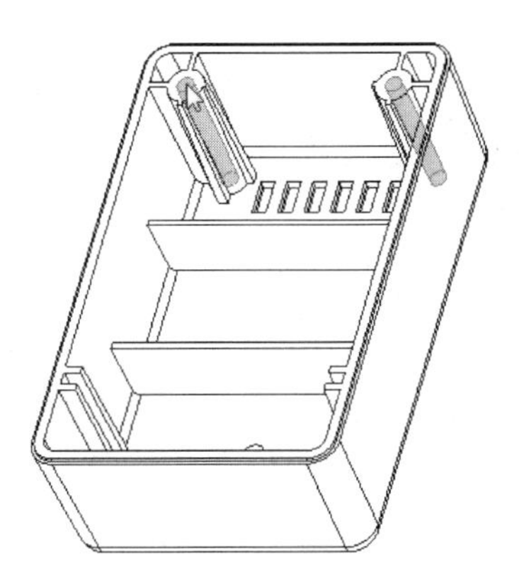
图 4-110 拔模曲面（创建拔模斜度 8 特征）

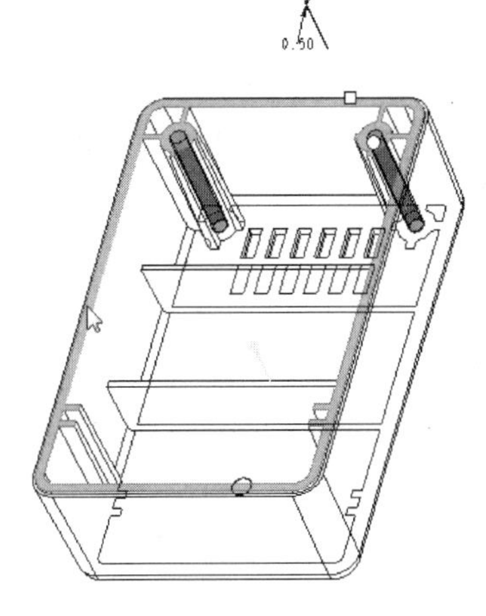

图 4-111 拔模枢轴（创建拔模斜度 8 特征）

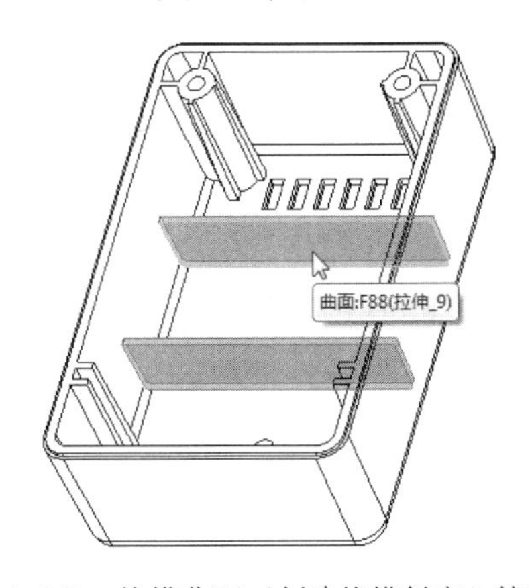

图 4-112 拔模曲面（创建拔模斜度 9 特征）

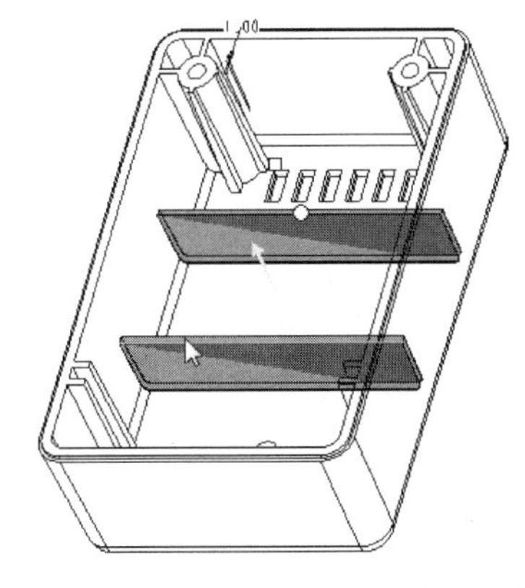

图 4-113 拔模枢轴（创建拔模斜度 9 特征）

41. 创建倒圆角 4 特征

选择如图 4-114 所示的边进行倒圆角，倒角 R 值为 0.3 mm。

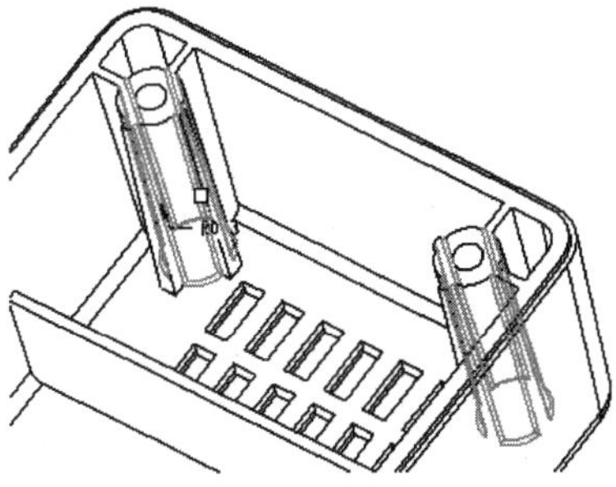

图 4-114 倒圆角

42. 创建拉伸 12 特征

单击右工具箱中“基础特征”工具栏上的“拉伸”按钮，可使用“拉伸”设计工具，默认选择为“实体拉伸”。参照前面的操作方法创建拉伸特征。

1）单击“放置”按钮，打开“放置”下拉面板，单击“定义”按钮，弹出“草绘”对话框。选择内表面为草绘平面，草绘视图“参照”选择“基准平面”（RIGHT），“方向”选择向右。

2）草图截面如图 4-115 所示，单击✔按钮结束草绘。

3）拉伸高度为 1.5 mm，单击右侧✔按钮结束拉伸特征操作。拉伸结果如图 4-116 所示。

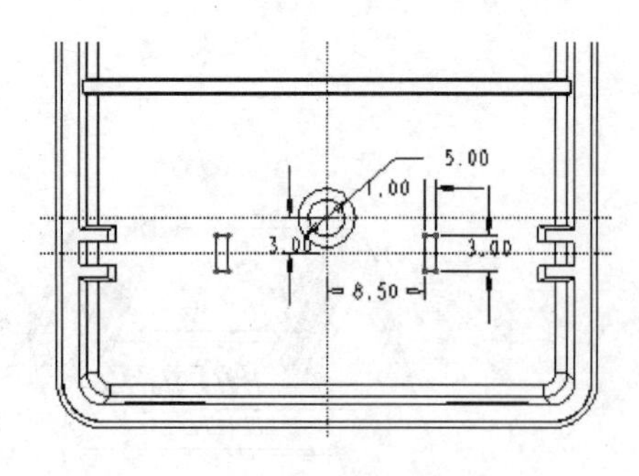

图 4-115　草图截面

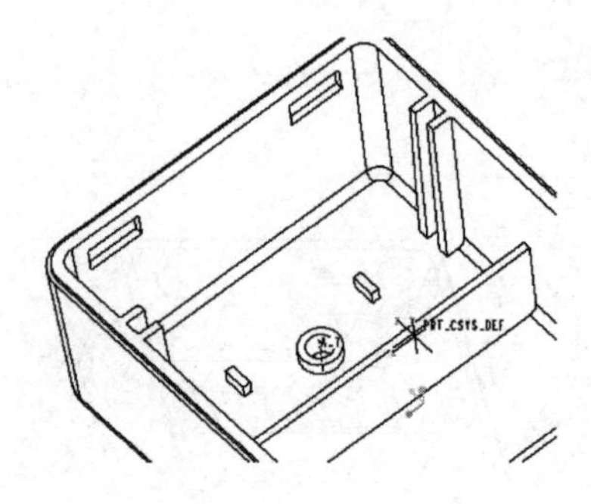

图 4-116　造型结果

43. 创建拉伸 13 特征（除料）

单击右工具箱中“基础特征”工具栏上的“拉伸”按钮，可使用“拉伸”设计工具，默认选择为“实体拉伸”。参照前面的操作方法创建拉伸特征。

1）单击“放置”按钮，打开“放置”下拉面板，单击“定义”按钮，弹出“草绘”对话框，选择如图 4-117 所示的平面为草绘平面，草绘视图“参照”选择“基准平面”(RIGHT)，“方向”选择向右。

2）草图截面如图 4-118 所示，单击按钮结束草绘。

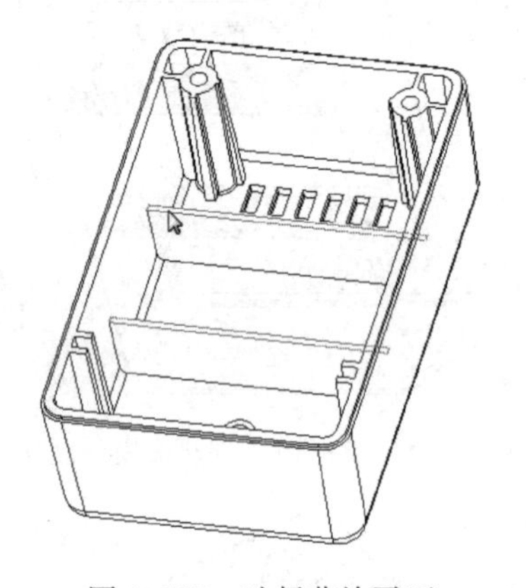

图 4-117　选择草绘平面

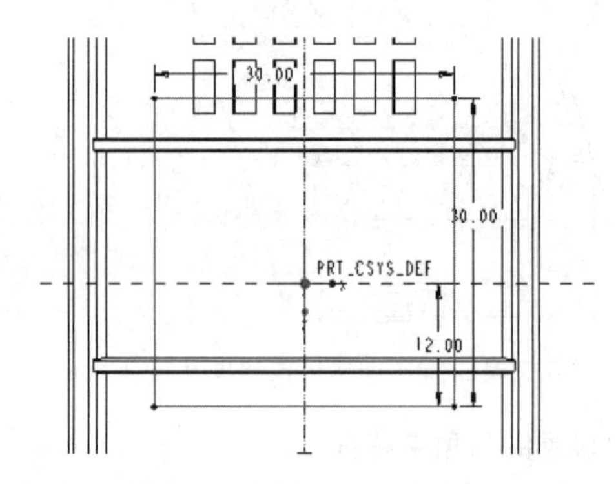

图 4-118　草图截面

3）拉伸高度为 5 mm，选择除料方式，单击右侧按钮结束拉伸特征操作。拉伸结果如图 4-119 所示。

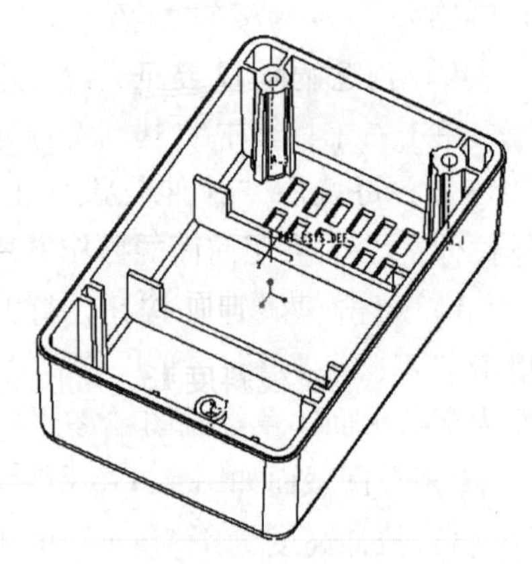

图 4-119　造型结果

44. 创建拔模斜度 10 特征

选择如图 4-120 所示的豁口平面作为拔模曲面，拔模枢轴如图 4-121 所示，拔模角度为 2°，向豁口内拔模。

45. 创建拔模斜度 11 特征

选择如图 4-122 所示的结构外表面作为拔模曲面，拔模枢轴如图 4-123 所示，拔模角度为 2°，向外拔模。

46. 创建拔模斜度 12 特征

选择如图 4-124 所示的孔作为拔模曲面，拔模枢轴如图 4-125 所示，拔模角度为 2°，向内拔模。

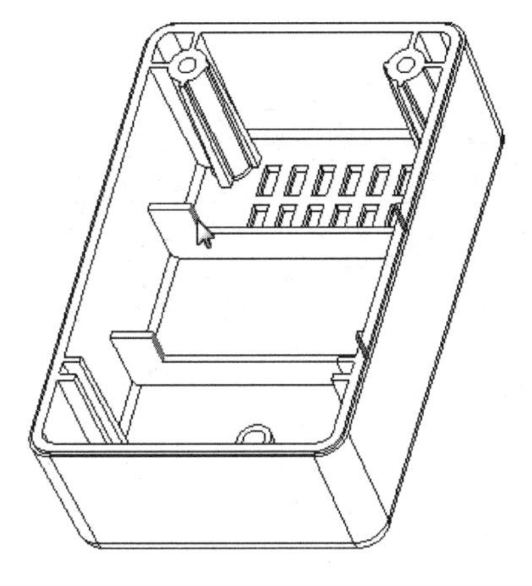

图 4-120　拔模曲面（创建拔模斜度 10 特征）

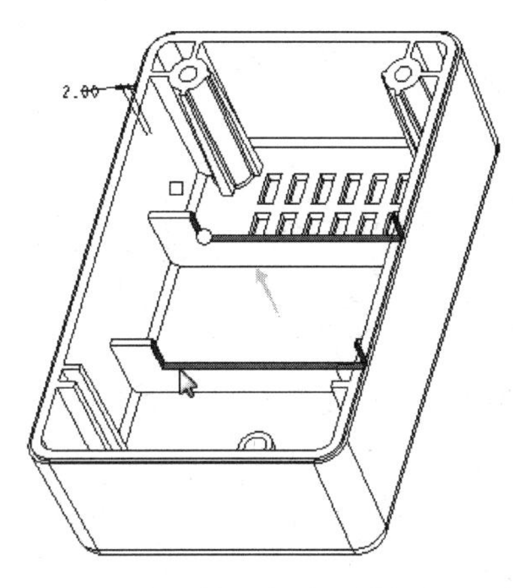

图 4-121　拔模枢轴（创建拔模斜度 10 特征）

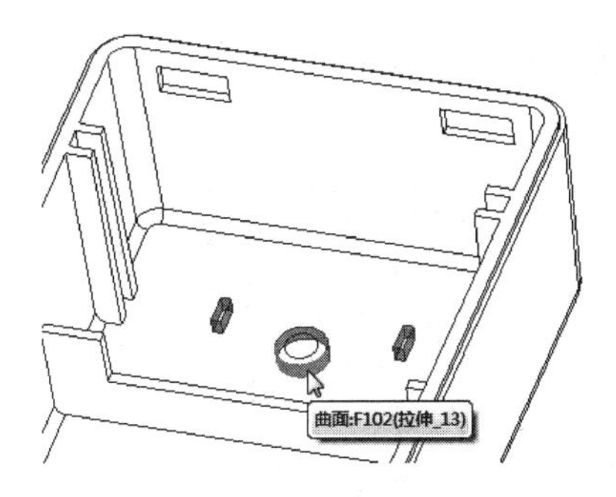

图 4-122　拔模曲面（创建拔模斜度 11 特征）

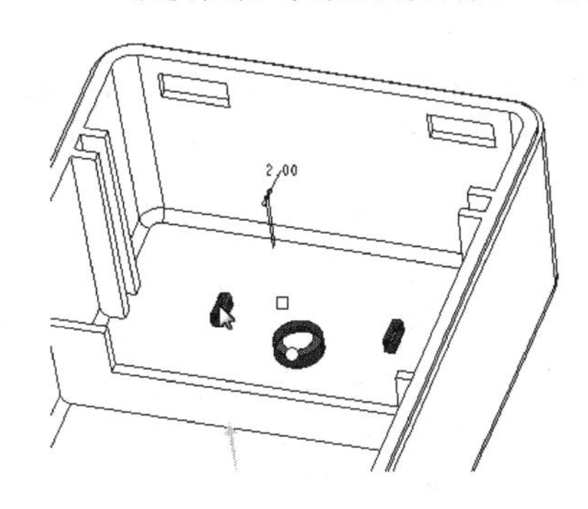

图 4-123　拔模枢轴（创建拔模斜度 11 特征）

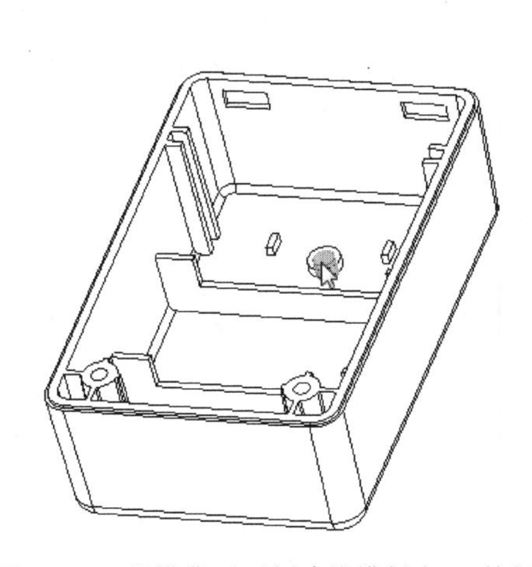

图 4-124　拔模曲面（创建拔模斜度 12 特征）

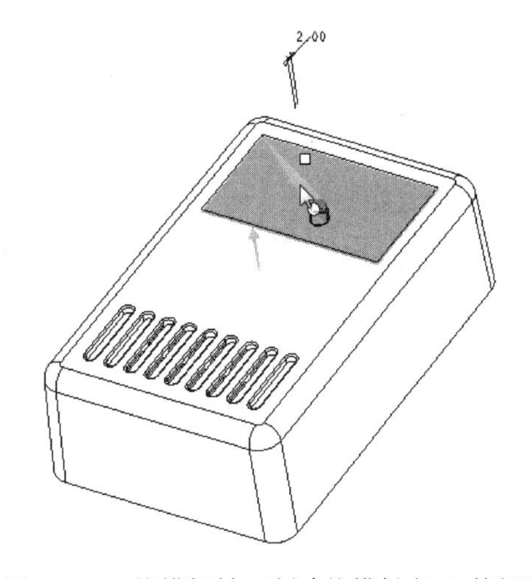

图 4-125　拔模枢轴（创建拔模斜度 12 特征）

47. 创建拔模斜度 13 特征

选择如图 4-126 所示的 4 个侧面作为拔模曲面，拔模枢轴如图 4-127 所示，拔模角度为 5°，向沉台一侧拔模。

48. 创建拉伸 14 特征

单击右工具箱中“基础特征”工具栏上的“拉伸”按钮，可使用“拉伸”设计工具，默认选择为“实体拉伸”。参照前面的操作方法创建拉伸特征。

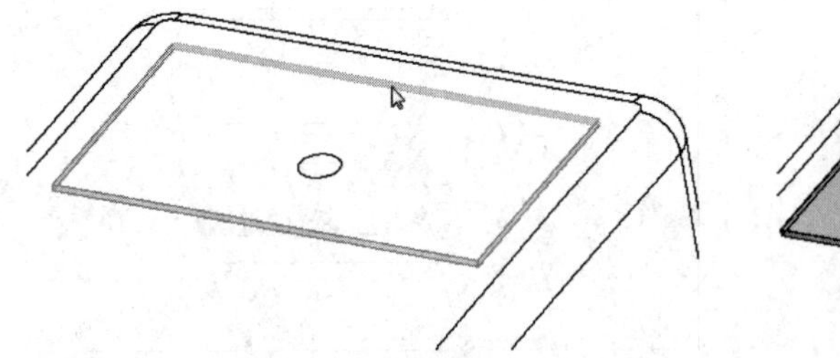

图 4-126　拔模曲面（创建拔模斜度 13 特征）

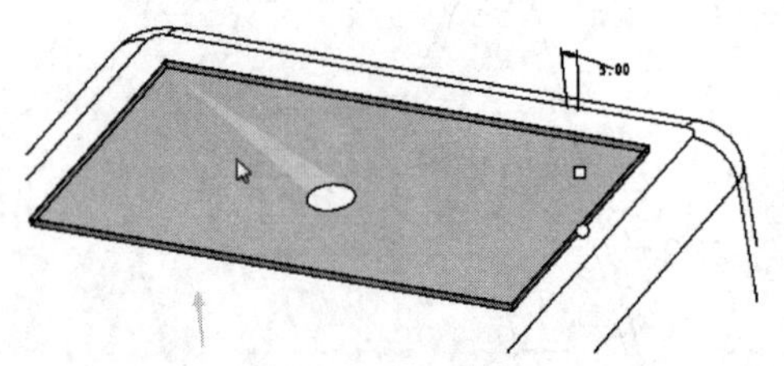

图 4-127　拔模枢轴（创建拔模斜度 13 特征）

1）单击“放置”按钮，打开“放置”下拉面板，单击“定义”按钮，弹出“草绘”对话框，选择内表面为草绘平面，草绘视图“参照”选择“基准平面”（RIGHT），“方向”选择向右。

2）草图截面如图 4-128 所示，单击✔按钮结束草绘。

3）拉伸高度为 0.6 mm，单击右侧✔按钮结束拉伸特征操作。拉伸结果如图 4-129 所示。

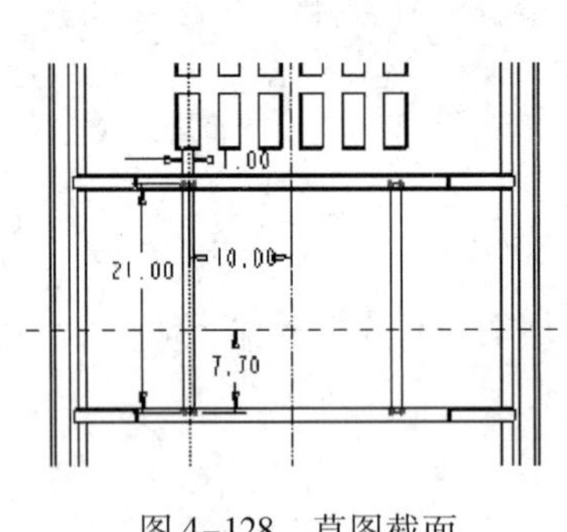

图 4-128　草图截面

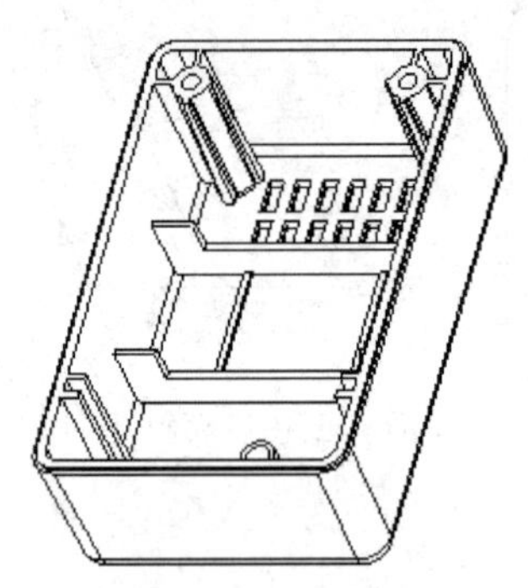

图 4-129　造型结果

49. 创建拔模斜度 14 特征

选择如图 4-130 所示的结构侧面作为拔模曲面，拔模枢轴如图 4-131 所示，拔模角度为 2°，向内拔模。

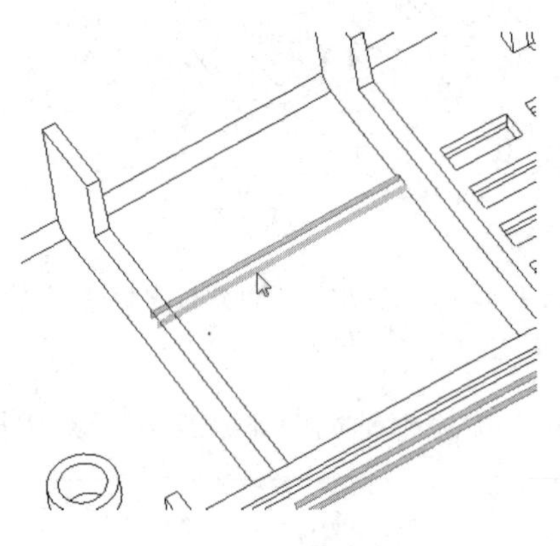

图 4-130　拔模曲面

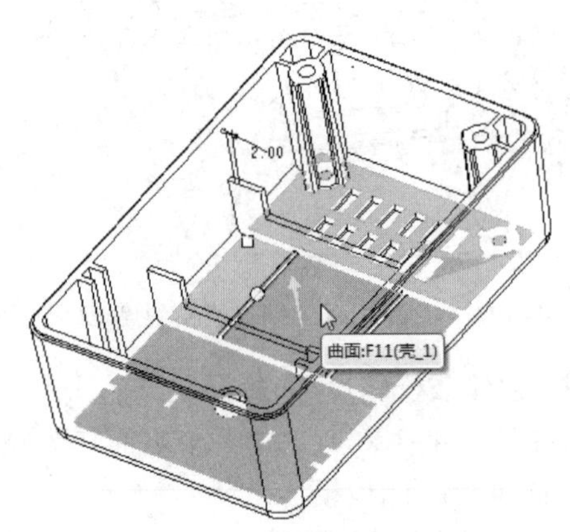

图 4-131　拔模枢轴

50. 创建拉伸15特征（除料）

单击右工具箱中“基础特征”工具栏上的“拉伸”按钮，可使用入“拉伸”设计工具，默认选择为“实体拉伸”。参照前面的操作方法创建拉伸特征。

1）单击“放置”按钮，打开“放置”下滑面板，单击“定义”按钮，弹出“草绘”对话框。选择如图4-132所示的平面作为草绘平面，草绘视图“参照”选择“基准平面”（TOP），“方向”选择向左。

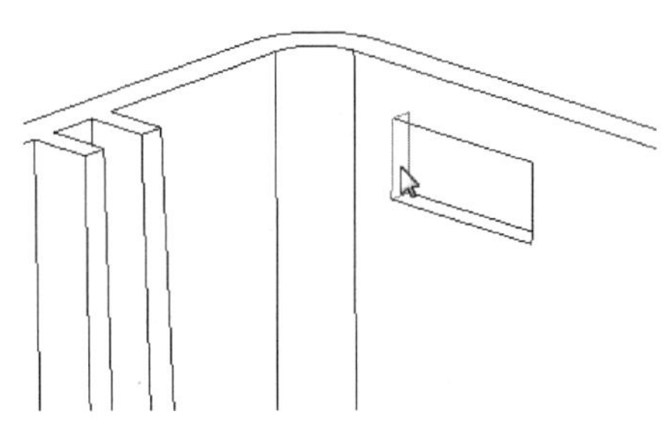

图4-132　选择草绘平面

2）草图截面如图4-133所示，单击按钮结束草绘。

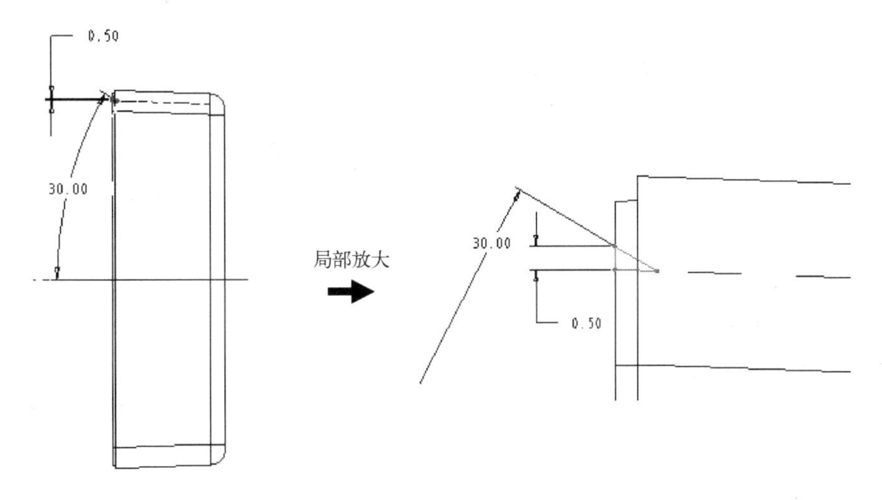

图4-133　草图截面

3）在“拉伸”图标板中选择拉伸方式为“拉伸至下一曲面”，单击右侧按钮结束拉伸特征操作。拉伸除料结果如图4-134所示。

51. 创建镜像2特征

选择上一步创建的拉伸除料特征进行镜像。选择“基准平面”（RIGHT）作为镜像平面，镜像结果如图4-135所示。

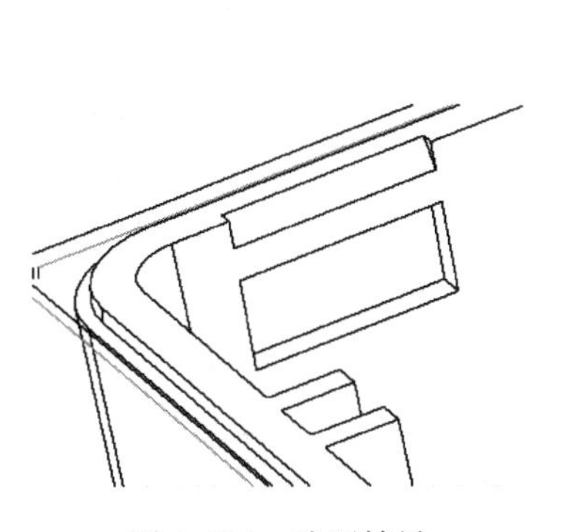

图4-134　造型结果

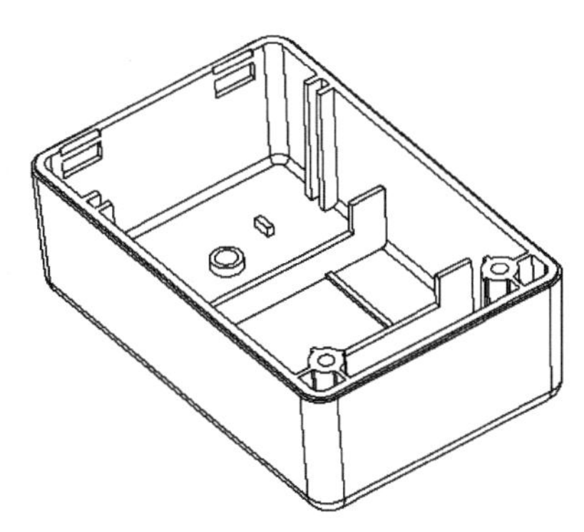

图4-135　镜像特征

至此完成电源后壳最终造型。

4.3 创建前壳造型

电源前壳造型如图 4-136 所示。

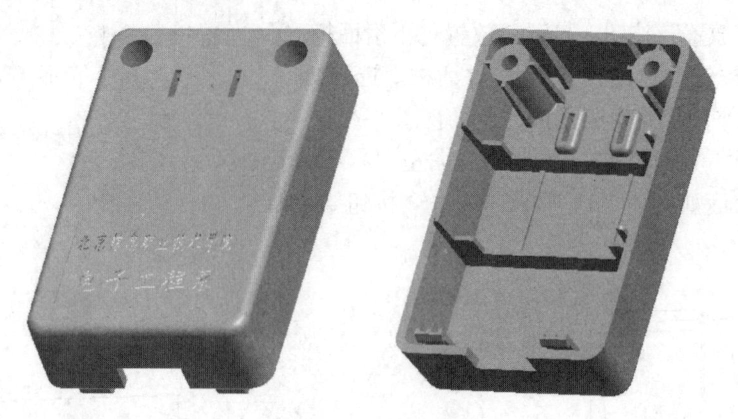

图 4-136　前壳造型

1. 新建零件文件

新建名为“front - cover. prt”，随后进入零件建模环境中。

2. 创建拉伸 1 特征

单击右工具箱中“基础特征”工具栏上的“拉伸”按钮，可使用“拉伸”设计工具，默认选择为“实体拉伸”。

1）单击“放置”按钮，打开“放置”下拉面板，单击“定义”按钮，弹出“草绘”对话框。选择“基准平面”（TOP）作为草绘平面，草绘视图“参照”选择“基准平面”（RIGHT），“方向”选择向“右”，其余接受默认设置。

2）草图截面如图 4-137 所示，单击按钮结束草绘。

3）拉伸高度为 16.5 mm，拉伸方向如图 4-138 所示，单击右侧按钮结束拉伸特征操作。

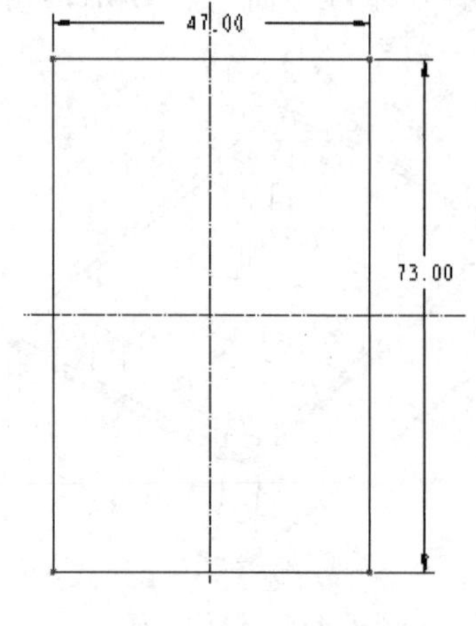

图 4-137　草图截面

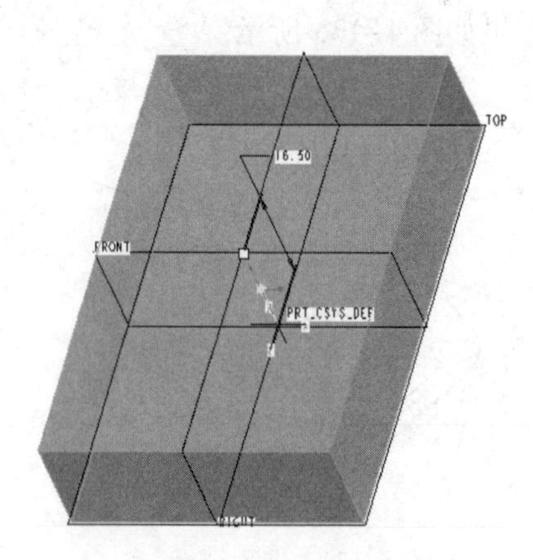

图 4-138　拉伸高度及方向

3. 创建拔模斜度 1 特征

选择 4 侧面作为拔模曲面，拔模枢轴选择“基准平面”（TOP），拔模角度为 2°，向内拔模，如图 4-139 所示。

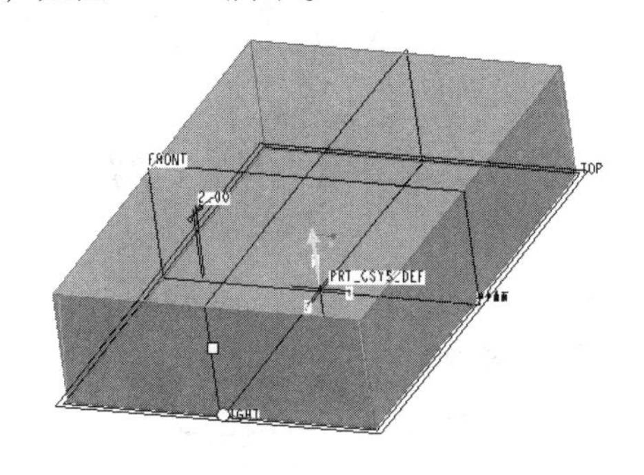

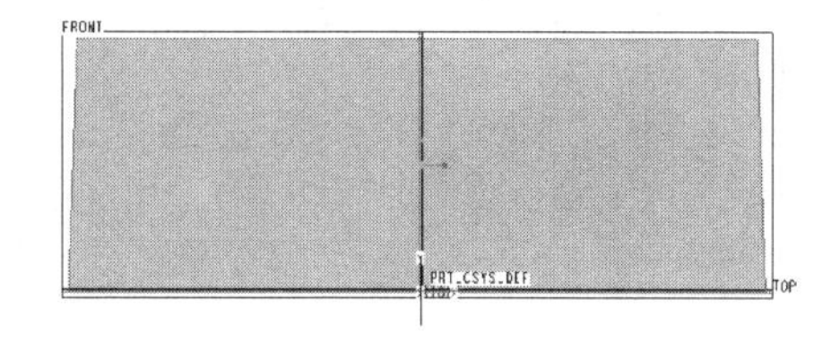

图 4-139 创建拔模斜度 1 特征

4. 创建倒圆角 1 特征

选择如图 4-140 所示的边进行倒圆角，圆角 R 值为 4 mm。

5. 创建倒圆角 2 特征

选择如图 4-141 所示的边进行倒圆角，圆角 R 值为 2 mm。

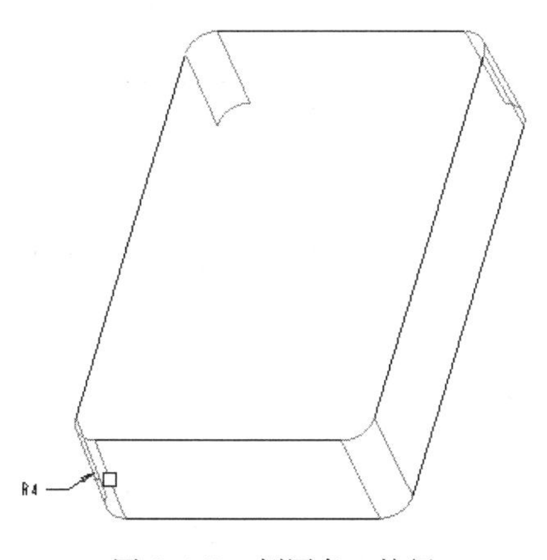

图 4-140 倒圆角 1 特征

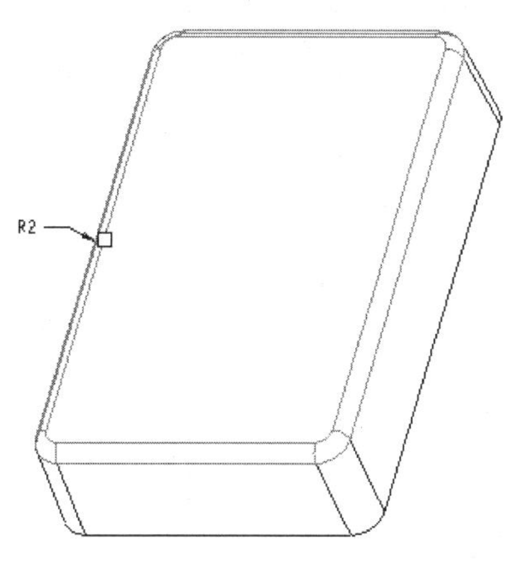

图 4-141 倒圆角 2 特征

6. 创建壳特征

抽壳，厚度为 2 mm，如图 4-142 所示。

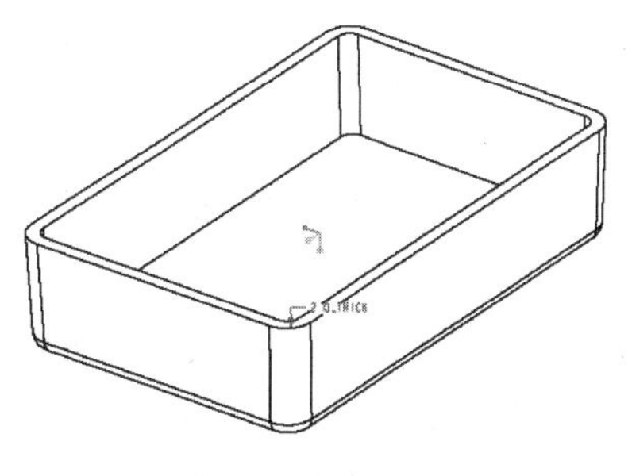

图 4-142 抽壳

7. 创建拉伸 2 特征

单击右工具箱中“基础特征”工具栏上的“拉伸”按钮，可使用“拉伸”设计工具，默认选择为“实体拉伸”。参照前面的操作方法创建拉伸特征。选择下表面作为草绘平面，草图截面如图 4-143 所示，拉伸方式选择“拉伸到下一曲面”，拉伸造型结果如图 4-144所示。

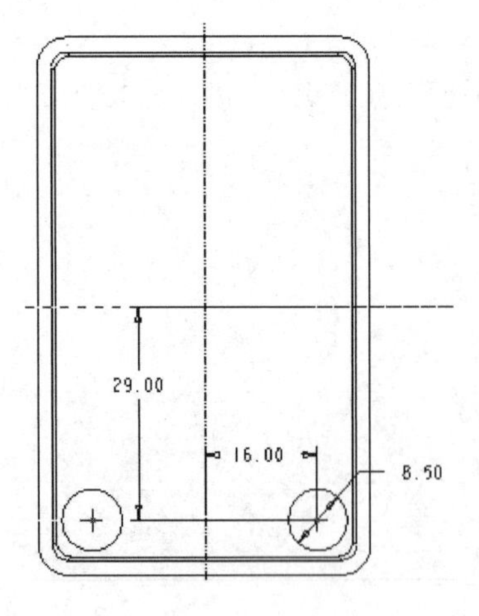

图 4-143　草图截面（创建拉伸 2 特征）

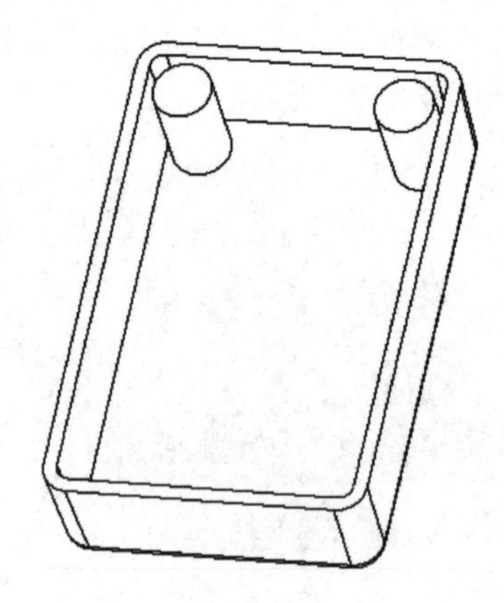

图 4-144　造型结果（创建拉伸 2 特征）

8. 创建拉伸 3 特征（除料）

单击右工具箱中“基础特征”工具栏上的“拉伸”按钮，可使用“拉伸”设计工具，默认选择为“实体拉伸”。参照前面的操作方法创建拉伸特征。选择上表面作为草绘平面，草图截面如图 4-145 所示，拉伸高度为 14.5 mm，选择除料方式，造型结果如图 4-146 所示。

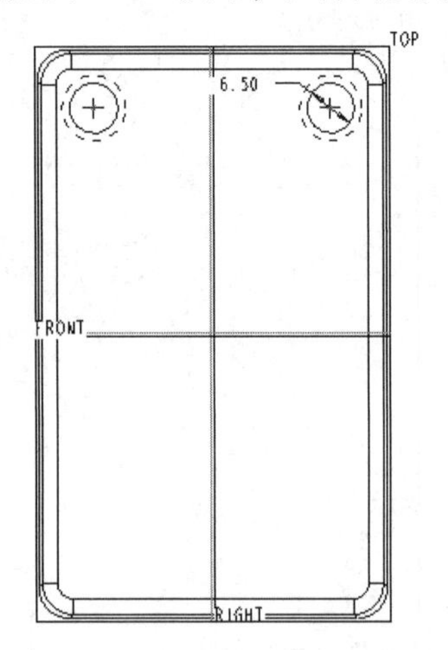

图 4-145　草图截面（创建拉伸 3 特征）

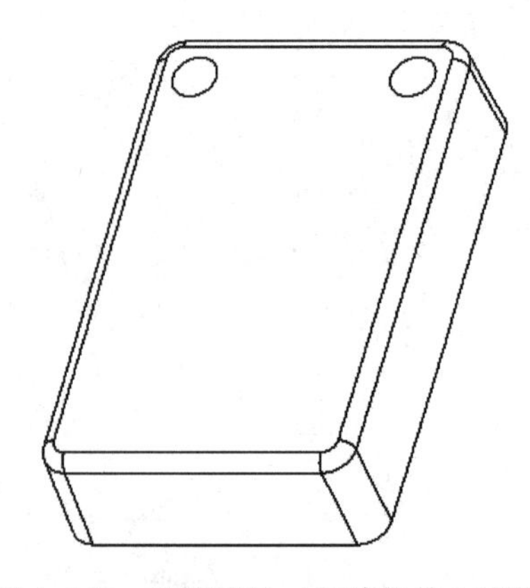

图 4-146　造型结果（创建拉伸 3 特征）

9. 创建拉伸 4 特征（除料）

单击右工具箱中“基础特征”工具栏上的“拉伸”按钮，可使用“拉伸”设计工具，创建如图 4-147 所示的通孔结构，孔径为 ϕ3.5 mm。

10. 创建偏移特征

选择圆柱上端面（图 4-148），选择菜单【编辑】|【偏移】命令，选择“偏移方式”列表中的“展开特性”，向下偏移量为 0.1 mm。

11. 创建拉伸 5 特征

单击右工具箱中“基础特征”工具栏上的“拉伸”按钮，可使用“拉伸”设计工具，参照前面的操作方法创建拉伸特征。这里是采用拉伸特征命令创建塑件的加强筋。草绘平面选择圆柱上表面，草图截面如图 4-149 所示，拉伸造型结果如图 4-150 所示。

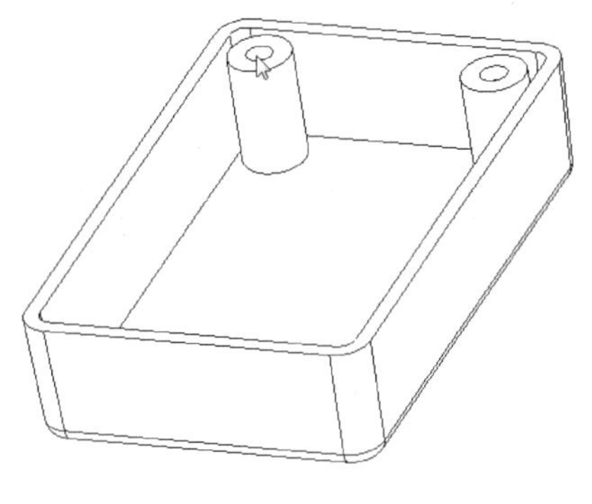

图 4-147　拉伸通孔

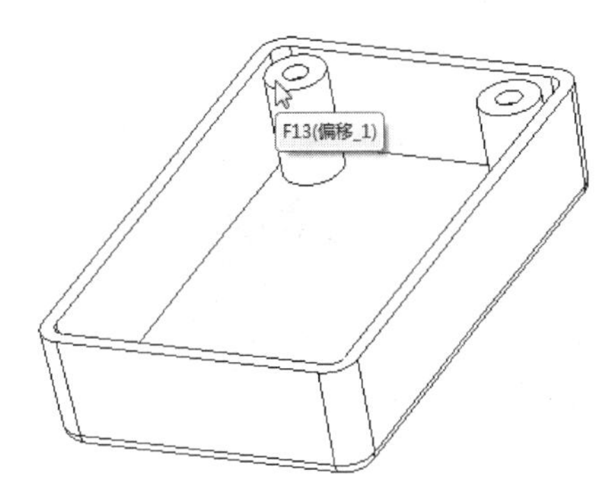

图 4-148　选择曲面

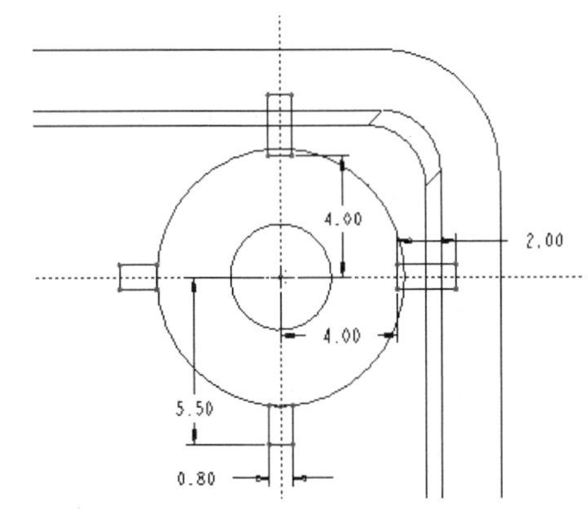

图 4-149　草图截面

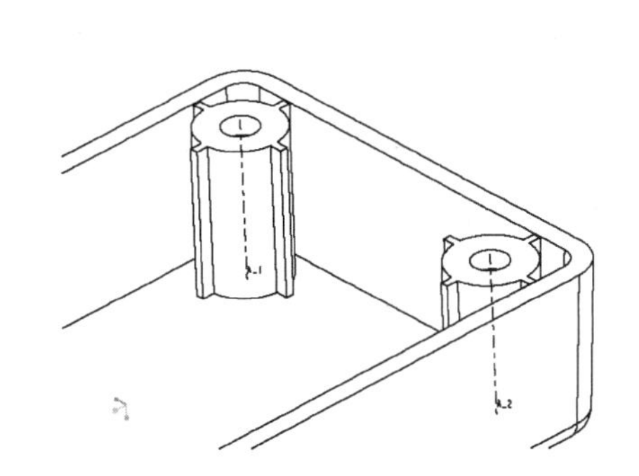

图 4-150　造型结果

12. 创建拔模斜度 2 特征

选择 ϕ6.5 mm 的圆柱内孔曲面作为拔模曲面，向内拔模，拔模角度为 1°，如图 4-151 所示。

13. 创建拔模斜度 3 特征

选择 ϕ3.5 mm 的圆柱内孔曲面作为拔模曲面，向内拔模，拔模角度为 1°，如图 4-152 所示。

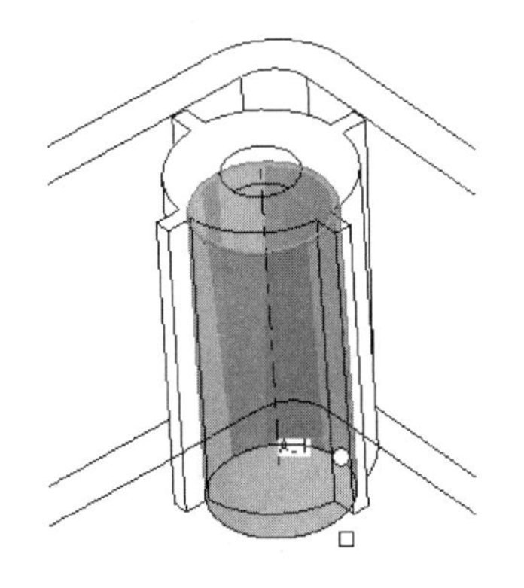

图 4-151　创建拔模斜度 2 特征

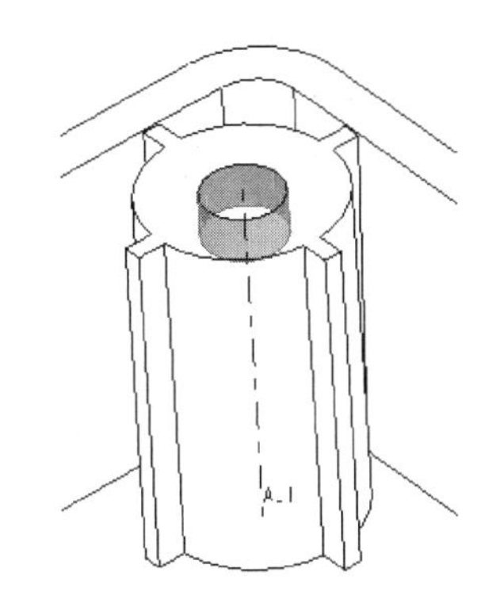

图 4-152　创建拔模斜度 3 特征

14. 创建拔模斜度 4 特征

选择小圆柱外表面及加强筋侧面作为拔模曲面，向外拔模，拔模角度为 1°，如图 4-153 所示。

15. 创建拔模斜度 5 特征

选择加强筋侧面作为拔模曲面，向外拔模，拔模角度为 3°，如图 4-154。

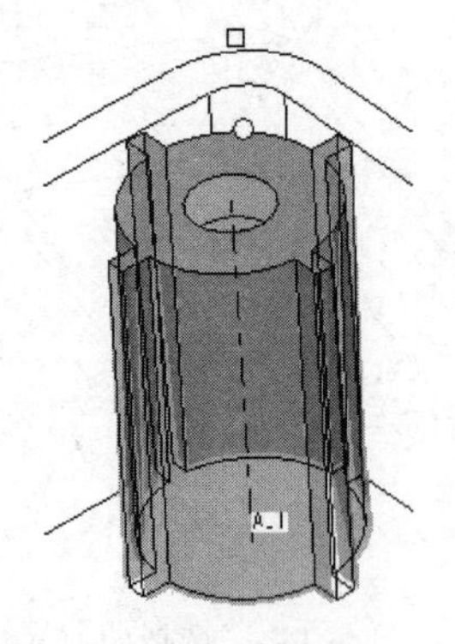

图 4-153　创建拔模斜度 4 特征

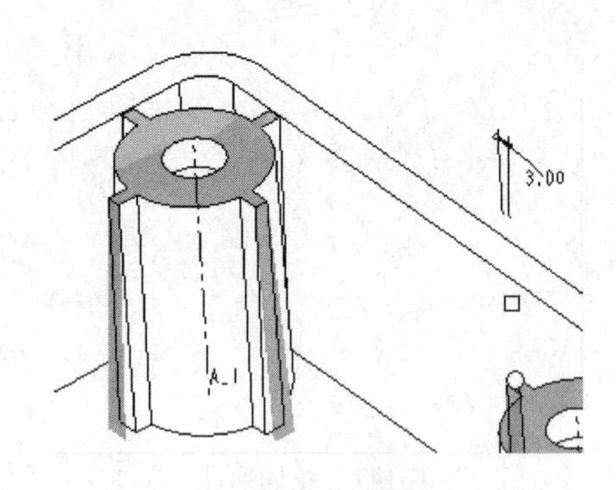

图 4-154　创建拔模斜度 5 特征

16. 创建拉伸 6 特征

单击右工具箱中“基础特征”工具栏上的“拉伸”按钮，可使用“拉伸”设计工具，默认选择为“实体拉伸”。

1）单击“放置”按钮，打开“放置”下拉面板，单击“定义”按钮，弹出“草绘”对话框。单击右工具箱中“基准”工具栏上的“基准平面”按钮，创建临时基准平面，选择壳内表面作为参照，平移量为 10 mm，创建 DTM1，如图 4-155 所示。

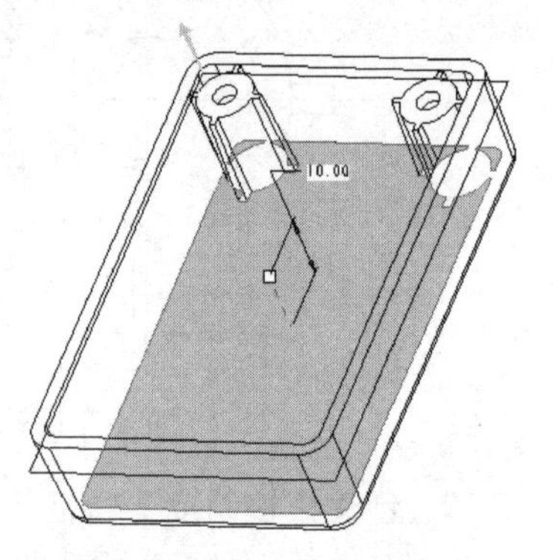

图 4-155　创建临时基准平面

2）以 DTM1 作为草绘平面，草绘视图“参照”选择“基准平面”（RIGHT），“方向”选择向“左”。

3）草图截面如图 4-156 所示。拉伸方式选择“拉伸到指定曲面”，拉伸到壳内表面，单击右侧按钮结束拉伸特征操作。拉伸造型结果如图 4-157 所示。

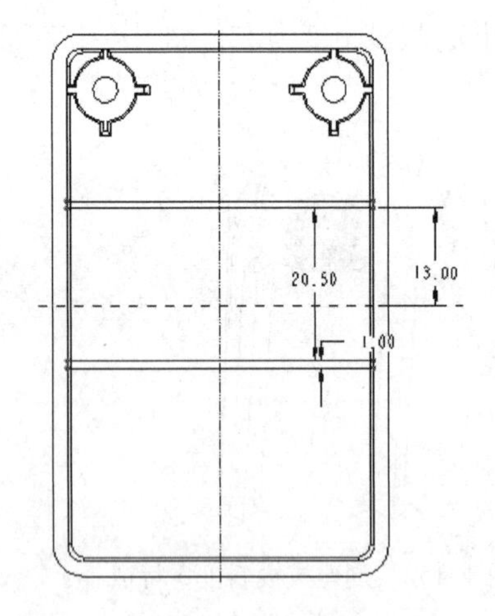

图 4-156　草图截面（创建拉伸 6 特征）

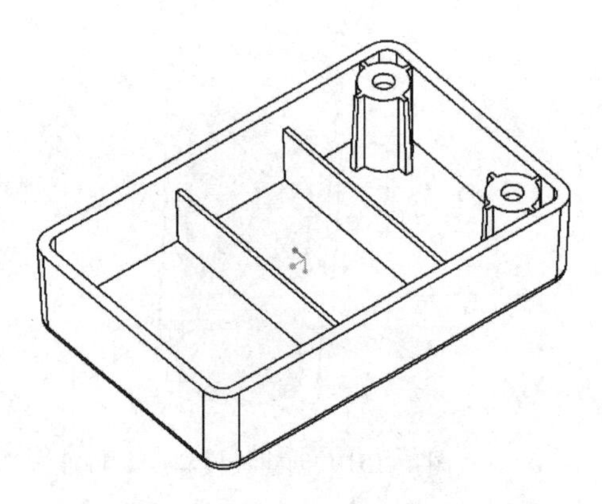

图 4-157　造型结果（创建拉伸 6 特征）

17. 创建拉伸 7 特征（除料）

单击右工具箱中“基础特征”工具栏上的“拉伸”按钮，可使用“拉伸”设计工具，参照前面的操作方法创建拉伸特征。选择下表面作为草绘平面，草图截面如图 4-158

所示，拉伸高度 5.5 mm，选择除料方式，拉伸结果如图 4-159 所示。

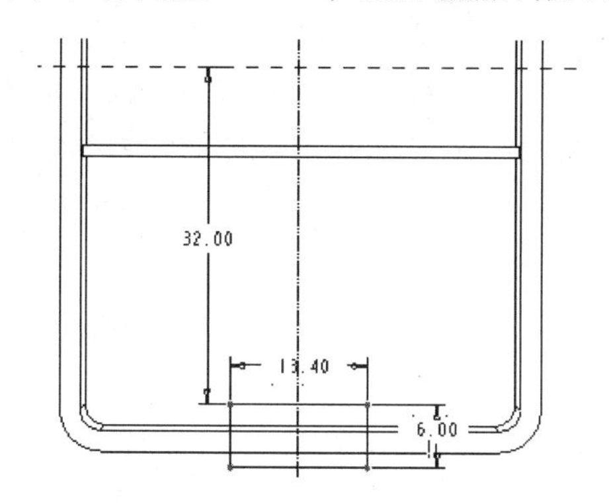

图 4-158　草图截面（创建拉伸 7 特征）

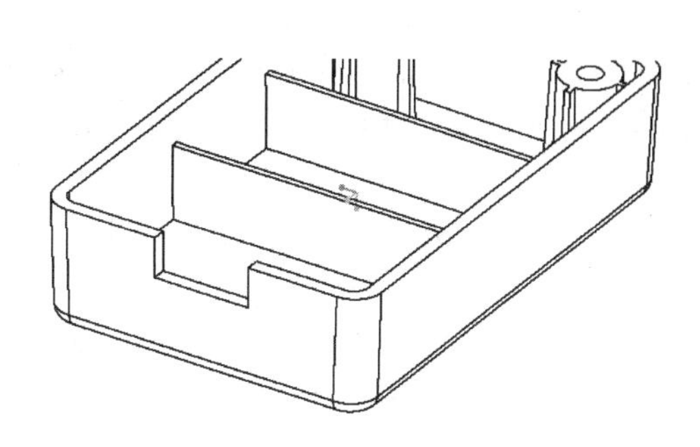

图 4-159　造型结果（创建拉伸 7 特征）

18. 创建拉伸 8 特征

单击右工具箱中“基础特征”工具栏上的“拉伸”按钮，可使用“拉伸”设计工具，默认选择为“实体拉伸”。

1）单击“放置”按钮，打开“放置”下拉面板，单击“定义”按钮，弹出“草绘”对话框。单击“基准”工具栏上的“基准平面”按钮，创建临时基准平面，选择“基准平面”（RIGHT）作为参照，平移量为 14 mm，创建 DTM2，如图 4-160 所示。

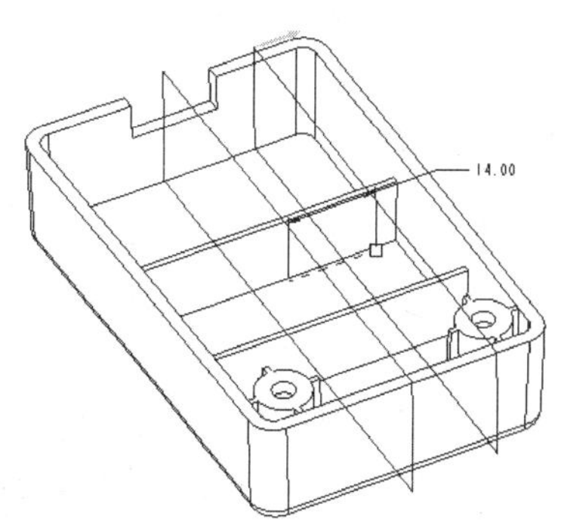

图 4-160　创建临时基准平面

2）以 DTM2 作为草绘平面，草绘视图“参照”选择“基准平面”（TOP），“方向”选择向左。

3）草绘截面如图 4-161 所示。拉伸高度为 6 mm，对称拉伸，单击右侧按钮结束拉伸特征操作。拉伸造型结果如图 4-162 所示。

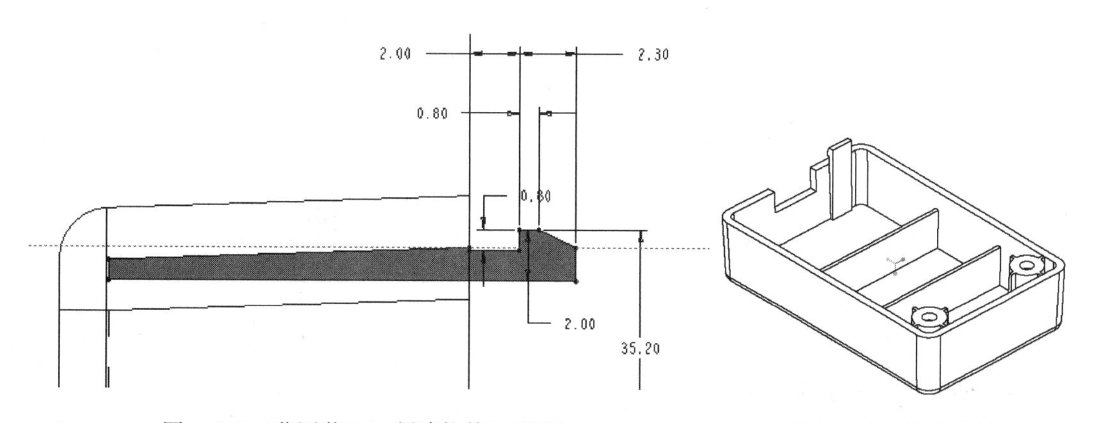

图 4-161　草图截面（创建拉伸 8 特征）

图 4-162　造型结果（创建拉伸 8 特征）

19. 创建拉伸 9 特征（除料）

单击右工具箱中“基础特征”工具栏上的“拉伸”按钮，可使用“拉伸”设计工具，参照前面的操作方法创建拉伸特征。草绘平面选择上一步拉伸造型的顶部平面，草图截面如图 4-163 所示，选择拉伸方式为“拉伸至指定曲面”，选择内侧底面作为参照。选择除料方式。拉伸造型结果如图 4-164 所示。

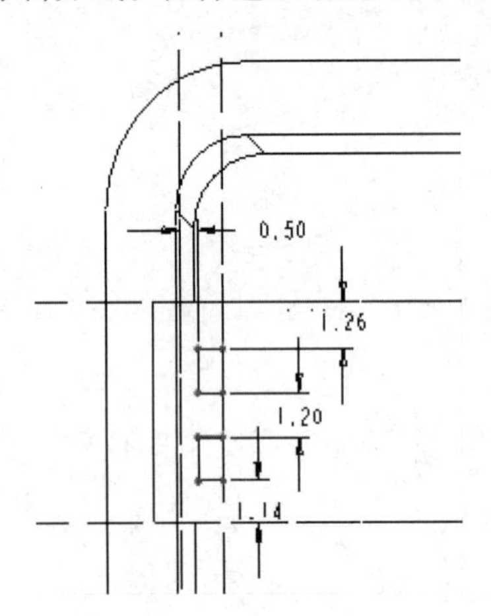

图 4-163　草图截面（创建拉伸 9 特征）

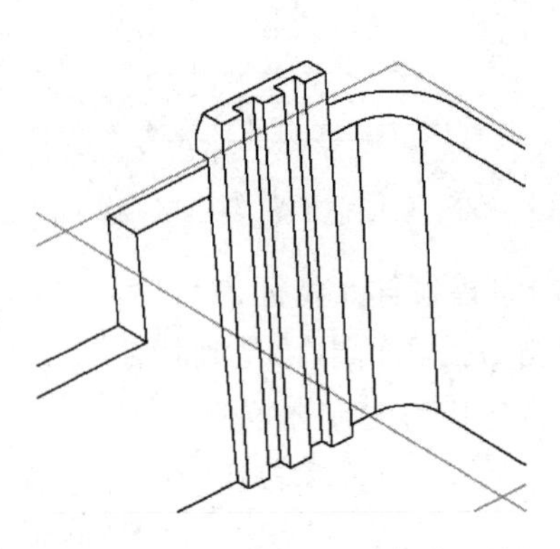

图 4-164　造型结果（创建拉伸 9 特征）

20. 创建拔模斜度 6 特征

选择图 4-165 中的结构作为拔模曲面，拔模枢轴为内侧底面，拔模角度为 0.5°，向内拔模，如图 4-165 所示。

21. 创建拔模斜度 7 特征

选择图 4-166 中的结构作为拔模曲面，拔模枢轴为内侧底面，拔模角度为 1°，向内拔模，如图 4-166 所示。

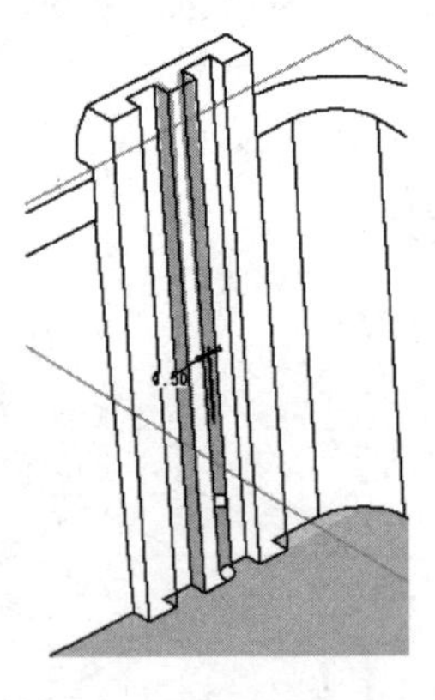

图 4-165　创建拔模斜度 6 特征

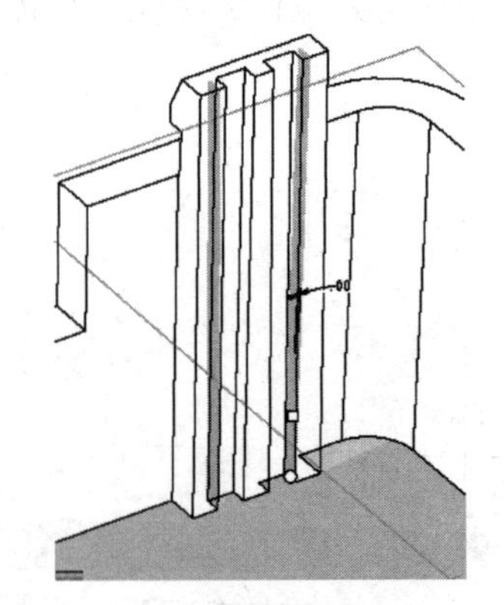

图 4-166　创建拔模斜度 7 特征

22. 创建拔模斜度 8 特征

选择图 4-167 中的结构作为拔模曲面，拔模枢轴为顶部端面，拔模角度为 2°，向外拔模，如图 4-167 所示。

23. 创建组

按下〈Ctrl〉键，在“模型树”上选择前面创建的两个拉伸特征和三个拔模斜度特征，右击，在弹出的快捷菜单中选择“组”命令，如图 4-168 所示。

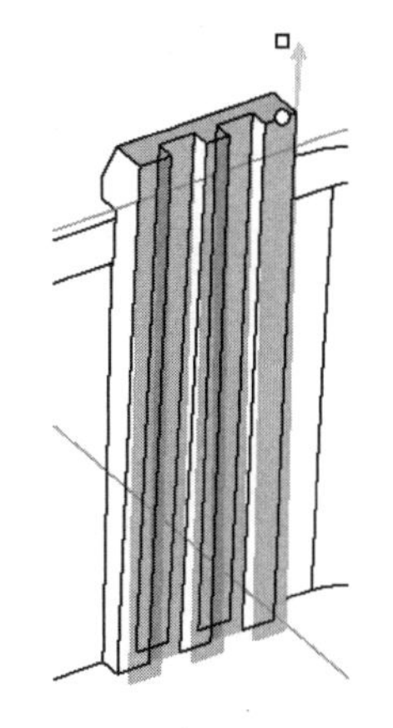
图 4-167　创建拔模斜度 8 特征

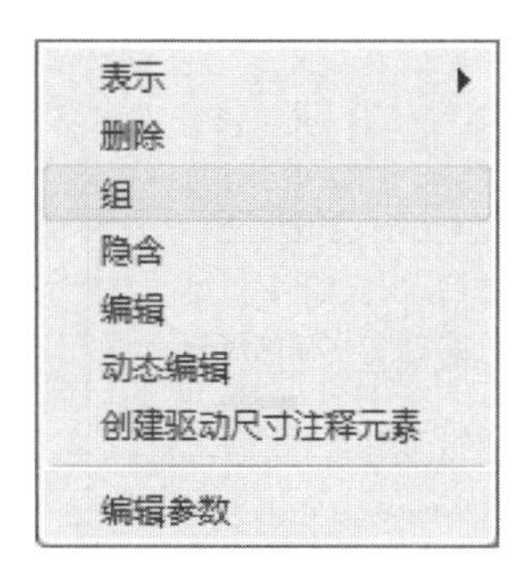

图 4-168　创建组

24. 创建镜像 1 特征

选择上一步创建的组，单击右工具箱中“基础特征”工具栏上的“镜像”按钮，选择“基准平面”（RIGHT）作为镜像对称面，镜像结果如图 4-169 所示。

25. 创建拉伸 10 特征

单击右工具箱中“基础特征”工具栏上的“拉伸”按钮，可使用“拉伸”设计工具，参照前面的操作方法创建拉伸特征。

1）单击“放置”按钮，打开“放置”下拉面板，单击“定义”按钮，弹出“草绘”对话框。单击右工具箱中“基准”工具栏上的“基准平面”按钮，创建临时基准平面 DTM3。选择“基准平面”（RIGHT）作为参照，偏移量为 10 mm，如图 4-170 所示。

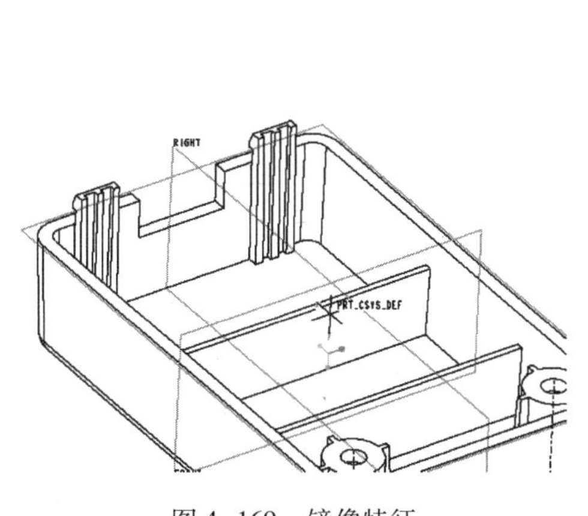

图 4-169　镜像特征

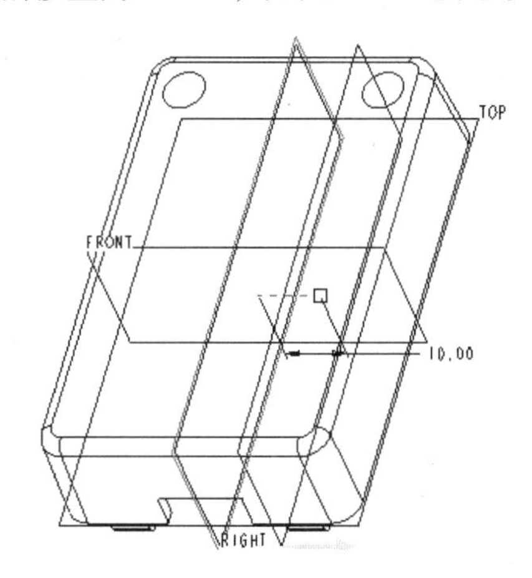

图 4-170　创建临时基准平面

2）以 DTM3 作为草绘平面，草绘视图“参照”选择“基准平面”（TOP），“方向”选择向“左”。

3）草图截面如图 4-171 所示。拉伸高度为 1 mm，对称拉伸，单击按钮结束拉伸特征操作。拉伸结果如图 4-172 所示。

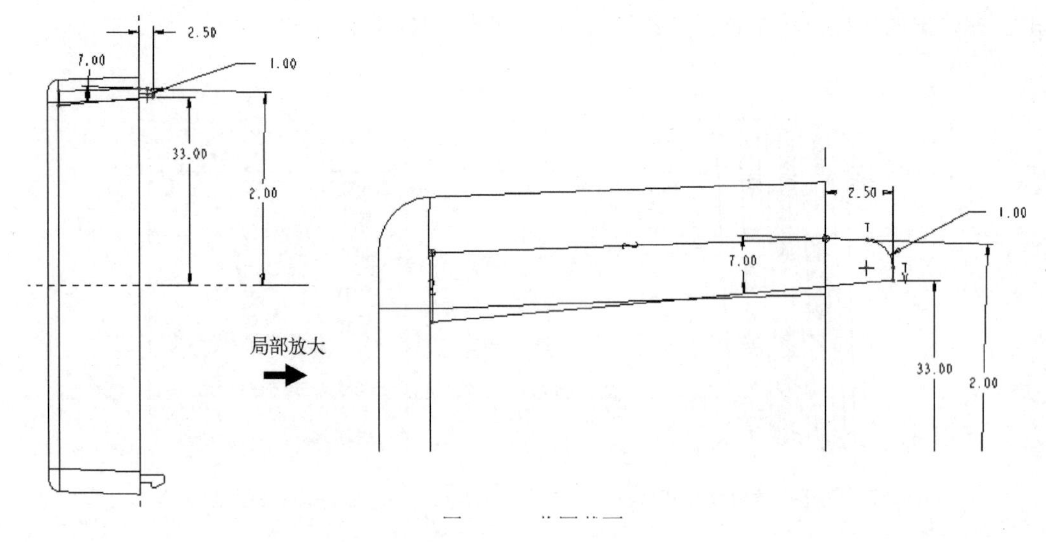

图 4-171 草图截面

26. 创建镜像 2 特征

选择拉伸 10 特征进行镜像，单击右工具箱中“基础特征”工具栏上的“镜像”按钮，选择 RIGHT 面作为镜像对称面，镜像结果如图 4-173 所示。

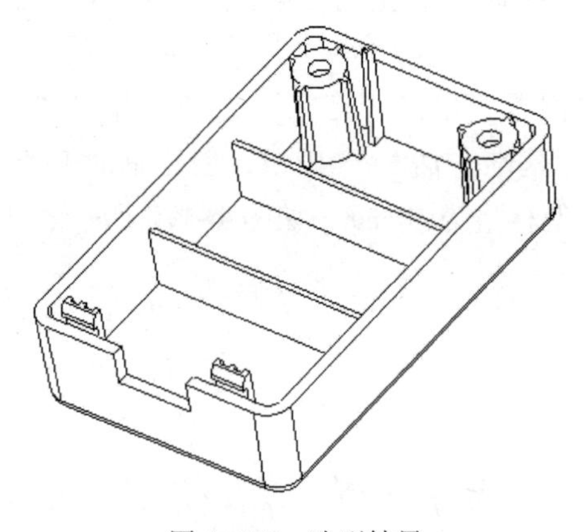

图 4-172 造型结果

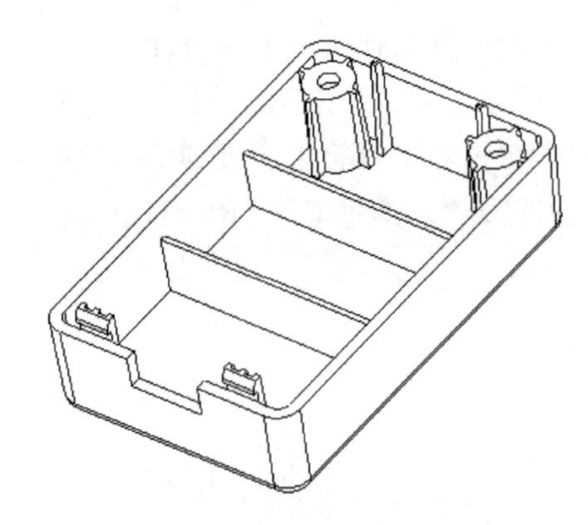

图 4-173 镜像结果

27. 创建拉伸 11 特征

单击右工具箱中“基础特征”工具栏上的“拉伸”按钮，可使用“拉伸”设计工具，参照前面的操作方法创建拉伸特征。选择立板平面作为草绘平面，如图 4-174 所示，草绘视图“参照”选择“基准平面”(TOP)，“方向”选择向左。草图截面如图 4-175 所示。拉伸方式选择“拉伸至下一曲面”，单击右侧按钮结束拉伸特征操作。拉伸结果如图 4-176 所示。

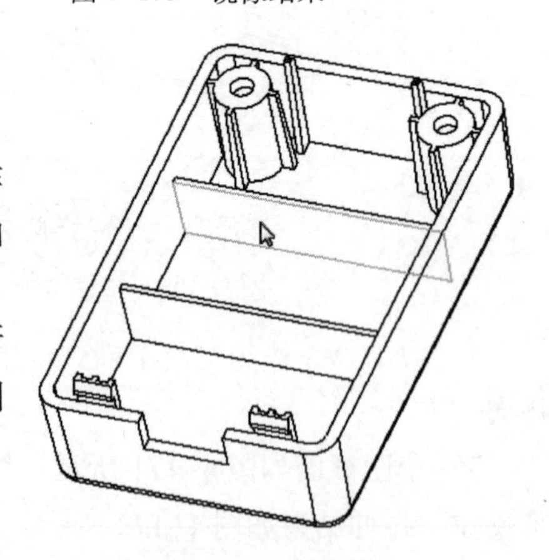

图 4-174 草绘平面

28. 创建拉伸 12 特征

用同样方法创建另一个立板上的结构，拉伸结果如图 4-177 所示。

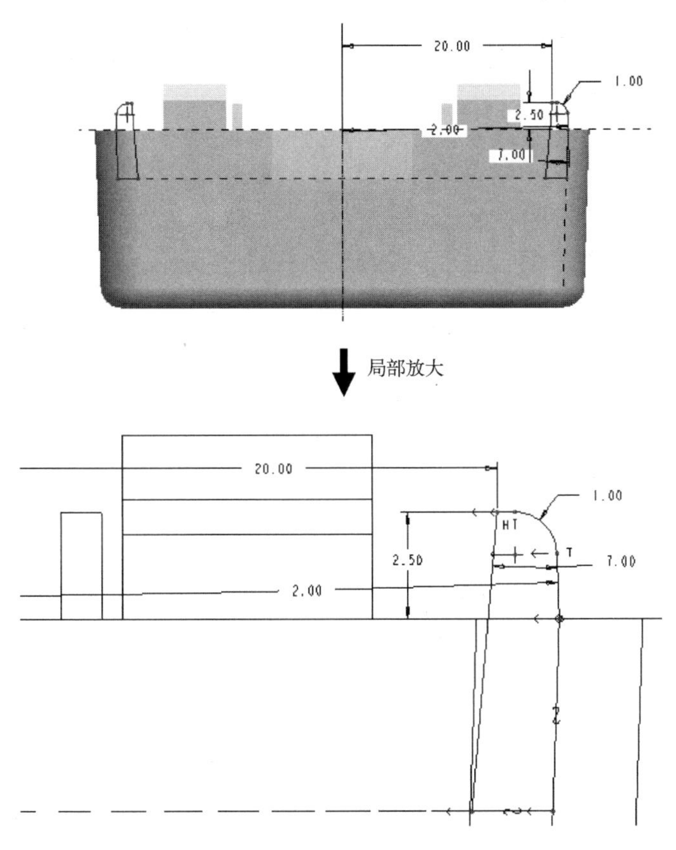

图 4-175　草图截面

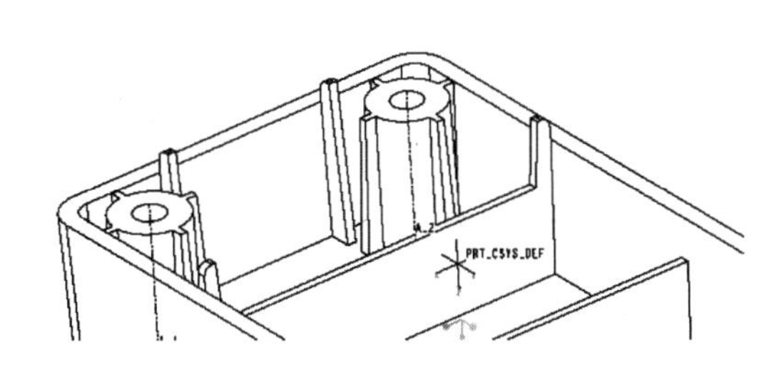

图 4-176　拉伸结果（创建拉伸 11 特征）

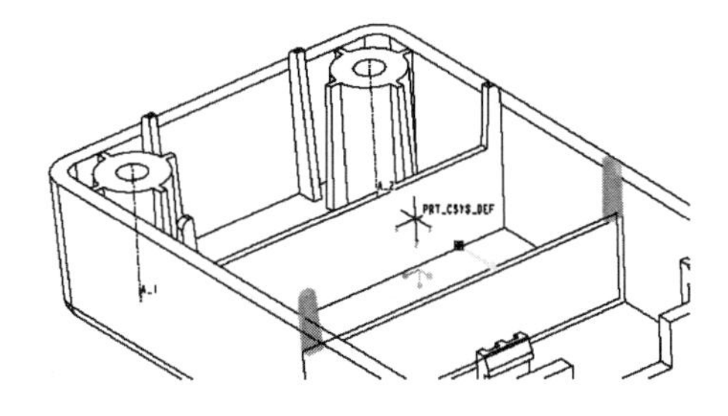

图 4-177　拉伸结果（创建拉伸 12 特征）

29. 创建拉伸 13 特征（除料）

单击右工具箱中“基础特征”工具栏上的“拉伸”按钮，可使用“拉伸”设计工具，参照前面的操作方法创建拉伸特征。

1）选择上表面作为草绘平面，草绘视图“参照”选择“基准平面”（RIGHT），“方向”选择向“右”。

2）单击草绘右工具箱按钮，按住鼠标左键自下向上拖出一条线，系统弹出“文本”对话框，在字体列表中选择“chfntk”字体，在文本框中输入要写的文字（图 4-178），单击“文本”对话框中的“确定”按钮，再单击鼠标中键，结束文本输入。

图 4-178 “文本”对话框

3）接着调整尺寸，调整文本框的位置。再用第 2 步）的方法创建一行文字，最终的草图截面如图 4-179 所示，单击✔按钮结束草绘。

4）拉伸高度为 0.2 mm，选择除料方式，单击右侧✔按钮结束拉伸特征操作。拉伸结果如图 4-180 所示。

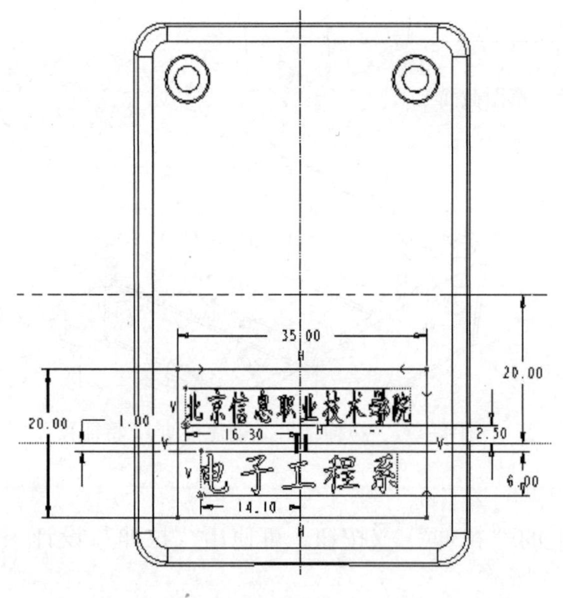

图 4-179 草图截面（创建拉伸 13 特征（除料））

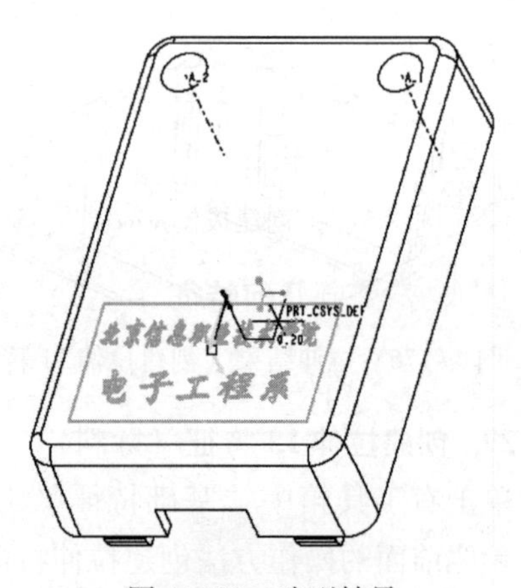

图 4-180 造型结果（创建拉伸 13 特征（除料））

30. 创建拉伸 14 特征

单击右工具箱中“基础特征”工具栏上的“拉伸”按钮，可使用“拉伸”设计工具，参照前面的操作方法创建拉伸特征。选择壳内表面作为草绘平面，草绘视图“参照”

基准平面 RIGHT 向右。草图截面如图 4-181 所示。拉伸高度为 2 mm，单击✔按钮结束拉伸特征操作。拉伸结果如图 4-182 所示。

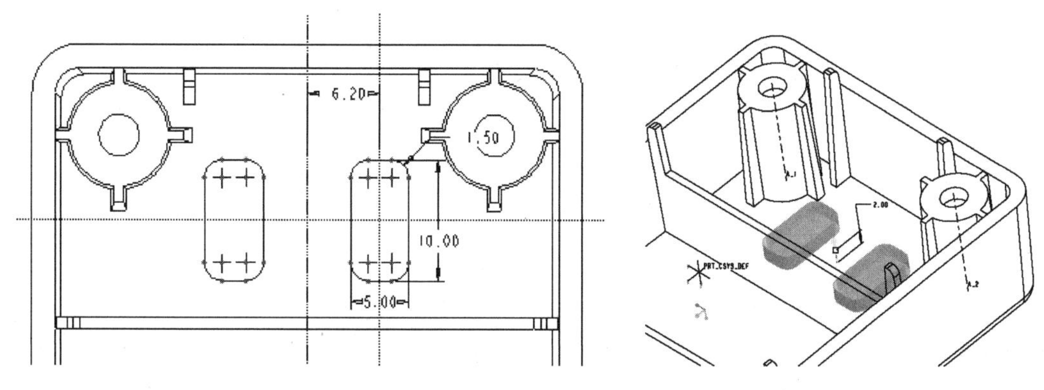

图 4-181　草图截面（创建拉伸 14 特征）　　　图 4-182　造型结果（创建拉伸 14 特征）

31. 创建拔模斜度 9 特征

选择上一步创建的拉伸特征的 4 个侧面作为拔模曲面，拔模枢轴选择壳内表面，拔模角度为 5°，向内拔模，如图 4-183 所示。

32. 创建倒圆角 3 特征

选择如图 4-184 所示的边进行倒圆角，圆角 R 值为 3 mm。

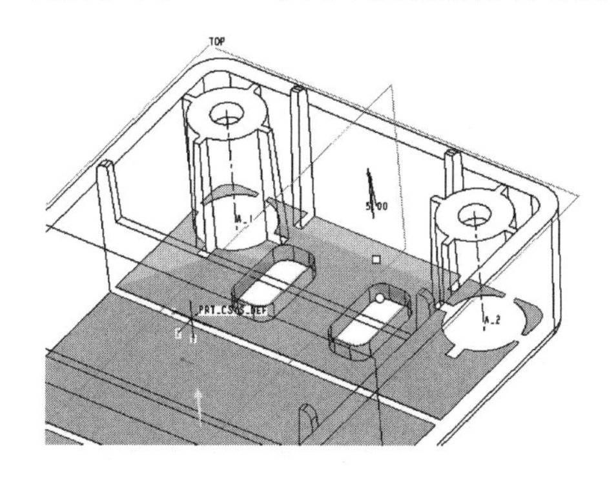

图 4-183　创建拔模斜度 9 特征

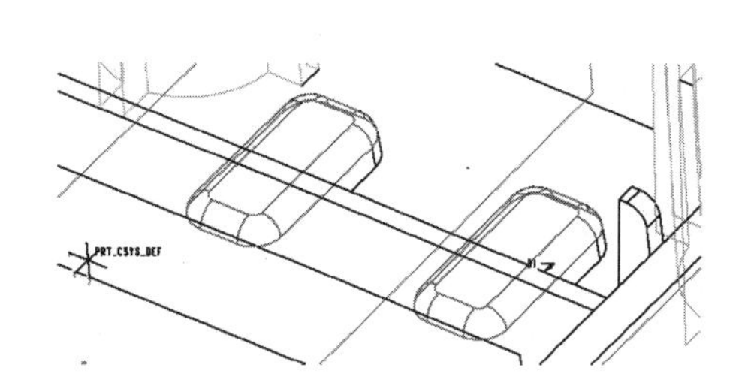

图 4-184　倒圆角 3 特征

33. 创建复制几何特征

选择菜单【插入】|【共享数据】|【复制几何】命令，弹出“复制几何”图标板，如图 4-185 所示。

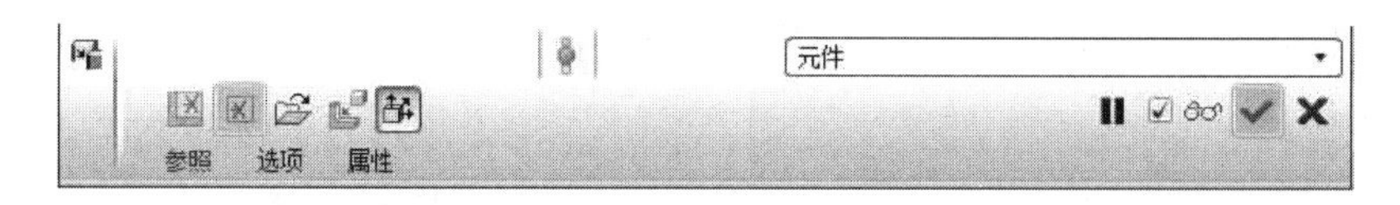

图 4-185　“复制几何”图标板

1）单击“复制几何”图标板中的按钮，选择 chatou - huangtong. prt 文件，单击“打开”按钮，在“放置”对话框中选择“缺省”，单击“确定”按钮。

2）单击“参照”，出现“参照”下拉面板，单击“发布几何”下的“单击此处添加项目”，选取一个项目，系统弹出一个小窗口，如图 4-186 所示。

图 4-186 “参照”下拉面板

3）单击“复制几何”图标板中“仅限发布几何”按钮，“参照”下拉面板变成如图 4-187所示，然后鼠标移动到小窗口中，按住鼠标右键，在弹出的快捷菜单中选择“从列表中拾取”命令，系统弹出如图 4-188 所示的“从列表中拾取”对话框，选取插头模型 chatou - huangtong. prt，单击“确定”按钮。

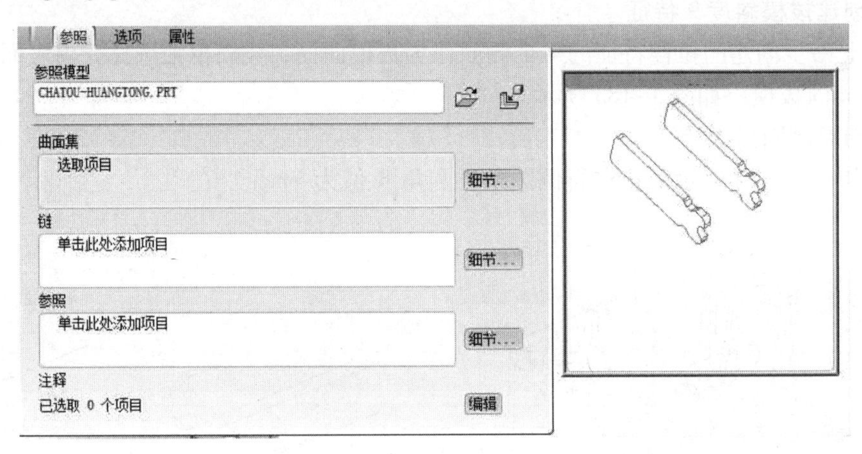

图 4-187 复制几何的窗口和“参照”下拉面板

4）单击“复制几何”图标板右侧的按钮，完成复制几何操作。复制结果如图 4-189 所示。

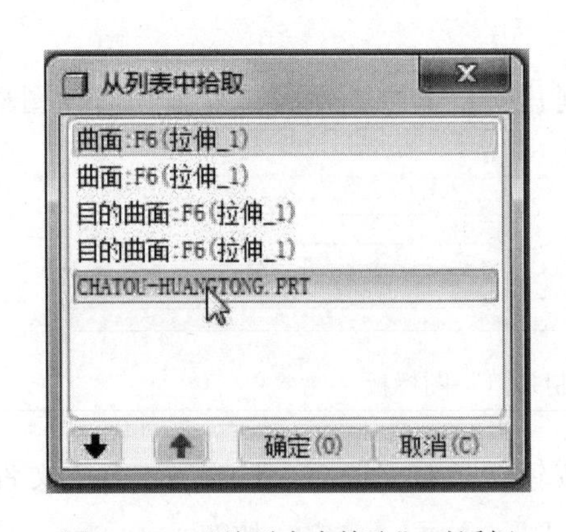

图 4-188 “从列表中拾取”对话框

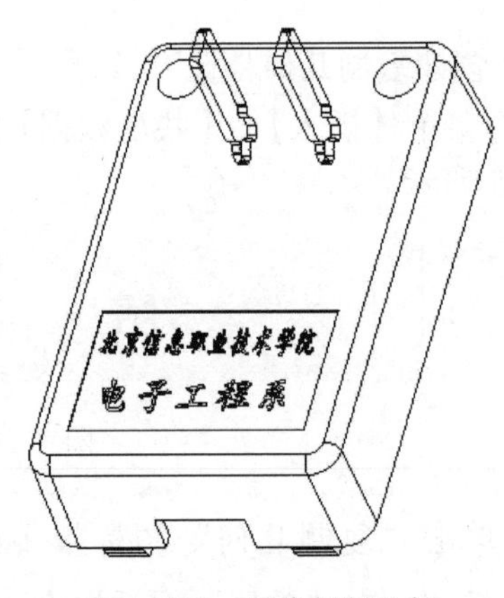

图 4-189 创建复制几何

34. 创建实体化特征

选择上一步创建的复制几何特征，选择菜单【编辑】|【实体化】命令，弹出“实体化”图标板（图 4-190），单击按钮，进行去除材料，单击右侧按钮结束实体化操作。结果如图 4-191 所示。

图 4-190 “实体化”图标板

35. 创建拉伸 15 特征（除料）

单击右工具箱中“基础特征”工具栏上的“拉伸”按钮，可使用“拉伸”设计工具，默认选择为“实体拉伸”。参照前面的操作方法创建拉伸特征。选择立板上端面作为草绘平面，如图 4-192 所示。草绘视图“参照”选择“基准平面”（RIGHT），“方向”选择向“左”。草图截面如图 4-193 所示。拉伸高度为 5 mm，选择除料方式，单击按钮结束拉伸特征操作。造型结果如图 4-194 所示。

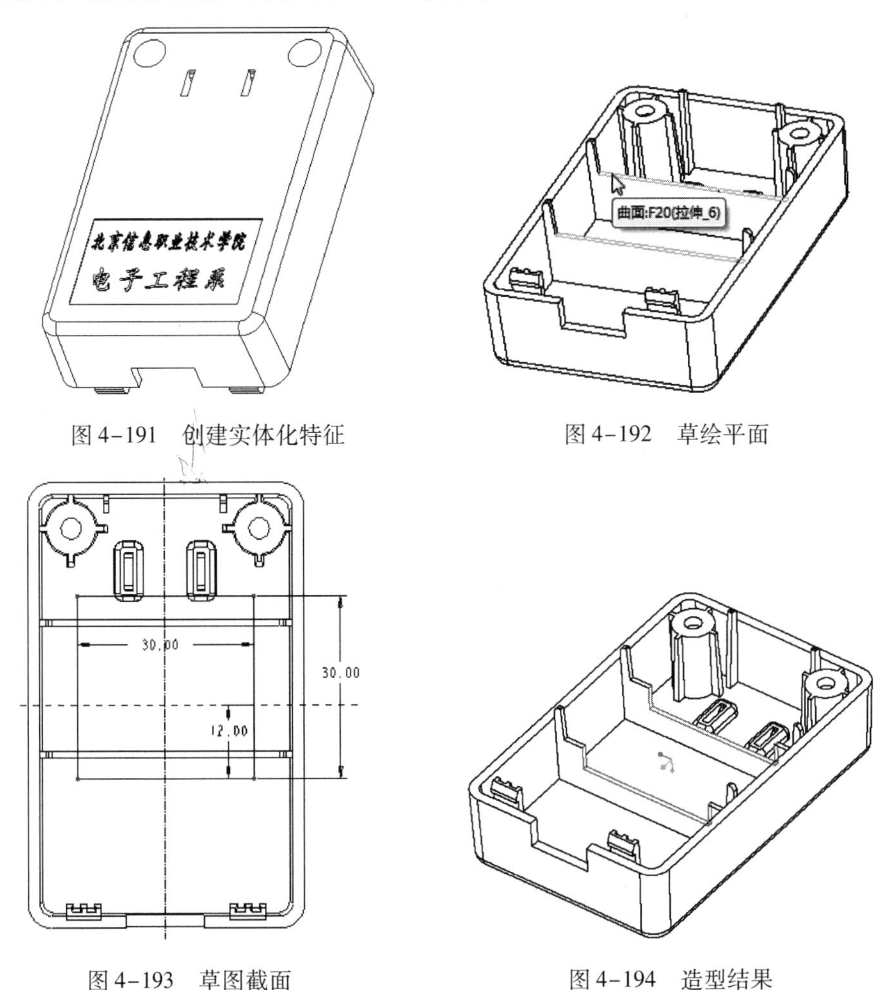

图 4-191 创建实体化特征

图 4-192 草绘平面

图 4-193 草图截面

图 4-194 造型结果

36. 创建拔模斜度 10 特征

选择如图 4-195 所示的上一步创建的拉伸切口结构进行拔模，拔模枢轴选择平台上表面，拔模角度为 2°，向内拔模。

37. 创建倒圆角 4 特征

选择如图 4-196 所示的边进行倒圆角，圆角 R 值为 0.3 mm。

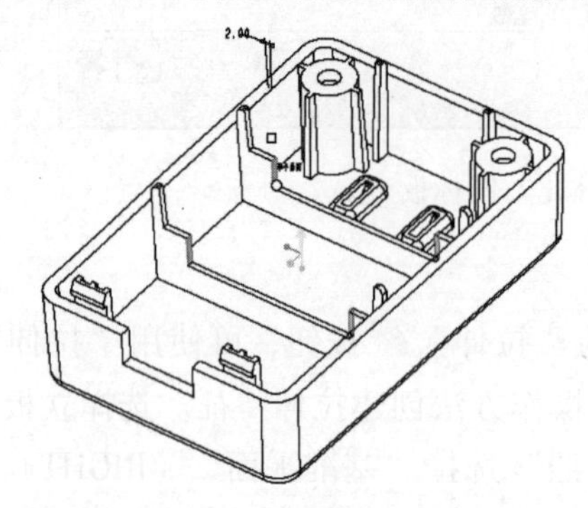

图 4-195　创建拔模斜度 10 特征

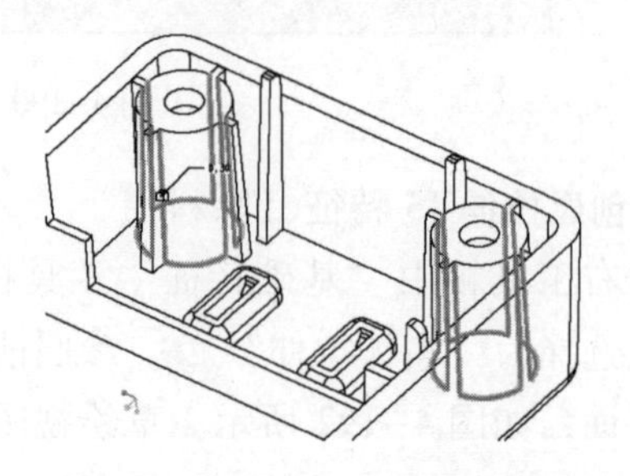

图 4-196　创建圆角 4 特征

38. 创建拔模斜度 11 特征

选择如图 4-197 所示的结构进行拔模，拔模枢轴选择壳体内表面，拔模角度为 0.5°，向外拔模。

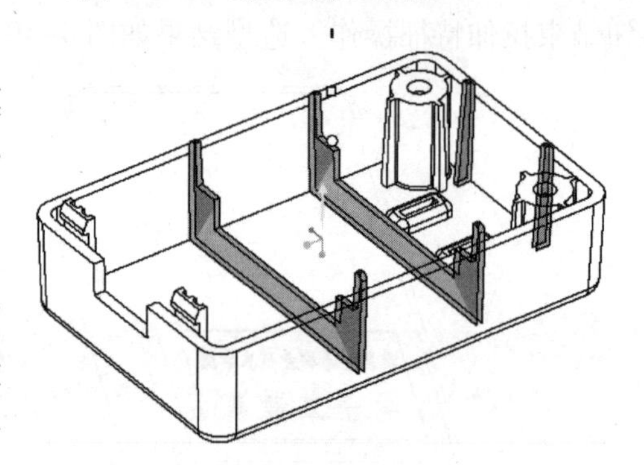

图 4-197　创建拔模斜度 11 特征

39. 创建拉伸 16 特征

单击右工具箱中“基础特征”工具栏上的“拉伸”按钮，可使用“拉伸”设计工具，默认选择为“实体拉伸”。参照前面的操作方法创建拉伸特征。选择壳体内表面作为草绘平面，草绘视图“参照”选择“基准平面”（RIGHT），“方向”选择向左。草图截面如图 4-198 所示。拉伸高度为 0.6 mm，单击按钮结束拉伸特征操作。拉伸结果如图 4-199。

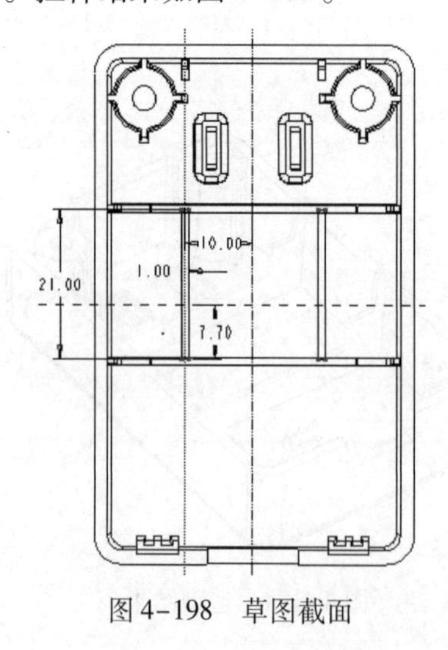

图 4-198　草图截面

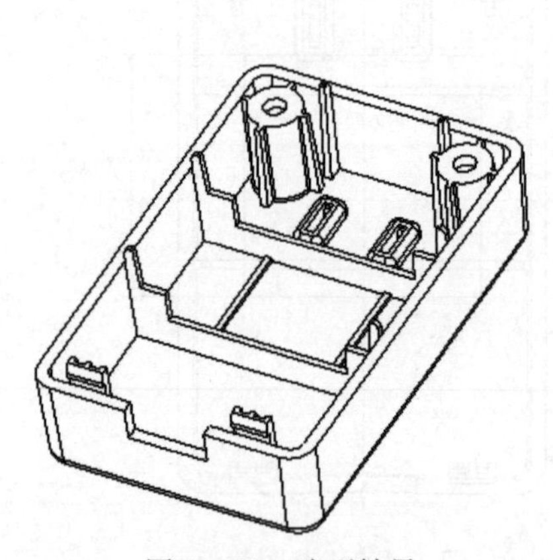

图 4-199　造型结果

40. 创建拔模斜度 12 特征

选择上一步创建的结构侧面作为拔模曲面，拔模枢轴选择壳体内表面，拔模角度为 2°，向外拔模，如图 4-200 所示。

41. 创建拔模斜度 13 特征

选择如图 4-201 所示的结构侧面作为拔模曲面，拔模枢轴选择平台小平面，拔模角度为 1°，向内拔模。

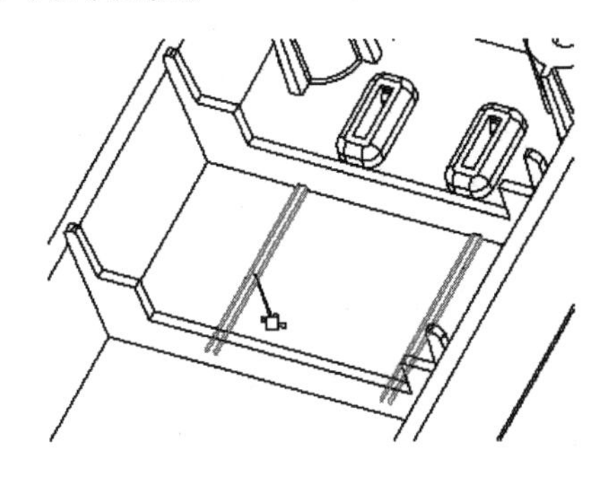

图 4-200 创建拔模斜度 12 特征

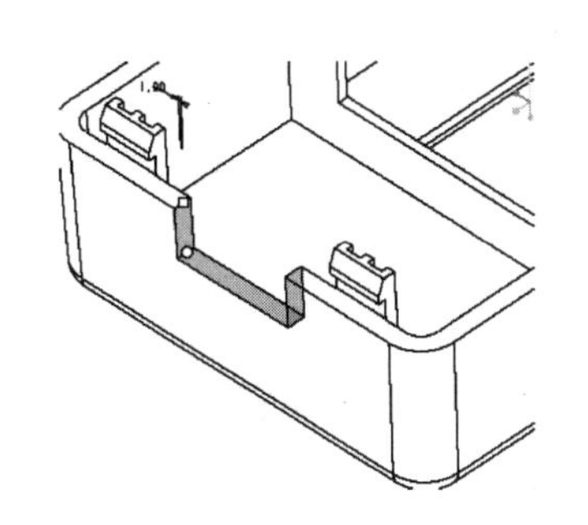

图 4-201 创建拔模斜度 13 特征

至此，完成电源前壳造型。

4.4 创建装配模型

1. 新建装配文件

单击工具栏“新建”按钮，打开“新建”对话框，选择“类型”中的“组件”，“子类型”选择“设计”，文件名称：power，取消选中“使用缺省模板”复选框，如图 4-202 所示。在“新文件选项”对话框中选择：mmns_asm_design 模板文件，如图 4-203 所示。

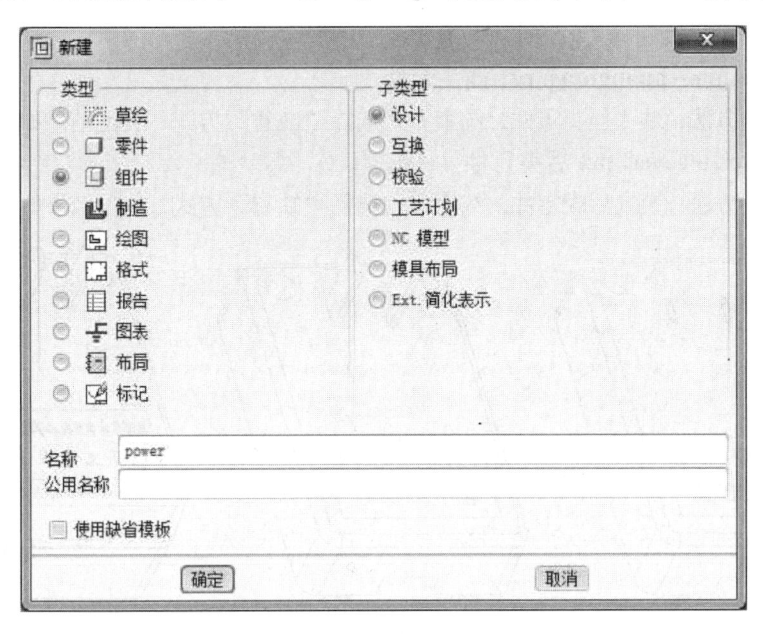

图 4-202 “新建”对话框

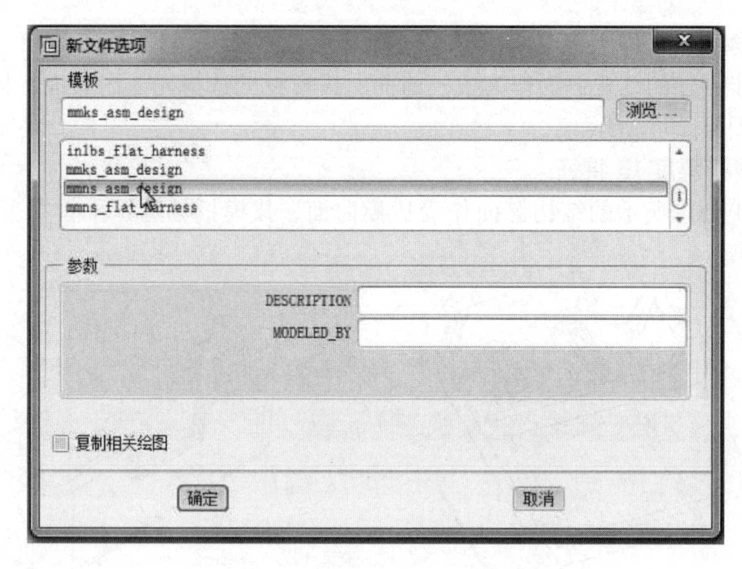

图 4-203 “新文件选项”对话框

2. 设置装配环境

1）单击“模型树”选项区按钮右侧的下拉三角，在弹出的快捷菜单中选择“树过滤器”命令，弹出“模型树项目”对话框。

2）选择“显示”列表下的“特征”、“放置文件夹”和“隐含的对象”复选框，单击“应用”按钮，单击“关闭”按钮。

3. 装配 front - cover. prt 前壳元件

单击右工具箱“装配”按钮，进入“装入零部件”设计工具。这时系统弹出“打开”对话框，选择要装配的文件 front - cover. prt，单击“打开”按钮，系统弹出“装入零部件”图标板，在约束方式列表中选择“缺省”方式，单击装配图标板右侧的按钮结束装配操作，装配结果如图 4-205 所示。

4. 装配 chatou - huangtong. prt 插头元件

按照上面的方法，装入插头零件，约束方式选择“缺省”方式，装配结果如图 4-205 所示。

5. 装配 back - cover. prt 后壳元件

按照上面的方法，装入后壳零件，约束方式选择“缺省”方式，装配结果如图 4-206 所示。

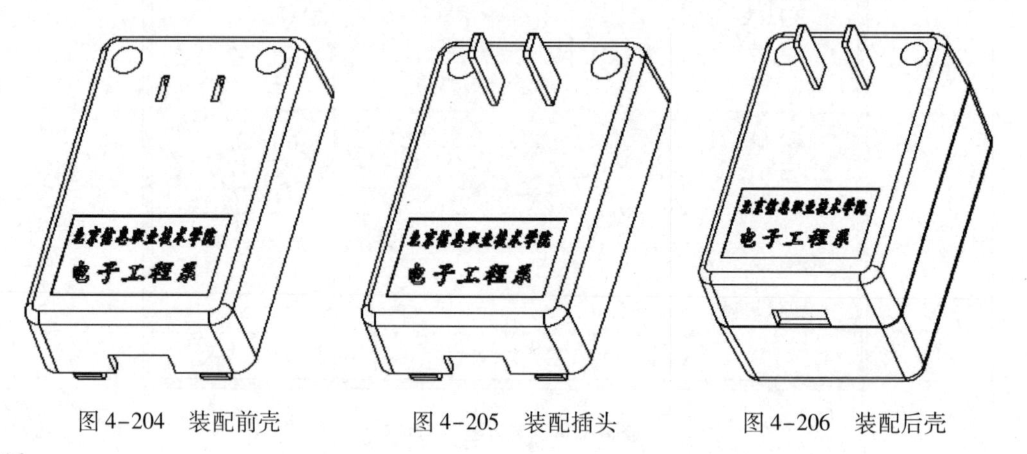

图 4-204 装配前壳　　图 4-205 装配插头　　图 4-206 装配后壳

最终完成电源产品装配模型。

小结

通过本任务的练习，可以进一步熟悉自底向上的产品建模方法，掌握壳、阵列、扫描、混合等特征的操作方法以及特征的修改方法，巩固拉伸、拔模斜度、倒圆角、倒角等基本实体建模操作方法；另外初步掌握曲面的复制、偏移、实体化、复制外部几何等较复杂的三维实体建模方法，熟悉产品设计的工艺流程。

习题

1. 按照图 4-207 所示工字钢的结构，创建三维模型。

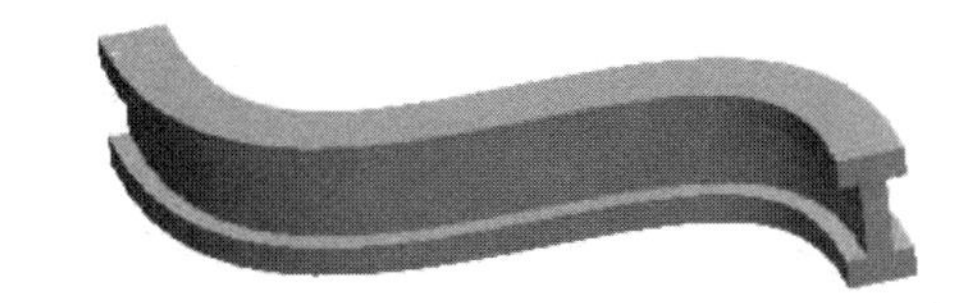

图 4-207　工字钢

2. 按照图 4-208 所示管路结构，创建三维模型，要求符合比例，尺寸自定。

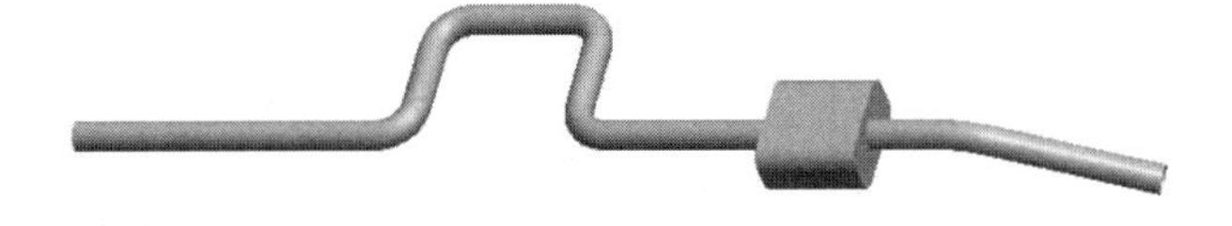

图 4-208　管路

3. 按照图 4-209 所示烟灰缸造型，创建三维模型，要求符合比例，尺寸自定。

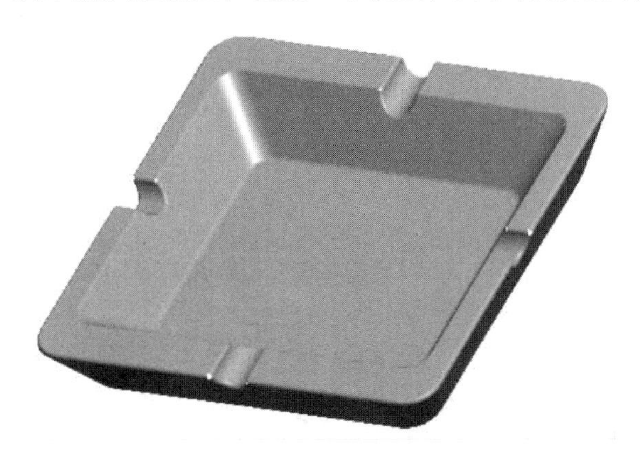

图 4-209　烟灰缸

4. 根据图 4-210 所示的尺寸进行三维实体造型。

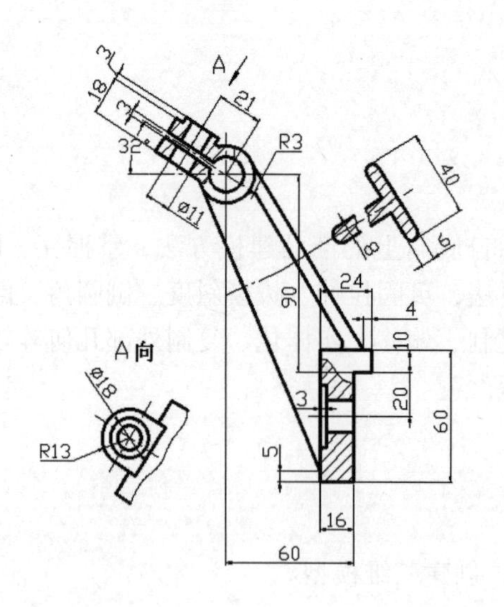
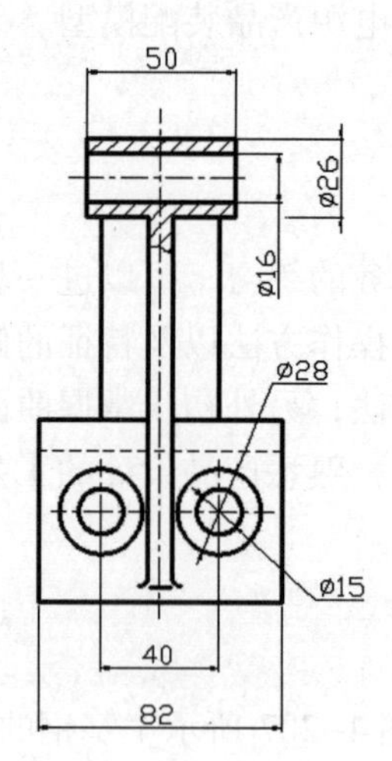

图 4–210

5. 根据图 4–211 所示的尺寸进行三维实体造型。

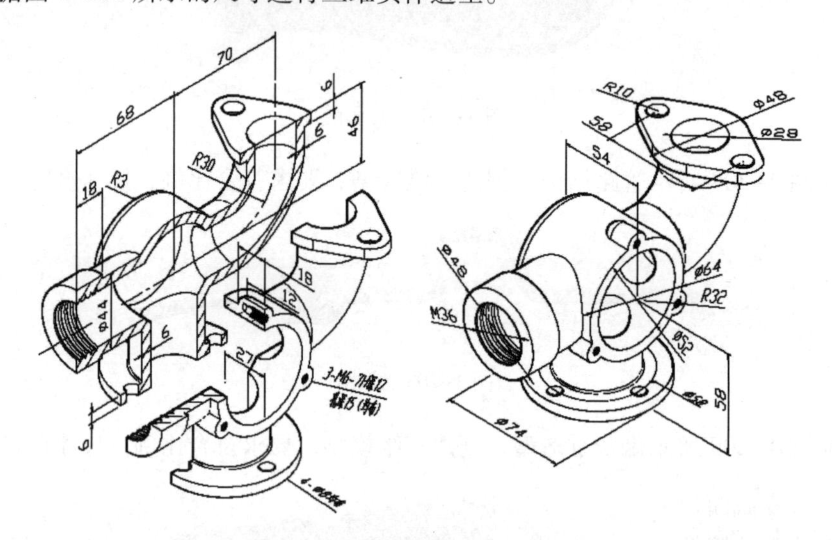

图 4–211

任务5　定位终端造型设计

任务描述

本任务要完成一款车载定位终端产品的外壳造型设计，该产品外壳由上壳、下壳和支撑环3个零件构成，造型如图5-1所示。产品采用注塑成型工艺，产品造型要求光滑，圆角过渡，设计合适的拔模斜度，以及必要的装配部件。本产品属于比较典型的外观关联性较强的类型，通常这种外观关联性较强的产品需要采用自顶向下（Top－Down）的方式进行创建。

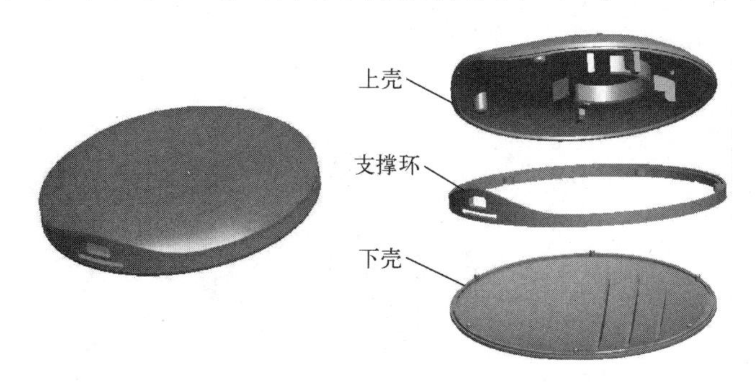

图5-1　定位终端造型图

能力目标

1）理解自顶向下的设计流程，掌握在装配环境下创建零件的方法；
2）掌握可变截面扫描的命令，会创建比较复杂的曲面；
3）掌握曲面的镜像、复制、合并、偏移、延伸、加厚、实体化等操作方法；
4）巩固拉伸、旋转、倒角、圆角、拔模斜度等建模命令；
5）巩固工业产品造型设计方法和建模思路。

知识准备

1. 自顶向下设计方法

本设计中采用的造型方法叫“自顶向下设计”，也叫“主控方式”。适用于外形关联性较强的产品，如家电产品、数码产品等。

（1）设计流程

1）创建主控零件（造型的主体，包括与各部件关联性很强的特征），这时不考虑细节，做好分型面，检查主体拔模；

2）创建装配；

3）装入主控零件；

4）规划好各部件并创建好零件及子装配；

5）将主控零件的数据传递给零件或子装配；

6）在装配目录中隐藏主控零件；

7）分别完成各部件造型细节。

（2）操作方法

以本章车载定位终端产品造型为例，首先创建主控文件 master. prt（图 5-2），主控文件包含上壳、支撑环和下壳的整体外观造型，但不包括内部结构。

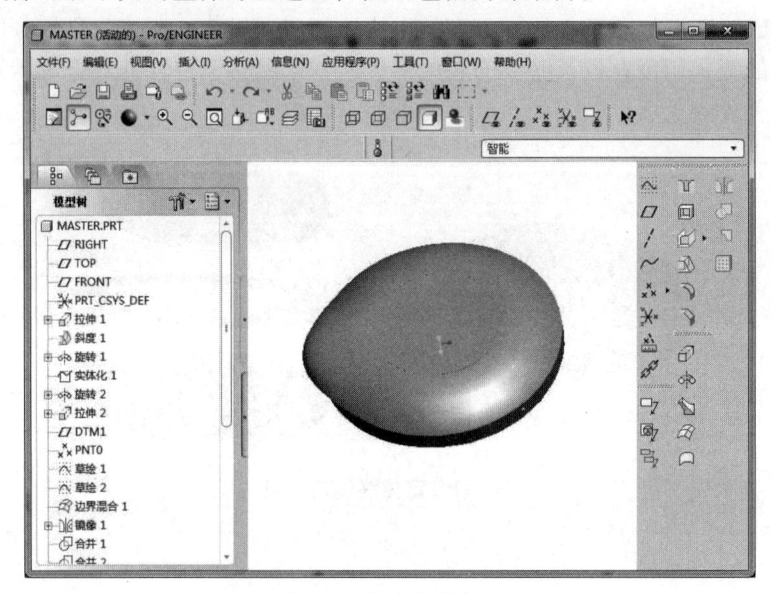

图 5-2　创建主控文件

然后创建临时装配模型 temp. asm，如图 5-3 所示。

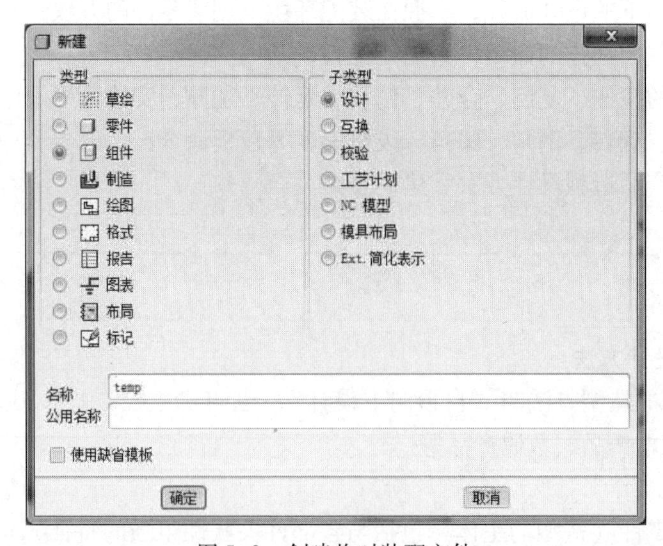

图 5-3　创建临时装配文件

以“缺省”方式装入主控文件 master. prt，如图 5-4 所示。接下来在装配模块中创建 top. prt、middle. prt 和 bottom. prt 3 个零件，并都以“缺省”方式装入，“模型树”结构如图 5-5 所示。注意，这时候 3 个零件只有名称，并没有造型，是“空”零件。

在“模型树”上选择 top. prt，右击，在弹出的快捷菜单中选择“激活”命令（图 5-6），则上壳零件被激活，选择菜单【插入】|【共享数据】|【合并/继承】命令，弹出“合并/继承”图标板，如图 5-7 所示。在“模型树”上选择主控文件 master. prt，单击“确认”按钮✔，则主控文件造型就被继承到 top. prt 中，如图 5-8 所示。

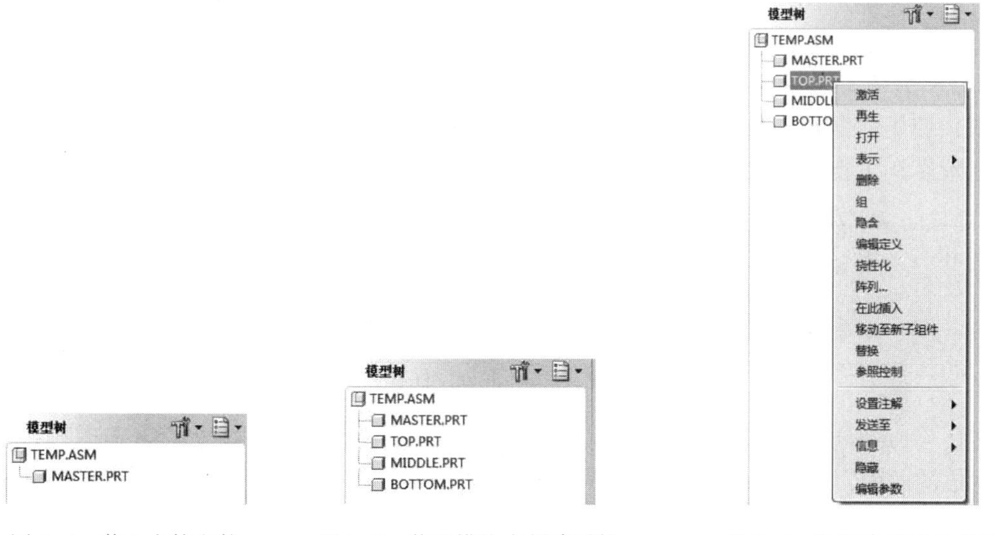

图 5-4　装入主控文件　　图 5-5　装配模块中创建零件　　图 5-6　激活待继承的零件

图 5-7　“合并/继承”图标板

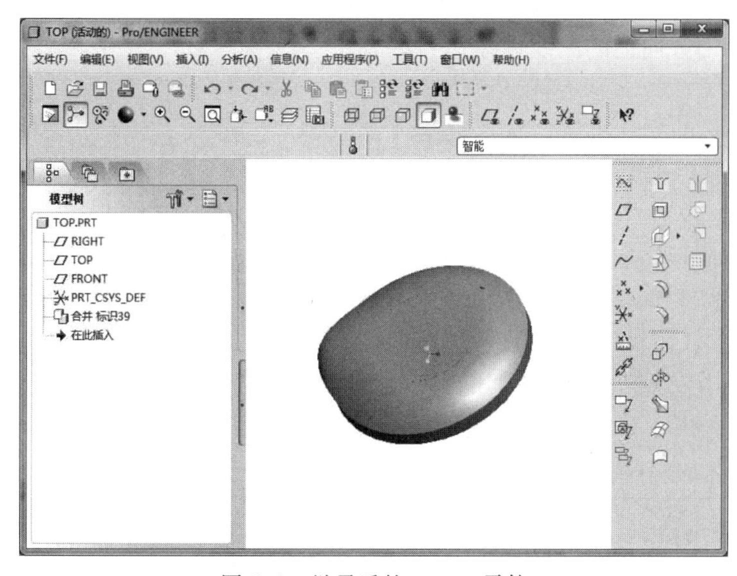

图 5-8　继承后的 top. prt 零件

接下来，需要对上壳零件进行细节设计。可以采用曲面实体化的命令对上壳零件 top. prt 进行修改，添加内部结构、装配卡位等，完成上壳造型。支撑环零件和下壳零件也按照这样的方法继承下来，再修改，完成造型，最后把3个零件装配在一起，完成整个产品的造型。

2. 边界混合曲面

边界混合曲面是曲面创建中常用的方法之一，其创建原理是首先搭建曲线构成曲面的边界，然后用边界曲线搭建曲面。边界曲线可以在一个方向上指定，也可以在两个方向上指定。这种建模方法中比较关键的是曲线的形状和约束条件，而曲线主要由点决定，因此，在创建边界混合曲面需要特别注意曲线端点处的约束条件，有时端点不重合，常常会造成命令不成功。

（1）使用一个方向上的曲线创建边界混合曲面

选择菜单【插入】|【边界混合】命令，或者单击右工具箱中“基础特征”工具栏上的“边界混合”按钮，打开如图5-9所示的“边界混合”图标板。

图5-9 “边界混合”图标板

按住〈Ctrl〉键依次选取曲线1、曲线2和曲线3作为边界混合曲面的边界，则系统会显示生成的曲面，这3条曲线属于第一个方向，“边界混合”图标板如图5-10所示。单击“边界混合”图标板右侧的按钮确认，完成边界曲面命令。如图5-11所示。

图5-10 使用第一方向作为边界

（2）使用两个方向上的曲线创建边界混合曲面

先按照上一步的操作方法，选择完第一个方向的边界，然后单击第二方向后选择“单击此处添加项目”，或者单击“曲线”按钮，弹出“曲线”下拉面板，选择第二方向列表中的“单击此处添加项目”，激活“第二方向”，按住〈Ctrl〉键选择第二个方向上的曲线1和曲线2，即可以通过两个方向上的曲线创建边界混合曲面特征，如图5-12、图5-13所示。

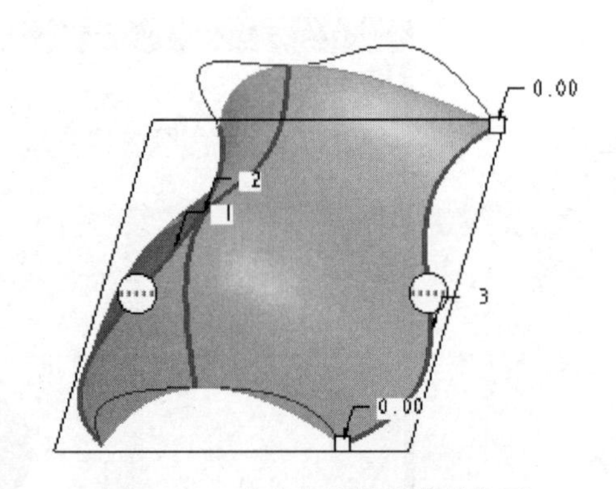

图5-11 单方向边界创建的曲面

图5-12 使用两个方向上的曲线创建边界混合曲面

3. 可变截面扫描

“可变截面扫描”命令可以使截面按照轨迹线进行扫描，但跟“扫描”命令不同的是，它可以创建截面形状随轨迹线变化而变化的特征。

选择菜单【插入】|【可变截面扫描】命令，或者单击右工具箱中“基础特征”工具栏上的“可变截面扫描”按钮，进入“可变截面扫描”设计工具中，“可变截面扫描”图标板如图 5-14 所示。

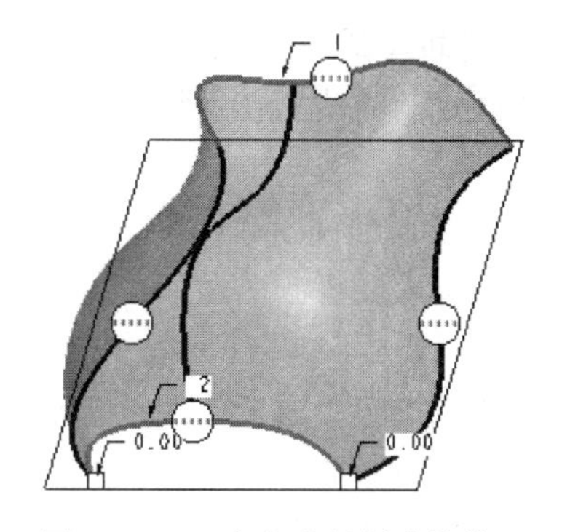

图 5-13 双方向边界创建的曲面

图 5-14 “可变截面扫描”图标板

单击“参照”按钮，弹出“参照”下滑面板（图 5-15），按住〈Ctrl〉键依次选择图 5-16a中的中心直线和 4 条曲线，完成轨迹选择，接下来单击按钮，绘制草图截面（图 5-16b），完成草图后，系统创建可变截面扫描特征，如图 5-16c 所示。

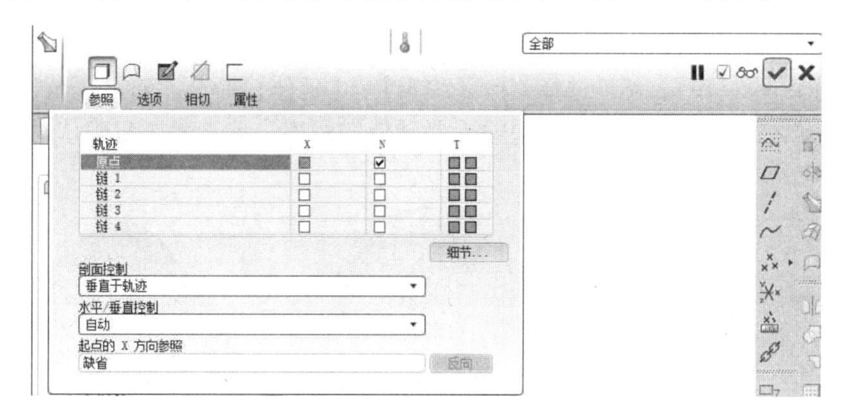

图 5-15 “参照”下滑面板

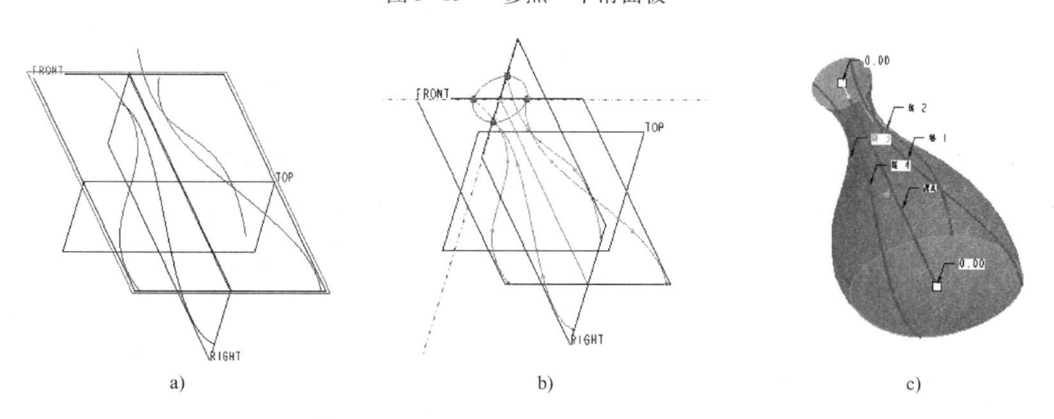

图 5-16 “可变截面扫描”特征创建过程

a）选择轨迹 b）绘制草图截面 c）创建可变截面扫描特征

4. 曲面复制

曲面复制的功能就是将一个现有的曲面进行复制，以产生一个新的曲面。曲面复制方法如下。

（1）复制曲面

先用选取要复制的曲面，再选择菜单【编辑】|【复制】命令，或单击工具栏按钮，或者使用〈Ctrl + C〉都可以复制选定的曲面。然后选择菜单【编辑】|【粘贴】命令，或单击工具栏按钮，或者使用〈Ctrl + V〉都可以粘贴曲面。如果不进行其他设置，则复制生产的曲面和原曲面完全重叠，从模型树上可以看出复制标识。

（2）移动或旋转复制曲面

复制曲面后，单击工具栏按钮，弹出“选择性粘贴”图标板（图5-17），单击图标板中的“变换”按钮，可以选择移动或者旋转曲面。单击“选项”按钮，可以选择是否保留原曲面。旋转复制曲面结果如图5-18所示。

图5-17 “选择性粘贴”图标板

5. 曲面延伸

曲面延伸的功能是将曲面沿着曲面的单侧边做曲面的延伸。选取曲面，然后选取需要延伸的边或边链（图5-19），然后选择菜单【编辑】|【延伸】命令，弹出“延伸”图标板，如图5-20所示。在“距离”文本框中输入要延伸的距离，单击按钮确认，完成曲面延伸，如图5-21所示。

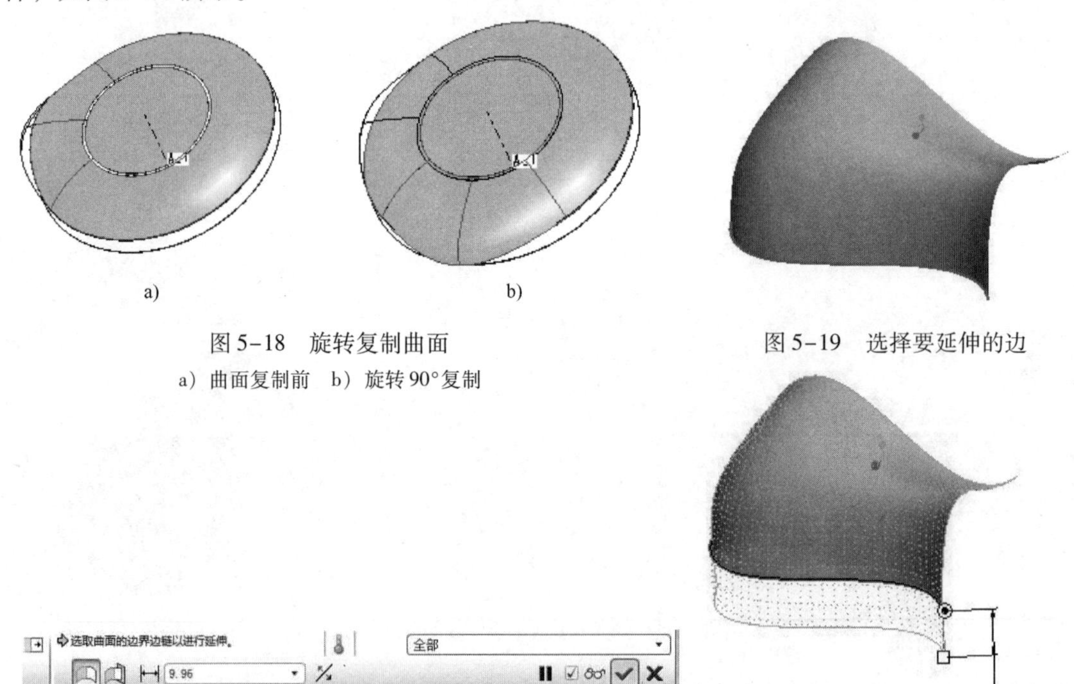

图5-18 旋转复制曲面

a）曲面复制前 b）旋转90°复制

图5-19 选择要延伸的边

图5-20 “延伸”图标板

图5-21 曲面延伸

“曲面延伸”图标板中的设置选项可以参见图 5-22。

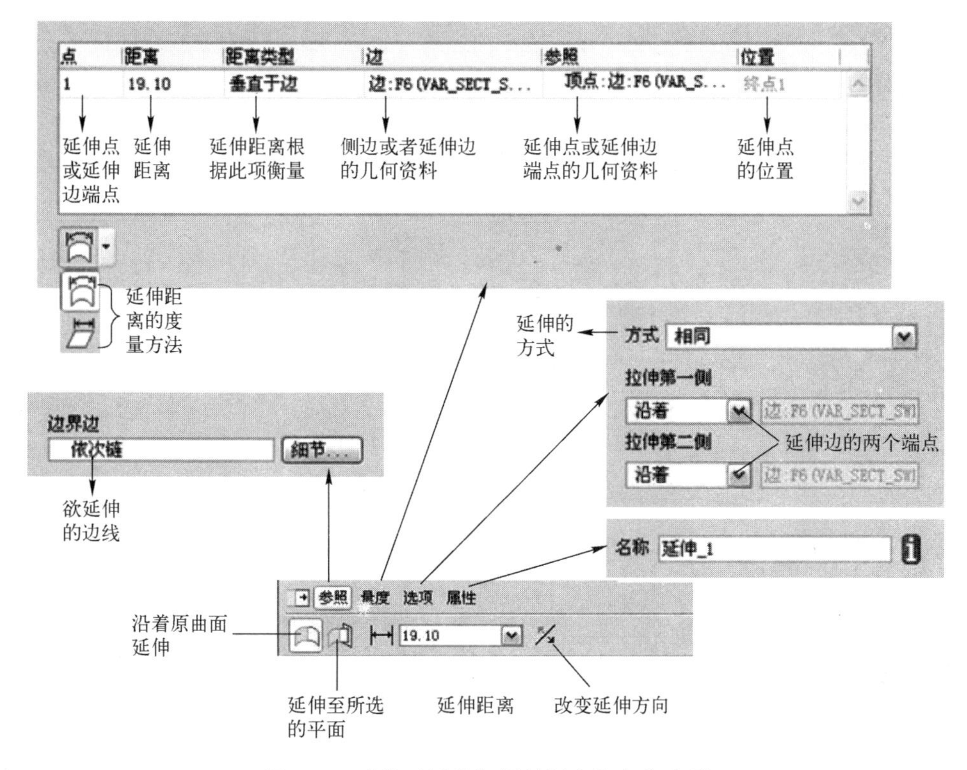

图 5-22 “曲面延伸”图标板中的命令选项

6. 曲面偏移

曲面偏移的功能是将实体或曲面上现有的曲面偏移某个距离，产生曲面或者实体特征。选择要偏移的曲面（图 5-23），选择菜单【编辑】|【偏移】命令，弹出“曲面偏移”图标板，如图 5-24 所示。

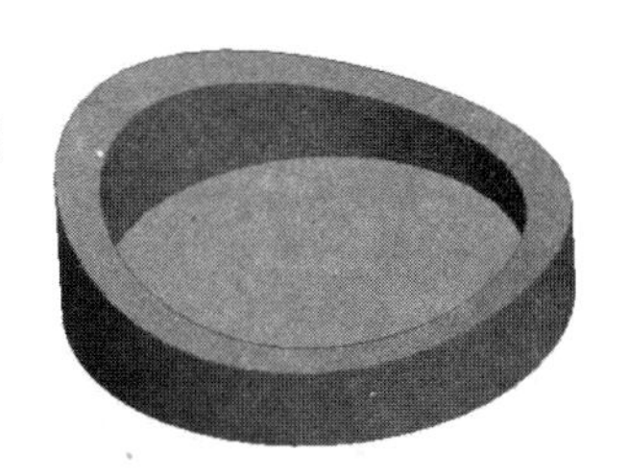

图 5-23 选择要偏移的曲面

这里偏移类型包括 4 种：

1）标准型偏移（特征为曲面）：这是种常见的曲面创建方法，标准型偏移是所选曲面整体偏移，不能局部偏移，偏移结果如图 5-25 所示。

图 5-24 “曲面偏移”图标板

2）拔模型偏移（特征为实体）：这种偏移是所选局部区域的偏移，并且可以指定拔模角度。选择这种偏移方式，需要单击“参照”按钮，在其中定义草绘，如可以在“拔模角度”文本框中输入拔模角度（图 5-26），偏移结果如图 5-27 所示。

图 5-25 “标准型偏移”结果

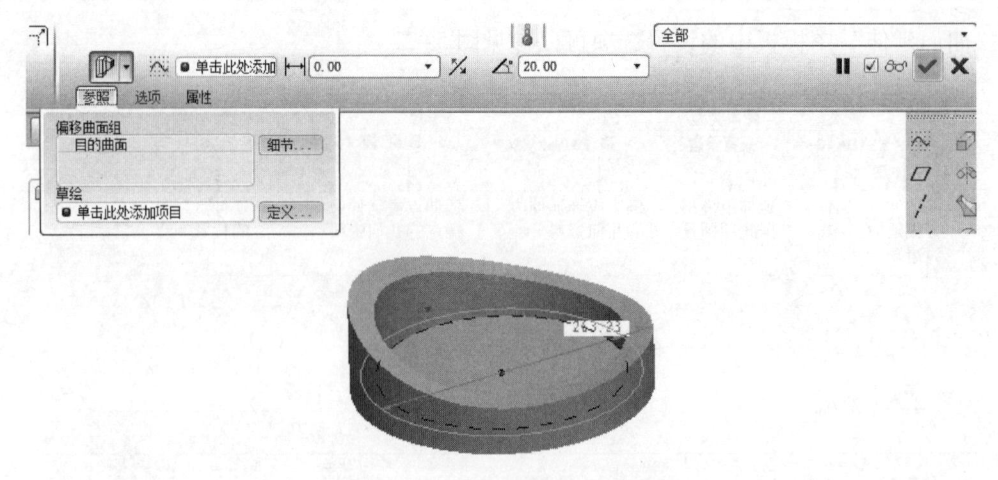

图 5-26 “拔模型偏移”区域确定

3）扩展型偏移（特征为实体）：可以实现部分曲面或者全部曲面偏移，偏移结果如图 5-28 所示。

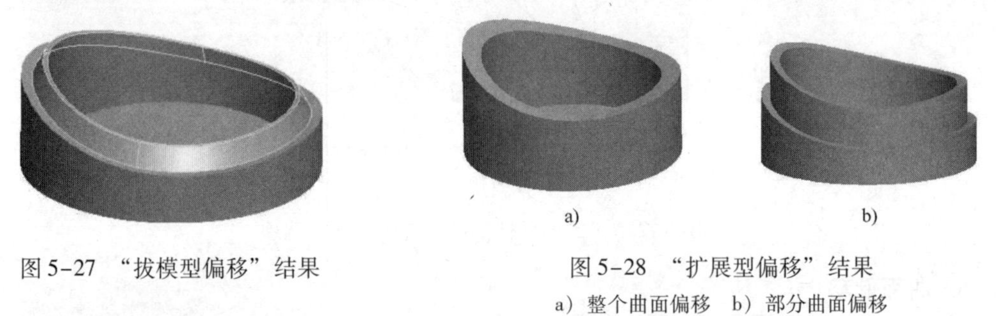

图 5-27 “拔模型偏移”结果

图 5-28 “扩展型偏移”结果

a）整个曲面偏移 b）部分曲面偏移

4）替换型偏移（特征为实体）：可以用其他曲面替换所选的曲面，偏移结果如图 5-29 所示。

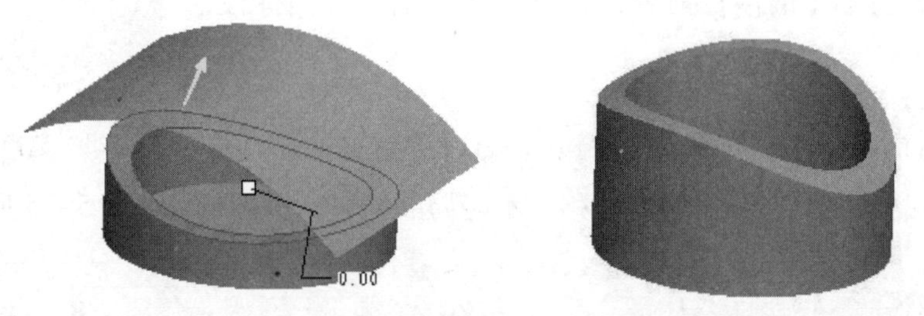

图 5-29 “替换型偏移”结果

7. 曲面加厚

曲面是没有厚度、只有形状的几何特征。曲面加厚就是使其实体化。先选择要加厚的曲面，然后选择菜单【编辑】|【加厚】命令，弹出“曲面加厚”图标板，如图 5-30 所示。

图 5-30 “曲面加厚”图标板

在文本框中输入加厚厚度，模型上黄色箭头表示加厚方向，单击文本框右侧的按钮，可以改变加厚方向。曲面加厚的结果如图 5-31 所示。

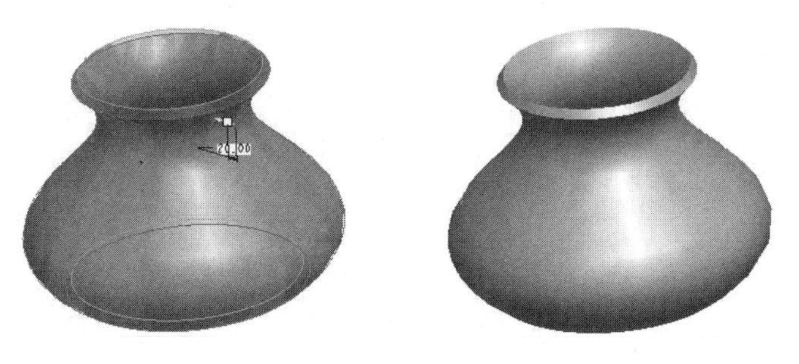

图 5-31　曲面加厚

曲面加厚还可以实现薄板修剪功能，如图 5-32 所示的形体中有一曲面，在“曲面加厚”图标板中单击按钮，可以实现实体内部的薄板修剪功能，结果如图 5-32 所示。

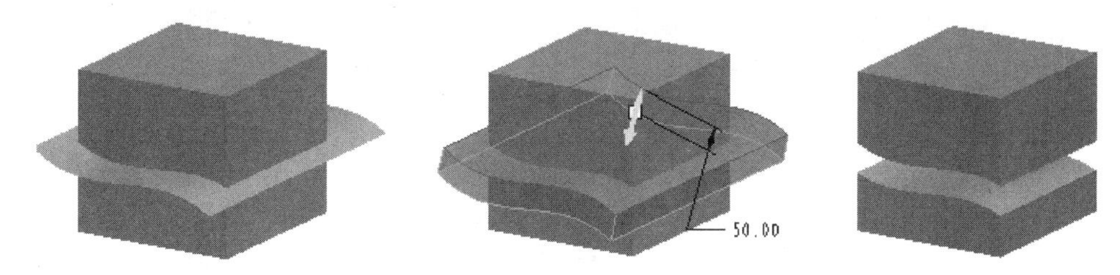

图 5-32　曲面薄板修剪

8. 曲面合并

曲面合并可以将多个曲面合并生成一个曲面特征，这是曲面设计中非常重要的一个操作。曲面合并一定是两两合并，而且两个曲面一定要相交。首先按住〈Ctrl〉键，选择要合并的两个曲面，然后选择菜单【编辑】|【合并】命令，或者在右工具箱中单击“合并”按钮，系统弹出“曲面合并”图标板，如图 5-33 所示。

图 5-33　“曲面合并”图标板

模型中黄色箭头指向一侧是曲面被保留的一侧，可以在“曲面合并”图标板单击按钮来改变需要保留的曲面侧，曲面合并结果如图 5-34 所示。

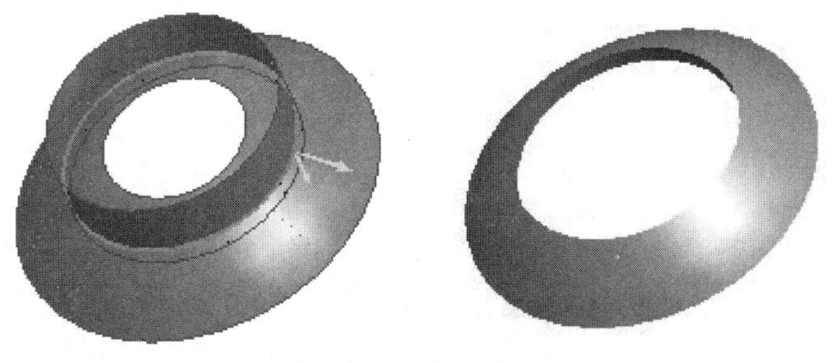

图 5-34　曲面合并

建模流程

1. 主控零件建模流程（图 5-35）

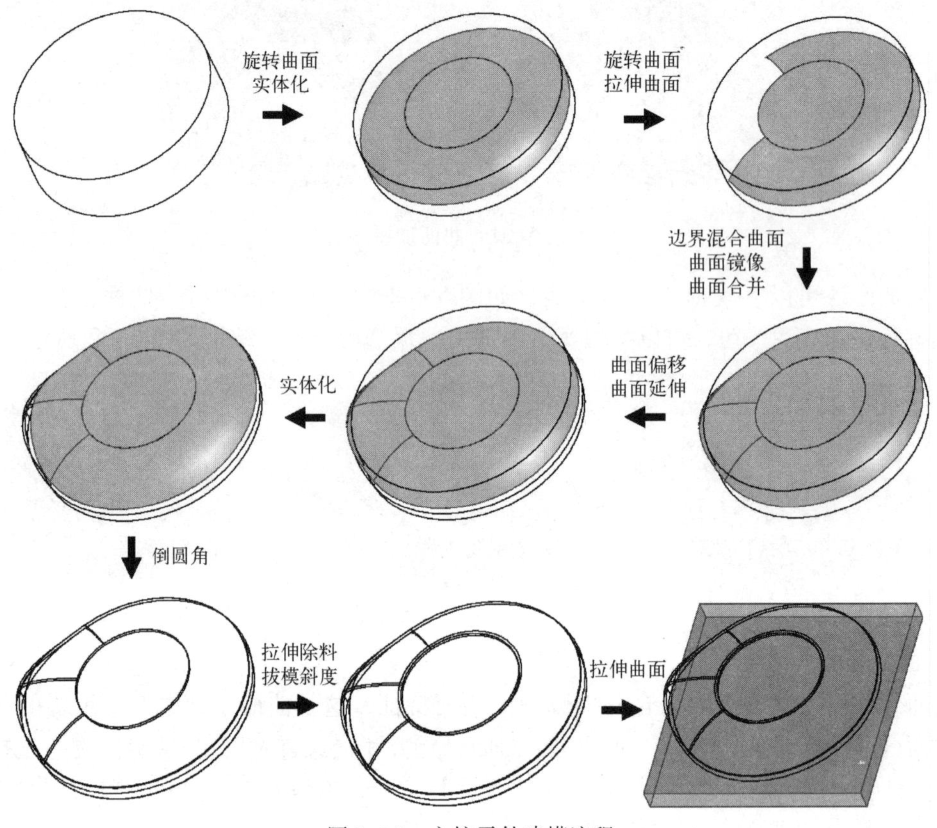

图 5-35　主控零件建模流程

2. 上壳建模流程（图 5-36）

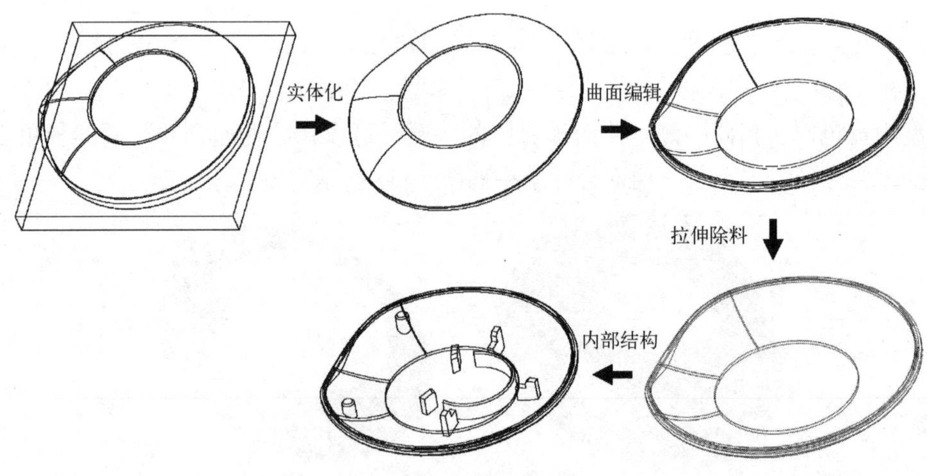

图 5-36　上壳建模流程

3. 支撑环建模流程（图 5-37）

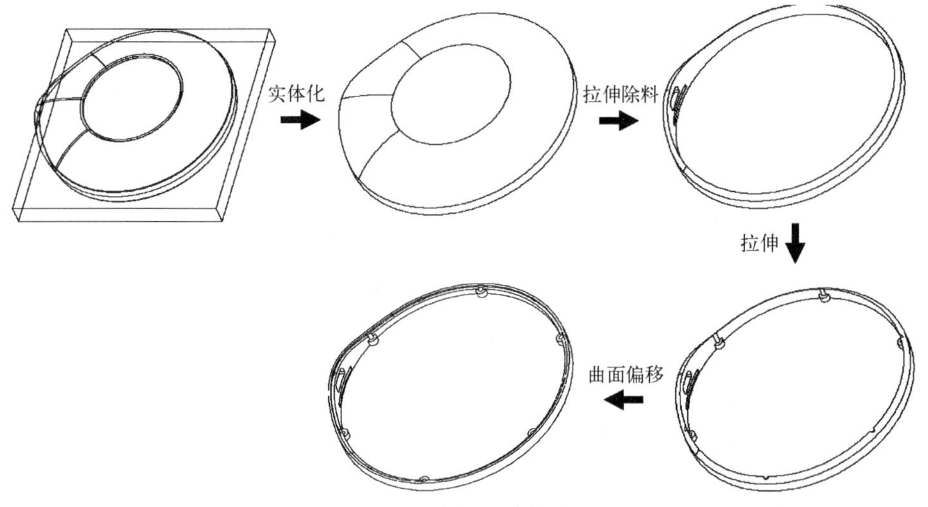

图 5-37 支撑环建模流程

4. 下壳建模流程（图 5-38）

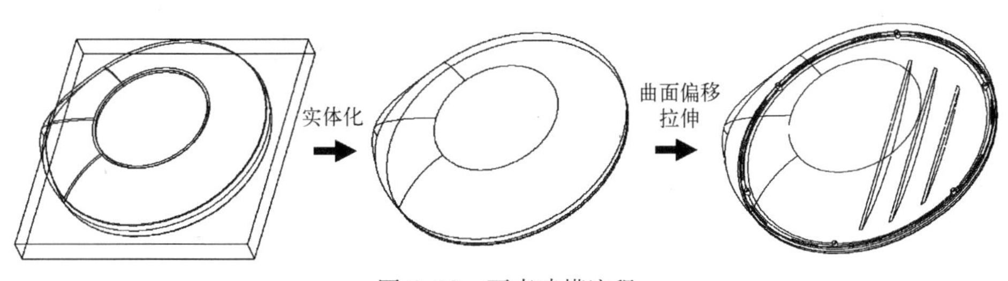

图 5-38 下壳建模流程

任务实施

5.1 创建主控零件造型

1. 新建零件文件

新建文件名为“master. prt”，随后进入零件建模环境中。

2. 创建拉伸 1 特征

单击右工具箱中“基础特征”工具栏上的“拉伸”按钮，可使用“拉伸”设计工具，默认选择为“实体拉伸”。

1）选择“基准平面”(TOP) 作为草绘平面，草绘视图“参照”选择“基准平面”(RIGHT)，“方向”选择向“右”，其余接受默认设置，如图 5-39 所示。

2）草图截面如图 5-40 所示。

3）拉伸高度为 22 mm，方向如图 5-41 所示。

最后得到的拉伸实体如图 5-42 所示。

3. 创建拔模斜度 1 特征

1）选择上一步创建的拉伸实体侧面为拔模曲面。

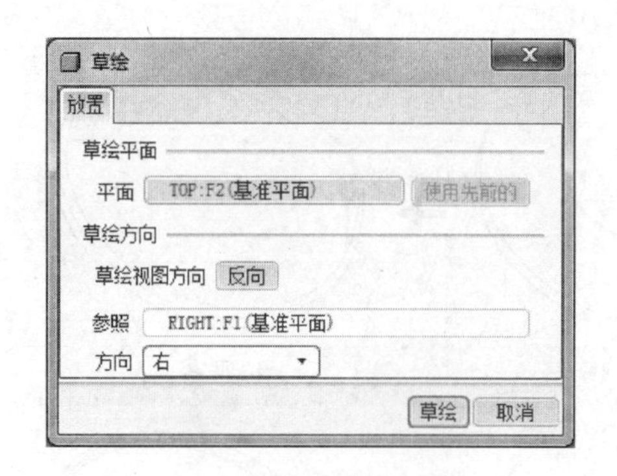

图 5-39 “草绘”对话框

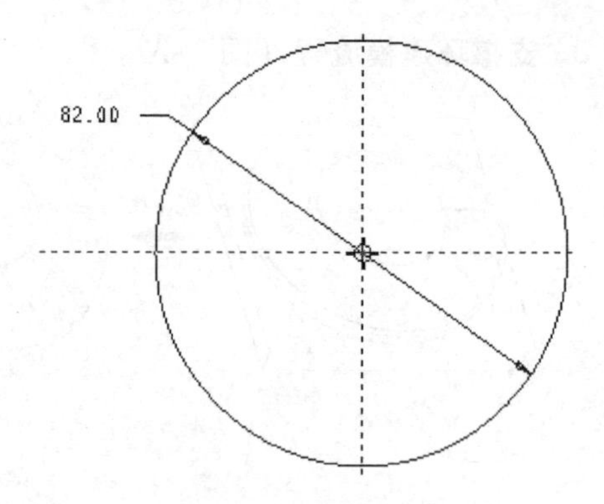

图 5-40 草图截面

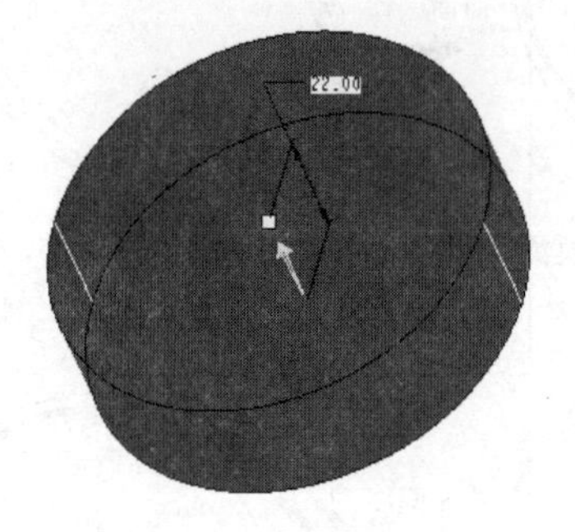

图 5-41 拉伸高度

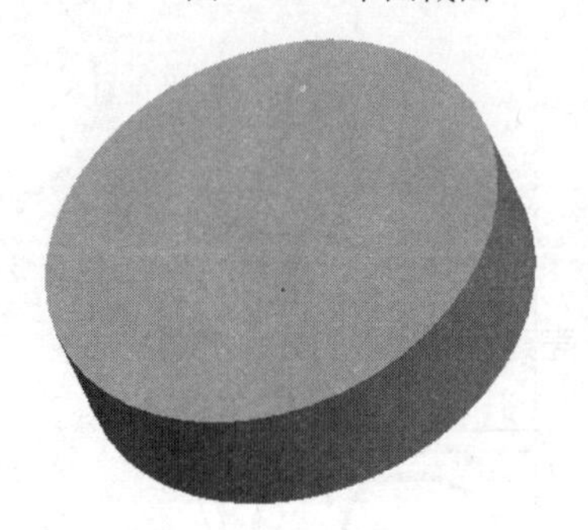

图 5-42 拉伸实体

2）单击右工具箱中“工程特征”工具栏上的“拔模”按钮，在如图 5-43 所示的“拔模”图标板中，在“参照”选项中的“拔模枢轴”列表中，选择实体底面。

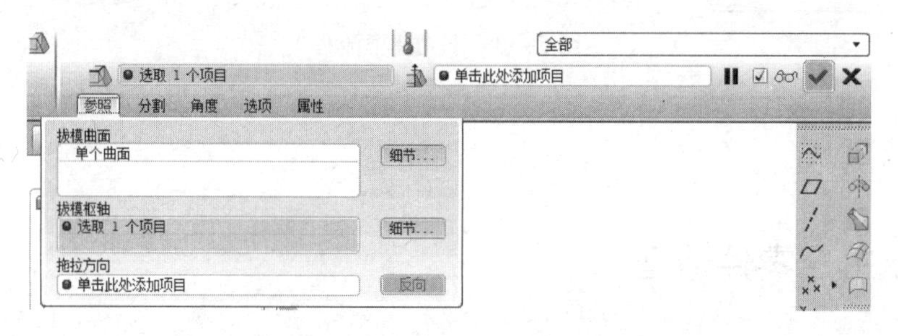

图 5-43 “拔模”图标板

3）在“拔模角度”文本框中输入拔模角度为 1°，向内拔模，拔模结果如图 5-44 所示。

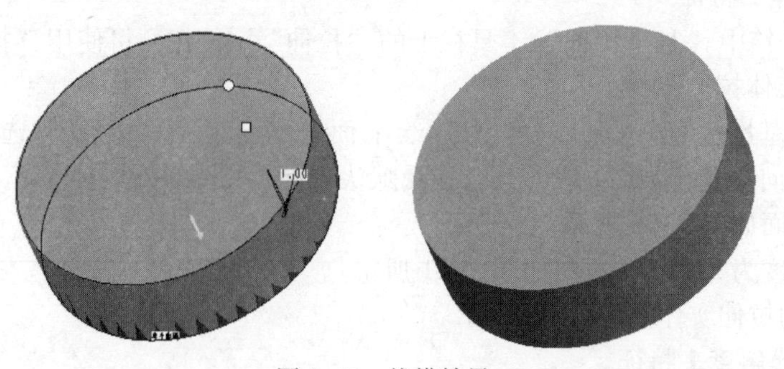

图 5-44 拔模结果

4. 创建旋转曲面 1 特征

单击右工具箱中“基础特征”工具栏上的“旋转”按钮，可使用“旋转”设计工具，单击“曲面”按钮，创建曲面。

1）选择“基准平面”(FRONT) 作为草绘平面，其余接受默认设置。

2）草图截面如图 5-45 所示。

3）旋转造型结果如图 5-46 所示。

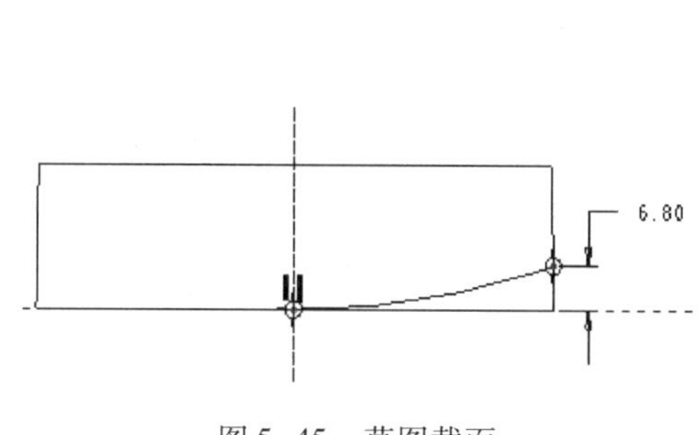

图 5-45　草图截面

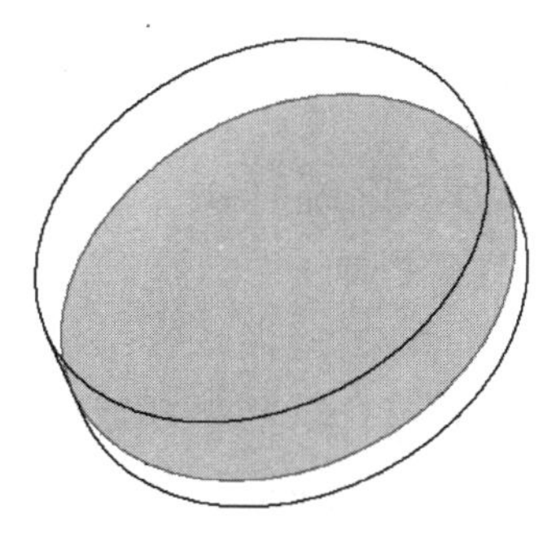

图 5-46　旋转曲面

5. 实体化

选择上一步创建的曲面，选择菜单【编辑】|【实体化】命令。在“实体化”图标板中单击按钮，进行去除材料。选择箭头指示的方向作为去除方向（图 5-47 所示），单击按钮可以改变方向。造型结果如图 5-48 所示。

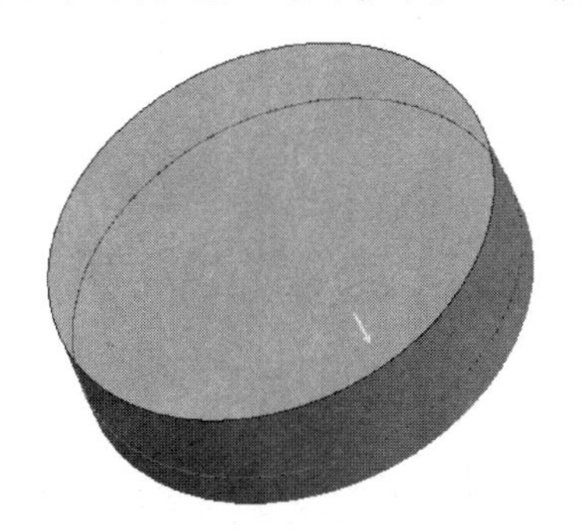

图 5-47　去除方向

图 5-48　实体化结果

6. 创建旋转曲面 2 特征

单击右工具箱中“基础特征”工具栏上的“旋转”按钮，可使用“旋转”设计工具，单击“曲面”按钮，创建曲面。

1）选择“基准平面”(FRONT) 作为草绘平面，其余接受默认设置。

2）草图截面如图 5-49 所示。

3）旋转造型结果如图 5-50 所示。

7. 创建拉伸曲面（除料）

单击右工具箱中“基础特征”工具栏上的“拉伸”按钮，进入“拉伸”设计工具，单击“曲面”按钮，创建曲面。

1）选择“基准平面”（TOP）作为草绘平面，接受默认设置。

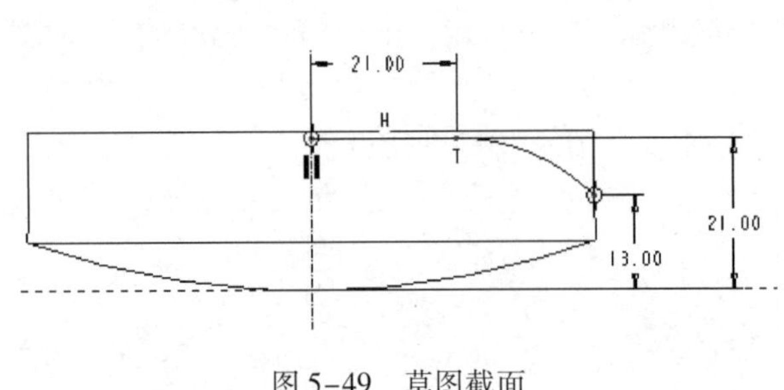

图 5-49　草图截面

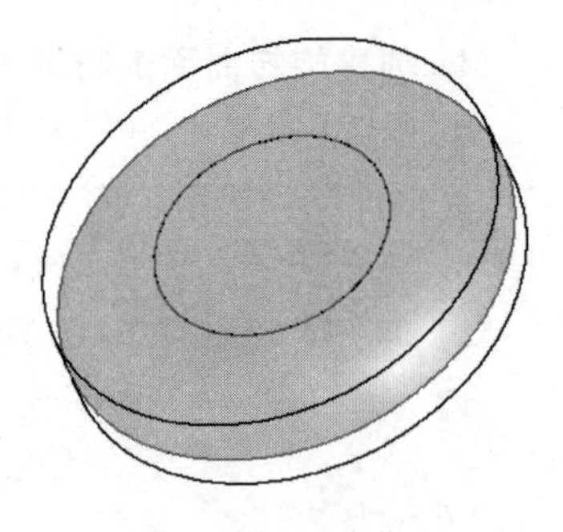

图 5-50　创建曲面

2）草图截面如图 5-51 所示。

3）在“拉伸”图标板中单击按钮，选择上一步创建的旋转曲面进行去除材料，拉伸高度为 30 mm，选择箭头指示的方向作为去除方向，如图 5-52 所示。

4）拉伸除料的造型结果如图 5-53 所示。

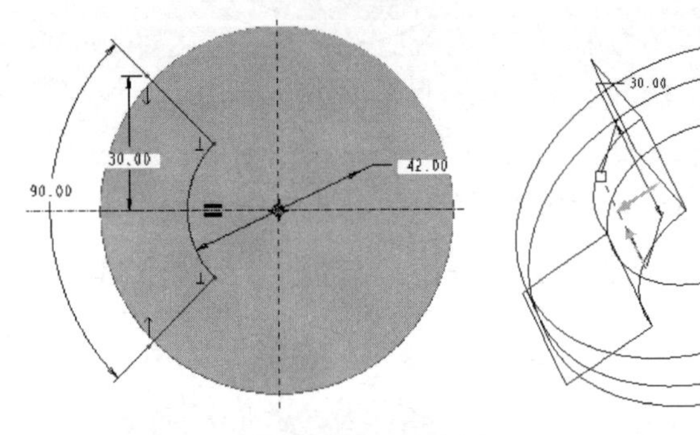

图 5-51　草图截面

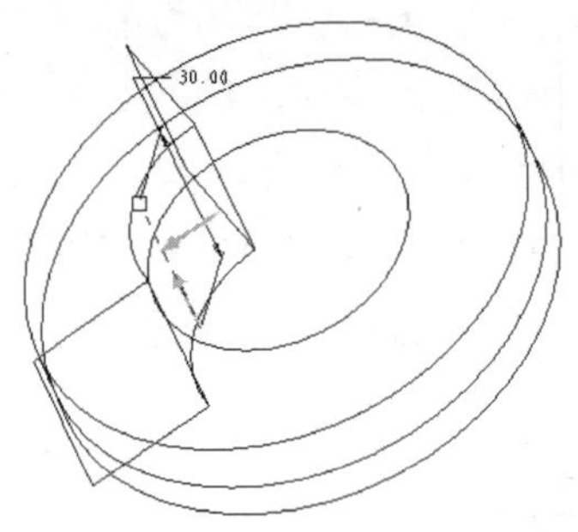

图 5-52　选择去除方向

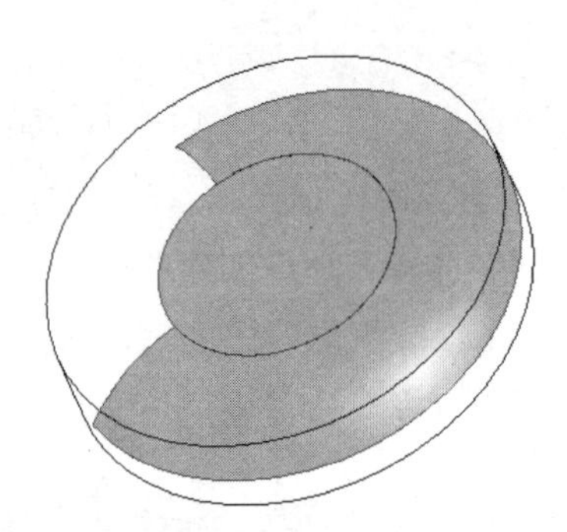

图 5-53　拉伸除料结果

8. 创建基准面 1

单击右工具箱中“基准”工具栏上的“基准平面”按钮，打开“基准平面”对话框，选择如图 5-54 所示的边作为参照，创建“基准平面”（DTM1）。

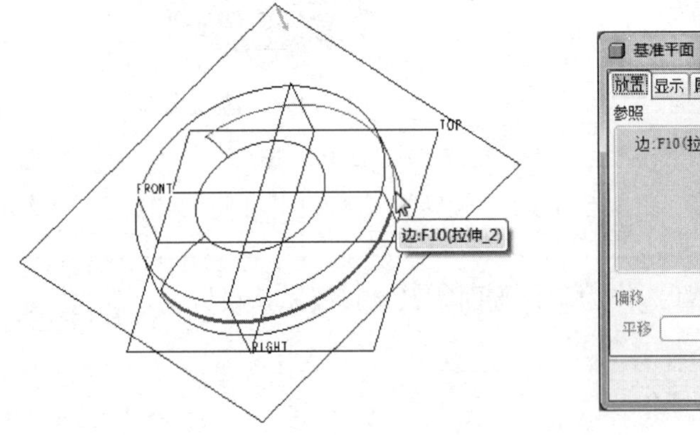

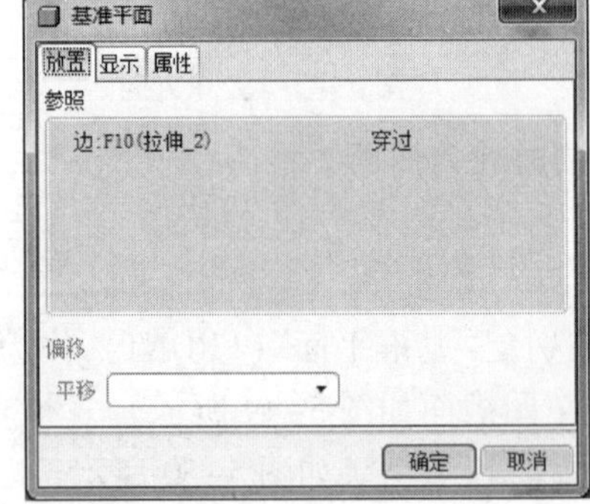

图 5-54　创建基准面

9. 创建基准点

单击右工具箱中“基准”工具栏上的“基准点”按钮，打开“基准点”对话框，选择如图 5-55 所示的“基准平面”（FRONT）与边的交点作为参照，创建“基准点”（PNT0）。

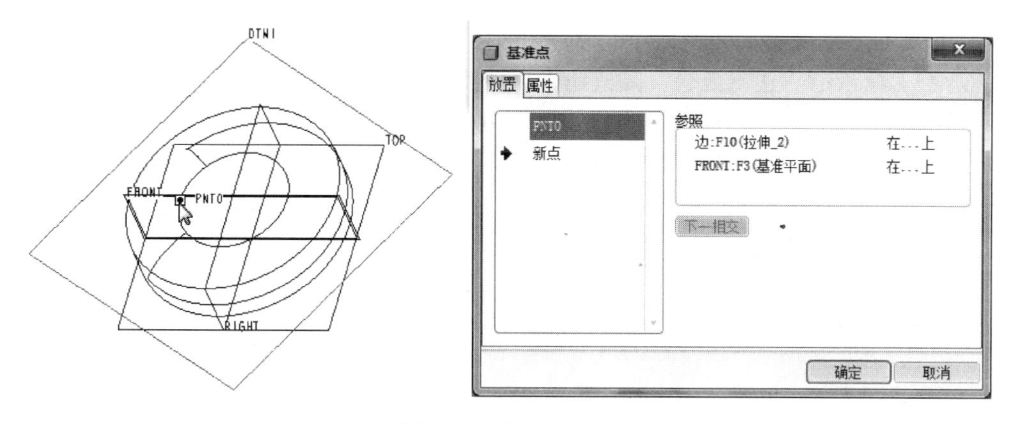

图 5-55　创建基准点

10. 创建草绘曲线 1

单击右工具箱中“草绘”按钮，可使用“草绘”设计工具，选择“基准平面”（DTM1）作为草绘平面。绘制的草图如图 5-56 所示。创建的草绘曲线如图 5-57 所示。

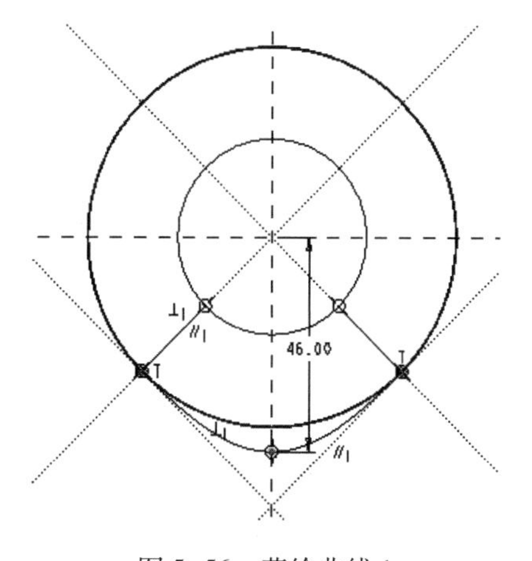

图 5-56　草绘曲线 1

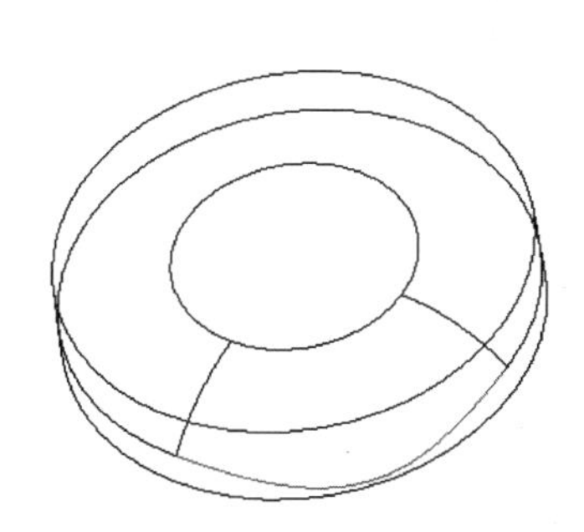

图 5-57　创建草绘曲线 1

11. 创建草绘曲线 2

单击右工具箱中“草绘”按钮，可使用“草绘”设计工具，绘制的草图如图 5-58 所示。创建的草绘曲线如图 5-59 所示。

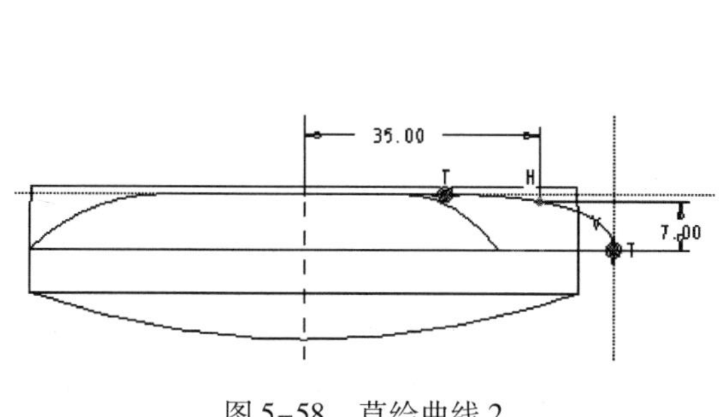

图 5-58　草绘曲线 2

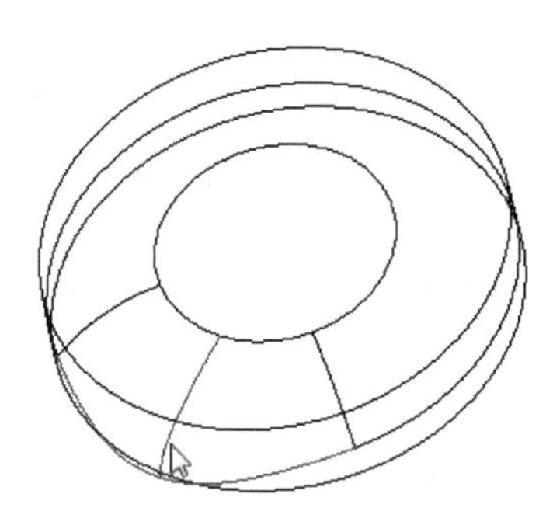

图 5-59　创建草绘曲线 2

12. 创建边界混合曲面

单击右工具箱中“边界混合”按钮，可使用边界混合设计工具。

1）选择如图 5-60 所示的两条边作为第一方向边界。

2）激活第二方向，选择如图 5-61 所示的两条边作为第二方向边界。

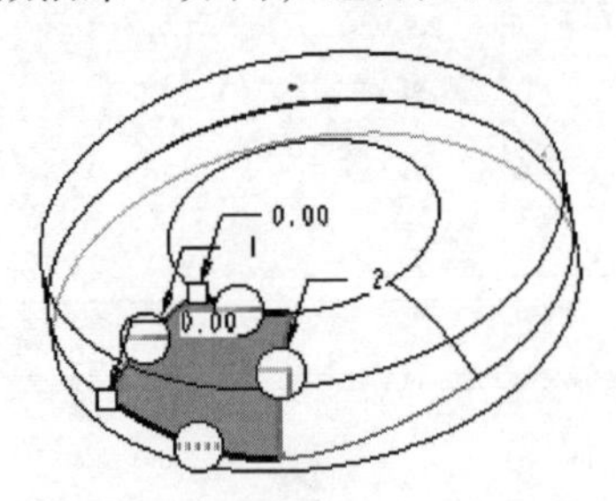

图 5-60　选择第一方向的边界

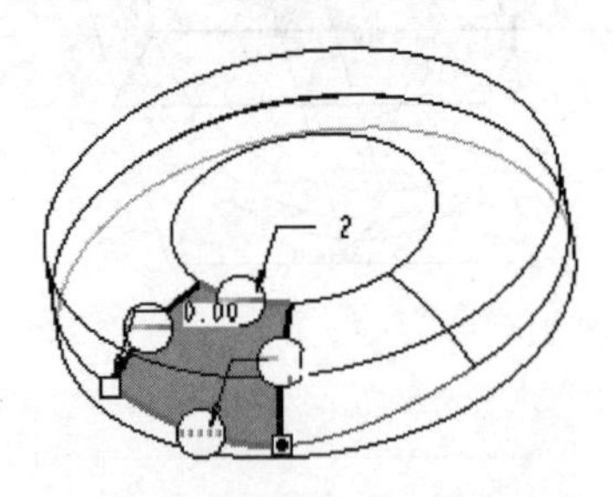

图 5-61　选择第二方向的边界

说明：

当选择第二方向的边界时，系统会自动选择整条边，这时需要选择半条边，方法是选择如图 5-62 所示的边界端点，右击，在弹出的快捷菜单中选择“修剪位置”命令，然后选择要修剪边界，则这条边界就会被修剪掉一部分。

3）在第一方向的边界设置选项上右击，设置第一方向的边界条件分别为“相切”和“垂直”，如图 5-63 所示。

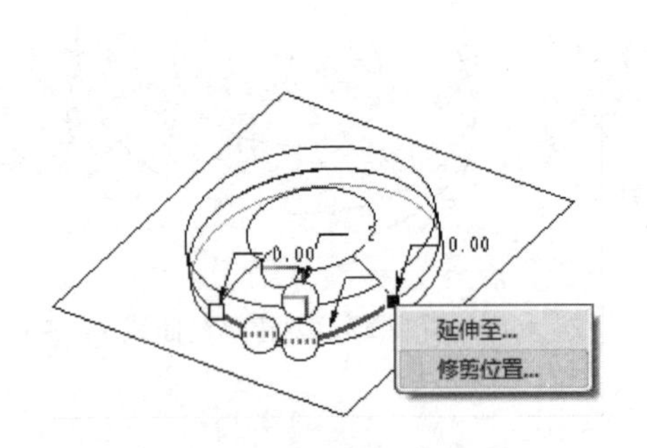

图 5-62　边界修剪方法

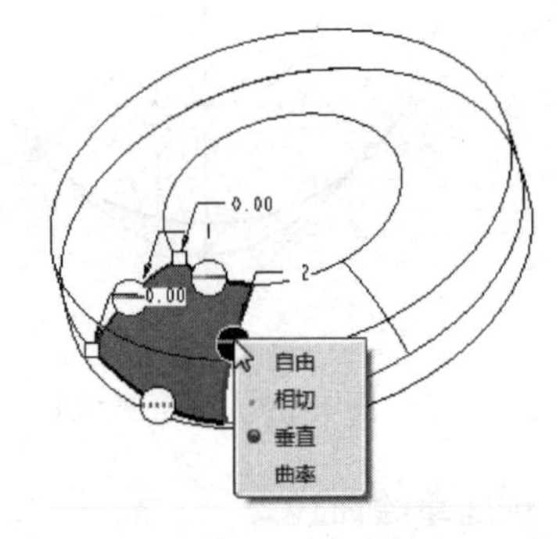

图 5-63　设置边界条件

4）同样的操作方法，设置第一方向的边界条件分别为“相切”和“自由”。创建的边界混合曲面如图 5-64 所示。

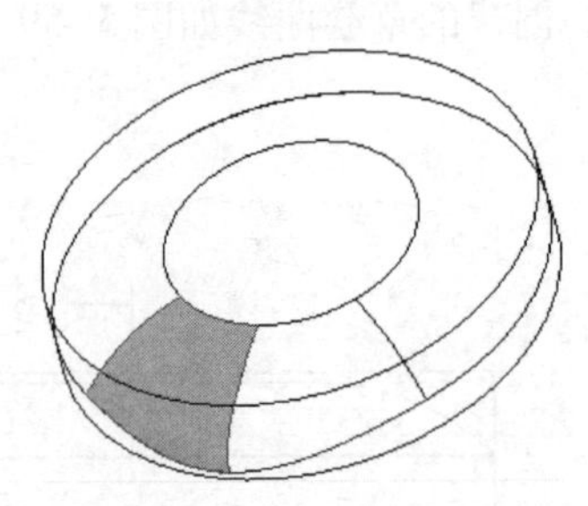

图 5-64　创建的边界混合曲面

13. 创建镜像曲面

选择上一步创建的边界混合曲面，单击右工具箱中“基础特征”工具栏上的“镜像”按钮，选择“基准平面”（FRONT）作为镜像平面，完成曲面镜像。

14. 曲面合并 1

选择上面创建的边界混合曲面及镜像曲面，选择菜单【编辑】|【合并】命令，或者单击右工具箱“合并”按钮，合并曲面，完成的曲面合并结果如图 5-65 所示。

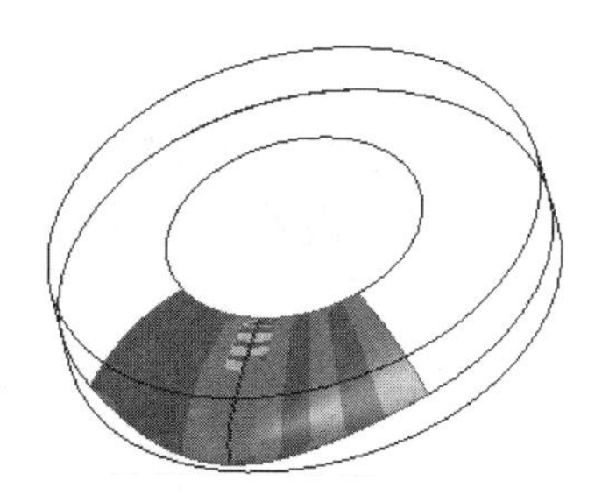
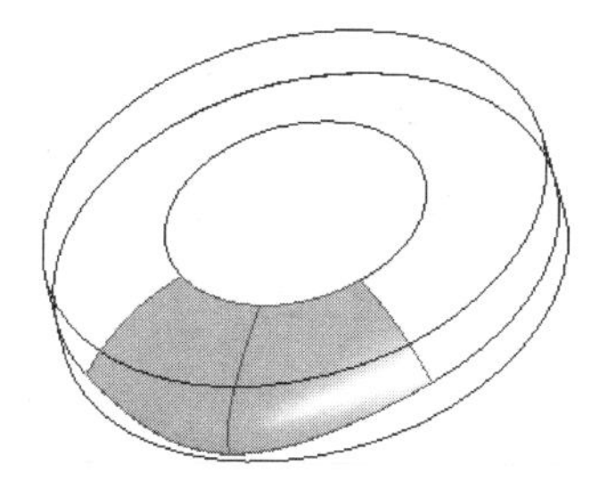

图 5-65　曲面合并结果 1

15. 曲面合并

选择如图 5-66 所示的曲面，单击右工具箱“合并”按钮，合并曲面。

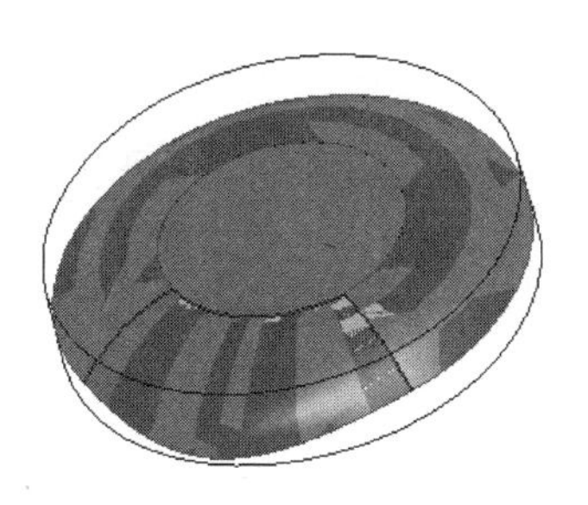
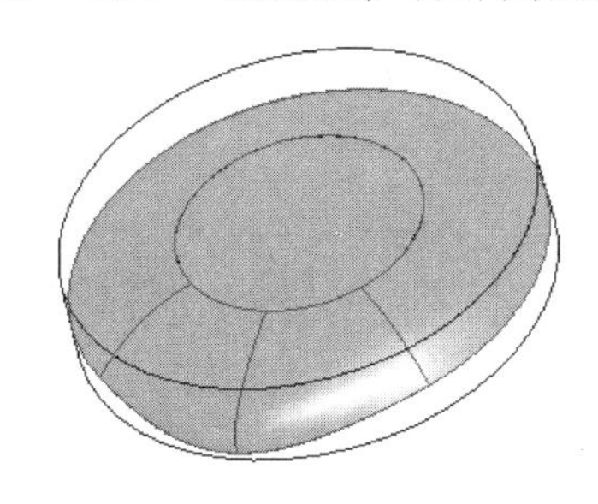

图 5-66　曲面合并结果 2

16. 曲面复制

选择上一步创建的曲面，单击工具栏“复制”按钮，再单击“粘贴”按钮，单击图标板右侧的按钮确认，完成曲面复制，结果如图 5-67 所示。

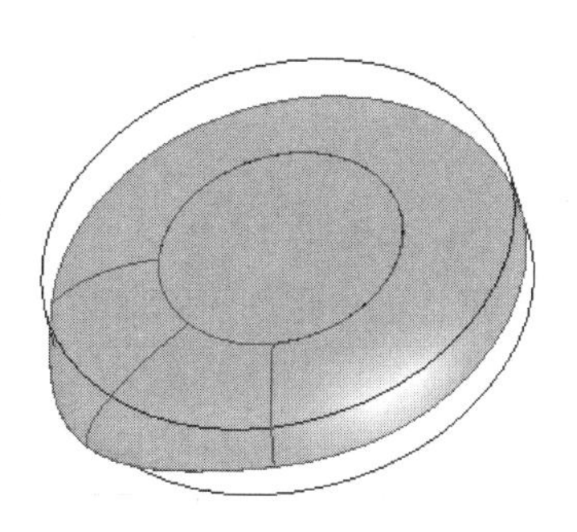

图 5-67　曲面复制

17. 曲面偏移

选择复制后的曲面，选择菜单【编辑】|【偏移】命令，弹出“曲面偏移”图标板，弹出“曲面偏移”图标板，偏移类型选择“标准型偏移”（图 5-68），设置整个曲面向内偏移量为 1 mm，曲面偏移结果如图 5-69 所示。

图 5-68　“曲面偏移”图标板

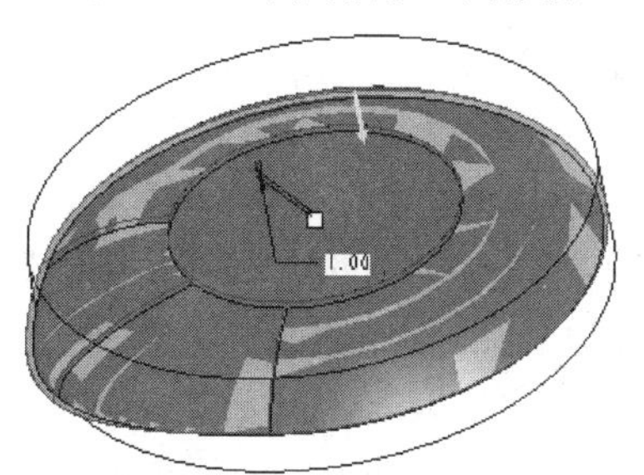

图 5-69　曲面偏移结果

18. 曲面延伸

按下〈Shift〉键，选择如图 5-70 所示的曲面边链，选择菜单【编辑】|【延伸】命令，弹出"延伸"图标板，如图 5-71 所示。延伸类型中选择"沿着原曲面延伸"，延伸长度为 2 mm。

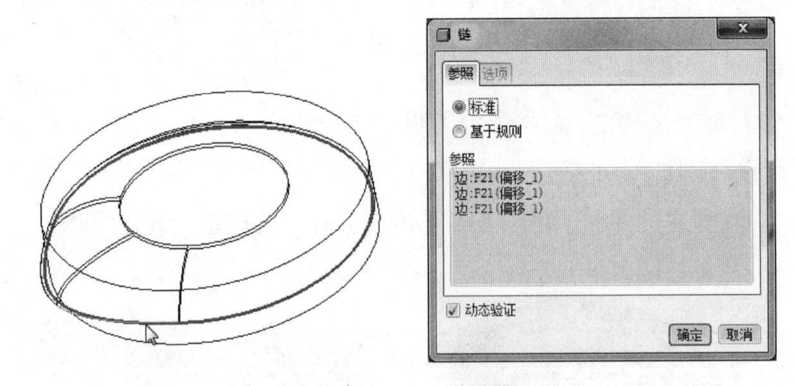

图 5-70 选择要延伸的曲面边界

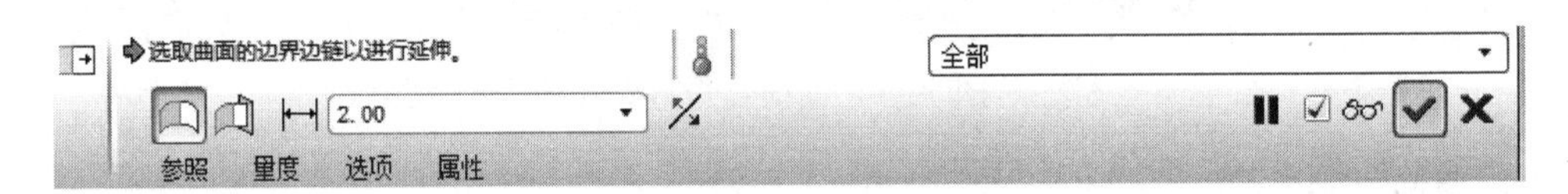

图 5-71 "延伸"图标板

19. 实体化

选择上一步创建的曲面，选择菜单【编辑】|【实体化】命令。在"实体化"图标板中单击按钮，进行去除材料。选择箭头指示的方向作为去除方向（图 5-72），单击按钮可以改变方向。实体化结果如图 5-73 所示。

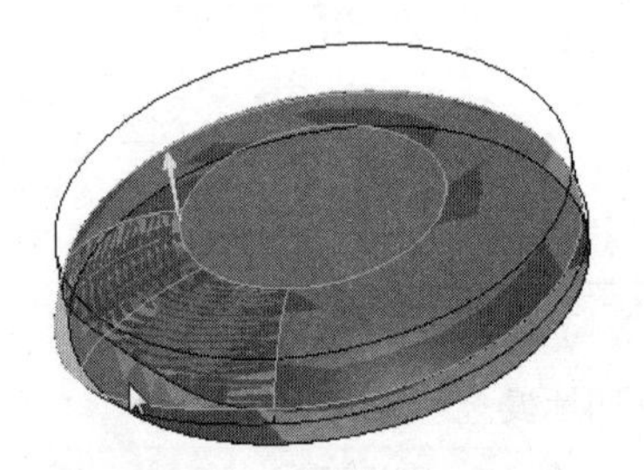

图 5-72 实体化除料方向

图 5-73 实体化结果

20. 倒圆角特征

单击右工具箱中"工程特征"工具栏上的"倒圆角"按钮，选择如图 5-74 所示的两条边进行倒圆角，圆角 R 值为 0.5 mm。

21. 创建基准面 2

单击右工具箱中"基准"工具栏上的"基准平面"按钮，打开"基准平面"对话框，选择如图 5-75 所示的平面作为参照，创建"基准平面"（DTM2），平移距离设为 0.1 mm。

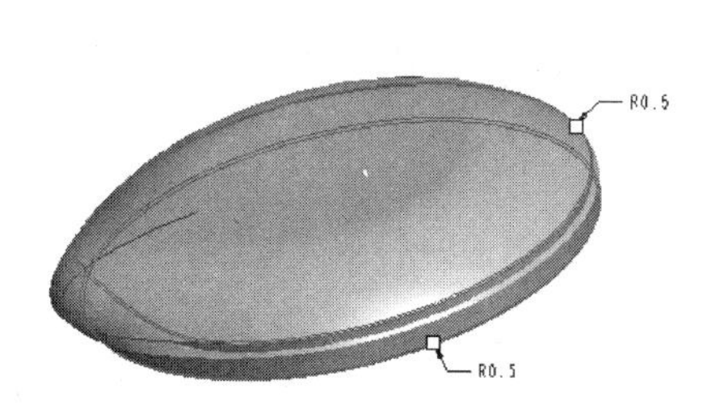

图 5-74　倒圆角

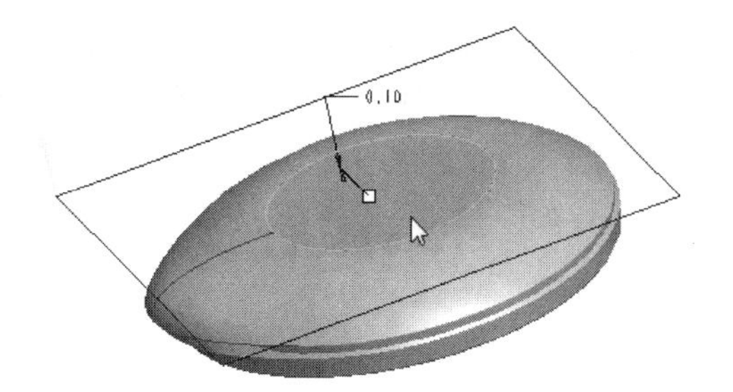

图 5-75　创建基准平面

22. 创建拉伸 2 特征

单击右工具箱中“基础特征”工具栏上的“拉伸”按钮，可使用“拉伸”设计工具。默认选择为“实体拉伸”。

1）选择“基准平面”（DTM2）作为草绘平面，其余接受默认草绘设置。

2）草图截面如图 5-76 所示。

3）在拉伸方式列表中选择“拉伸到下一个曲面”，则创建一个拉伸到下一曲面的环形实体特征，如图 5-77 所示。

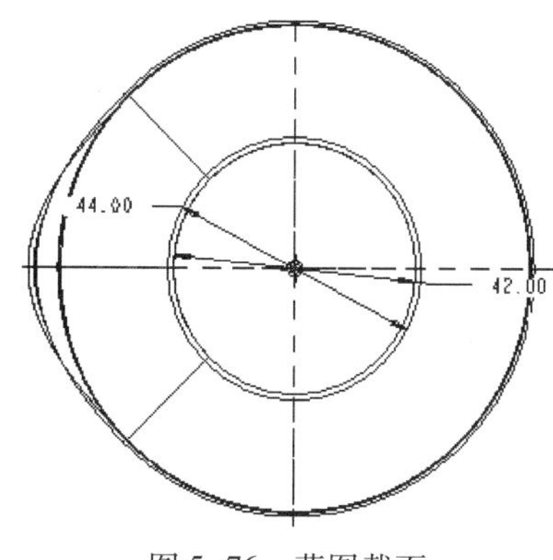

图 5-76　草图截面

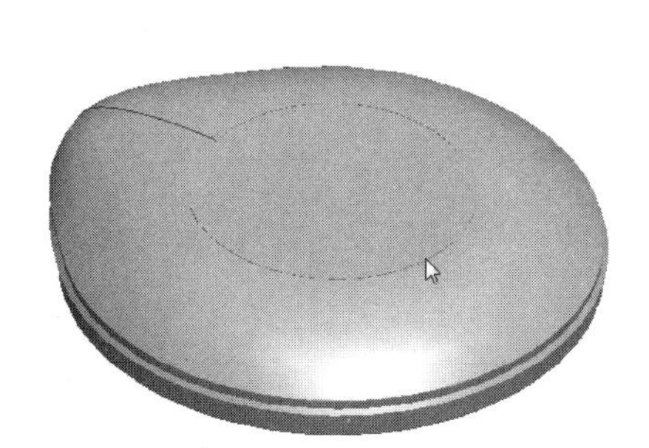

图 5-77　造型结果

23. 创建拔模斜度 2 特征

选择上一步创建的拉伸特征的侧面作为拔模曲面（图 5-78），拔模枢轴如图 5-79 所示，拔模角度为 1°，向内拔模。

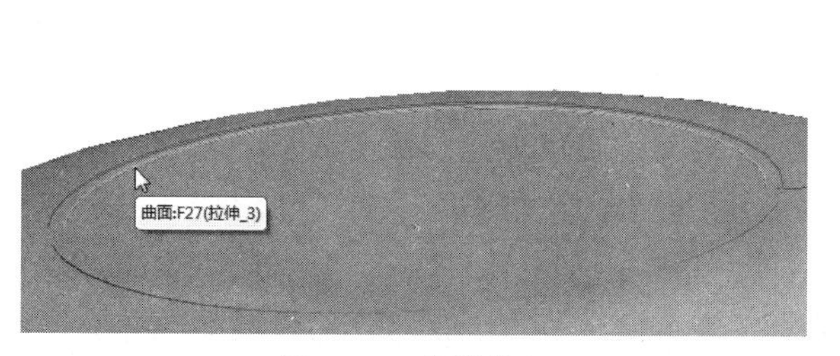

图 5-78　拔模曲面

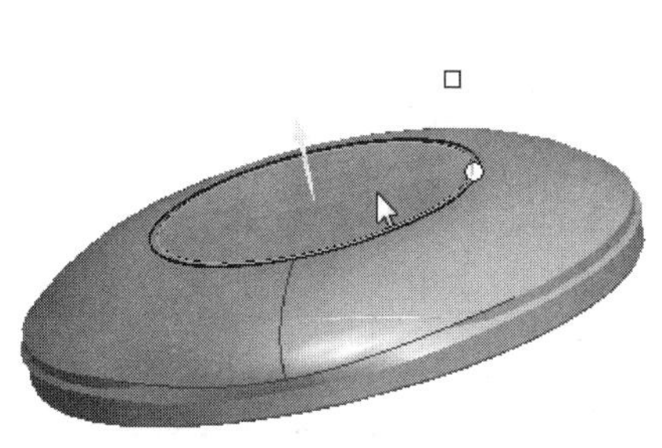

图 5-79　拔模枢轴

24. 创建拉伸 3 特征

单击右工具箱中“基础特征”工具栏上的“拉伸”按钮，可使用“拉伸”设计工具，单击“曲面”按钮，创建曲面。

1）选择“基准平面”（FRONT）作为草绘平面，草绘视图“参照”选择“基准平面”（RIGHT），“方向”选择向“右”。

2）草图截面如图 5-80 所示。

3）在拉伸方式列表中选择“对称拉伸”视图拉伸高度设置为 90 mm。则创建一个两边开口的长方形曲面特征，如图 5-81 所示。

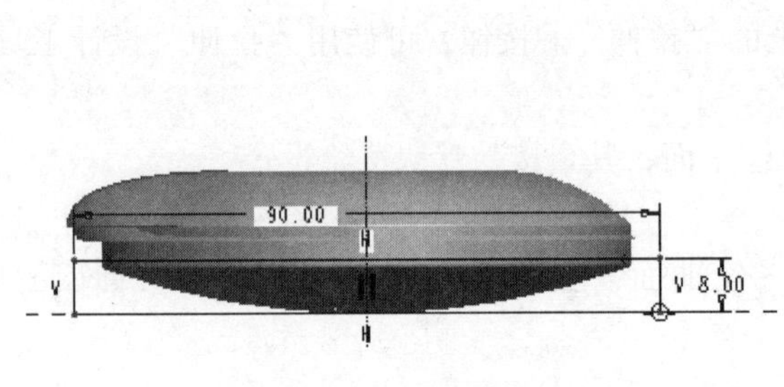

图 5-80　草图截面

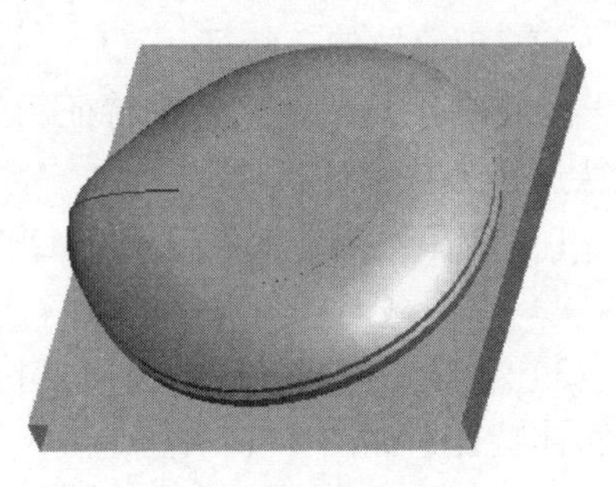

图 5-81　造型结果

至此，完成了主控文件 master. prt 的创建。为了方便模型显示，需要设置层，通过控制层的显示/隐藏，快速地显示或隐藏曲面、曲线等特征。

25. 设置图层

单击“模型树”选项区按钮，在弹出的菜单中选择“层树”命令，如图 5-82 所示。

1）在层树列表空白处右击，在弹出的快捷菜单中选择“新建层”命令。

2）在“层属性”对话框中，输入层名：QX，在模型上选择要列入这层的曲线，如图 5-83所示。注意：为了选择方便，可以在绘图区上方的“选择过滤器”中设置成只选择“曲线”，如图 5-84 所示。

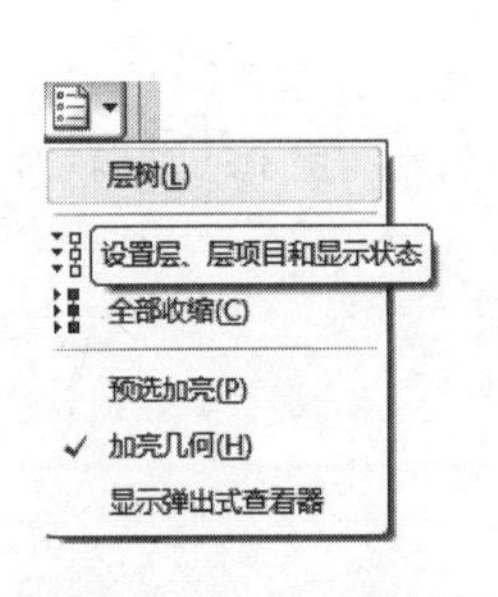

图 5-82　选择“层树”

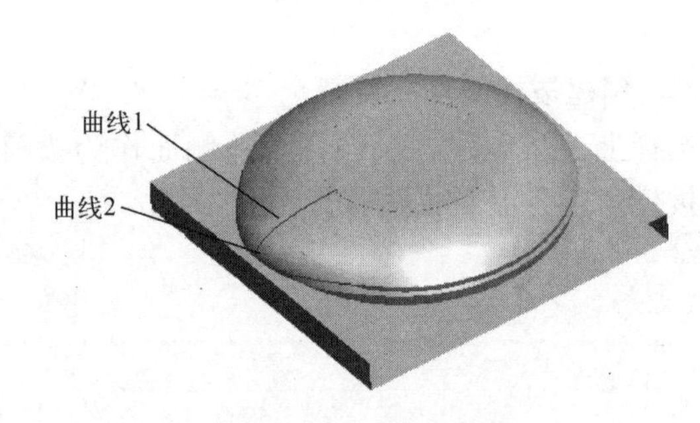

图 5-83　选择曲线

3）选取完毕，关闭对话框。

4）在“层树”上选择层名“QX”，右击，在弹出的快捷菜单中选择“隐藏”命令，则该层上的曲线就都被隐藏了。

5）同理，可以设置曲面层，命名“QM”，将不想显示的曲面设置到该层上，并隐藏该层即可。隐藏后的模型如图 5-85 所示。

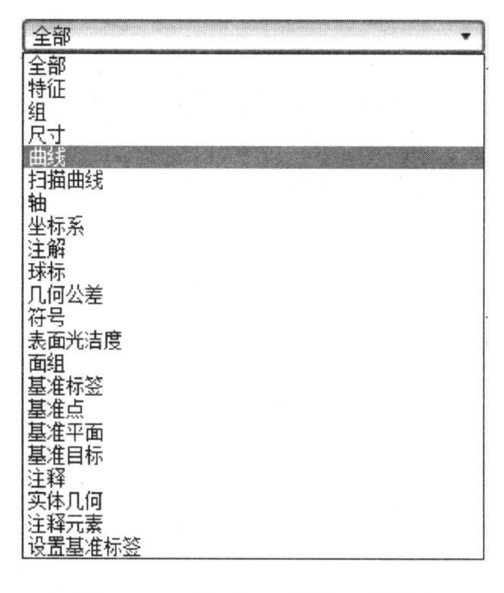

图 5-84　设置“选择过滤器”

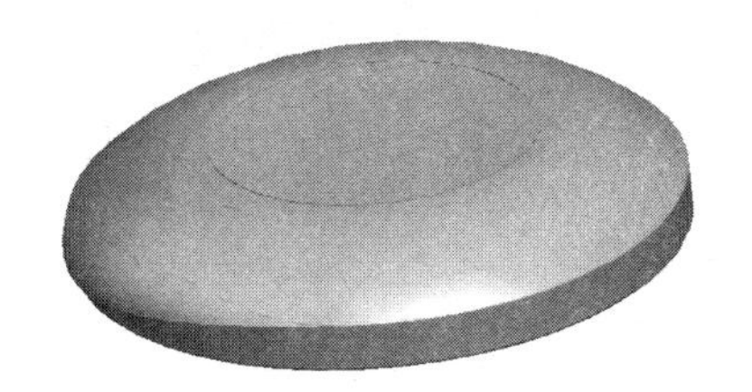

图 5-85　图层隐藏结果

选择菜单【文件】|【保存】命令，保存主控零件。

5.2　创建上壳造型

Step1：创建临时装配，装入主控零件

1. 新建装配文件

新建文件名为“temp. asm”，随后进入装配建模环境中。

2）单击“模型树”选项区按钮右侧的下三角按钮，在弹出的快捷菜单中选择“树过滤器”命令，弹出“模型树项目”对话框。选中“显示”列表下的“特征”、“放置文件夹”和“隐含的对象”复选框（图 5-86），单击“应用”按钮，再单击“关闭”按钮。

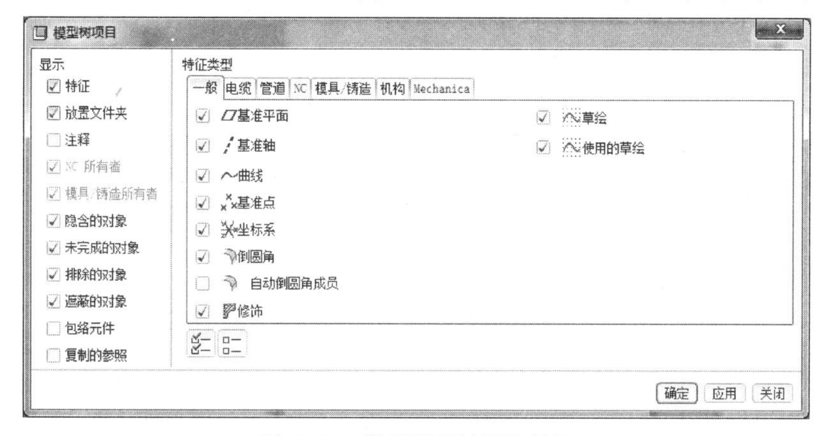

图 5-86　设置模型树显示项目

2. 装入主控文件

单击右工具箱“装配”按钮，可使用“装入零部件”设计工具。系统弹出“打开”对话框，选择要装配的文件 master. prt，单击“打开”按钮，系统弹出“装入零部件”图标板，在放置方式列表中选择“缺省”方式，如图 5-87 所示。

装入第一个零件后的模型树如图 5-88 所示。

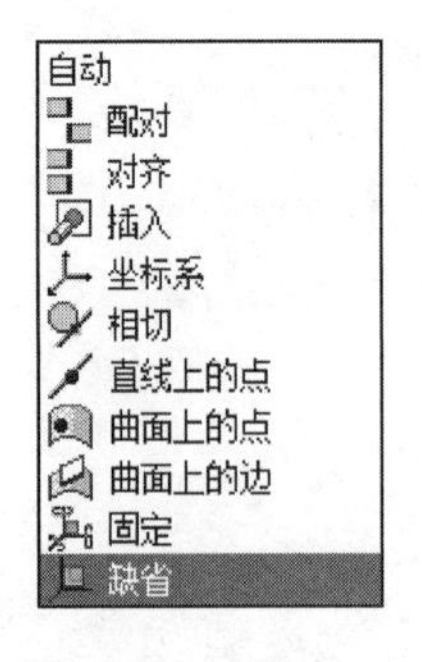

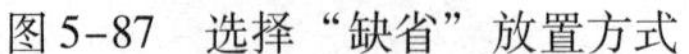

图 5-87　选择“缺省”放置方式

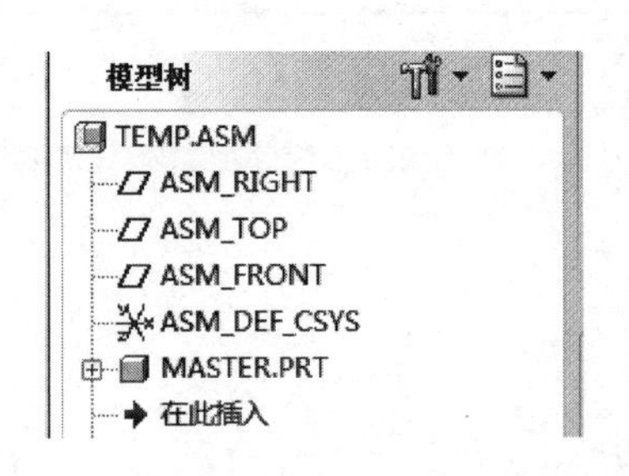

图 5-88　模型树

3. 创建零件

单击右工具箱中“元件创建”按钮，可使用“元件创建”设计工具。

1）在“元件创建”对话框的“类型”选项区选择“零件”，“子类型”选择“实体”，名称栏内输入：top，如图 5-89 所示。

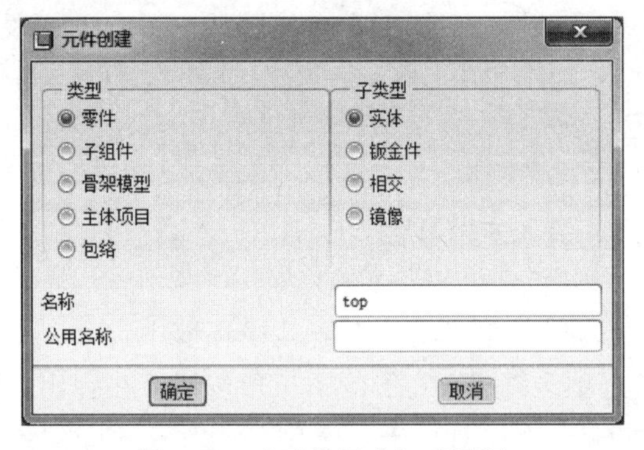

图 5-89　“元件创建”对话框

2）在“创建选项”对话框中的创建方法列表中选择“复制现有”，则复制已有的 mmns_part_solid. prt 零件模板，如图 5-90 所示。

3）然后按照上一步装配 master. prt 零件的方法，将 top. prt 以“缺省”的方式装入。

参照上面的方法再创建两个零件 middle. prt 和 bottom. prt，模型树如图 5-91 所示，保存 temp. asm 文件。

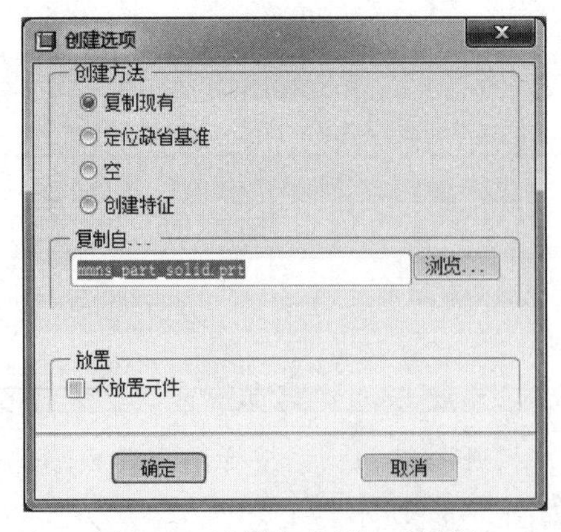

图 5-90　“创建选项”对话框

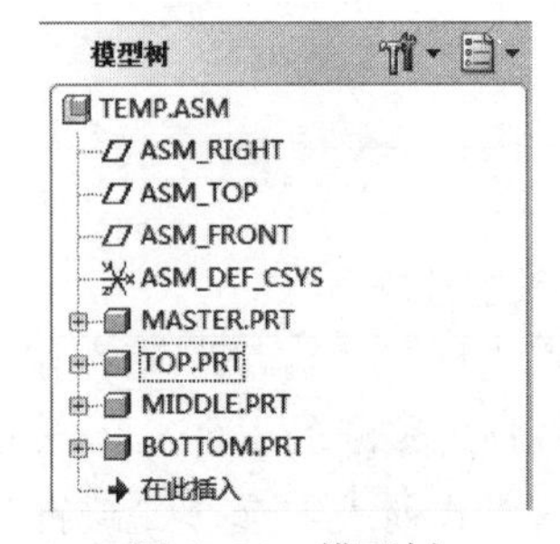

图 5-91　模型树

Step2：上壳造型

1. 创建合并/继承

1）在 temp. asm 的模型树上选择 top. prt，右击，在弹出的快捷菜单中选择“激活”命令，则上壳零件被激活。

2）选择菜单【插入】|【共享数据】|【合并/继承】命令，弹出“合并/继承”图标板，如图 5-92 所示。在模型树上选择主控文件 master. prt，单击图标板右侧的按钮确认，则主控文件造型就被继承到 top. prt 中。完成的结果如图 5-93 所示。

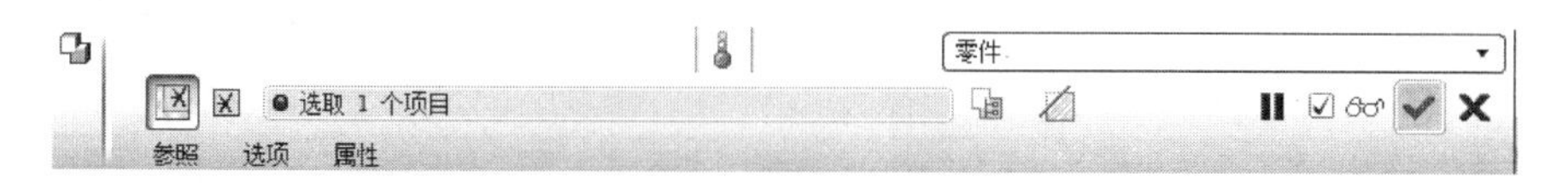

图 5-92 “合并/继承”图标板

3）在 temp. asm 的模型树上选择 top. prt，右击，在弹出的快捷菜单中选择“打开”命令，则进入到 top. prt 零件模块中编辑零件。

2. 实体化操作 1

选择如图 5-94 所示的曲面，选择菜单【编辑】|【实体化】命令。在“实体化”图标板中单击按钮，进行去除材料，选择箭头指示的方向作为去除方向。单击图标板右侧的按钮确认，完成实体化操作，结果如图 5-95 所示。

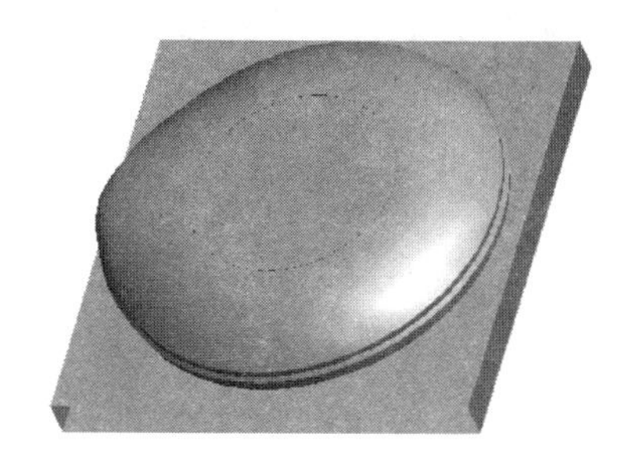

图 5-93 继承后的 top. prt 零件

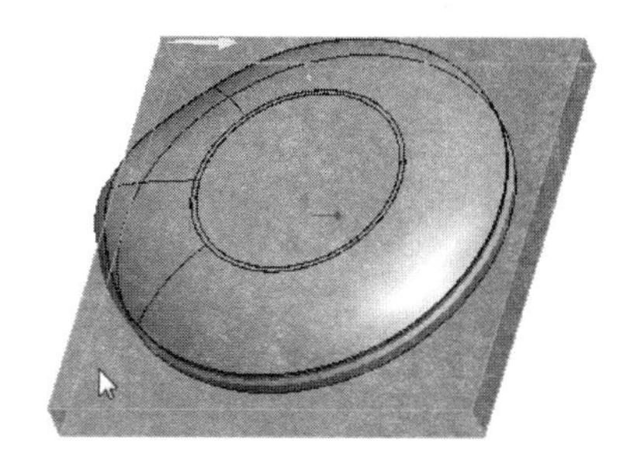

图 5-94 选择曲面

按照上面的操作方法，再选择如图 5-96 所示的曲面，进行一次实体化去除材料的操作，结果如图 5-97 所示。

图 5-95 实体化结果

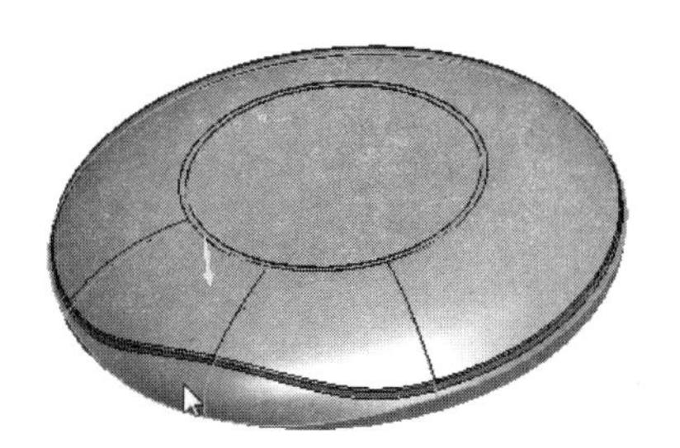

图 5-96 选择曲面

3. 隐藏曲线层

切换到“层树”，将 top. prt 文件中的 QX 曲线层和 QM 曲面层隐藏。

4. 创建草绘平面

单击右工具箱中“草绘”按钮，可使用“草绘”设计工具，选择“基准平面”（TOP）作为草绘平面。绘制草图1，如图5-98所示。

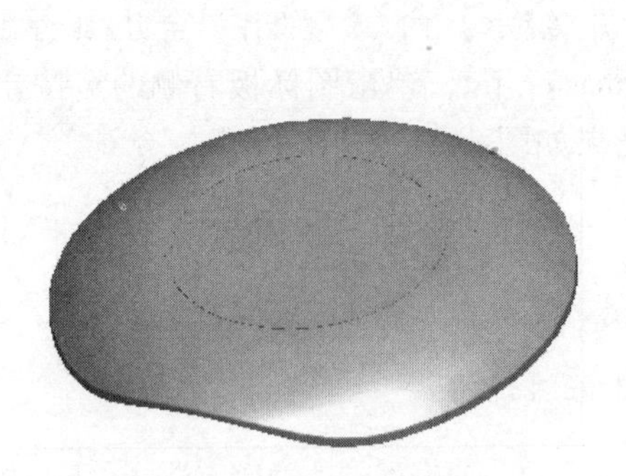

图5-97 实体化结果

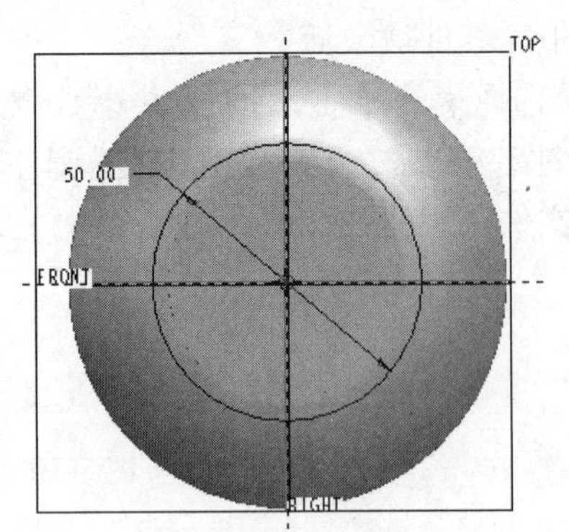

图5-98 草图截面1

5. 创建可变截面扫描1特征

单击右工具箱中“基础特征”工具栏上的“可变截面扫描”按钮，弹出“可变截面扫描”图标板，可使用到“可变剖面扫描”设计工具，默认为扫描曲面。

1）单击“参照”按钮，弹出“参照”下滑面板，按住〈Ctrl〉键，先选择上一步草绘的圆，再选择如图5-99所示的曲面的边作为扫描轨迹。

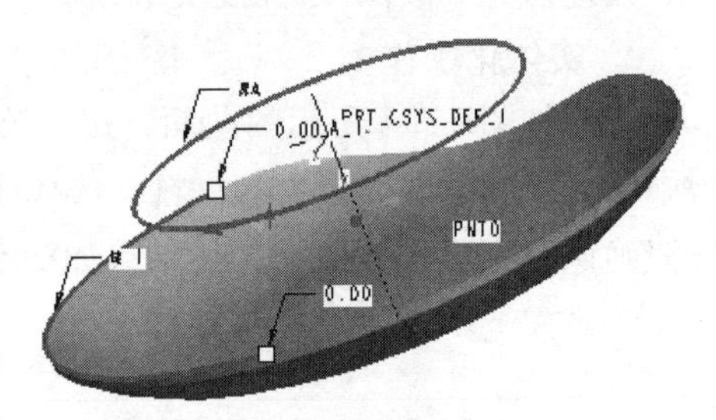

图5-99 选择“可变截面扫描”轨迹

2）接下来单击按钮，绘制草图2，如图5-100所示。创建的可变截面扫描曲面特征如图5-101所示。

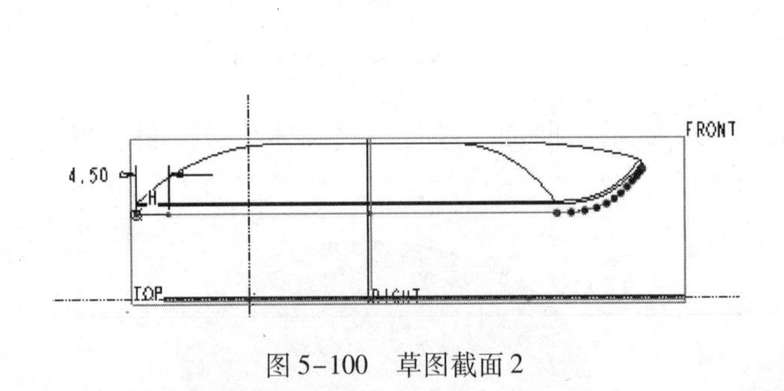

图5-100 草图截面2

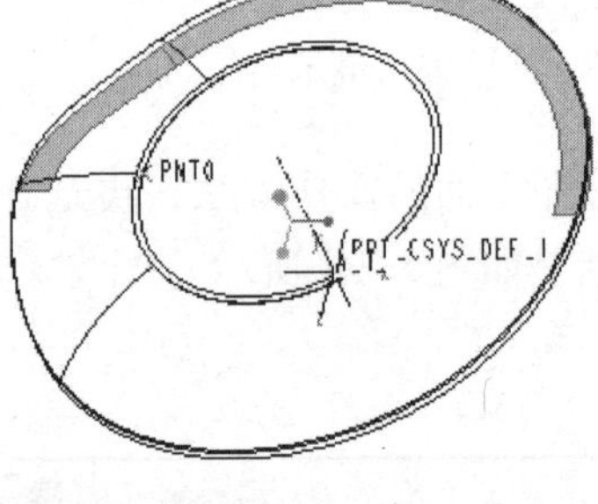

图5-101 创建的可变截面扫描曲面

6. 创建镜像1特征（曲面）

选择上一步创建的可变截面扫描曲面，单击右工具箱中“基础特征”工具栏上的“镜像”按钮，选择“基准平面”（FRONT）作为镜像平面，创建镜像曲面。

7. 曲面合并1

选择第5、6步创建的曲面，单击右工具箱中“合并”按钮，合并曲面，如图5-102所示。

8. 曲面复制

选择上壳模型的内表面（图 5-103），按〈Ctrl + C〉键可复制，然后按〈Ctrl + V〉键粘贴曲面，或者单击工具栏“复制”按钮，然后单击工具栏“粘贴”按钮，粘贴曲面。

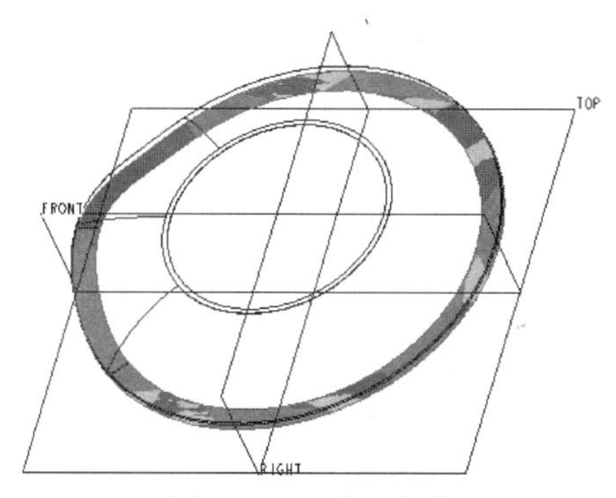

图 5-102　曲面合并

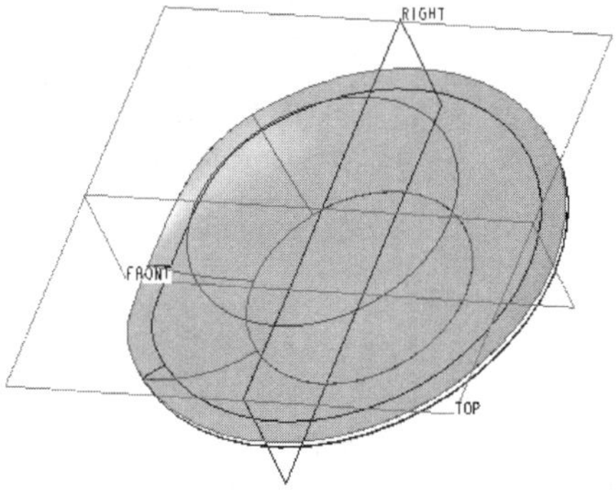

图 5-103　选择曲面

9. 曲面偏移 1

选择复制后的曲面，选择菜单【编辑】|【偏移】命令，弹出“曲面偏移”图标板，“偏移类型”选择“标准型偏移”，设置整个曲面向内偏移量为 1 mm，如图 5-104 所示。

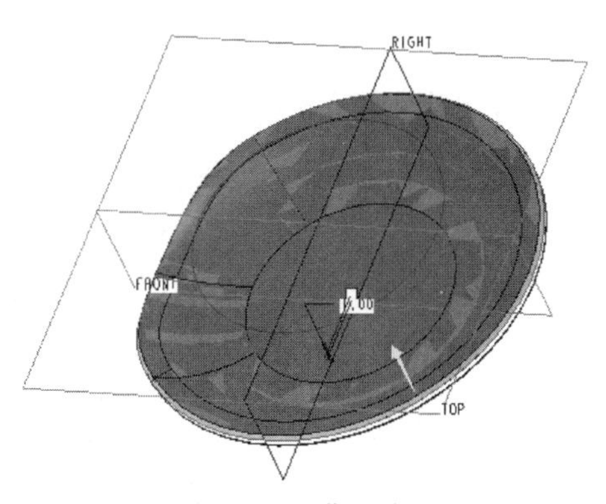

图 5-104　曲面偏移

10. 曲面合并 2

选择第 7 步合并后的曲面以及第 9 步偏移的曲面，单击右工具箱中“合并”按钮，合并曲面（图 5-105），注意选择保留的曲面方向，如图 5-106 所示。

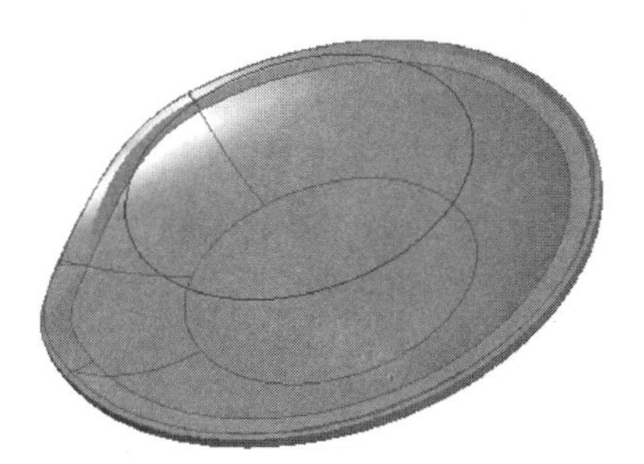

图 5-105　合并曲面

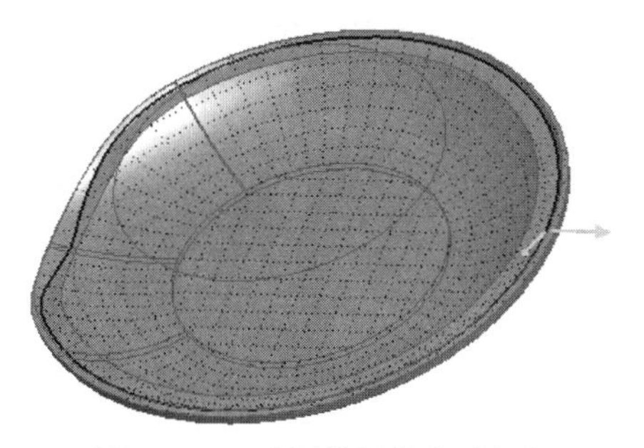

图 5-106　选择保留的曲面方向

11. 实体化操作 2

选择上一步创建的曲面，选择菜单【编辑】|【实体化】命令，在“实体化”图标板中单击按钮，选择箭头方向向下，则可以在该方向上（即该曲面与壳体之间）填充实体，如图 5-107 所示。

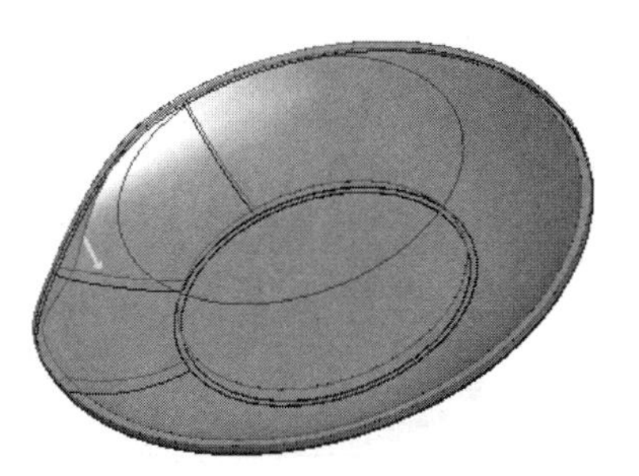

图 5-107　实体化

12. 创建基准平面 1

单击右工具箱中“基准”工具栏上的“基准平面”按钮，进入“基准平面”设计工具，选择上壳体的下表平面作为参照，向箭头一侧偏移，偏移值为 0.65 mm，如图 5-108 所示。

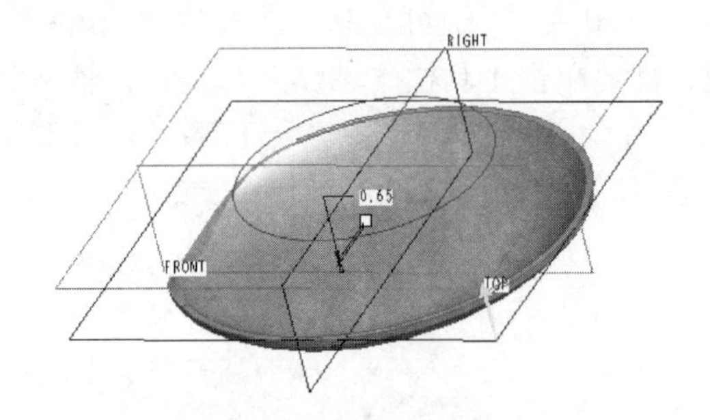

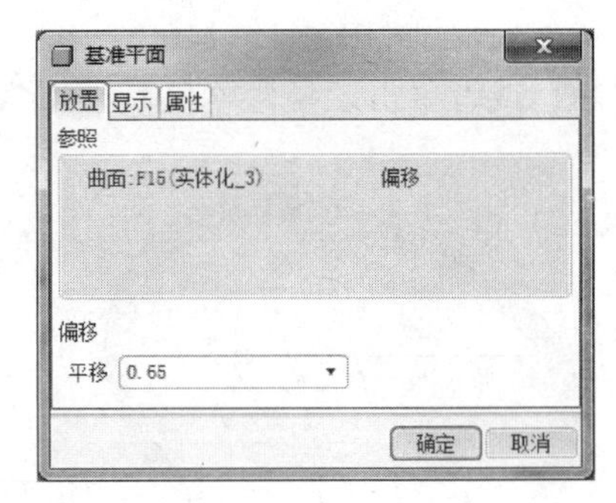

图 5-108　创建“基准平面”（DTM1）

13. 创建拉伸 1 特征

单击右工具箱中“基础特征”工具栏上的“拉伸”按钮，可使用“拉伸”设计工具。默认选择为“实体拉伸”。选择“基准平面”（DTM1）作为草绘平面，其余接受默认设置。草图截面如图 5-109 所示。在“拉伸”图标板中选择拉伸方式为“拉伸至下一曲面”，单击右侧按钮结束拉伸特征操作。造型结果如图 5-110 所示。

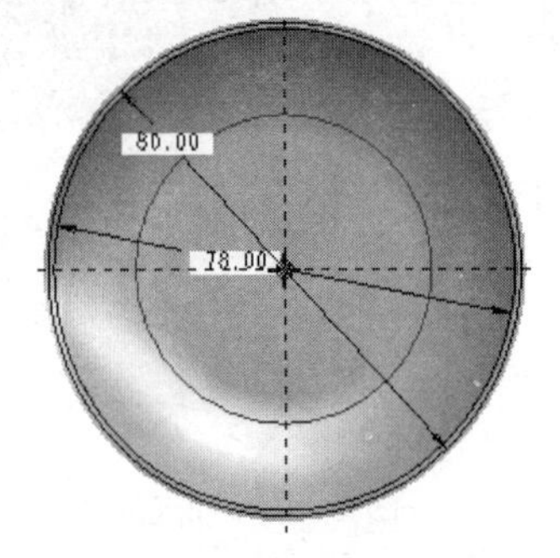

图 5-109　草图截面

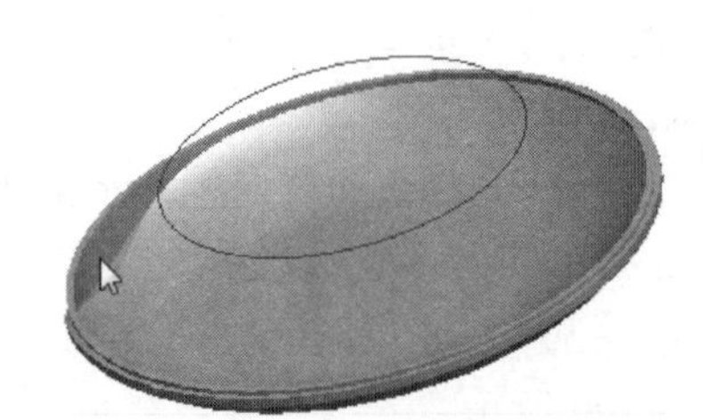

图 5-110　造型结果

14. 曲面偏移 2

选择第 10 步合并后的曲面，选择菜单【编辑】|【偏移】命令，弹出“曲面偏移”图标板，“偏移类型”中选择“标准型偏移”，设置整个曲面向内偏移量为 0.65 mm，如图 5-111 所示。

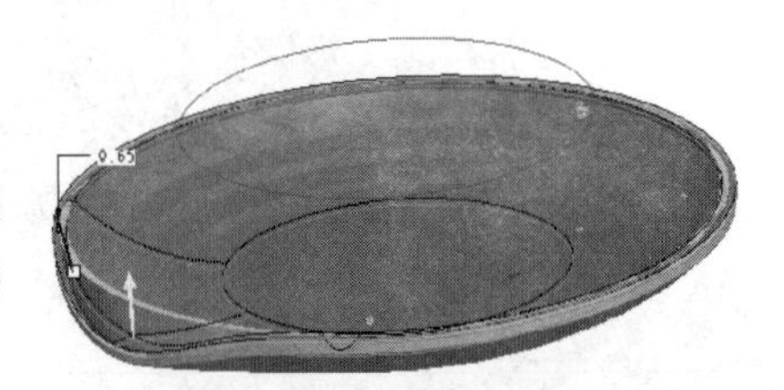

图 5-111　选择壳体内表面

15. 实体化操作 3

选择上一步创建的曲面，选择菜单【编辑】|【实体化】命令，在“实体化”图标板中单击按钮，进行去除材料，选择箭头方向向上（图 5-112），单击“实体化”图标板右侧按钮确认，造型结果如图 5-113 所示。

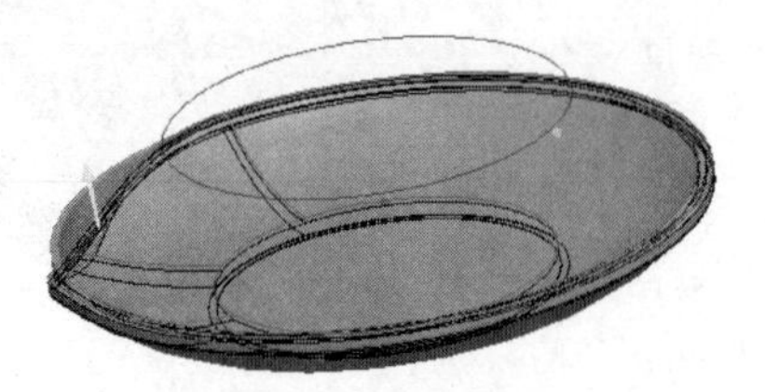

图 5-112　实体化方向

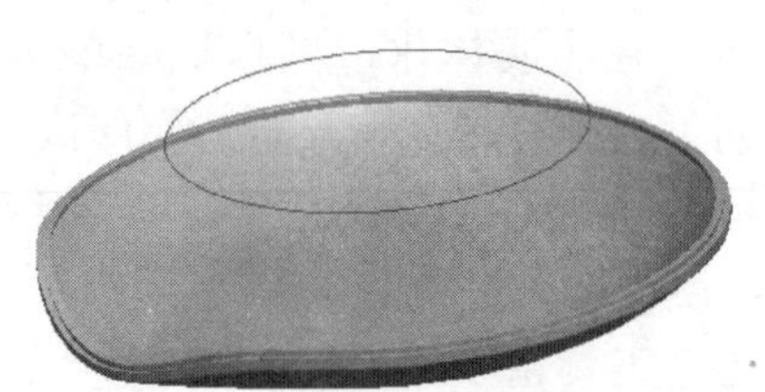

图 5-113　实体化结果

> **说明：**
>
> 以上完成的是上壳外观部分造型，接下来要进行壳体装配连接部分和内部结构造型设计。需要注意一点，考虑到产品加工成型工艺，内部的柱位需要设置合适的拔模斜度。

16. 创建可变截面扫描 2 特征

单击右工具箱中“基础特征”工具栏上的“可变截面扫描”按钮，弹出“可变截面扫描”图标板，可使用“可变剖面扫描”设计工具，单击按钮，创建实体特征。

1）单击“参照”按钮，弹出“参照”下拉面板，先选择第 4 步草绘的圆，按住〈Ctrl〉键，选择一条边（图5-114），松开〈Ctrl〉键，再按下〈Shift〉键，选择如图5-115 所示的依次链作为扫描轨迹。

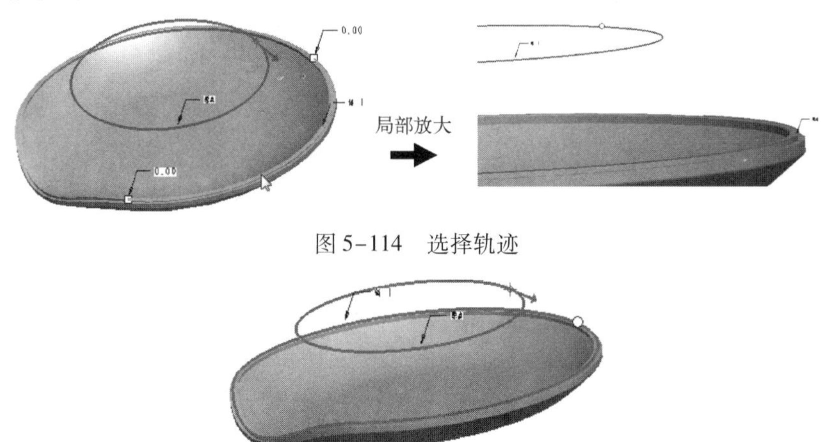

图 5-114　选择轨迹

图 5-115　选择依次链

2）单击“草绘”按钮，绘制草图截面，如图 5-116 所示。创建的可变截面扫描实体特征如图 5-117 所示。

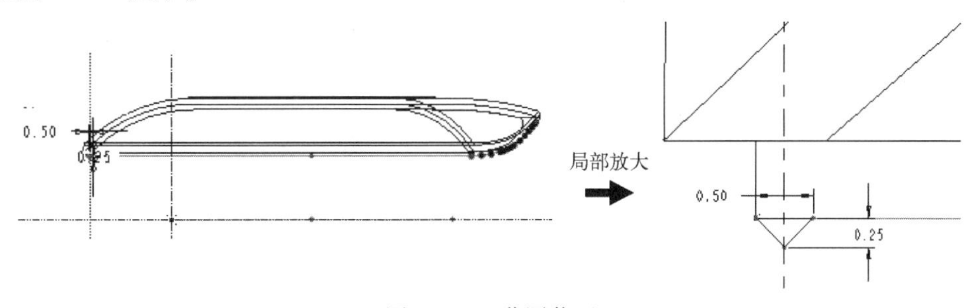

图 5-116　草图截面

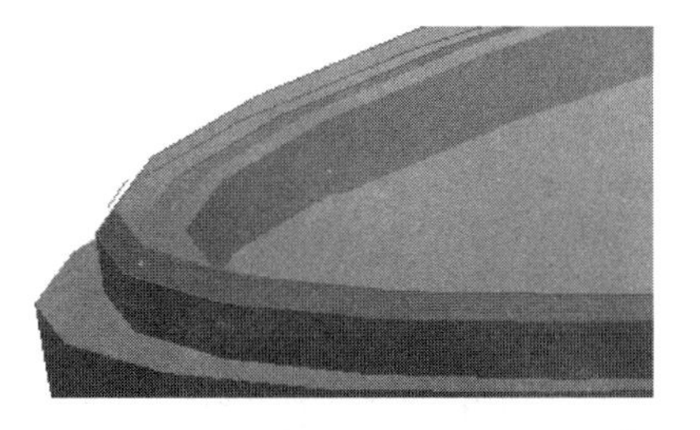

图 5-117　创建的可变截面扫描实体

17. 创建拉伸 2 特征（除料）

单击右工具箱中“基础特征”工具栏上的“拉伸”按钮，可使用“拉伸”设计工具，默认选择为“实体拉伸”在“拉伸”图标板中单击按钮，选择去除材料的方式。

1）选择“基准平面”(TOP）作为草绘平面，草绘视图“参照”选择“基准平面”(RIGHT)，“方向”向“右”。

2）草图截面如图 5-118 所示。

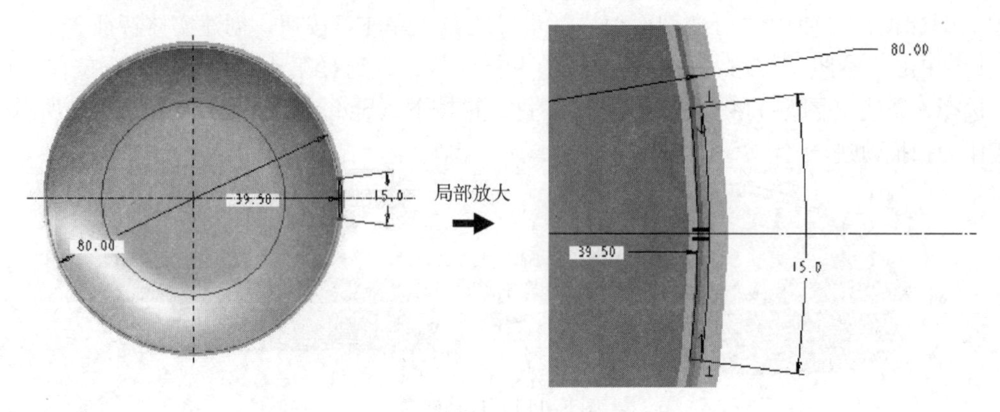

图 5-118　草图截面

3）在拉伸方式列表中选择“拉伸到指定的”，选择如图 5-119 所示的平面作为拉伸到的平面，单击右侧按钮结束拉伸特征操作。拉伸结果如图 5-120 所示。

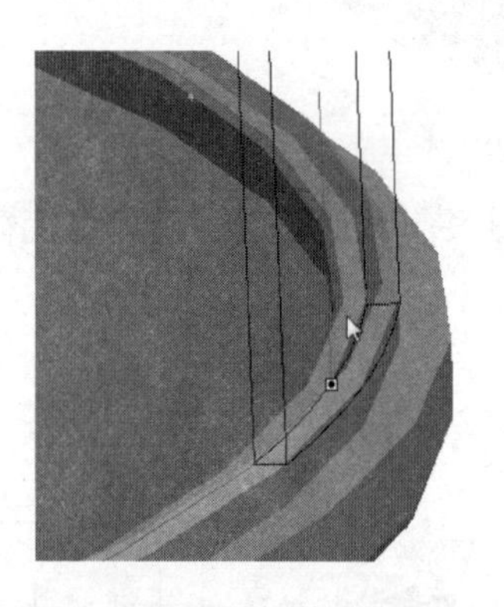

图 5-119　选择拉伸到的平面

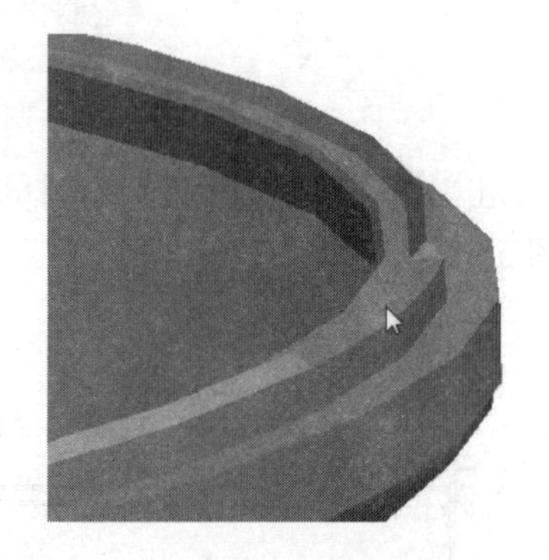

图 5-120　造型结果

18. 创建阵列 1 特征

在上一步创建的拉伸除料特征上右击，在弹出的快捷菜单中选择“阵列”命令，弹出“阵列”图标板，如图 5-121 所示。在阵列方式列表中选择“轴”方式，选择模型中心的轴，阵列数目为 12，角度为 360°。阵列结果如图 5-122 所示。

图 5-121　“阵列”图标板

图 5-122　阵列结果

19. 创建拉伸 3 特征（除料）

参照第 17 步的操作方法，再创建一个拉伸除料特征，其草绘平面、草绘设置与第 17 步相同，草图截面如图 5-123 所示。拉伸方式与第 17 步相同，造型结果如图 5-124 所示。

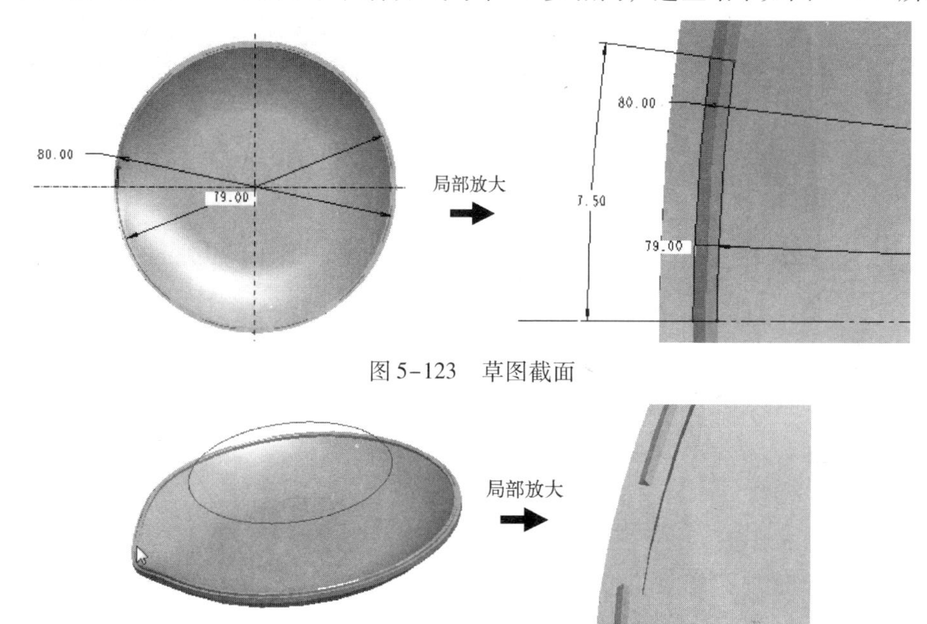

图 5-123　草图截面

图 5-124　拉伸结果

20. 创建镜像 2 特征

选择上一步创建的拉伸除料，进行镜像操作。选择“基准平面”（FRONT）作为镜像平面，结果如图 5-125 所示。

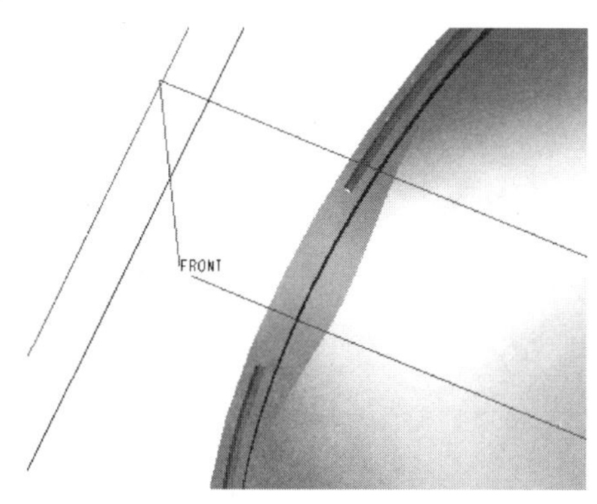

图 5-125　镜像结果

21. 创建拉伸4特征（除料）

再创建一个拉伸除料特征，其草绘平面、草绘设置与第19步相同，草图截面如图5-126所示。拉伸方式与第17步相同。拉伸结果如图5-127所示。

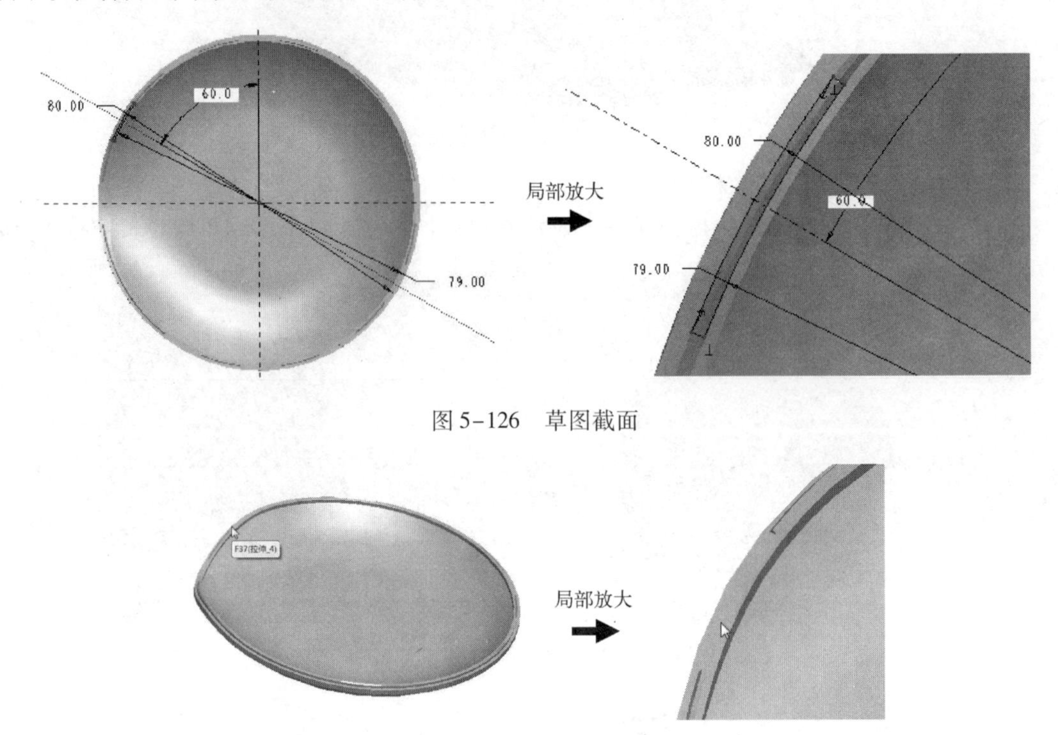

图5-126　草图截面

图5-127　造型结果

22. 创建镜像3特征

选择上一步创建的拉伸除料特征，按照第20步的操作方法，创建镜像特征，结果如图5-128所示。

23. 创建基准平面2

单击右工具箱中“基准”工具栏上的“基准平面”▱按钮，打开“基准平面”对话框，选择“基准平面”（TOP）做参照，创建“基准平面”（DTM2），偏移量为11 mm，如图5-129所示。

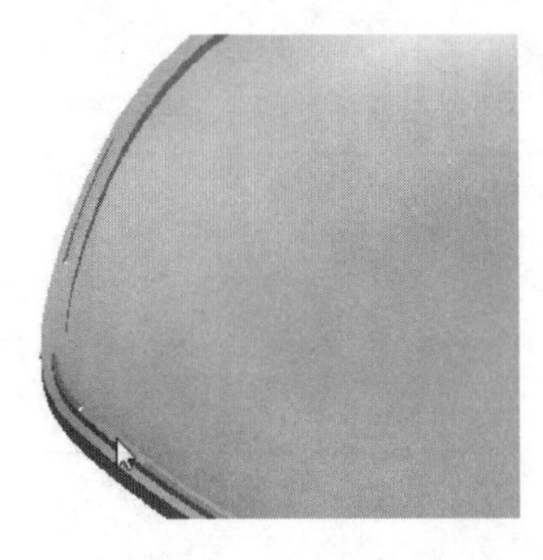

图5-128　镜像结果

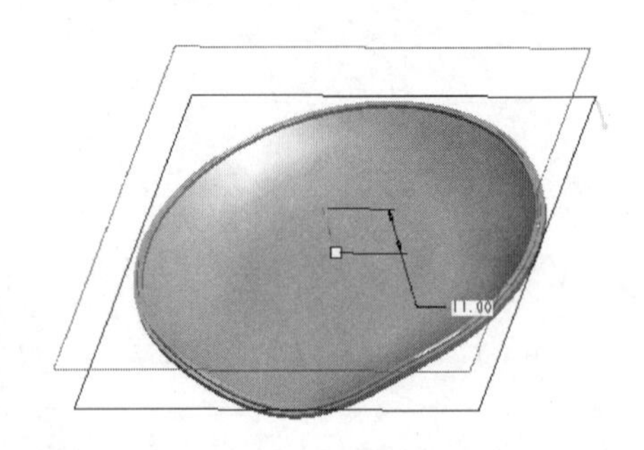

图5-129　创建基准平面

24. 创建拉伸5特征

单击右工具箱中“基础特征”工具栏上的“拉伸”按钮，可使用“拉伸”设计工具，默认选择为“实体拉伸”。

1）选择“基准平面”（DTM2）作为草绘平面，草绘视图“参照”选择（RIGHT）平面，“方向”选择向“右”。

2）草图截面如图5-130所示。

3）在拉伸方式列表中选择“拉伸至下一个曲面”，单击右侧按钮结束拉伸特征操作。拉伸造型结果如图5-131所示。

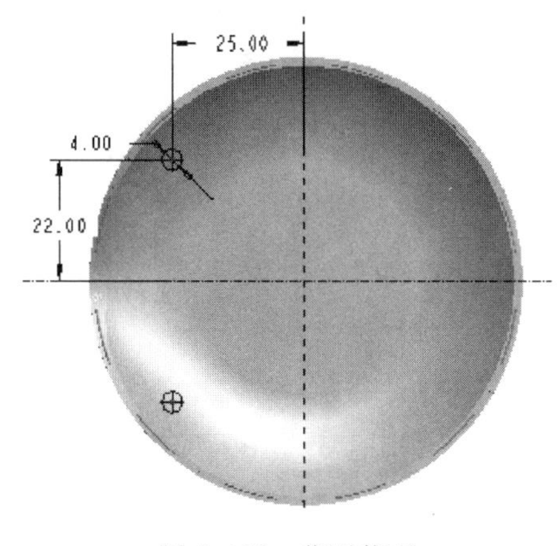

图5-130 草图截面

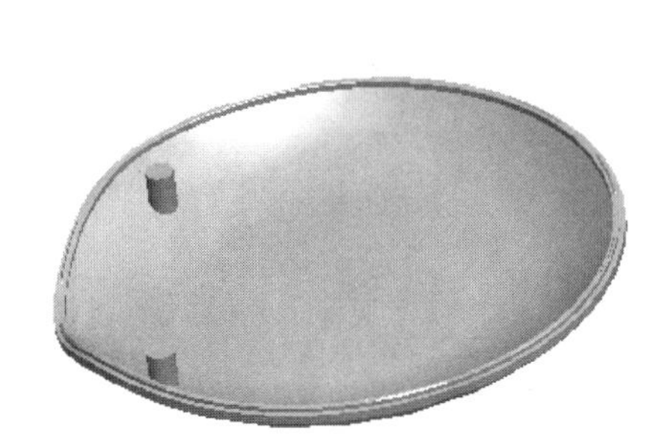
图5-131 拉伸结果

25. 创建拔模斜度1特征

选择上一步创建的拉伸特征的侧面为拔模曲面，拔模枢轴选择如图5-132所示的平面，拔模角度为1°，向外拔模。

26. 创建倒角特征

选择如图5-133所示的两条边进行倒角，倒角值为R0.5 mm。

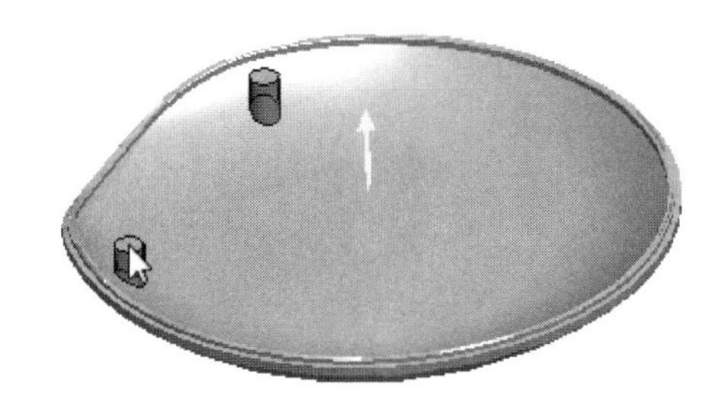
图5-132 拔模枢轴

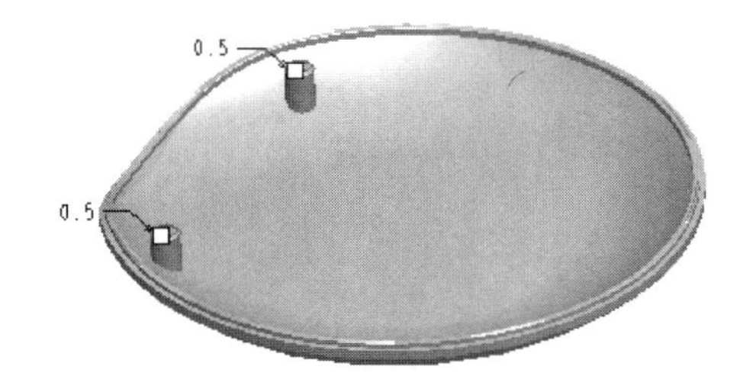

图5-133 倒角1特征

27. 创建基准平面3

单击右工具箱中“基准”工具栏上的“基准平面”按钮，打开“基准平面”对话框，选择“基准平面”（TOP）做参照，创建“基准平面”（DTM3），偏移量为13 mm，如图5-134所示。

28. 创建拉伸6特征

单击右工具箱中“基础特征”工具栏上的“拉伸”按钮，进入“拉伸”设计工具，默认选择为“实体拉伸”□。

1）选择“基准平面”（DTM3）作为草绘平面，草绘视图“参照”选择“基准平面”（RIGHT），“方向”选择向“右”。

2）草图截面如图 5-135 所示。

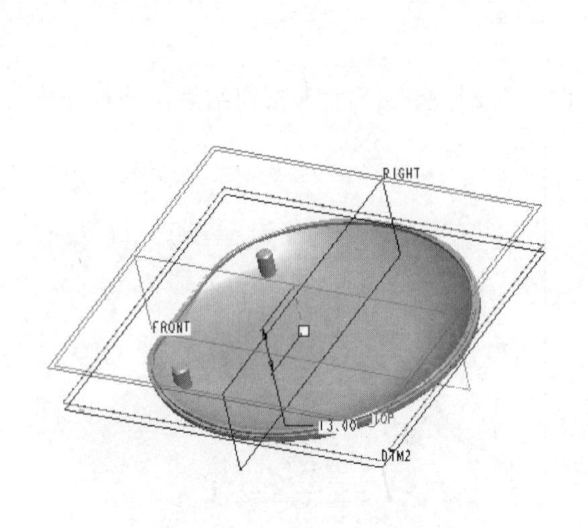

图 5-134 创建基准平面

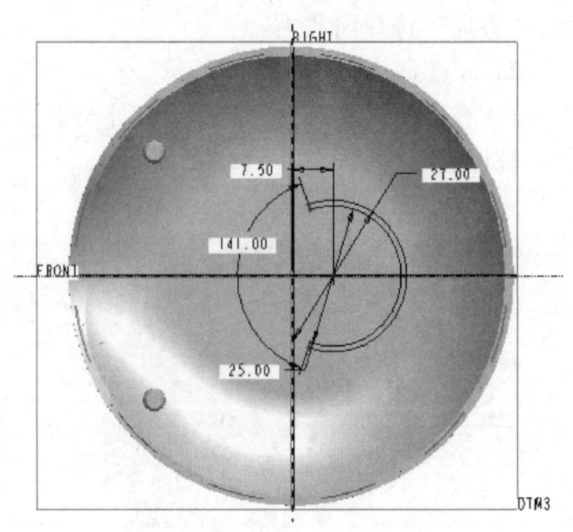

图 5-135 草图截面

3）在拉伸方式列表中选择“拉伸至下一个曲面”，单击右侧✔按钮结束拉伸特征操作。拉伸结果如图 5-136 所示。

29. 创建拔模斜度 2 特征

选择上一步创建的拉伸特征的侧面作为拔模曲面，拔模枢轴选择拉伸特征的上平面，拔模角度为 1°，向外拔模，如图 5-137 所示。

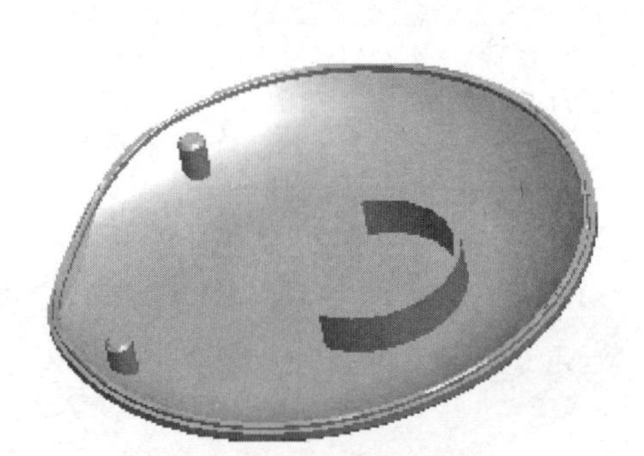

图 5-136 拉伸结果

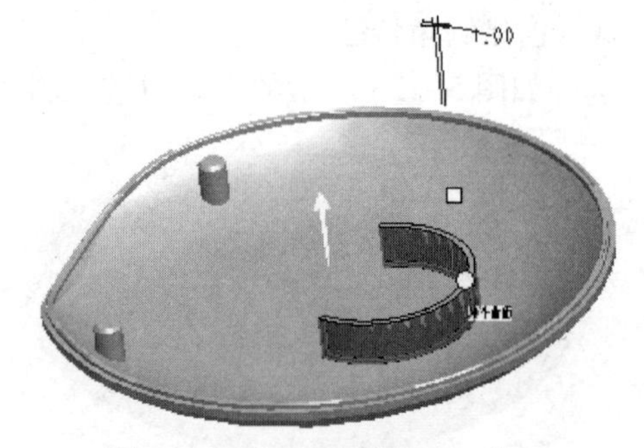

图 5-137 创建拔模斜度 2 特征

30. 创建倒角 2 特征

选择如图 5-138 所示的两条边进行倒角，倒角值为 R1 mm。

31. 创建拉伸 7 特征

单击右工具箱中“基础特征”工具栏上的“拉伸”按钮，可使用“拉伸”设计工具。

1）选择“基准平面”（DTM3）作为草绘平面，草绘视图“参照”选择“基准平面”（RIGHT），“方向”选择向“右”。

2）草图截面如图 5-139 所示。

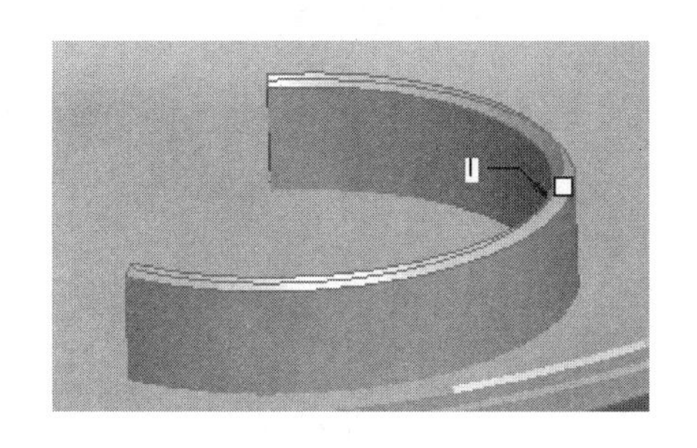

图 5-138　倒角 2 特征

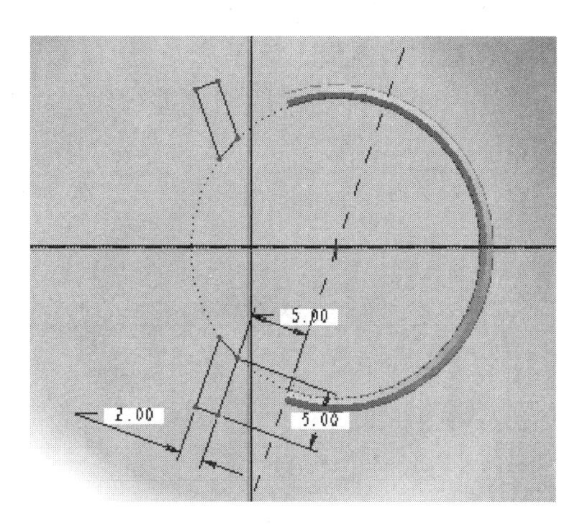

图 5-139　草图截面

3）在拉伸方式列表中选择“拉伸至下一个曲面”，单击右侧按钮结束拉伸特征操作。拉伸结果如图 5-140 所示。

32. 创建基准轴

单击右工具箱中“基准”工具栏上的“基准轴”按钮，打开“基准轴”对话框，选择如图 5-141 所示的曲面做参照，创建基准轴。

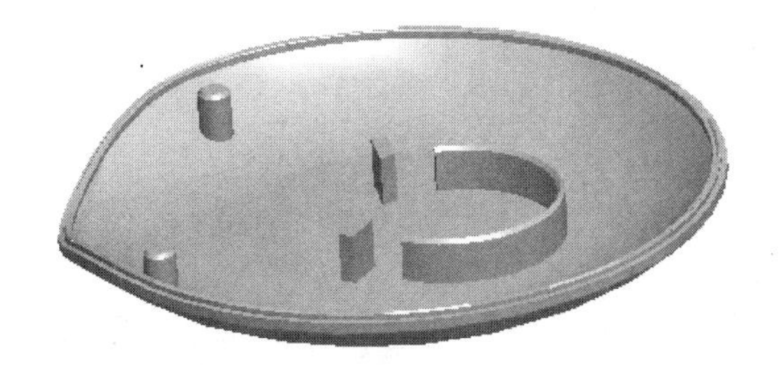

图 5-140　拉伸结果

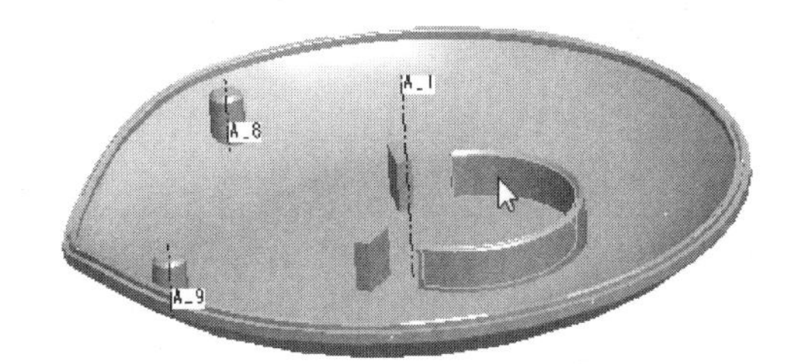

图 5-141　选择曲面

33. 创建拉伸 8 特征

单击右工具箱中“基础特征”工具栏上的“拉伸”按钮，可使用“拉伸”设计工具，默认选择为“实体拉伸”。选择“基准平面”(DTM2）作为草绘平面，草绘视图“参照”选择“基准平面”（RIGHT），“方向”选择向“右”，草图截面如图 5-142 所示，拉伸方式选择“拉伸至下一个曲面”，完成的拉伸造型如图 5-143 所示。

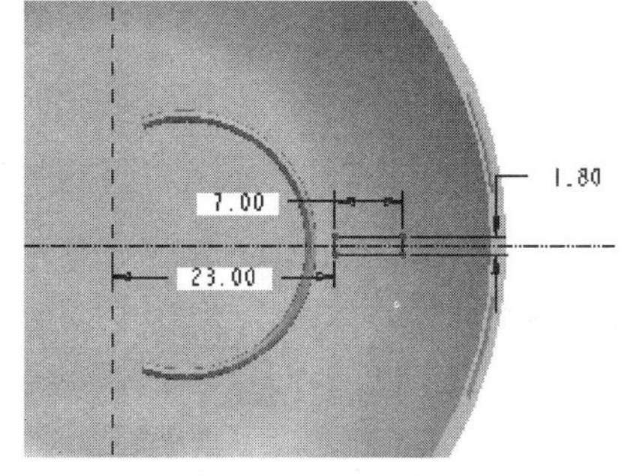

图 5-142　草图截面

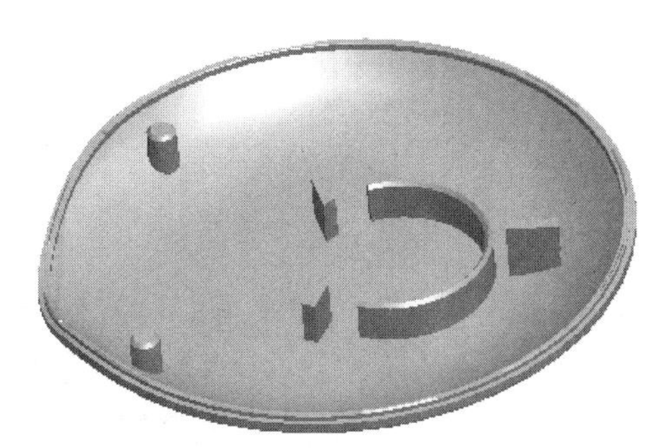

图 5-143　造型结果

34. 创建拔模斜度 3 特征

选择如图 5-144 所示的侧面进行拔模，拔模枢轴如图 5-145 所示，拔模角度为 1°，向外拔模。

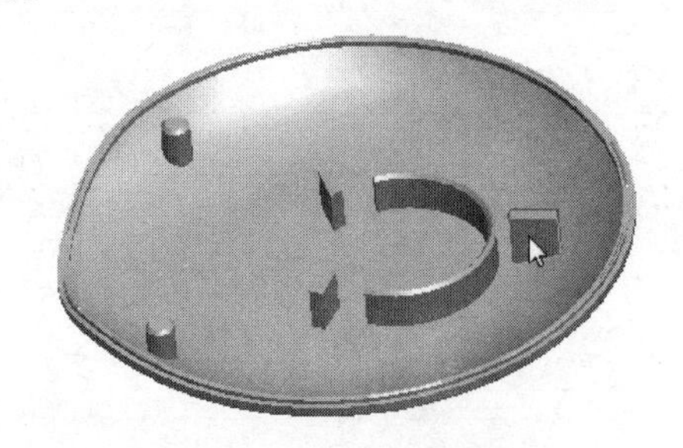

图 5-144　拔模曲面

图 5-145　拔模枢轴

35. 创建拉伸 9 特征（除料）

参照上面的方法，创建如图 5-146 所示的拉伸除料特征，草图截面如图 5-157 所示。

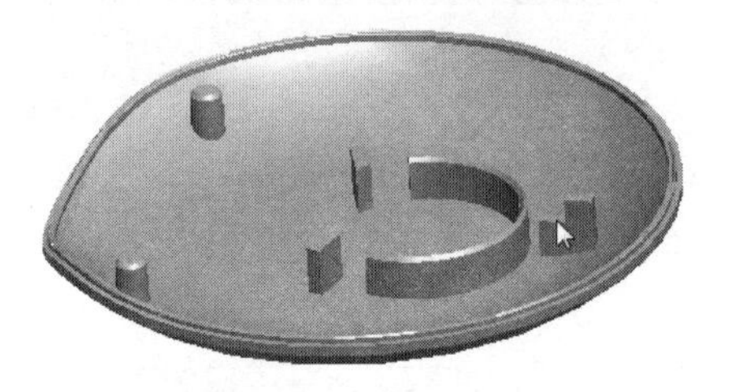

图 5-146　造型结果

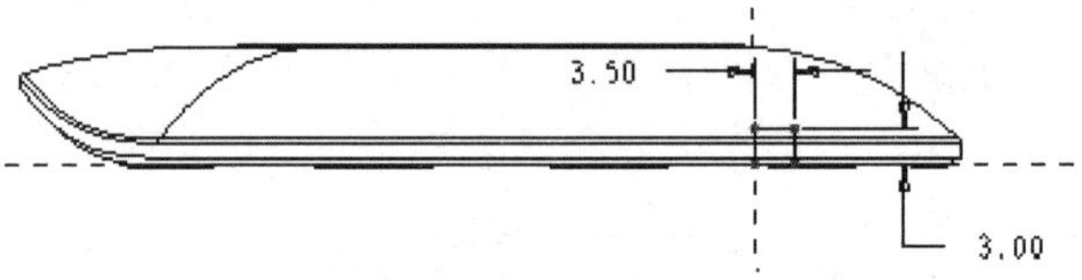

图 5-147　草图截面

36. 创建倒角 3 特征

选择如图 5-148 所示的边进行倒角，倒角值为 R1 mm。

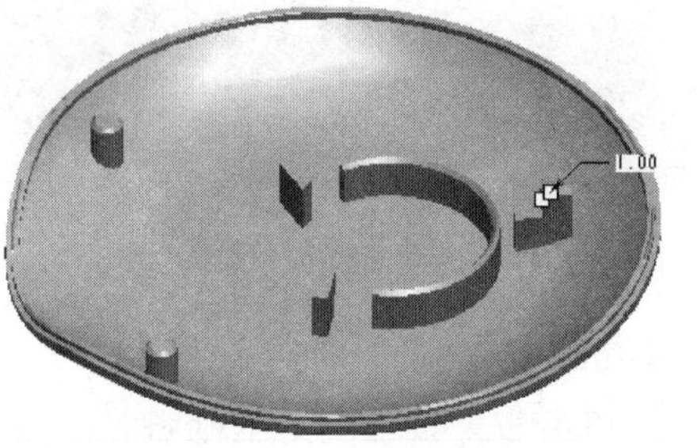

图 5-148　倒角 3 特征

37. 创建组

按下〈Ctrl〉键，在“模型树”上选择步骤 33 ~ 36 创建的特征，右击，在弹出的快捷菜单中选择“组”命令。

38. 创建阵列 2 特征

选择上一步创建的组，进行阵列，在“阵列方式”列表中选择“轴”方式，选择上一步创建的基准轴，阵列个数 4（图 5-149），阵列结果如图 5-150 所示。

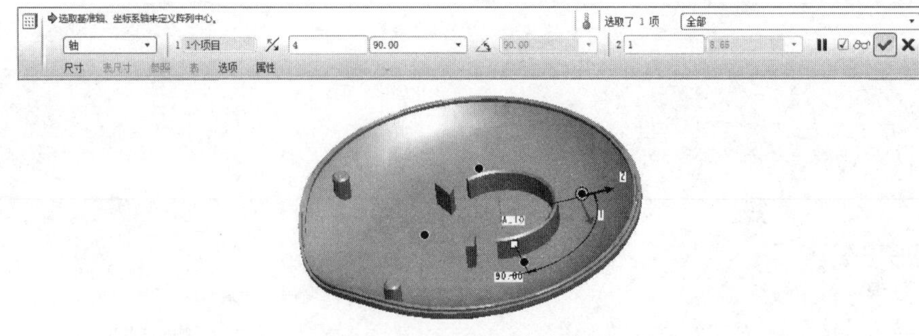

图 5-149　“轴”方式阵列

39. 创建倒角 4 特征

选择如图 5-151 所示的两条边进行倒角，倒角值为 R1 mm。

图 5-150　阵列结果

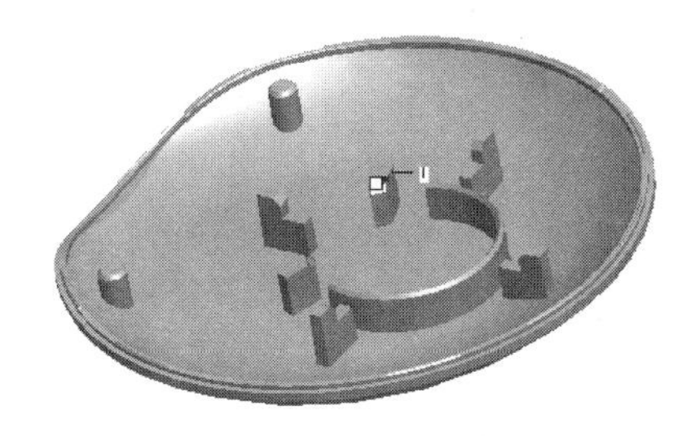

图 5-151　倒角 4 特征

40. 创建拉伸 10 特征（除料）

单击右工具箱中“基础特征”工具栏上的“拉伸”按钮，可使用“拉伸”设计工具，默认选择为“实体拉伸”。

1）选择“基准平面”（DTM3）作为草绘平面，草绘视图“参照”选择“基准平面”（RIGHT），“方向”选择向“右”。

2）草图截面如图 5-152 所示。

3）拉伸方式选择“拉伸至指定曲面”，选择如图 5-153 所示的曲面，单击“去除材料”按钮，进行拉伸除料。拉伸结果如图 5-154 所示。

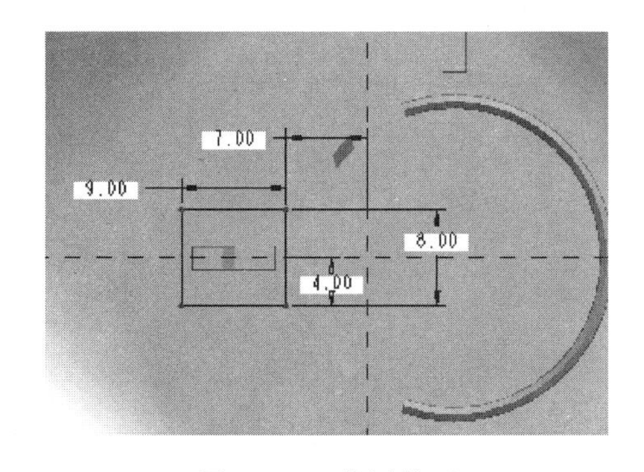

图 5-152　草图截面

图 5-153　选择拉伸到的曲面

最终完成上壳的创建，保存 top. prt 文件。选择菜单【窗口】命令，切换到 temp. asm 装配模块中，在“模型树”上选择 temp. asm，右击，在弹出的快捷菜单中选择“激活”命令。再选择菜单【文件】|【保存】命令，保存装配模型。

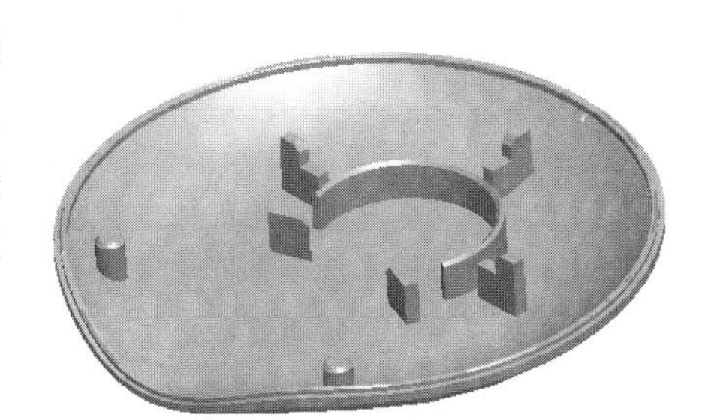

图 5-154　造型结果

5.3　创建下壳造型

1. 创建合并/继承

1）在 temp. asm 的“模型树”上选择 bottom. prt，右击，在弹出的快捷菜单中选择“激活”命令，则下壳零件被激活。

2）选择菜单【插入】|【共享数据】|【合并/继承】命令，弹出“合并/继承”图标板。在“模型树”上选择主控文件 master. prt，单击图标板右侧的✔按钮确认，则主控文件造型就被继承到下壳 bottom. prt 中。

3）然后在装配模型 temp. asm 的“模型树”上选择 bottom. prt，右击，在弹出的快捷菜单中选择“打开”命令，则进入到 bottom. prt 零件模块中进行编辑。继承主控零件 master. prt 造型的下壳如图 5-155 所示。

2. 实体化操作 1

选择如图 5-156 所示的曲面，选择菜单【编辑】|【实体化】命令。在“实体化”图标板中单击按钮，进行去除材料，选择箭头指示的方向作为去除方向。单击✔按钮确认，完成实体化操作。实体化结果如图 5-157 所示。

3. 隐藏曲线层、曲面层

切换到“层树”，隐藏其中的 QX、QM 层。

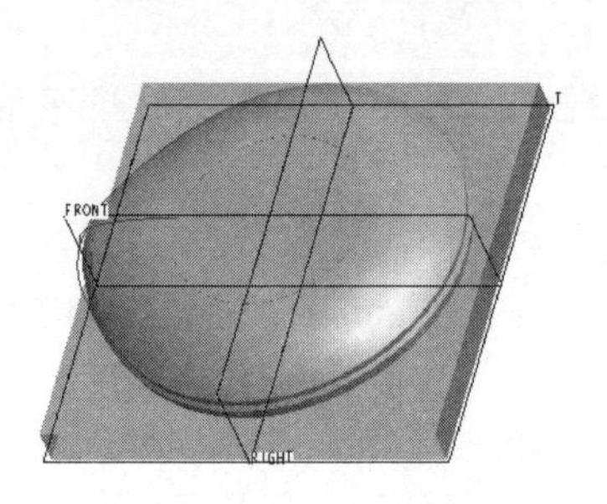

图 5-155　继承后的下壳造型

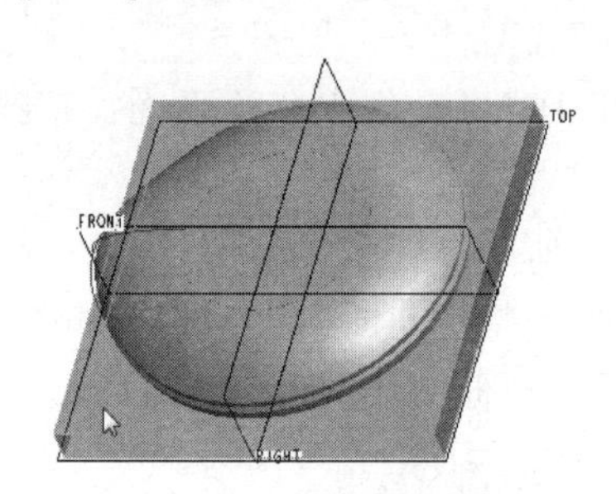

图 5-156　选择曲面

图 5-157　实体化结果

4. 曲面复制

选择如图 5-158 所示的曲面，单击工具栏中的“复制”按钮，再单击其后面的“粘贴”按钮，进行曲面复制。

5. 曲面偏移 1

选择复制后的曲面，选择菜单【编辑】|【偏移】命令，弹出“曲面偏移”图标板，“偏移类型”选择“标准型偏移”，设置整个曲面向箭头一侧偏移量为 2 mm，如图 5-159 所示。

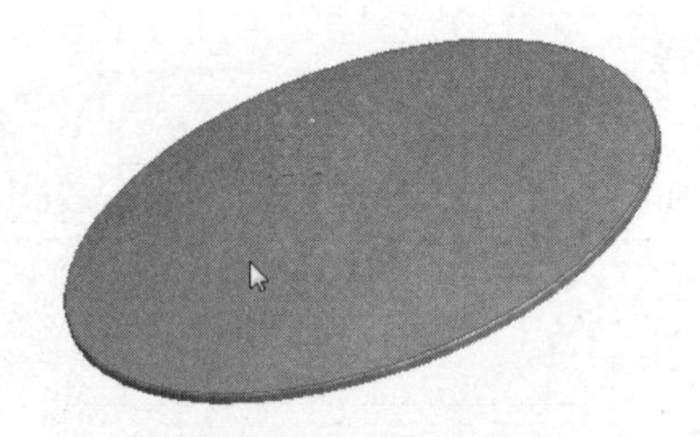

图 5-158　选择曲面

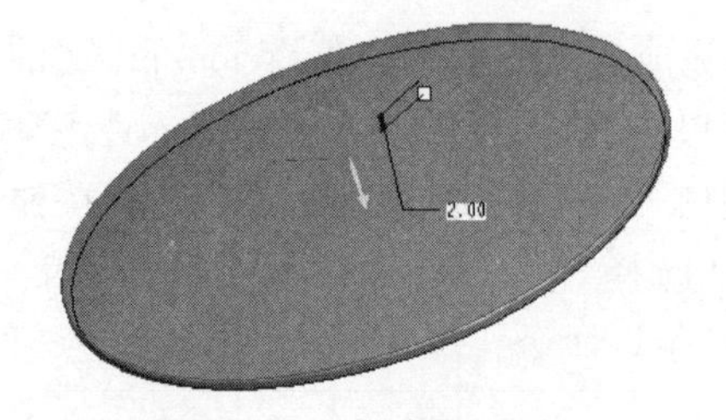

图 5-159　曲面偏移方向

6. 实体化操作 2

选择上一步创建的曲面，选择菜单【编辑】|【实体化】命令，在“实体化”图标板中单击按钮，进行去除材料，选择如图 5-160 所示的方向。

实体化结果如图 5-161 所示。

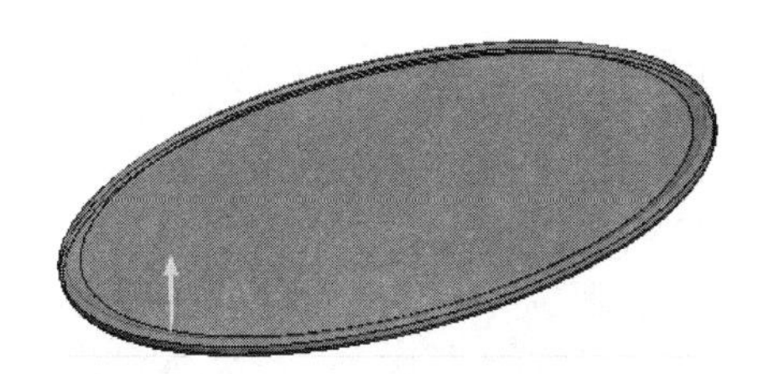

图 5-160　实体化方向

图 5-161　实体化结果

说明：

以上完成的是下壳外观部分造型，接下来要进行壳体装配连接部分和内部结构造型设计。注意内部结构需要设置合适的拔模斜度。

7. 创建基准平面

单击右工具箱中“基准”工具栏上的“基准平面”按钮，打开“基准平面”对话框，选择如图 5-162 所示的平面做参照，创建“基准平面”（DTM1），向下偏移，偏移量为 1.85 mm。

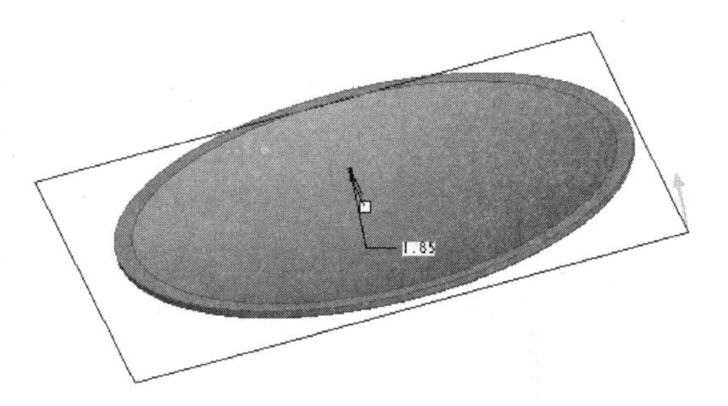

图 5-162　创建基准平面

8. 创建拉伸 1 特征

单击右工具箱中“基础特征”工具栏上的“拉伸”按钮，进入“拉伸”设计工具。默认选择为“实体拉伸”。

1）选择“基准平面”（DTM1）作为草绘平面，草绘视图“参照”选择“基准平面”（RIGHT），“方向”选择向“右”。

2）草图截面如图 5-163 所示。

3）在拉伸方式列表中选择“拉伸至下一个曲面”，单击右侧按钮结束拉伸特征操作。拉伸结果如图 5-164 所示。

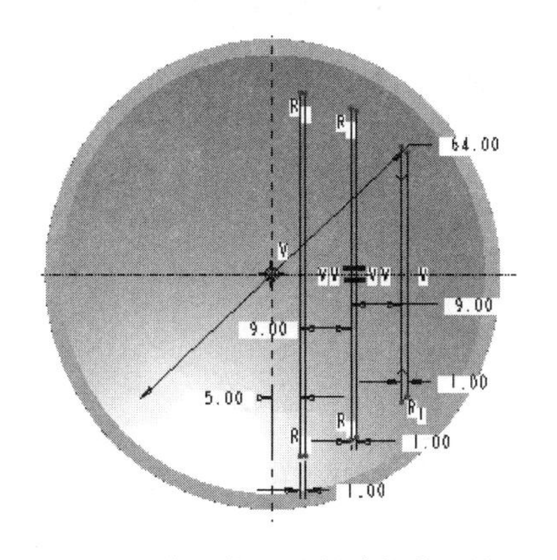

图 5-163　草图截面（创建拉伸 1 特征）

图 5-164　拉伸结果（创建拉伸 1 特征）

9. 创建拔模斜度特征

选择如图 5-165 所示的侧面作为拔模曲面，单击右工具箱中“工程特征”工具栏上的

“拔摸”按钮，可使用“拔模”设计工具。拔模枢轴如图5-166所示，向外拔模，拔模角度为1°。

图5-165　拔模曲面

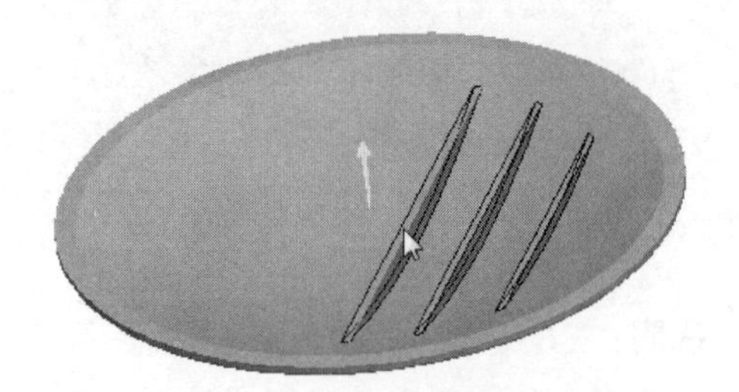

图5-166　拔模枢轴

10. 创建拉伸2特征

单击右工具箱中“基础特征”工具栏上的“拉伸”按钮，进入“拉伸”设计工具。默认选择为“实体拉伸”。

1）选择如图5-167所示的平面作为草绘平面，草绘视图“参照”选择“基准平面”（RIGHT），“方向”选择向“右”。

2）草图截面如图5-168所示。

图5-167　草绘平面（创建拉伸2特征）

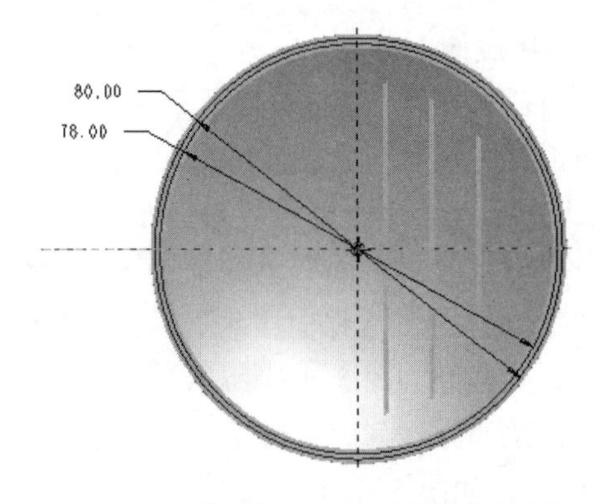

图5-168　草图截面（创建拉伸2特征）

3）在拉伸方式列表中选择“指定拉伸高度”，拉伸高度值为0.65 mm，方向向上，单击右侧按钮结束拉伸特征操作。拉伸造型结果如图5-169所示。

图5-169　拉伸结果（创建拉伸2特征）

11. 创建旋转特征

单击右工具箱中“基础特征”工具栏上的“旋转”按钮，可使用“旋转”设计工具。

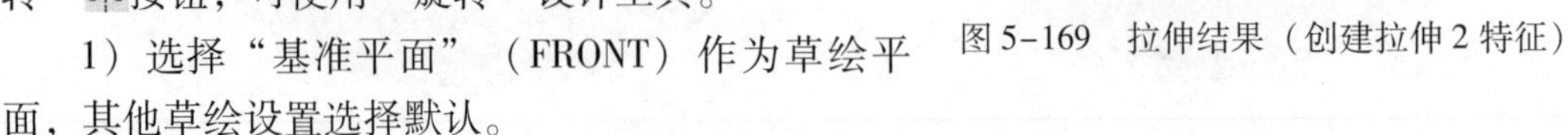

1）选择“基准平面”（FRONT）作为草绘平面，其他草绘设置选择默认。

2）草图截面如图5-170所示，单击按钮结束草绘。

3）单击“旋转”图标板右侧按钮结束旋转特征操作。旋转造型结果如图5-171所示。

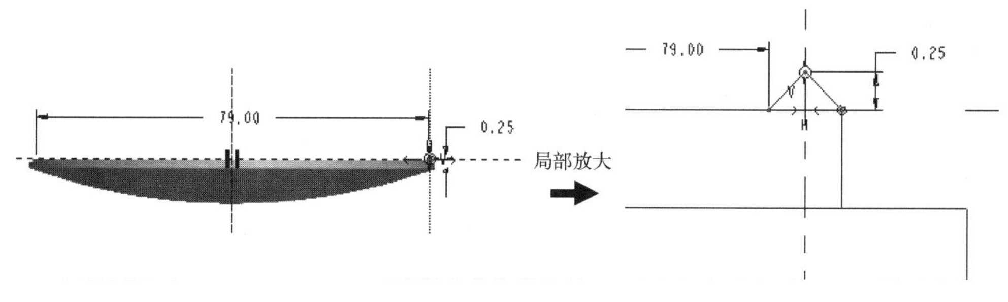

图 5-170 草图截面

12. 创建拉伸 3 特征（除料）

单击右工具箱中“基础特征”工具栏上的“拉伸”按钮，可使用“拉伸”设计工具。默认选择为“实体拉伸”。在“拉伸”图标板中单击按钮，选择去除材料的方式。

1）选择如图 5-172 所示的平面作为草绘平面，草绘视图“参照”选择“基准平面”（RIGHT），“方向”选择向“右”。

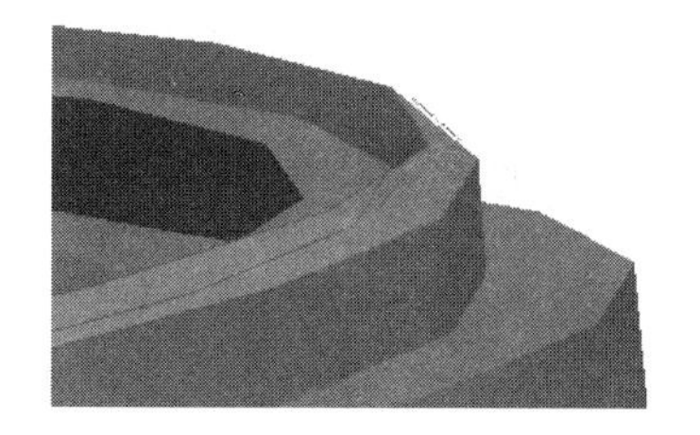

图 5-171 旋转结果

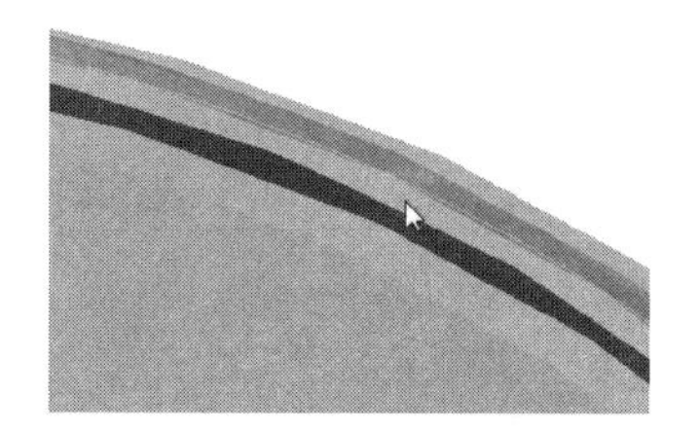

图 5-172 草绘平面（创建拉伸 3 特征）

2）草图截面如图 5-173 所示，单击按钮结束草绘。

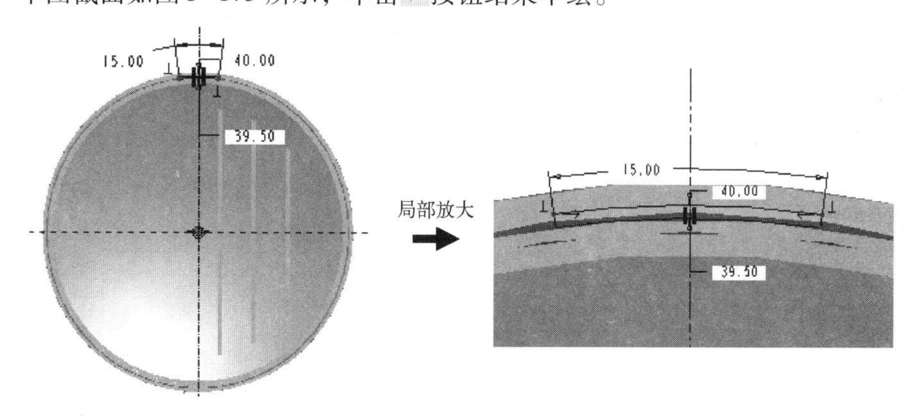

图 5-173 草图截面（创建拉伸 3 特征）

3）在“拉伸方式”列表中选择“指定拉伸高度”，拉伸高度为 3 mm，方向向上，单击右侧按钮结束拉伸特征操作。创建的拉伸除料结果如图 5-174 所示。

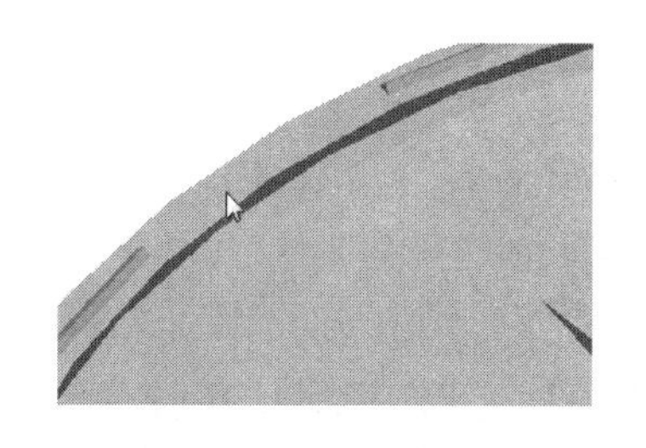

图 5-174 拉伸结果（创建拉伸 3 特征）

13. 创建阵列 1 特征

在上一步创建的拉伸除料特征上右击，在弹出的快捷菜单中选择“阵列”命令，弹出“阵列”对话框，在“阵列”对话框的阵列方式列表中选择“轴”方式，选择模型中心轴线作为参照，阵列数目为12，角度为360°，如图5-175所示。

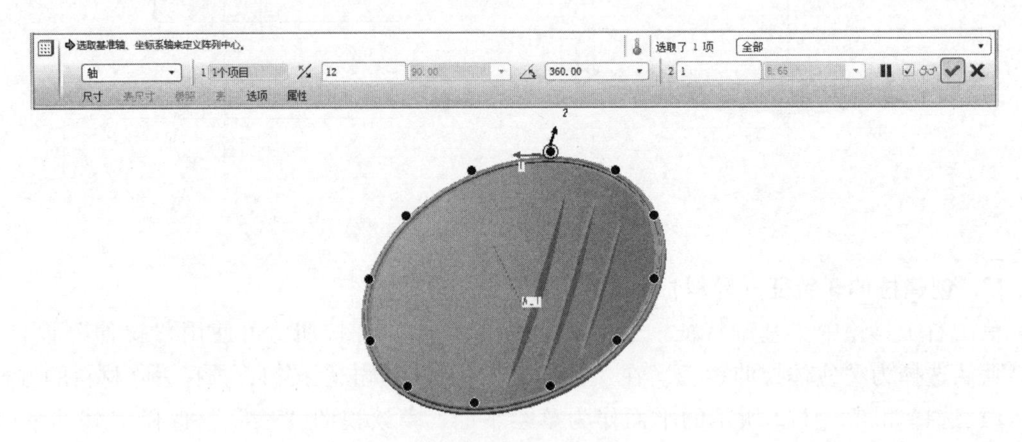

图5-175　阵列结果

14. 创建拉伸4特征

单击右工具箱中“基础特征”工具栏上的“拉伸”按钮，可使用“拉伸”设计工具。默认选择为“实体拉伸”。

1）选择如图5-172所示的平面作为草绘平面，草绘视图“参照”选择“基准平面”（RIGHT），“方向”选择向“右”。

2）草图截面如图5-176所示。

3）在拉伸方式列表中选择“指定拉伸高度”，拉伸高度为1.4 mm，拉伸方向向上。拉伸造型结果如图5-177所示。

15. 创建倒角特征

选择如图5-178所示的边进行倒角，倒角值为0.25×45°。

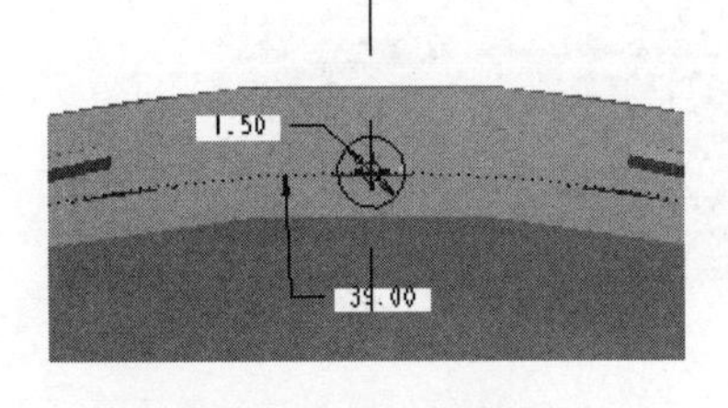

图5-176　草图截面

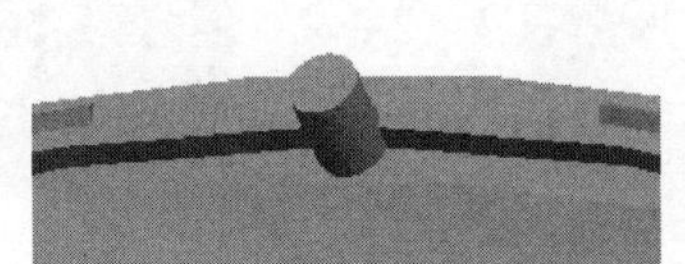

图5-177　造型结果

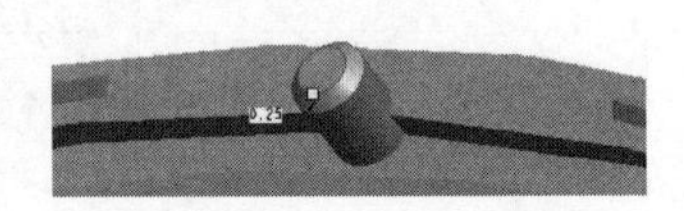

图5-178　倒角

16. 创建组

按住〈Ctrl〉键，在模型树上选择上两步创建的拉伸特征和倒角特征，右击在弹出的快捷菜单中选择“组”命令，创建组。

17. 创建阵列2特征

在“模型树”上选择上一步创建的组，右击，在弹出的快捷菜单中选择“阵列”命令，选择阵列方式为“轴”方式，选择模型中心的轴线作为阵列参照，阵列数目为6，角度为360°。阵列结果如图5-179所示。

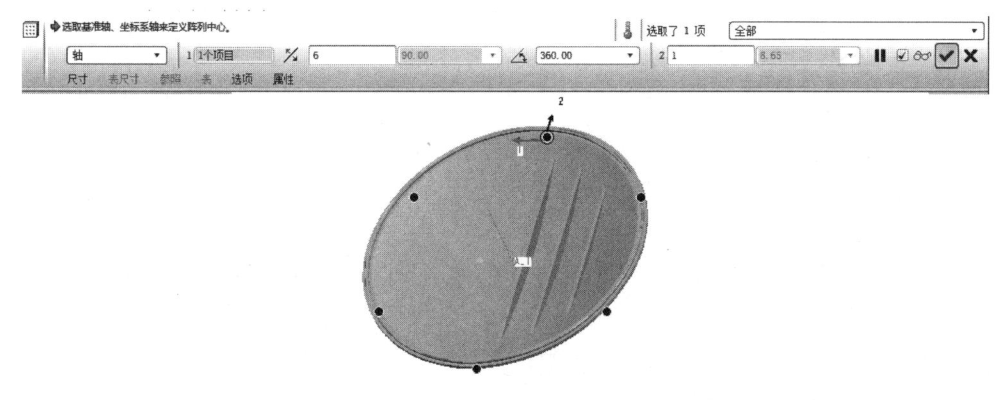

图 5-179　阵列设置

18. 曲面偏移 2

选择如图 5-180 所示的曲面，选择菜单【编辑】|【偏移】命令，弹出“曲面偏移”图标板，偏移类型选择“展开偏移”，设置整个曲面向下偏移量为 0.1 mm，如图 5-181 所示。

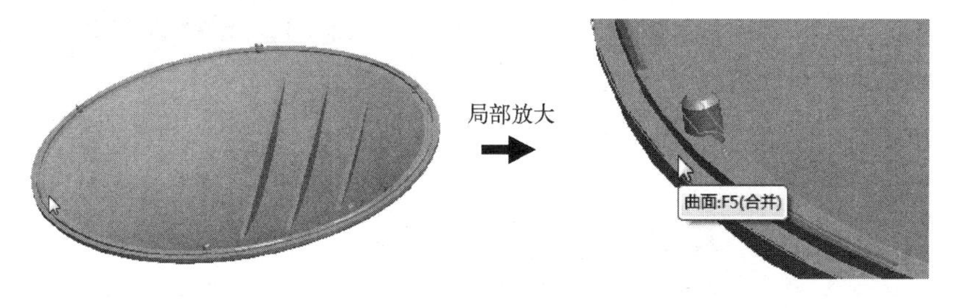

图 5-180　选择曲面

> **说明：**
> 壳体边缘部分进行向下偏移，是为了使上下壳合在一起时，侧面能够形成一定的夹缝，即“美观线”。

下壳最终的造型结果如图 5-182 所示。

图 5-181　偏移方向　　　图 5-182　下壳最终造型

最终完成下壳的创建，保存在 bottom. prt 文件。选择菜单【窗口】命令，切换到 temp. asm 装配模块中，在模型树上选择 temp. asm，右击，在弹出的快捷菜单中选择“激活”命令。再选择菜单【文件】|【保存】命令，保存装配模型。

5.4 创建支撑环造型

1. 创建合并/继承

1）在 temp. asm 的模型树上选择 middle. prt，右击，在弹出的快捷菜单中选择“激活”命令，则支撑环零件被激活。

2）选择菜单【插入】|【共享数据】|【合并/继承】命令，弹出“合并/继承”图标板，在“模型树”上选择主控文件 master. prt，单击该图标板右侧的✔按钮确认，则主控文件造型就被继承到支撑环零件 middle. prt 中。

3）在 temp. asm 的“模型树”上选择 middle. prt，右击，在弹出的快捷菜单中选择“打开”命令，则进入到支撑环零件 middle. prt 零件模块中进行编辑。继承主控文件 master. prt 的支撑环造型如图 5-183 所示。

图 5-183　继承后的支撑环造型

2. 实体化操作 1

选择如图 5-184 所示的曲面，选择菜单【编辑】|【实体化】命令。在“实体化”图标板中单击▨按钮，进行去除材料，选择箭头指示的方向作为去除方向。单击✔按钮确认，完成实体化操作。实体化结果如图 5-185 所示。

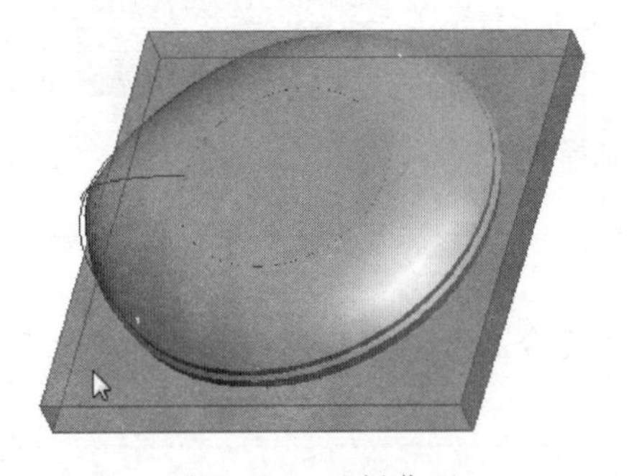

图 5-184　选择曲面

图 5-185　实体化结果

3. 实体化操作 2

选择如图 5-186 所示的曲面，按照上一步的操作方法，再进行一次实体化操作，结果如图 5-187 所示。

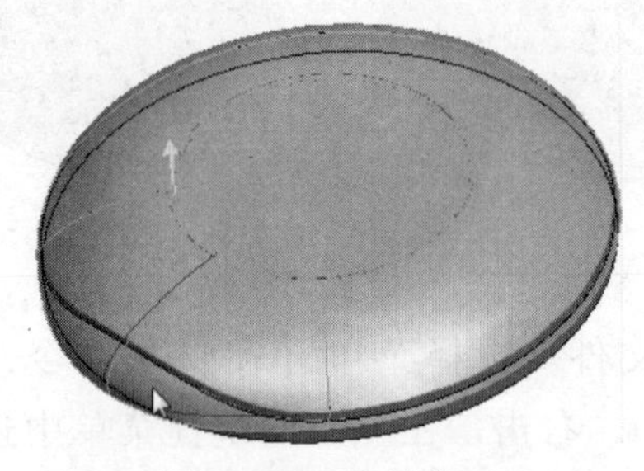

图 5-186　选择曲面

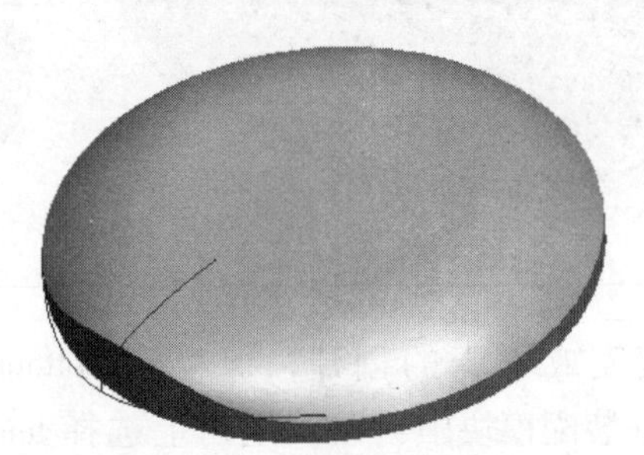

图 5-187　实体化结果

4. 隐藏曲线层、曲面层

切换到“层树”，隐藏曲面层 QM、曲线层 QX。

5. 创建拉伸 1 特征（除料）

单击右工具箱中“基础特征”工具栏上的“拉伸”按钮，进入“拉伸”设计工具，默认选择为“实体拉伸”。

1）选择支撑环底部平面作为草绘平面，草绘视图“参照”选择“基准平面”（RIGHT），“方向”选择向“右”。

2）草图截面如图 5-188 所示，单击按钮结束草绘。

3）在拉伸方式列表中选择“拉伸至与所有曲面相交”，在“拉伸”图标板中单击按钮，选择去除材料的方式，注意拉伸方向。单击右侧按钮结束拉伸特征操作。拉伸结果如图 5-189 所示。

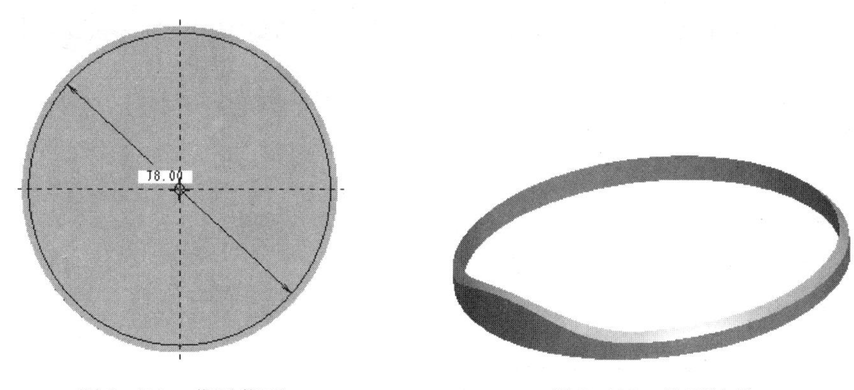

图 5-188　草图截面　　　　图 5-189　造型结果

6. 创建拉伸 2 特征（除料）

单击右工具箱中“基础特征”工具栏上的“拉伸”按钮，进入“拉伸”设计工具。

1）选择“基准平面”（RIGHT）作为草绘平面，草绘视图“参照”选择“基准平面”（TOP），“方向”选择向“上”。

2）草图截面如图 5-190 所示，单击按钮结束草绘。

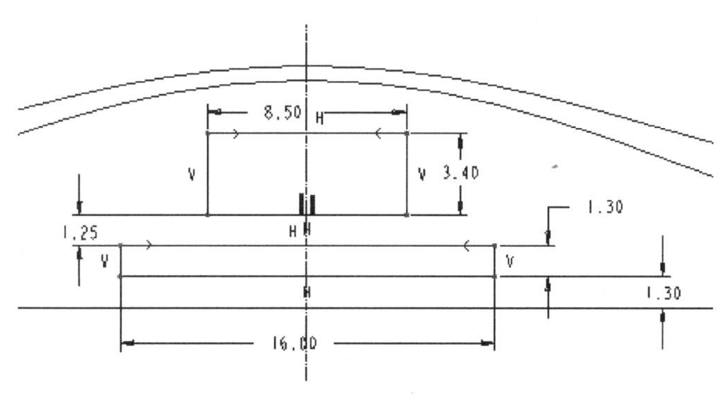

图 5-190　草图截面

3）在“拉伸方式”列表中选择“贯穿”，在“拉伸”图标板中单击按钮，选择去除材料的方式，注意拉伸方向。单击右侧按钮结束拉伸特征操作。拉伸结果如图 5-191

所示。

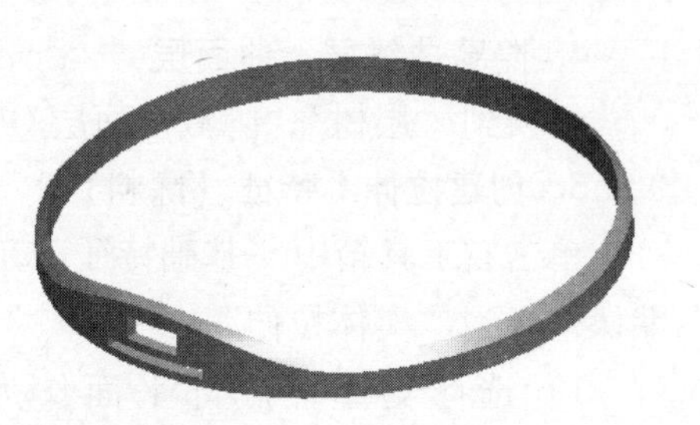

图 5-191　造型结果

7. 创建倒圆角 1 特征

选择如图 5-192 所示的两条边进行倒圆角，圆角值 R 为 1 mm。

8. 创建倒圆角 2 特征

选择如图 5-193 所示的两条边进行倒圆角，圆角值 R 为 0.5 mm。

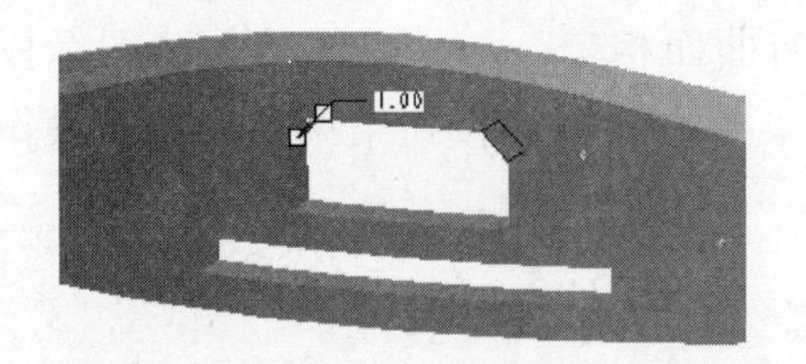

图 5-192　选择要倒角的边 1

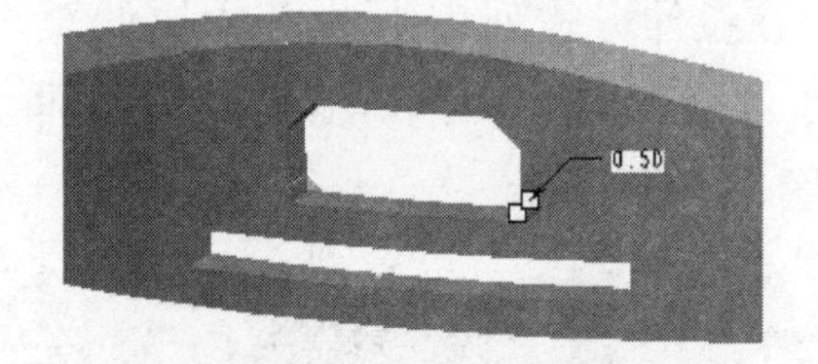

图 5-193　选择要倒角的边 2

9. 创建拉伸 3 特征（除料）

单击右工具箱中“基础特征”工具栏上的“拉伸”按钮，可使用“拉伸”设计工具，默认选择为“实体拉伸”

1）选择支撑环底部平面作为草绘平面，其他设置选择默认。

2）草图截面如图 5-194 所示，单击按钮结束草绘。

3）在拉伸方式列表中选择“指定拉伸高度”，拉伸高度为 0.65 mm，在“拉伸”图标板中单击按钮，选择去除材料的方式，拉伸方向向下，单击右侧按钮结束拉伸特征操作。拉伸造型结果如图 5-195 所示。

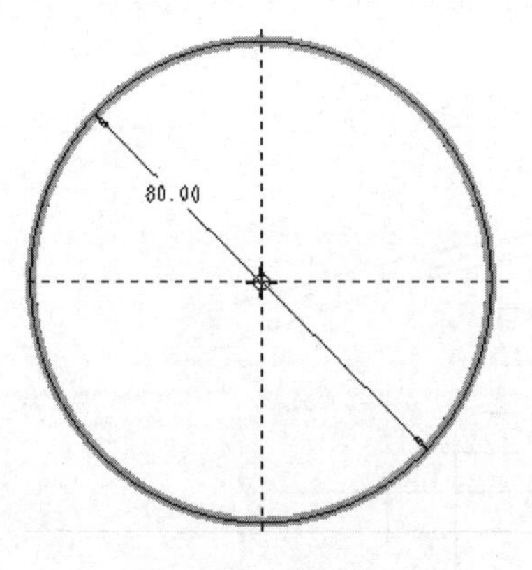

图 5-194　草图截面

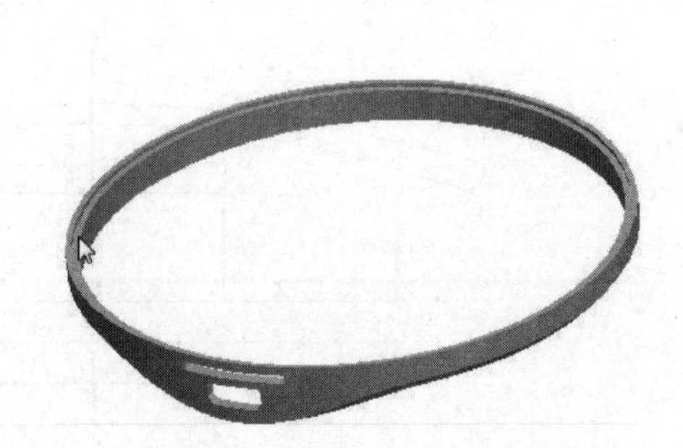

图 5-195　造型结果

10. 创建拔模斜度特征

选择上一步创建的拉伸特征的侧面为拔模曲面，（图 5-196），拔模枢轴如图 5-197 所示，拔模角度为 1°，向内拔模。

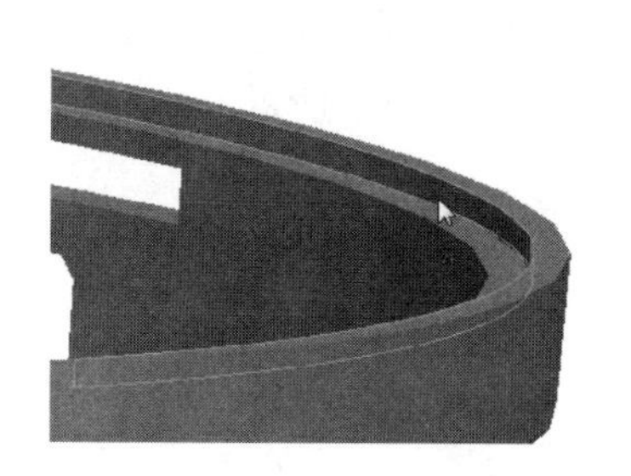

图 5-196　拔模曲面

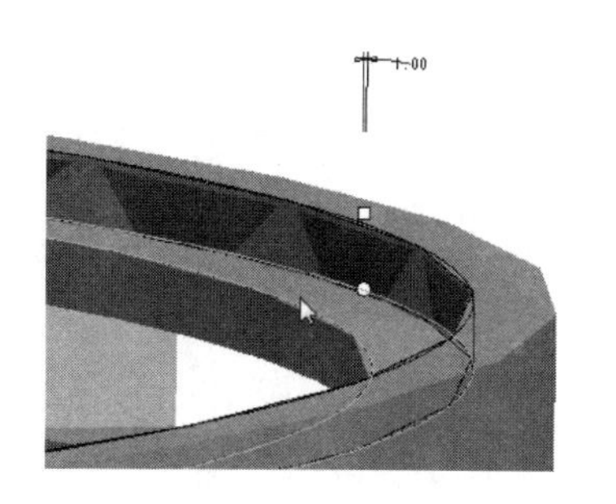

图 5-197　拔模枢轴

11. 创建拉伸 4 特征

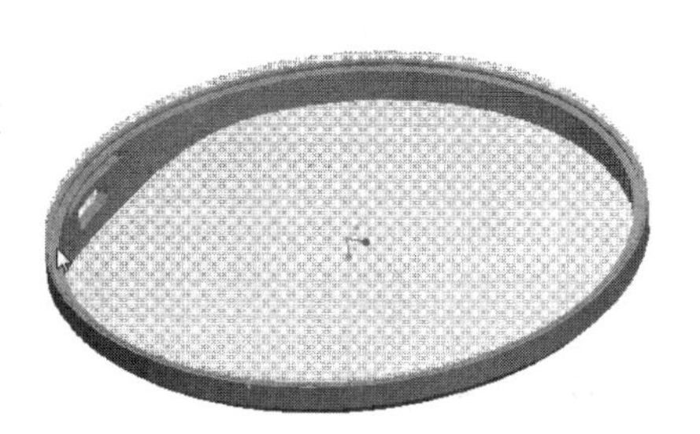

图 5-198　选择草绘平面

选择菜单【窗口】命令，切换到 temp. asm，在 temp. asm 装配模块中修改支撑环造型。

1）在模型树上选择 middle. prt，右击，在弹出的快捷菜单中选择“激活”命令，则支撑环零件被激活。

2）单击右工具箱中“基础特征”工具栏上的“拉伸”按钮，进入“拉伸”设计工具。选择如图 5-198 所示平面作为草绘平面，其他设置选择默认。

3）在草绘中，选择菜单【参照】命令，选择下壳零件的轴线作为参照（图 5-199），草图截面如图 5-200 所示，单击✔按钮结束草绘。

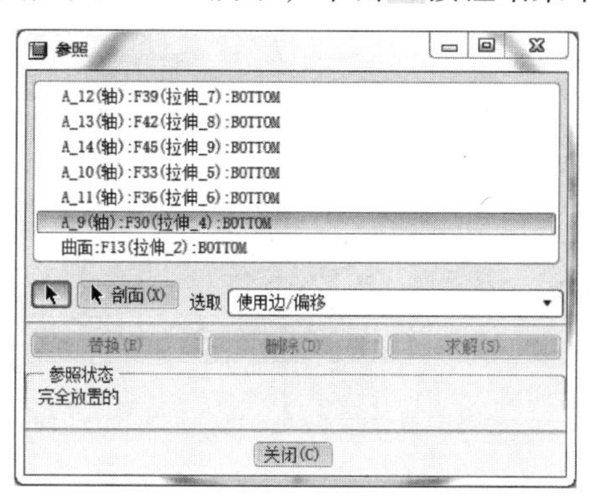

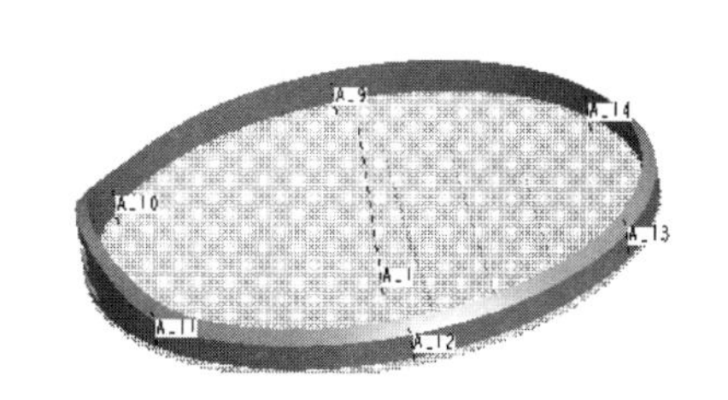

图 5-199　选择参照

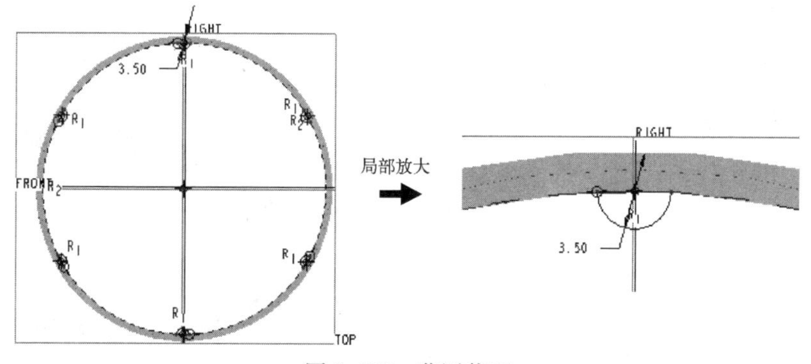

图 5-200　草图截面

4）在拉伸方式列表中选择“指定拉伸高度”，拉伸高度为 2 mm，拉伸方向向下。单击右侧按钮结束拉伸特征操作。拉伸造型结果如图 5-201 所示。

图 5-201　造型结果

说明：

为了使不同零件上的孔位、柱位的位置对正，可以在临时装配 temp. asm 模块中进行零件造型设计。在草绘截面时，要把相关零件的相关结构选作参照。

12. 创建拉伸 5 特征

单击右工具箱中“基础特征”工具栏上的“拉伸”按钮，进入“拉伸”设计工具。默认选择为“实体拉伸”。

1）在“草图”对话框中选择“使用先前的”，作为草绘平面，其他设置选择默认。

2）草图截面如图 5-202 所示，注意选择上一步创建的拉伸特征的轴线作为参照。

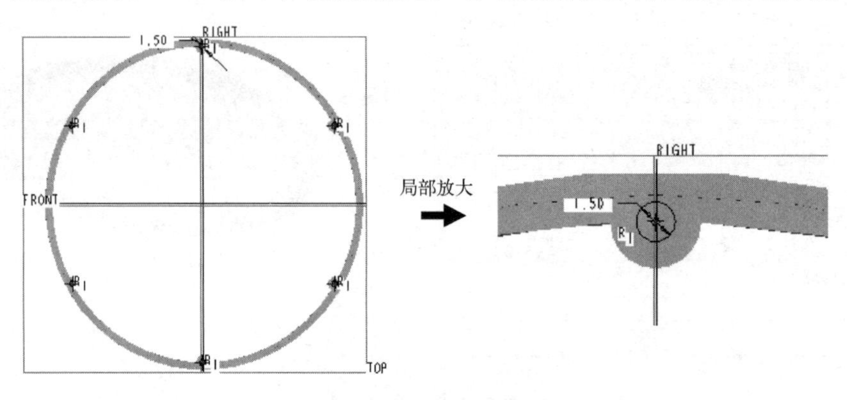

图 5-202　草图截面

3）在拉伸方式列表中选择“贯穿”，单击按钮，选择去除材料的方式。拉伸结果如图 5-203 所示。

13. 创建拉伸 6 特征

单击右工具箱中“基础特征”工具栏上的“拉伸”按钮，进入“拉伸”设计工具，默认选择为“实体拉伸”。

1）在“草图”对话框中选择“使用先前的”，作为草绘平面，其他设置选择默认。

2）草图截面如图 5-204 所示。

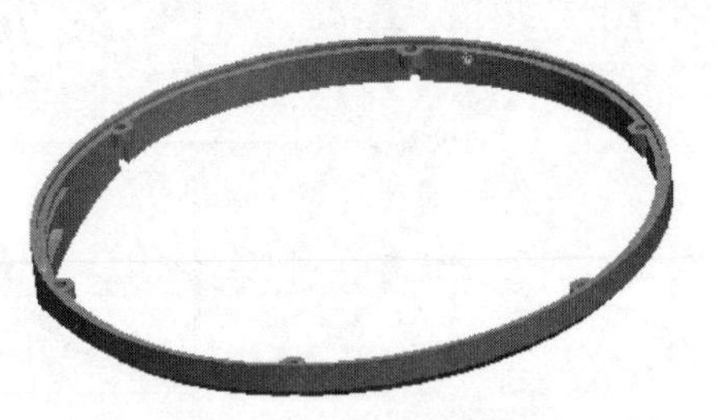

图 5-203　造型结果

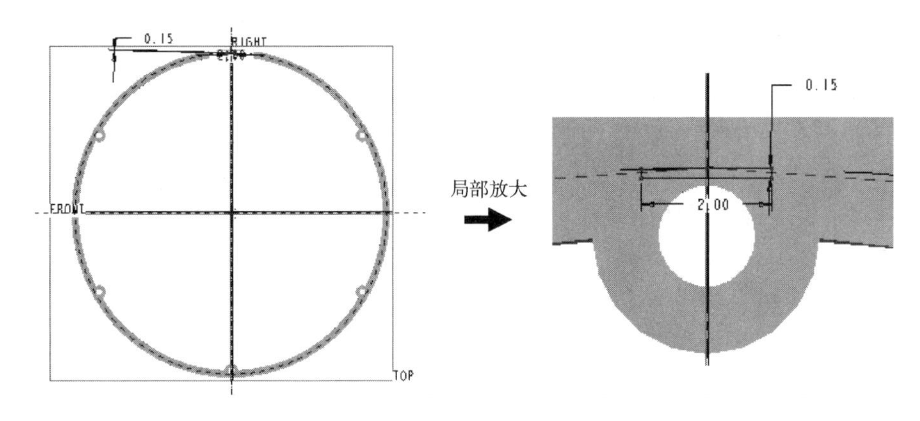

图 5-204　草图截面

3）在拉伸方式列表中选择“拉伸到选定的”，选择如图 5-205 所示平面。创建的拉伸结果如图 5-206 所示。

14. 创建倒圆角 3 特征

选择如图 5-207 所示的边进行倒圆角，圆角值 R 为 0. 1 mm。

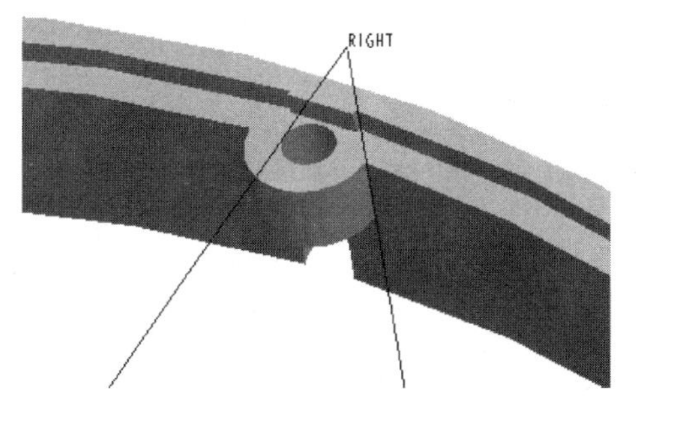

图 5-205　造型结果

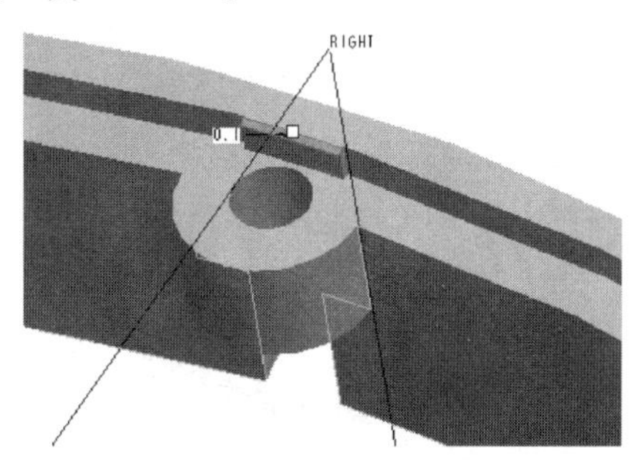

图 5-206　倒角

15. 创建阵列特征

按住〈Ctrl〉键，在模型树上选择上两步创建的拉伸特征和倒角特征，右击，在弹出的快捷菜单中选择“组”命令，则把上两步特征创建成一组，再对其进行阵列。

选择其中的“阵列”命令，弹出“阵列”对话框，选择阵列方式为“轴”方式，阵列数目为 12，角度为 360°，阵列设置如图 5-207 所示。

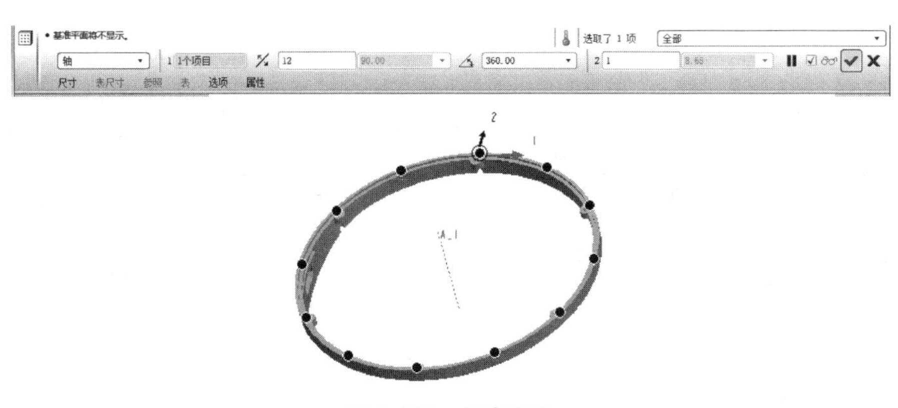

图 5-207　创建阵列

16. 创建草绘平面

单击右工具箱“草绘”按钮，进入“草绘”设计工具，选择“基准平面”（TOP）作为草绘平面，绘制的草图如图 5-208 所示。

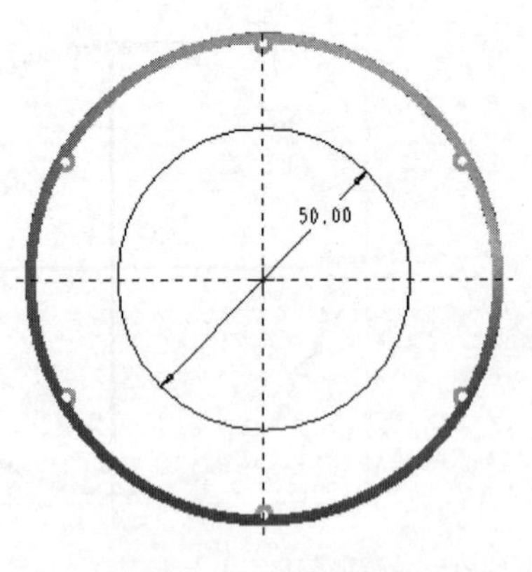

图 5-208　草图截面

17. 创建可变截面扫描曲面特征

单击右工具箱中“基础特征”工具栏上的“可变截面扫描”按钮，弹出“可变截面扫描”图标板，可使用“可变截面扫描”设计工具，默认选择为“创建可变截面扫描曲面”。

1）单击“参照”按钮，弹出“参照”下滑面板，按下〈Ctrl〉键，先选择上一步草绘的圆，再选择如图 5-209 所示的曲线作为扫描轨迹。

2）接下来单击按钮，绘制草图截面，如图 5-210 所示。创建的可变截面扫描曲面特征如图 5-211 所示。

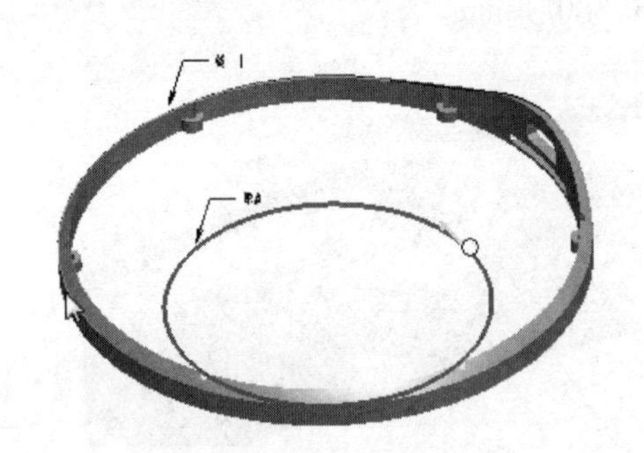
图 5-209　选择扫描轨迹

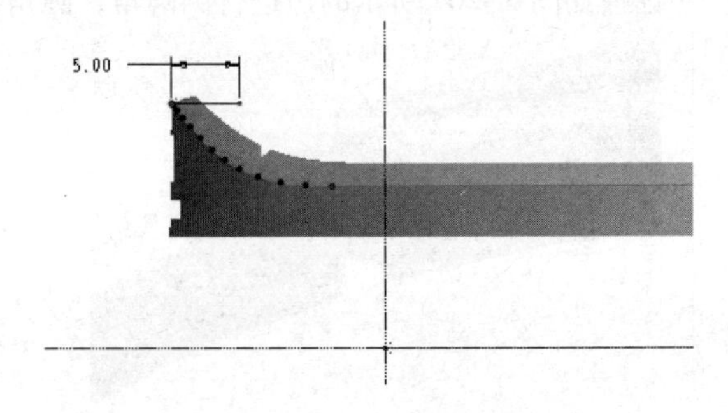

图 5-210　草图截面

18. 创建镜像特征

选择上一步创建的可变截面扫描曲面特征，单击右工具箱中“基础特征”工具栏上的“镜像”按钮，进行镜像，镜像平面选择“基准平面”（FRONT），造型结果如图 5-212 所示。

19. 曲面合并

选择上两步创建的可变截面扫描曲面特征和镜像曲面，单击右工具箱“合并”按钮，进行合并，结果如图 5-213 所示。

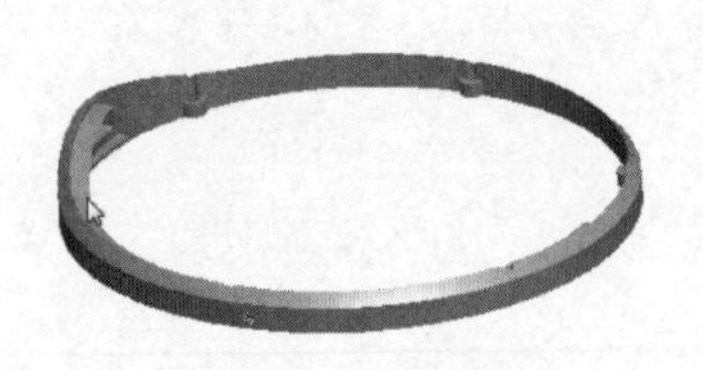
图 5-211　造型结果

图 5-212　镜像曲面

图 5-213　合并曲面

20. 实体化操作 3

上一步曲面合并后，支撑环造型如图 5-214 所示。由于支撑环与上壳接触的部位倾斜向上，这里需要进行一下处理，以便创建下面的卡口。

图 5-214　实体化前造型结果

选择上一步合并后的曲面，进行实体化操作，单击按钮，进行去除材料，造型结果如图 5-215 所示。

图 5-215　实体化后造型结果

21. 曲面偏移 1

选择如图 5-216 所示的曲面，选择菜单【编辑】|【偏移】命令，可使用“曲面偏移”设计工具。

1）在弹出的“曲面偏移”图标板中，单击“具有拔模特征”按钮。

2）单击“参照”按钮，选择草图列表中的“定义”，选择“基准平面”（TOP）作为草图平面，绘制草图（图 5-217），单击按钮结束草绘。

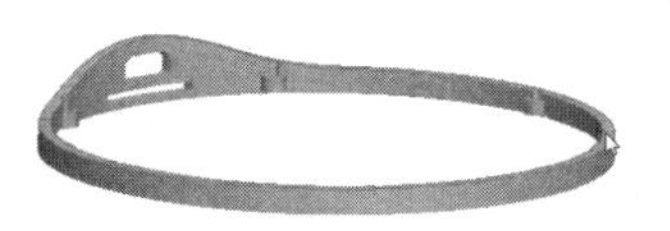

图 5-216　选择曲面

3）设置整个曲面向下偏移量为 0.65 mm，如图 5-218 所示。完成的曲面偏移结果如图 5-219 所示。

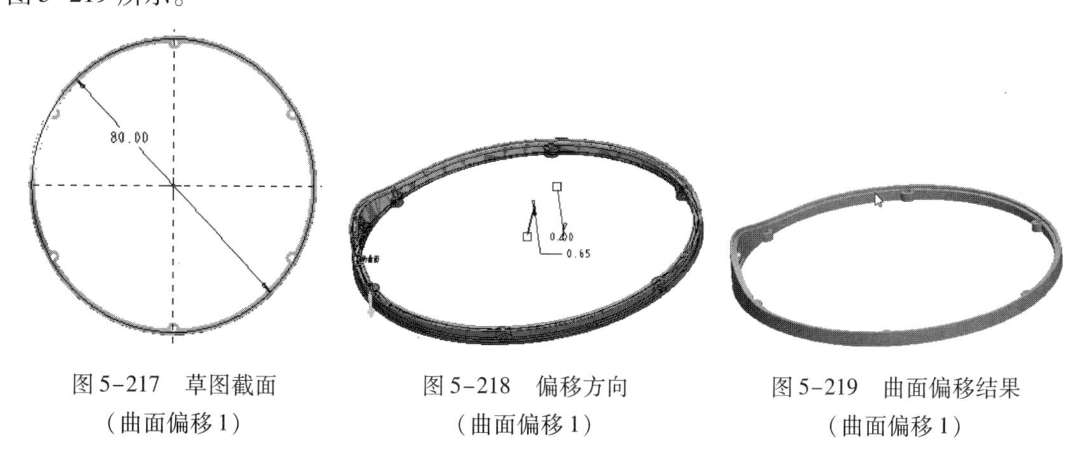

图 5-217　草图截面（曲面偏移 1）

图 5-218　偏移方向（曲面偏移 1）

图 5-219　曲面偏移结果（曲面偏移 1）

22. 曲面偏移 2

选择上一步偏移形成的曲面，选择菜单【编辑】|【偏移】命令，可使用“曲面偏移”设计工具。

1）在弹出的“曲面偏移”图标板中，单击“展开偏移”按钮。

2）单击“参照”按钮，选择草图列表中的“定义”，选择“基准平面”（TOP）作为草图平面，绘制草图（图 5-220），单击按钮结束草绘。

3）设置整个曲面向上偏移量为 0.65 mm。完成的曲面偏移结果如图 5-221 所示。

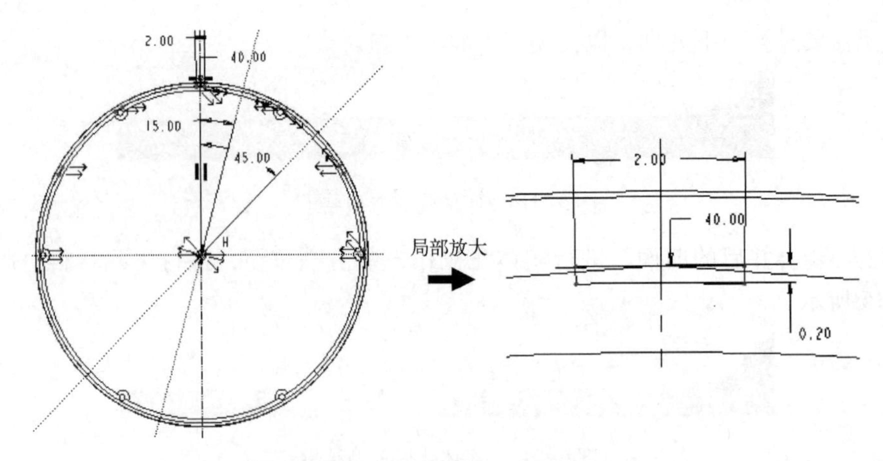

图 5-220　草图截面（曲面偏移 2）

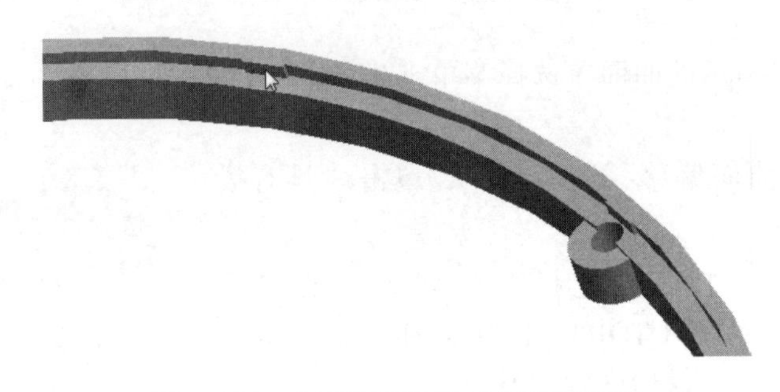

图 5-221　曲面偏移结果（曲面偏移 2）

23. 曲面偏移 3

参照上面的偏移方法，选择上一步偏移形成的曲面，选择菜单【编辑】|【偏移】命令，单击“展开偏移”按钮。草图如图 5-222 所示，完成的曲面偏移结果如图 5-223 所示。

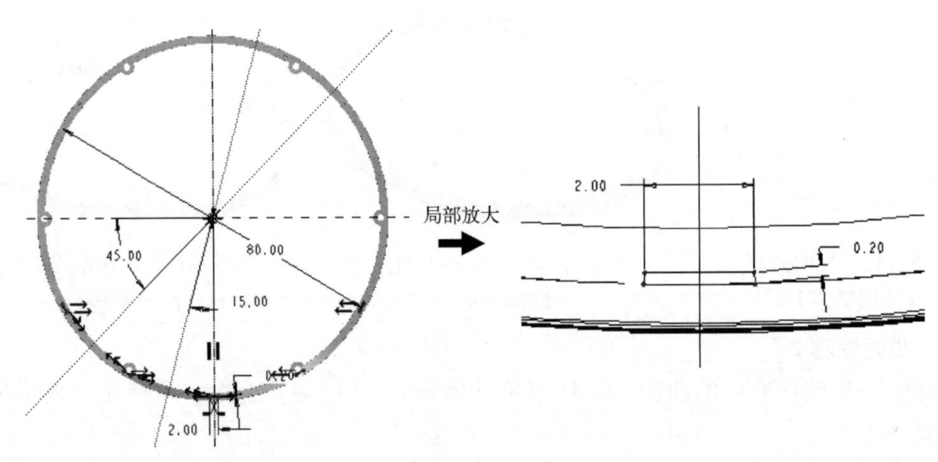

图 5-222　草图截面（曲面偏移 3）

最终完成的支撑环造型如图 5-224 所示。单击以保存文件。为了保存全部的模型文件，在模型树上选择 temp. asm，右击，在弹出的快捷菜单中选择“激活”命令，再保存。

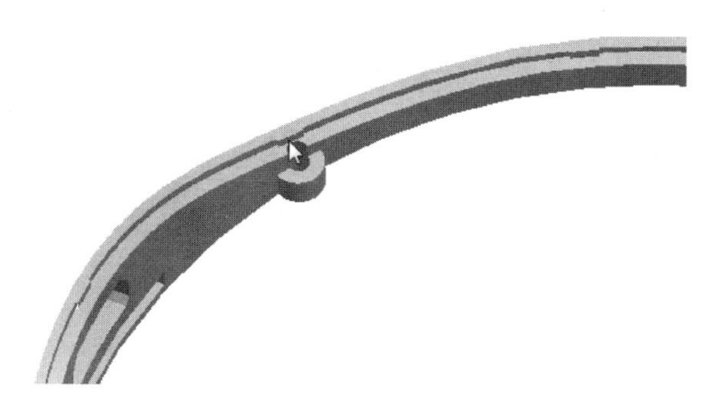

图 5-223　曲面偏移结果（曲面偏移 3）

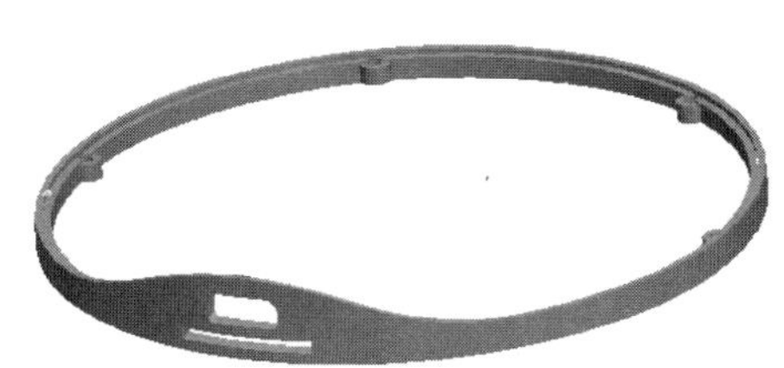

图 5-224　支撑环零件造型

5.5　创建装配模型

1. 新建装配文件

新建文件，选择类型：组件；子类型：设计；文件名称：assm. asm。取消选中“使用缺省模板”复选框，在“新文件选项”对话框中选择 mmns_asm_design 模板进行设计，随后系统进入装配建模环境中。

2. 装入上壳零件 top. prt

单击右工具箱“装配”按钮，可使用“装入零部件”设计工具。在弹出的“打开”对话框中，选择要装配的上壳零件 top. prt，单击“打开”按钮，系统弹出“装入零部件”图标板。在“放置方式”列表中选择“缺省”方式，如图 5-225 所示。这样上壳零件 top. prt 就装配完成了。

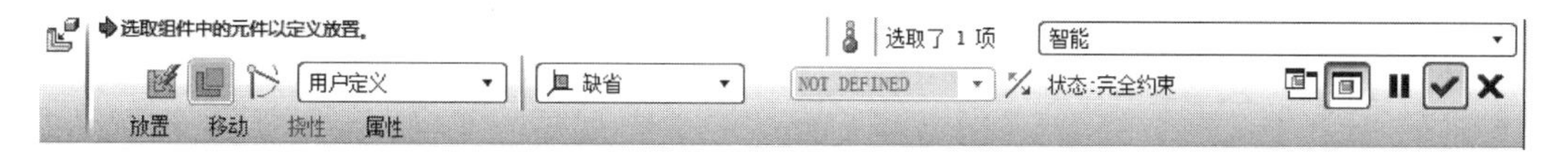

图 5-225　选择放置方式

3. 装入支撑环零件 middle. prt

按照与上一步相同的方法装配支撑环零件 middle. prt。

4. 装入下壳零件 bottom. prt

按照与第二步相同的方法装配下壳零件 bottom. prt。

最终装配模型如图 5-226 所示。为了显示各零件之间的装配关系是否正确，通常需要创建剖视图。

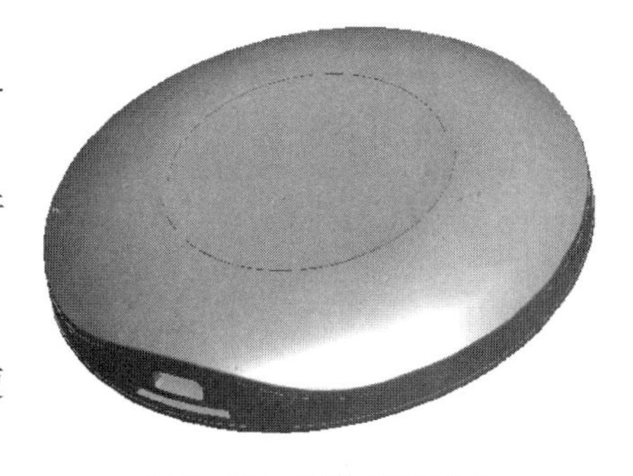

图 5-226　整体造型结果

5. 创建剖视图

选择菜单【视图】|【视图管理器】命令，可使用“视图管理”设计工具。

1）选择“视图管理器”对话框中的“剖面”选项卡。

2）单击“新建”按钮，在文本框中输入“A”，按〈Enter〉键确认，如图 5-227

所示。

3）在弹出的“剖截面选项”快捷菜单中，依次单击“模型”“平面”“单一”“完成”。在弹出的“设置平面”快捷菜单中选择“平面”（图 5-228），然后到绘图区选择“基准平面”（ASM. FRONT）。

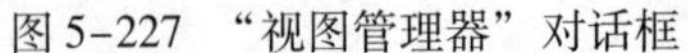

图 5-227 “视图管理器”对话框

图 5-228 剖截面选项

接下来要设置剖视图的显示。在剖视图列表中，选择 A 视图，右击，在弹出的快捷菜单中选择“可见性”命令，如图 5-229 所示。创建的剖视结果如图 5-230 所示。

图 5-229 设置剖视图可见性

图 5-230 模型剖视

小结

本任务主要重点是学习“自顶向下”的产品设计方法，这种设计方法的特点是产品的上壳、支撑环、下壳 3 个零件继承了同一个主控零件的主要特征，它们在外形上是一致的，因此也叫“主控方式”。这种设计理念非常适用于外形关联性较强的产品，如家电产品、数码产品等。

本任务设计的重点有两个：第一，主控零件的外观造型就是最终产品的外观，因此主控零件的外形非常重要，设计时要符合使用要求。同时设计主控零件时还要创建出用于实体化的曲面。第二，零件的工艺性，比如零件之间的装配结构如何设计。该产品采用注塑工艺成型，设计时需要考虑合适的拔模斜度，否则产品可能无法脱模。

本设计的难点是可变截面扫描创建曲面、旋转曲面等曲面建模命令以及曲面偏移、复制、实体化等曲面编辑命令的灵活使用。需要不断练习提高操作熟练度，熟练应用各种命令，创建所需的造型。

习题

1. 按照图 5-231 所示的结构，创建三维模型，尺寸自定。

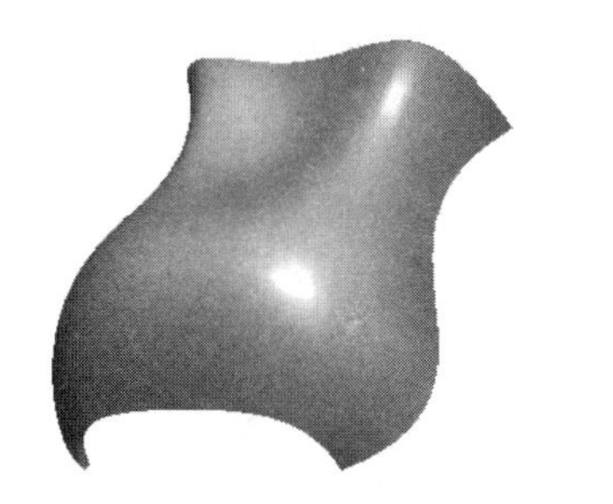
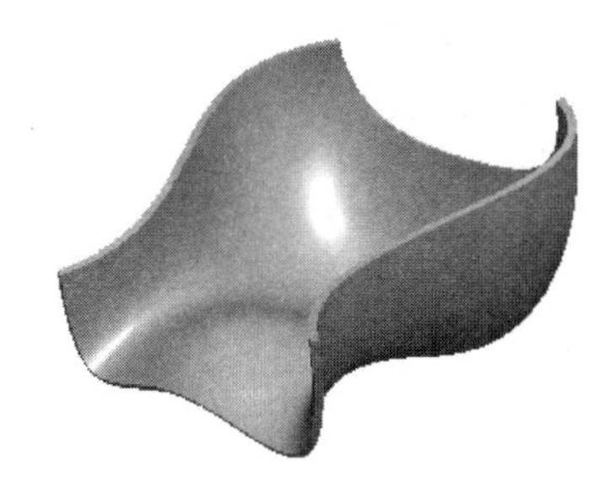

图 5-231　习题 1 图

2. 按照图 5-232 所示的旋钮结构，创建三维模型，尺寸自定。

图 5-232　习题 2 图

3. 按照图 5-233 所示的零件外壳结构，创建三维模型。

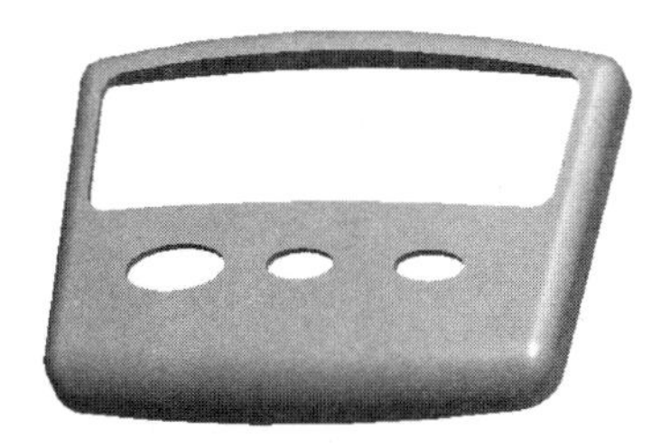
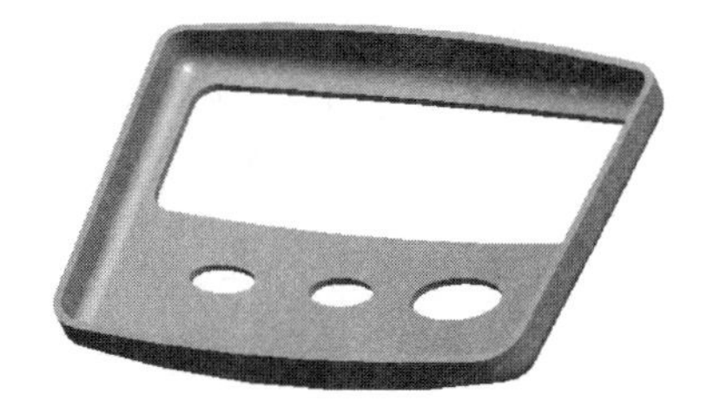

图 5-233　习题 3 图

任务6　南瓜造型的烟灰缸设计

任务描述

本任务提供一个南瓜造型的烟灰缸主体三维模型，如图 6-1 所示，要求为所给的南瓜造型的烟灰缸设计一个上盖，所设计的上盖造型与所给的部分可以构成一个完整的南瓜形状，并且上盖能够方便取拿。完成后的南瓜造型烟灰缸包括 4 个零件：主体、上盖、南瓜把、螺母，造型结果如图 6-2 所示。

图 6-1　所给的南瓜造型烟灰缸模型

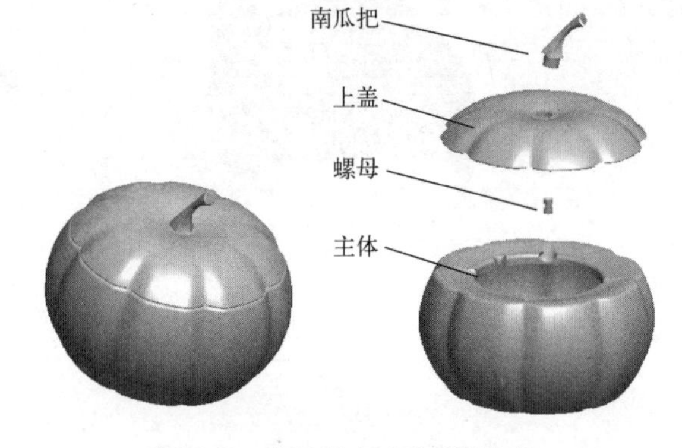

图 6-2　完成的南瓜造型烟灰缸

能力目标

1）巩固装配环境下创建零件的方法；

2）掌握扫描混合的命令，会创建比较复杂的曲面；

3）巩固边界混合创建曲面的方法；

4）巩固曲面合并、复制、加厚等曲面操作方法；

5）巩固拉伸、旋转、倒角、倒圆角、拔模斜度等建模命令；

6）巩固工业产品造型设计方法和建模思路。

知识准备

1. 扫描混合

扫描混合特征是将一组截面的边用过渡曲面沿某一条轨迹线进行连接起来，它具有扫描特征的特征，又具有混合特征的特点，需要一条轨迹和至少两个截面。以如图 6-3 所示的“顶尖”造型为例，说明扫描混合的操作过程。

1）首先要草绘一条作为扫描轨迹的曲线，如图 6-4 所示，退出草绘。

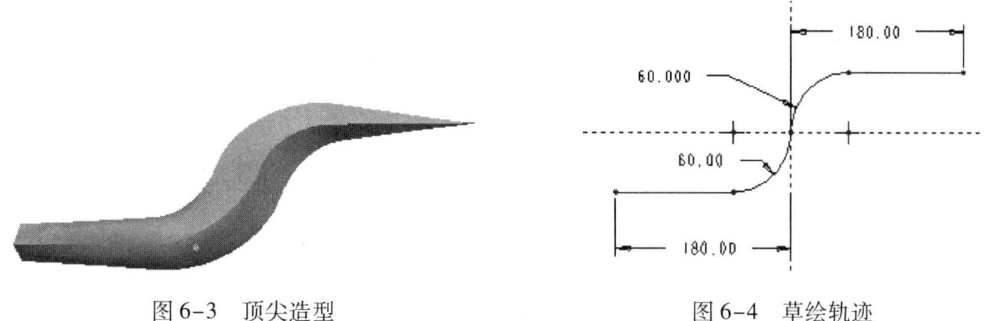

图 6-3　顶尖造型　　　　图 6-4　草绘轨迹

2）选择上一步绘制的曲线，选择菜单【插入】|【扫描混合】命令，弹出如图 6-5 所示的“扫描混合”图标板，系统默认所选的曲线是扫描轨迹。

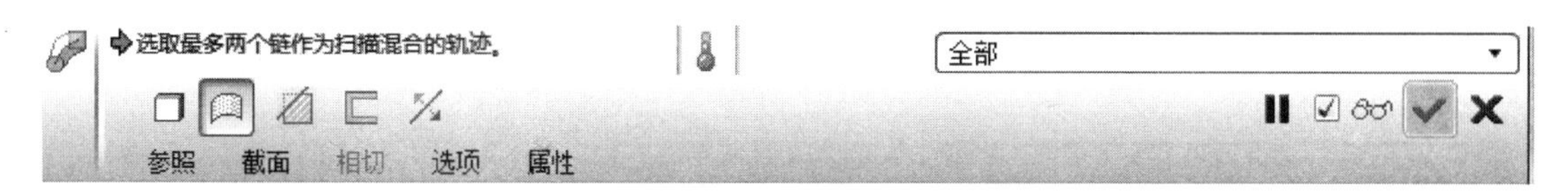

图 6-5　“扫描混合”图标板

3）单击按钮，创建扫描混合实体特征。

4）单击“截面”按钮，弹出如图 6-6 所示的“截面”下拉面板，这里可以绘制或者选择多个草图截面。选中轨迹起点，确定草图截面的位置，再单击对话框中的“草绘”按钮，就可以进入到草图截面界面中绘制草图了。完成如图 6-7 所示的草绘，单击按钮结束草绘。

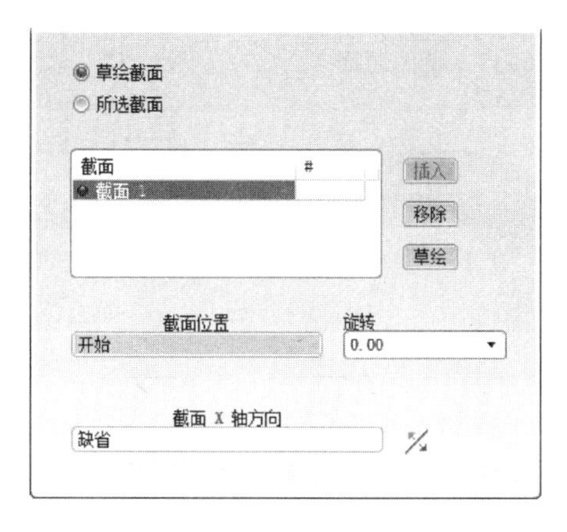

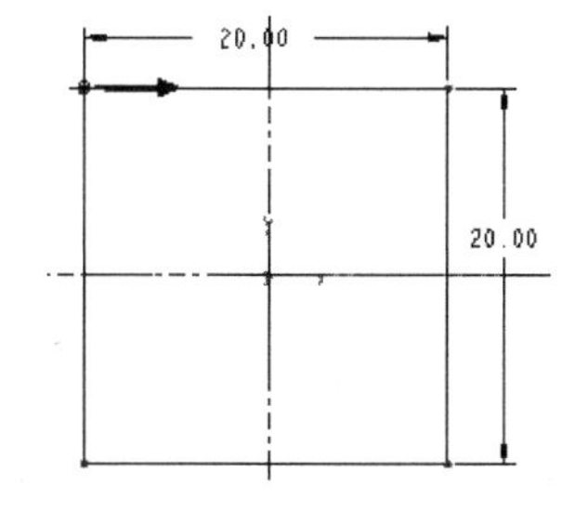

图 6-6　“截面”下拉面板　　　　图 6-7　草图截面 1

5）返回到“截面”对话框，单击“插入”按钮，则系统开始插入第二个截面，如图 6-8 所示，按照上一步的方法，选择第二个截面的位置，再绘制第二个截面，如图 6-9 所示。

6）再按照第 4 步的操作方法，依次插入 3 个截面，草图截面如图 6-10、图 6-11、图 6-12 所示，截面位置如图 6-13 所示。

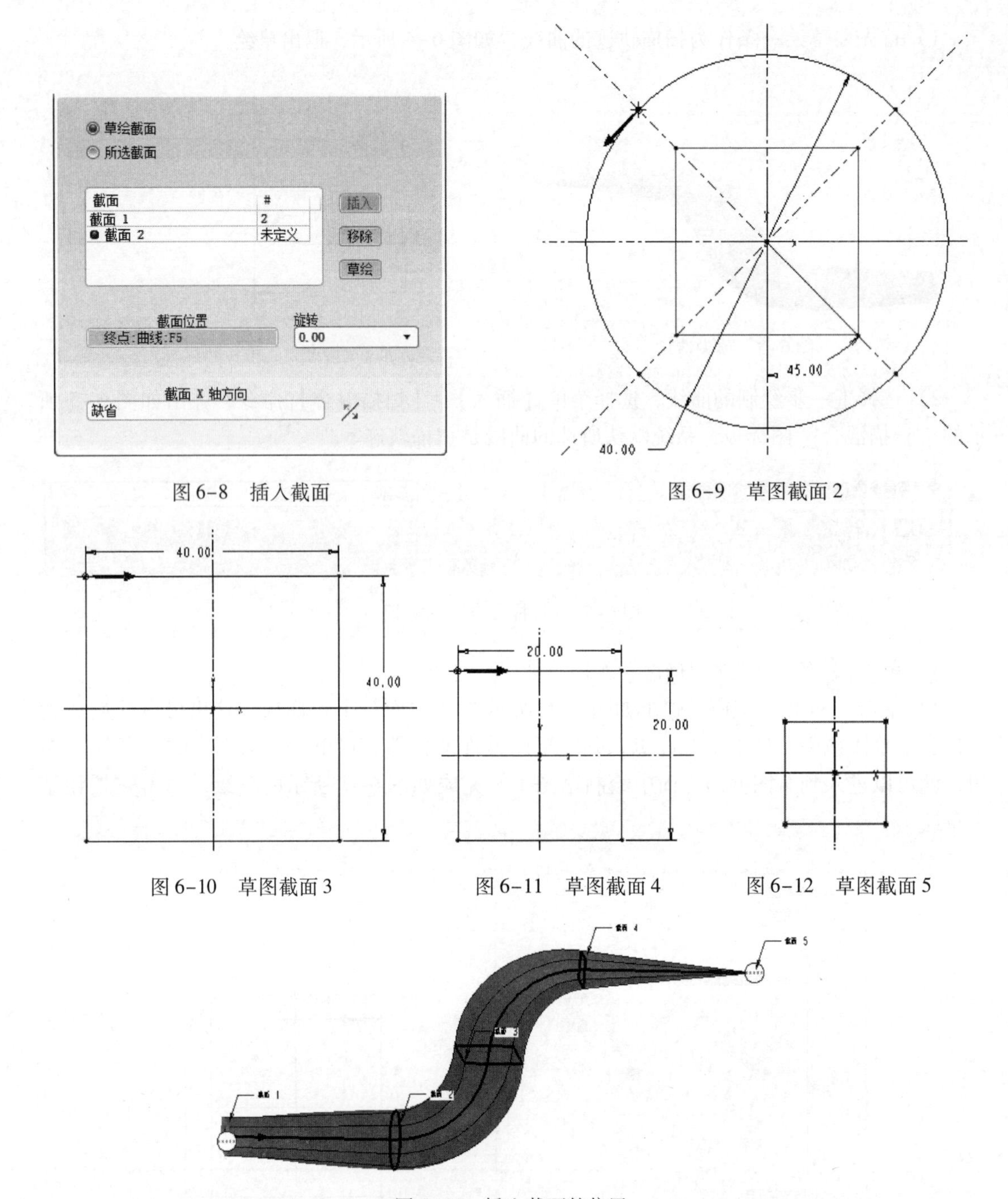

图 6-8　插入截面

图 6-9　草图截面 2

图 6-10　草图截面 3

图 6-11　草图截面 4

图 6-12　草图截面 5

图 6-13　插入截面的位置

7）草绘 5 个截面以后，单击“扫描混合”图标板中的✔按钮，完成扫描混合特征，造型结果如图 6-3 所示。

2. 曲面填充

曲面填充是填充封闭轮廓成一个有区域的平面。选择菜单【编辑】|【填充】命令，弹出如图 6-14 所示的“填充”图标板，单击“参照”按钮，定义草绘，如图 6-15 所示。完成草绘，单击“填充”图标板中的✔按钮，即创建一个平面。如图 6-16 所示。

图 6-14 “填充”图标板

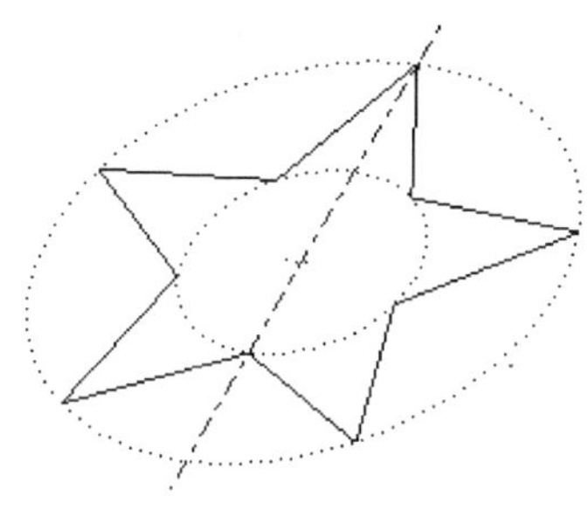
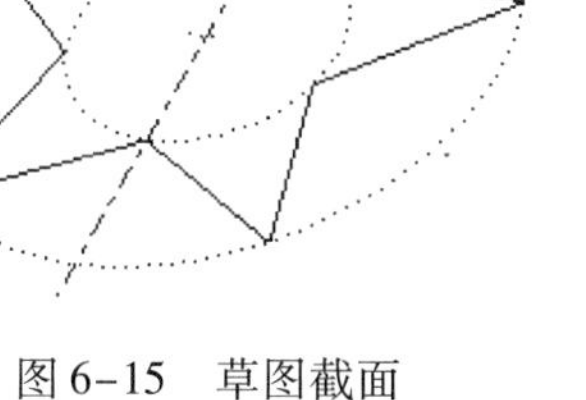

图 6-15 草图截面

图 6-16 曲面填充

建模流程

1. 上盖建模流程（图 6-17）

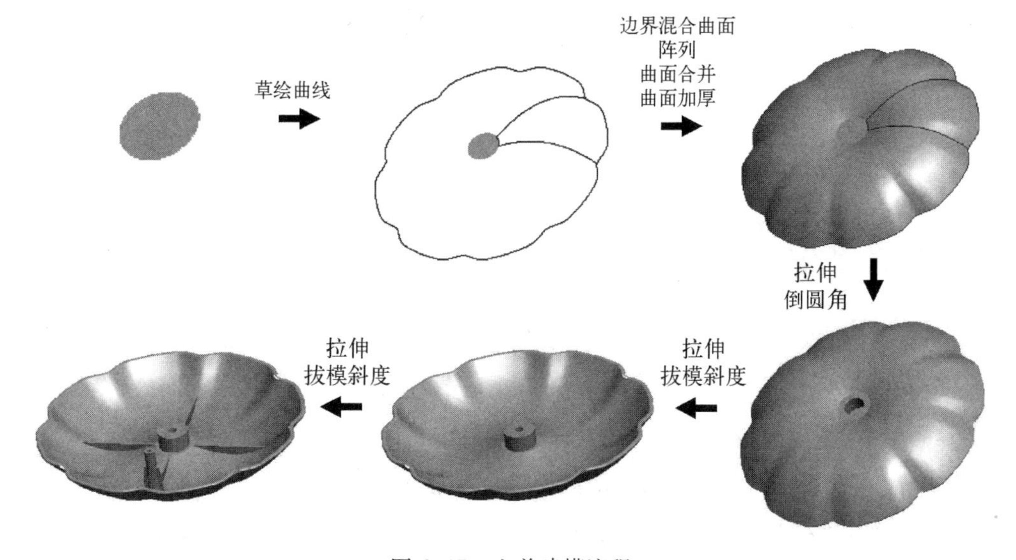

图 6-17 上盖建模流程

2. 南瓜把建模流程（图 6-18）

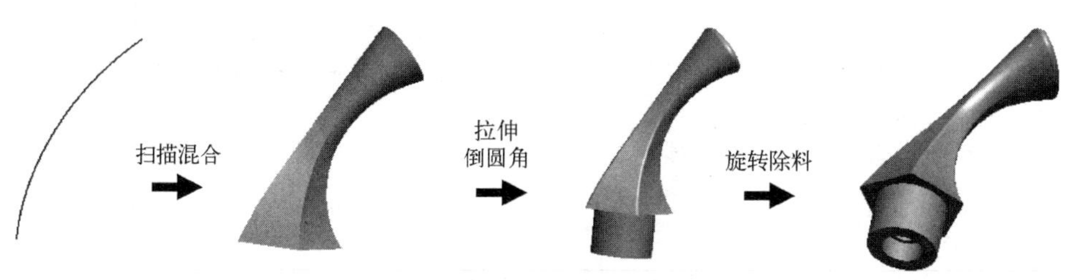

图 6-18 南瓜把建模流程

3. 螺母建模流程（图 6-19）

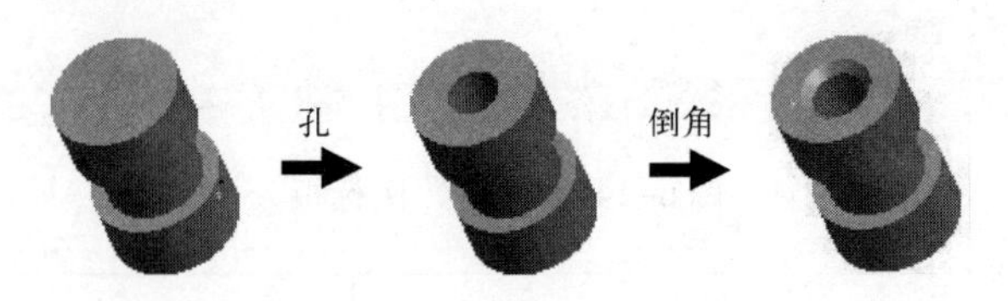

图 6-19　螺母建模流程

任务实施

6.1　创建上盖造型

Step1：创建装配模型

1. 新建装配模型

新建文件名：pumkin. asm。进入装配模块中。首先设置“模型树项目”，如图 6-20 所示。

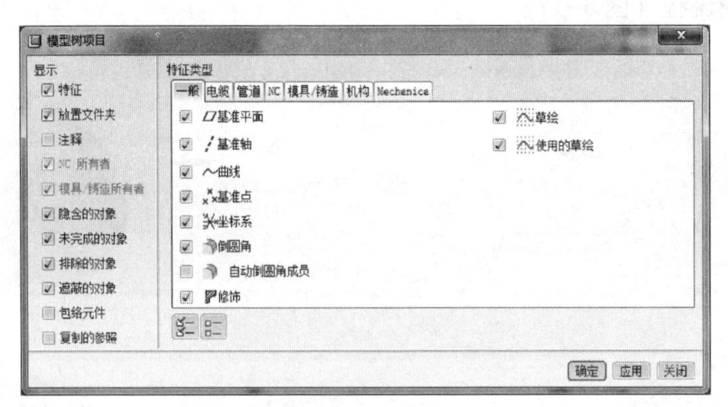

图 6-20　设置“模型树项目”

2. 装配南瓜烟灰缸主体文件

单击右工具箱“装配”按钮，可使用“装配零部件”设计工具。

1）系统弹出“打开”对话框，选择要装配的文件 subjeet - 1. prt，单击“打开”按钮，系统弹出“装配零部件”图标板。

2）在放置方式列表中选择“缺省”方式，如图 6-21 所示。

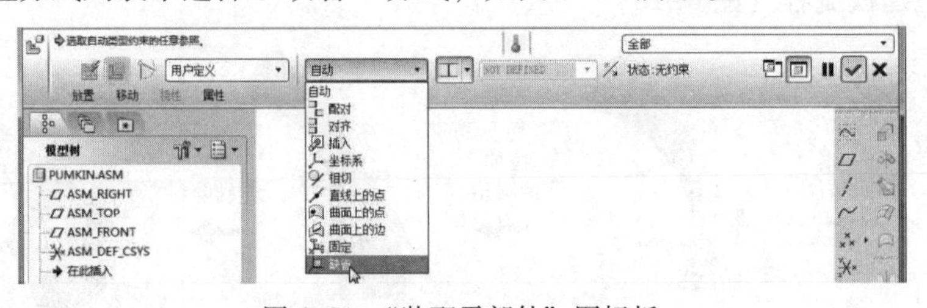

图 6-21　“装配零部件”图标板

装入第一个零件后的“模型树”如图 6-22 所示。

3. 创建零件

单击右工具箱“元件创建”按钮，可使用到“元件创建”设计工具。

1）在“元件创建”对话框的“类型”选项组中选择“零件”，“子类型”选择“实体”；

2）“名称”文本框中输入：top - cover，如图 6-23 所示，则系统创建一个名为 top - cover. prt 的零件文件。

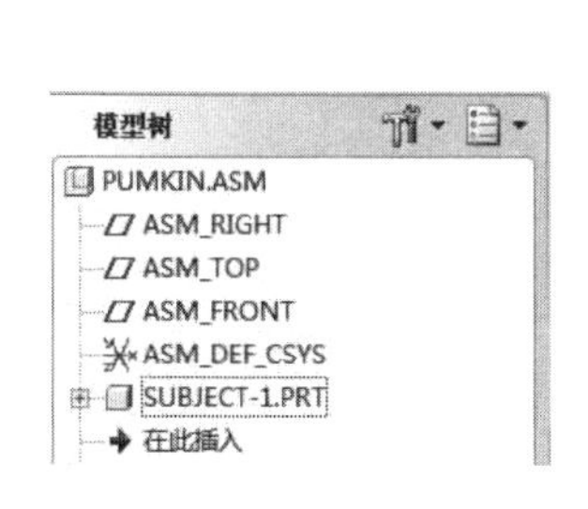

图 6-22 装入第 1 个零件后的“模型树”

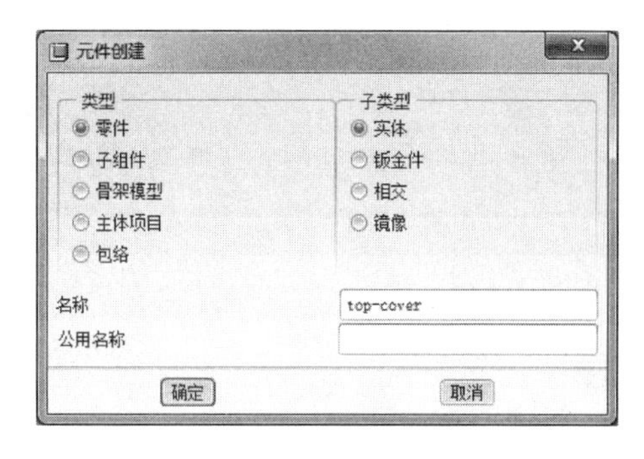

图 6-23 创建零件

3）在“创建选项”对话框中的“创建方法”列表中选择“复制现有”，则复制已有的零件模板，如图 6-24 所示。

4）将 top - cover. prt 以“缺省”的方式装入。

创建完 top - cover. prt 的模型树如图 6-25 所示。

图 6-24 “创建选项”对话框

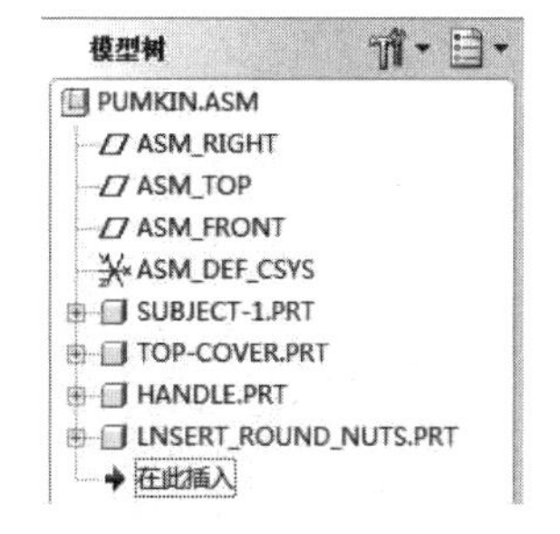

图 6-25 创建完 top - cover. prt 的“模型树”

参照上面的方法，再创建两个零件：handle. prt 和 insert - round - nuts. prt，然后保存于 pumkin. asm 文件。

Step2：上盖造型

在“模型树”上选择 top - cover. prt 零件，右击，在弹出的快捷菜单中选择“激活”命令，则激活上盖零件。

1. 创建“基准平面”（DTM1）

选择 top - cover. prt 模型中的“基准平面”（TOP）作为参照，向上平移，偏移距离为 60 mm，创建“基准平面”（DTM1），如图 6-26 所示。

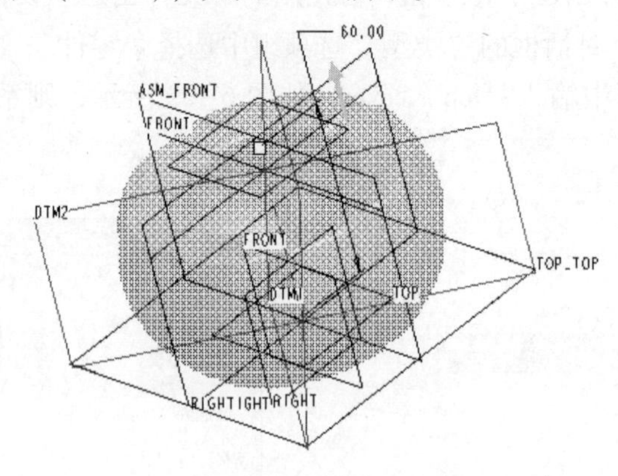

图 6-26 创建基准平面

2. 创建填充曲面

选择菜单【编辑】|【填充】命令，弹出“填充”图标板。

1）单击“参照”按钮，定义草绘，如图 6-27 所示。

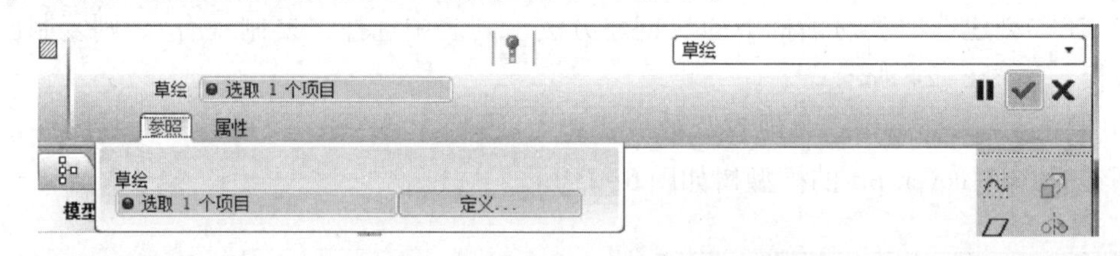

图 6-27 定义草绘

2）选择上一步创建的“基准平面”（DTM1）作为草绘平面，其他设置选择默认，绘制如图 6-28 所示的草图，单击✔按钮，完成草绘。

3）单击“填充”图标板中的✔按钮，即创建一个平面，如图 6-29 所示。

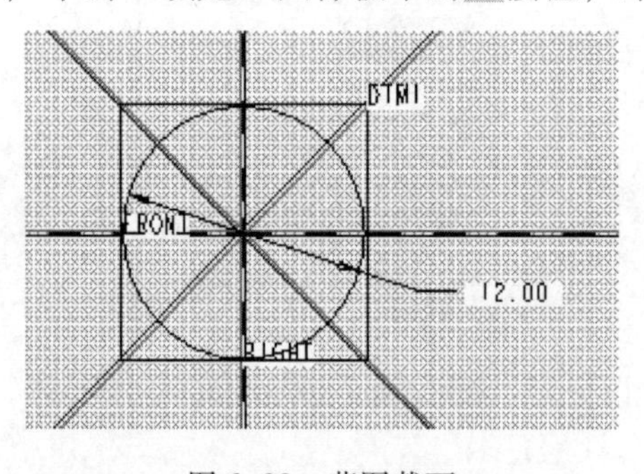

图 6-28 草图截面

图 6-29 填充曲面

3. 创建基准点 1

单击右工具箱中“基准”工具栏上的“基准点”按钮，弹出“基准点”对话框。选择上一步填充曲面的边和“基准平面”（FRONT）作为参照，如图 6-30 所示。创建完成的基准点 PNT0 如图 6-31 所示。

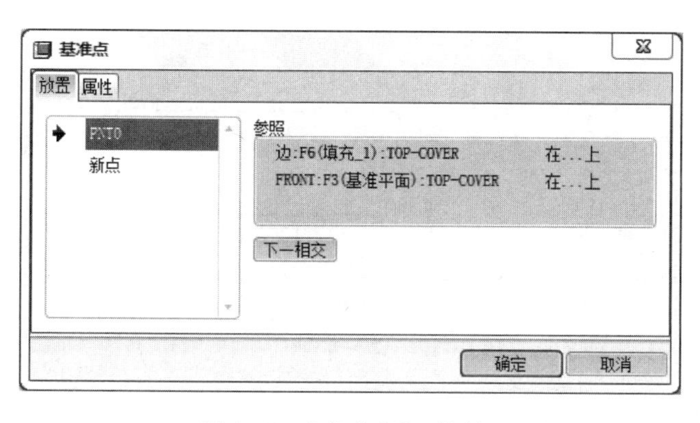

图 6-30 “基准点”对话框

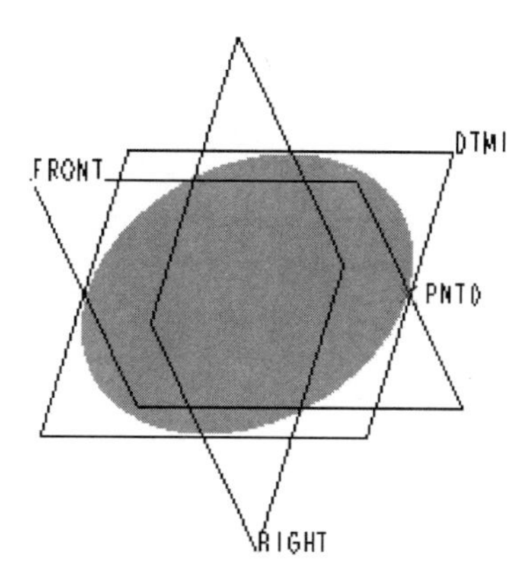

图 6-31 创建的基准点

4. 创建草绘平面 1

单击“草绘” 按钮，可使用“草绘”设计工具。选择南瓜烟灰缸主体模型的上表面作为草绘平面，如图 6-32 所示，其他草绘视图“参照”选择“基准平面”（RIGHT），“方向”选择向“右”。绘制的草图如图 6-33 所示。

5. 创建基准点 2

按照上面的操作方法，选择上一步创建的草图截面和“基准平面”（FRONT）作为参照，再创建一个基准点 PNT1，如图 6-34 所示。

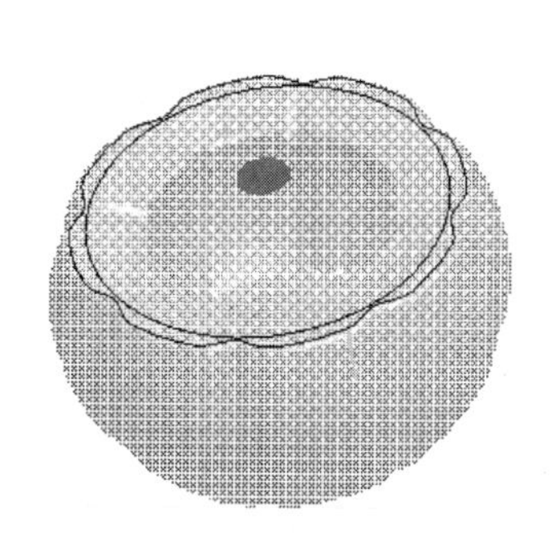

图 6-32 选择草绘平面

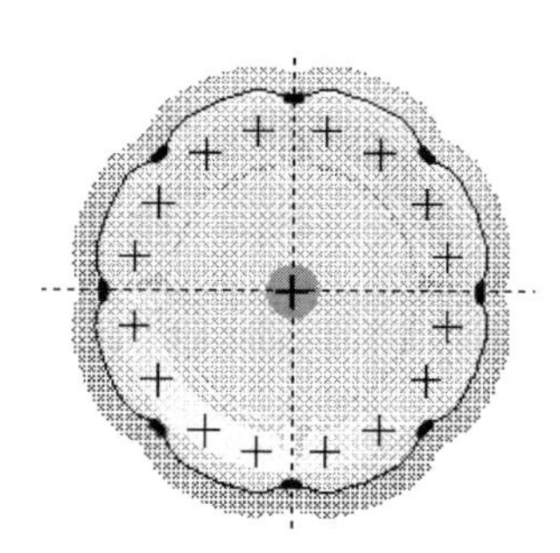

图 6-33 草图截面 1

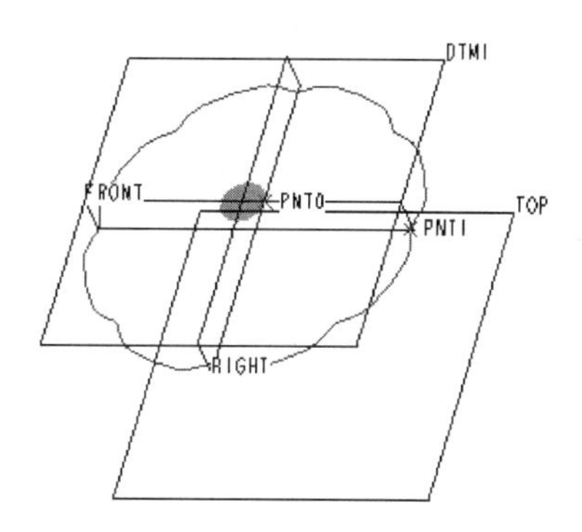

图 6-34 创建基准点

6. 创建草绘平面 2

单击右工具箱“草绘” 按钮，可使用“草绘”设计工具。选择“基准平面”（FRONT）作为草绘平面，草绘“参照”选择“基准平面”（RIGHT），“方向”向右。绘制的草图如图 6-35 所示。绘制草图时需要注意该曲线要与所给的南瓜烟灰缸主体造型曲率接近，这样才能形成一个完整的南瓜造型。同时要选择基准点 PNT0、PNT1 作为参照，这样才能绘制出准确的曲线。

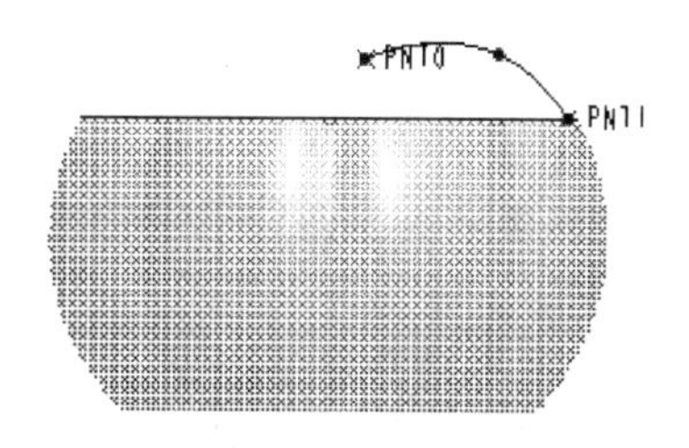

图 6-35 草图截面 2

7. 创建基准轴

单击右工具箱中“基准”工具栏上的“基准轴” 按钮，弹出“基准轴”对话框。选择“基准平面”（FRONT）和（RIGHT）作为参照，创建“基准轴”（A_1），如图 6-36、

图 6-37 所示。

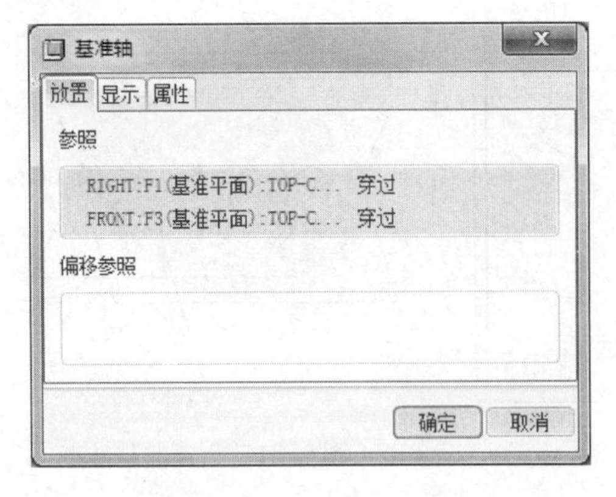

图 6-36 “基准轴”对话框

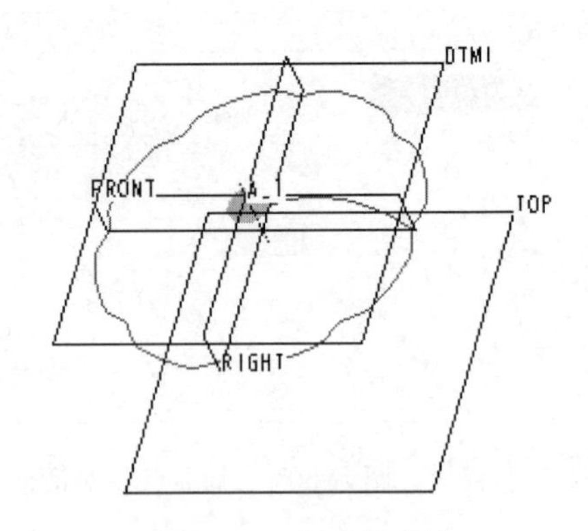

图 6-37 创建基准轴

8. 创建基准平面

选择 top - cover. prt 模型中的“基准平面”(FRONT)和“基准轴”(A_1)作为参照，创建“基准平面”(DTM2)，与“基准平面”(FRONT)之间夹角为 22.5°，如图 6-38 所示。

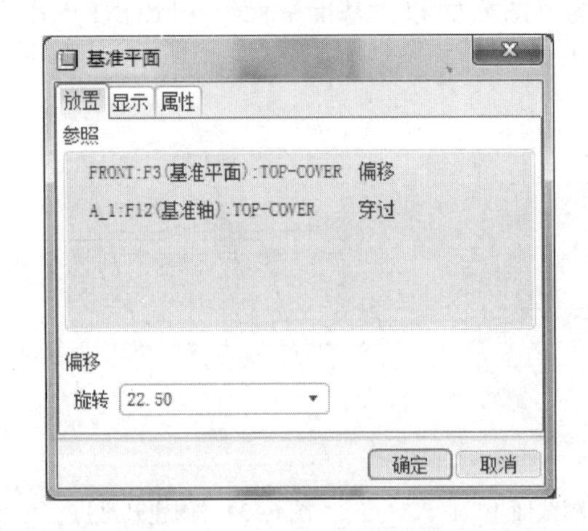

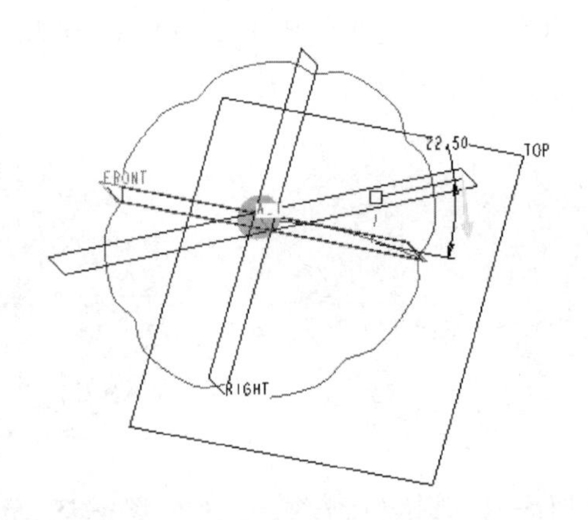

图 6-38 创建基准平面

9. 镜像曲线 1

选择第 6 步创建的草绘平面 2 进行镜像，镜像平面选择上一步创建的“基准平面”(DTM2)，镜像结果如图 6-39 所示。

10. 创建草绘平面 3

单击右工具箱“草绘”按钮，可使用“草绘”设计工具。选择填充曲面作为草绘平面，草绘参照选择“基准平面”(RIGHT)，“方向”向右。选择 PNT0 和曲线 1 的端点作为参照，绘制半径与填充平面边界同样大小的一段圆弧，如图 6-40 所示。

11. 创建边界混合曲面

单击右工具箱“边界混合”按钮，弹出“边界混合”图标板，选择如图 6-41 所示的边界，创建边界混合曲面，创建的曲面如图 6-42 所示。

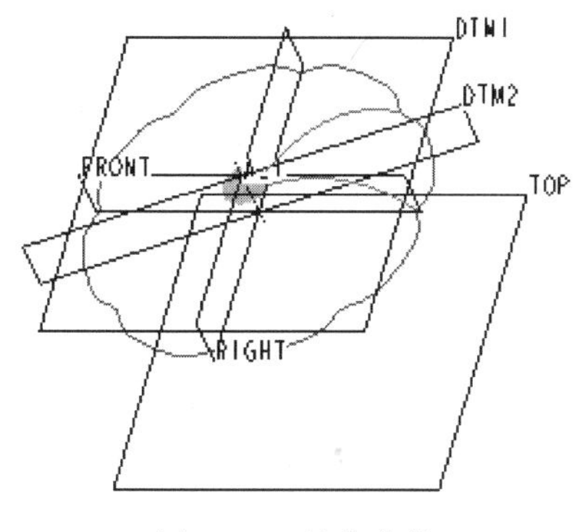

图 6-39　镜像曲线

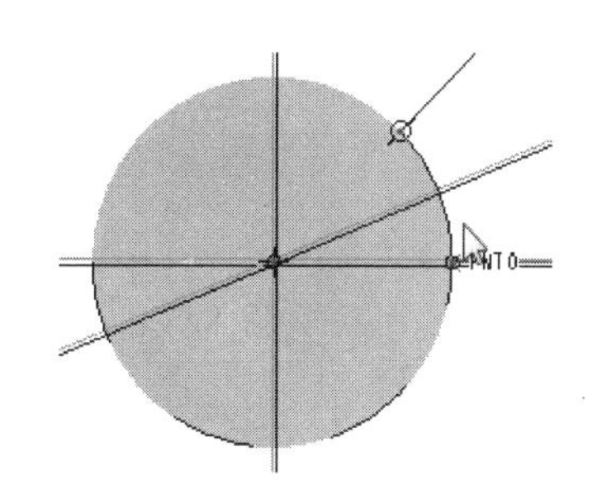

图 6-40　草图截面 3

12. 创建阵列曲面

选择上一步创建的曲面进行阵列，选择“阵列方式”为“轴”，选择“基准轴”（A_1）作为阵列参照，阵列个数为 8。阵列结果如图 6-43 所示。

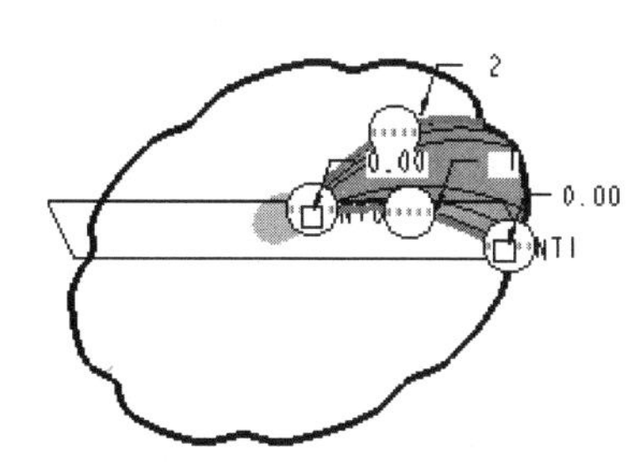

图 6-41　选择边界

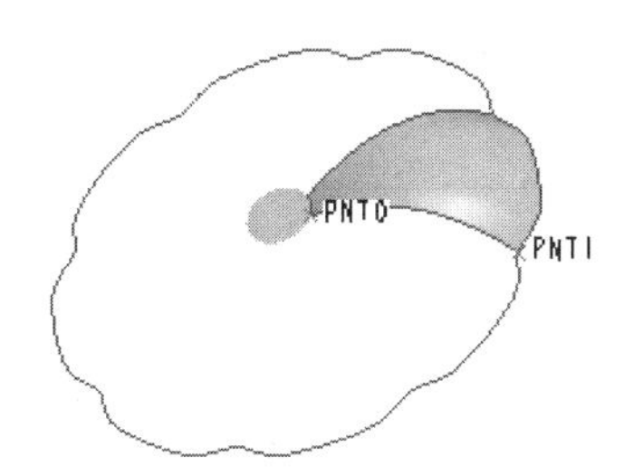

图 6-42　创建边界混合曲面

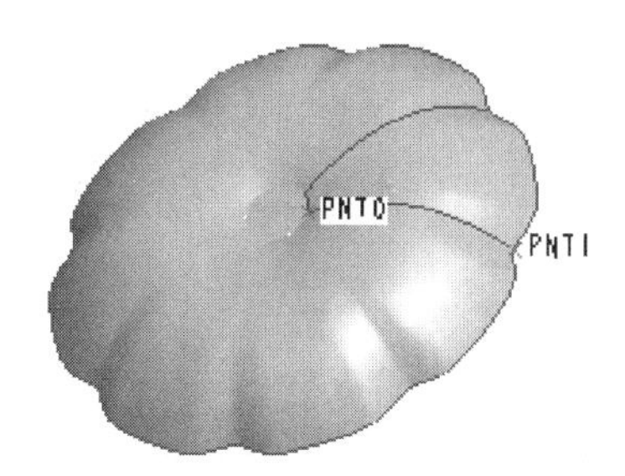

图 6-43　阵列曲面

13. 合并曲面

选择如图 6-44 所示的曲面进行合并，单击✔按钮，完成曲面合并。再将合并后的曲面与邻近的曲面进行合并，依次进行下去，直到所有的曲面都合并成一个曲面片，最后再与中间的填充曲面进行合并，如图 6-45 所示。

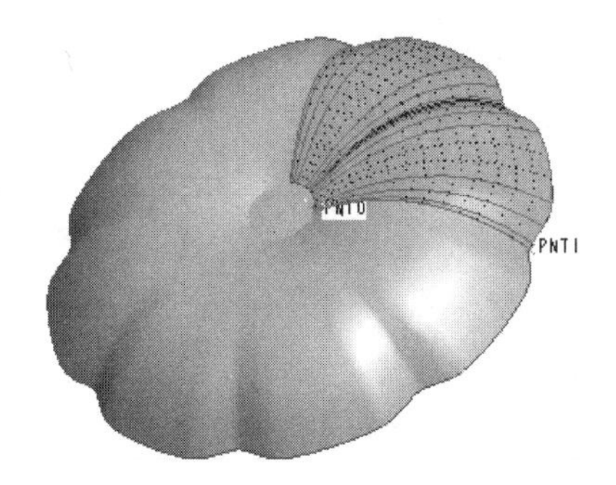

图 6-44　曲面合并

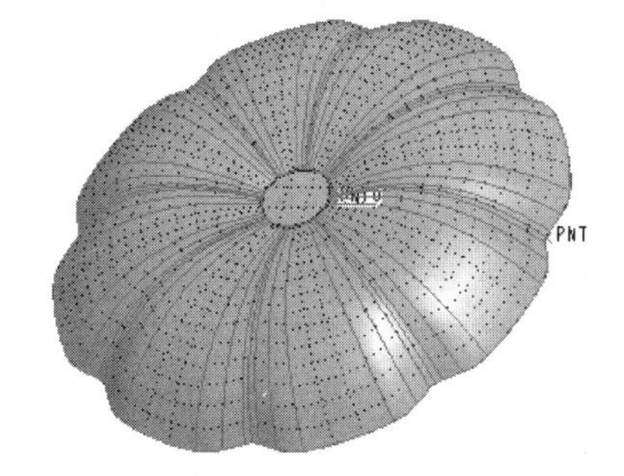

图 6-45　曲面合并

14. 曲面加厚

选择上一步合并后的曲面，选择菜单【编辑】|【加厚】命令，弹出“加厚”图标板，设置加厚值为 1.5 mm，如图 6-46 所示，曲面加厚结果如图 6-47 所示。

图 6-46 “曲面加厚”图标板

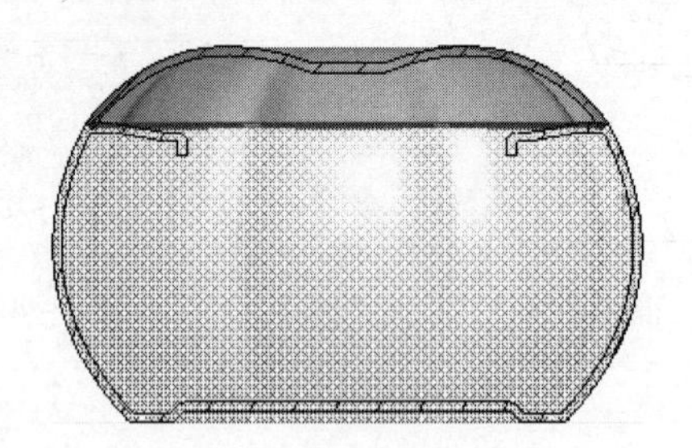

图 6-47 曲面加厚结果

> **说明：**
>
> 为了判断曲面需要加厚多少，可以在装配模块中创建剖视，一般上盖和烟灰缸可以设计成同一个厚度，从剖视中可以看出上盖加厚为 1.5 mm，即与烟灰缸厚度一致。

15. 创建拉伸 1 特征（除料）

单击右工具箱中“基础特征”工具栏上的“拉伸”按钮，进入“拉伸”设计工具，默认选择为“实体拉伸”。“拉伸方式”选择为“双向对称拉伸”，拉伸高度 100 mm。单击“去除材料”按钮，进行拉伸除料，如图 6-48 所示。选择“基准平面”（FRONT）作为草绘平面，草绘平面参照“基准平面”（TOP）向上，草图截面如图 6-49 所示，拉伸结果如图 6-50 所示。

图 6-48 “拉伸”图标板

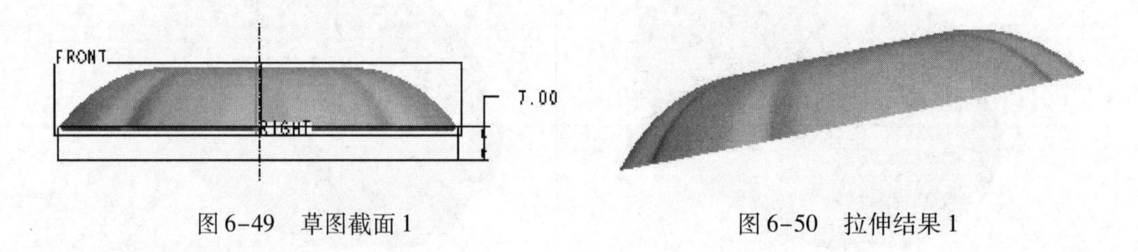

图 6-49 草图截面 1　　图 6-50 拉伸结果 1

16. 创建倒圆角 1 特征

选择对如图 6-51 所示的边进行倒圆角，圆角 R 值为 0.5 mm。

17. 创建倒圆角 2 特征

选择对如图 6-52 所示的边进行倒圆角，圆角 R 值为 0.5 mm。

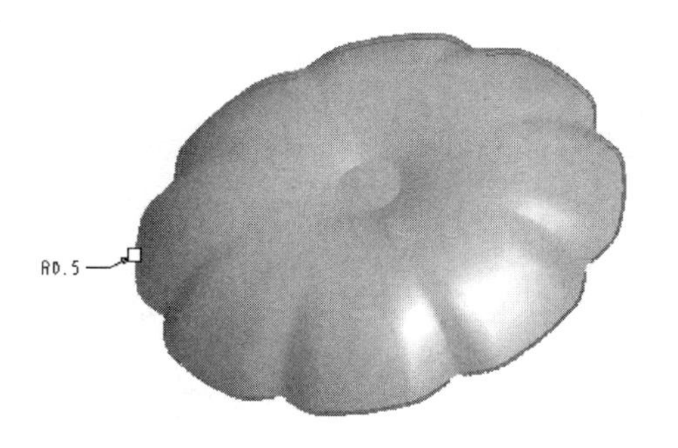

图 6-51　倒圆角 1 特征

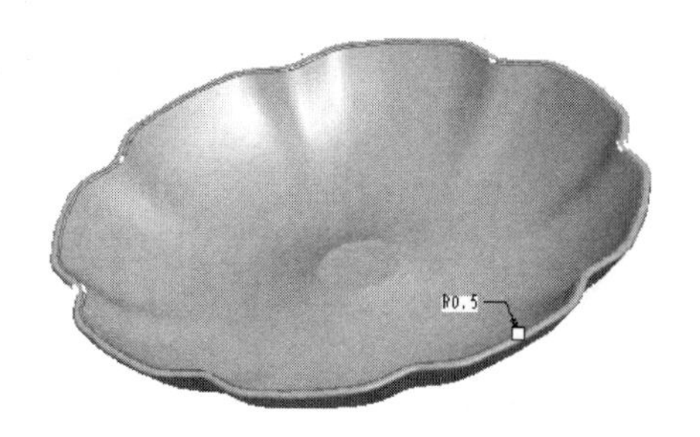

图 6-52　倒圆角 2 特征

18. 创建拉伸 2 特征

单击右工具箱中“基础特征”工具栏上的“拉伸” 按钮，可使用“拉伸”设计工具，默认选择为“实体拉伸” 。拉伸设置如图 6-53 所示。选择填充曲面作为草绘平面，草绘视图“参照”选择“基准平面”（RIGHT）“方向”选择向右，草图截面如图 6-54 所示，拉伸结果如图 6-55 所示。

图 6-53　“拉伸”图标板

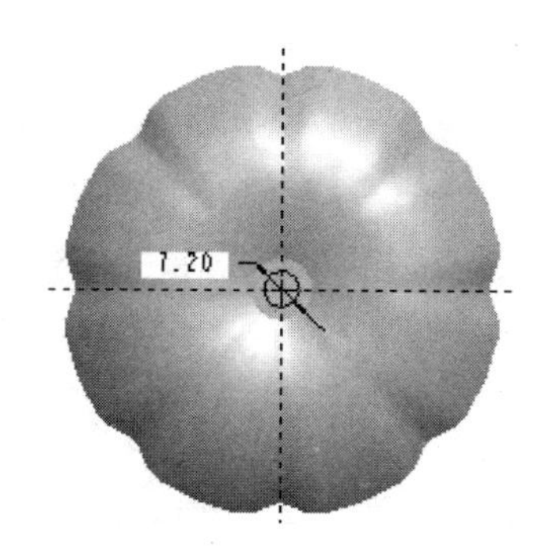

图 6-54　草图截面 2

图 6-55　拉伸结果 2

19. 创建拉伸 3 特征

单击右工具箱中“基础特征”工具栏上的“拉伸” 按钮，可使用“拉伸”设计工具，默认选择为“实体拉伸” 。拉伸设置如图 6-56 所示。选择如图 6-57 所示的平面作为草绘平面，草绘视图“参照”选择“基准平面”（RIGHT）“方向”选择向底，草图截面如图 6-58 所示，拉伸结果如图 6-59 所示。

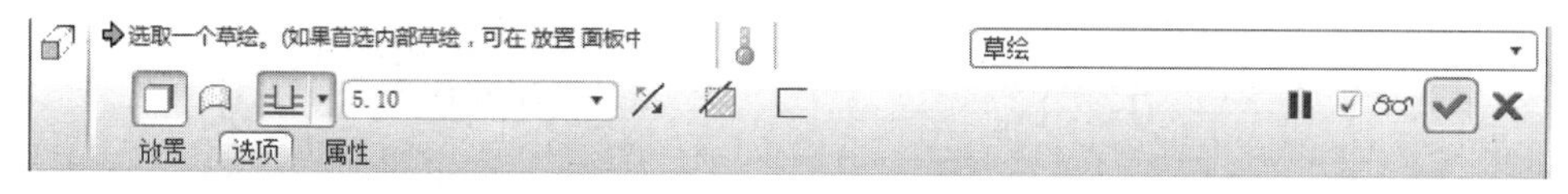

图 6-56　“拉伸”图标板

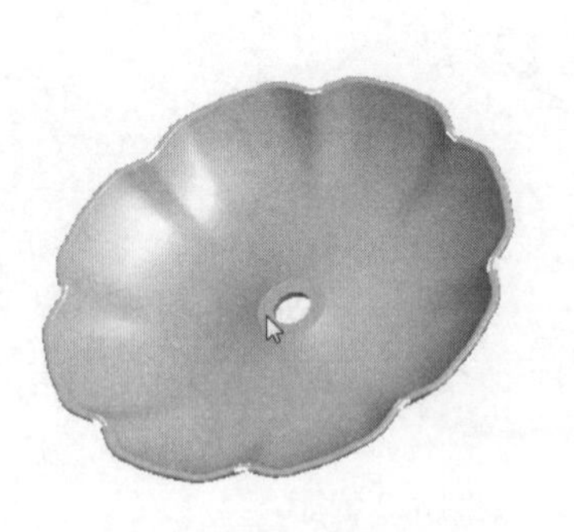

图 6-57　选择草绘平面

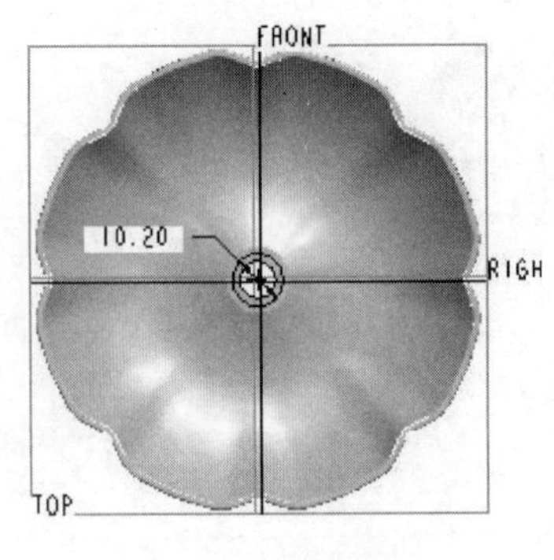

图 6-58　草图截面 3

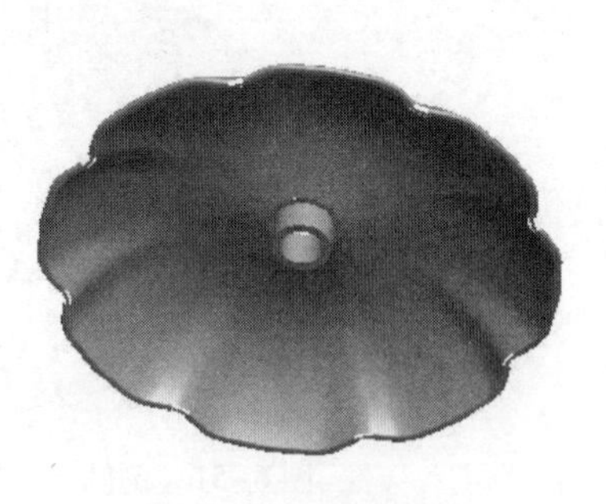

图 6-59　拉伸结果 3

20. 创建拉伸 4 特征

单击右工具箱中“基础特征”工具栏上的“拉伸”按钮，可使用“拉伸”设计工具，默认选择为“实体拉伸”。拉伸设置如图 6-60 所示。选择如图 6-61 所示的平面作为草绘平面，草绘视图“参照”选择“基准平面”（RIGHT），“方向”选择向底，草图截面如图 6-62 所示，拉伸结果如图 6-63 所示。

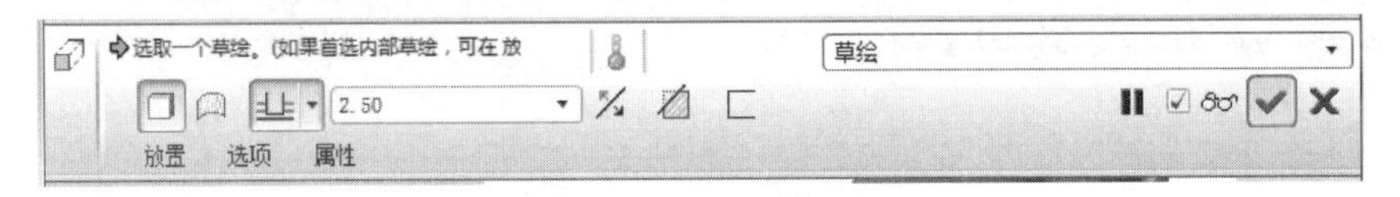

图 6-60　“拉伸”图标板

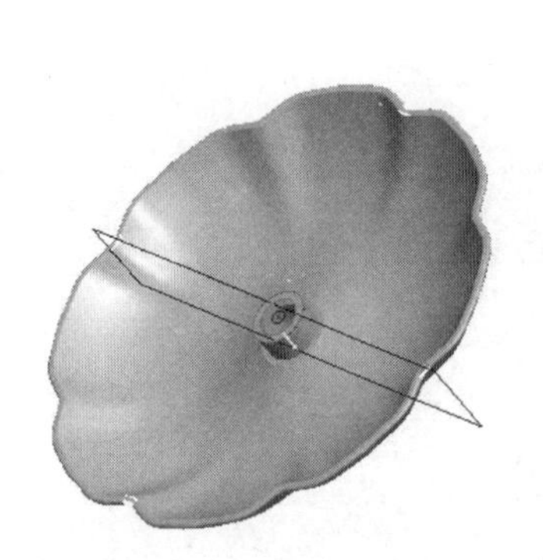

图 6-61　选择草绘平面

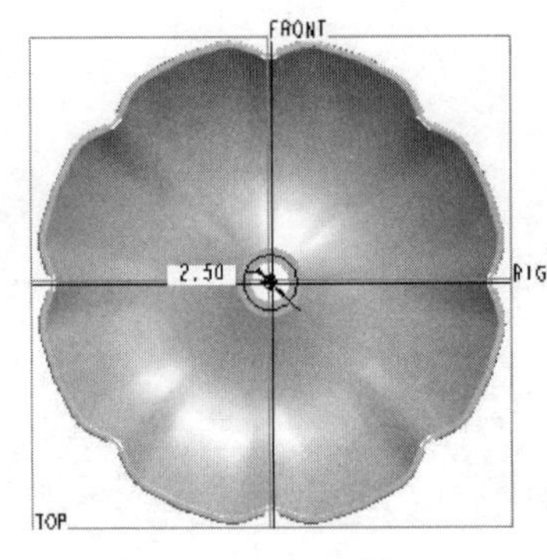

图 6-62　草图截面 4

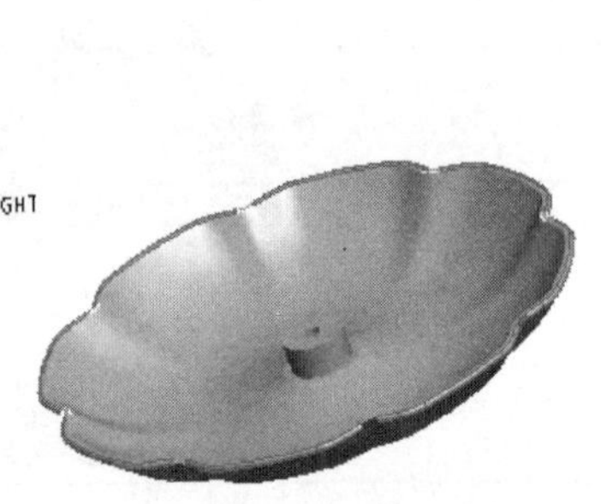

图 6-63　拉伸结果 4

21. 创建拔模斜度 1 特征

选择如图 6-64 所示的曲面进行拔模，拔模枢轴如图 6-65 所示，向内拔模，拔模角度为 1°。

图 6-64　拔模曲面 1

图 6-65　拔模枢轴 1

22. 创建拔模斜度 2 特征

选择如图 6-66 所示的曲面进行拔模，拔模枢轴如图 6-67 所示，向内拔模，拔模角度为 5°。

图 6-66　拔模曲面 2

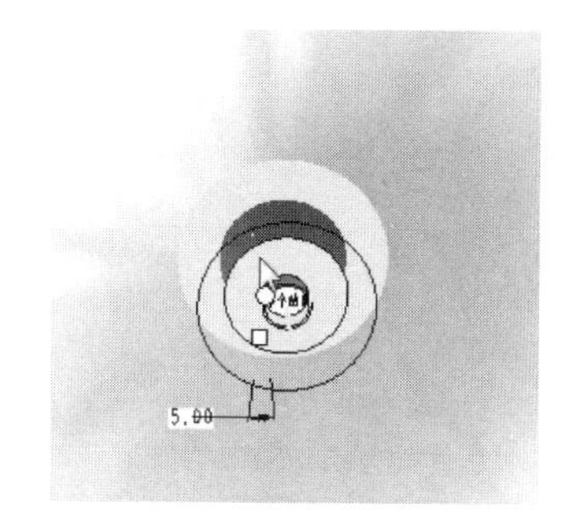

图 6-67　拔模枢轴 2

23. 创建拔模斜度 3 特征

选择如图 6-68 所示的曲面进行拔模，拔模枢轴如图 6-69 所示，向外拔模，拔模角度为 1°。

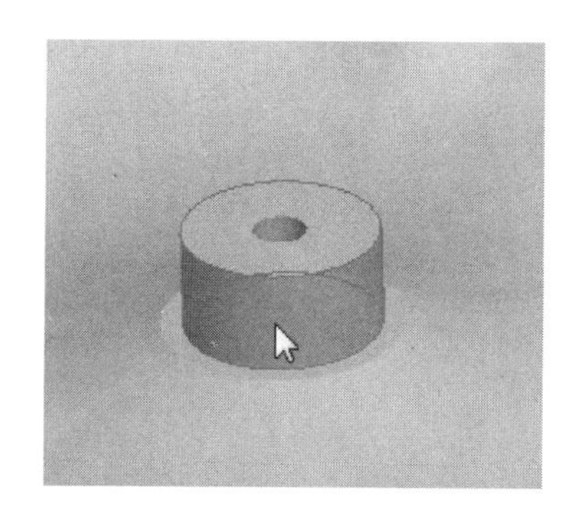

图 6-68　拔模曲面 3

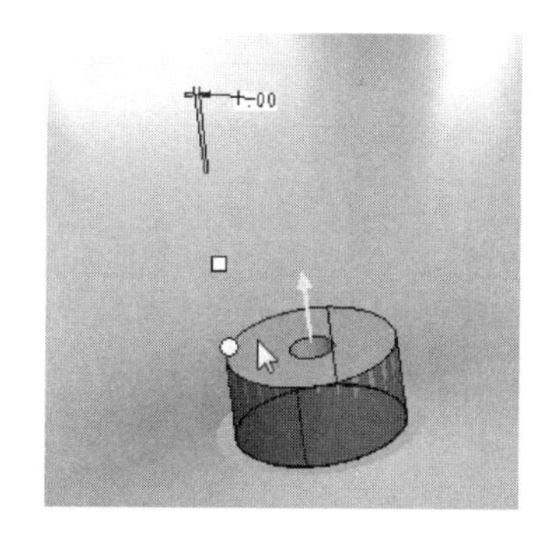

图 6-69　拔模枢轴 3

24. 创建拉伸 5 特征

单击右工具箱中“基础特征”工具栏上的“拉伸”按钮，可使用“拉伸”设计工具，默认选择为“实体拉伸”。

1）选择“基准平面”（TOP）作为草绘平面，草绘视图“参照”选择“基准平面”（RIGHT），“方向”选择向右，进入到草绘界面。

2）选择菜单【草绘】|【参照】命令，选择所给的南瓜烟灰缸主体中对应位置的孔作为参照，如图 6-70 所示，绘制如图 6-71 所示的草图。

3）拉伸方式选择“拉伸到下一个曲面”，则创建一个拉伸到上盖内表面的柱位，拉伸结果如图 6-72 所示。

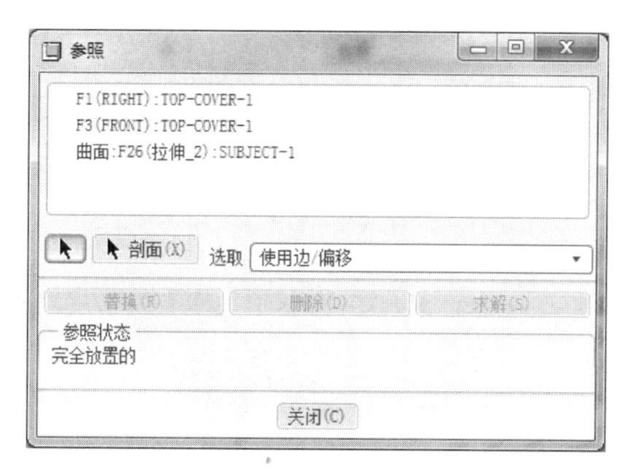

图 6-70　“参照”对话框

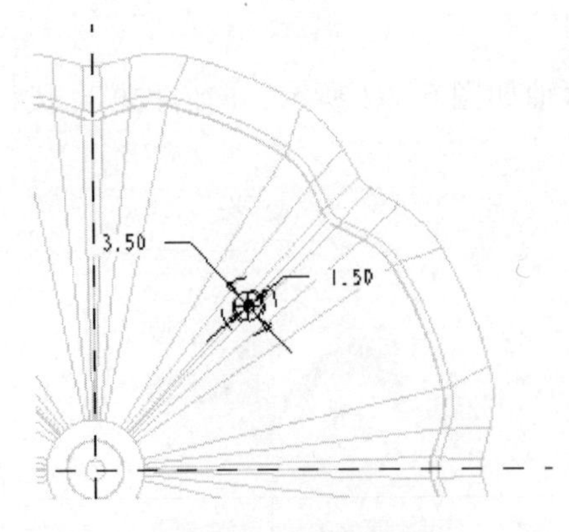

图 6-71　草图截面 5

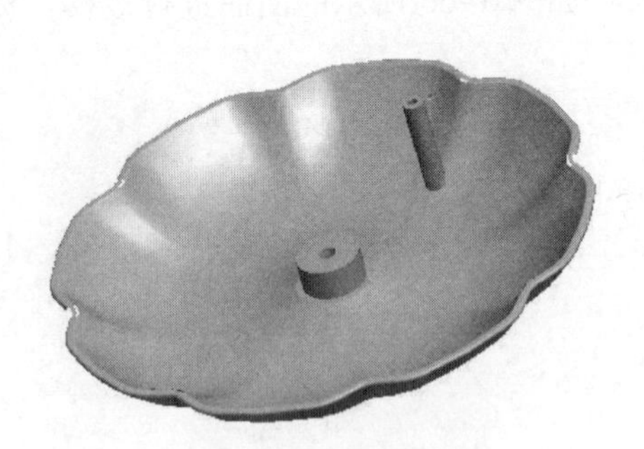

图 6-72　拉伸结果 5

25. 创建拉伸 6 特征

单击右工具箱中“基础特征”工具栏上的“拉伸”按钮，可使用“拉伸”设计工具，默认选择为“实体拉伸”。选择如图 6-73 所示平面作为草绘平面，草绘视图“参照”选择“基准平面”（RIGHT），“方向”选择向顶，绘制如图 6-74 所示的草图。拉伸方式选择“拉伸到下一个曲面”，则创建 4 个拉伸到上盖内表面的加强筋，拉伸结果如图 6-75 所示。

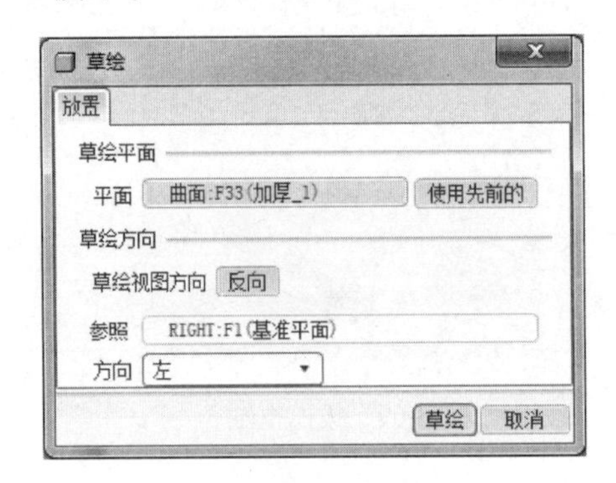

图 6-73　选择草绘平面

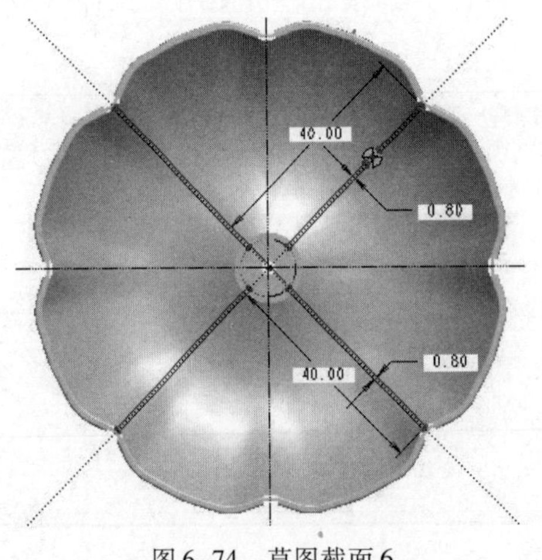

图 6-74　草图截面 6

图 6-75　拉伸结果 6

26. 创建拉伸 7 特征

单击右工具箱中“基础特征”工具栏上的“拉伸”按钮，可使用“拉伸”设计工具，创建拉伸特征。

1）首先创建“临时基准平面”（DTM4），如图 6-76 所示。

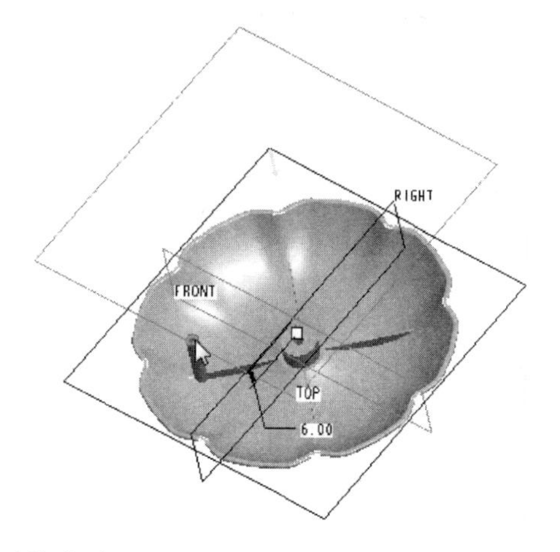

图 6-76　创建临时基准平面

2）选择“基准平面”（DTM4）作为草绘平面，草绘视图“参照”选择“基准平面”（RIGHT），“方向”选择向左。

3）草图截面如图 6-77 所示。

4）选择拉伸方式为“拉伸到下一个曲面”，则创建 4 个拉伸到上盖内表面的加强筋，拉伸结果如图 6-78 所示。

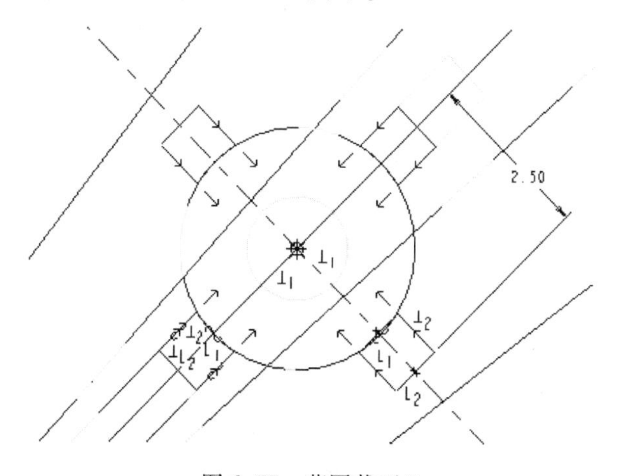

图 6-77　草图截面 7

图 6-78　拉伸结果 7

27. 创建拔模斜度 4 特征

选择如图 6-79 所示的曲面进行拔模，拔模枢轴如图 6-80 所示，向外拔模，拔模角度为 5°。

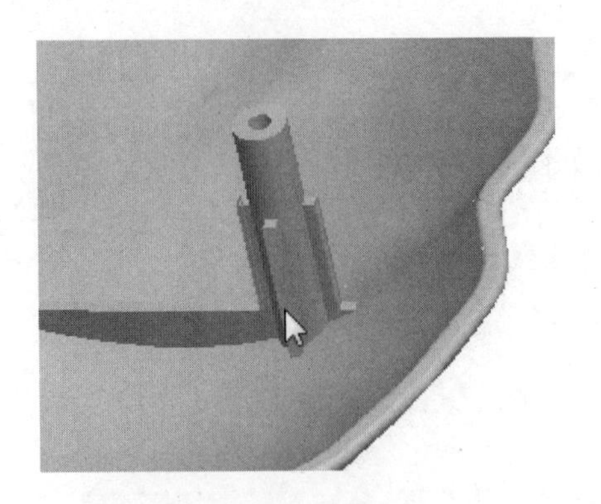

图 6-79　拔模曲面 4

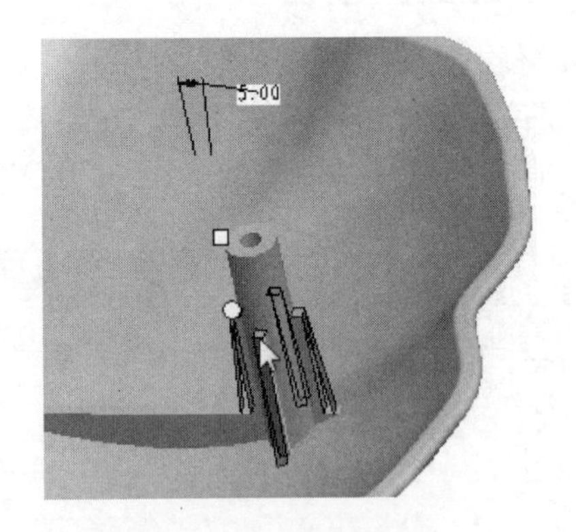

图 6-80　拔模枢轴 4

28. 创建拔模斜度 5 特征

选择如图 6-81 所示的曲面进行拔模，拔模枢轴如图 6-82 所示，向外拔模，拔模角度为 1°。

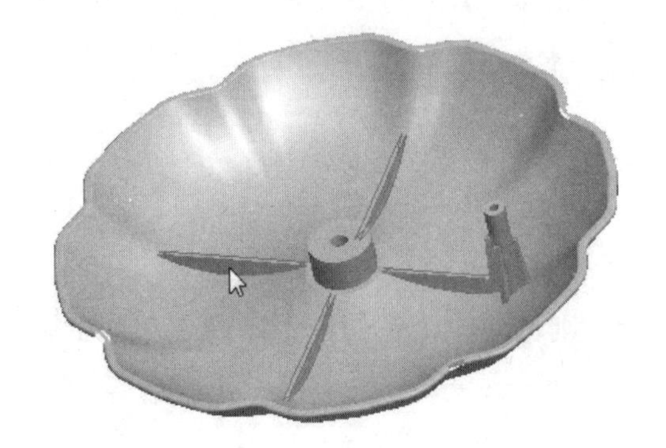

图 6-81　拔模曲面 5

图 6-82　拔模枢轴 5

29. 创建拔模斜度 6 特征

选择如图 6-83 所示的曲面进行拔模，拔模枢轴如图 6-84 所示，向内拔模，拔模角度为 0.5°。

图 6-83　拔模曲面 6

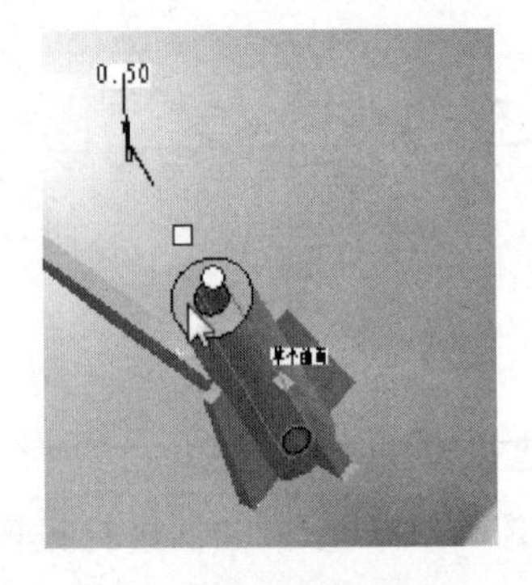

图 6-84　拔模枢轴 6

30. 创建拔模斜度 7 特征

选择如图 6-85 所示的曲面进行拔模，拔模枢轴如图 6-86 所示，向外拔模，拔模角度为 0. 5°。

图 6-85　拔模曲面 7

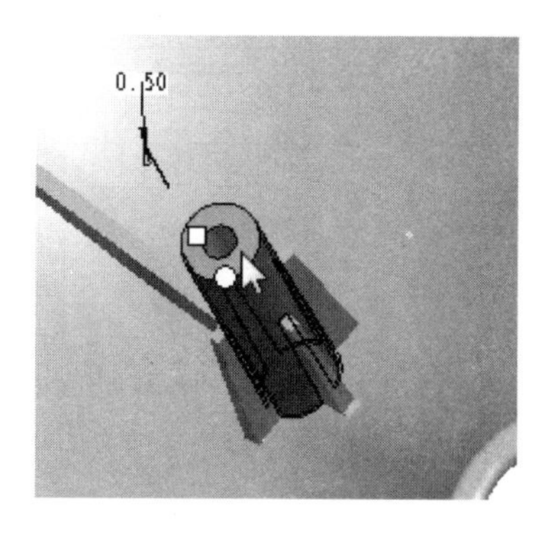

图 6-86　拔模枢轴 7

31. 设置图层

切换到“层树”，新建层：qx，把需要隐藏起来的曲线放在该层上，并设置该层为“隐藏”。至此完成了南瓜烟灰缸上盖的造型，如图 6-87 所示。

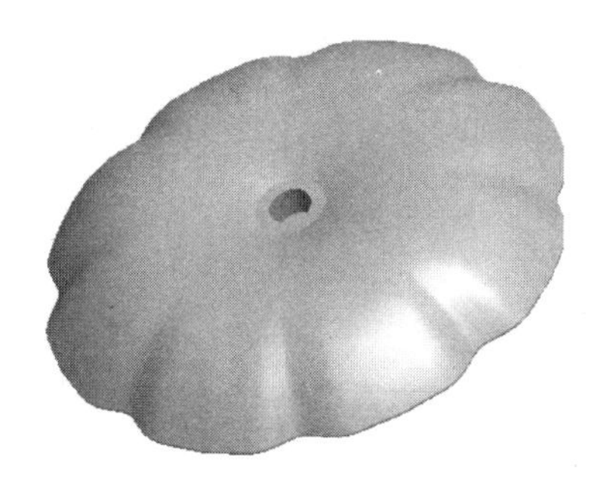

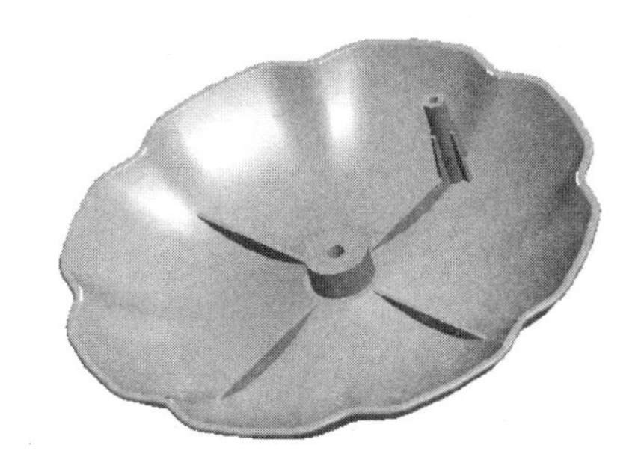

图 6-87　上盖造型

在装配模型的“模型树”上选择 pumkin. asm，右击，在弹出的快捷菜单中选择“激活”命令，选择菜单【文件】|【保存】命令，保存整个装配造型。

6.2　创建南瓜把造型

1. 激活南瓜把零件

在 pumkin. asm 模型树上选择南瓜把零件 handle. prt，右击，在弹出的快捷菜单中选择“激活”命令，激活 handle. prt 零件。

2. 创建草绘平面

单击右工具箱“草绘”按钮，可使用“草绘”设计工具，选择“基准平面”（FRONT）作为草绘平面，草绘视图“参照”选择“基准平面”（RIGHT），“方向”选择向“右”。绘制的草图如图 6-88 所示。

注意：要选择上盖填充平面作为参照。

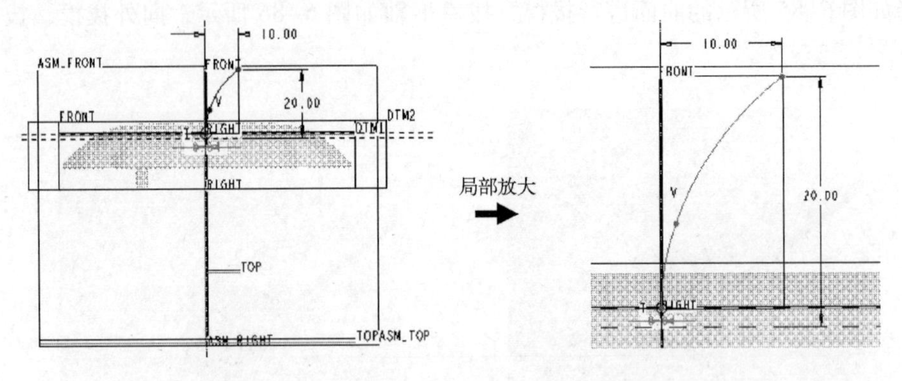

图 6-88　草图截面

3. 创建扫描混合特征

选择上一步创建的草绘曲线，选择菜单【插入】|【扫描混合】命令，弹出“扫描混合”图标板。

1）单击右工具箱中“基准”工具栏上的“基准点”按钮，创建临时基准点，选择曲线作为参照，如图 6-89 所示。

图 6-89　创建临时基准点

2）在“扫描混合”图标板中单击按钮，创建扫描混合实体特征，如图 6-90 所示。

图 6-90　“扫描混合”图标板

3）在“扫描混合”图标板中单击“截面”按钮，创建扫描混合实体特征，依次选择如图 6-91 所示的 3 个点插入截面，3 个截面上的草图分别如图 6-92a、b、c 所示。

创建的扫描混合实体特征如图 6-93 所示。

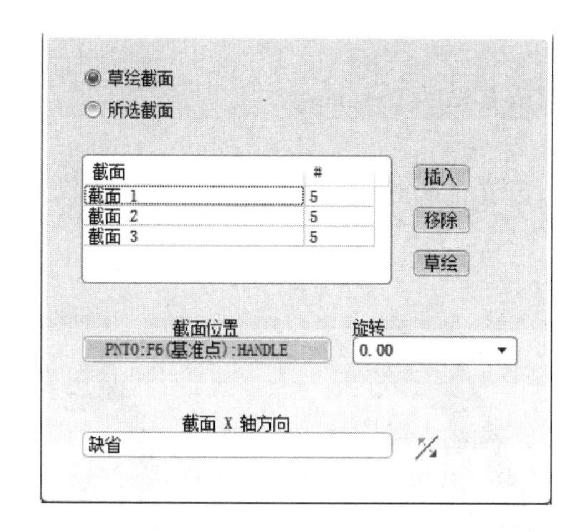

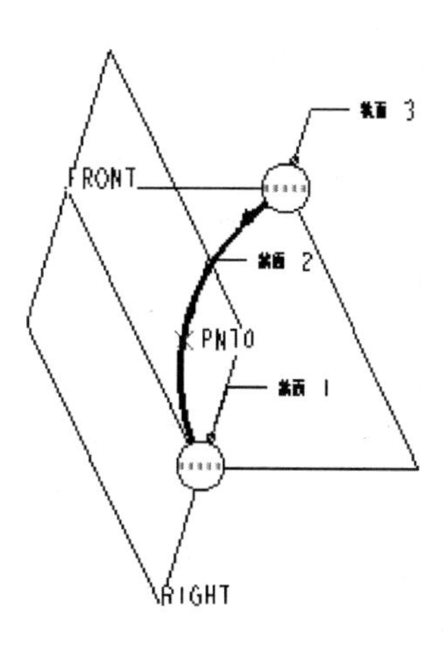

图 6-91　选择截面位置

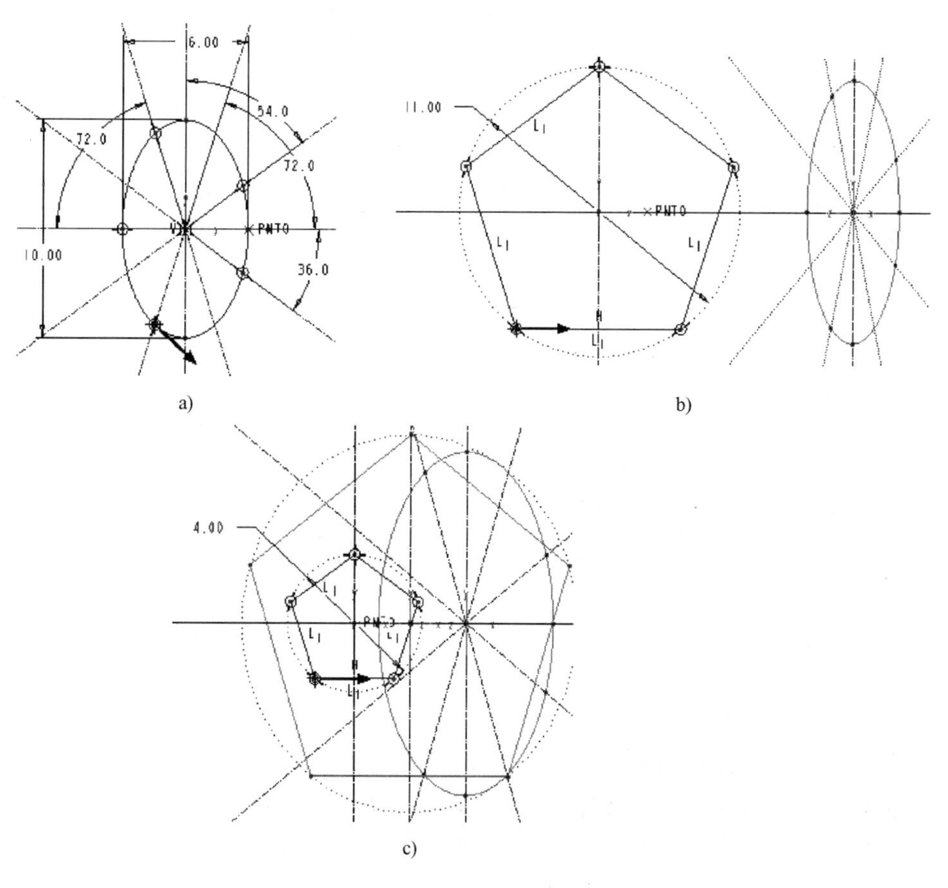

图 6-92　3 个截面草图

a）第 1 个截面　b）第 2 个截面　c）第 3 个截面

说明：

创建扫描混合特征时，需要注意各个截面的起始点要对应，否则创建的形体可能会发生扭曲。

4. 创建倒圆角 1 特征

选择如图 6-94 所示的边进行倒圆角，圆角 R 值为 0.5 mm。

5. 创建倒圆角 2 特征

选择如图 6-95 所示的边进行倒圆角，圆角 R 值为 0.35 mm。

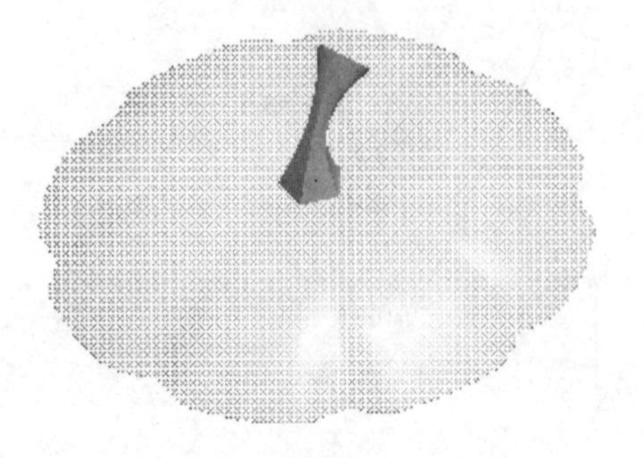

图 6-93　扫描混合造型结果

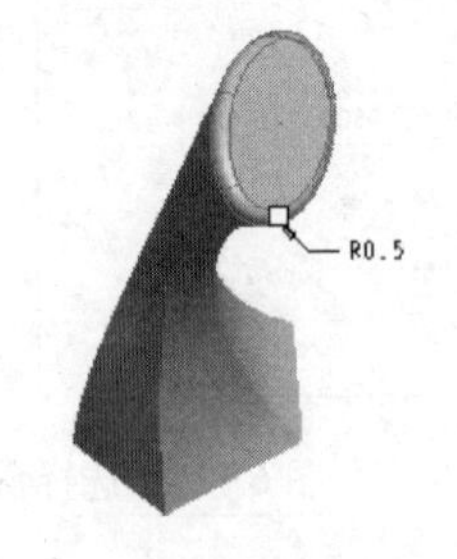

图 6-94　倒圆角 1 特征

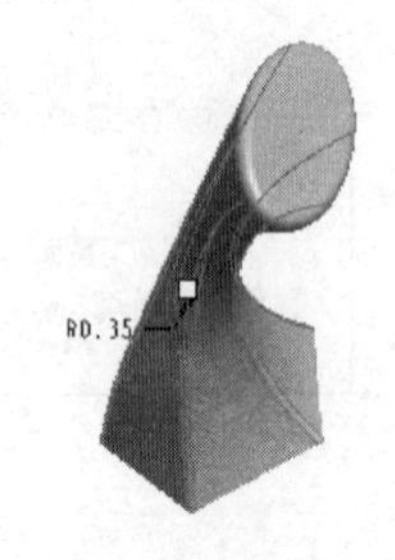

图 6-95　倒圆角 2 特征

6. 创建拉伸特征

单击右工具箱中“基础特征”工具栏上的“拉伸”按钮，可使用“拉伸”设计工具，创建拉伸特征。选择南瓜把底平面作为草绘平面，草绘平面参照接受默认设置，草图截面如图 6-96 所示。在拉伸方式列表中选择“指定拉伸高度”，拉伸高度为 5 mm，完成的拉伸造型如图 6-97 所示。

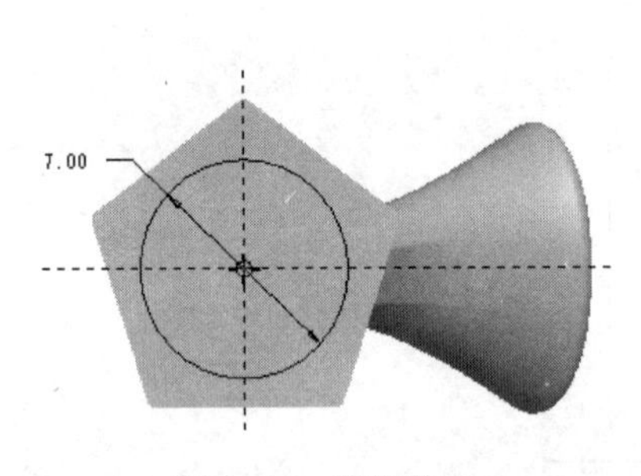

图 6-96　草图截面

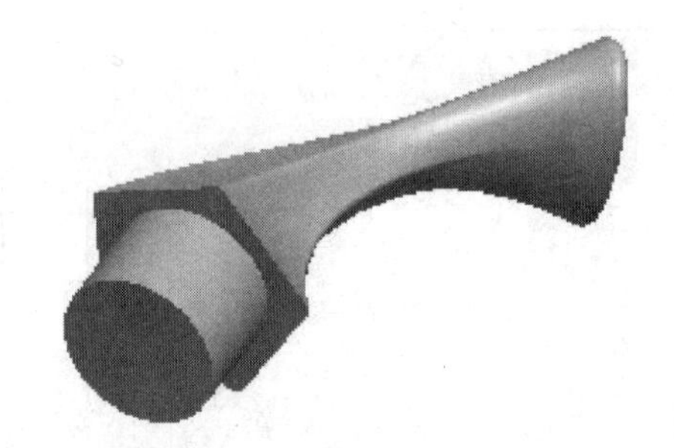

图 6-97　拉伸结果

7. 创建旋转特征（除料）

单击右工具箱中“基础特征”工具栏上的“旋转”按钮，可使用“旋转”设计工具。在“旋转”图标板中单击按钮，选择去除材料方式。

1）选择“基准平面”（FRONT）作为草绘平面，草绘视图“参照”选择“基准平面”（RIGHT），“方向”选择向“左”。

2）草图截面如图 6-98 所示。

3）旋转造型结果如图 6-99 所示。

至此完成南瓜把的最后造型。

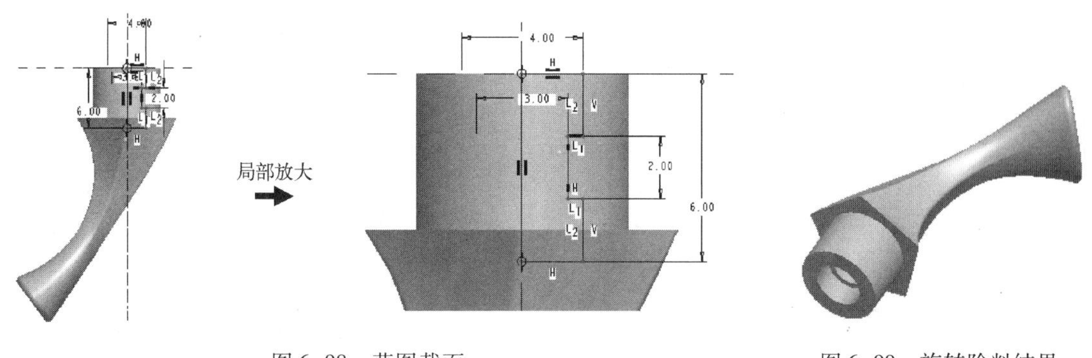

图 6-98　草图截面　　　　图 6-99　旋转除料结果

6.3　创建螺母造型

1. 激活螺母零件

在 pumkin. asm“模型树”上选择螺母零件 insert_round_nuts. prt，右击，在弹出的快捷菜单中选择“激活”命令，激活 insert_round_nuts. prt 零件。隐藏烟灰缸主体 subjeet_1. prt 零件。

2. 创建旋转特征

单击右工具箱中“基础特征”工具栏上的“旋转”按钮，可使用“旋转”设计工具。

1）选择基准平面 RIGHT 作为草绘平面，草绘视图“参照”选择“基准平面”（TOP），“方向”选择向“顶”。

2）草图截面如图 6-100 所示。

3）旋转造型结果如图 6-101 所示。

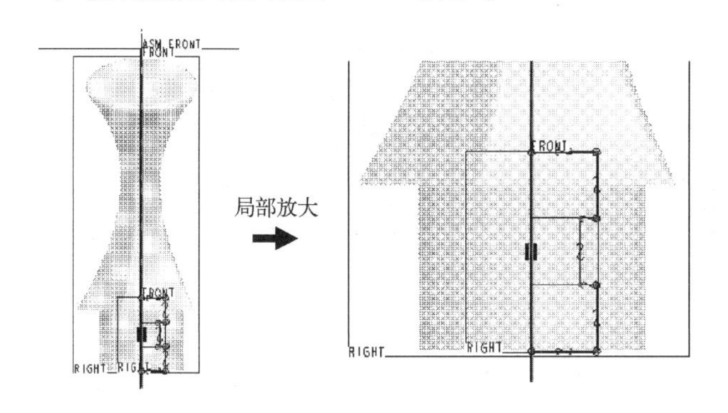

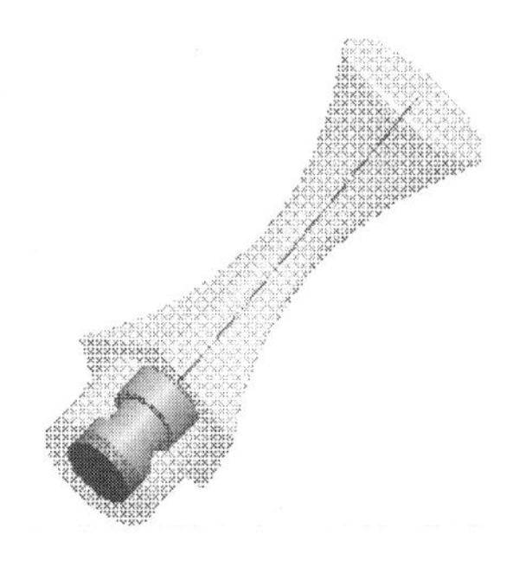

图 6-100　草图截面　　　　图 6-101　选择造型结果

3. 创建孔

在 pumkin. asm“模型树”上选择螺母零件 insert_round_nuts. prt，右击，在弹出的快捷菜单中选择“打开”命令，则打开 insert_round_nuts. prt 零件。

单击右工具箱“孔”按钮，进入“孔”设计工具。

1）在弹出的“孔”图标板中，单击“放置”按钮，弹出“放置”下拉面板。

2）激活“放置”列表，在“模型”上选择平面和轴作为参照，如图 6-102 所示。

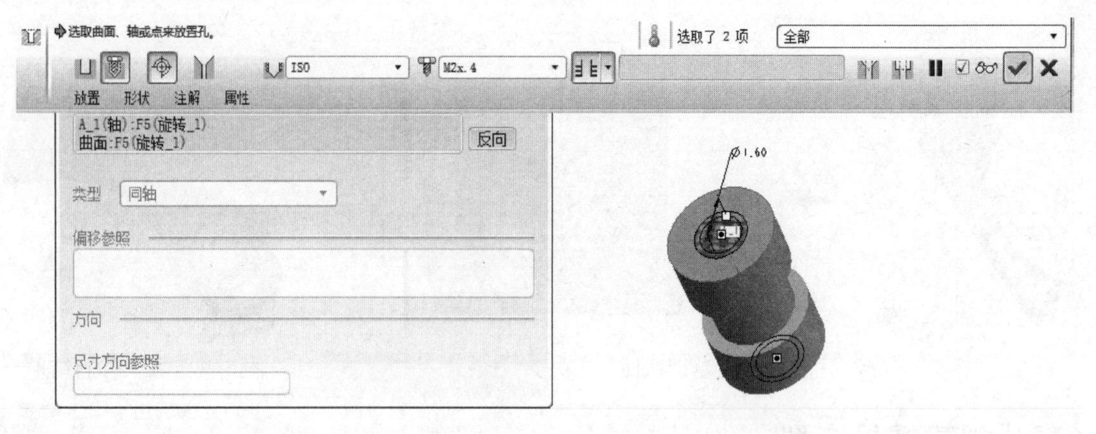

图 6-102 “孔”图标板

3）在“孔”图标板中单击按钮，创建螺纹孔，在后的下拉列表框选择螺纹规格：M2 ×0.4。

4）在“孔”图标板中选择“钻孔至与所有曲面相交”，单击图标板右侧结束创建孔特征。完成的螺纹孔如图 6-103 所示。

说明：

创建的螺纹孔在着色状态下看不出来，可以在线框状态下看出来，或者在“模型树”上单击该特征，就可以看出螺纹孔特征了，如图 6-103 所示。

4. 创建倒角特征

选择如图 6-104 所示的边进行倒角，倒角值为 0.3 ×45°。

图 6-103 创建孔

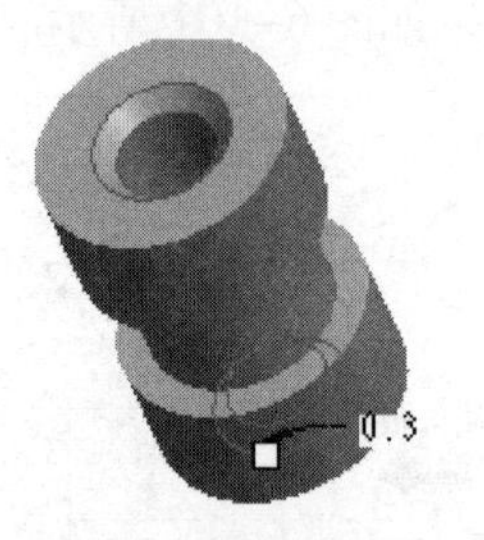

图 6-104 倒角

至此完成了螺母的造型设计。

说明：

这里创建的螺母是设计注塑件时常用的螺纹联接件（嵌装圆螺母），其国标代号是 GB/T 809—1988。一般在注塑成型时，采用嵌入的方式与塑件形成固定连接，然后再采用螺钉与之相配，实现可以拆卸的螺纹联接。

完成后整个南瓜造型烟灰缸造型图如图 6-105 所示。

图 6-105　南瓜造型烟灰缸

小结

本任务主要是按照给定的南瓜造型的烟灰缸主体三维模型，再设计一个与之相配的上盖模型和南瓜把模型，构成一个完整的南瓜造型。设计时要考虑南瓜把与上盖之间的连接和固定方式。

设计重点之一是要使设计的上盖与所给的南瓜形成一个完整的造型，需要在装配模块下，参照所给的南瓜的轮廓来绘制草图。重点之二是创建边界混合曲面和曲面合并。为了能够顺利成功地进行曲面合并，通常需要在创建边界混合曲面时控制好边界，创建边界曲线时需要注意边界端点的位置要重合。设计重点之三是在保证产品功能的前提下，力求造型生动美观，富有现实性，在南瓜把造型时采用了扫描混合特征，既方便了上盖的拿取，造型也比较新颖。

本任务的设计难点是上盖的结构设计，在上盖内部设计了加强筋，以及防止上盖旋转的定位柱，设计时还要考虑上盖与南瓜把之间的固定方式等，如果直接固定，上盖与南瓜把之间可能会松动，因此采用了嵌装圆螺母固定的方式。

习题

1. 按照图 6-106 所示的瓶体结构，创建三维模型，尺寸自定。
2. 按照图 6-107 所示的海星造型，创建三维模型，尺寸自定。

图 6-106

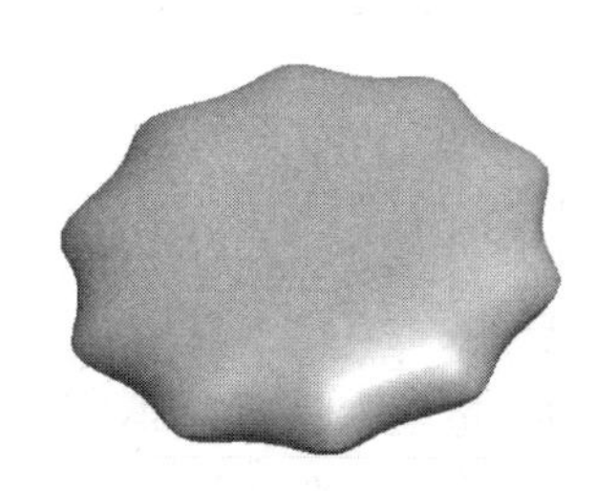

图 6-107

任务7　小猪造型玩具设计

任务描述

本任务要完成一个小猪造型的玩具设计，该产品包括前壳、后壳两个零件，前后壳采用柱位连接。该产品采用注塑工艺成型，造型图如图7-1所示。

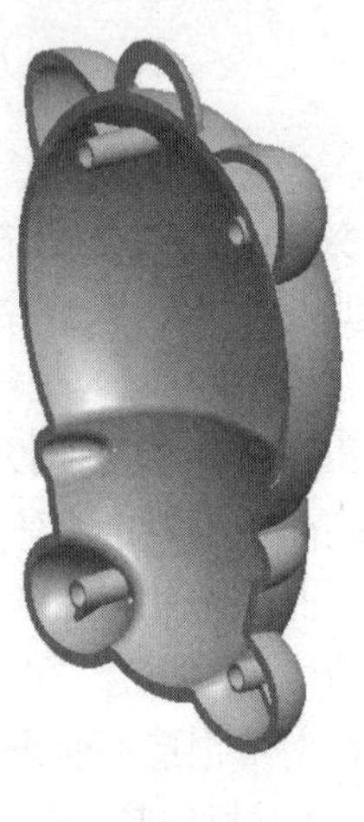

图7-1　小猪造型玩具

能力目标

1）掌握“造型”工具创建ISDX曲线的方法；
2）巩固自顶向下（主控方式）设计流程；
3）巩固拉伸、旋转、边界混合等创建曲面的方法；
4）巩固曲面镜像、合并、偏移、加厚、实体化等操作方法；
5）巩固工业产品造型设计方法和建模思路。

知识准备

1. “造型”工具

Pro/Engineer的“造型”工具（style），也叫ISDX交互式曲面设计。可以快速建立2D或3D曲线，创建自由形式的曲线和曲面。ISDX交互式曲面设计是将工业设计的自由曲面造型工具并入了设计环境中，将艺术性和技术性完美地结合在一起，避免在产品设计中外形结构和部件结构设计的脱节。这个模块用于工业造型设计，可以设计曲面特别复杂的零件，如图 7-2 所示。

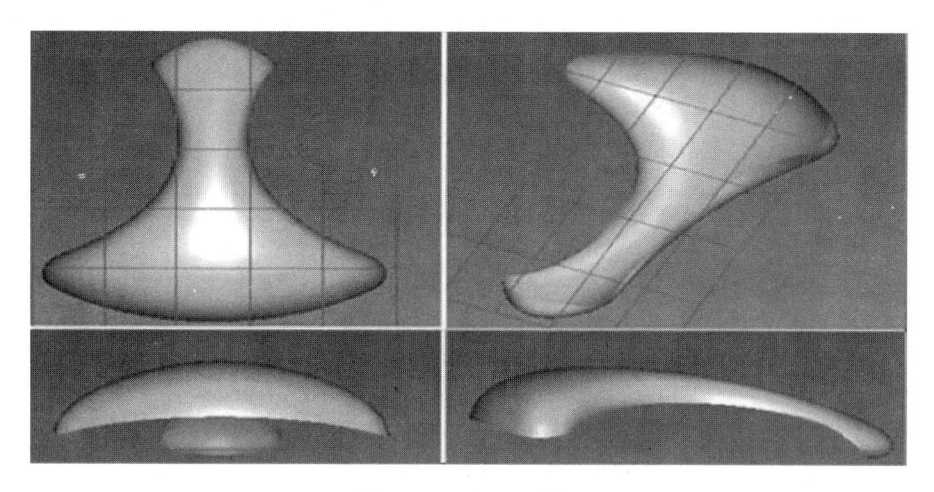

图 7-2 “造型”特征

单击右工具箱“造型”按钮，系统进入“造型”设计环境，如图 7-3 所示。“造型”界面是一个功能齐全、直观的建模环境。用户可创建真正的自由“造型”特征，使用参数化和相关的 Pro/Engineer 功能。“造型”特征非常灵活，有其自己的内部父子关系，并可与 Pro/Engineer 其他特征具有关系。

2. “造型”界面及工具箱

如图 7-3 所示。“造型”界面包括“基准”右工具箱、“造型”右工具箱、“绘图区”“模型树”“样式树”和“消息区”几个部分。

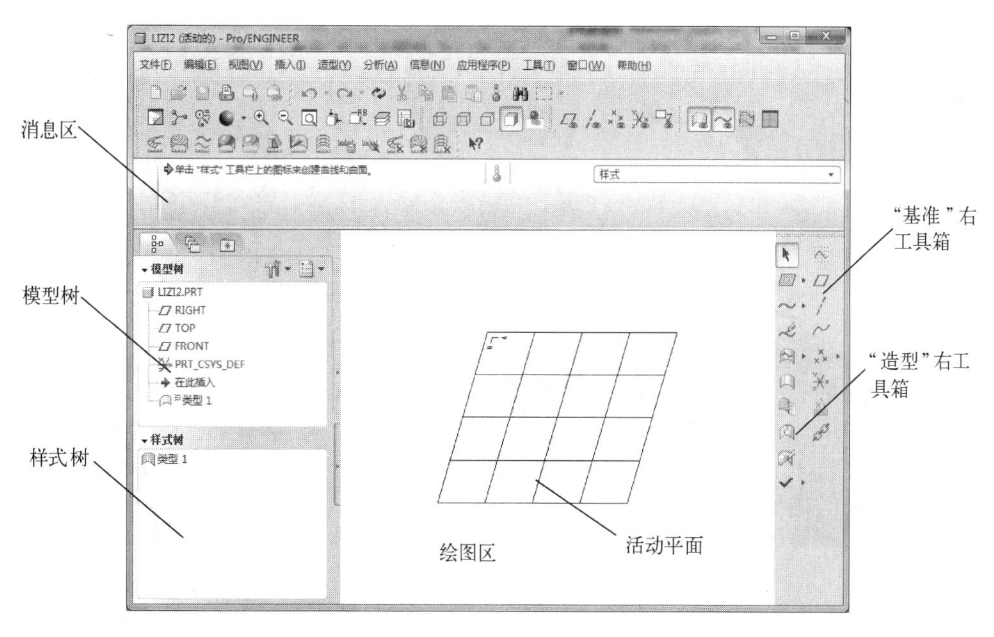

图 7-3 “造型”界面

1）“基准”右工具箱：与其他 Pro/Engineer 特征建模时的右工具箱功能一致。

2）“造型”右工具箱：各工具按钮如图 7-4 所示。单击工具箱中的✔按钮，完成“造型”，则该“造型”特征会显示在建模模型树上。

3）模型树：Pro/Engineer 建模的模型树，包括已完成的特征。

4）样式树：创建该“造型”特征所包含的各曲线和曲面模型。

5）消息区：信息显示区域。

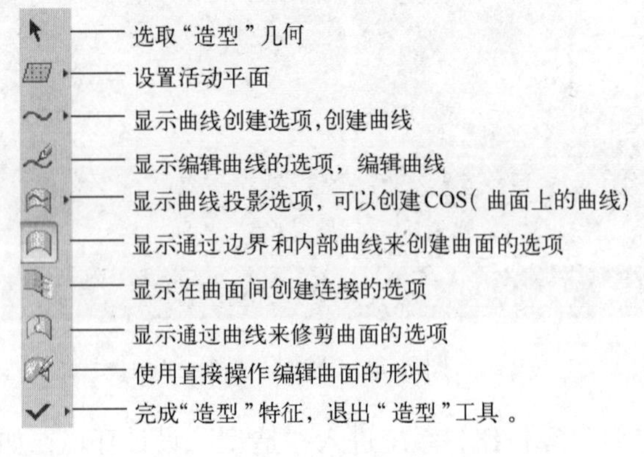

图 7-4 “造型”右工具箱

建模流程

1. 小猪主体主要建模流程（图 7-5）

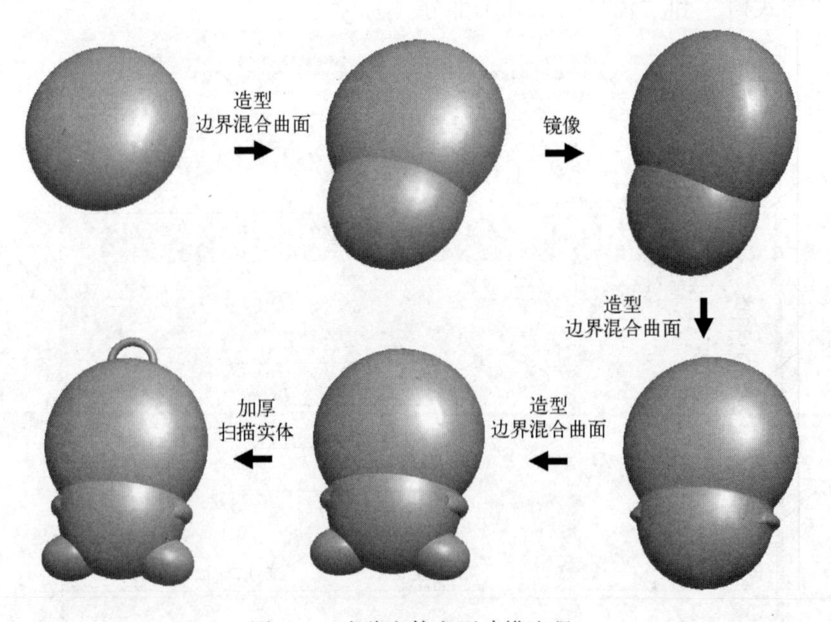

图 7-5 小猪主体主要建模流程

2. 小猪前壳主要建模流程（图 7-6）

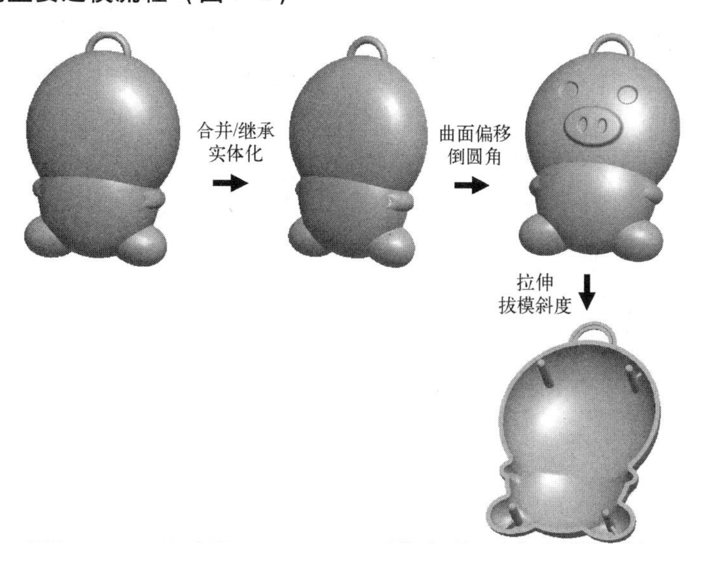

图 7-6　前壳主要建模流程

3. 小猪后壳主要建模流程（图 7-7）

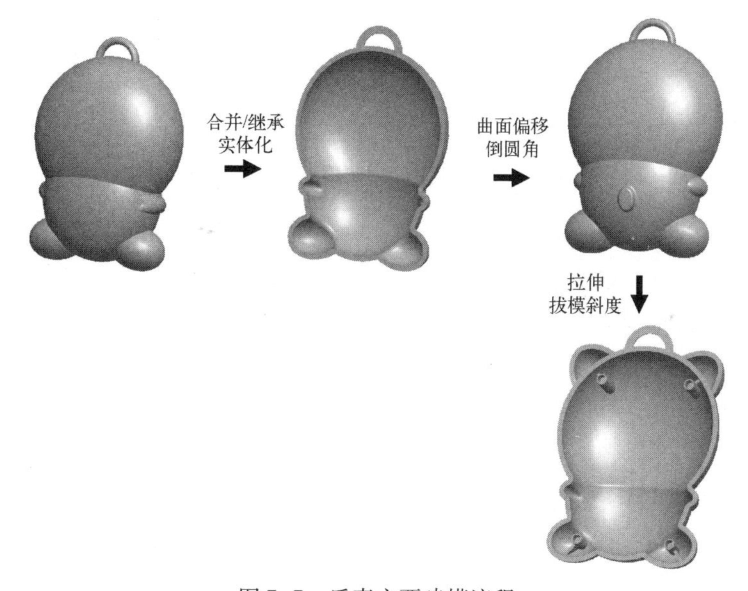

图 7-7　后壳主要建模流程

任务实施

7.1　创建小猪主体造型

1. 新建零件文件

新建文件，选择“零件”模块，文件名：pig. prt。取消选中“使用缺省模板”复选框，选择“mmns_part_solid”模板。

2. 创建草绘曲线

单击右工具箱“基准”工具栏上的“草绘”按钮，选择“基准平面”（FRONT）作为草绘平面，草绘如图 7-8 所示的草绘曲线 1。

3. 创建“基准平面”（DTM1）

单击右工具箱中“基准”工具栏上的“基准平面”按钮，选择“基准平面”（TOP）作为参照，偏移量为 10 mm，如图 7-9 所示。

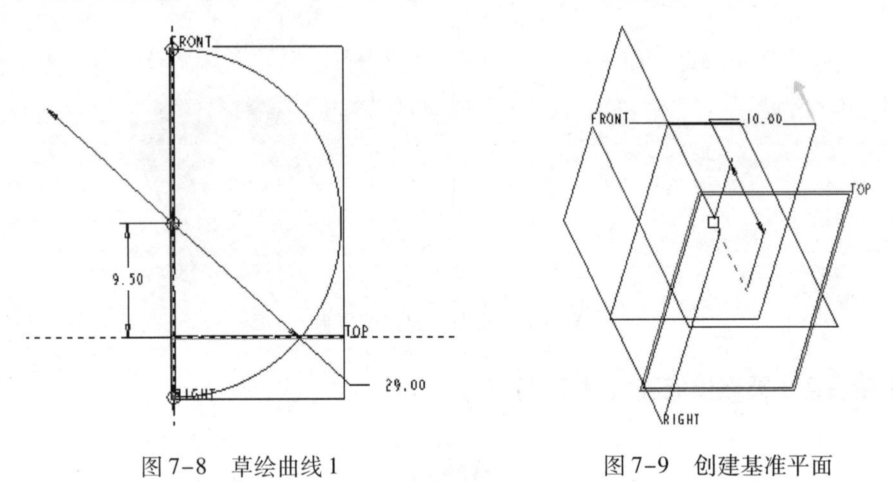

图 7-8　草绘曲线 1　　　　图 7-9　创建基准平面

4. 创建 ISDX 曲线 1

单击右工具箱“造型”按钮，进入“造型”设计界面，如图 7-10 所示。

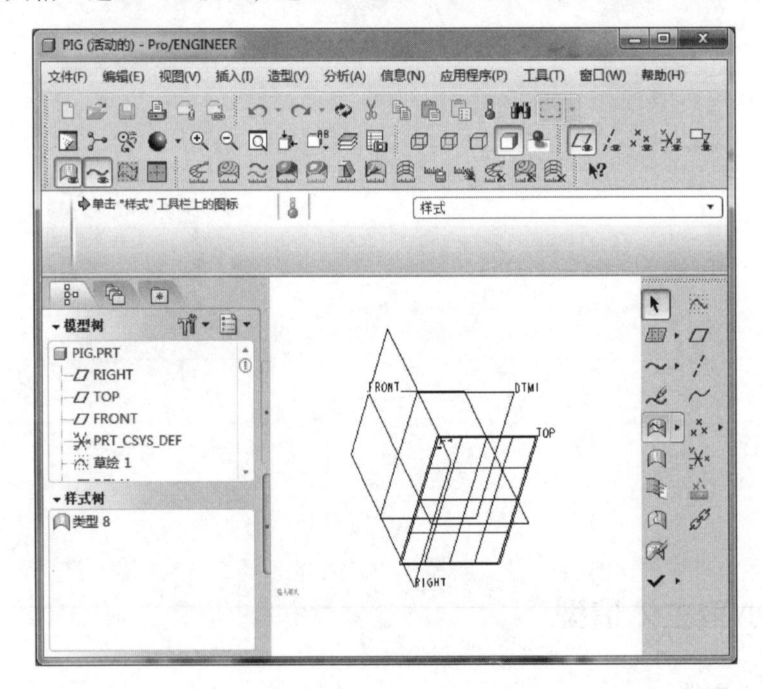

图 7-10　“造型”设计界面

1）单击“造型”右工具箱按钮，选择“基准平面”（RIGHT），设置为活动平面，如图7-11所示。

2）在活动平面上右击，从弹出的快捷菜单中选择“活动平面方向”命令，则活动平面与屏幕平行，如图7-12所示。

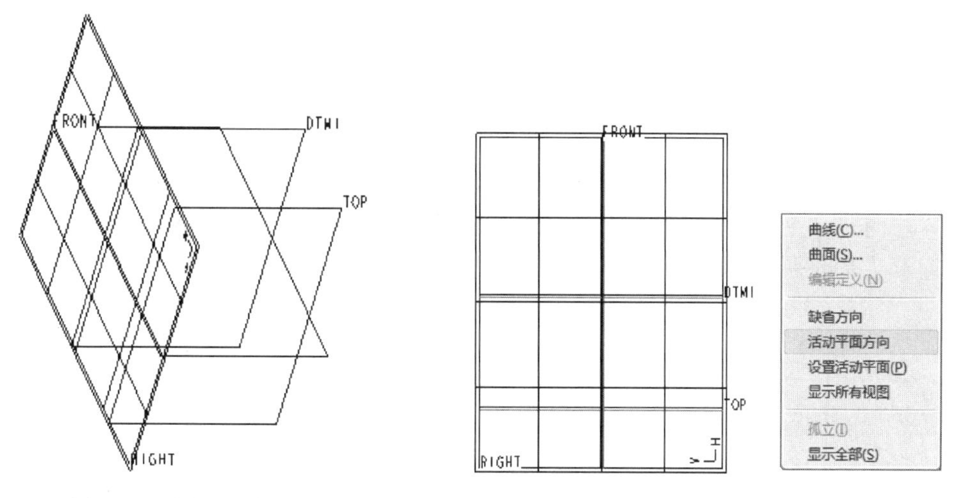

图7-11　设置活动平面　　　　图7-12　设置活动平面方向

3）单击“造型”右工具箱按钮，可使用“创建曲线”设计工具，“创建曲线”图标板如图7-13所示。

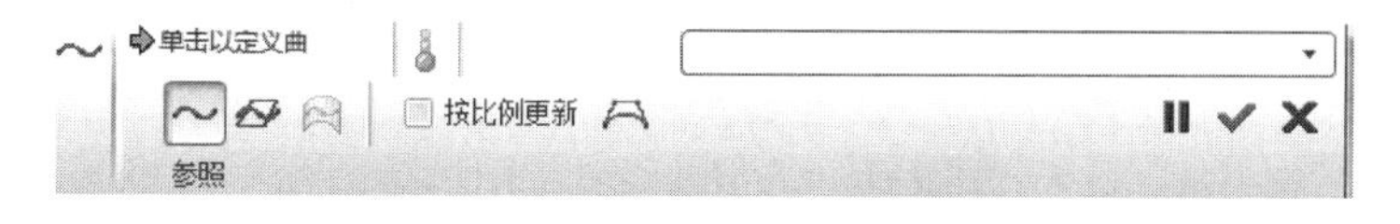

图7-13　“创建曲线”图标板

4）在“创建曲线”图标板中选择“平面曲线”，在绘图区绘制曲线，如图7-14所示。绘制曲线时，要选择3个点，这3个点分别是上一步草绘曲线1上的两个端点和基准平面DTM1的一点。注意：在选择点时要按下〈Shift〉键，这样可以保证选择草绘曲线的端点和DTM1上的点。

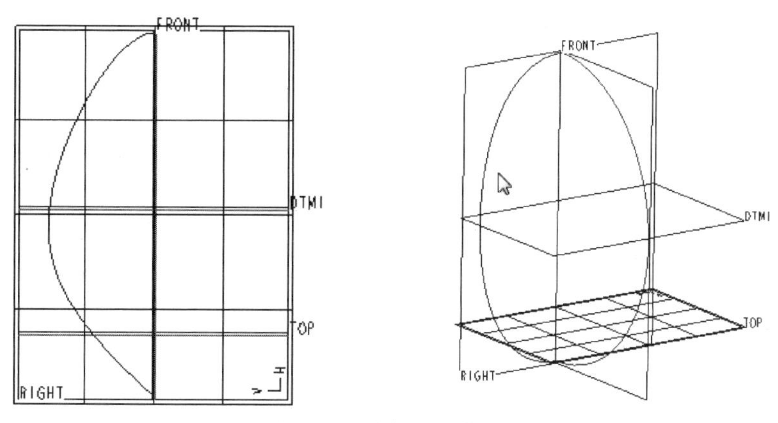

图7-14　绘制平面曲线1

5）单击“创建曲线”图标板右侧的✔按钮，完成 ISDX 曲线创建。

6）单击“造型”右工具箱的按钮，选择上一步创建的曲线，或者双击上一步创建的曲线，可打开“曲线编辑”设计工具，“曲线编辑”图标板如图 7-15 所示。

图 7-15 “曲线编辑”图标板

7）单击曲线一个端点，出现该点的切线控制杆，再单击鼠标右键，在弹出的快捷菜单中选择“法向”命令，如图 7-16 所示，然后选择“基准平面”（FRONT），则该点的切线方向垂直于“基准平面”（FRONT）。

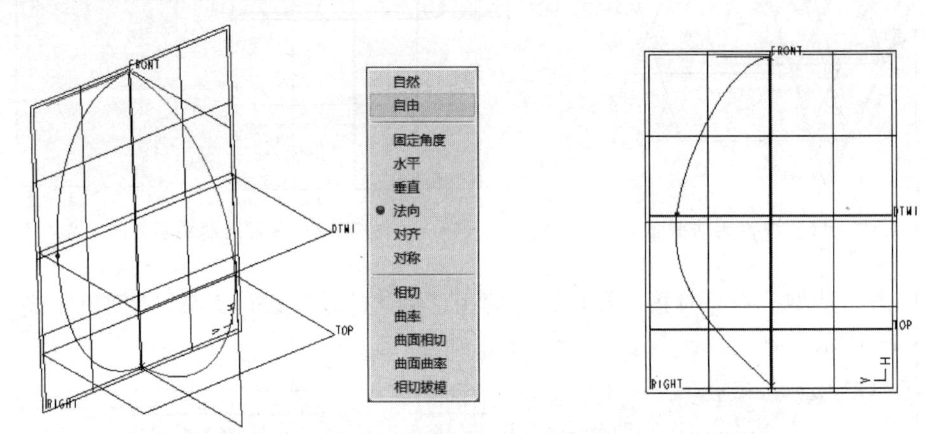

图 7-16 设置曲线端点条件

8）单击“曲线编辑”图标板中的“相切”按钮，弹出“相切”下拉面板，如图 7-17 所示，在“属性”下的“长度”文本框中输入 9.75，设置端点的切线长度。

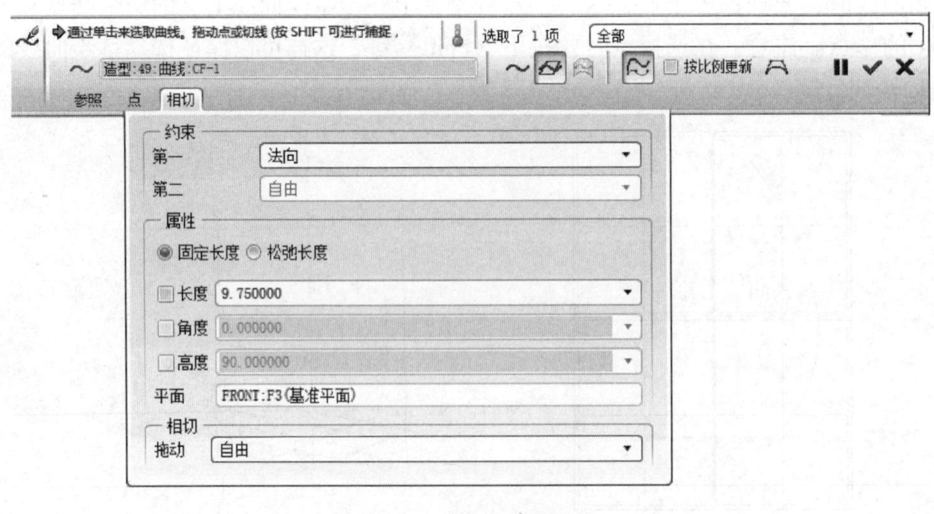

图 7-17 “相切”下拉面板

9）采用同样方法设置另一个端点的条件。单击端点，出现该点的切线控制杆，再单击鼠标右键，在弹出的快捷菜单中选择“法向”命令，然后选择“基准平面”（FRONT），则该点的切线方向垂直于“基准平面”（FRONT），如图7-18所示。再设置这个端点的法线长度为9.75，如图7-19所示。

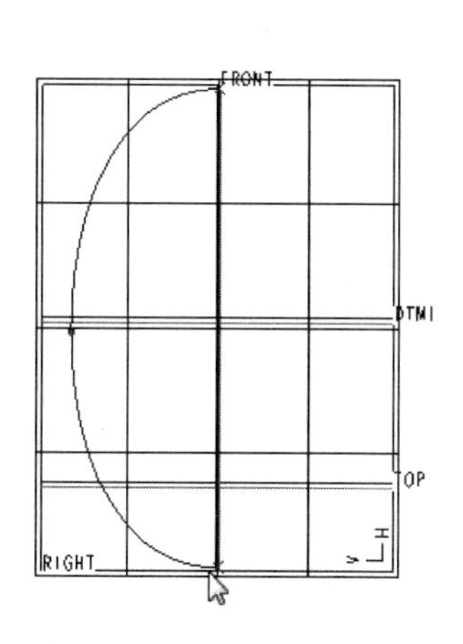

图7-18　设置另一端点条件

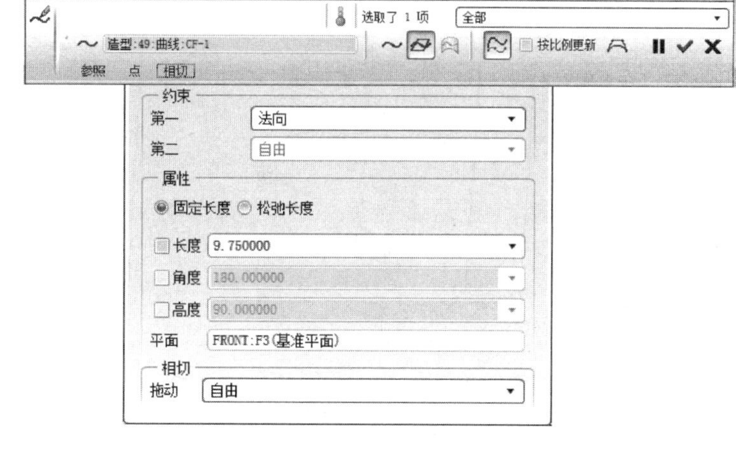

图7-19　设置另一端点切线长度

10）接下来设置曲线中间点的坐标。选择曲线中间点，如图7-20所示，在“曲线编辑”图标板中单击“点”按钮，在“点”下拉面板中输入点的坐标值，如图7-21所示。单击“曲线编辑”图标板右侧✔按钮结束曲线编辑操作。

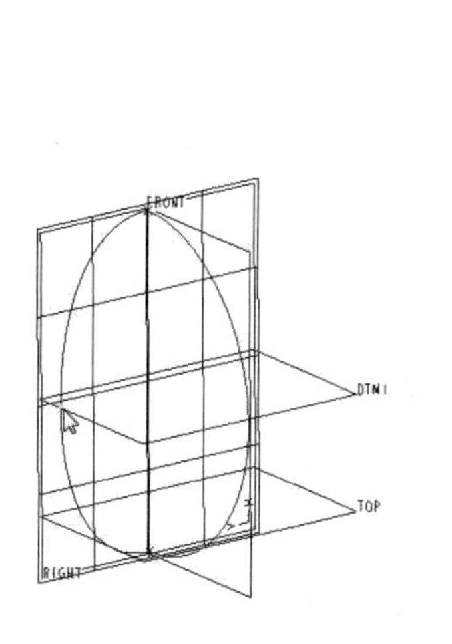

图7-20　选择曲线中间点

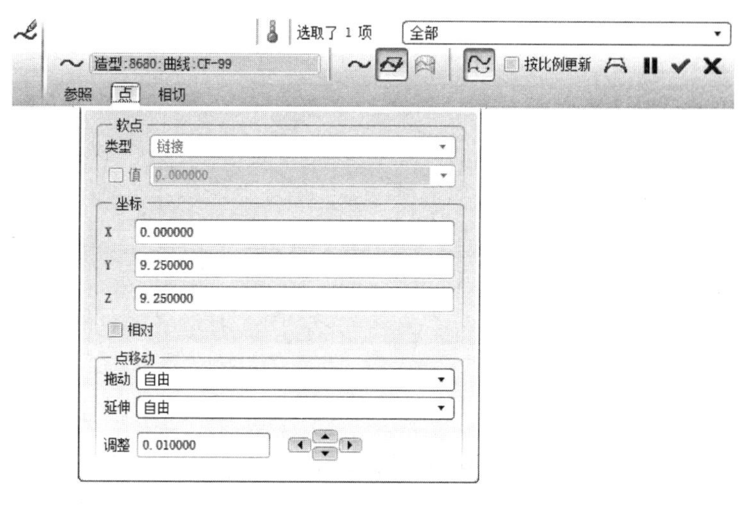

图7-21　设置点的坐标

11）最后完成的平面曲线1，如图7-22所示。

12）按照上面的操作步骤，再绘制一条平面曲线2。首先单击“造型”右工具箱按钮，选择“基准平面”（DTM1），将其设置为活动平面。

13）单击“造型”右工具箱按钮，进入“创建曲线”设计工具。在“创建曲线”图标板中选择“平面曲线”，创建平面曲线。按下〈Shift〉键，同时选取平面曲线1再选取 FRONT 平面上的草绘曲线 1，绘制如图 7-23 所示的曲线。注意：绘制的第二条平面曲线只需两个点，并且这两个点要与上一条平面曲线 1 以及草绘曲线 1 重合。单击“创建曲线”图标板右侧的✔按钮，完成 ISDX 曲线创建。

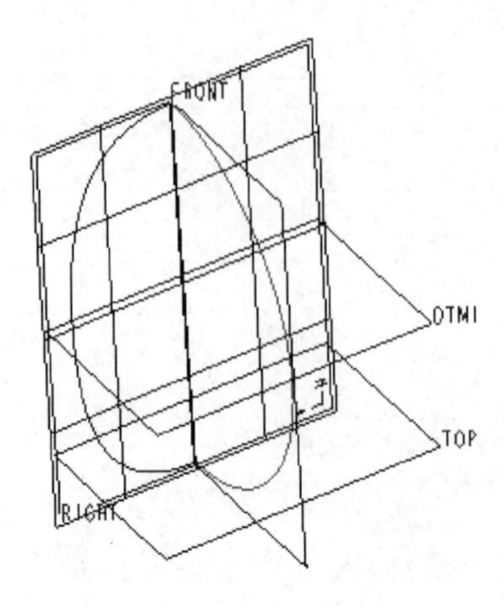

图 7-22　完成的平面曲线 1

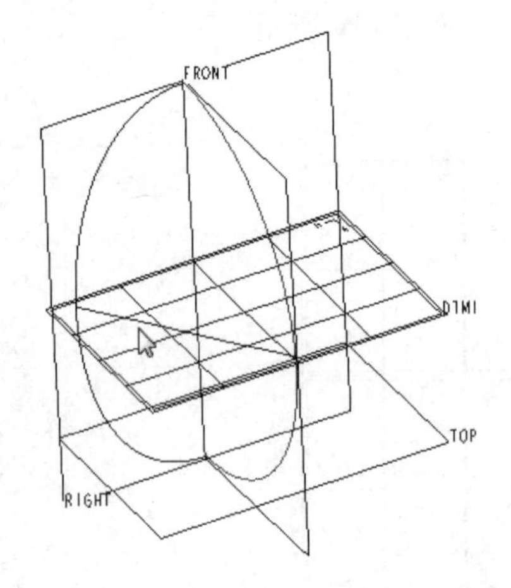

图 7-23　绘制平面曲线 2

14）单击“造型”右工具箱的按钮，选择上一步创建的平面曲线 2，或者双击上一步创建的曲线，则进入到“曲线编辑”设计工具。单击端点，出现该点的切线控制杆，再右击，在弹出的快捷菜单中选择“法向”命令（图 7-24），然后选择“基准平面”（RIGHT），则该点的切线方向垂直于“基准平面”（RIGHT）。

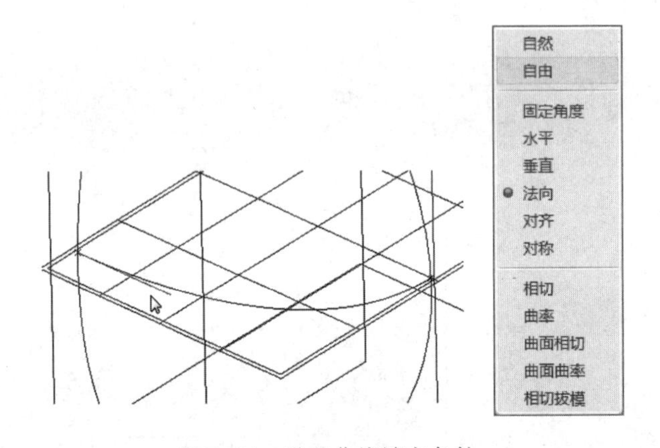

图 7-24　设置曲线端点条件

15）单击“曲线编辑”图标板中的“相切”按钮，弹出“相切”下拉面板（图 7-25），在“属性”下的“长度”文本框中输入 6，设置端点的切线长度。

16）用同样方法可控制平面曲线 2 的另一个端点，设置端点处的切线垂直于“基准平面”（FRONT），设置切线长度为 6。

17）完成的平面曲线 2 如图 7-26 所示。

18）绘制完曲线后，“造型样式树”如图 7-27 所示，包含 CF－1 和 CF－2 两个平面曲线。单击“造型”右工具箱✔按钮，完成“造型”设计。

图 7-25　设置曲线端点切线长度

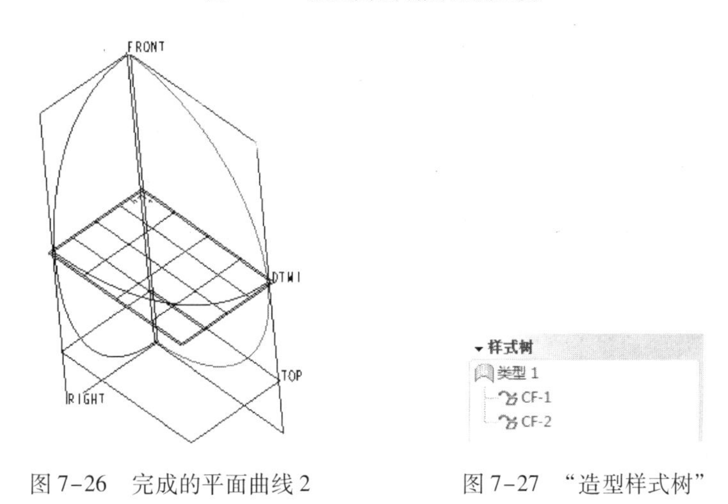

图 7-26　完成的平面曲线 2　　　图 7-27　“造型样式树”

说明：

创建边界混合曲面时，为了使边界混合曲面的边界能够垂直于某个平面，其边界的端点需要设定为垂直于该平面，否则边界混合曲面会创建失败。因此这里创建的 ISDX 曲线在端点处都与基准平面相垂直，目的就是为了下一步创建边界混合曲面能够实现边界处的“垂直”条件。

5. 创建边界混合曲面 1

单击右工具箱“边界混合”按钮，创建边界混合曲面。分别选择第一、第二方向的链，如图 7-28 所示。设置第一方向的两条链分别垂直于“基准平面”（RIGHT）、（FRONT）。

6. 镜像曲面 1

选择上一步创建的边界混合曲面进行镜像，镜像平面为“基准平面”（RIGHT），镜像结果如图 7-29 所示。

7. 曲面合并 1

选择上面两个曲面进行合并，如图 7-30 所示。

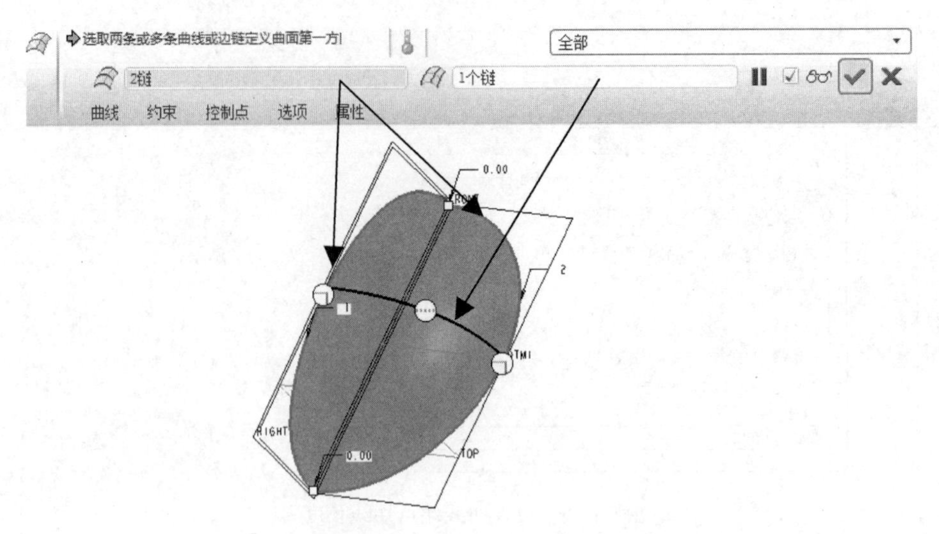

图 7-28　创建边界混合曲面 1

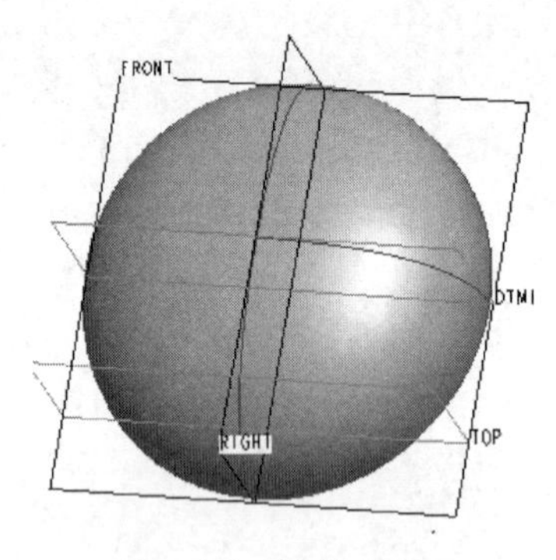

图 7-29　镜像曲面 1

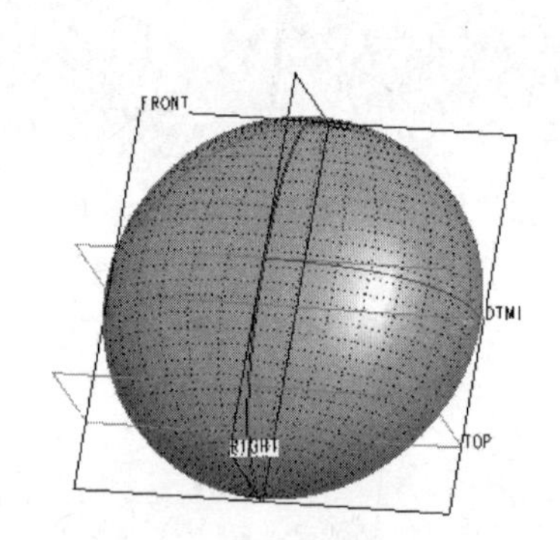

图 7-30　曲面合并 1

8. 创建拉伸曲面 1 特征（除料）

单击右工具箱中“基础特征”工具栏上的“拉伸”按钮，进入“拉伸”设计工具。在“拉伸”图标板中选择“曲面拉伸”，创建拉伸曲面。

1）选择“基准平面”（FRONT）作为草绘平面，其他草绘设置接受默认。

2）草图截面如图 7-31 所示，单击✔按钮结束草绘。

3）拉伸方式设置如图 7-32 所示，单击“去除材料”按钮，进行拉伸除料。选择上一步合并后的曲面作为要修剪的面组，注意要保留的曲面侧。拉伸结果如图 7-33 所示。

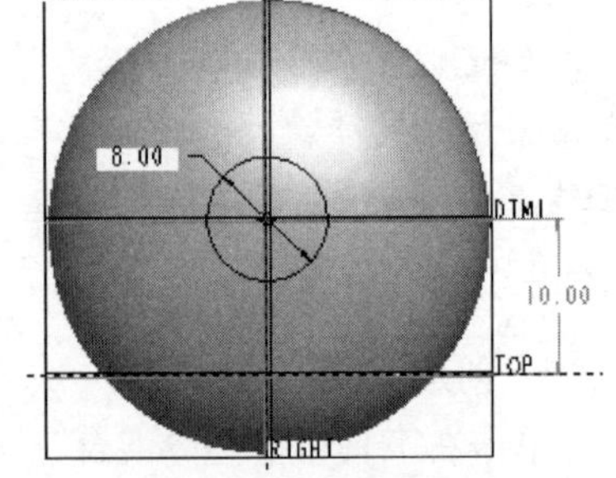

图 7-31　草图截面 1

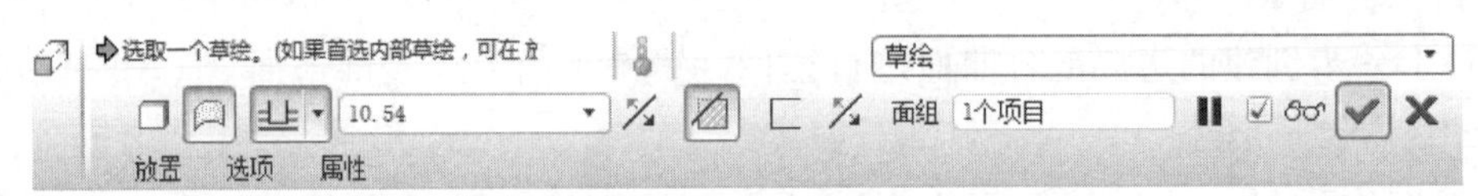

图 7-32　拉伸设置

9. 创建边界混合曲面 2

单击右工具箱“边界混合”按钮，创建边界混合曲面。分别选择第一、第二方向的链，如图 7-34 所示。设置第一方向、第二方向的链分别垂直于“基准平面”(FRONT)、(RIGHT)。

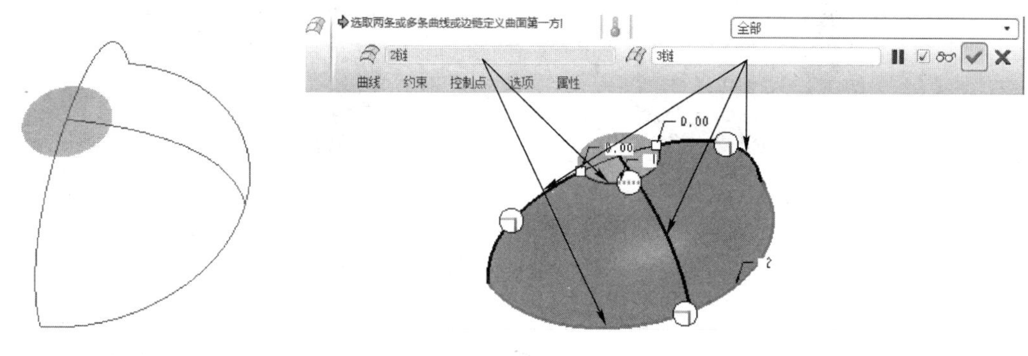

图 7-33　拉伸除料结果 1　　图 7-34　创建边界混合曲面 2

说明：

当选择第二方向上的链时，系统会选择整条链，这时需要修剪曲线，方法是选择要修剪的曲线端点，右击，在弹出的快捷菜单中选择“修剪位置”命令，如图 7-35 所示，然后选择该曲线要剪到的边界，如图 7-36 所示，这样就可以选择一段链。另一段链也采用这种方法选取。

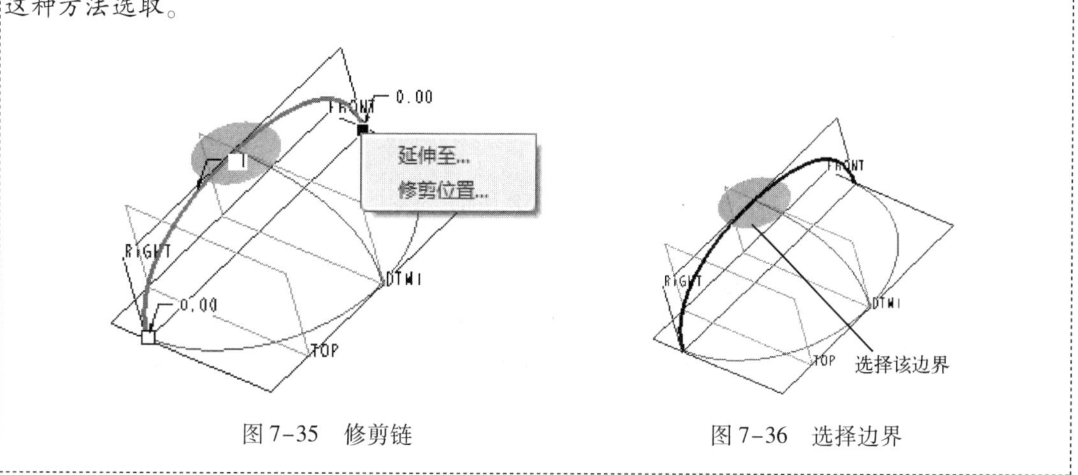

图 7-35　修剪链　　图 7-36　选择边界

10. 镜像曲面 2

选择上一步创建的边界混合曲面进行镜像，镜像平面为“基准平面”(RIGHT)，镜像结果如图 7-37 所示。

11. 曲面合并 2

选择上面两个曲面进行合并，如图 7-38 所示。

12. 曲面合并 3

选择曲面进行合并，如图 7-39 所示。

13. 创建草绘曲线 2

单击右工具箱中“基准”工具栏上的“草绘”按钮，选择“基准平面”(FRONT)作为草绘平面，草绘如图 7-40 所示的草绘曲线 2。

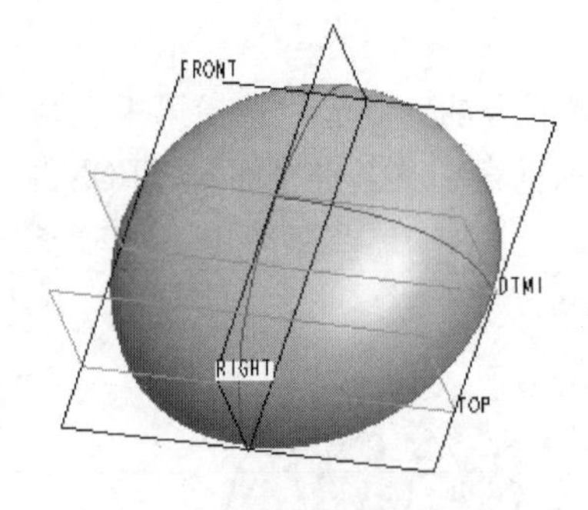

图 7-37　镜像曲面 2

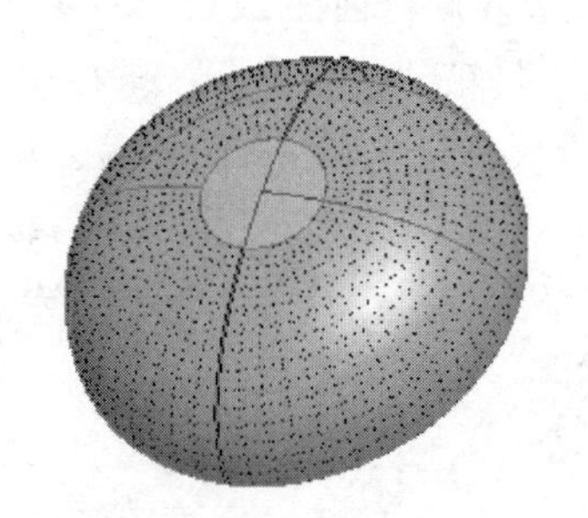

图 7-38　曲面合并 2

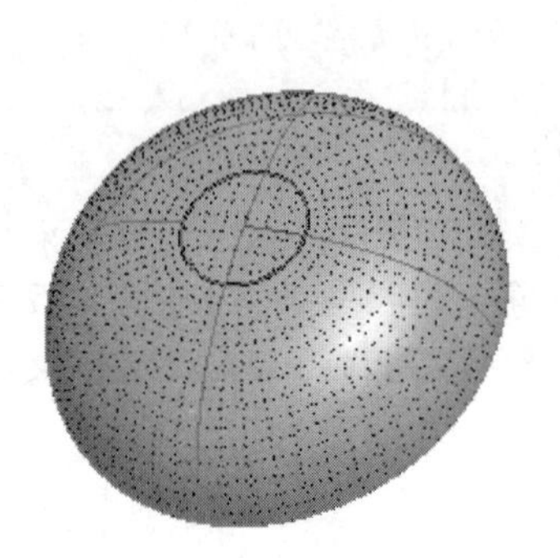

图 7-39　曲面合并 3

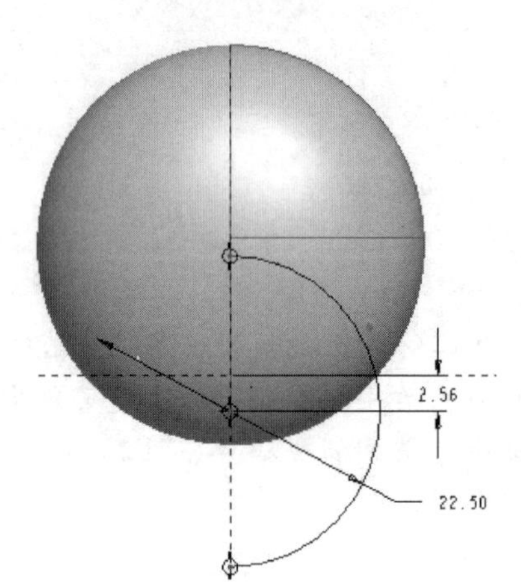

图 7-40　草绘曲线 2

14. 创建“基准平面”（DTM2）

单击右工具箱中“基准”工具栏上的“基准平面”按钮，选择上一步创建的草绘曲线 2 作为参照，穿过草绘曲线 2 创建基准平面 DTM2，如图 7-41 所示。

15. 创建“基准平面”（DTM3）

单击右工具箱中“基准”工具栏上的“基准平面”按钮，选择“基准平面”（TOP）作为参照，向下偏移，偏移距离为 2.76 mm（图 7-42），即“基准平面”（DTM3）过草绘曲线 2 的圆心。

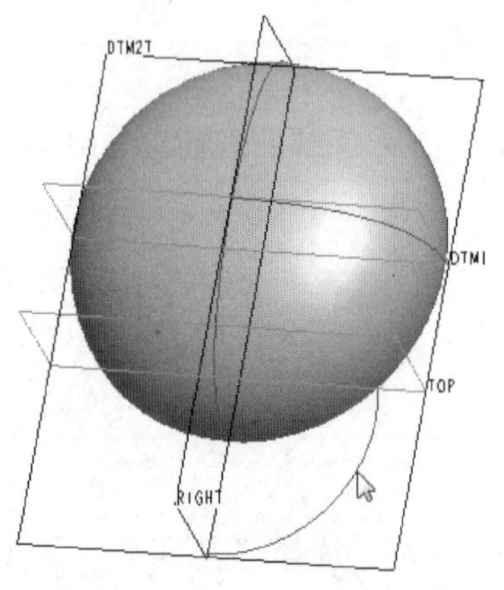

图 7-41　创建基准平面 DTM2

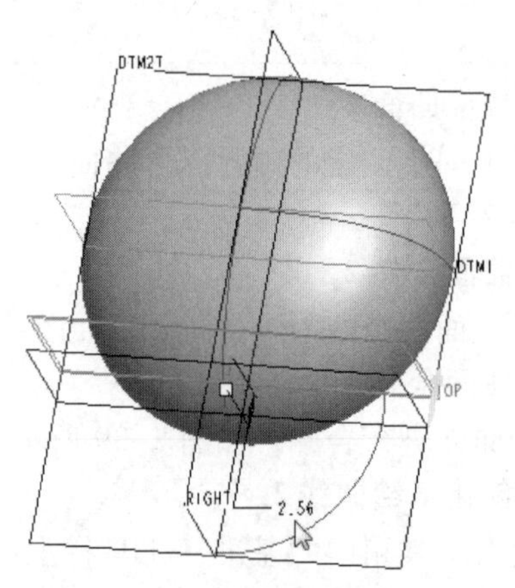

图 7-42　创建基准平面 DTM3

16. 创建 ISDX 曲线 2

单击“造型”右工具箱按钮，进入“造型”设计界面。

1）单击“造型”右工具箱按钮，选择“基准平面”（RIGHT），设置为活动平面。

2）单击“造型”右工具箱按钮，可使用“创建曲线”设计工具，在“创建曲线”图标板中选择“平面曲线”，创建平面曲线 3。按下〈Shift〉键的同时，依次选择上面创建的草绘曲线 2 的上端点，“基准平面”（DTM3）和草绘曲线 2 的下端点，如图 7-43 所示。单击“创建曲线”图标板右侧按钮结束曲线绘制操作。

3）单击“造型”右工具箱的按钮，选择上一步创建的曲线，或者双击上一步创建的曲线，则进入到“曲线编辑”设计工具。

4）单击曲线的上端点，出现该点的切线控制杆，再右击，在弹出的快捷菜单中选择“法向”命令，如图 7-44 所示，然后选择“基准平面”（FRONT），则该点的切线方向垂直于“基准平面”（FRONT）。

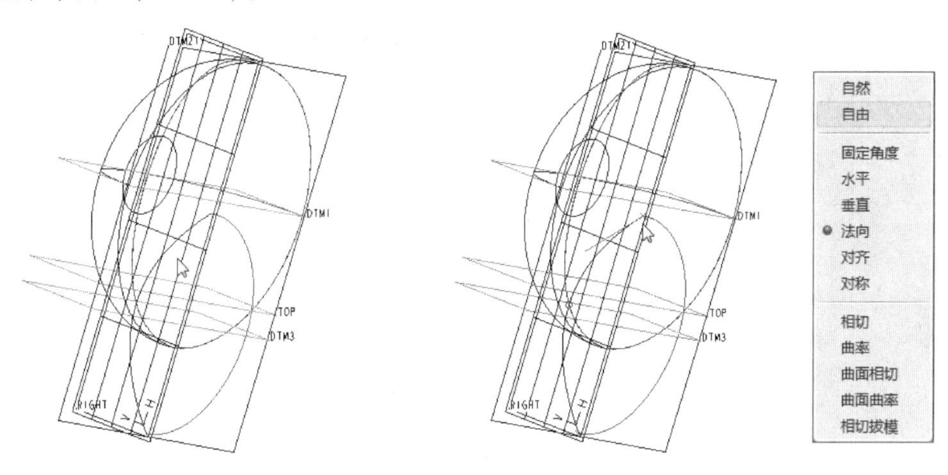

图 7-43　绘制平面曲线 3

图 7-44　设置曲线端点条件

5）同样方法，设置另一个端点的切线垂直于“基准平面”（FRONT），端点的切线长度为 8，如图 7-45 所示。

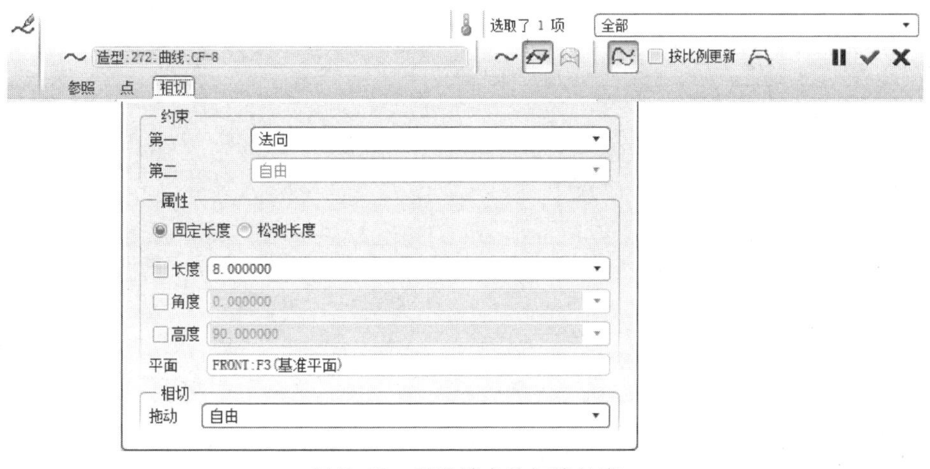

图 7-45　设置端点的切线长度

6）接下来设置曲线中间点的坐标。选择曲线中间点，如图7-46所示，在“曲线编辑”图标板中单击“点”按钮，在“点”下拉面板中输入点的坐标值，如图7-47所示。单击“曲线编辑”图标板右侧✔按钮结束曲线编辑操作。

7）绘制的平面曲线3如图7-48所示。

8）用同样方法，单击“造型”右工具箱按钮，选择“基准平面”（DTM3），将其设置为活动平面。

9）单击“造型”右工具箱按钮，可使用“创建曲线”设计工具，在“创建曲线”图标板中选择“平面曲线”，创建平面曲线4。按下〈Shift〉键的同时，依次选择平面曲线3和草绘曲线2，如图7-49所示。单击“创建曲线”图标板右侧✔按钮结束曲线绘制操作。

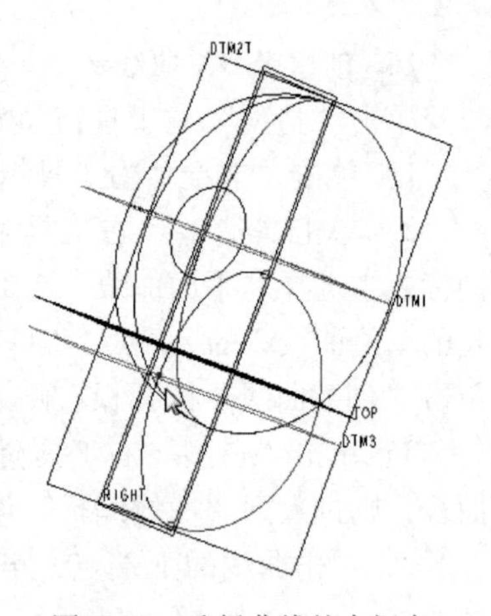

图7-46 选择曲线的中间点

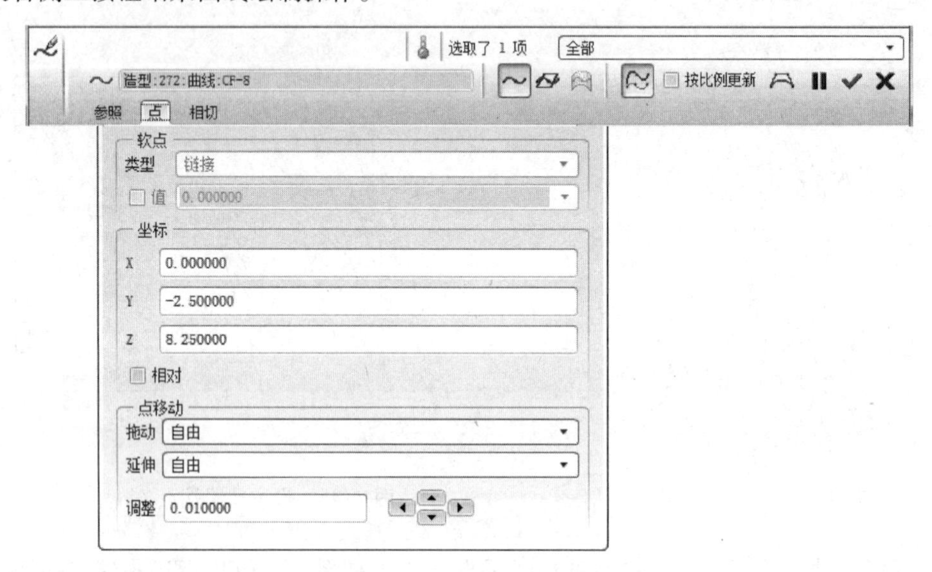

图7-47 设置中间点的坐标

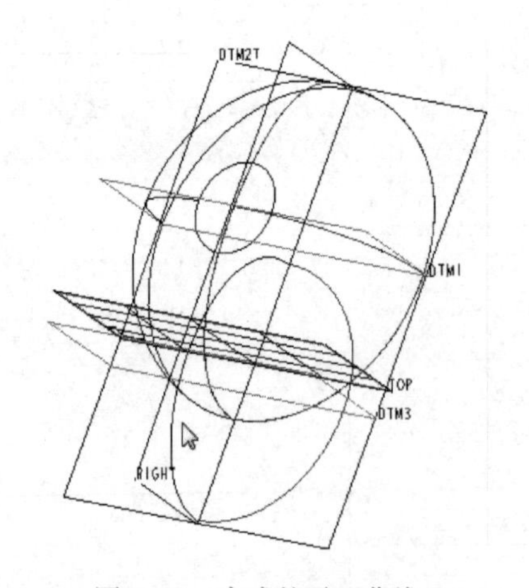

图7-48 完成的平面曲线3

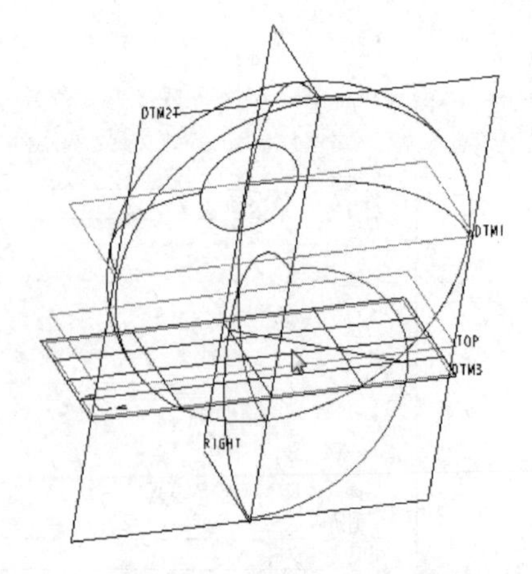

图7-49 绘制平面曲线4

10）单击“造型”右工具箱的按钮，选择上一步创建的曲线，或者双击上一步创建的曲线，可使用“曲线编辑”设计工具。按照前面的方法，设置平面曲线4的一个端点（图7-50），切线垂直于“基准平面”（RIGHT），切线长度为5。

11）设置另一个端点（图7-51），切线垂直于“基准平面”（FRONT），切线长度为4。单击“曲线编辑”图标板右侧按钮结束曲线编辑操作。

12）单击“造型”右工具箱按钮，完成“造型”设计，如图7-52所示。

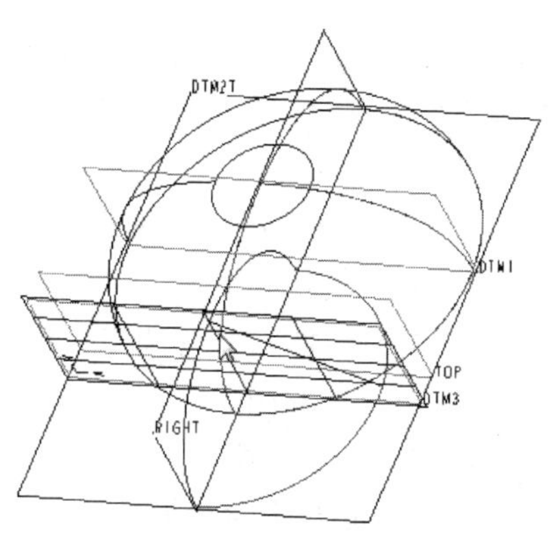

图7-50 选择一个端点

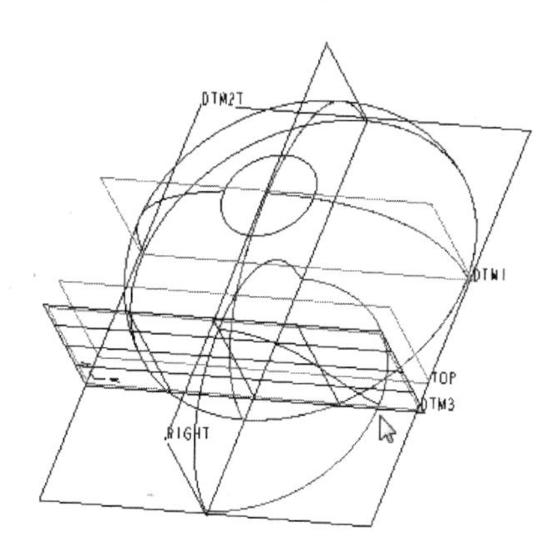

图7-51 选择另一个端点

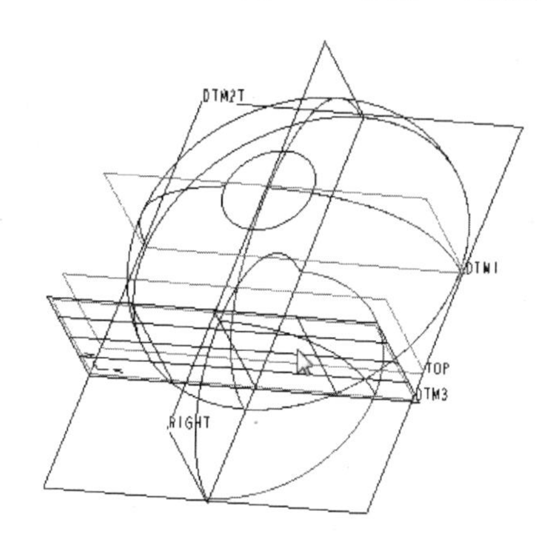

图7-52 完成的平面曲线4

17. 创建边界混合曲面3

单击右工具箱，创建边界混合曲面。分别选择第一、二方向的链，如图7-53所示。设置第一方向的两条链分别垂直于“基准平面”（RIGHT）和“基准平面”（FRONT）。

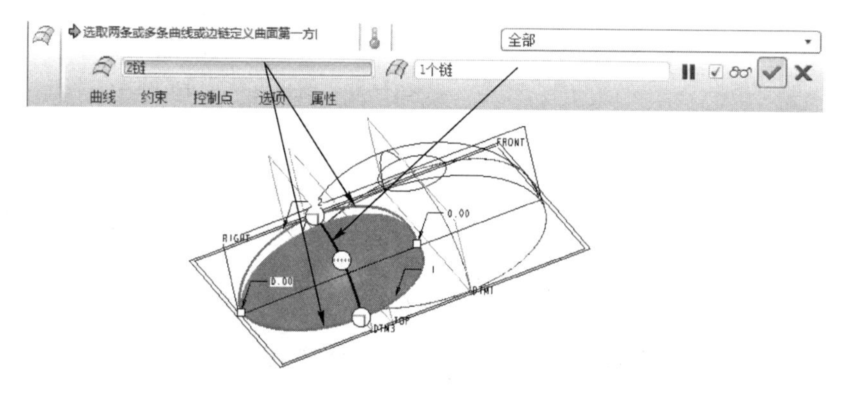

图7-53 创建边界混合曲面3

18. 创建草绘曲线3

单击右工具箱按钮，选择“基准平面”（FRONT）作为草绘平面，草绘如图7-54所示的草绘曲线3。

19. 创建拉伸曲面 2 特征（除料）

选择上一步创建的草绘曲线 3，单击右工具箱中“基础特征”工具栏上的“拉伸”按钮，进入“拉伸”设计工具。选择“曲面拉伸”，创建拉伸曲面。拉伸方式设置如图 7-55 所示，单击“去除材料”按钮，进行拉伸除料。选择上一步创建的边界混合曲面作为要修剪的面组，注意要保留的曲面侧。拉伸曲面结果如图 7-56 所示。

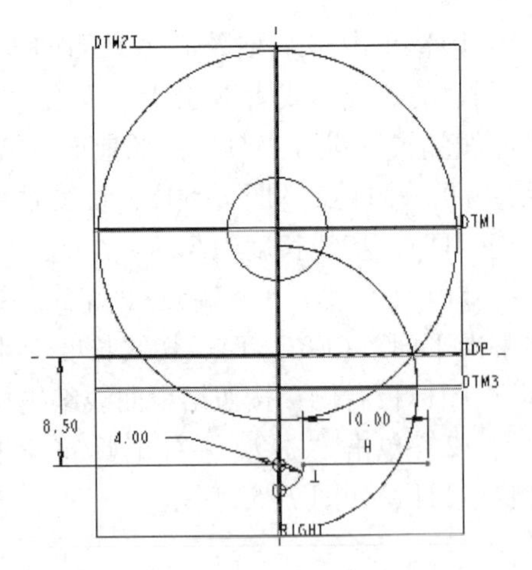

图 7-54　草绘曲线 3

20. 创建边界混合曲面 4

单击右工具箱“边界混合”按钮，创建边界混合曲面。分别选择第一、第二方向的链，如图 7-57 所示。设置第一方向的链 1 垂直于“基准平面”(RIGHT)，第二个方向的链 2 垂直于“基准平面”(FRONT)。

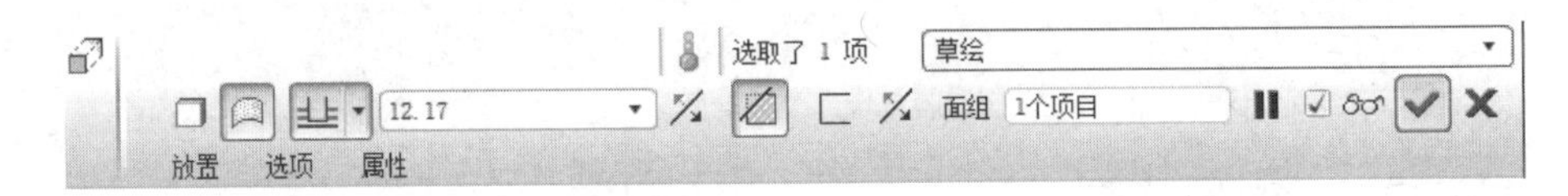

图 7-55　拉伸设置

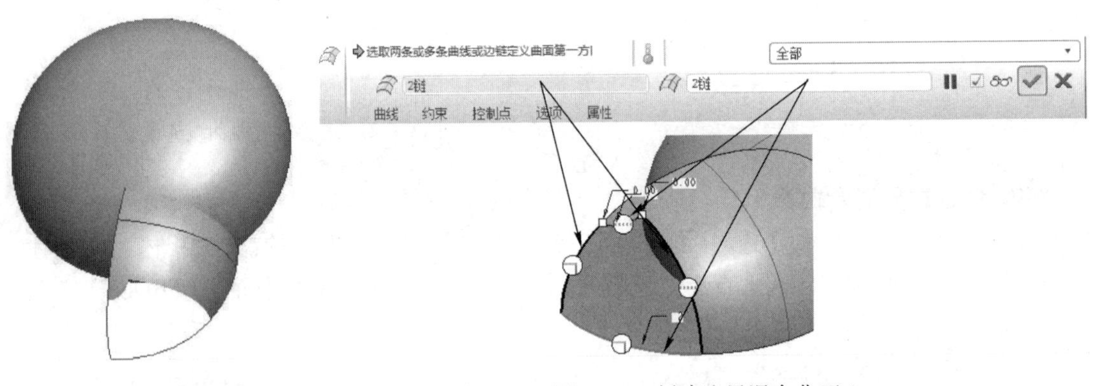

图 7-56　拉伸曲面结果

图 7-57　创建边界混合曲面 4

说明：

这里选择第二方向的链 2 时，系统会自动选择整条链，如需要修剪只选择其中一段，其操作方法如步骤 8 所示。本设计中，利用拉伸曲面的方式切去一部分原有曲面，再利用边界混合命令补全这部分曲面，原因是原有曲面的在尖点处质量不是很好，拆分成小面后，可以改善曲面质量，这是曲面建模中比较常见的拆面方法。

21. 曲面合并 4

选择如图 7-58 所示的曲面进行合并。

22. 镜像曲面 3

选择合并后的曲面进行镜像，镜像平面为“基准平面”（RIGHT），结果如图 7-59 所示。

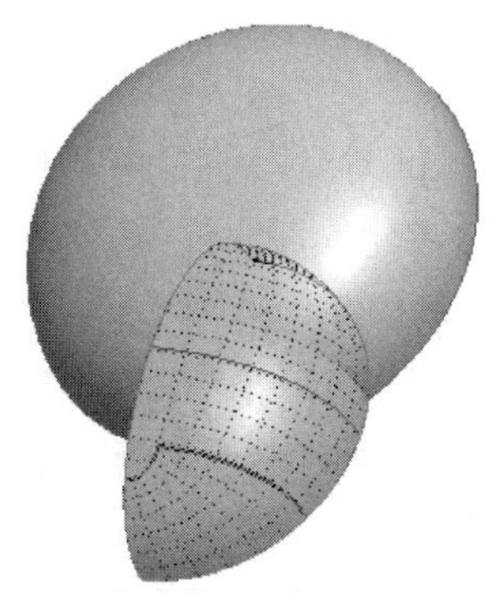

图 7-58　曲面合并 4

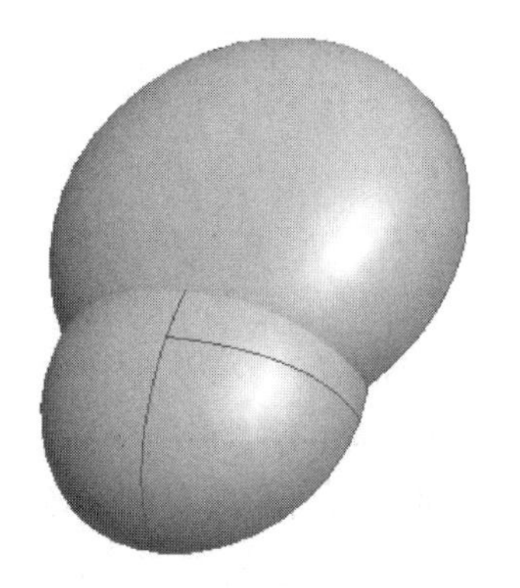

图 7-59　镜像曲面 3

23. 曲面合并 5

选择镜像前后的曲面进行合并，如图 7-60 所示。

24. 曲面合并 6

选择如图 7-61 所示的曲面进行合并，注意保留的曲面侧。

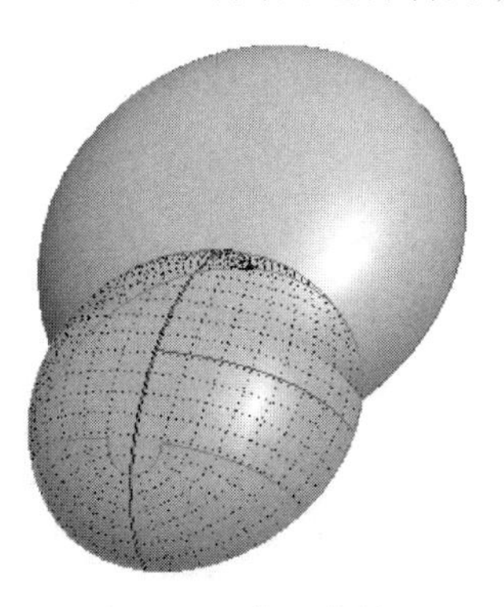

图 7-60　曲面合并 5

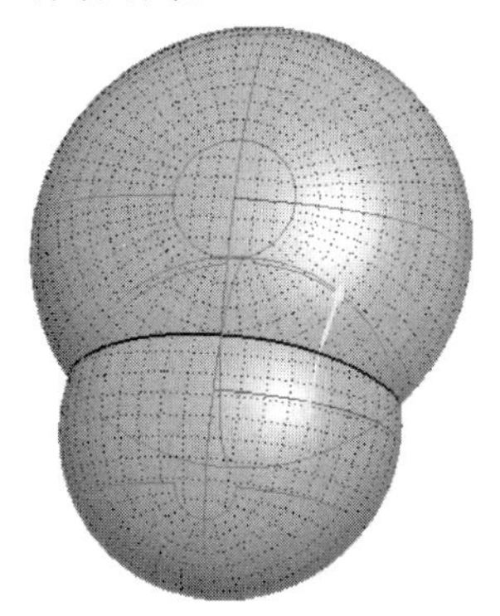

图 7-61　曲面合并 6

25. 镜像曲面 4

选择上一步合并后的曲面进行镜像，镜像平面为“基准平面”（FRONT），镜像结果如图 7-62 所示。

26. 曲面合并 7

选择镜像前后的曲面进行合并，如图 7-63 所示。

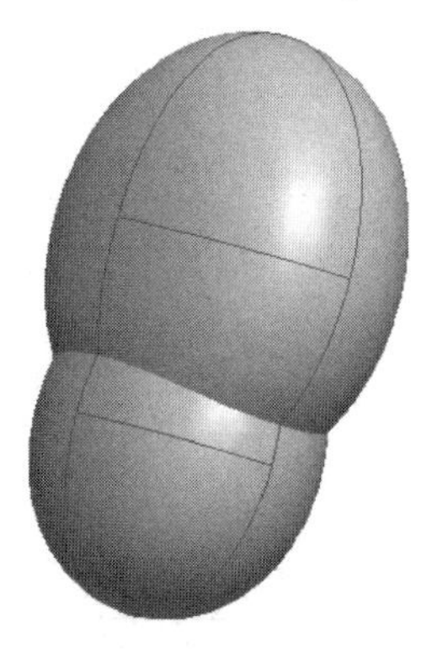

图 7-62　镜像曲面 4

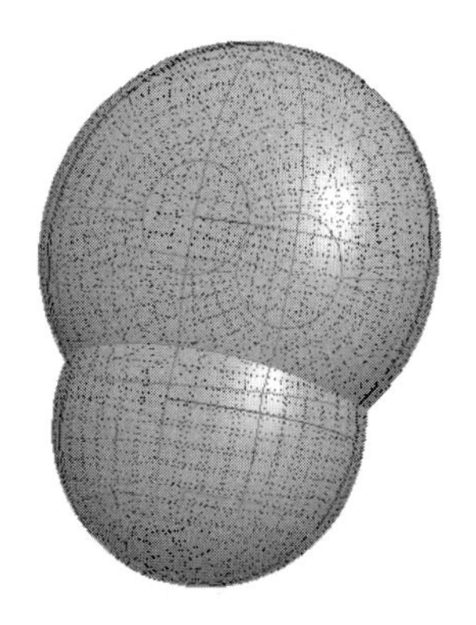

图 7-63　曲面合并 7

至此完成了小猪身体主体的造型，下面进行小猪四肢造型。

27. 创建 ISDX 曲线 3

单击右工具箱“造型”按钮，进入“造型”设计界面。

1）单击“造型”右工具箱按钮，选择“基准平面”(FRONT)，将其设置为活动平面。

2）单击“造型”右工具箱按钮，可使用“创建曲线”设计工具，在“创建曲线”图标板中选择“平面曲线”，创建平面曲线5。按下〈Shift〉键的同时，依次选择前面创建的草绘曲线2的一个点，“基准平面”（DTM3）和草绘曲线2的另一个点，如图7-64所示。单击“创建曲线”图标板右侧按钮结束曲线绘制操作。

3）单击“造型”右工具箱按钮，选择上一步创建的曲线，或者双击上一步创建的曲线，则进入到“曲线编辑”设计工具。

4）单击曲线的上端点，出现该点的切线控制杆，再右击，在弹出的快捷菜单中选择“自由”命令，如图7-65所示。单击“曲线编辑”图标板中的“相切”按钮，弹出“相切”下拉面板，在这里设置端点的切线长度和角度。在“属性”下的“长度”文本框中输入1.5，在“角度”文本框中输入345，如图7-66所示。单击“曲线编辑”图标板中的“点”按钮，弹出“点”下拉面板，在“软点”类型下拉列表中选择“长度比例”，输入长度比例值0.85。其设置如图7-67所示。

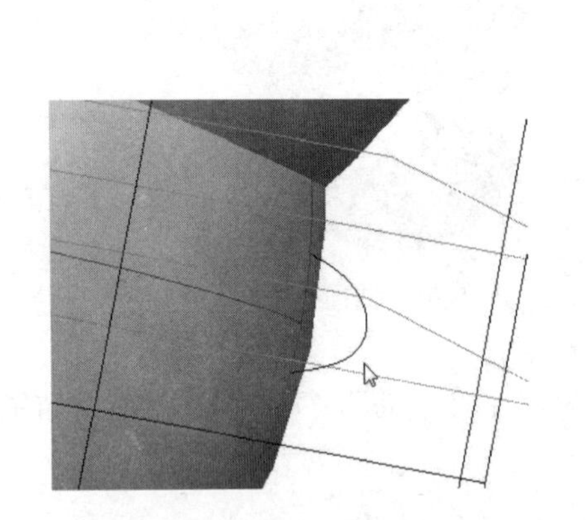

图7-64　创建平面曲线5

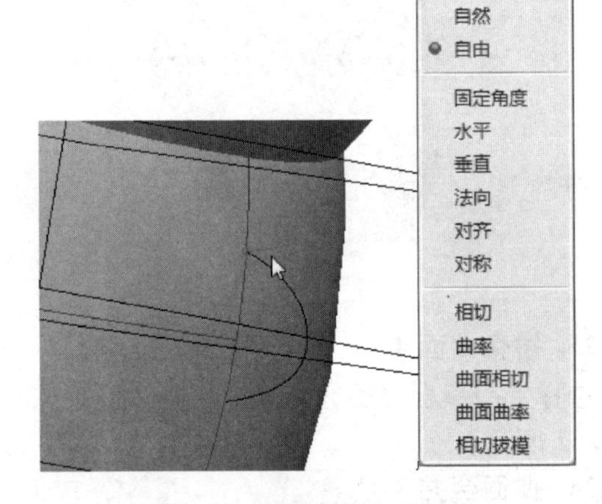

图7-65　创建曲线端点条件

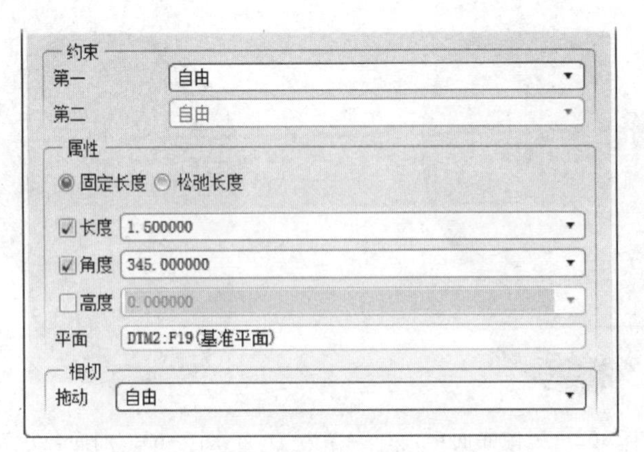

图7-66　设置端点处切线的长度和角度

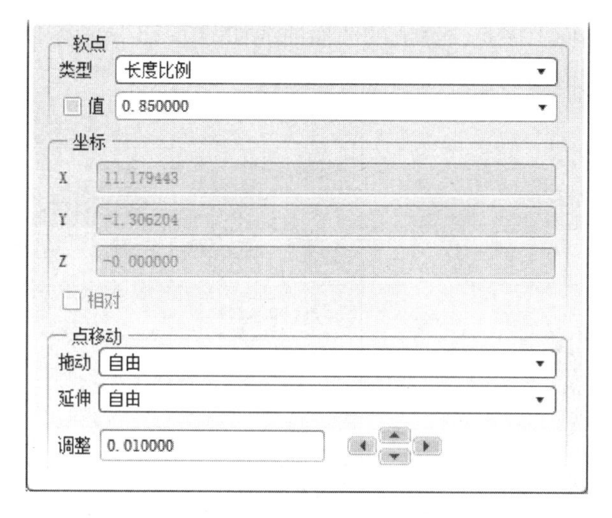

图 7-67　设置软点

5）同样方法设置曲线的另一个端点的切线方向。单击曲线的端点，出现该点的切线控制杆，再右击，在弹出的快捷菜单中选择“自由”命令。在“曲线编辑”图标板中的“相切”下拉面板中设置切线的长度为 1.5，角度为 15，如图 7-68 所示。

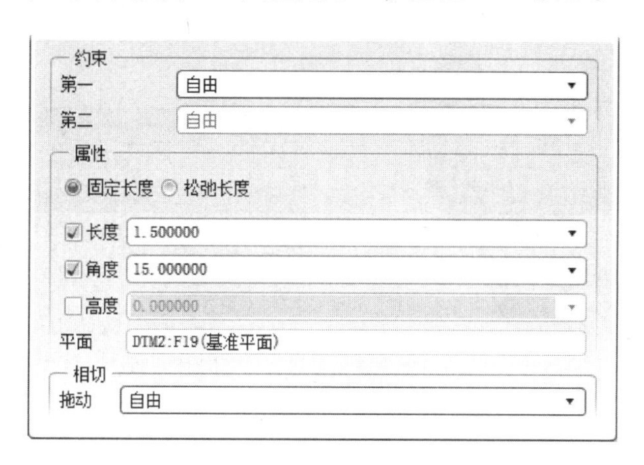

图 7-68　设置端点处切线的长度和角度

6）接下来设置曲线中间点的坐标。选择曲线中间点，如图 7-69 所示，在“曲线编辑”图标板中单击“点”按钮，在“点”下拉面板中输入点的坐标值，如图 7-70 所示。单击“曲线编辑”图标板右侧按钮结束曲线编辑操作。

7）绘制的平面曲线 5 如图 7-71 所示。单击“造型”右工具箱按钮，完成“造型”设计。

28. 创建 ISDX 曲线 4

单击右工具箱“造型”按钮，进入“造型”设计界面。

1）单击“造型”右工具箱按钮，选择“基准平面”（FRONT），设置为活动平面。

2）单击“造型”右工具箱按钮，可使用“创建曲线”设计工具，在“创建曲线”图标板中选择“曲面上的曲线”，创建曲面曲线 6。按下〈Shift〉键，选择上一步创建的平面曲线 5 的端点和曲面上一点，完成的曲面曲线如图 7-72 所示。单击“创建曲线”图标板右侧按钮结束曲线绘制操作。

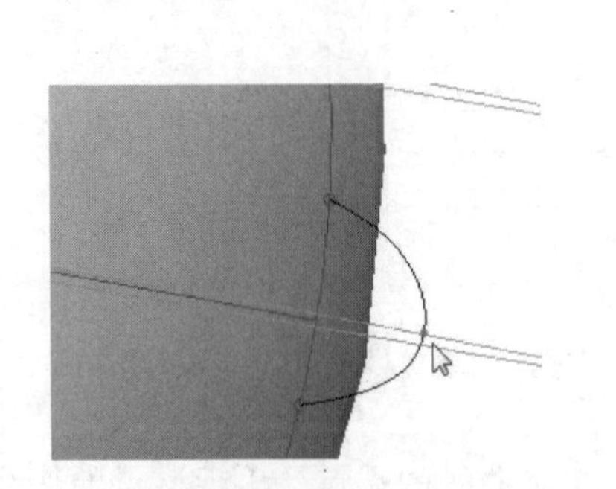

图 7-69　选择中间点

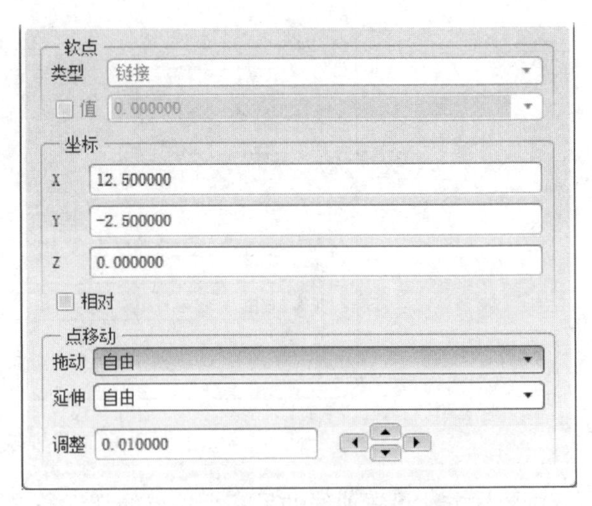

图 7-70　设置中间点的坐标

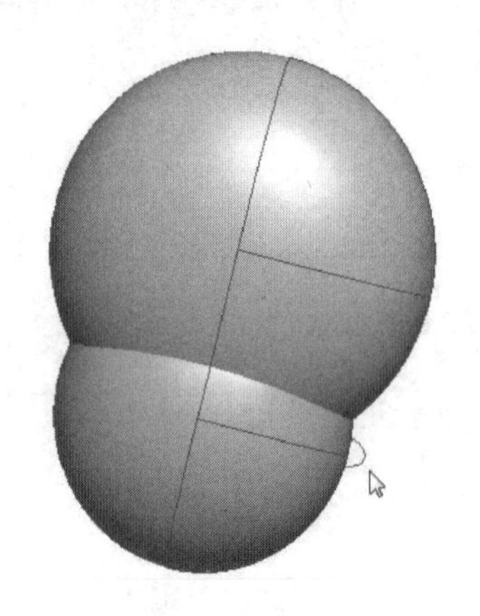

图 7-71　平面曲线 5

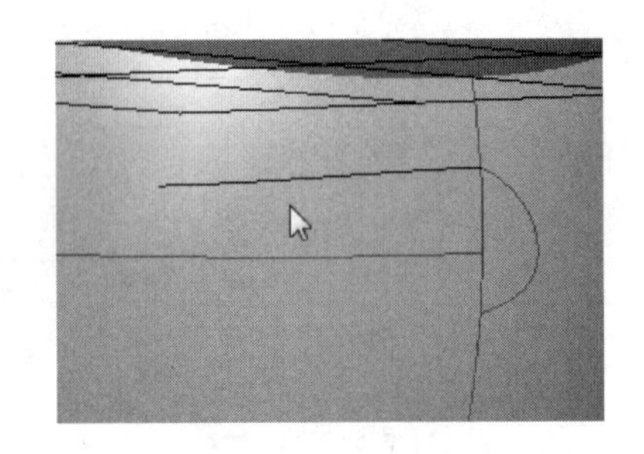

图 7-72　创建曲面曲线 6

3）单击“造型”右工具箱的按钮，选择上一步创建的曲线，或者双击上一步创建的曲线，可使用“曲线编辑”设计工具。

4）单击曲线的一个端点，出现该点的切线控制杆，再右击，在弹出的快捷菜单中选择“法向”命令，如图 7-73 所示，选择“基准平面”（FRONT），则该曲线在端点处的切线垂直于“基准平面”（FRONT）。单击“曲线编辑”图标板中的“相切”按钮，弹出“相切”下拉面板，在这里设置端点的切线长度。在“属性”下的“长度”文本框中输入 2，如图 7-74 所示。

5）同样方法设置曲线的另一个端点的切线方向。单击曲线的端点，出现该点的切线控制杆，再右击，在弹出的快捷菜单中选择“自然”命令。如图 7-75 所示。

6）单击“曲线编辑”图标板右侧按钮结束曲线编辑操作。

7）采用与 1 ~ 6 步同样的操作方法，再绘制一条曲面曲线 7，如图 7-76 所示，端点条件与第 2 步的曲面曲线 6 一致。

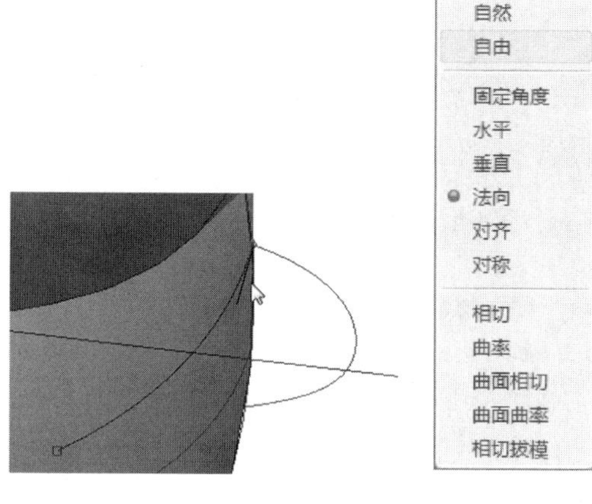

图 7-73　设置曲线端点条件

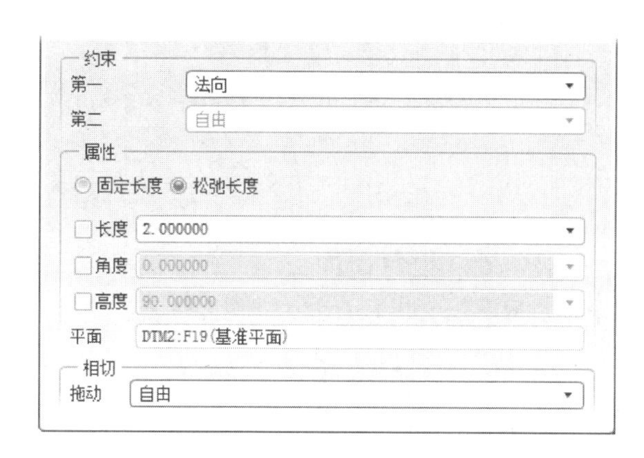

图 7-74　设置端点切线长度

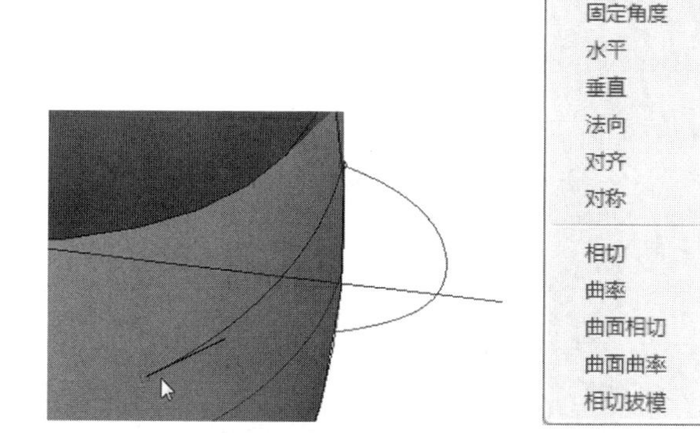

图 7-75　设置另一个端点的条件

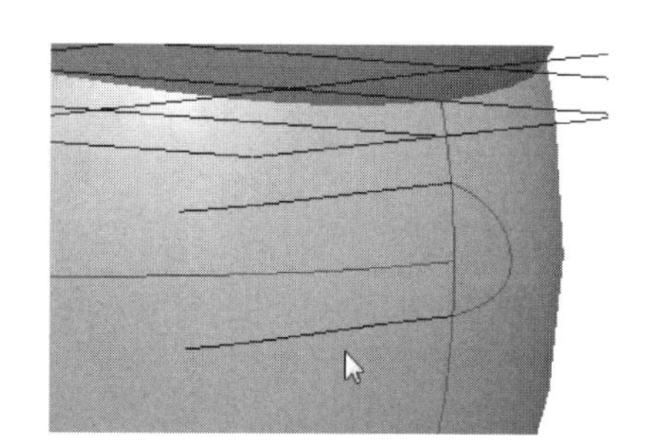

图 7-76　创建曲面曲线 7

8）再绘制曲面曲线 8。按下〈Shift〉键，选择曲面曲线 6 的端点、平面曲线 4 和曲面曲线 7 的端点，如图 7-77 所示。单击“创建曲线”图标板右侧✔按钮结束曲线绘制操作。

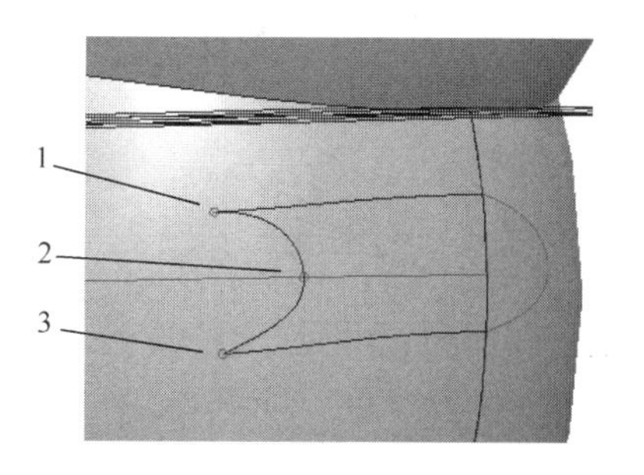

图 7-77　创建曲面曲线 8

9）双击曲面曲线 8，设置曲面曲线 8 的端点处的切线条件为“自由”，如图 7-78 所示。单击“曲线编辑”图标板中的“相切”按钮，弹出“相切”下拉面板，在这里设置端点的切线长度。在“属性”下的“长度”文本框中输入 1.5，在“角度”文本框中输入 250。如图 7-79 所示。单击“曲线编辑”图标板中的“点”按钮，弹出“点”下拉面板，在“软点”类型下拉列表中选择“长度比例”，输入长度比例值 1，其设置如图 7-80 所示。

10）同样方法再设置另一个端点的条件。如图 7-81、图 7-82、图 7-83 所示。

11）单击“曲线编辑”图标板右侧✔按钮结束曲线编辑操作。

12）单击“造型”右工具箱▦按钮，选择“基准平面”（DTM3），将其设置为活动平面。

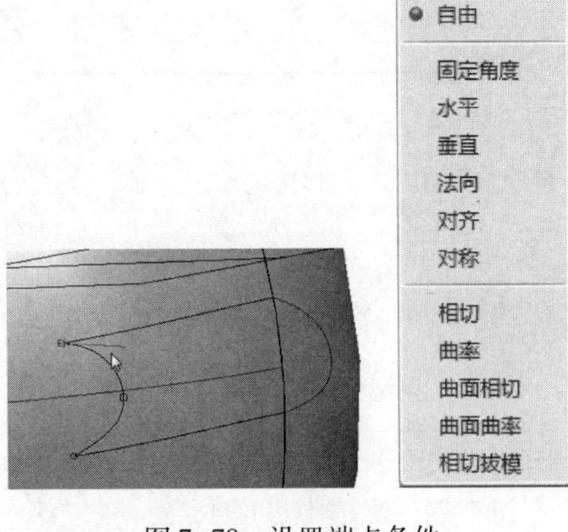

图 7-78　设置端点条件

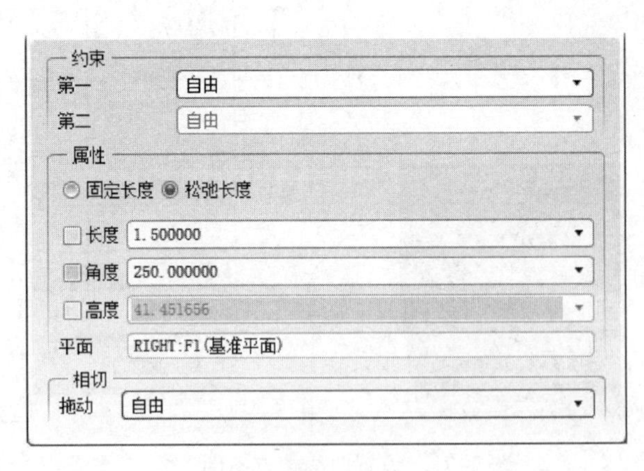

图 7-79　创建切线长度和角度

图 7-80　设置软点

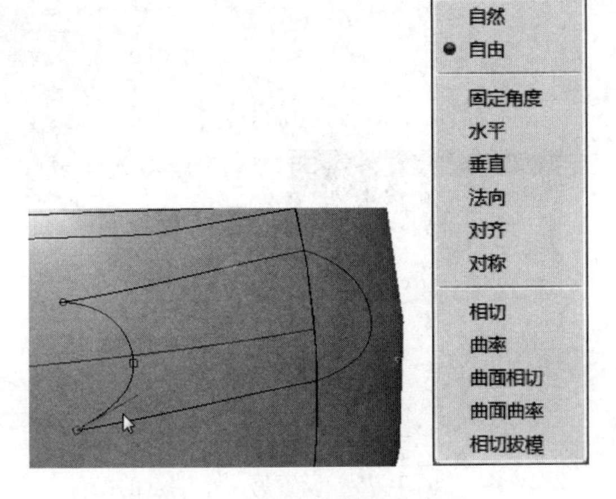

图 7-81　设置曲线端点条件

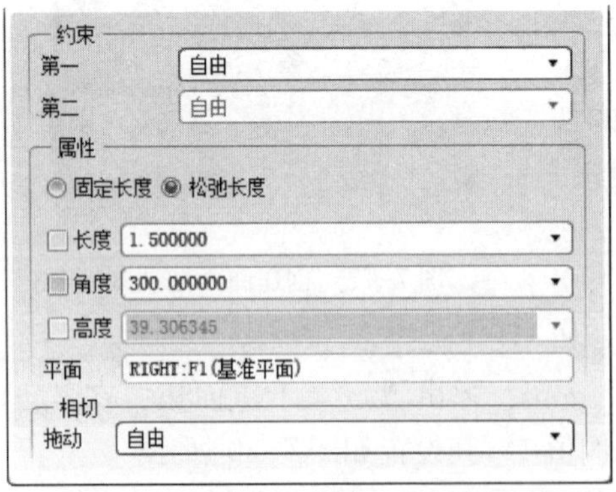

图 7-82　设置端点处切线的长度和角度

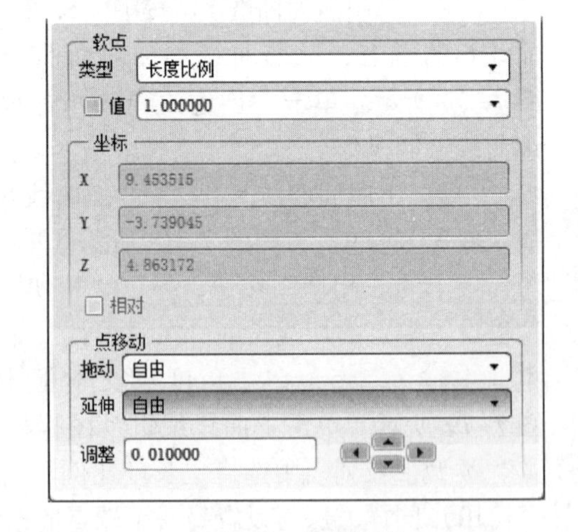

图 7-83　设置软点

13）单击“造型”右工具箱～按钮，进入“创建曲线”设计工具，在“创建曲线”图标板中选择“平面曲线”，创建平面曲线 9。按下〈Shift〉键的同时，选择曲面曲线 8 的点和平面曲线5的点，绘制如图7-84所示的曲线，单击“创建曲线”图标板右侧✔按钮结束曲线绘制操作。

14）双击平面曲线9，设置端点的切点条件如图7-85、图7-86所示。设置另一个端点的切点条件如图7-87、图7-88所示。

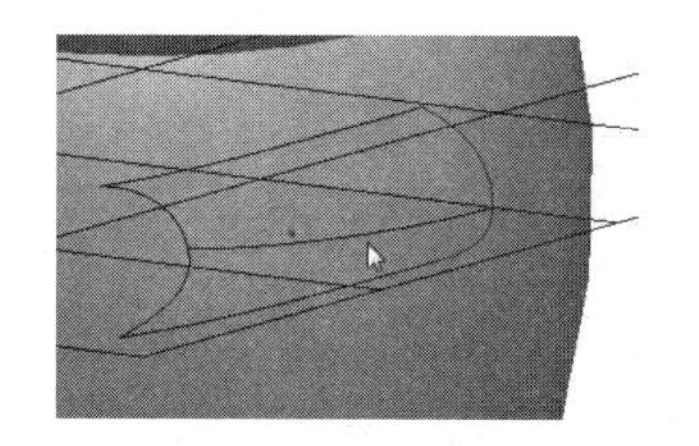

图7-84　创建平面曲线9

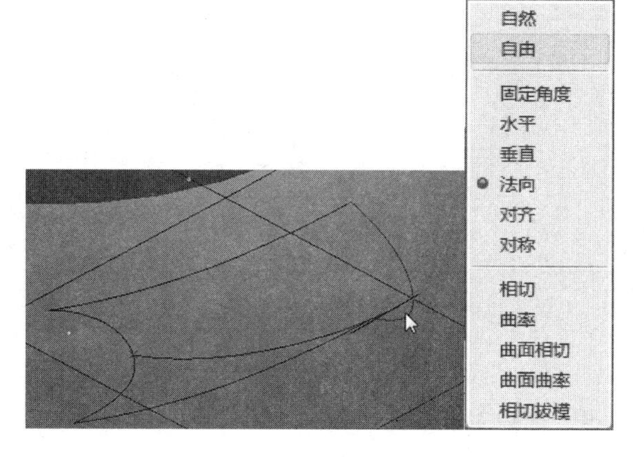

图7-85　设置端点条件

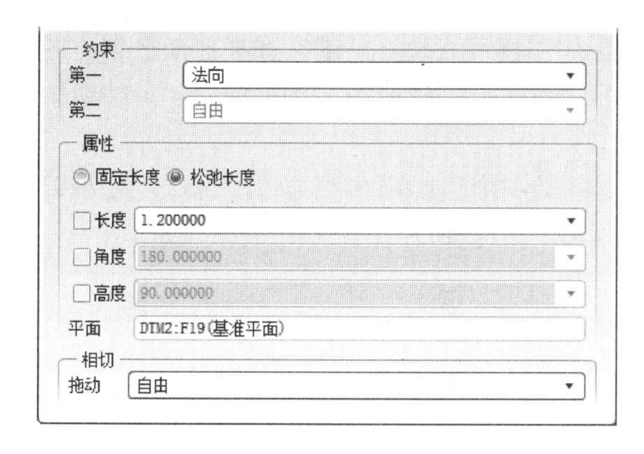

图7-86　设置端点处切线长度

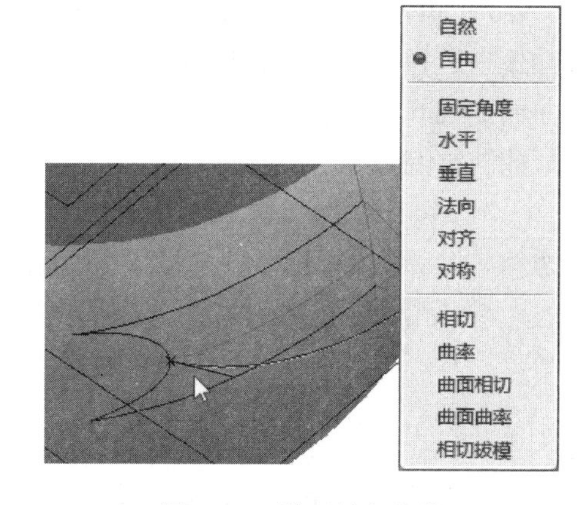

图7-87　设置端点条件

15）单击“曲线编辑”图标板右侧✔按钮结束曲线编辑操作。创建的平面曲线9如图7-89所示。

16）单击“造型”右工具箱✔按钮，完成“造型”设计。

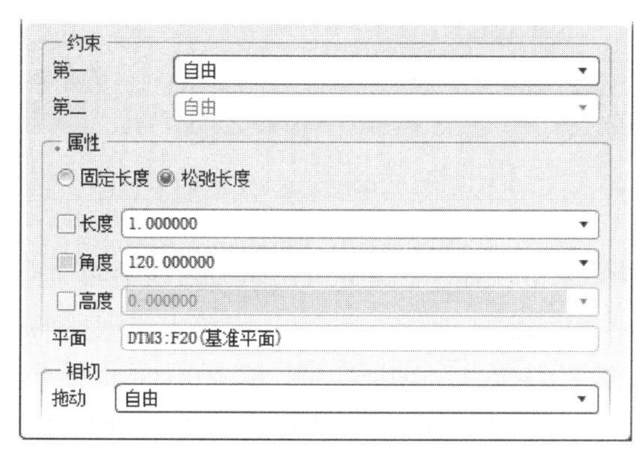

图7-88　设置端点处切线长度和角度

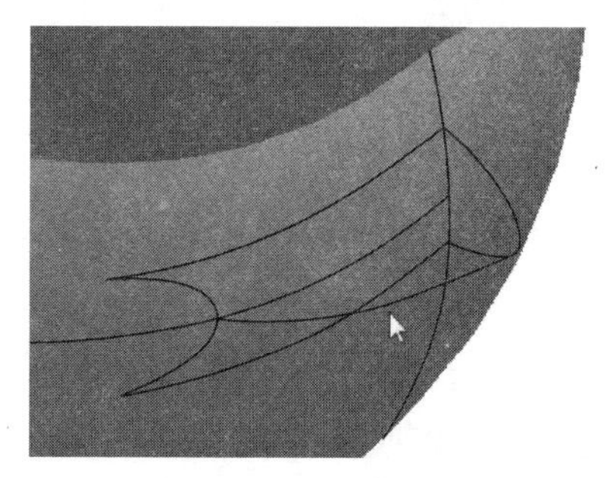

图7-89　平面曲线9

29. 创建边界混合曲面 5

单击右工具箱“边界混合”按钮，创建边界混合曲面。分别选择第一、第二方向的链，如图 7-90 所示。设置第二方向的链 2 垂直于“基准平面”（FRONT）。

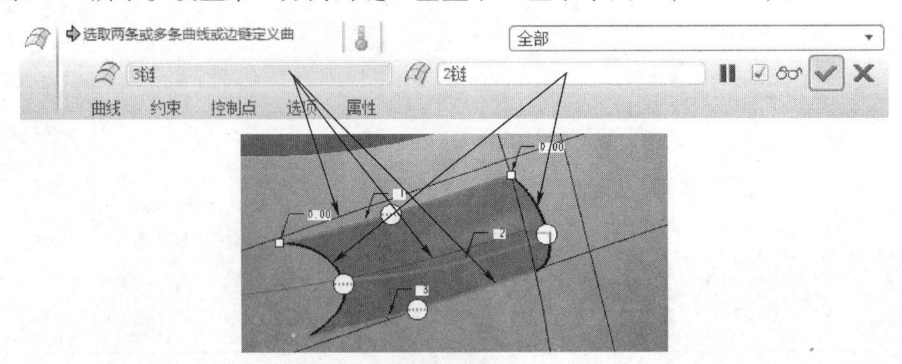

图 7-90　创建边界混合曲面 5

30. 创建 ISDX 曲线 5

单击右工具箱“造型”按钮，进入“造型”设计界面。

1）单击“造型”右工具箱按钮，进入“创建曲线”设计工具。在“创建曲线”图标板中选择“曲面上的曲线”，创建曲面曲线 10。按下〈Shift〉键，选择前面已创建的曲面曲线 6 和曲面曲线 7 的端点，如图 7-91 所示。单击“创建曲线”图标板右侧按钮结束曲线绘制操作。

2）双击曲线，进行曲线编辑。设置曲面曲线 10 的一个端点的条件，如图 7-92、图 7-93 所示。另一个端点的条件也是如此。单击“曲线编辑”图标板右侧按钮结束曲线编辑操作。

3）创建的曲面曲线 10 如图 7-94 所示。

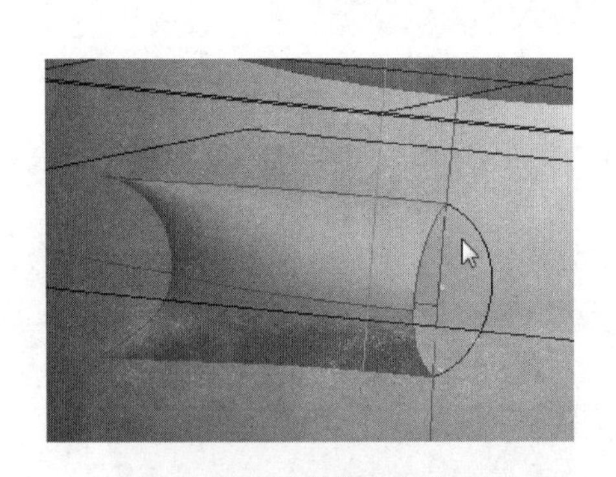

图 7-91　创建曲面曲线 10

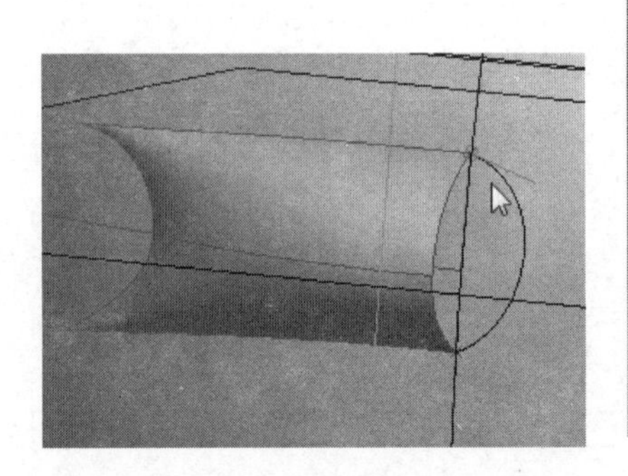

图 7-92　设置端点条件

4）单击“造型”右工具箱按钮，选择“基准平面”（DTM3），作为活动平面。

5）单击“造型”右工具箱按钮，可使用“创建曲线”设计工具。在“创建曲线”图标板中选择“平面曲线”，创建平面曲线 11。按下〈Shift〉键，选择前面平面曲线 5 上的点和曲面曲线 10 的点，如图 7-95 所示。单击“创建曲线”图标板右侧按钮结束曲线绘制操作。

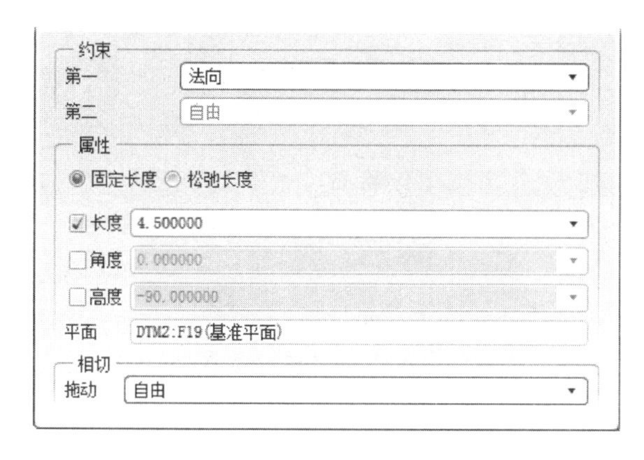

图 7-93　设置端点切线的长度

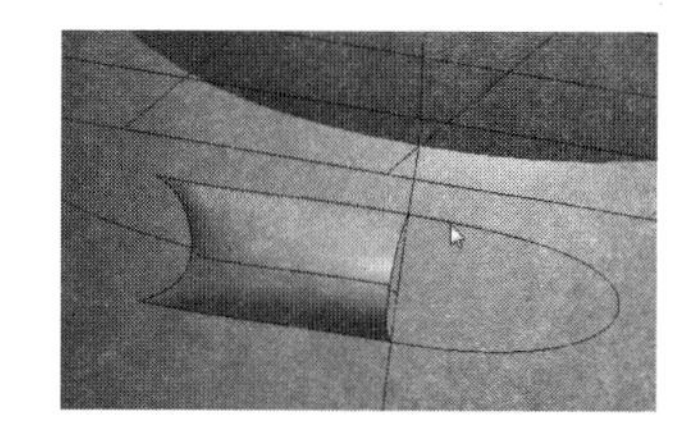

图 7-94　曲面曲线 10

6）双击曲线，可以对该曲线进行编辑。设置平面曲线 11 端点的条件，如图 7-96、图 7-97 所示，设置该点处的切线垂直于“基准平面”（FRONT）。设置另一个端点的条件如图 7-98、图 7-99 所示。单击“曲线编辑”图标板右侧✔按钮结束曲线编辑操作。

7）创建的平面曲线 11 如图 7-100 所示。

8）绘制完曲线后，单击右工具箱✔按钮，完成“造型”设计。

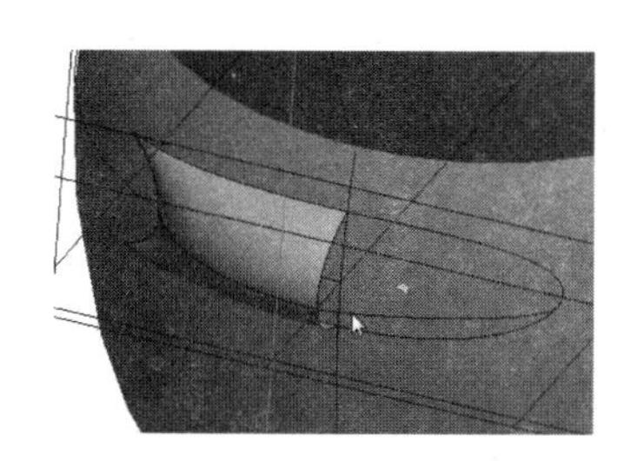

图 7-95　创建平面曲线 11

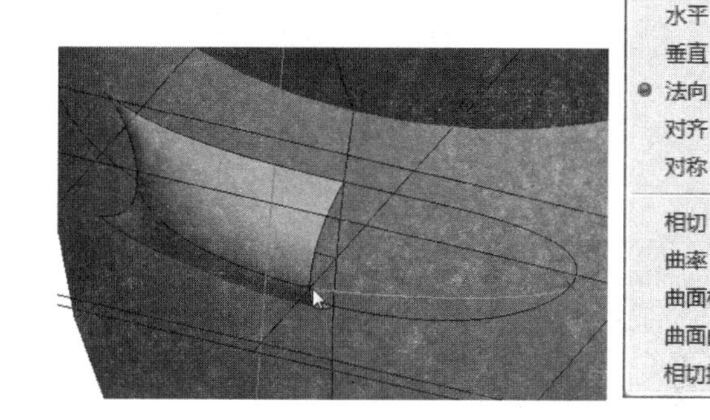

图 7-96　设置端点条件

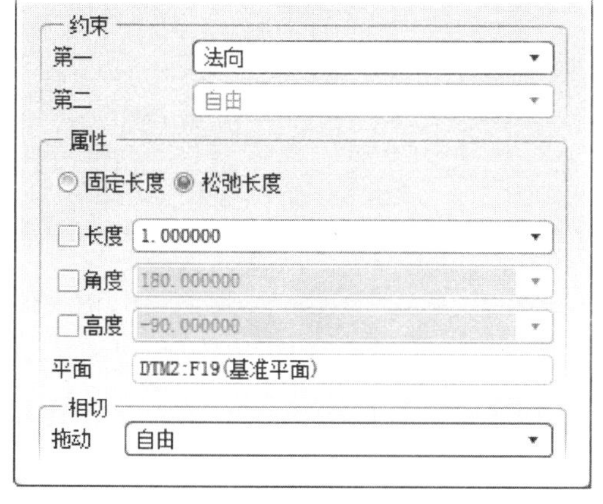

图 7-97　设置端点切线长度

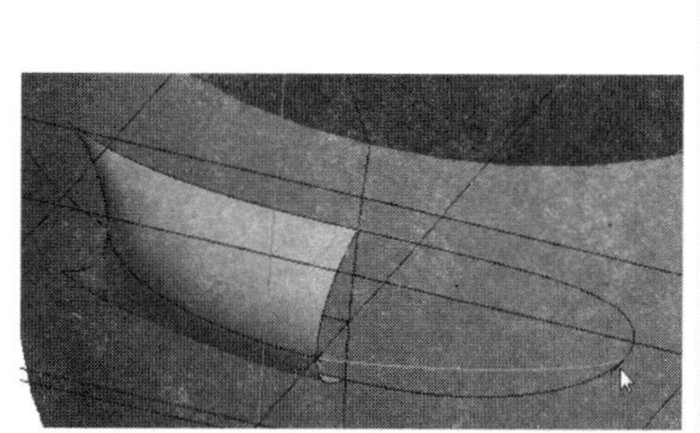

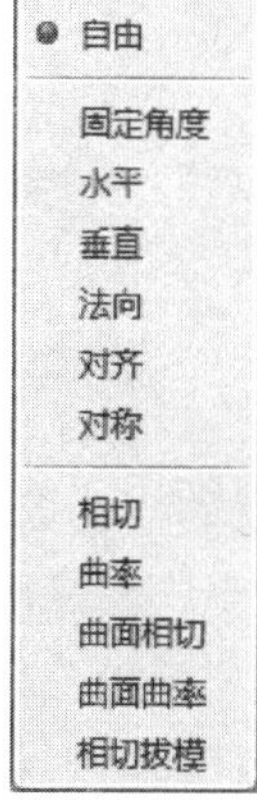

图 7-98　设置端点条件

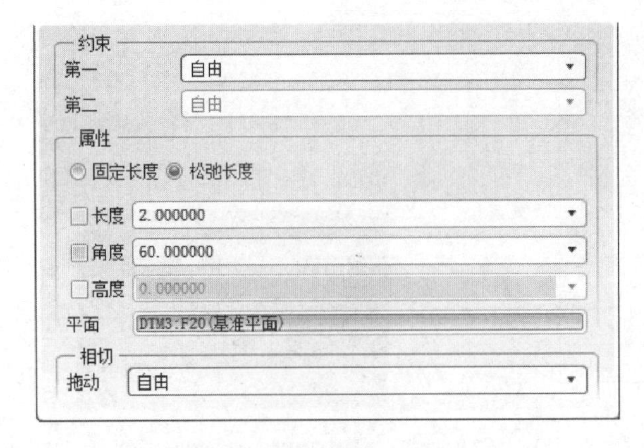

图 7-99　设置端点切线长度

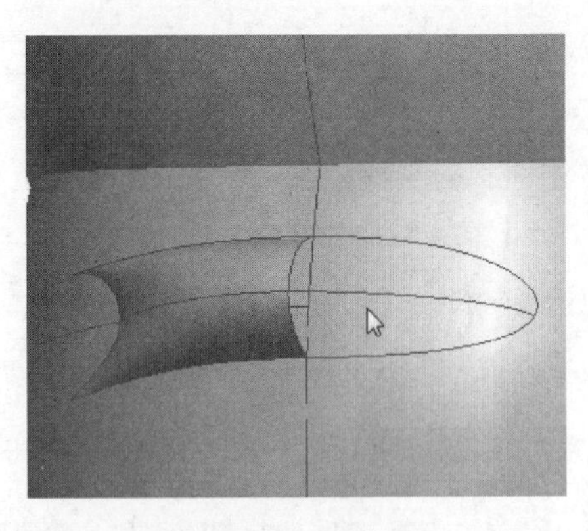

图 7-100　平面曲线 11

31. 创建边界混合曲面 6

单击右工具箱“边界混合”按钮，创建边界混合曲面。分别选择第一、第二方向的链，如图 7-101 所示。设置第一方向的链 1 垂直于基准平面 FRONT。

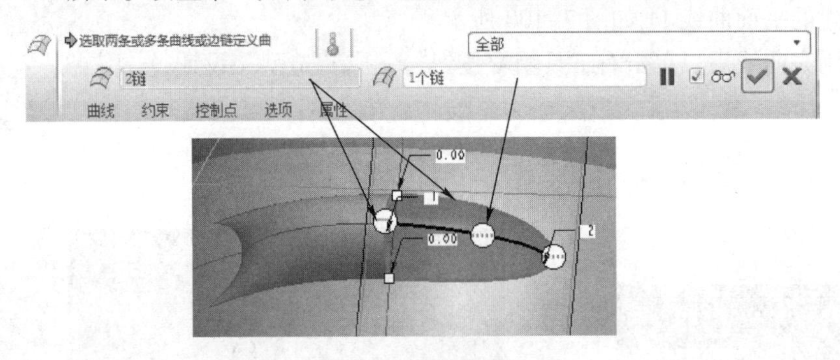

图 7-101　创建边界混合曲面 6

32. 曲面合并 8

选择如图 7-102 所示曲面进行合并。

33. 镜像曲面 5

选择合并后的曲面进行镜像，镜像平面为“基准平面”（RIGHT），结果如图 7-103 所示。

34. 曲面合并 9

选择如图 7-104 所示的曲面进行合并。

35. 曲面合并 10

选择如图 7-105 所示的曲面进行合并。

36. 创建倒圆角 1 特征

选择如图 7-106 所示的边进行倒圆角，圆角值 R 为 1 mm。

37. 创建倒圆角 2 特征

选择如图 7-107 所示的边进行倒圆角，圆角值 R 为 1.2 mm。

38. 创建拉伸曲面 3 特征

单击右工具箱中“基础特征”工具栏上的“拉伸”按钮，进入“拉伸”设计工具。选择“曲面拉伸”，创建拉伸曲面。

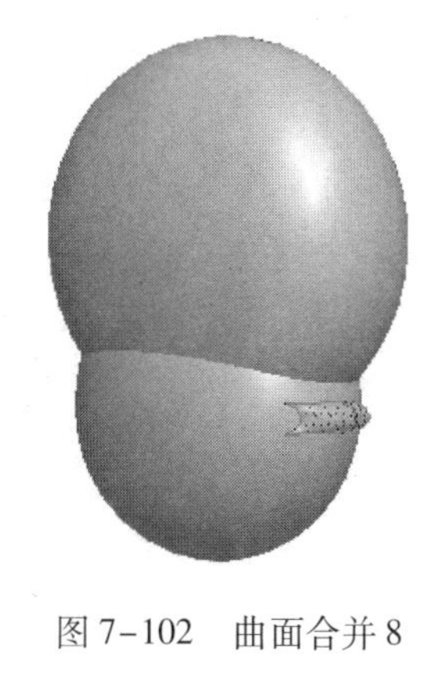

图 7-102　曲面合并 8

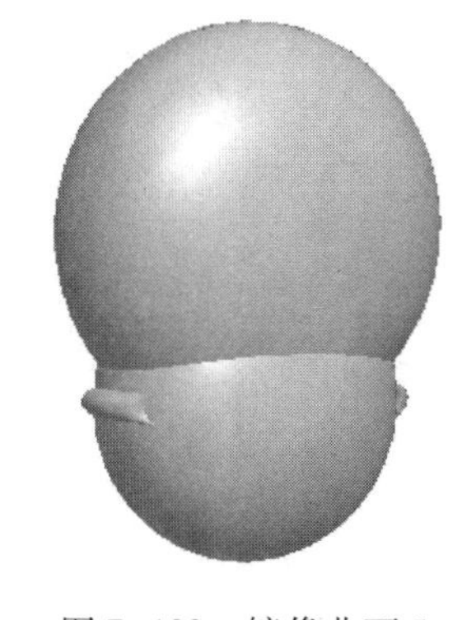

图 7-103　镜像曲面 5

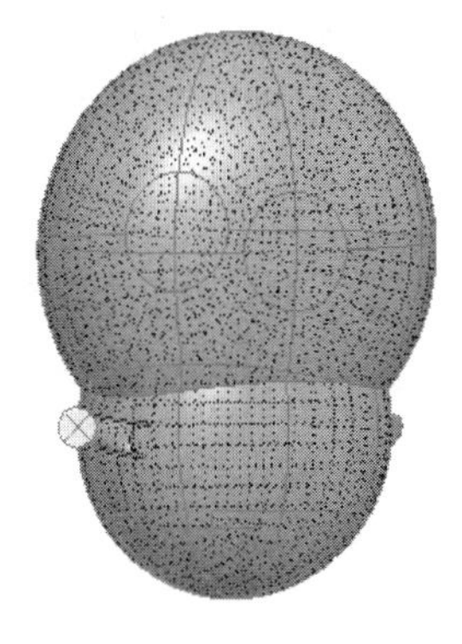

图 7-104　曲面合并 9

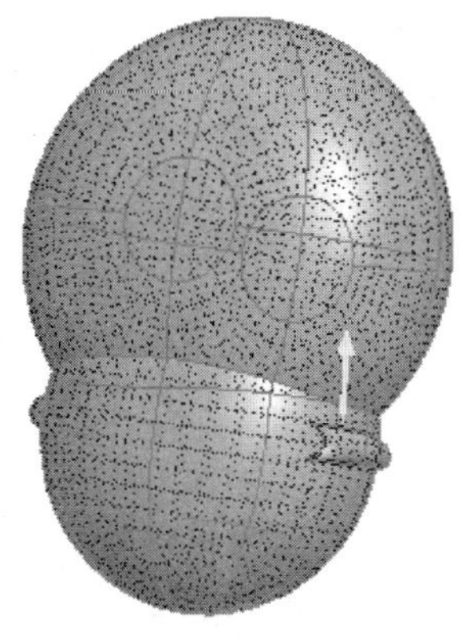

图 7-105　曲面合并 10

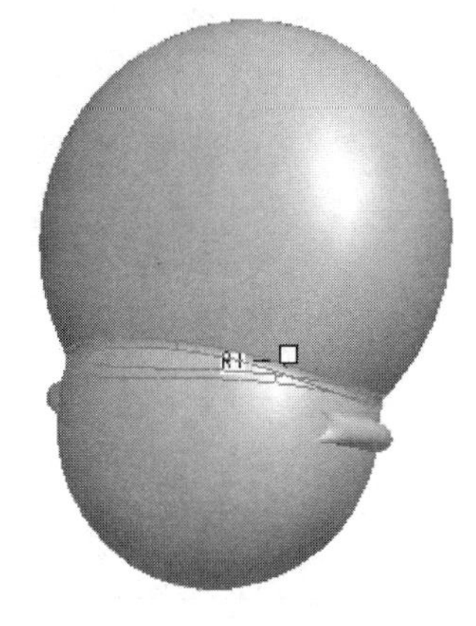

图 7-106　倒圆角 1 特征

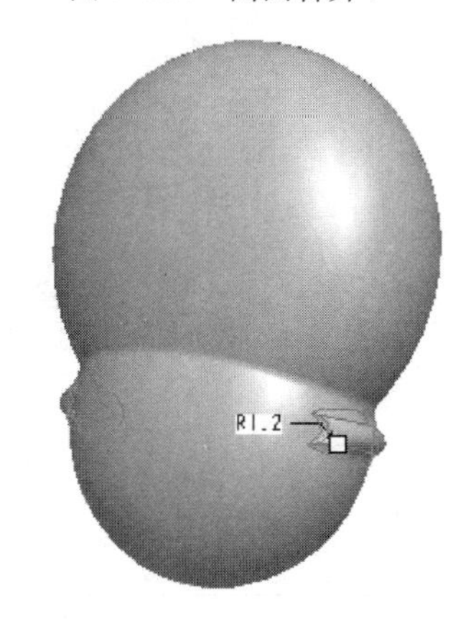

图 7-107　倒圆角 2 特征

1）选择“基准平面”（FRONT）作为草绘平面，草绘视图方向“参照”选择“基准平面”（RIGHT），“方向”选择向右，草图截面如图 7-108 所示。

2）拉伸高度为 4 mm，拉伸曲面结果如图 7-109 所示。

39. 创建草绘曲线 4

单击右工具箱“草绘”按钮，选择“基准平面”（FRONT）作为草绘平面，草绘如图 7-110 所示的草绘曲线 4。注意选择上一步创建的曲面作为草绘参照。

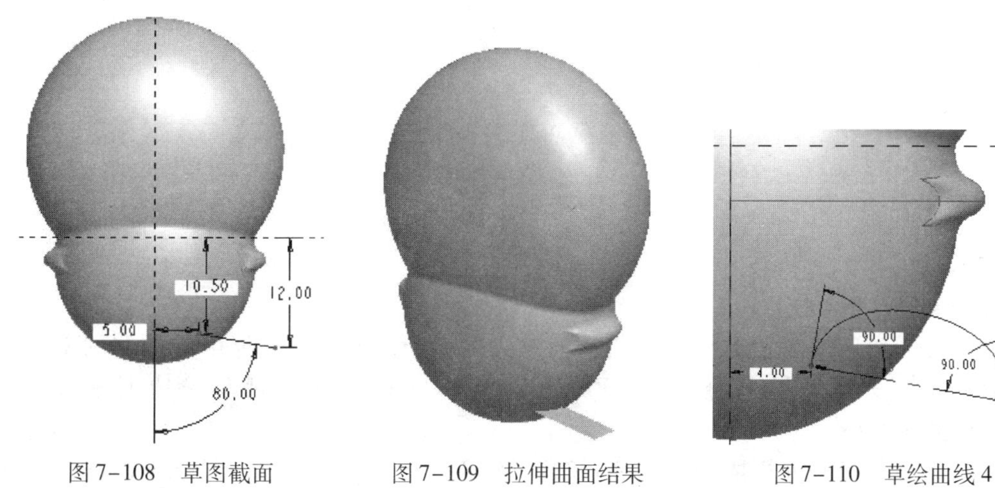

图 7-108　草图截面

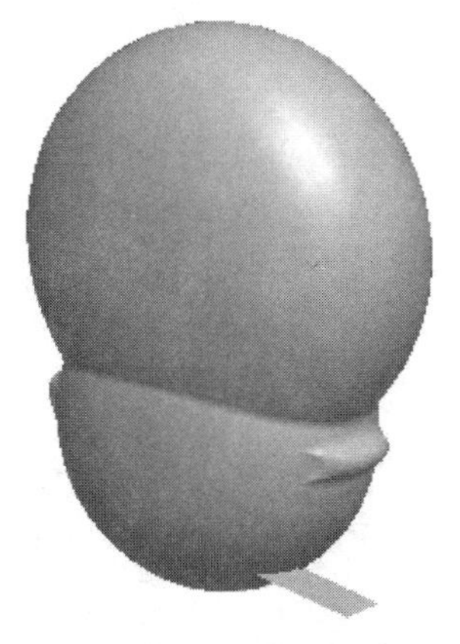

图 7-109　拉伸曲面结果

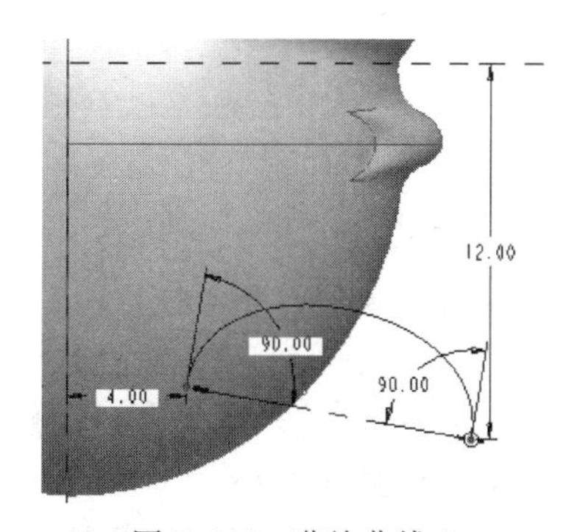

图 7-110　草绘曲线 4

40. 创建 ISDX 曲线 6

单击右工具箱“造型”按钮，进入“造型”设计界面。

1）单击“造型”右工具箱按钮，选择第 38 步创建的拉伸曲面 3 作为活动平面，如图 7-111 所示。

2）单击“造型”右工具箱按钮，进入“创建曲线”设计工具。在“创建曲线”图标板中选择“平面曲线”，创建平面曲线 12。按下〈Shift〉键，选择第 39 步草绘曲线 4 的端点，完成的平面曲线 12 如图 7-112 所示。单击“创建曲线”图标板右侧按钮结束创建曲线操作。

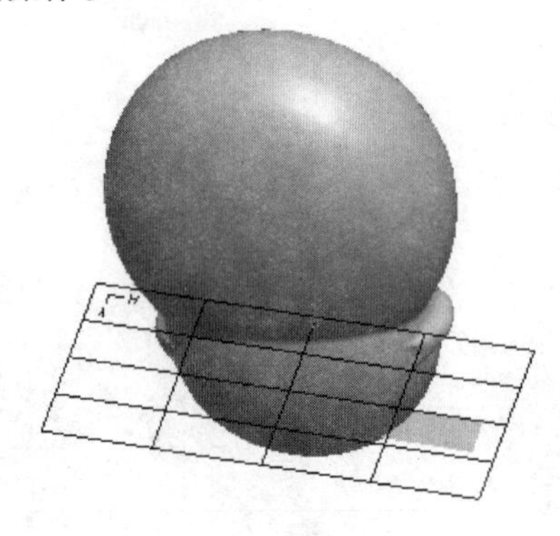

图 7-111　设置活动平面

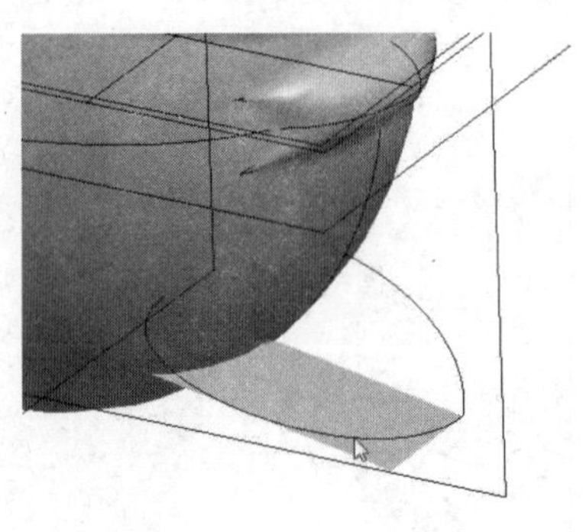

图 7-112　创建平面曲线 12

3）双击曲线进行编辑。设置一个端点的条件，如图 7-113、图 7-114 所示。设置该点的切线垂直于“基准平面”（FRONT）。设置另一个端点的条件也是如此。单击“创建曲线”图标板右侧按钮结束曲线编辑操作。

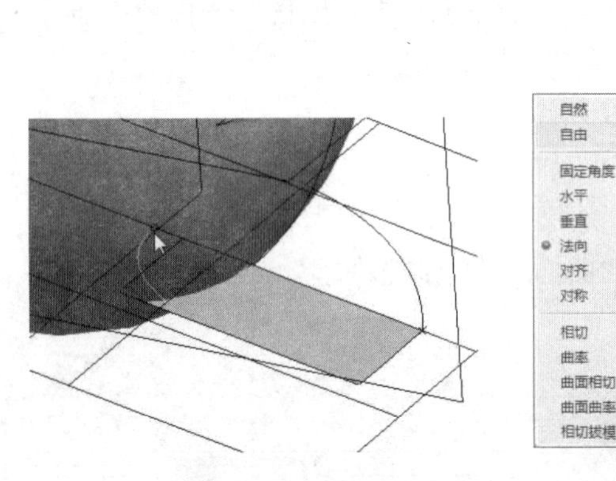

图 7-113　设置端点条件

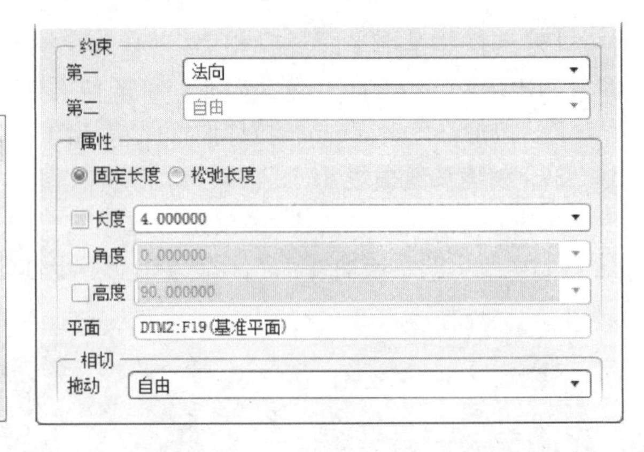

图 7-114　设置端点处切线长度

4）绘制完曲线后，单击右工具箱按钮，完成“造型”设计。完成的平面曲线 12 如图 7-115所示。

41. 创建边界混合曲面 7

单击右工具箱“边界混合”按钮，创建边界混合曲面。只选择第一方向的链，如图 7-116所示。设置第一方向的两条链分别垂直于“基准平面”（FRONT）和拉伸平面。

42. 镜像曲面 6

选择上一步创建的边界混合曲面进行镜像，结果如图 7-117 所示。镜像平面选择“基准平面”（FRONT）。

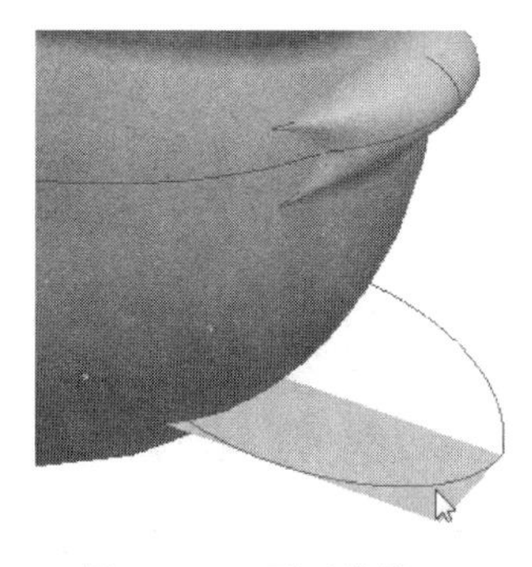

图 7-115　平面曲线 12

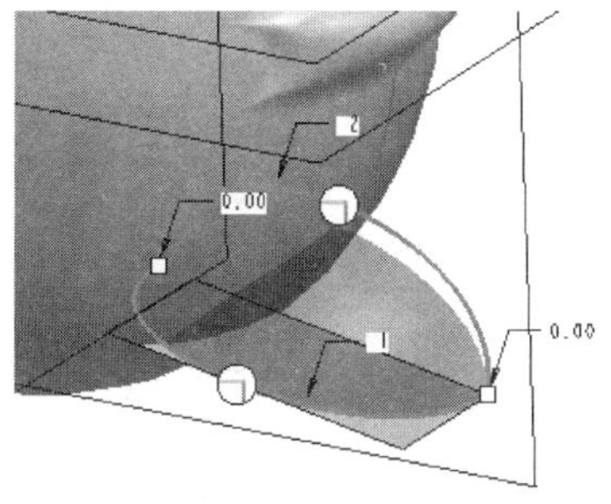

图 7-116　创建边界混合曲面 7

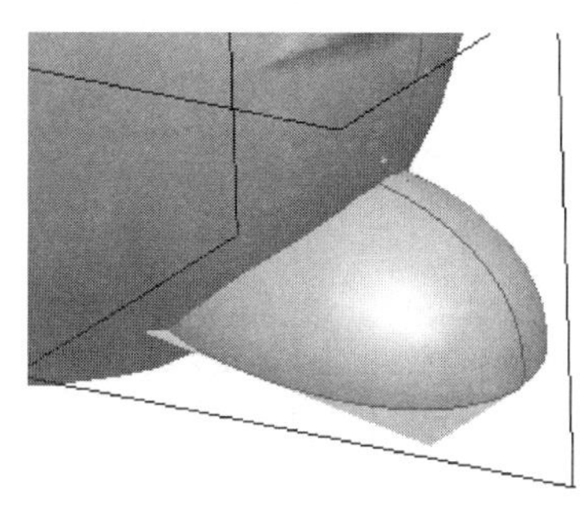

图 7-117　镜像曲面 6

43. 镜像曲面 7

选择上面创建的边界混合曲面以及镜像后的曲面再进行镜像，结果如图 7-118 所示。镜像平面选择拉伸曲面。

44. 曲面合并 11

选择如图 7-119 所示的曲面进行曲面合并。

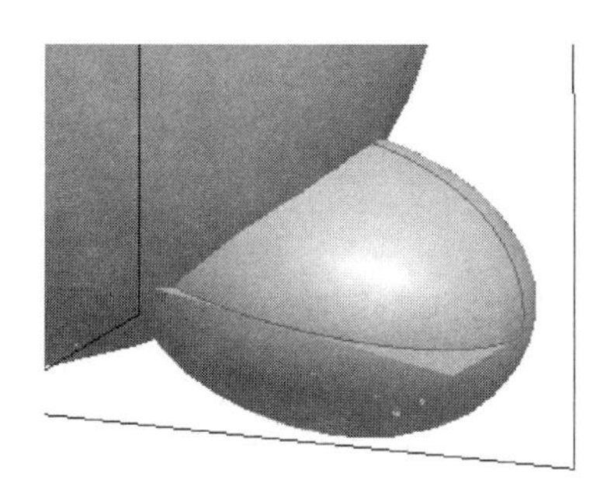

图 7-118　镜像曲面 7

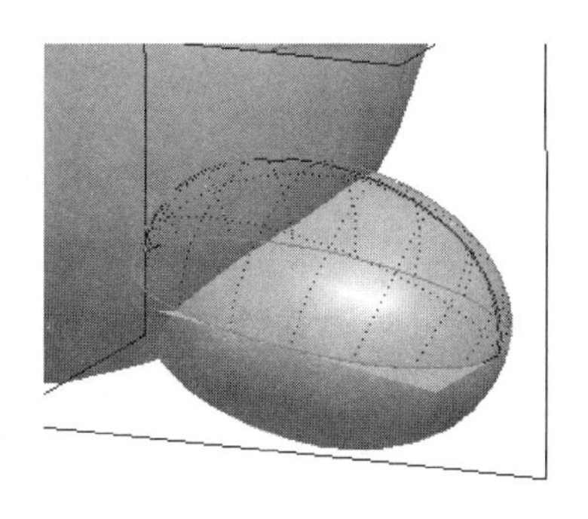

图 7-119　曲面合并 11

45. 曲面合并 12

选择如图 7-120 所示的曲面进行曲面合并。

46. 曲面合并 13

选择如图 7-121 所示的曲面进行曲面合并。

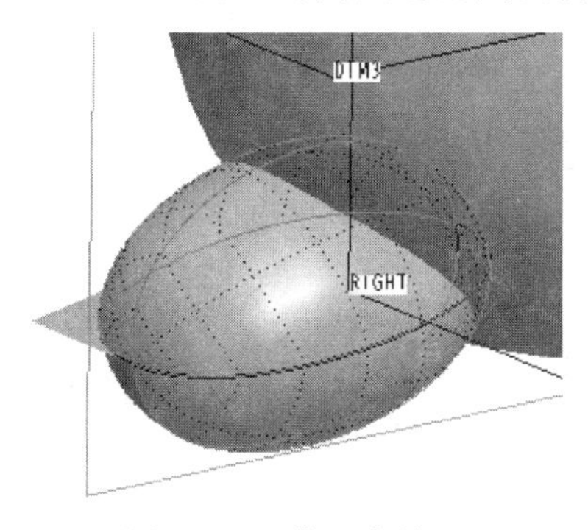

图 7-120　曲面合并 12

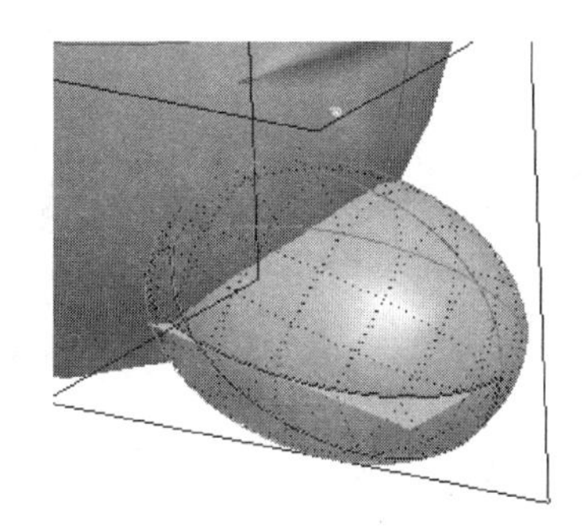

图 7-121　曲面合并 13

47. 镜像曲面 8

选择上面合并后的曲面进行镜像，结果如图 7-122 所示。镜像平面选择“基准平面”

(RIGHT)。

48. 曲面合并 14

选择如图 7-123 所示的曲面进行曲面合并。注意选择需保留的曲面侧。

49. 曲面合并 15

选择如图 7-124 所示的曲面进行曲面合并。注意选择需保留的曲面侧。

图 7-122　镜像曲面 8

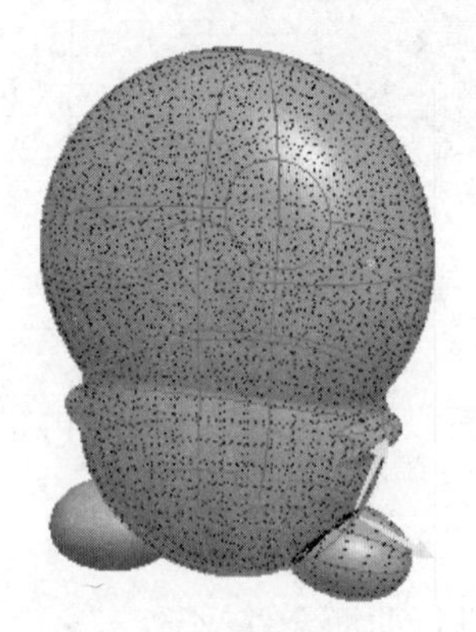

图 7-123　曲面合并 14

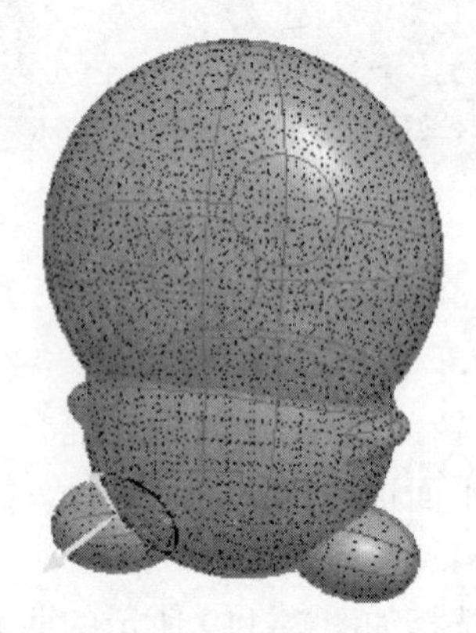

图 7-124　曲面合并 15

50. 创建倒圆角 3 特征

选择图 7-125 所示的边进行倒圆角，圆角值 R 为 1.1 mm。

51. 曲面加厚

选择整个曲面组，选择菜单【编辑】|【加厚】命令，设置曲面加厚 0.9 mm，向外加厚，如图 7-126 所示。

52. 创建草绘曲线 5

单击右工具箱“草绘”按钮，选择“基准平面”（FRONT）作为草绘平面，草绘如图 7-127所示的草绘曲线。注意曲面边缘作为草绘参照。

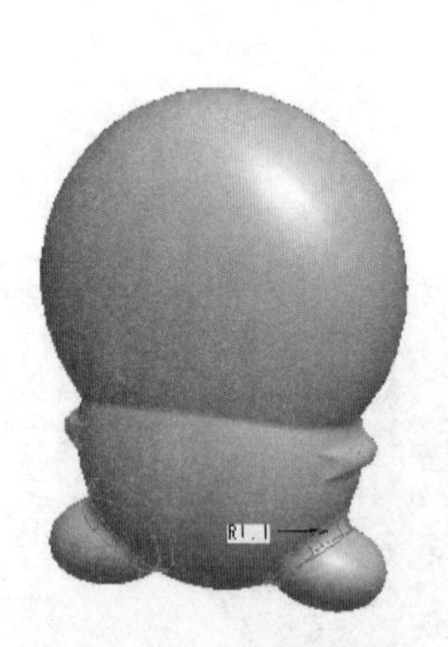

图 7-125　倒圆角 3 特征

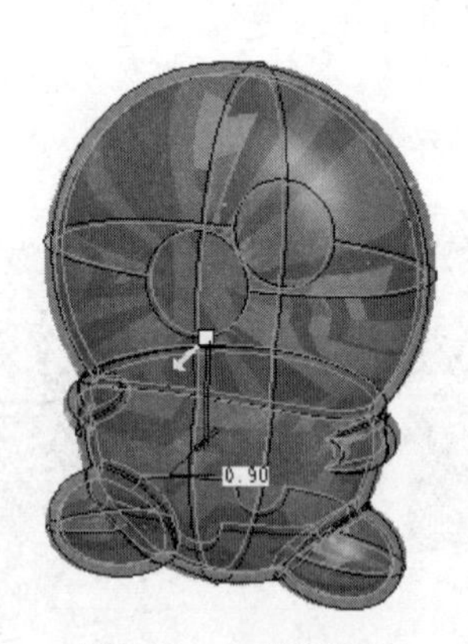

图 7-126　曲面加厚

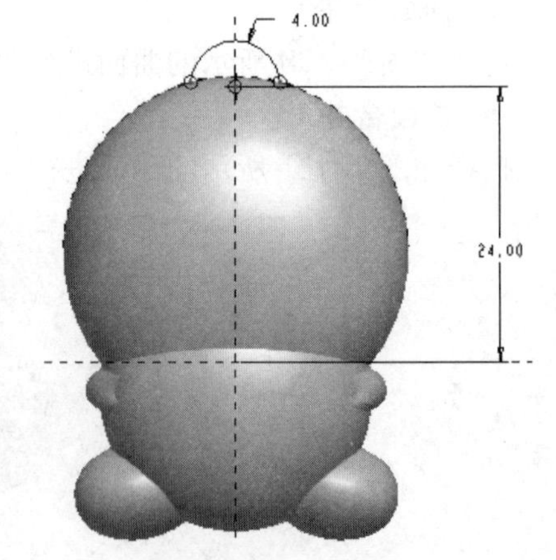

图 7-127　草绘曲线 5

53. 创建扫描特征

选择菜单【插入】|【扫描】|【伸出项】命令，创建扫描实体，扫描轨迹选择上面创建的草绘曲线，扫描截面如图 7-128 所示，属性选择“合并端”，扫描结果如图 7-129 所示。

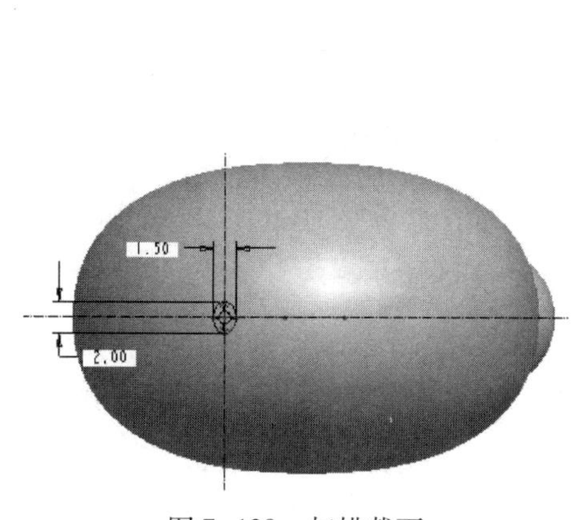

图 7-128　扫描截面

图 7-129　扫描实体结果

至此完成了小猪主体的造型设计。设置图层，将不需要显示的曲线、曲面隐藏起来。

7.2　创建小猪前壳造型

1. 创建装配模型

单击工具栏“新建”按钮，在“新建”对话框中的“类型”列表中选择“组件”，“子类型”列表中选择“设计”，新建文件名为“pig”，取消选中“使用缺省模板”复选框。在“新文件类型”对话框中选择“mmns_asm_design”模板，随后进入装配建模环境中。

1）单击“模型树”选项区按钮右侧的下三角按钮，在弹出的快捷菜单中选择“树过滤器”命令，弹出“模型树项目”对话框。

2）选中显示列表下的“特征”“放置文件夹”和“隐含的对象”复选框（图 7-130），单击“应用”按钮，单击“关闭”按钮。

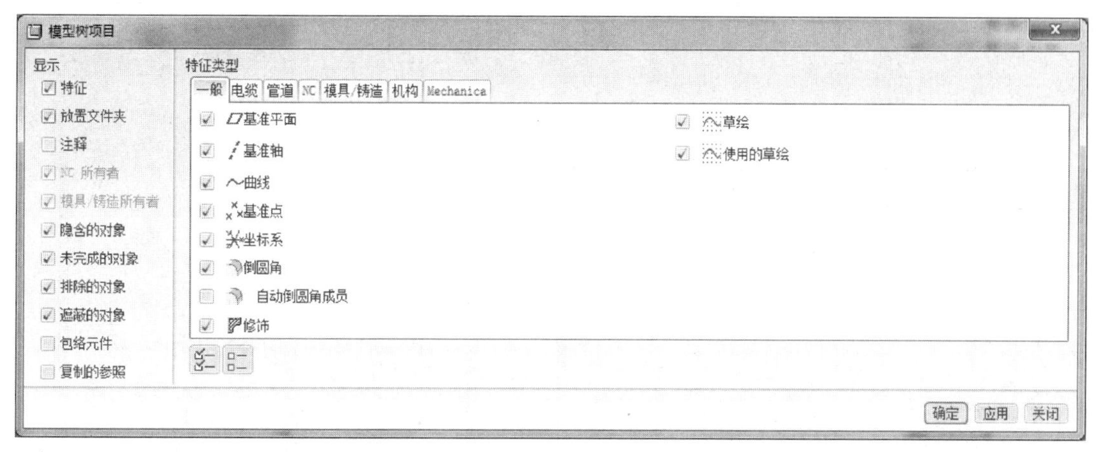

图 7-130　设置“模型树项目”

2. 装入主控文件

单击右工具箱“装配”按钮，进入“装入零部件”设计工具。

1）这时系统弹出“打开”对话框，选择要装配的文件 pig. prt，单击“打开”按钮，系统弹出“装入零部件”图标板，如图 7-131 所示。

图 7-131 “装入零部件”图标板

2）在放置方式列表中选择“缺省”方式，如图 7-132 所示。

3）装入第一个零件后的“模型树”如图 7-133 所示。

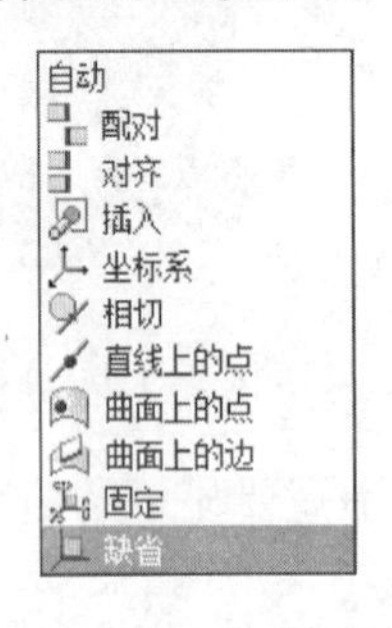

图 7-132 选择“缺省”放置方式

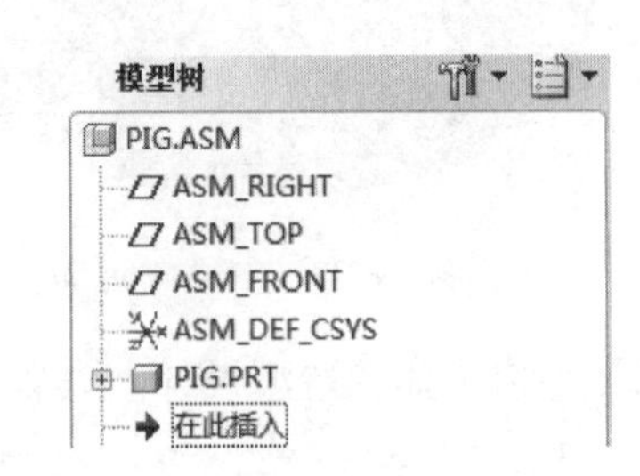

图 7-133 模型树

3. 创建前壳、后壳零件

单击右工具箱“元件创建”按钮，可使用到“元件创建”设计工具。

1）在“元件创建”对话框的“类型”选项组中选择“零件”，“子类型”选择“实体”。

2）“名称”文本框中输入 front，如图 7-134 所示，则系统创建一个名为 front. prt 的零件文件。

3）在“创建选项”对话框中的创建方法列表中选择“复制现有”，则复制已有的 mmns_part_solid. prt 零件模板，如图 7-135 所示。

4）然后按照上一步装配 pig. prt 零件的方法，将 front. prt 以“缺省”的方式装入。此时的“模型树”如图 7-136 所示。

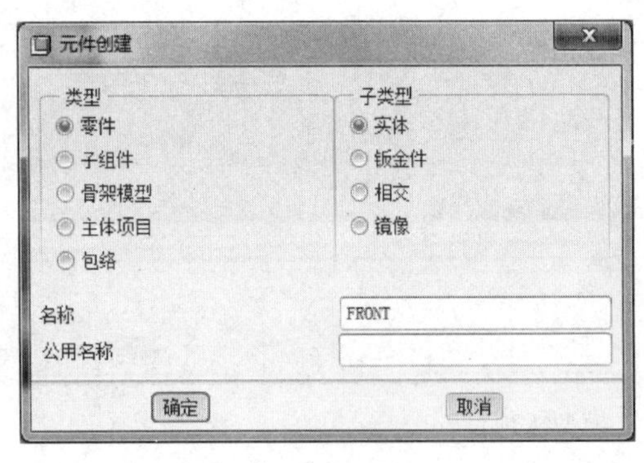

图 7-134 “元件创建”对话框

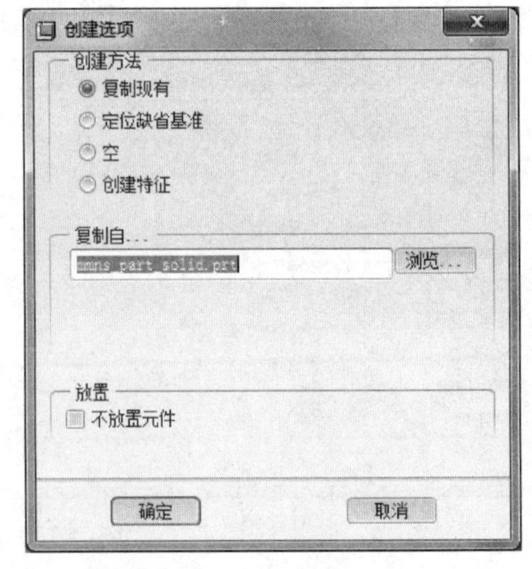

图 7-135 “创建选项”对话框

5）参照上面的方法再创建后壳零件 back. prt，然后保存于 pig. asm 文件。

4. 继承主控零件

在 pig. asm 的模型树上选择 front. prt 并右击，在弹出的快捷菜单中选择“激活”命令，

则上壳零件被激活。选择菜单【插入】|【共享数据】|【合并/继承】命令，弹出“合并/继承”图标板，如图 7-137 所示。在“模型树”上选择主控文件 pig. prt，单击“合并/继承”图标板右侧的✔按钮确认，则主控文件造型就被继承到 front. prt 文件中。

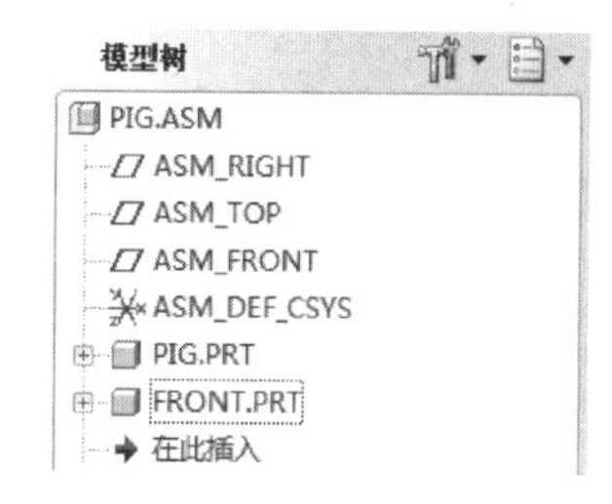

图 7-136 “模型树”

在 pig. asm 的模型树上选择 front. prt，右击，在弹出的快捷菜单中选择“打开”命令，则进入到 front. prt 零件模块中编辑零件。继承主控零件后的前壳零件如图 7-138 所示。

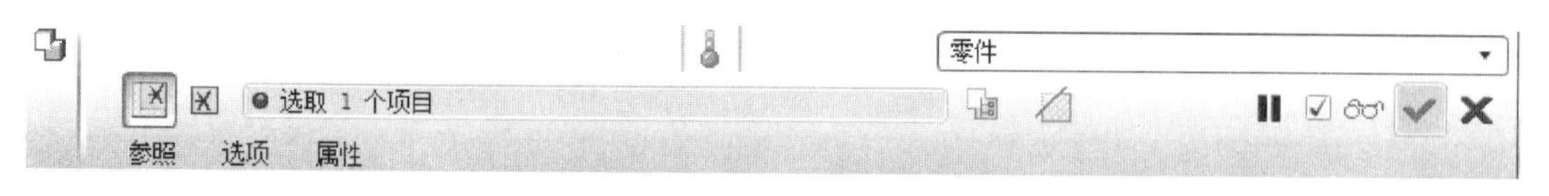

图 7-137 “合并/继承”图标板

5. 实体化操作

选择“基准平面”(FRONT)，选择菜单【编辑】|【实体化】命令。在“实体化”图标板中单击◪按钮，去除材料，选择基准平面 FRONT，箭头指示的方向为去除方向，如图 7-139 所示。单击“实体化”图标板右侧的✔按钮确认，完成实体化操作。结果如图 7-140 所示。

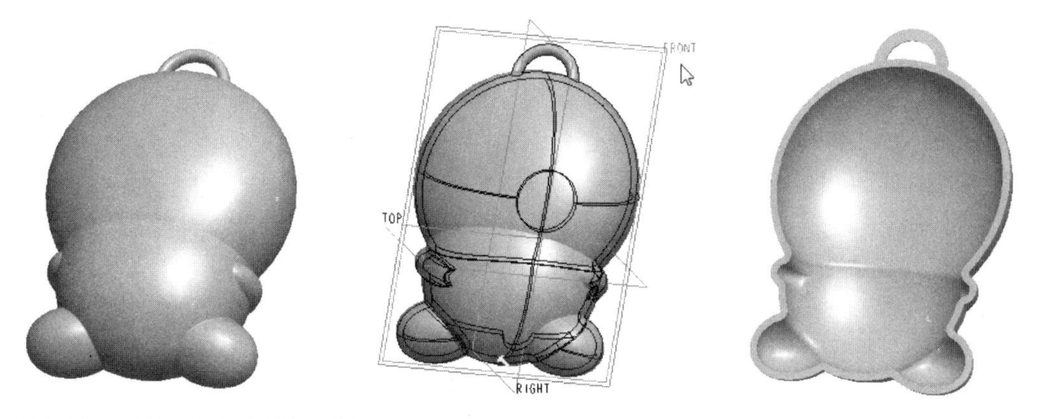

图 7-138 继承后的前壳零件 图 7-139 选择“基准平面”(FRONT) 图 7-140 实体化操作

6. 创建曲面偏移 1 特征

选择如图 7-141 所示的曲面，选择菜单【编辑】|【偏移】命令，可使用“曲面偏移”设计工具。

1）在弹出的“曲面偏移”图标板中选择“具有拔模特征”◨选项。

2）单击“参照”按钮，选择草图列表中的“定义”，选择“基准平面”(FRONT) 作为草图平面，草绘视图方向“参照”选择“基准平面”(FIGHT)，“方向”选择向右，绘制如图 7-142 所示的草图。

3）偏移设置如图 7-143 所示，偏移距离为 1 mm，拔模角度为 30°。完成的曲面偏移结果如图 7-144 所示。

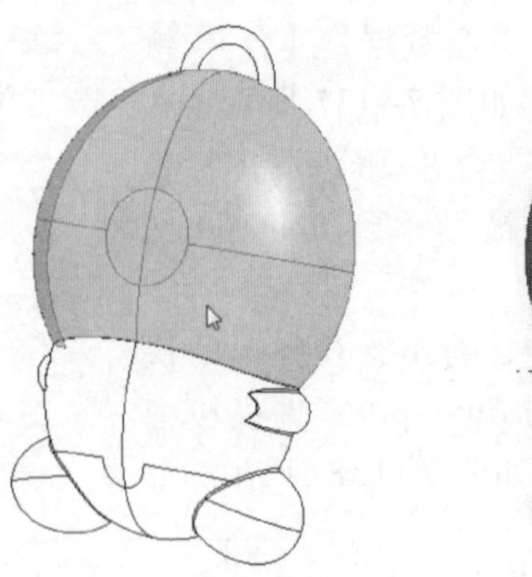

图 7-141　选择曲面

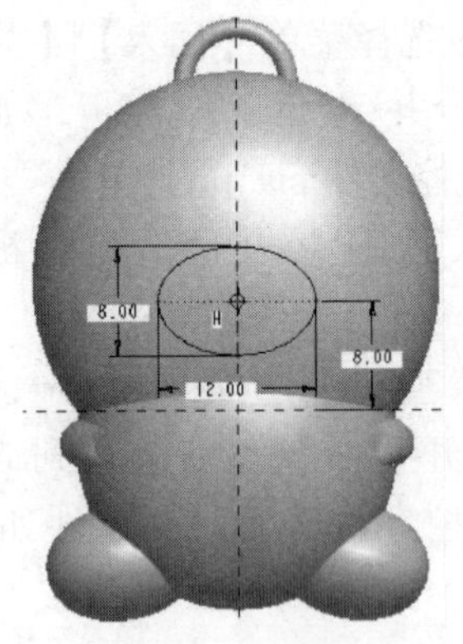

图 7-142　草图截面

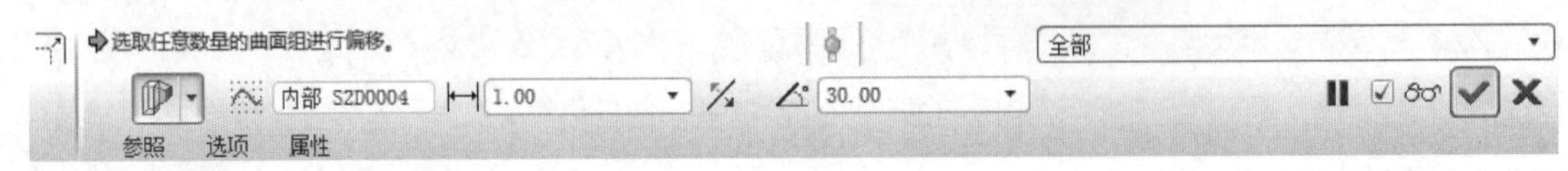

图 7-143　偏移设置

7. 创建曲面偏移 2 特征

选择如图 7-145 所示的曲面，选择菜单【编辑】|【偏移】命令，进入“曲面偏移”设计工具。

1）在弹出的“曲面偏移”图标板中选择“具有拔模特征”选项。

2）单击“参照”按钮，选择草图列表中的“定义”，选择“基准平面”（FRONT）作为草图平面，草绘视图方向“参照”选择“基准平面”（FIGHT），“方向”选择向右，绘制如图 7-146 所示的草图。

3）偏移设置如图 7-147 所示，偏移距离为 0.5 mm，拔模角度为 30°。完成的曲面偏移结果如图 7-148 所示。

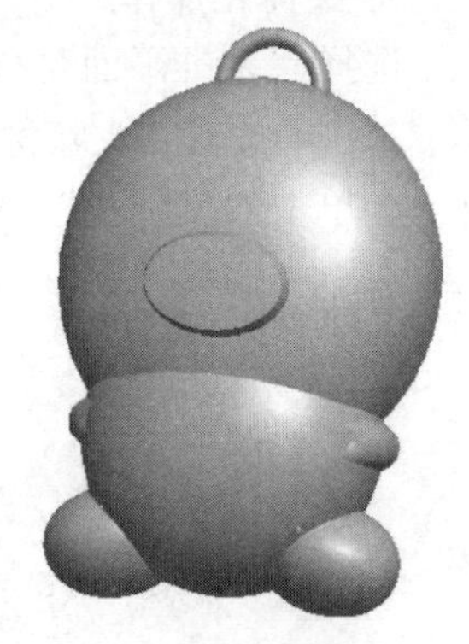

图 7-144　偏移结果

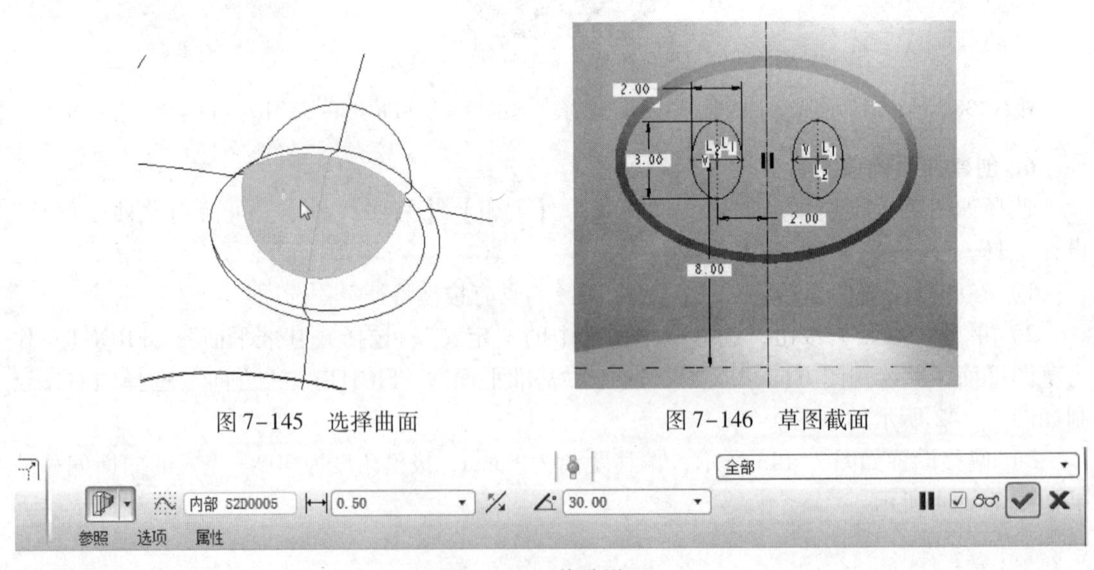

图 7-145　选择曲面

图 7-146　草图截面

图 7-147　偏移设置

8. 创建倒圆角 1 特征

选择如图 7-149 所示的边进行倒圆角，圆角值 R 为 0.5 mm。

9. 创建倒圆角 2 特征

选择如图 7-150 所示的边进行倒圆角，圆角值 R 为 0.5 mm。

10. 创建倒圆角 3 特征

选择如图 7-151 所示的边进行倒圆角，圆角值 R 为 0.25 mm。

11. 创建曲面偏移 3 特征

按照上面的曲面偏移操作方法，选择如图 7-152 所示的曲面进行偏移。绘制的曲面如图 7-153 所示的草图，偏移距离为 0.5 mm，拔模角度为 30°。完成的偏移特征如图 7-154 所示。

图 7-148　偏移结果

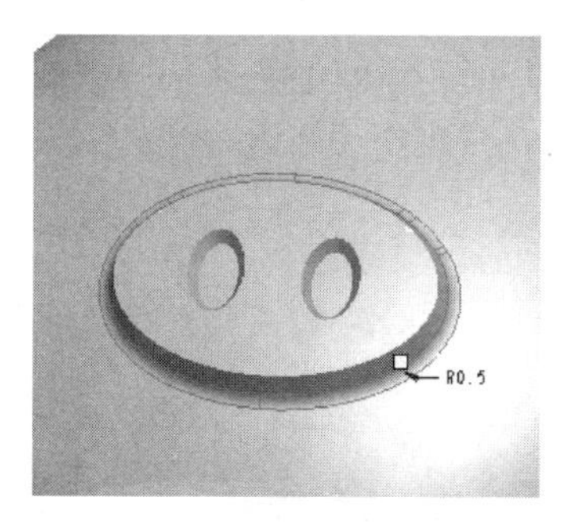

图 7-149　倒圆角 1 特征

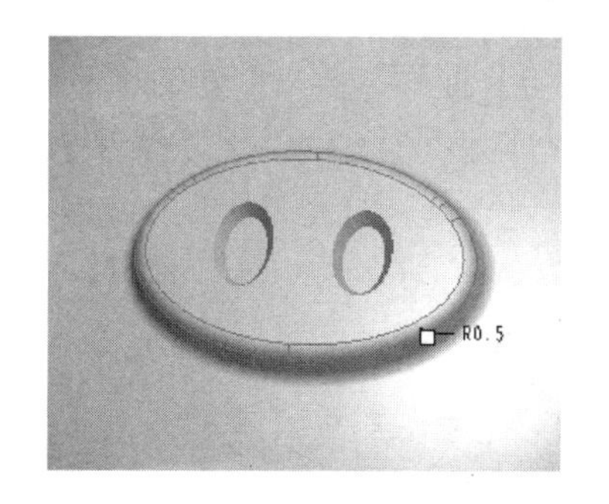

图 7-150　倒圆角 2 特征

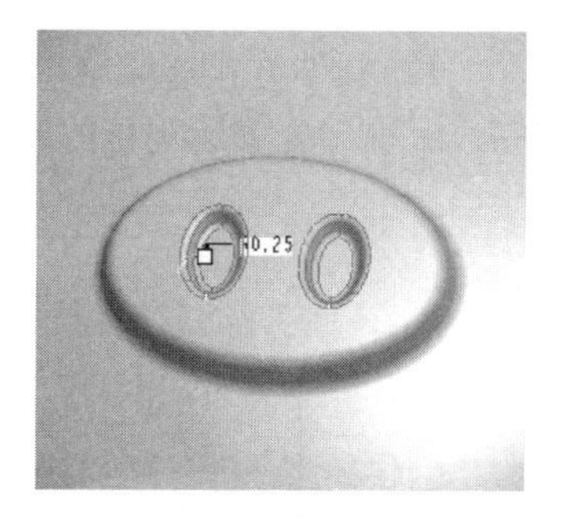

图 7-151　倒圆角 3 特征

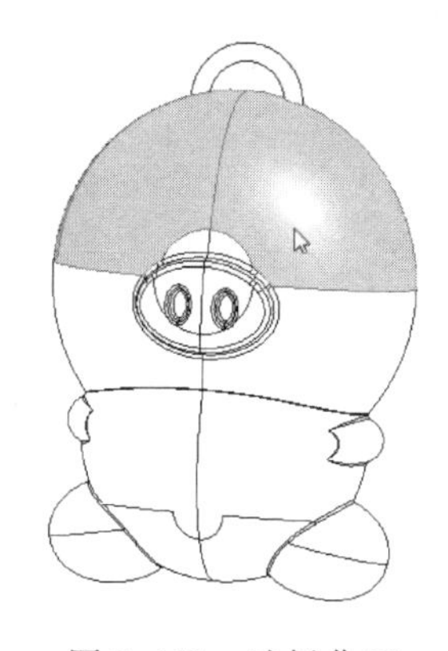

图 7-152　选择曲面

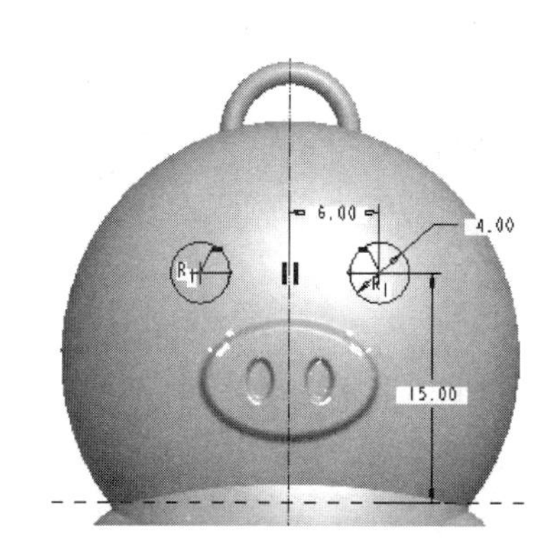

图 7-153　草绘曲面

图 7-154　曲面偏移

12. 创建倒圆角 4 特征

选择如图 7-155 所示的边进行倒圆角，圆角值 R 为 0.2 mm。

13. 创建“基准平面”（DTM1）

单击右工具箱中“基准”工具栏上的“基准平面”按钮，创建基准平面。选择“基准平面”（FRONT）作为参照，偏移距离为 1 mm，向远离小猪壳体的方向偏移，如图 7-156 所示。

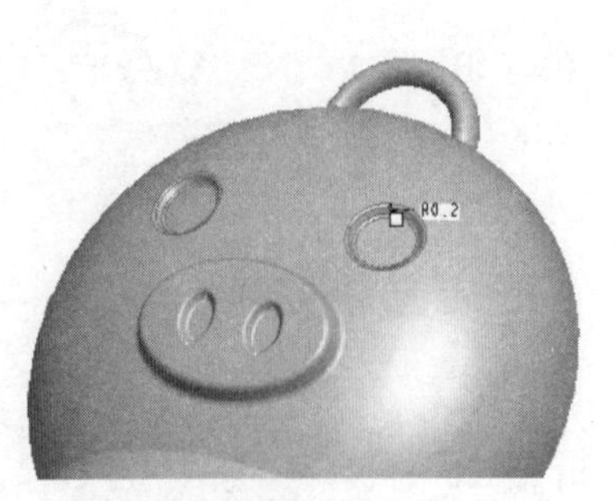

图 7-155　倒圆角 4 特征

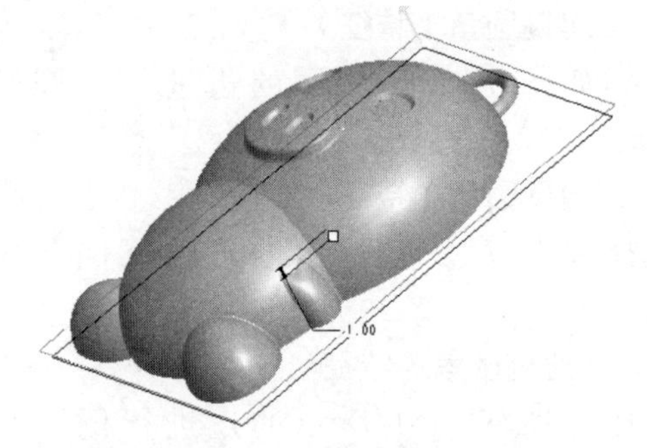

图 7-156　创建基准平面

14. 创建拉伸 1 特征

单击右工具箱中“基础特征”工具栏上的“拉伸” 按钮，可使用拉伸设计工具。

1）选择上一步创建的基准平面作为草绘平面，草绘视图方向“参照”选择“基准平面”（RIGHT），“方向”选择向右。

2）草图截面如图 7-157 所示。

3）拉伸方式选择“拉伸到下一曲面” ，创建的拉伸造型结果如图 7-158 所示。由此完成了前后壳安装柱位的造型设计。

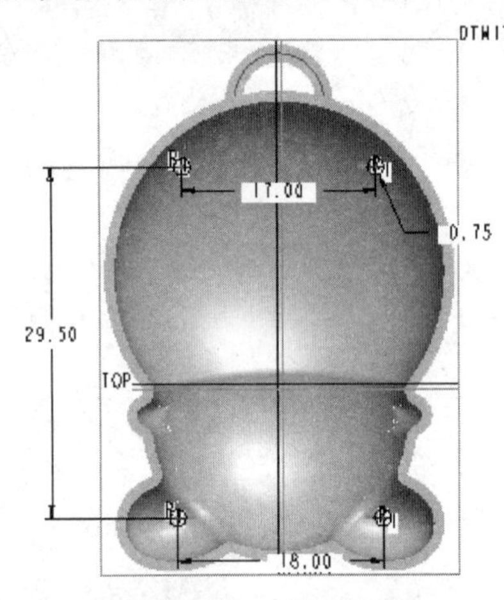

图 7-157　草图截面

图 7-158　拉伸特征

15. 创建拔模斜度特征

选择上一步创建的拉伸特征曲面，拔模枢轴为柱体上端小平面，设置拔模角度为 1°，向外拔模，如图 7-159 所示。

16. 创建倒角特征

选择如图 7-160 所示的边进行倒角，倒角值为 0.2 mm×45°。

17. 创建“基准平面”（DTM2）

创建基准平面时，选择“基准平面”（FRONT）作为参照，偏移距离 2 mm，向靠近小猪壳体的方向偏移，如图 7-161 所示。

18. 创建拉伸 2 特征

参照上面的步骤创建加强筋造型。单击右工具箱中“基础特征”工具栏上的“拉伸” 按钮，创建拉伸实体。草绘平面选择上一步创建的“基准平面”（DTM2），草图截面如图 7-162所示，拉伸方式选择“拉伸到下一曲面” 。拉伸造型结果如图 7-163 所示。

图 7-159　创建拔模斜度特征

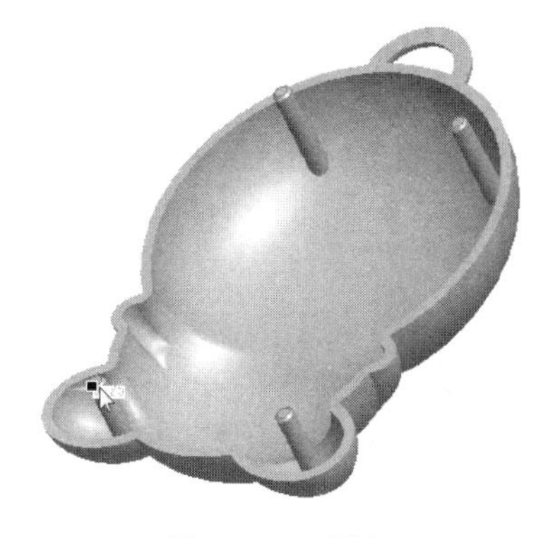

图 7-160　倒角

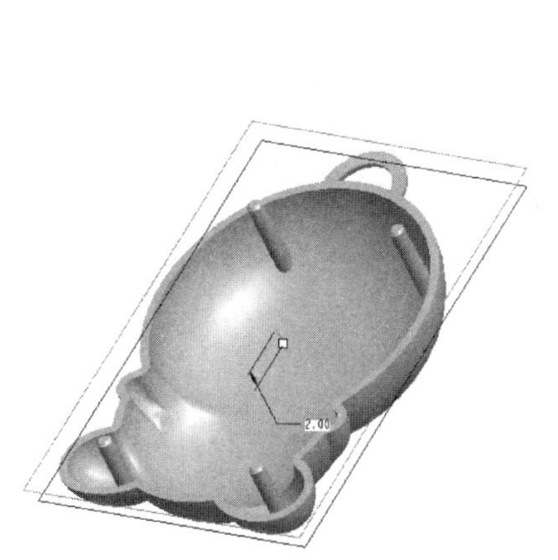

图 7-161　创建“基准平面”（DTM2）

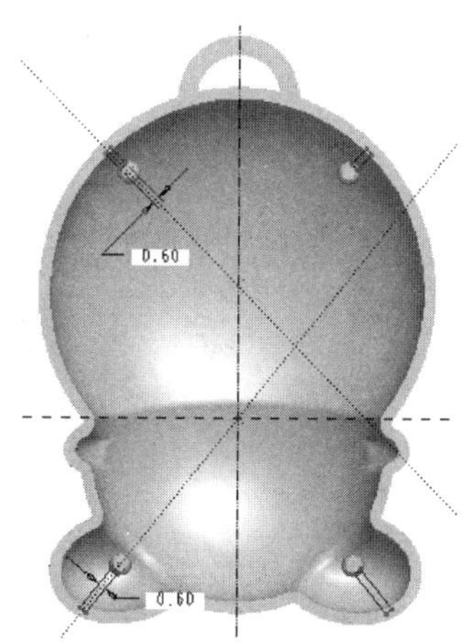

图 7-162　草图截面

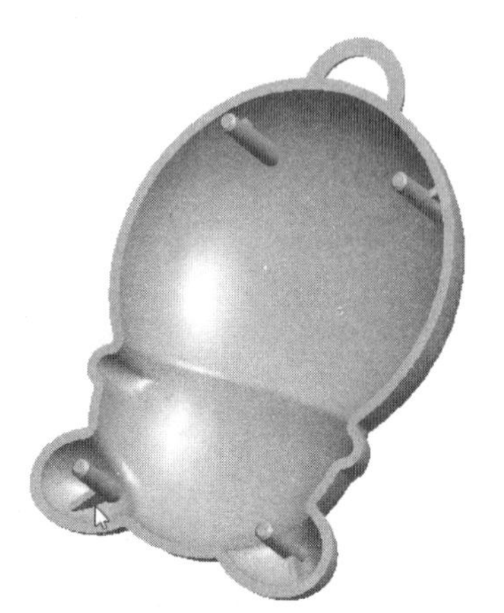

图 7-163　拉伸造型

说明：

在塑件结构设计中，常需要设计加强筋，加强筋的作用是增加塑件强度。一般加强筋的厚度比塑件厚度小，如果塑件壁厚取 t，加强筋的厚度可以取（0.5～0.7）t。

至此完成小猪前壳的造型，单击保存。

7.3　创建小猪后壳造型

1. 继承主控零件

按照小猪前壳的设计方法，将小猪主体造型继承到后壳文件中。按照小猪前壳的设计方法，在 pig. asm 模型树上选择 back. prt 零件，右击，在弹出的快捷菜单中选择“打开”命令。

2. 实体化操作

对继承后的小猪后壳造型进行实体化操作，注意选择需保留的一侧，结果如图 7-164 所示。

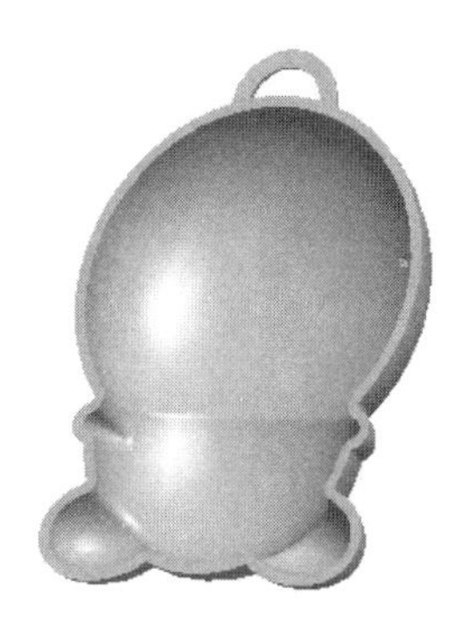

图 7-164　实体化操作

3. 创建曲面偏移特征

参照小猪前壳中曲面偏移的方法，创建曲面偏移特征。选择如

图 7-165 所示的曲面。绘制如图 7-166 所示的草图。偏移距离为 1 mm，拔模角度为 15°。偏移结果如图 7-167 所示。

4. 创建倒圆角 1 特征

选择如图 7-168 所示的边进行倒圆角，圆角值 R 为 0.5 mm。

5. 创建倒圆角 2 特征

选择如图 7-169 所示的边进行倒圆角，圆角值 R 为 0.5 mm。

6. 创建“基准平面”（DTM1）

创建基准平面时，选择“基准平面”（FRONT）作为参照，偏移距离为 0.5 mm，向远离小猪壳体的方向偏移，如图 7-170 所示。

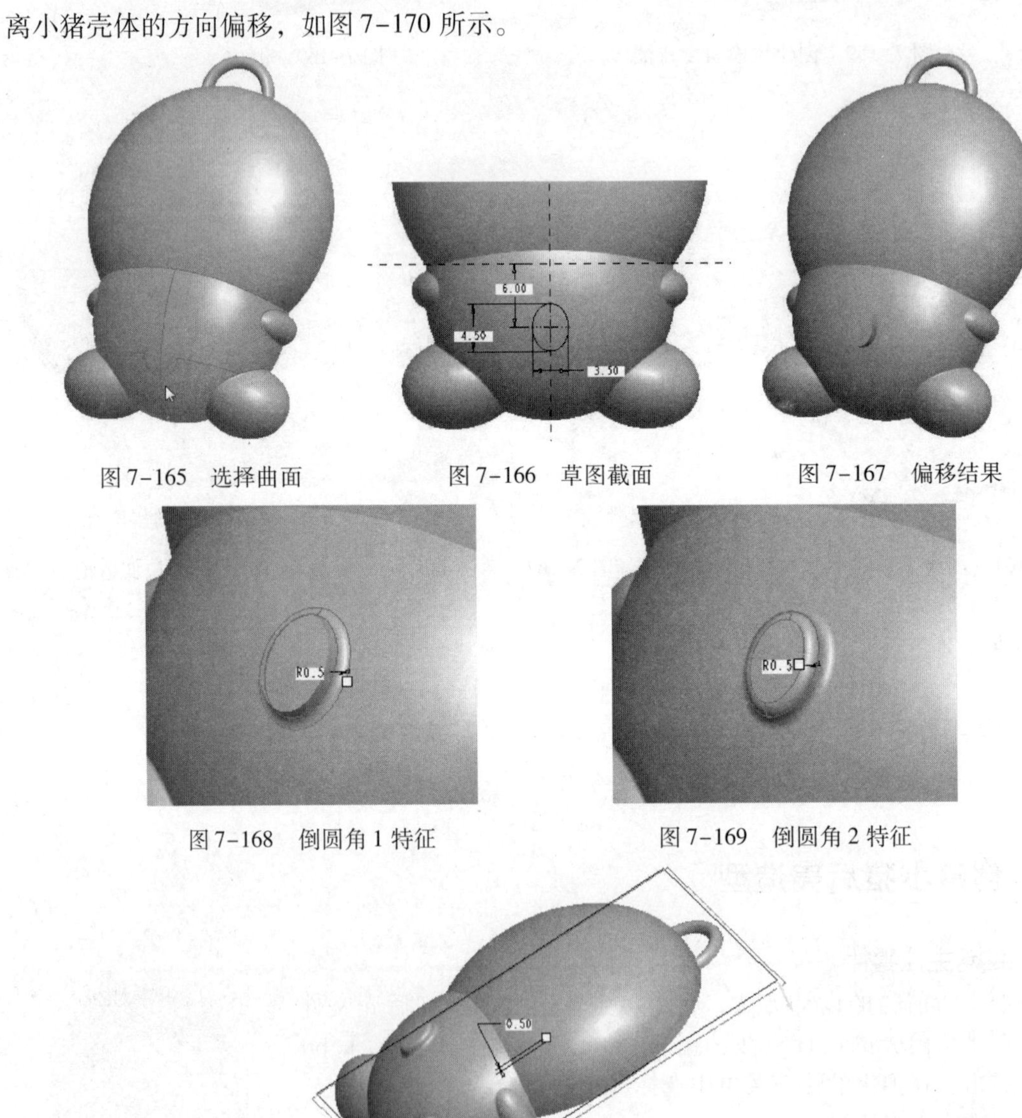

图 7-165　选择曲面　　图 7-166　草图截面　　图 7-167　偏移结果

图 7-168　倒圆角 1 特征　　图 7-169　倒圆角 2 特征

图 7-170　创建基准平面

7. 创建拉伸 1 特征

切换到 pig. asm，在 pig. asm 模型树上选择 back. prt 零件，右击，在弹出的快捷菜单中选择“激活”命令，则激活后壳零件。

单击右工具箱中“基础特征”工具栏上的“拉伸”按钮，创建拉伸实体特征，在后壳中设计安装柱位。

1）选择上一步创建的基准平面作为草绘平面，草绘视图方向“参照”选择“基准平面”（RIGHT），“方向”选择向右。

2）选择前壳中柱位的轴线作为草绘参照，如图 7-171 所示。

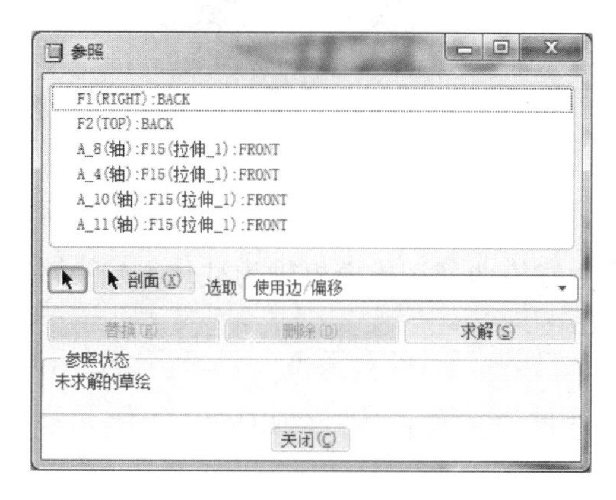

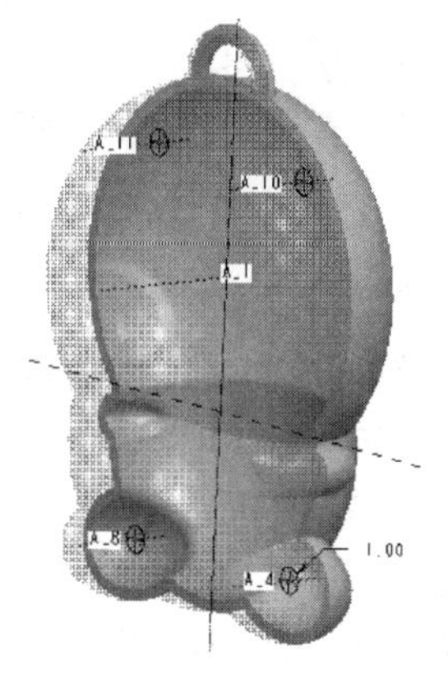

图 7-171　选择草绘参照

3）草图截面如图 7-172 所示。

4）拉伸方式选择“拉伸到下一曲面”，拉伸结果如图 7-173 所示。

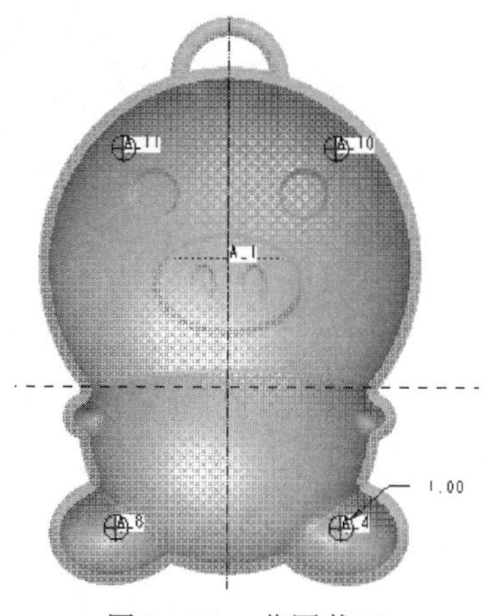

图 7-172　草图截面

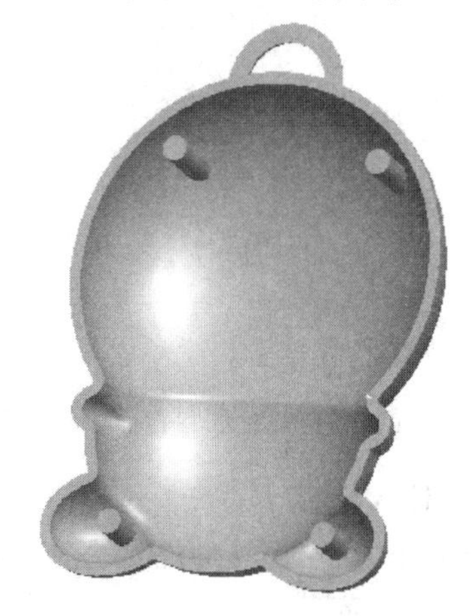

图 7-173　拉伸结果

8. 创建拉伸 2 特征（除料）

切换到 back. prt 零件中。参照第 7 步方法创建如图 7-174 所示的拉伸特征（除料）。拉伸截面为 ϕ1. 5 mm 的圆，拉伸深度为 1. 5 mm，在“拉伸”图标板中单击按钮，去除材料。

9. 创建拔模斜度 1 特征

选择如图 7-175 的柱体外表面作为拔模曲面，拔模枢轴为柱体上端小平面，设置拔模角度为 1°，向外拔模。

图 7-174　拉伸除料结果

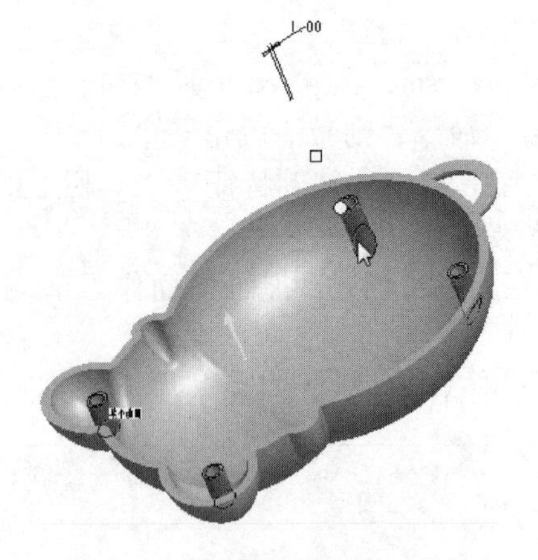

图 7-175　创建拔模斜度 1 特征

10. 创建拔模斜度 2 特征

选择如图 7-176 的柱体内表面作为拔模曲面，拔模枢轴为柱体上端小平面，设置拔模角度为 1°，向内拔模。

11. 创建“基准平面”(DTM2)

创建“基准平面”（DTM2）时，选择“基准平面”（FRONT）作为参照，偏移距离量为 2 mm，向靠近小猪壳体的方向偏移，如图 7-177 所示。

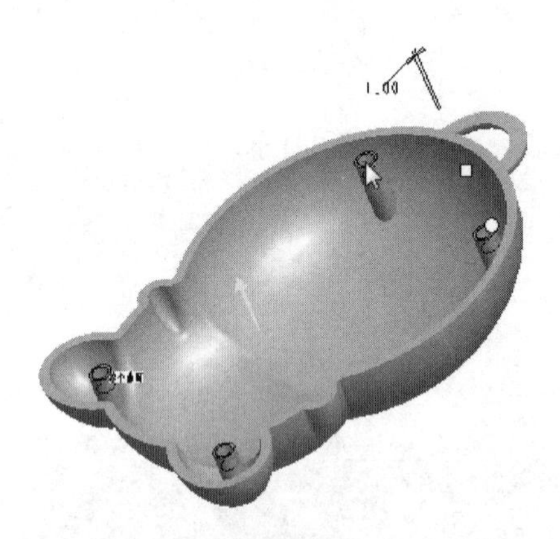

图 7-176　创建拔模斜度 2 特征

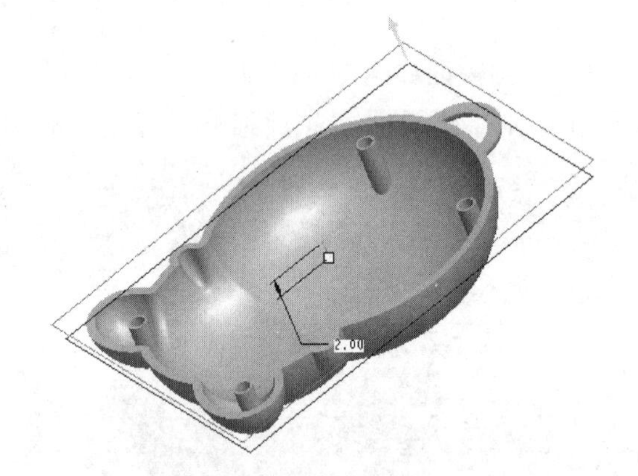

图 7-177　创建基准平面

12. 创建拉伸 3 特征

参照前壳中加强筋的设计方法，完成后壳中加强筋设计，结果如图 7-178 所示。

13. 创建草绘平面

单击右工具箱“草绘”按钮，选择“基准平面”（FRONT）作为草绘平面。选择菜单【草绘】|【参照】命令，选择曲面边缘作为草绘参照。单击右工具箱中的“草绘”按钮，创建几何点，按照如图 7-179 所示尺寸，创建 4 个点。单击✔按钮结束草绘。创建的 4 个基准点如图 7-180 所示。

14. 创建基准平面 DTM3

单击右工具箱中“基准”工具栏上的“基准平面”按钮，选择如图 7-181 所示的轴线和上一步创建的点作为参照，创建基准平面 DTM3。

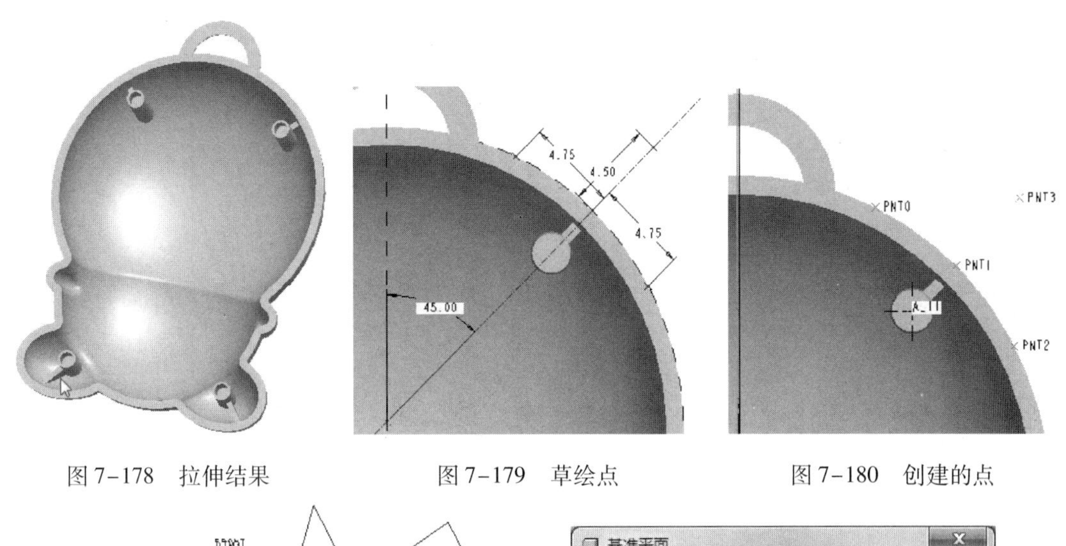

图 7-178　拉伸结果　　图 7-179　草绘点　　图 7-180　创建的点

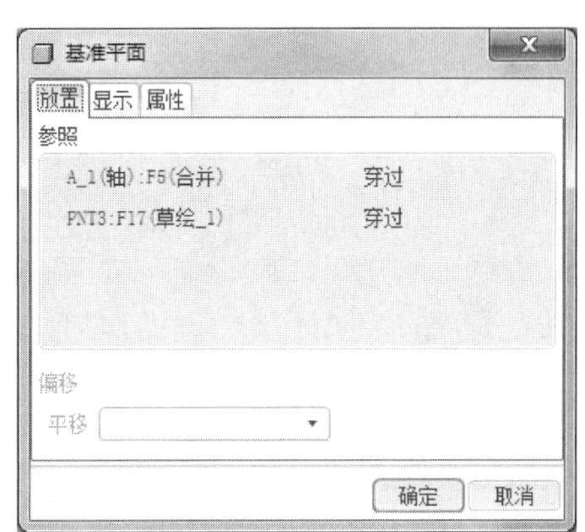

图 7-181　创建基准平面

15. 创建 ISDX 曲线

单击右工具箱“造型”按钮，进入“造型”设计界面。

1）单击“造型”右工具箱按钮，选择“基准平面”（FRONT），设置其作为活动平面。

2）单击“造型”右工具箱按钮，进入“创建曲线”设计工具。在“创建曲线”图标板中选择“平面曲线”，创建平面曲线。按下〈Shift〉键，选择前面创建的点 PNT0、PNT3、PNT2，创建的平面曲线如图 7-182 所示。单击“创建曲线”图标板右侧按钮结束创建曲线操作。

3）双击上一步创建的平面曲线，进入到“曲线编辑”设计工具。设置端点条件如图 7-183、图 7-184 所示。设置另一个端点的条件如图 7-185、图 7-186 所示。单击“曲线编辑”图标板右侧按钮结束曲线编辑操作。

4）单击“造型”右工具箱按钮，进入“创建曲线”设计工具。在“创建曲线”图标板中选择“曲面上的曲线”，创建曲面曲线。按下〈Shift〉键，选择前面创建的点 PNT0、曲面上的点和 PNT2，创建的平面曲线如图 7-187 所示。单击“创建曲线”图标板右侧按钮结束创建曲线操作。

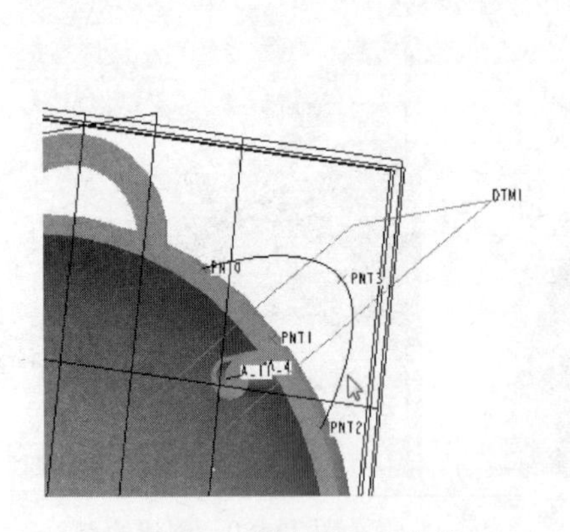

图 7-182　创建的平面曲线

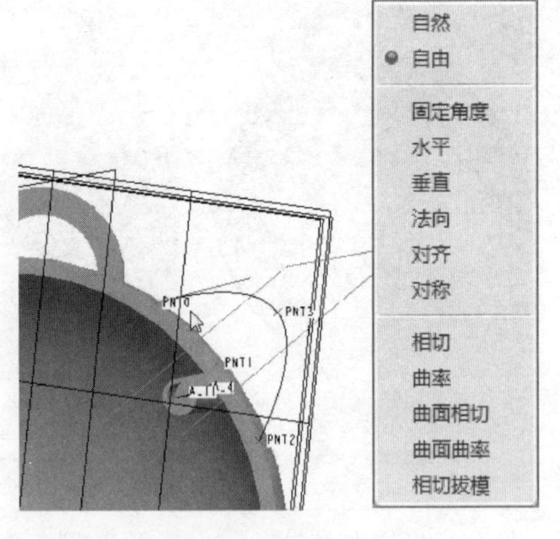

图 7-183　设置端点 1 条件

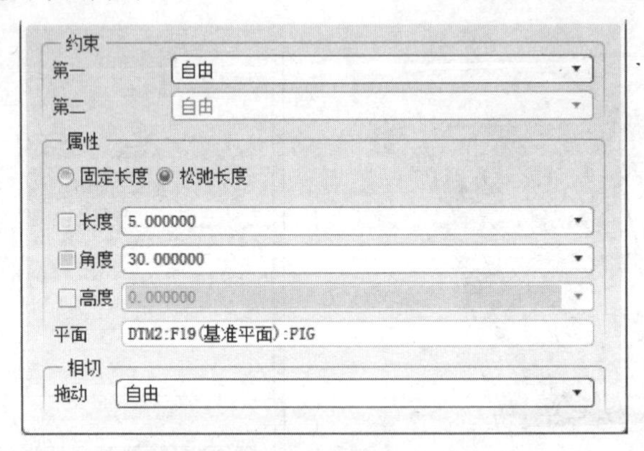

图 7-184　设置端点 1 处切线的长度和角度

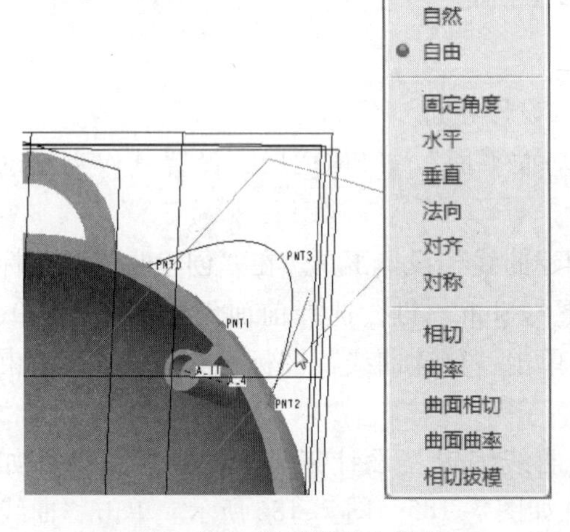

图 7-185　设置端点 2 条件

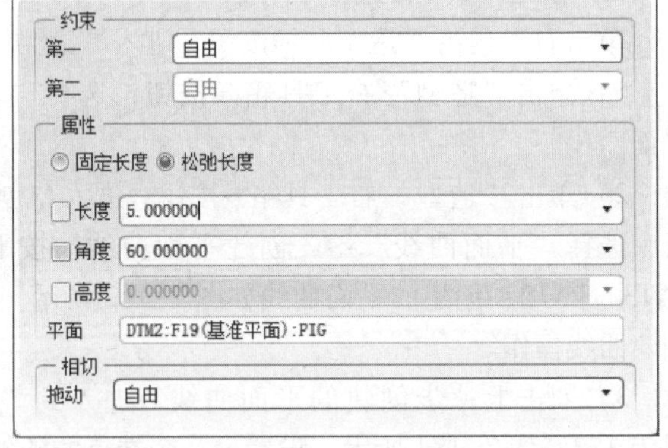

图 7-186　设置端点 2 处切线的长度和角度

5）双击上一步创建的曲面曲线，进入到“曲线编辑”设计工具。设置端点条件如图 7-188、图 7-189 所示。设置另一个端点的条件如图 7-190、图 7-191 所示。单击“曲线编辑”图标板右侧✔按钮结束曲线编辑操作。

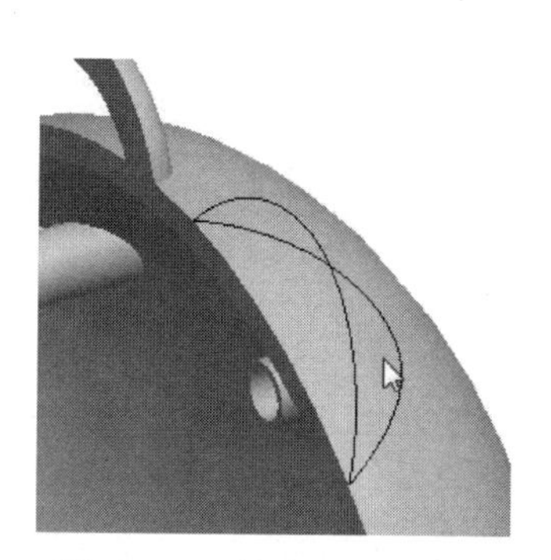

图 7-187　创建的曲面曲线

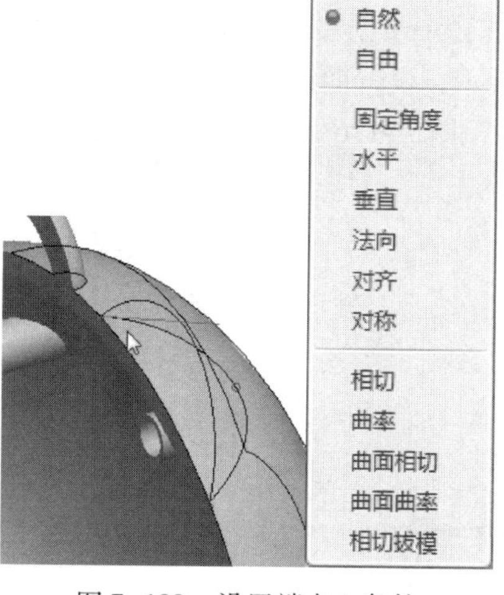

图 7-188　设置端点 1 条件

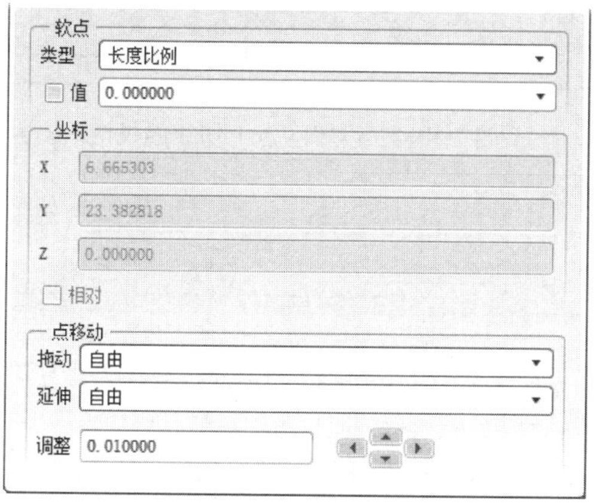

图 7-189　设置软点 1

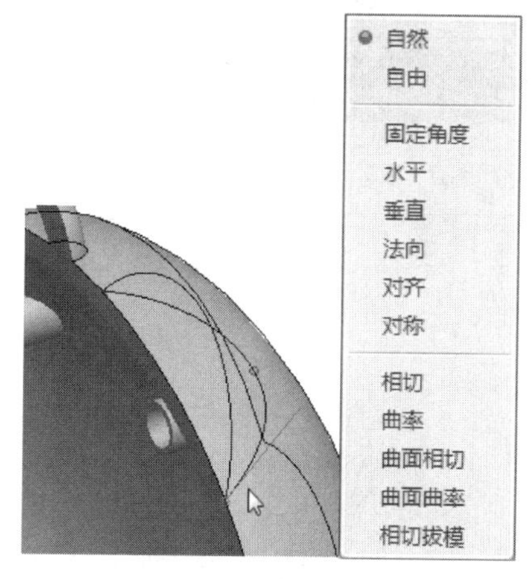

图 7-190　设置端点 2 条件

6）单击“造型”右工具箱按钮，选择“基准平面”（DTM3），设置其作为活动平面。

7）单击右工具箱按钮，进入“创建曲线”设计工具。在“创建曲线”图标板中选择“平面曲线”，创建平面曲线。按下〈Shift〉键，选择 PNT3 和曲面上的一点，创建的平面曲线如图 7-192 所示。单击“创建曲线”图标板右侧按钮结束创建曲线操作。

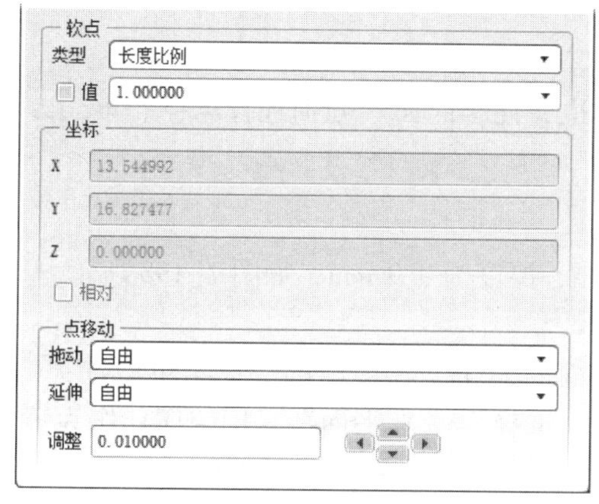

图 7-191　设置软点 2

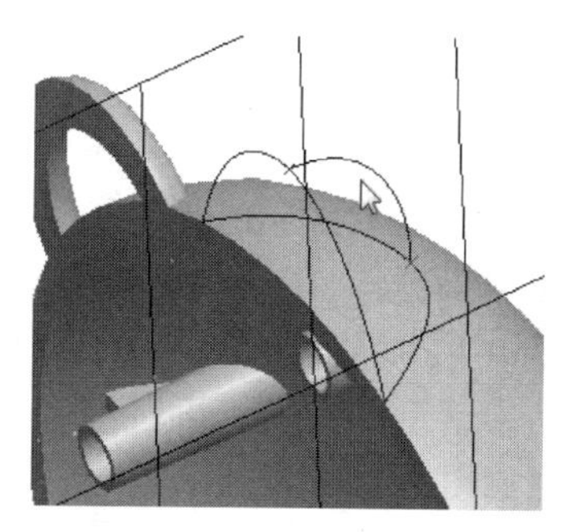

图 7-192　创建的平面曲线

8）双击上一步创建的平面曲线，进入到“曲线编辑”设计工具。设置端点条件如图 7-193、图 7-194 所示，设置曲线在端点处垂直于“基准平面”（FRONT）。设置另一个端点的条件如图 7-195、图 7-196 所示。单击“曲线编辑”图标板右侧✔按钮结束曲线编辑操作。

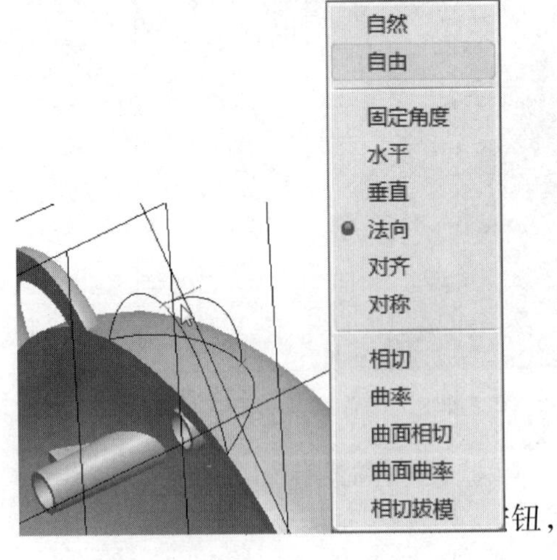

图 7-193　设置端点 1 条件

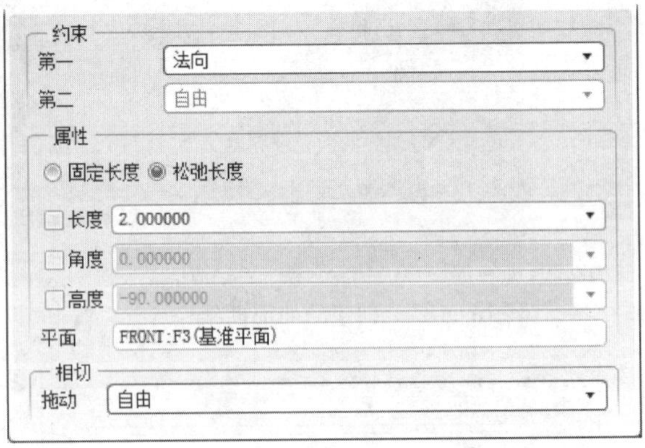

图 7-194　设置端点 1 切线的长度

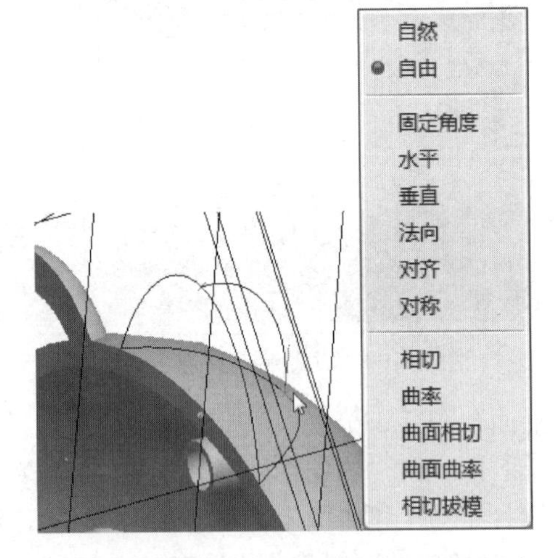

图 7-195　设置端点 2 条件

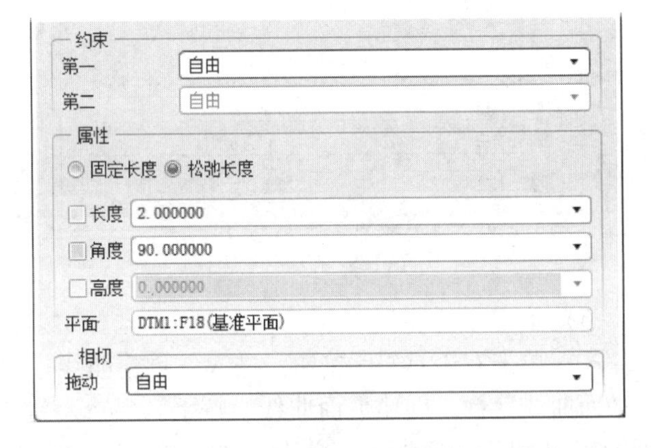

图 7-196　设置端点 2 处切点的长度和角度

16. 创建边界混合曲面

单击右工具箱“边界混合”按钮，创建边界混合曲面。分别选择第一、第二方向的链，如图 7-197 所示。

17. 加厚曲面

选择上一步创建的边界混合曲面，进行加厚，厚度为 0.9 mm，如图 7-198 所示。

18. 创建镜像特征

选择模型树上边界混合曲面和加厚两个特征，右击，在弹出的快捷菜单中选择“组”命令，将这两步创建成一组。再对组进行镜像，选择“基准平面”（RIGHT）作为镜像平面，镜像结果如图 7-199 所示。

最终完成小猪后壳造型，单击以保存。

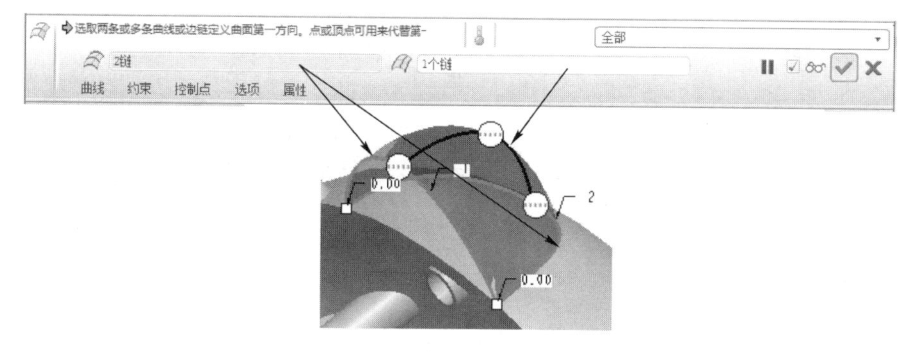

图 7-197　创建边界混合曲面

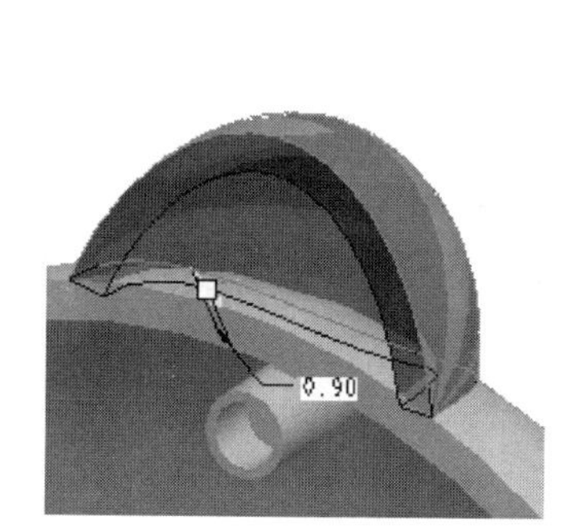

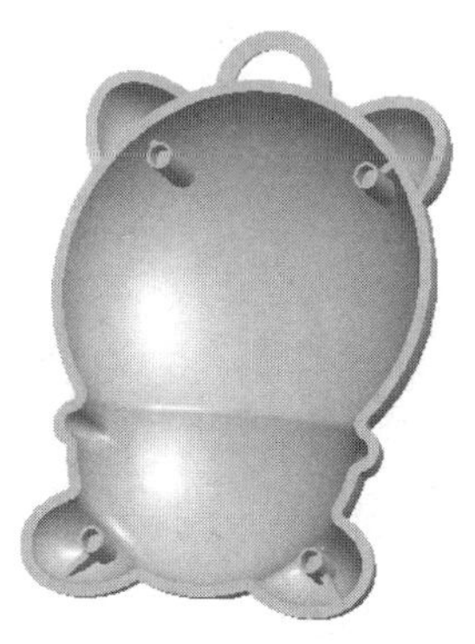

图 7-198　曲面加厚

图 7-199　镜像结果

小结

本例采用主控方式完成了一款小猪造型的玩具设计，主控方式设计方法适用于外观性较强的产品设计，在产品更改设计时比较方便。本例造型中的重点是边界混合特征创建曲面的方法，首先要创建作为边界混合曲面特征的边界，为了使创建的边界混合曲面的边界条件能够达到垂直于基准平面的要求，在创建边界曲线时，需要设置曲线的端点垂直于基准平面，这是本例中的难点。另外，造型工具和 ISDX 曲线也是创建曲面时比较灵活的方法。

习题

根据如图 7-200 所示的结构，完成三维建模。

提示：绘制如图所示的曲线，采用边界混合特征创建曲面。

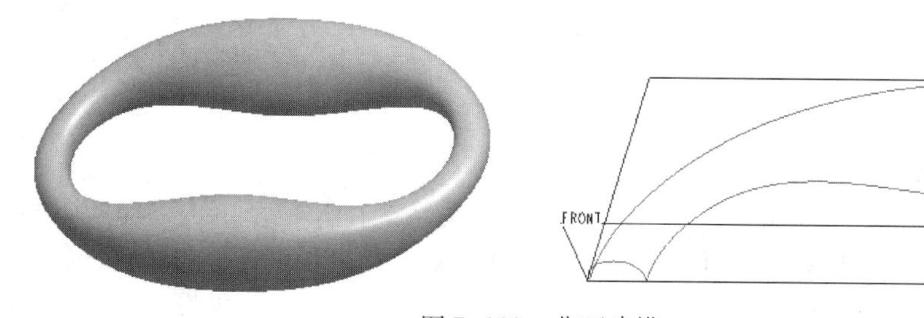

图 7-200　曲面建模

任务8　企鹅造型的笔筒设计

任务描述

本任务要求完成一款企鹅造型的笔筒设计，该产品为单一零件，采用吹塑工艺成型，造型图如图8-1所示。整款造型没有设计企鹅脚部造型，目的是使该产品在使用当中能够保持重心稳定性。

图8-1　企鹅笔筒造型图

能力目标

1）掌握GRAPH曲线绘制方法；
2）掌握创建EVALGRAPH函数的方法；
3）掌握旋转曲面创建方法；
4）巩固曲面的镜像、合并、偏移、加厚、实体化以及填充曲面等操作方法；
5）巩固可变截面扫描的操作方法；
6）掌握变半径倒圆角的操作方法；
7）巩固工业产品造型设计方法和建模思路。

知识准备

1. GRAPH曲线

GRAPH曲线实际上是规定了一个X、Y的函数关系，在X值范围内，对应不同的Y值。选择菜单【插入】|【模型基准】|【图形】命令，输入一个曲线名字：graph_name后，就可以在草绘界面下绘制曲线了。如图8-2所示的四分之一圆锥曲线，如图8-3所示的四分之一椭圆曲线。

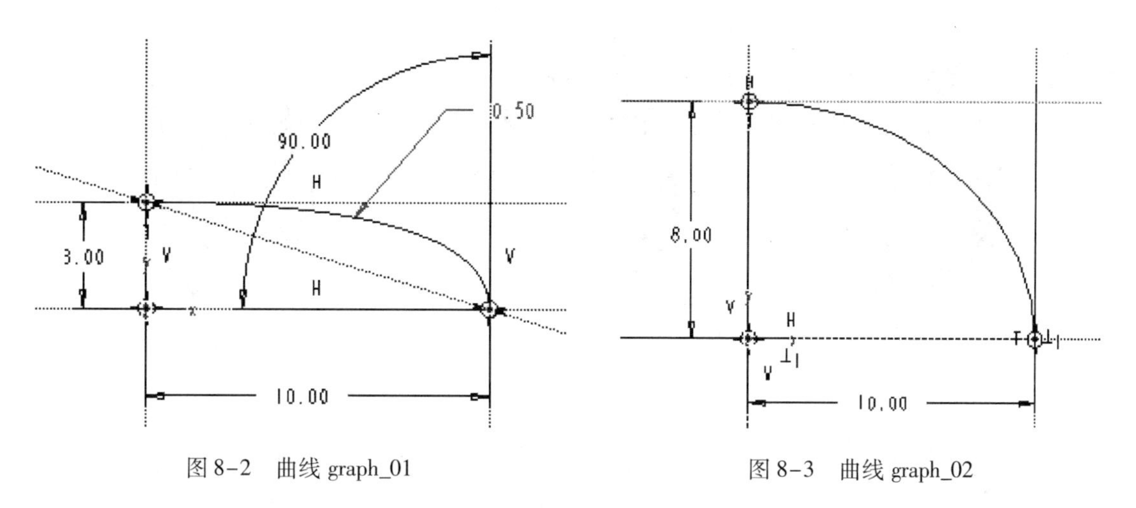

图 8-2　曲线 graph_01　　　图 8-3　曲线 graph_02

2. EVALGRAPH 函数

EVALGRAPH 函数是 Pro/Engineer 软件进行参数化设计时可以用到的一个函数。绘制草图时，选择菜单【工具】|【关系】命令，可以调用这个函数。

EVALGRAPH 函数的格式是：

```
sd1 = EVALGRAPH("graph_name",x)
```

其中 graph_name 是 GRAPH 曲线的名称，如图 8-2 所示的四分之一圆锥曲线。X 是沿曲线 X 轴自变量的值。EVALGRAPH 函数的功能是按照 graph_name 曲线，在 X 值变化范围内，返回 Y 值。也就是说 EVALGRAPH 的两个函数都可以是变量。可以指定轨线参数 trajpar 作为 X 自变量，trajpar 函数可以返回 0 ~ 1 的值，trajpar * n，n = 1、2、3…，就可以得到不同范围的 X 自变量值，Y 的值按照 GRAPH 曲线来变化。

基于这两条 GRAPH 曲线，在可变截面扫描特征中采用 EVALGRAPH 函数创建的企鹅嘴部造型，如图 8-4 所示。

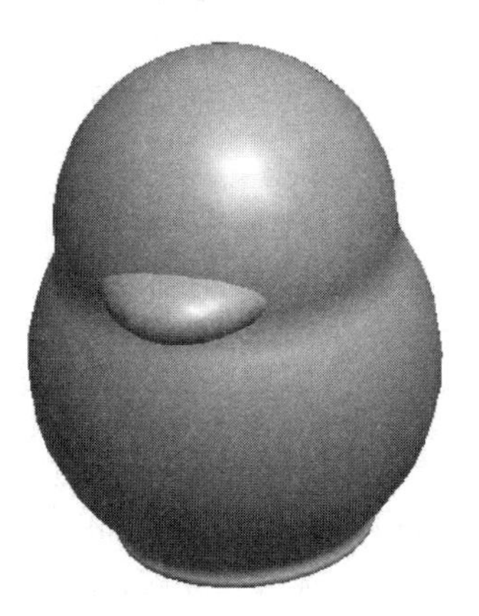

图 8-4　EVALGRAPH 函数创建企鹅嘴部造型

建模流程

企鹅造型笔筒的设计过程如图 8-5 所示。

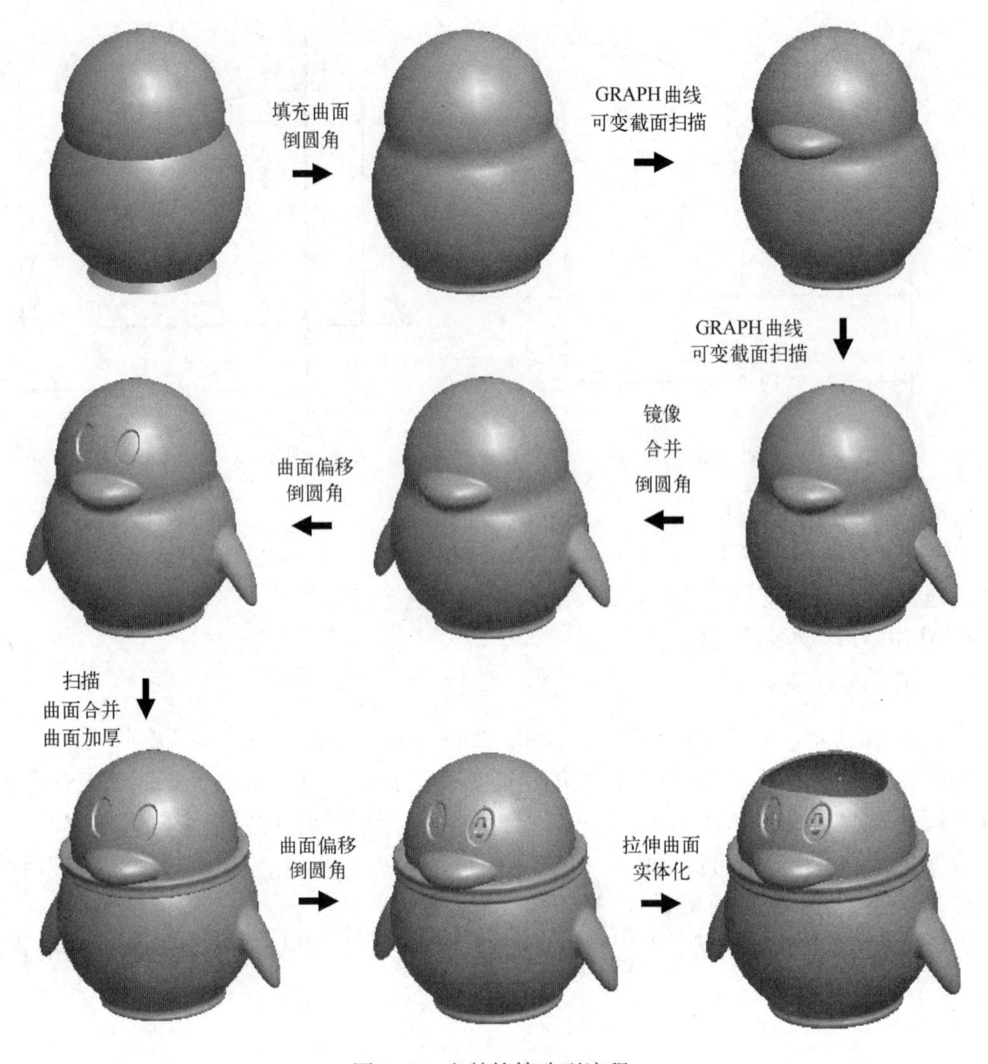

图 8-5　企鹅笔筒造型流程

任务实施

1. 新建零件文件

选择菜单【文件】|【新建】命令，在“新建”对话框的“类型”中选择“零件”，“子类型”中选择“实体”，取消选中“使用缺省模板”复选框，文件名为 penguin. prt，在“新文件类型”对话框的模板列表中选择“mmns_part_solid”模板，随后进入零件建模环境中。

2. 创建旋转曲面特征

单击右工具箱中“基础特征”工具栏上的“旋转”按钮，进入“旋转”设计工具，在“旋转”图标板中单击按钮，创建旋转曲面。

1）选择“基准平面”（FRONT）作为草绘平面，其他接受默认设置。

2）草图截面如图 8-6 所示。

3）旋转角度设置为 360°。最后得到的旋转曲面如图 8-7 所示。

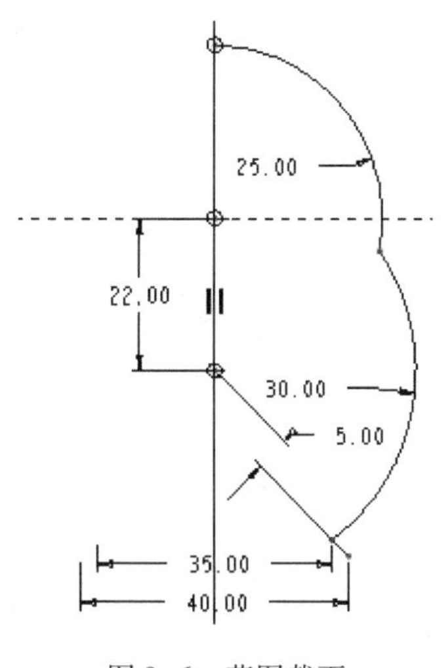

图 8-6　草图截面

图 8-7　旋转造型结果

3. 创建倒圆角 1 特征

选择如图 8-8 所示的边，进行倒圆角操作，圆角值为 R 为 2 mm。

4. 创建“基准平面”（DTM1）

单击右工具箱中“基准”工具栏上的“基准平面”按钮，进入“基准平面”设计工具，选择如图 8-9 所示的边做参照，创建“基准平面”（DTM1）。

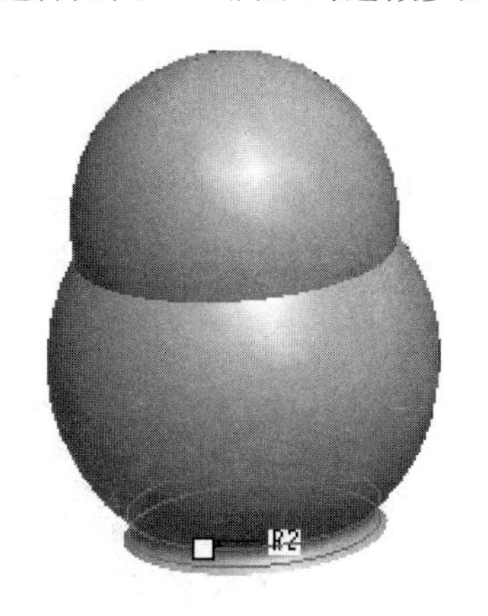

图 8-8　倒圆角 1 特征

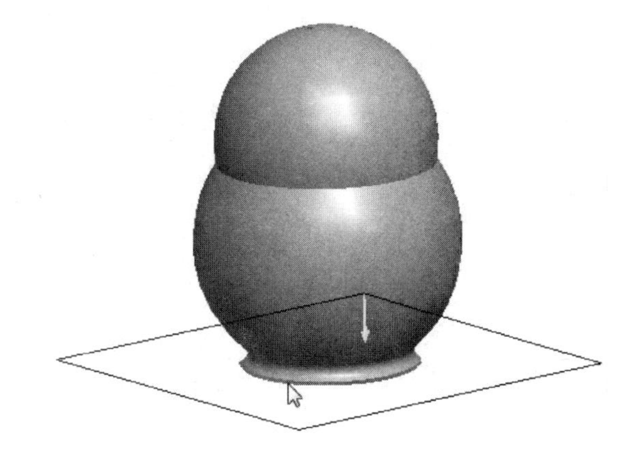

图 8-9　创建基准平面

5. 创建草绘曲线 1

单击右工具箱“草绘”按钮，进入“草绘”设计工具，选择上一步创建的“基准平面”（DTM1）作为草绘平面，草绘视图“参照”选择“基准平面”（FRONT），“方向”选择向“右”。绘制草图，如图 8-10 所示。

6. 填充曲面

选择上一步草绘的曲线，选择菜单【编辑】|【填充】命令，系统会以这个草图圆为边界，填充一个平面，如图 8-11 所示。

7. 曲面合并 1

选择旋转曲面和填充曲面进行合并操作，如图 8-12 所示。

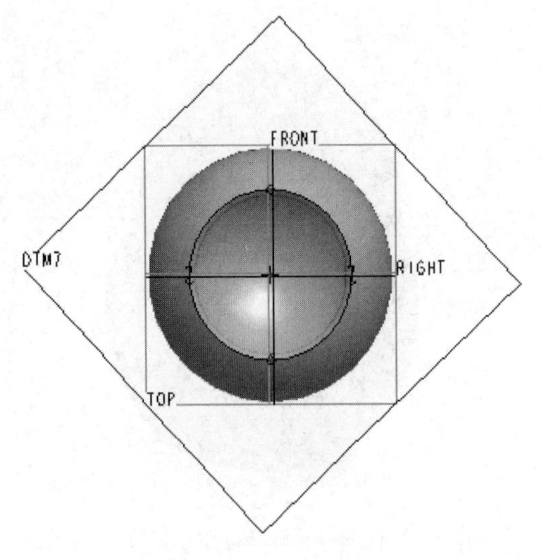

图 8-10 草绘曲线

图 8-11 填充曲面

8. 创建倒圆角 2 特征

选择如图 8-13 所示的边进行倒圆角，圆角值为 R 为 1 mm。

9. 创建倒圆角 3 特征

选择如图 8-14 所示的边进行倒圆角，圆角值为 R 为 10 mm。

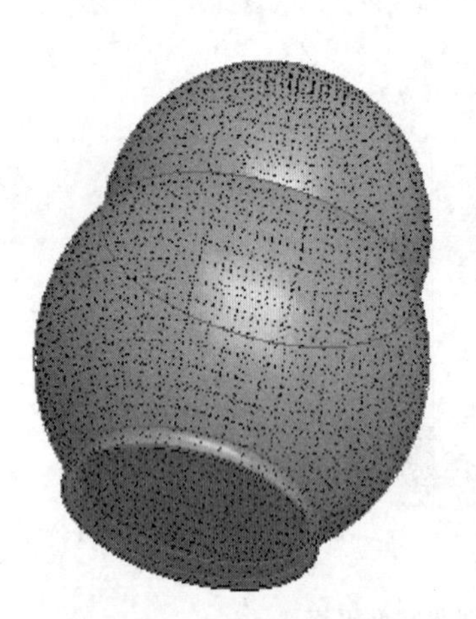
图 8-12 曲面合并 1

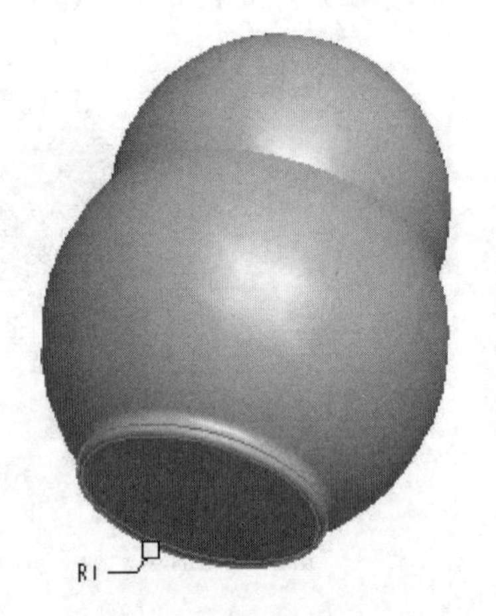

图 8-13 倒圆角 2 特征

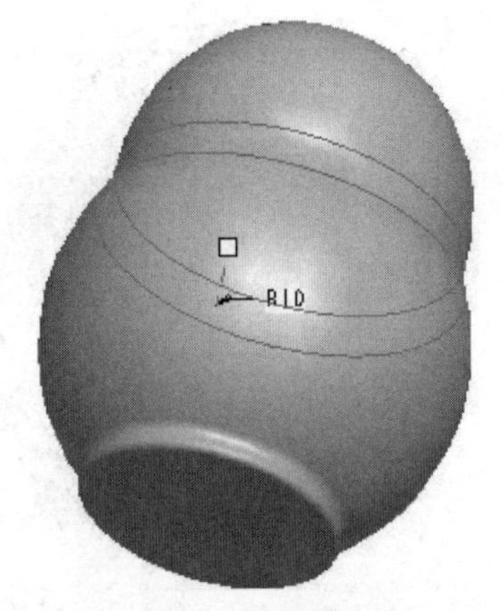

图 8-14 倒圆角 3 特征

以上完成了企鹅身体主体造型设计，下面要进行的是细节设计，首先进行嘴部造型。

10. 创建草绘直线 2

单击右工具箱“草绘”按钮，可使用“草绘”设计工具，选择“基准平面”（TOP）作为草绘平面，草绘视图“参照”选择“基准平面”（RIGHT），“方向”选择向右。绘制草图，如图 8-15 所示。

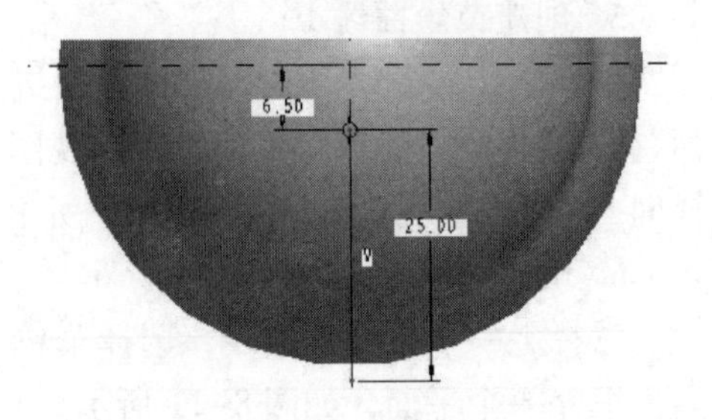

图 8-15 草绘直线

11. 创建 GRAPH 曲线 1

选择菜单【插入】|【模型基准】|【图形】命令，在如图 8-16 所示的对话框中输入 01，作为曲线名字，接下来进入到草绘界面中绘制曲线。绘制如图 8-17 所示的四分之一圆锥曲线。

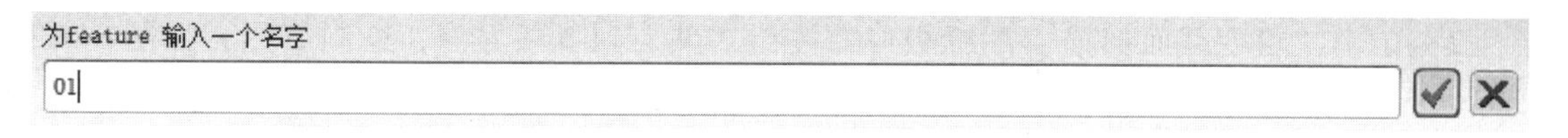

图 8-16　GRAPH 曲线名称对话框

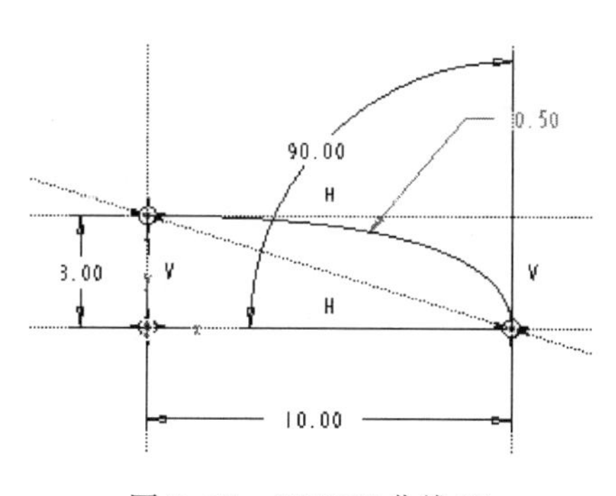

图 8-17　GRAPH 曲线 01

12. 创建 GRAPH 曲线 2

按照上一步的操作，再绘制一条 GRAPH 曲线 2，在对话框中输入 02，作为曲线名字（图 8-18），绘制如图 8-19 所示的四分之一椭圆曲线。

图 8-18　GRAPH 曲线名称对话框

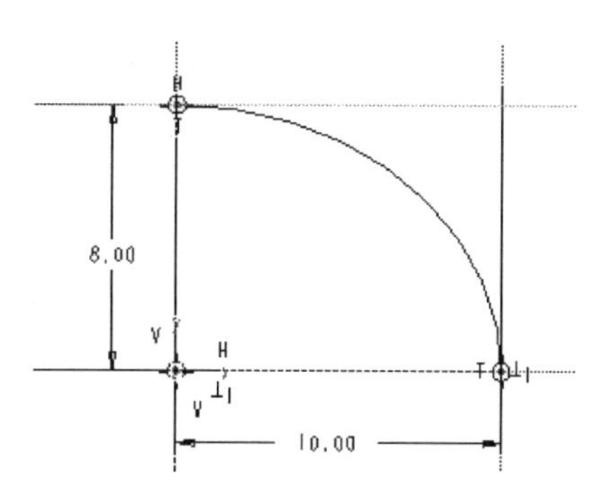

图 8-19　GRAPH 曲线 02

13. 创建可变截面扫描曲面 1 特征

单击右工具箱“可变截面扫描”按钮，可以弹出“可变截面扫描”图标板，进入到“可变截面扫描”设计工具，如图 8-20 所示。默认选择，创建可变截面扫描曲面。

1）选择步骤 10 草绘的直线，作为扫描轨迹，如图 8-21 所示。

图 8-20 “可变截面扫描”图标板

2）单击“可变截面扫描”图标板中☑按钮，进入到草图界面，绘制草图，如图 8-22 所示。

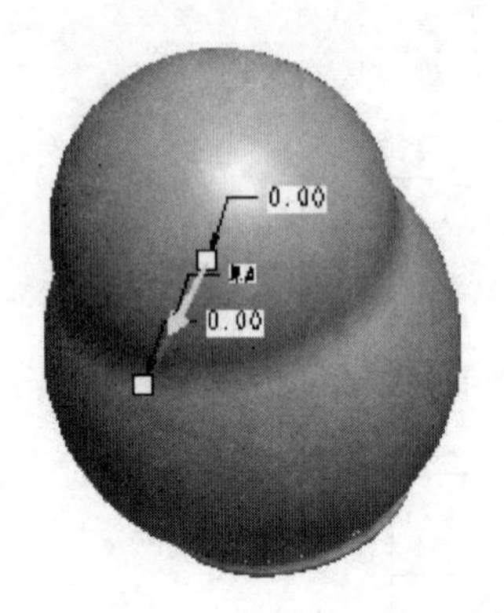

图 8-21 选择轨迹

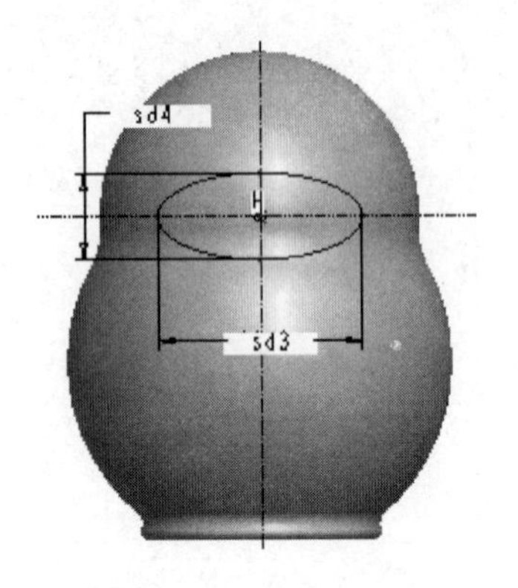

图 8-22 草图截面

3）在草图中选择菜单【工具】|【关系】命令，弹出“关系”对话框，如图 8-23 所示。在其中输入如下关系式：

sd3 = evalgraph("02" ,trajpar * 10) * 4

sd4 = evalgraph("01" ,trajpar * 10) * 4. 4

4）单击“关系”对话框中的“确定”按钮，退出“关系”对话框。单击✔按钮，完成草图。

5）单击“可变截面扫描”图标板的✔按钮，完成可变截面扫描特征。创建的可变截面扫描曲面特征就是企鹅笔筒的嘴部造型，如图 8-24 所示。

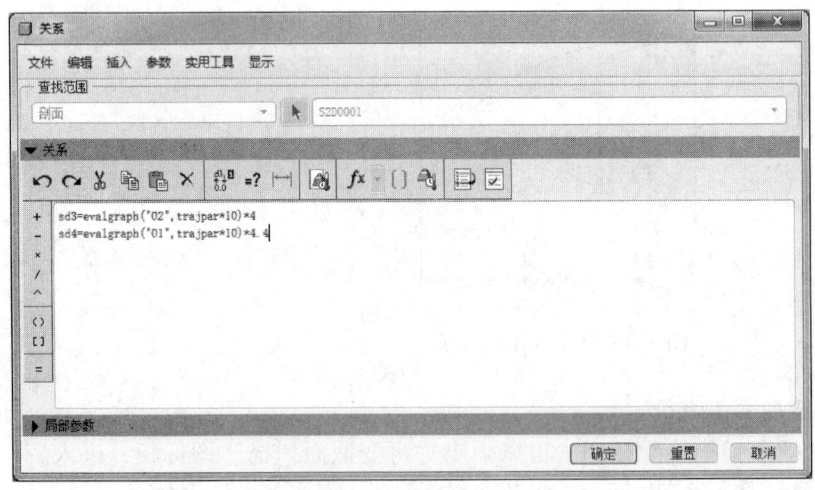

图 8-23 “关系”对话框

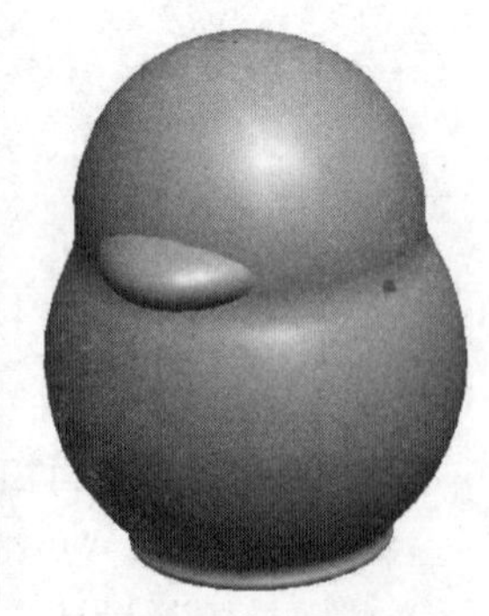

图 8-24 可变截面扫描结果

说明：

关系中的 sd3、sd4 是尺寸代号，是系统自动给出的，分别对应椭圆的长轴、短轴长度。sd3、sd4 是由 EVALGRAPH 函数关系式定义的尺寸，这里的椭圆长轴尺寸 sd3、短轴尺寸 sd4 会有变化。椭圆的长轴尺寸 sd3 是由 GRAPH 曲线 02 的 Y 值决定的。曲线 02 的 X 值范围是由 trajpar * 10 设定的，根据 GRAPH 曲线 02 的形状返回不同的 Y 值，再乘以 4，即椭圆的长轴尺寸 sd3 的值。同理，椭圆的短轴尺寸 sd4 是由 GRAPH 曲线 01 的 Y 值决定的，曲线 01X 值范围是 trajpar * 10 设定，按照 GRAPH 曲线 01 返回对应的 Y 值，再乘以 4.4，即椭圆的短轴尺寸 sd4 的值。

14. 曲面合并 2

选择企鹅造型身体和嘴部的曲面进行合并，如图 8-25 所示。

15. 创建倒圆角 4 特征

选择如图 8-26 所示的边进行倒圆角，圆角值 R 为 2 mm。

接下来进行企鹅手臂的造型。

16. 创建草绘曲线 3

单击右工具箱“草绘”按钮，进入“草绘”设计工具，选择“基准平面”（FRONT）作为草绘平面，草绘视图“参照”选择“基准平面”（RIGHT），“方向”选择向右。绘制草图，如图 8-27 所示。

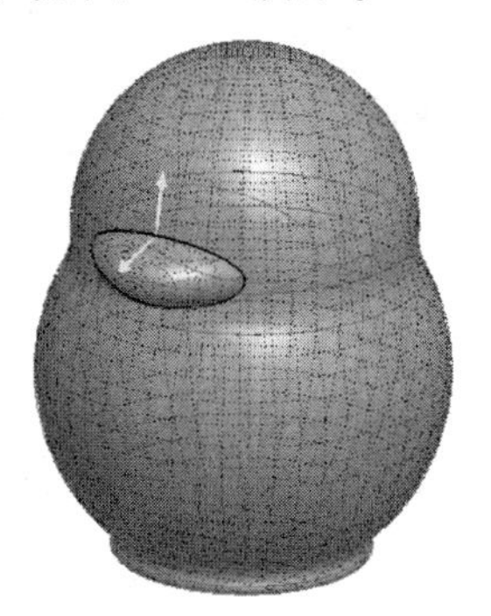

图 8-25　曲面合并 2

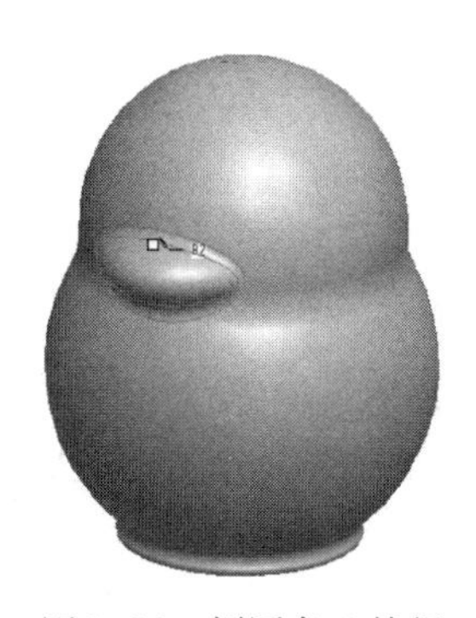

图8-26　倒圆角 4 特征

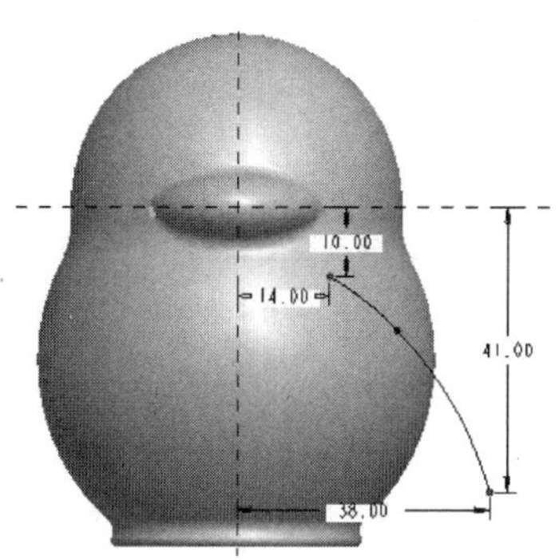

图 8-27　草绘曲线

17. 创建可变截面扫描曲面 2 特征

单击右工具箱“可变截面扫描”按钮，可以弹出“可变截面扫描”图标板，进入到“可变截面扫描”设计工具。默认选择，创建可变截面扫描曲面。

1）选择上一步草绘的曲线，作为扫描轨迹，如图 8-28 所示。

2）单击“可变截面扫描”图标板中的按钮，进入到草绘界面，绘制草图，如图 8-29 所示。

3）在草绘中选择菜单【工具】|【关系】命令，弹出“关系”对话框，如图 8-30 所示。在其中输入如下关系式：

sd3 = evalgraph("02",trajpar * 10) * 2

sd4 = evalgraph("01",trajpar * 10) * 3

4）单击“关系”对话框中的“确定”按钮，退出“关系”对话框。单击按钮，完成草图。

5）单击“可变截面扫描”图标板的按钮，完成可变截面扫描特征。创建的可变截面扫描曲面特征就是企鹅手臂造型，如图 8-31 所示。

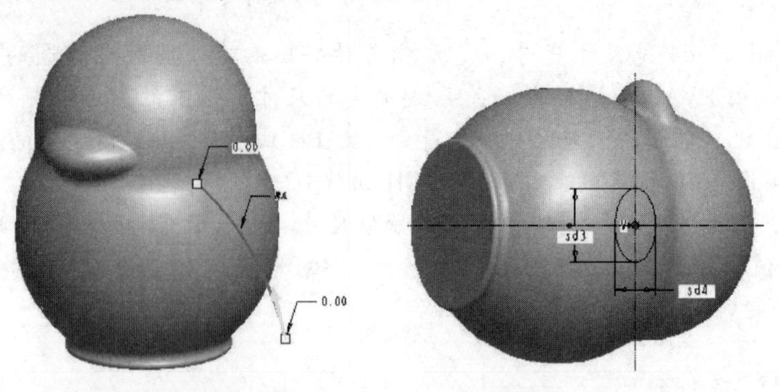

图 8-28　选择轨迹　　　　图 8-29　草图截面

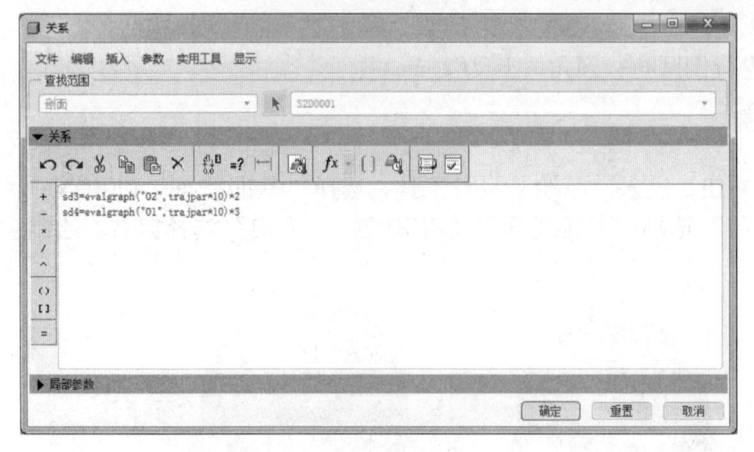

图 8-30　“关系”对话框

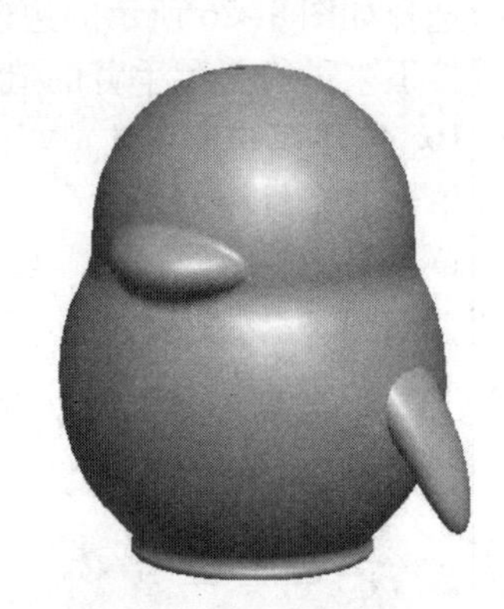

图 8-31　可变截面扫描结果

18. 曲面镜像

选择上一步创建的手臂造型，进行镜像操作，选择“基准平面”（RIGHT）作为镜像平面，结果如图 8-32 所示。

19. 曲面合并 3

选择企鹅造型主体与手臂曲面进行合并，如图 8-33 所示。

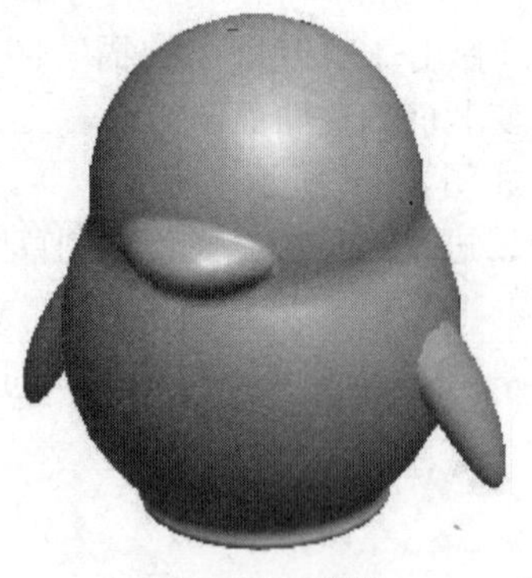

图 8-32　镜像

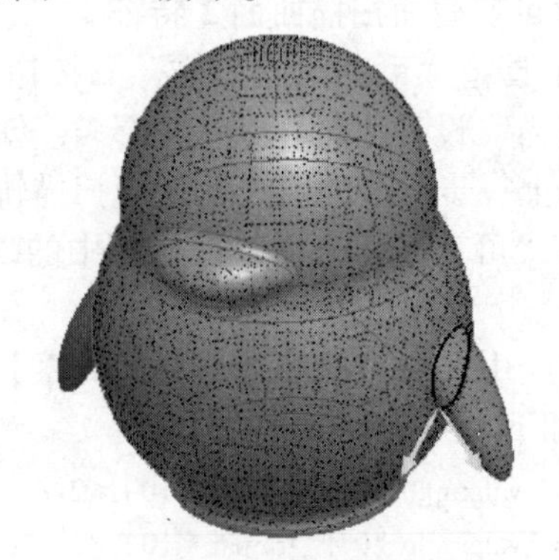

图 8-33　曲面合并 3

20. 曲面合并 4

选择镜像后的手臂曲面与上一步的合并曲面再次合并，如图 8-34 所示。

21. 创建倒圆角 5 特征

由于企鹅身体与手臂接触处过渡自然，这里采用了变半径倒圆角的造型方法。选择如图 8-35所示的边，单击右工具箱“倒圆角”按钮，可使用“倒圆角”设计工具。

1）在“倒圆角”图标板中单击“集”按钮，在“集”下拉面板的“半径”列表框中右击，在弹出的快捷菜单中选择“添加半径”命令，则系统就可以再输入新的半径值。

2）在如图 8-36 所示的“半径”列表中，输入两个半径值 R 分别为 1 mm 和 5 mm，在“位置列表”中选择两个端点，如图 8-37 所示。

最后完成的变半径倒圆角特征如图 8-38 所示。

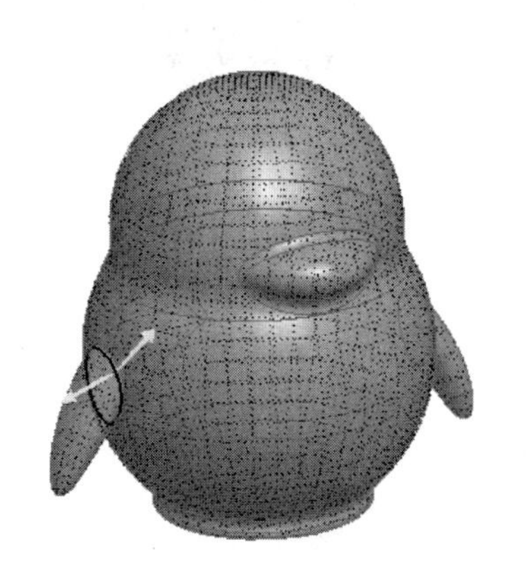

图 8-34　曲面合并 4

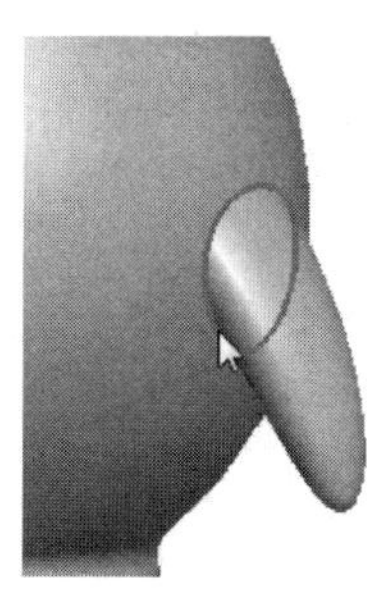

图 8-35　选择边

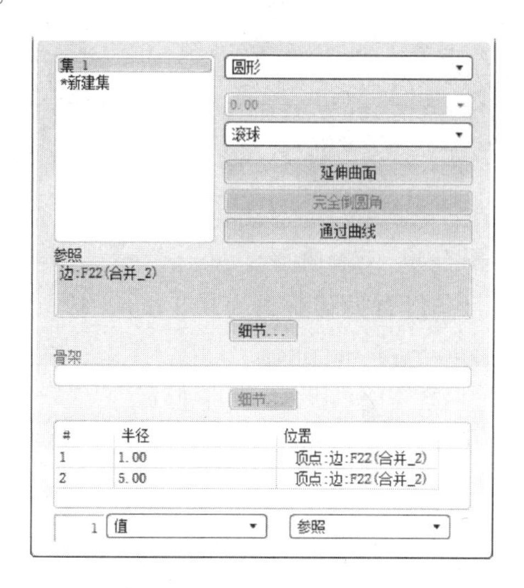

图 8-36　设定倒圆角半径

22. 创建倒圆角 6 特征

按照上面的操作方法，对另一只手臂进行变半径倒圆角操作，结果如图 8-39 所示。

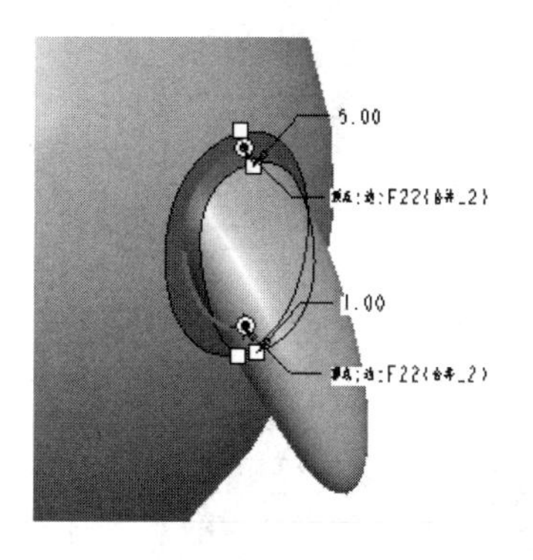

图 8-37　半径与位置

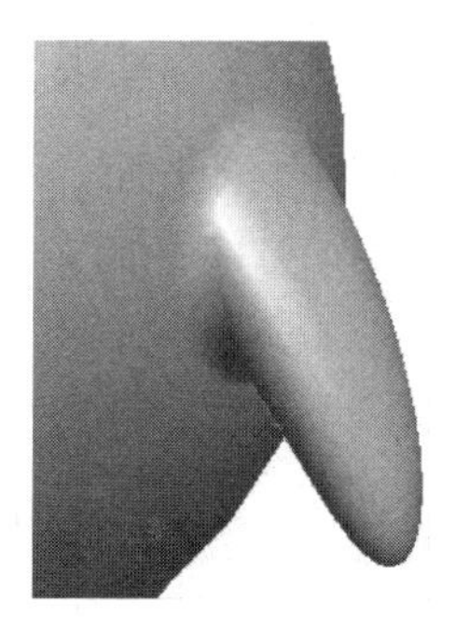

图 8-38　变半径倒圆角

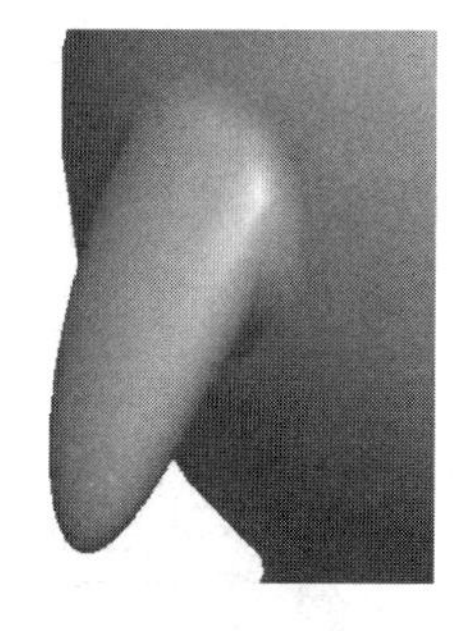

图 8-39　变半径倒圆角

23. 曲面偏移 1

选择如图 8-40 所示的曲面，选择菜单【编辑】|【偏移】命令，可使用“曲面偏移”设计工具。

1）在弹出的“曲面偏移”图标板中选择“具有拔模特征”选项。

2）单击“参照”按钮，选择草图列表中的“定义”，选择“基准平面”（FRONT）作为草图平面，草绘视图“参照”选择“基准平面”（RIGHT），“方向”选择向“左”，绘制草图如图 8-41 所示，单击✔按钮结束草绘。

3）偏移方向向箭头一侧，如图 8-42 所示。

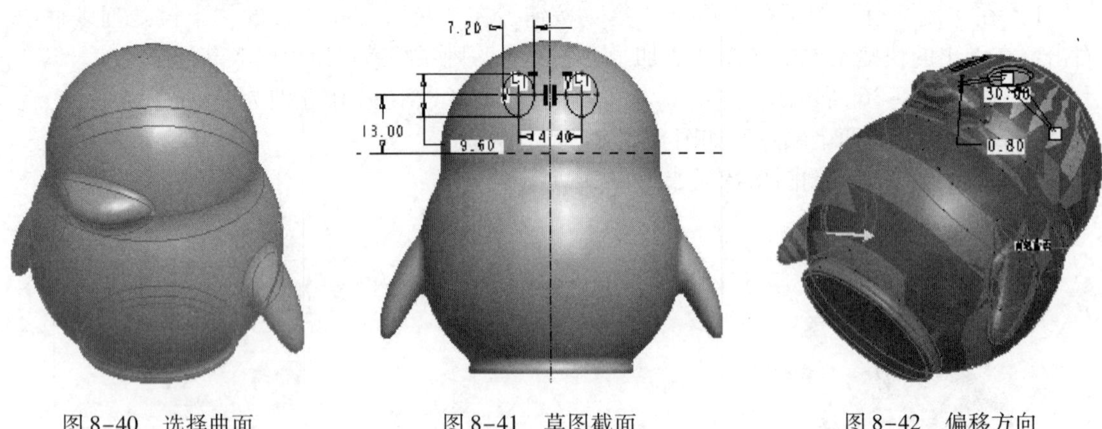

图 8-40 选择曲面　　图 8-41 草图截面　　图 8-42 偏移方向

4）设置偏移距离为 0.8 mm，拔模角度为 30°，如图 8-43 所示。

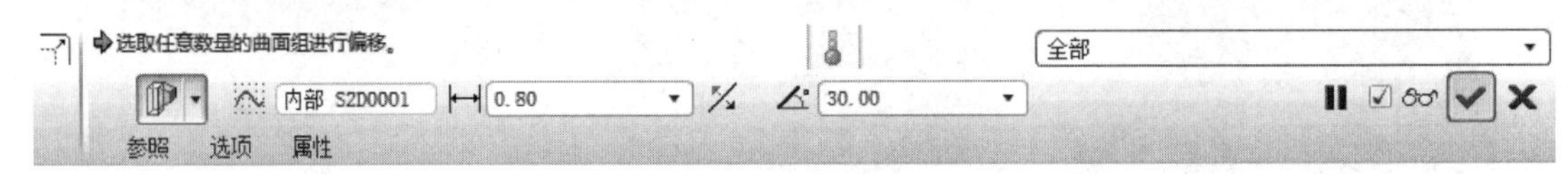

图 8-43 “偏移”图标板

完成的曲面偏移结果如图 8-44 所示。

24. 创建“基准平面”（DTM2）

选择“基准平面”（TOP）作为参照，偏移距离为 5 mm，创建“基准平面”（DTM2），如图 8-45 所示。

下面要创建企鹅笔筒围巾造型。

25. 创建草绘曲线 4

单击右工具箱“草绘”按钮，可使用“草绘”设计工具，选择“基准平面”（DTM2）作为草绘平面，草绘视图“参照”选择“基准平面”（RIGHT），“方向”向右。绘制草图，如图 8-46 所示。

图 8-44 曲面偏移结果

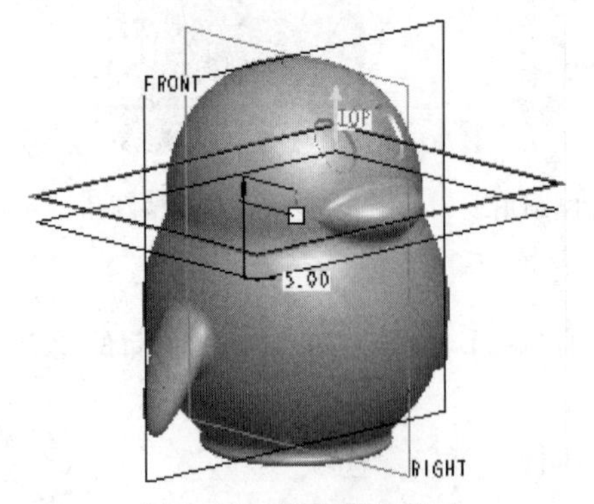

图 8-45 创建基准平面

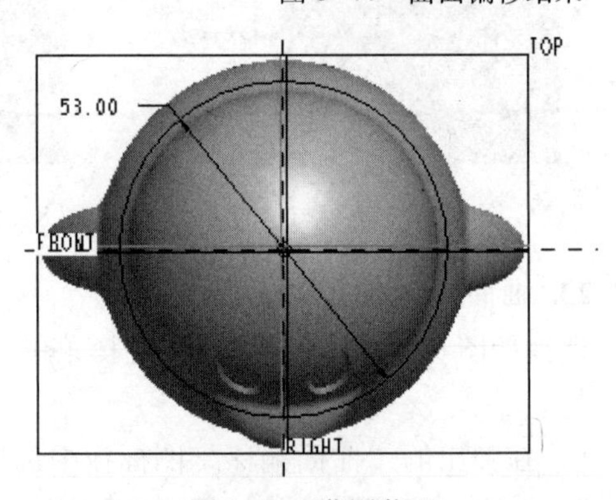

图 8-46 草图截面

26. 创建扫描曲面特征

选择菜单【插入】|【扫描】|【曲面】命令，弹出“曲面：扫描”对话框和“扫描轨迹”菜单管理器，可使用“扫描曲面”设计工具。

1）在如图 8-47 所示的“扫描轨迹”菜单管理器中，单击“选取轨迹”按钮，选择上一步草绘的圆作为扫描轨迹。

2）在“扫描轨迹”菜单管理器中单击“依次”“选取”“完成”按钮。

3）系统弹出“属性”菜单管理器，单击“无内表面”按钮，单击“完成”按钮，如图 8-48 所示。

图 8-47 “曲面：扫描”对话框和“扫描轨迹”菜单管理器

图 8-48 “属性菜单管理器”

4）草图截面如图 8-49 所示，单击✔按钮，完成草图。

5）单击“曲面：扫描”对话框中的“确定”按钮，完成扫描曲面特征。

创建的扫描曲面如图 8-50 所示。

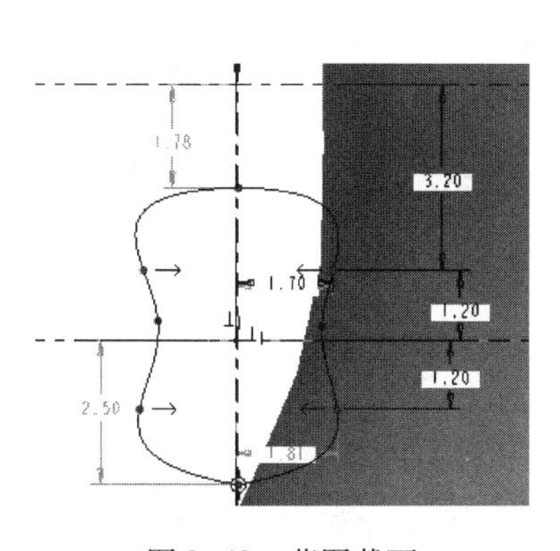

图 8-49 草图截面

图 8-50 扫描结果

27. 曲面合并 5

选择企鹅造型主体曲面和围巾曲面进行曲面合并，如图 8-51 所示。

28. 创建倒圆角 7 特征

选择如图 8-52 所示的眼部边线进行倒圆角，圆角值 R 为 0.5 mm。

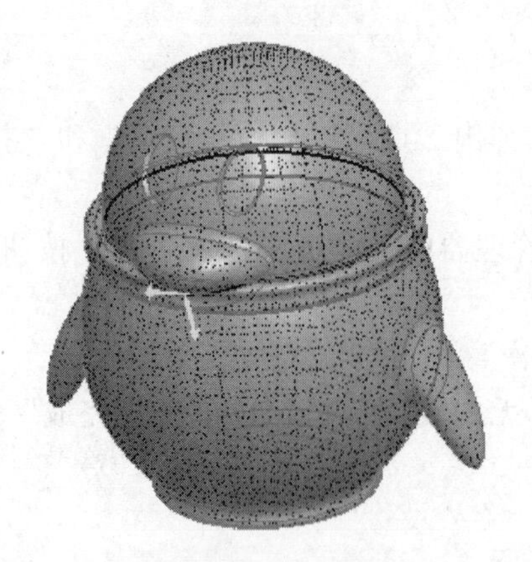

图 8-51　曲面合并 5

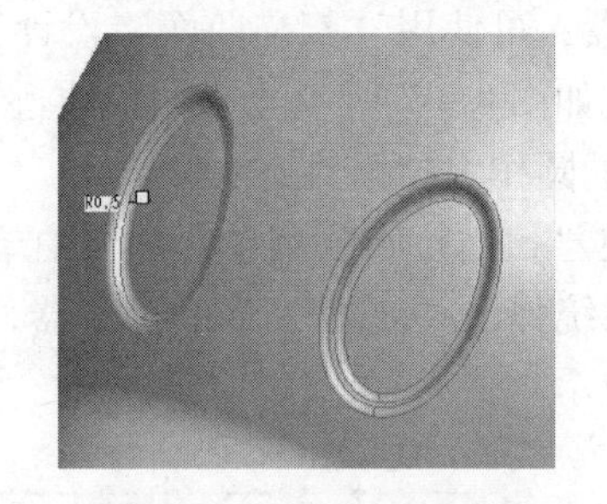

图 8-52　倒圆角 7 特征

29. 创建倒圆角 8 特征

选择如图 8-53 所示的边进行倒圆角，圆角值 R 为 0.5 mm。

30. 创建倒圆角 9 特征

选择如图 8-54 所示的边进行倒圆角，圆角值 R 为 1 mm。

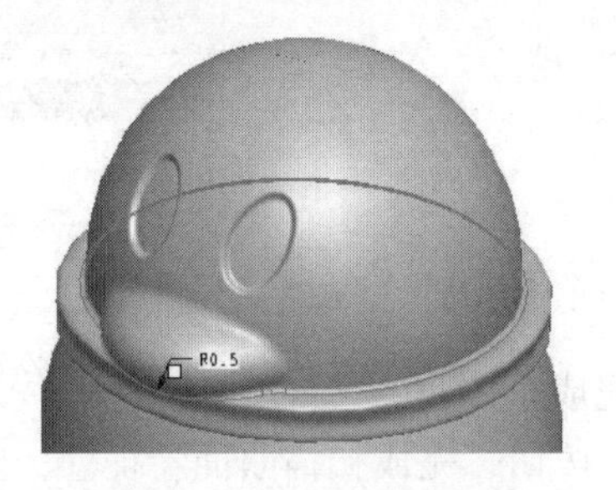

图 8-53　倒圆角 8 特征

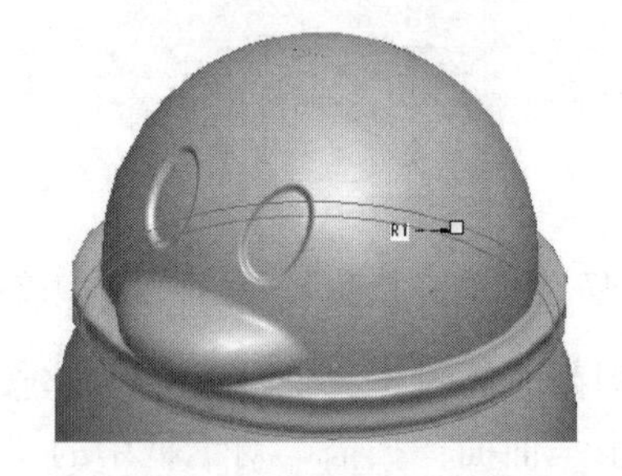

图 8-54　倒圆角 9 特征

31. 曲面加厚

选择整个造型曲面，选择菜单【编辑】|【加厚】命令，选择加厚方向，加厚值为 0.8 mm，如图 8-55 所示。

32. 曲面偏移 2

选择如图 8-56 所示的曲面，选择菜单【编辑】|【偏移】命令，进入“曲面偏移”设计工具。

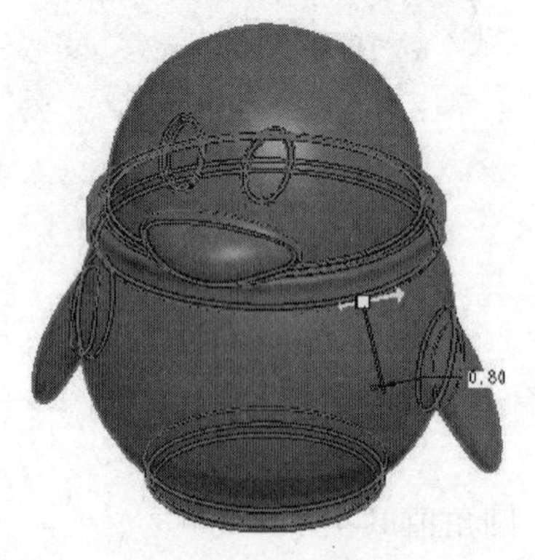

图 8-55　曲面加厚

图 8-56　选择曲面

1）在弹出“曲面偏移”图标板中选择“具有拔模特征”选项。

2）单击“参照”按钮，选择草图列表中的“定义”，选择基准平面 FRONT 作为草图平面，草绘视图“参照”选择“基准平面”（RIGHT），“方向”选择向右，绘制草图如图 8-57 所示，单击✔按钮结束草绘。

3）偏移方向向箭头一侧，如图 8-58 所示。

4）设置偏移距离为 0.8 mm，拔模角度为 10°。

完成的曲面偏移结果如图 8-59 所示。

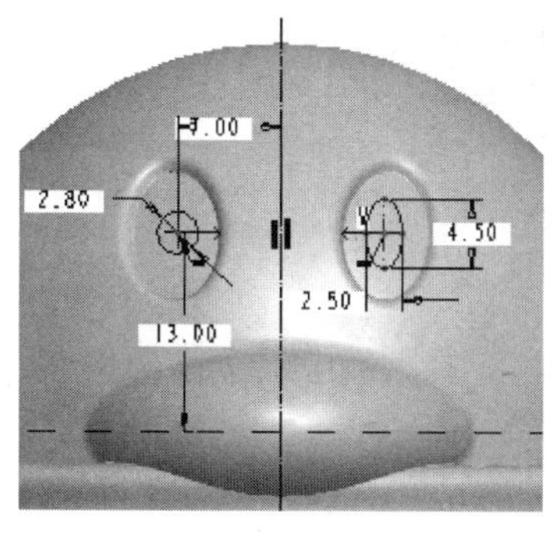

图 8-57　草图截面

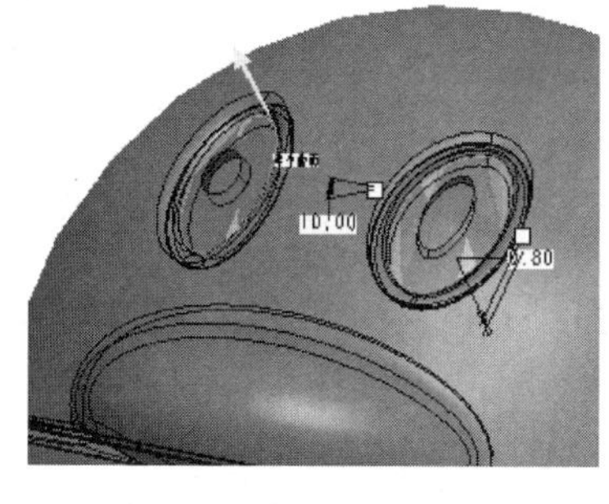

图 8-58　偏移方向

图 8-59　偏移结果

33. 创建倒圆角 10 特征

选择如图 8-60 所示的边进行倒圆角，圆角值 R 为 0.5 mm。

34. 创建倒圆角 11 特征

选择如图 8-61 所示的边进行倒圆角，圆角值 R 为 0.5 mm。

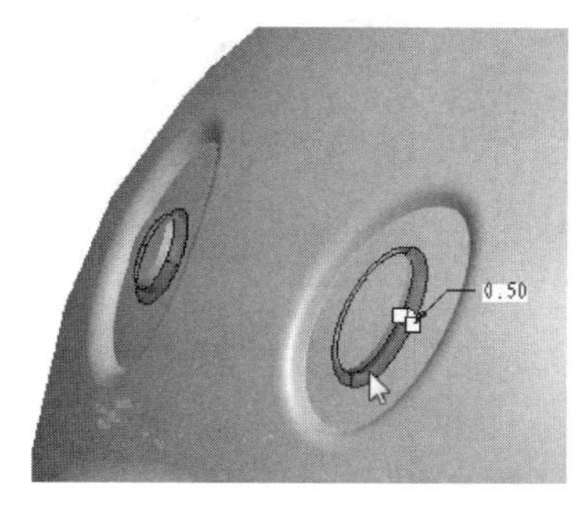

图 8-60　倒圆角 10 特征

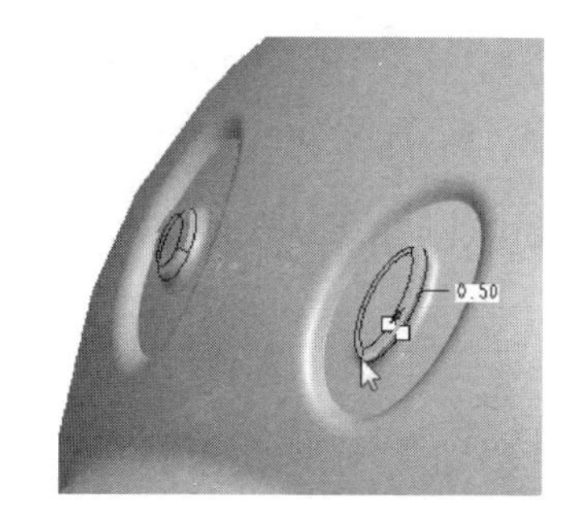

图 8-61　倒圆角 11 特征

以上完成了企鹅造型外观的设计，下面是笔筒功能部分的造型设计。

35. 创建拉伸曲面特征

单击右工具箱中“基础特征”工具栏上的“拉伸”按钮，可使用“拉伸”设计工具。单击按钮，创建拉伸曲面特征。

1）选择“基准平面”（RIGHT）作为草绘平面，草绘视图“参照”选择“基准平面”（TOP），“方向”选择向上。

2）草图截面如图 8-62 所示，单击✔按钮结束草绘。

3）拉伸方式选择“对称拉伸”，拉伸高度为 51 mm。

最后得到的拉伸结果如图 8-63 所示。

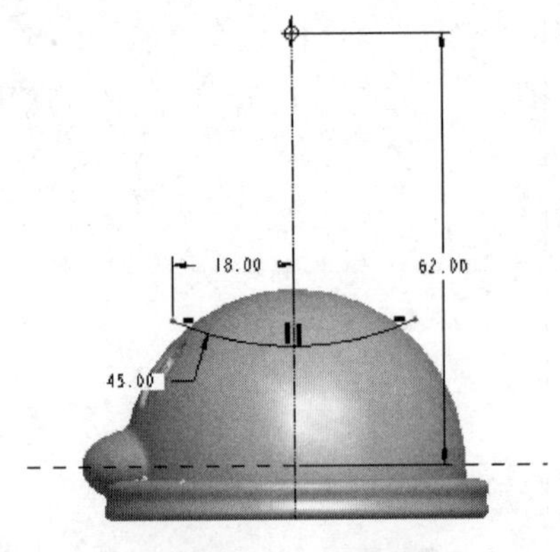

图 8-62　草图截面

图 8-63　拉伸结果

36. 实体化操作

选择上一步创建的拉伸曲面进行实体化操作。在"实体化"图标板中，单击◪按钮，进行去除材料，选择去除材料的方向，结果如图 8-64 所示。

37. 创建倒角特征

选择如图 8-65 所示的两条边进行倒角，倒角值为 0.5×45°。

图 8-64　实体化结果

图 8-65　倒角特征

至此完成整个企鹅造型的笔筒设计。

小结

本任务主要采用曲面建模方式完成了一款企鹅造型的笔筒设计。日常生活中常见的企鹅造型有脚部结构，但考虑到产品使用中的稳定性，需要进行一些创新设计，本例中就是采取了平面来代替脚部结构。

造型思路是先构建主体曲面，以及嘴部、手臂、围巾细节曲面，合并后再进行加厚。本例的关键点是企鹅嘴部和手臂的造型设计，为了创建出贴近现实中企鹅嘴部和手臂的造型，设计时采用 GRAPH 曲线、EVALGRAPH 函数，这也是 Pro/Engineer 参数化设计灵活性的一个体现。另外是各种曲面创建命令（旋转曲面、拉伸曲面、扫描曲面、可变截面扫描等）

和各种曲面编辑命令（曲面偏移、曲面镜像、曲面合并、曲面加厚、曲面实体化等）的灵活运用。造型重点是在造型特征分析的基础上，构建明确的建模思路。难点是各种命令的综合、灵活运用。

习题

1. 按照如图 8-66 所示花边的结构，创建三维模型。

提示：主要造型命令包括可变截面扫描命令，轨迹为圆，截面为一直线，直线长度采用参数化方法，公式为 sd4 = sin(trajpar * 360 * 6) * 3。

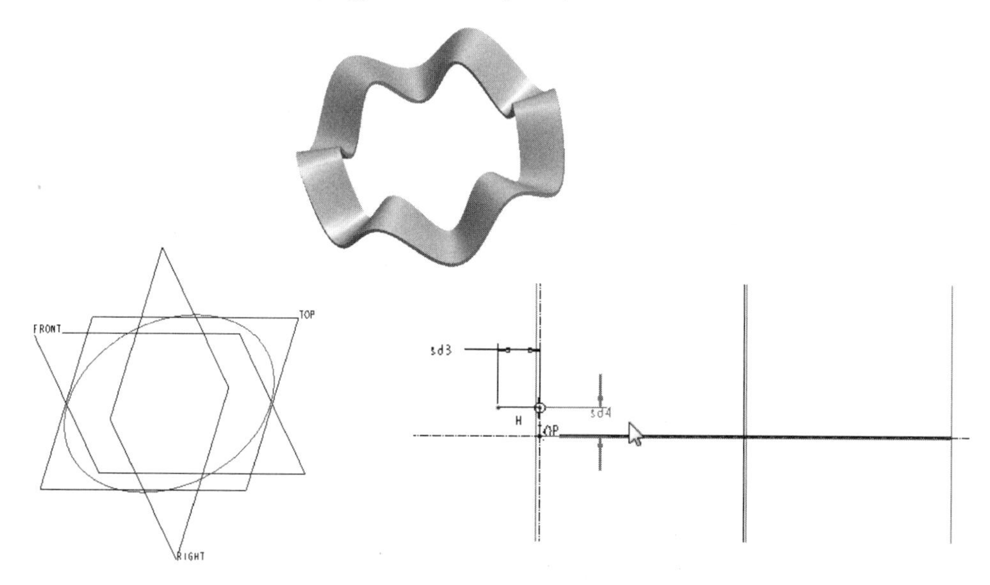

图 8-66　花边结构

2. 按照如图 8-67 所示的灯罩结构，创建三维模型。

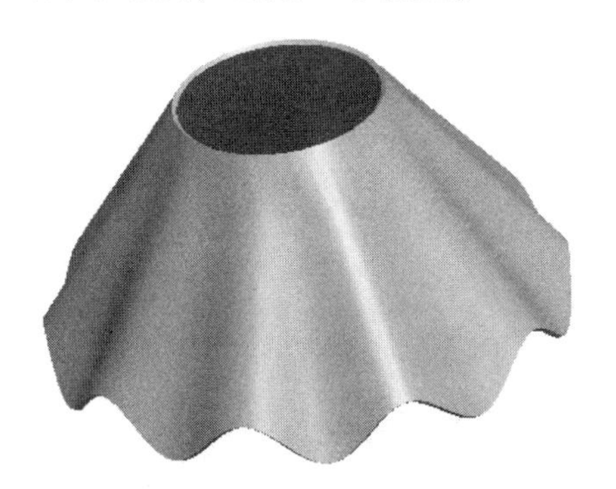

图 8-67　灯罩结构

参 考 文 献

[1] 张延，胡修池. Pro/ENGINEER Wildfire 5.0 应用教程[M]. 北京：机械工业出版社，2012.

[2] 谭雪松，马志远. Pro/ENGINEER Wildfire 5.0 中文版应用与实例教程[M]. 北京：人民邮电出版社，2012.

[3] 李锦标. Pro/ENGINEER 高级造型技术实例精讲[M]. 北京：机械工业出版社，2011.

[4] 詹友刚. Pro/ENGINEER 中文野火版 5.0 产品设计实例精解[M]. 北京：机械工业出版社，2010.